中文版

任群 姜玉声 编著

Photoshop CS6 基础与进阶教程

電子工業出版社
Publishing House of Electronics Industry
北京·BEIJING

内容简介

全书分为 Photoshop CS6 基础知识和综合案例两大部分，共 13 章，从最基础的 Photoshop CS6 软件安装、卸载开始，逐步介绍了图像基本操作、选区的应用、色彩和图像调整、图层的应用、图像的修饰与美化、图形与形状的绘制、丰富的图像文字制作、滤镜的使用、通道和蒙版、3D 和视频动画、自动化与批处理、切片、打印和输出等内容。

本书最后通过网页设计、平面设计、纹理质感应用和 UI 设计等大型实用综合商业案例作为总结，使读者在掌握软件基本操作的同时，对软件在实际工作中的应用全面剖析。本书在综合案例中提供色彩分析和设计分析，在阐述设计过程的同时注入一定的设计理念，使读者在掌握基础应用的同时在设计水平上有所提高。

本书配套光盘包含书中案例的素材文件和最终效果文件。

图书在版编目（CIP）数据

中文版Photoshop CS6基础与进阶教程 / 任群，姜玉声编著. — 北京：电子工业出版社，2018.11

ISBN 978-7-121-34971-3

Ⅰ.①中…　Ⅱ.①任…　②姜…　Ⅲ.①图象处理软件－教材　Ⅳ.①TP391.413

中国版本图书馆CIP数据核字(2018)第199547号

责任编辑：田　蕾　　　特约编辑：刘红涛
印　　刷：北京捷迅佳彩印刷有限公司
装　　订：北京捷迅佳彩印刷有限公司
出版发行：电子工业出版社
　　　　　北京市海淀区万寿路173信箱　　　邮编：100036
开　　本：787×1092　1/16　　印张：25　　字数：644千字
版　　次：2018年11月第1版
印　　次：2023年8月第2次印刷
定　　价：99.80元（含光盘1张）

凡所购买电子工业出版社图书有缺损问题，请向购买书店调换。若书店售缺，请与本社发行部联系，联系及邮购电话：（010）88254888，88258888。

质量投诉请发邮件至 zlts@phei.com.cn，盗版侵权举报请发邮件至dbqq@phei.com.cn。

本书咨询联系方式：（010）88254161～88254167转1897。

PREFACE 前言

Photoshop CS6是Adobe公司发行的一款图形图像处理软件，本书是一本针对Photoshop CS6初学者的完全自学教程。全书从实用的角度出发，由简入繁、循序渐进地全面讲解Photoshop CS6的功能。针对软件的工具、菜单和面板功能都安排了有针对性的案例进行讲解，更加有利于读者学习。本书一共提供了111个技术操作应用案例、42个商用综合应用案例，并且书中案例还配有讲解视频，详细讲解案例的制作过程，更加方便读者学习。

本书章节及内容安排

全书共计13章，从最基础的Photoshop CS6软件的安装和卸载开始，逐步介绍了Photoshop的基本操作、选区的应用、色彩和图像调整、图层的应用、图像的修饰和美化、图形与形状的绘制、丰富的图像文字制作、滤镜的使用、通道和蒙版、3D和视频动画、自动化与批处理、切片、打印和输出、Photoshop 综合应用。最后以网页设计、平面设计、纹理质感应用和UI设计等大型实用综合商业案例作为总结，使读者在了解软件基本操作的同时，掌握软件在实际工作中的应用。

本书特点

本书结构清晰明了、深入浅出，以案例带动知识点，再对知识点进行步骤详解，渗透到实际工作中的具体操作。书中案例与知识点紧密结合，各个案例实用精彩、分解详尽，操作步骤通俗易懂，具有很强的实用性和较高的技术含量，既适用于零基础入门的读者，又能有效提高初学者的设计水平。

本书附赠1张DVD光盘，光盘中收录了本书所有案例的素材文件和最终效果文件，读者可以通过这些素材进行实际操作，以巩固对Photoshop各项功能的理解。光盘中还加入了书中所有案例的视频教学文件，以帮助读者更好地学习。

本书作者

本书由任群、姜玉声编著，参与编写的还有张晓景、鲁莎莎、吴潆超、田晓玉、佘秀芳、王俊平、陈利欢、冯彤、刘明秀、谢晓丽、孙慧、陈燕、胡丹丹。书中错误在所难免，欢迎广大读者朋友批评指正。

编著者

CONTENTS 目录

第1章　Photoshop的基本操作

1.1　图像的基本概念 2

1.1.1　位图与矢量图 2
1.1.2　像素和分辨率 3
1.1.3　图像的格式 3

1.2　Photoshop CS6的操作界面 4

1.2.1　关于Adobe Photoshop 4
1.2.2　操作界面 5
技术看板：更改操作界面颜色 6

1.3　系统设置和优化调整 6

技术看板：更改参考线颜色 7
1.3.1　预设工作区 7
技术看板：自定义工作区 7
1.3.2　自定义键盘快捷键 8
技术看板：自定义键盘快捷键 8

1.4　文件的基本操作 9

1.4.1　新建文件 9
技术看板：新建文件 10
1.4.2　打开文件 10
技术看板：打开文件 11
1.4.3　置入文件 11
技术看板：置入文件 11
1.4.4　存储文件 12
技术看板：存储文件 13
1.4.5　关闭文件 14
技术看板：关闭文件 14

1.5　设置画布和图像大小 15

1.5.1　画布大小 15
1.5.2　图像大小 16
技术看板：更改图像大小 17

1.6　编辑图像 17

1.6.1　移动图像 18
1.6.2　旋转图像和画布 19
技术看板：旋转画布 19
1.6.3　变换图像 20
技术看板：变形图像 22
1.6.4　裁剪图像 22
技术看板：透视裁剪图像 23

1.7　撤销与重做 24

1.7.1　还原、前进和后退命令 24
1.7.2　恢复命令 25
1.7.3　历史记录 25

1.8　辅助工具......26
1.8.1　标尺......26
1.8.2　参考线......27
技术看板：智能参考线的使用......28
1.8.3　网格......28
1.8.4　标尺工具......29
1.8.5　注释工具......30
1.8.6　计数工具......30
1.9　查看图像......31
1.9.1　更改屏幕模式......31
1.9.2　缩放工具......32
技术看板：放大或缩小图像......32
1.9.3　抓手工具......33
1.9.4　“导航器”面板......33
1.9.5　多窗口查看图像......35
技术看板：多窗口查看图像......35

第 2 章　选区的应用

2.1　制作广告轮播图背景......38
2.1.1　矩形选框工具......38
技术看板：创建矩形选区......39
2.1.2　椭圆选框工具......40
技术看板：使用“椭圆选框工具”......40
2.1.3　单行/单列选框工具......40
技术看板：固定大小的选区......42
2.2　为广告轮播图抠取图像......42
2.2.1　套索工具......42
2.2.2　多边形套索工具......43
2.2.3　磁性套索工具......44
技术看板：使用“磁性套索工具”创建选区......44
技术看板：选区运算按钮......46
2.2.4　魔棒工具......46
技术看板：使用“魔棒工具”抠取图像......46
2.2.5　快速选择工具......47
2.3　编辑选区......48
2.3.1　移动选区......48
2.3.2　变换选区......48
2.3.3　存储和载入选区......49
技术看板：使用存储选区和载入选区的方式抠像......49
2.3.4　描边选区......50
技术看板：为图像制作相框......51
2.4　选择命令......51
2.4.1　全部......52
2.4.2　取消选择和重新选择......52
2.4.3　反向......52
2.4.4　扩大选取和选取相似......52
2.4.5　在快速蒙版模式下编辑图像......53
2.5　制作名片......53
2.5.1　扩展和收缩......54
2.5.2　边界......54
2.5.3　羽化......55
2.5.4　平滑......56
技术看板：打造人物简易妆容......56
2.6　制作商品广告......57
2.6.1　色彩范围......57
2.6.2　调整边缘......58
技术看板：创建精确选区......59

第 3 章　色彩和图像调整

3.1　打造靓丽的艺术照片............................ 62
技术看板：色彩属性..............................62
3.1.1　渐变工具..63
技术看板：油漆桶工具..........................64
3.1.2　色彩模式的转换..............................65
技术看板：灰度模式和位图模式...........66
3.2　拾取图像中的颜色.............................. 67
3.2.1　吸管工具..67
技术看板：“颜色取样器”工具和“信息”面板........................68
3.2.2　定义图案..69
3.2.3　使用图案填充..................................69
3.3　调出枯黄的秋草................................. 69
3.3.1　色相/饱和度 70
技术看板：通道混合器..........................71
3.3.2　自然饱和度......................................72
3.3.3　曝光度..72
技术看板：调整“亮度/对比度” 74
3.4　为人物打造玫红色皮肤...................... 74
3.4.1　曲线..75
技术看板：“渐变映射”命令..............77
3.4.2　可选颜色..77
3.4.3　色阶..79
技术看板：“去色”命令......................81
3.4.4　自动色调..81
技术看板：“自动对比度”命令..........82
技术看板：“自动颜色”命令..............82
3.5　打造梦幻阿宝色................................. 83
3.5.1　色彩平衡..83
技术看板：“色调分离”命令..............85
3.5.2　照片滤镜..86
技术看板：“黑白”命令......................87
技术看板：“匹配颜色”命令..............88

第 4 章　图层的应用

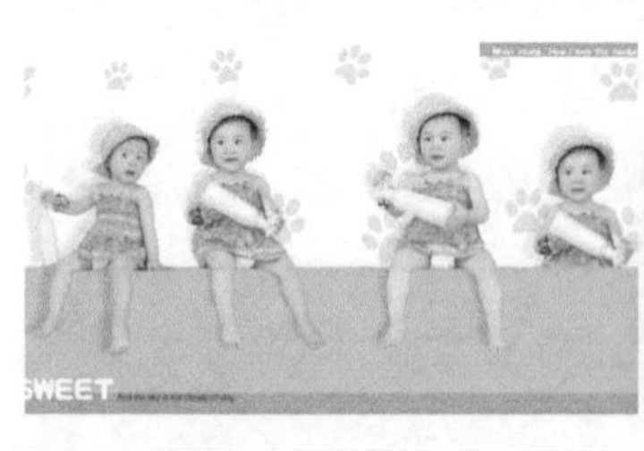

4.1　制作简单可爱的儿童相册.................. 90
4.1.1　创建图层..90
4.1.2　背景图层..91
4.1.3　调整图层..92
技术看板：使用“填充图层”制作底纹效果........................92
4.1.4　移动、复制、删除图层...................94
4.1.5　调整图层顺序..................................94
4.1.6　选择图层..95

4.1.7 图层的不透明度..........................97
技术看板：使用“混合模式”为人物制作文身..................98
4.1.8 形状图层.....................................99
技术看板：使用“自动对齐图层”命令拼合图像....................100
4.1.9 合并图层....................................101
技术看板：“图层”面板....................102
4.1.10 文字图层..................................103
4.2 简单唯美相框的制作........................ 104
4.2.1 添加图层样式............................104
4.2.2 斜面和浮雕...............................105
技术看板：显示和隐藏图层效果.........106
4.2.3 渐变叠加...................................107
技术看板：“光泽”设置界面.............107
4.2.4 投影..108
4.2.5 颜色叠加...................................109
技术看板：“图案叠加”设置界面.....110
4.2.6 内发光......................................111
技术看板：“外发光”设置界面.........112
4.2.7 复制和粘贴图层样式....................113
4.2.8 创建图层组...............................114
4.2.9 描边..115
技术看板：使用“样式”面板............117
4.3 制作简单的合成照片........................117
4.3.1 智能对象...................................118
4.3.2 “图层复合”面板.....................118
4.2.3 盖印图层...................................120

第 5 章　图像的修饰和美化

5.1 修复破损的图像............................... 122
5.1.1 污点修复画笔工具....................122
技术看板：“红眼工具”的使用方法.............................123
5.1.2 仿制图章工具...........................124
技术看板：“魔术橡皮擦工具”的使用方法......................125
技术看板：“图案图章工具”的使用方法......................125
5.1.3 修补工具...................................126
技术看板：“内容感知移动工具”的使用方法......................128
5.2 调整图像的进深感.......................... 129
5.2.1 模糊工具...................................130
技术看板：“修复画笔工具”的使用方法......................130
5.2.2 锐化工具...................................131
技术看板：“背景橡皮擦工具”的使用方法.......................132
5.2.3 涂抹工具...................................134
5.3 对图像进行润色.............................. 135
5.3.1 减淡工具...................................135
技术看板：使用“历史记录画笔工具”实现面部磨皮....................136
5.3.2 加深工具...................................136
技术看板：“渐隐”命令...................137
5.3.3 海绵工具...................................138
技术看板：“历史记录艺术画笔工具”的使用方法.......................139
技术看板：调整图像构图....................140
技术看板：“操控变形”命令的使用方法.......................141

第 6 章　图形与形状的绘制

6.1　制作儿童照片墙 144

6.1.1　椭圆工具 144

技术看板：使用“矩形工具”绘制云朵....................................146

6.1.2　钢笔工具 146

技术看板：使用“钢笔工具”绘制直线路径............................147

技术看板：使用“钢笔工具”绘制曲线路径............................147

6.1.3　转换点工具 148

6.1.4　直接选择工具 149

技术看板：使用“添加锚点工具”绘制心形形状......................150

6.1.5　“画笔”面板 150

6.1.6　画笔工具 153

技术看板：“颜色替换工具”的使用方法.......................156

6.2　绘制购物车图标 158

6.2.1　绘制路径 158

技术看板：路径的变换操作..................158

6.2.2　路径和锚点 159

6.2.3　路径选择工具 160

技术看板：选择和隐藏路径..................161

技术看板：创建新路径..........................161

6.2.4　“路径”面板 161

技术看板：填充路径..............................163

技术看板：描边路径..............................163

6.2.5　选区与路径 164

6.2.6　圆角矩形工具 165

6.3　制作精美书签 165

6.3.1　直线工具 165

6.3.2　自定形状工具 167

6.3.3　多边形工具 169

技术看板：编辑形状图层......................171

第 7 章　丰富的文字图像制作

7.1　制作书籍封面 174

7.1.1　认识文字工具 174

7.1.2　“字符”面板 176

7.1.3　输入段落文字 178

7.1.4　输入直排文字 178

技术看板：点文本与段落文本的相互转换..............................179

7.1.5　输入横排文字 180

7.1.6　选择全部文本............................180
技术看板：选择部分文本....................181

7.2　调整杂志封面的字体........................ 182

7.2.1　切换文本取向............................182
技术看板：栅格化文字图层................184
7.2.2　设置字体系列............................185
技术看板：字体预览大小　................186
7.2.3　设置字体样式............................187
技术看板：查找和替换文本................187
7.2.4　设置字号大小............................188
技术看板：拼写检查　........................188
7.2.5　消除锯齿....................................190
7.2.6　文本对齐方式............................190

7.3　制作精美音乐节海报........................ 192

7.3.1　创建变形文字............................192
7.3.2　创建沿路径排列的文字.............195
技术看板：移动与翻转路径文字.........196
技术看板：编辑文字路径...................197
7.3.3　“字符样式”面板...................197
7.3.4　“段落”面板............................199
技术看板：载入文字选区...................201
7.3.5　“段落样式”面板...................201
技术看板：将文字转换为路径............203
技术看板：将文字转换为形状............204

第 8 章　滤镜的使用

8.1　制作水彩画效果宣传页.................... 206

8.1.1　素描...206
8.1.2　艺术效果....................................208
技术看板：自适应广角滤镜................209
8.1.3　查找边缘....................................211
技术看板：“镜头校正”滤镜............215

8.2　数码影像人物照片精修.................... 217

8.2.1　液化...218
技术看板：“油画”滤镜....................220
8.2.2　USM锐化...................................220
技术看板：“消失点”滤镜................222
8.2.3　高斯模糊....................................224
技术看板：表面模糊...........................226
技术看板：动感模糊...........................227

8.3　制作贴图广告................................ 228

8.3.1　云彩...228
技术看板：高反差保留.......................229
8.3.2　分层云彩....................................231
8.3.3　中间值.......................................234
8.3.4　置换...237
技术看板：外挂滤镜...........................241

第 9 章　通道和蒙版

9.1　制作手机预售海报 243
9 1.1　蒙版简介及分类........................243
9.1.2　矢量蒙版....................................246
9.1.3　剪贴蒙版....................................247
9.1.4　认识图层蒙版............................248
技术看板：滤镜蒙版............................250
9.2　合成灯箱广告 251
9.2.1　“通道”面板............................251
9.2.2　颜色通道....................................252
技术看板：将通道中的图像粘贴到图层........................253
9.2.3　Alpha通道..................................254
9.2.4　复制、删除与重命名................257
技术看板：将图层中的图像粘贴到通道........................258
9.3　制作书籍页面内容 259
9.3.1　“应用图像”对话框................260
9.3.2　“计算”命令............................261
9.3.3　选区与快速蒙版的关系............261
9.3.4　选区与图层蒙版的关系............262
9.3.5　选区与Alpha通道的关系 262
9.3.6　通道与快速蒙版的关系............263
9.3.7　通道与图层蒙版的关系............263

第 10 章　3D 和视频动画

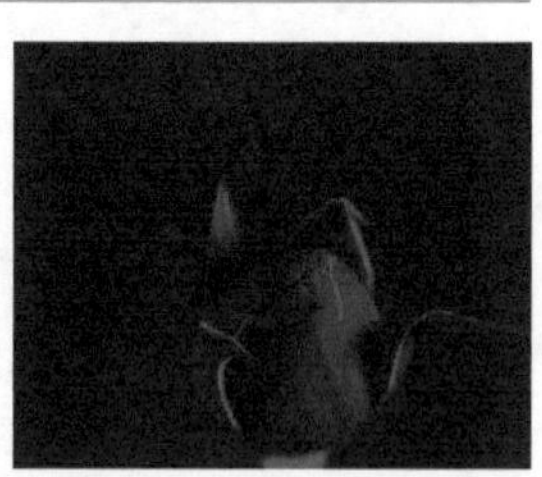

10.1　3D功能简介 266
技术看板：创建3D图层......................267
10.2　制作3D模型 268
10.2.1　编辑凸出3D模型网格.............268
10.2.2　从所选路径新建3D凸起..........269
技术看板：拆分凸起...........................270
10.2.3　变形凸出3D模型.....................271
10.2.4　“3D”面板和“属性”面板..271
技术看板：创建网格制作逼真地球.....273
10.3　周年店庆海报 276
10.3.1　设置文字样式..........................276
技术看板：为立方体添加纹理映射.....277
10.3.2　编辑纹理..................................278
技术看板：使用绘画工具为帽子上色..................................279
10.3.3　渲染..280
10.4　制作唯美雪景动画 283
10.4.1　“时间轴”面板......................283

10.4.2 更改动画中的图层属性..........285
10.4.3 过渡动画和反向帧..................286
技术看板：文字淡入淡出效果............287

10.5 制作视频动画 290

10.5.1 将视频帧导入图层..................290
10.5.2 制作视频片头..........................293
技术看板：导入图像序列制作光影效果.....................................294
10.5.3 编辑视频图层..........................297
技术看板：添加音频............................299

第 11 章 自动化与批处理

11.1 调整图像色调................................ 301

11.1.1 认识“动作”面板..................301
技术看板：制作文字水中倒影............301
11.1.2 创建与播放动作......................302
11.1.3 编辑动作..................................304
11.1.4 存储和载入动作......................305

11.2 制作暴风雪图片 306

11.2.1 插入菜单项目..........................307
11.2.2 插入停止语句..........................308
11.2.3 设置播放动作的方式..............309
技术看板：再次记录动作....................309
11.2.4 播放动作时更改设置..............311

11.3 调整图像.. 312

11.3.1 批处理......................................312
技术看板：制作图片展示....................313
11.3.2 快捷批处理..............................314
技术看板：限制图像尺寸....................315
11.3.3 批处理图像..............................316
技术看板：制作PDF演示文稿 318
技术看板：自动拼接全景照片............319

第 12 章 切片、打印和输出

12.1 切片.. 321

12.1.1 切片的类型..............................321
12.1.2 创建切片..................................322
技术看板：基于参考线创建切片........323
12.1.3 编辑切片..................................324
技术看板：划分切片............................326
12.1.4 优化Web图像 328

12.2 打印 330
12.2.1 设置页面 330
12.2.2 设置打印选项 330
12.2.3 打印 331
12.3 输出 332
12.3.1 印刷输出 333
12.3.2 网络输出 333
12.3.3 多媒体输出 333

第13章 Photoshop 综合应用

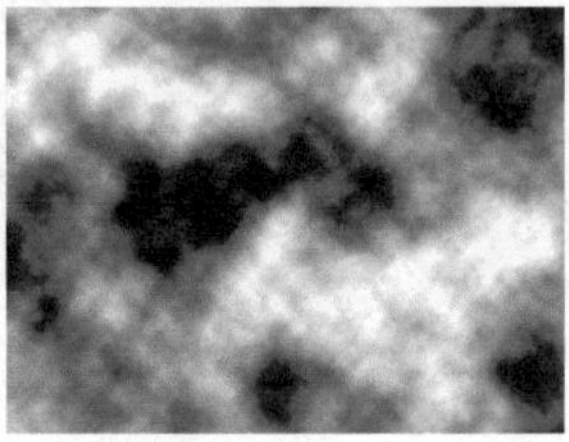

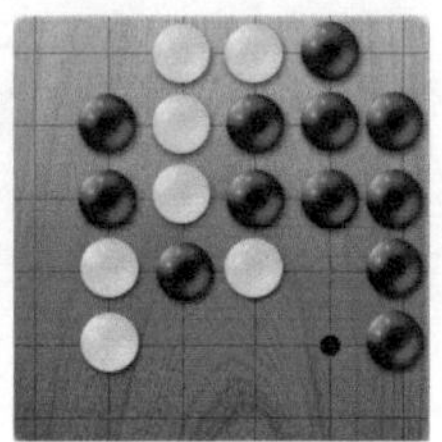

13.1 网页设计 335
13.1.1 校园官网首屏设计 335
案例分析 335
色彩分析 335
制作步骤 336
13.1.2 校园网站完整设计 340
案例分析 340
色彩分析 340
制作步骤 340
13.2 平面设计 349
13.2.1 商品包装设计 349
案例分析 350
色彩分析 350
制作步骤 350
13.2.2 广告宣传设计 357
案例分析 357
色彩分析 357
制作步骤 357
13.3 纹理质感应用 366
13.3.1 设计制作质感围棋图标 367
案例分析 367
色彩分析 367
制作步骤 367
13.3.2 设计制作质感文字 370
案例分析 370
色彩分析 371
制作步骤 371
13.4 UI设计 373
13.4.1 制作MP3产品外观 373
案例分析 373
色彩分析 374
制作步骤 374
13.4.2 设计制作播放器界面 381
案例分析 381
色彩分析 381
制作步骤 382

第1章 Photoshop的基本操作

Photoshop CS6作为一款强大的图像处理软件，不仅可以修饰图像，同时可以制作网页、平面广告和婚纱摄影图片等。本章通过介绍图像的基本概念、Photoshop CS6的操作界面、文件的基本操作等内容，帮助读者了解图像的基本操作，为学习Photoshop CS6打下基础。

1.1 图像的基本概念

图像的基本概念包括图像的类型、像素和分辨率等。计算机中的图像称为数字化图像，数字化图像一般分为两种类型，即位图和矢量图。这两种类型的图像各有优缺点，应用的领域也各不相同。

1.1.1 位图与矢量图

位图和矢量图各有优缺点，各自的优点又恰好可以弥补对方的缺点。所以在绘图与处理图像的过程中，常常需要将这两种类型的图像结合使用，才能互补余缺，使作品趋于完美。

位图。v

位图也称为点阵图，它是由许多的点组成的图像，这些点被称为像素。位图图像可以表现出丰富的色彩变化，同时产生逼真的效果，如图1-1所示。

在保存位图图像时需要记录每一个像素的色彩信息，所占存储空间较大，在进行旋转或缩放操作时会产生锯齿，如图1-2所示。

原图

▲ 图1-1

放大500%

▲ 图1-2

矢量图。

通过数学向量的方式进行计算，使用这种方式记录的文件所占用的存储空间较小。由于它与分辨率无关，所以在对它进行旋转、缩放等操作时，可以保持对象光滑无锯齿，如图1-3所示。

原图

放大300%

▲ 图1-3

疑难解答：矢量图的缺点和适用范围

矢量图的缺点是图像色彩变化较少，颜色过渡不自然，导致绘制出的图像难以接近逼真的效果。但因其体积小、可以任意缩放的特点，使其广泛应用于广告设计中，同时可在任意打印设备上以高分辨率进行输出。矢量图常用来制作企业、网站标志或插画，还可用于商业信纸或招贴广告。

1.1.2 像素和分辨率

像素是组成位图图像的基本单位，每一张位图图像由无数个像素点组成。同时，图像的清晰度和其本身的分辨率有直接关系。

像素。

像素是指基本原色素及其灰度的基本编码。像素是构成数码影像的基本单元，通常以像素每英寸（pixels per inch，PPI）为单位来表示图像分辨率的大小，如图1-4所示。

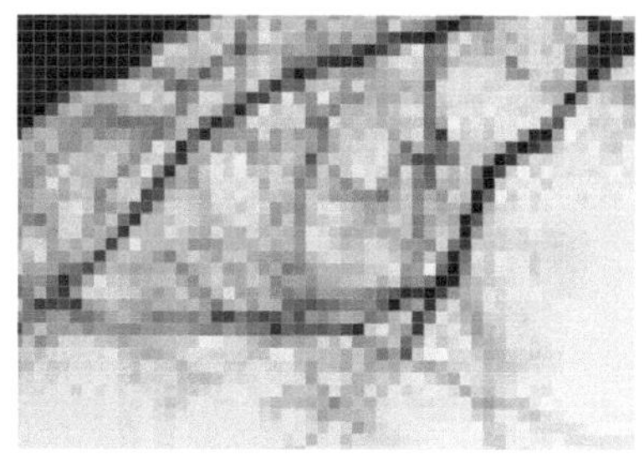

▲ 图 1-4

分辨率。

分辨率是指单位尺寸内图像中像素点的多少，像素点的个数越多，分辨率越高；相反，像素点的个数越少，分辨率越低。同样，分辨率高的图片，图像内容越细致，质量也较高，不同分辨率的图像如图1-5所示。

72分辨率

300分辨率

▲ 图 1-5

不同分辨率的图像可以用于不同的行业中，表1-1中列出了相应行业对分辨率的要求。

表1-1　相应行业对分辨率的要求

行业	分辨率（PPI）	行业	分辨率（PPI）
喷绘	40以上	普通印刷	250以上
报纸、杂志	120~150	数码照片	150以下
网页	72	高级印刷	600以上

1.1.3 图像的格式

图像格式即图像文件被储存的格式，比较常见的有JPG、TIF、PNG、GIF和PSD等。不同格式的图像各有优缺点，在存储文档时，应当根据图像的具体使用方法和途径选择合适的存储格式。

	JPG格式的文件是人们最常用的一种图片储存格式，网络图片的格式基本都属于此类。其特点是图片资源丰富且压缩率极高，可以节省存储空间。只是图片精度固定，有着在放大时图片清晰度会降低的缺点
	GIF格式的文件采用一种可变长度等压缩算法，最多支持265种色彩，经常用于网络传输。GIF格式的文件最大的特点是可以在一个文件中存储多幅彩色图像，并把多幅图像数据逐幅读出且显示到屏幕上，就可构成一种最简单的动画

	PNG格式的全称为“可移植网络图形格式”，是一种位图存储格式。这种格式最大的特点就是支持透明，而且可以在图像品质和文件体积之间做出均衡的选择
	TIFF是一种无压缩格式，主要用来存储包括照片和艺术图在内的图像，文件体积比PSD格式的小，比PNG格式的大。TIFF文件中可以保留图层、路径、Alpha通道、分色和挂网信息，非常适合印刷和打印输出
	PSD格式是Photoshop的专用格式。PSD格式的文件可以存储成RGB或CMYK模式，还能够自定义颜色数并加以存储，还可以保存Photoshop的图层、通道和路径等信息

1.2 Photoshop CS6 的操作界面

前面介绍了图像的基本概念，相信读者已了解和掌握了一些图像的知识。下面将对Photoshop CS6的操作界面进行简单的介绍和讲解，希望可以为读者之后的学习和设计工作打下坚实的基础。

1.2.1 关于Adobe Photoshop

Adobe公司成立于1982年，公司总部位于美国的加州圣何塞市，如图1-6所示为Adobe公司总部大楼。其公司产品涉及图形设计、图像制作、数码摄影、网页设计和电子文档等诸多领域，如图1-7所示为Adobe公司的LOGO。

▲ 图1-6

▲ 图1-7

公司产品除了众所周知的Photoshop以外，还包括专业排版软件InDesign、电子文档软件Acrobat、插画大师Illustrator和影视编辑软件Premiere等，如图1-8所示为这些软件的图标。

▲ 图1-8

Adobe Photoshop CS6是一款图像编辑软件，如图1-9所示为Photoshop CS6的启动界面。Photoshop CS6可以完成图像格式和模式的转换，能够实现对图像的色彩调整。由于Photoshop新版本的推出，它的功能将变得更加强大，涉及的领域也更广。

▲ 图1-9

1.2.2 操作界面

启动Photoshop CS6后，导入的图片将会出现在Photoshop CS6的工作界面，该界面包含文档窗口、菜单栏、选项栏、工具箱、状态栏、标题栏和面板等内容，如图1-10所示。下面具体介绍其中各部分的功能。

▲ 图1-10

- 菜单栏：单击菜单栏中的相应名称可打开相应的菜单，在弹出的下拉菜单中包含各种可执行的命令。
- 选项栏：单击工具箱中的某个工具后，选项栏会出现对应的可更改选项，以便用户进行设置。
- 标题栏：用来显示文档名称、文件格式、颜色模式和窗口缩放比例等信息，如果当前设计文档中包含多个图层，则标题栏还会显示当前工作的图层名称。
- 工具箱：一共包含65种常用的工具，可以完成基本的图像绘制。
- 状态栏：用来显示文档大小、文档尺寸、当前工具和窗口缩放比例等信息。
- 面板：用于配合图像编辑和Photoshop CS6的功能设置。
- 文档窗口：图像显示区域，用于编辑和修改图像。

提示：单击菜单栏中的选项，弹出相应的下拉菜单，单击相应的命令即可选中该命令。或者按下Alt键的同时，按下命令名称后面相应的快捷键也可以执行命令。

小技巧：工具箱中带有角标的工具图标都是一个工具组，在图标上单击鼠标右键，可弹出全部工具。按住Alt键不放，单击工具组，组中的工具会进行逐个切换。

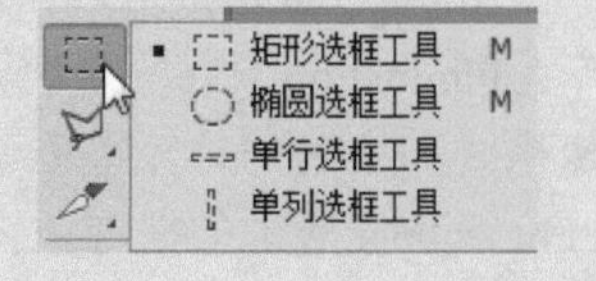

技术看板：更改操作界面颜色

Photoshop CS6的操作界面默认以黑色显示，用户可以根据自身需要对界面颜色进行调整。

选择“编辑>首选项>界面”命令，弹出“首选项”对话框，如图1-11所示。选择第四套颜色方案，单击“确定”按钮，效果如图1-12所示。

Photoshop CS6的工具箱默认在工作区左侧，以单排显示，单击工具箱左上角的三角形图标，工具箱会被展开以双排显示，如图1-13所示。

▲ 图1-11　　▲ 图1-12　　▲ 图1-13

1.3 系统设置和优化调整

为了可以更好地使用Photoshop CS6，首先要了解一些软件本身的设置和优化功能。Photoshop CS6的优化设置命令都保存在了“首选项”对话框中，可以选择“编辑>首选项”命令，打开如图1-14所示的“首选项”对话框。

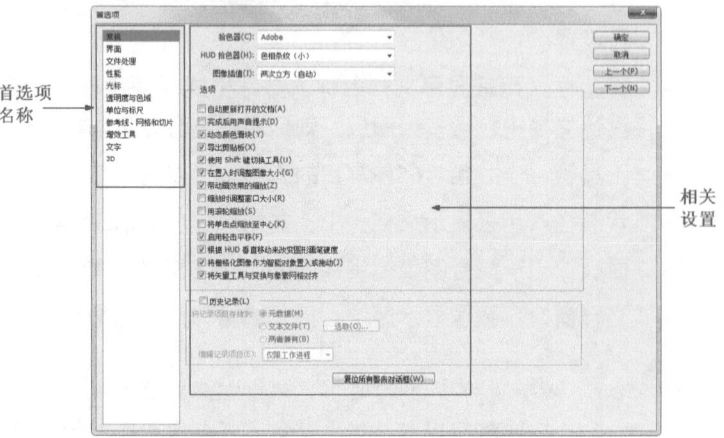

▲ 图1-14

技术看板：更改参考线颜色

如果素材图像的底色和参考线的颜色非常相近，用户可以随时修改参考线的颜色，方便绘图，如图1-15所示。

选择“编辑>首选项”命令，弹出“首选项”对话框，选择“参考线、网格和切片”选项卡，更改“参考线”中的默认“颜色”为“浅蓝色”，如图1-16所示。

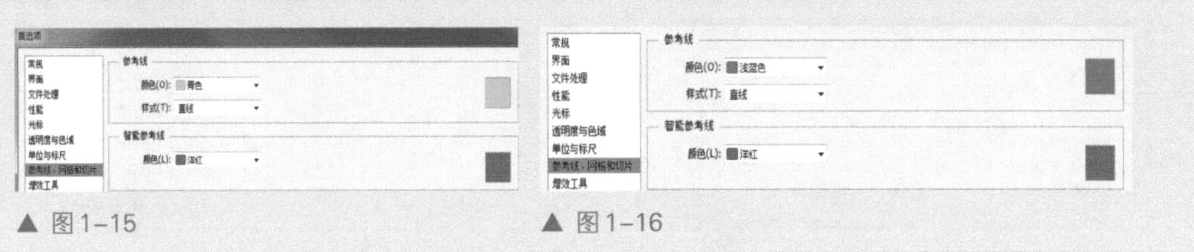

▲ 图1-15　　▲ 图1-16

1.3.1 预设工作区

选择“窗口>工作区”命令，弹出下拉菜单，下拉菜单中的11个命令都是建立工作区的基本命令，如图1-17所示。

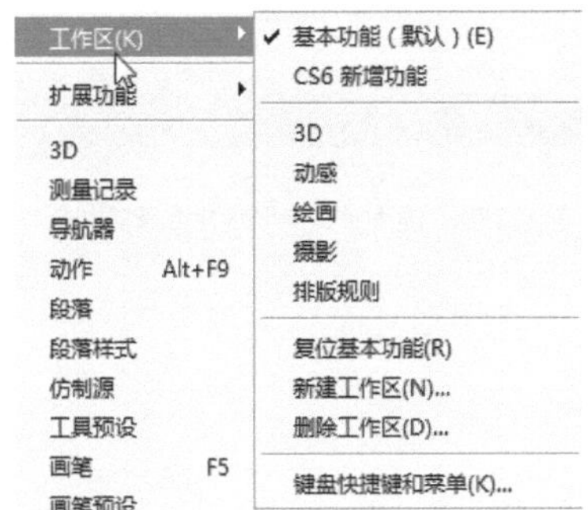

菜单命令

基本工作区

▲ 图1-17

技术看板：自定义工作区

每一位用户的职业和操作习惯都不同，为了方便操作，Photoshop CS6为用户提供了自定义工作区的功能，如图1-18所示。

使用“移动工具”将“历史记录”面板拖到合适位置，再将面板折叠为图标形式，如图1-19所示。

▲ 图1-18　　▲ 图1-19

选择“窗口>工作区>新建工作区”命令，弹出“新建工作区”对话框，单击“确定”按钮，如图1-20所示。此时可以在“窗口”菜单中看到定义好的工作区名称，如图1-21所示。

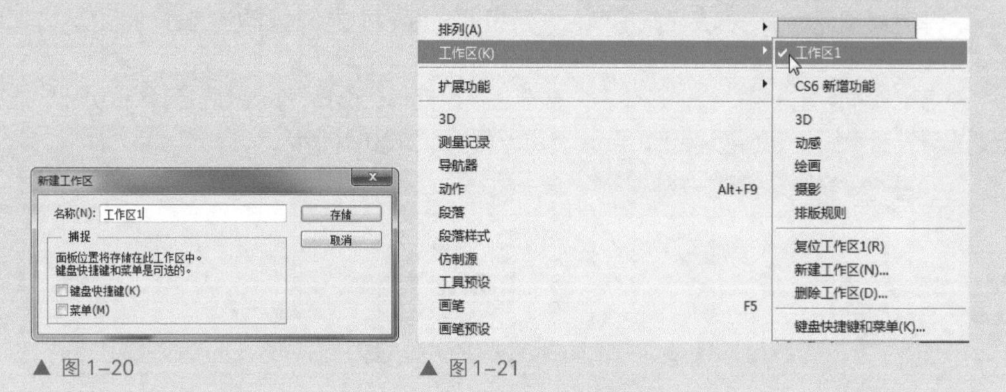

▲ 图1-20　　▲ 图1-21

提示： Photoshop CS6的应用领域非常广泛，不同行业对Photoshop CS6中各项功能的使用频率也不同。针对这一点，Photoshop CS6提供了几种常用的预设工作区，以供用户选择。同时用户也可以根据自身对Photoshop CS6的需要，来进行工作的排版。

1.3.2 自定义键盘快捷键

在Photoshop CS6中，有许多命令和工具，使用快捷键可以更加快速地切换各种命令和工具，方便用户更加快捷地绘图。

技术看板：自定义键盘快捷键

选择“窗口>工作区>键盘快捷键和菜单”命令，弹出“键盘快捷键和菜单”对话框，选择“键盘快捷键”选项卡，如图1-22所示。在“快捷键用于”下拉列表中选择“应用程序菜单”选项，在“应用程序菜单命令”列中选择“选择>修改>羽化”命令，如图1-23所示。

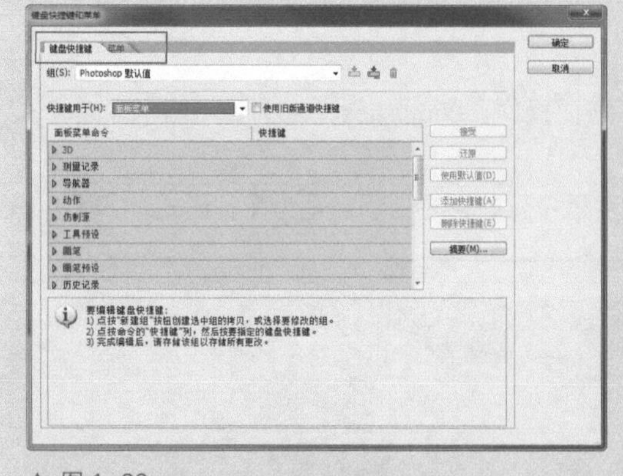

▲ 图1-22

▲ 图1-23

单击“删除快捷键”按钮，将该快捷键删除，如图1-24所示。按下快捷键Shift+Ctrl+D，系统提示冲突，如图1-25所示。

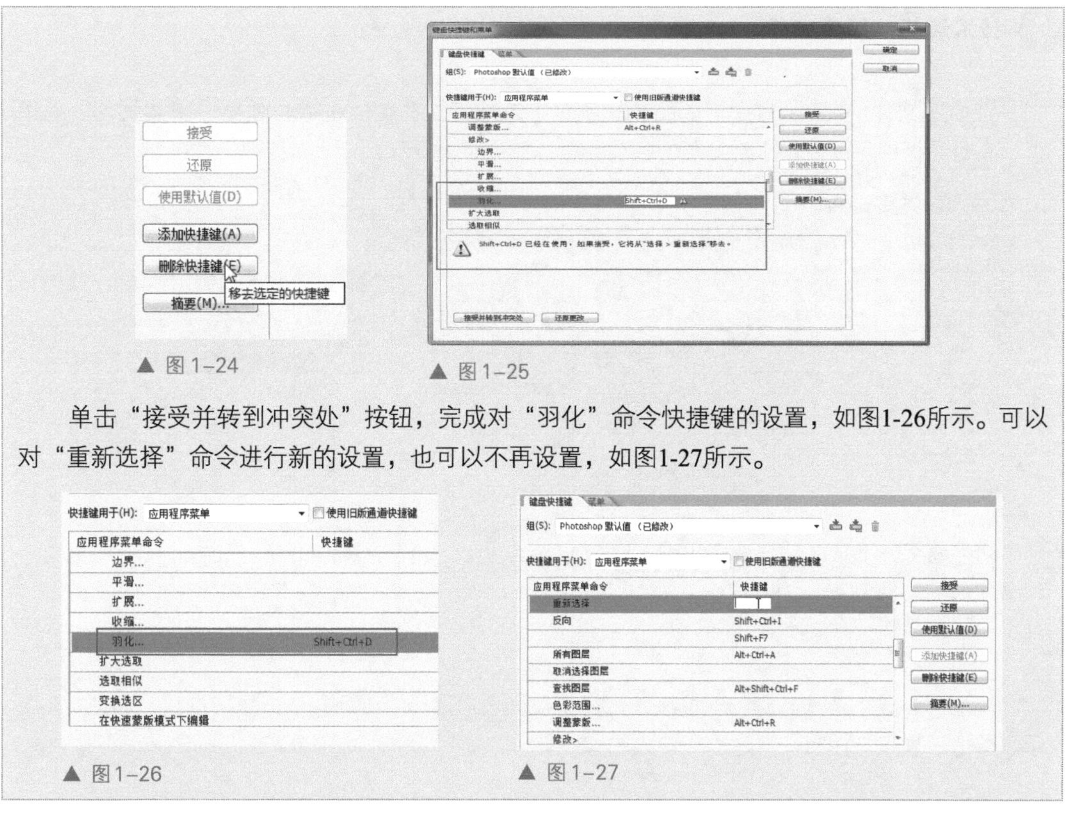

▲ 图1–24　▲ 图1–25

单击“接受并转到冲突处”按钮，完成对“羽化”命令快捷键的设置，如图1-26所示。可以对“重新选择”命令进行新的设置，也可以不再设置，如图1-27所示。

▲ 图1–26　▲ 图1–27

小技巧： 选择“编辑键盘快捷键”命令，或者按下快捷键Alt+shift+Ctrl+K，弹出“键盘快捷键和菜单”对话框，也可以完成自定义快捷键操作。

1.4 文件的基本操作

掌握一个图像处理软件，首先要对软件的基本操作有所了解，上一节讲解了Photoshop CS6的一些常规系统操作，本节将会对文件的基本操作，例如新建、打开和查看文件等进行介绍。

1.4.1 新建文件

Photoshop CS6除了可以对图像进行编辑外，还可以新建一个空白文件，使用各种工具在画布上进行各种操作，也可以将多张素材图像合成新文件。

疑难解答：新建文件时，如何选择文件的位深数

位深数表示颜色的最大数量。位深数越大，则颜色数就越多。其中，1位模式只适用于位图模式的图像；32位模式适用于RGB模式的图像；8位和16位模式可以用于除位图模式之外的任何一种色彩模式，通常情况下使用8位模式即可。

技术看板：新建文件

选择“文件>新建”命令（如图1-28所示）或按下快捷键Ctrl+N，弹出“新建文件”对话框，在对话框中可以设置新建文档的各项参数，如图1-29所示。

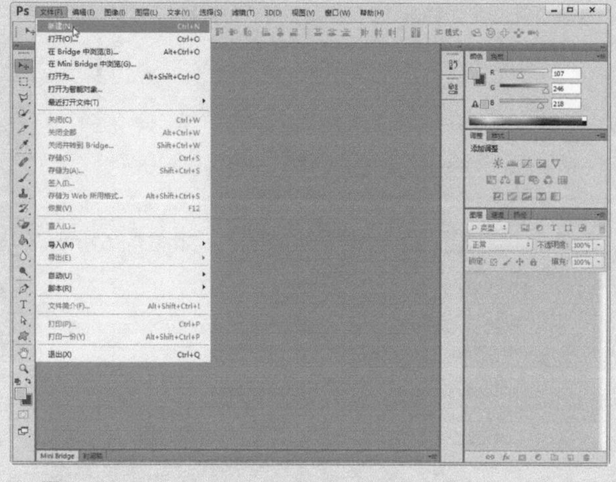

▲ 图1-28

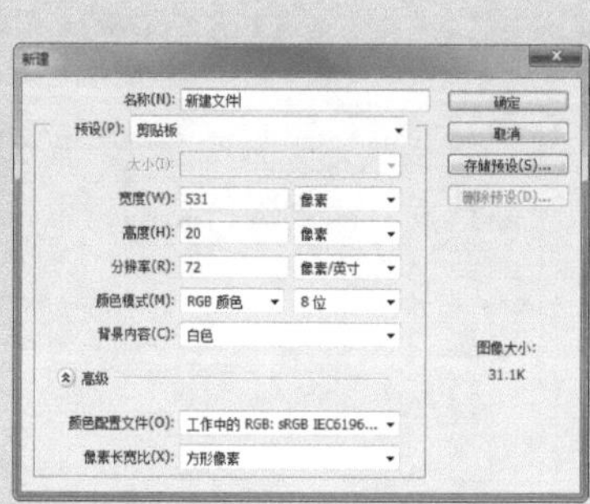

▲ 图1-29

单击“预设”选项右侧的下拉按钮，在下拉列表中选择“国际标准纸张”选项，如图1-30所示。单击“确定”按钮，新建的文件如图1-31所示。

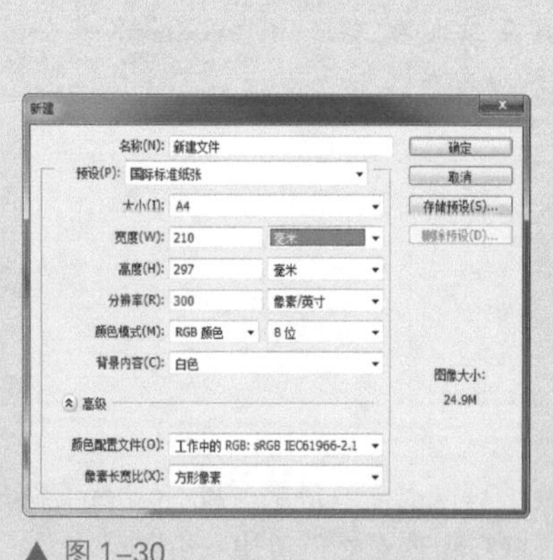

▲ 图1-30

▲ 图1-31

疑难解答：“预设”和“高级”选项区域的其他选择

单击“预设”右侧的下拉按钮，在打开的下拉列表中可以选择新建文件的模板尺寸。单击“高级”按钮，显示“颜色配置文件”和“像素长宽比”两个下拉列表框，分别用于设定当前图像文件要使用的色彩配置文件和图像的长宽比。

1.4.2 打开文件

在Photoshop CS6中，可以通过选择“打开”文件命令，将软件外部多种格式的图像打开进行编辑，也可以将未完成的PSD文件打开，继续进行各种操作处理。

技术看板：打开文件

选择“文件>打开”命令或按下快捷键Ctrl+O，弹出“打开”对话框，如图1-32所示。选择素材图像，单击“打开”按钮，打开文件效果如图1-33所示。

▲ 图 1–32

▲ 图 1–33

小技巧： 出现无法打开文件的情况时，可以选择“文件>打开为”命令，在“打开为”对话框中，选择一个被错误地保存为PNG格式的JPG文件，在“打开为”下拉列表中为它指定正确的格式。

提示： 在“文件>最近打开文件”子菜单中会显示之前编辑的10个图像文件。

1.4.3 置入文件

在Photoshop CS6中，可以将图像、照片或者AI、EPS、PDF等矢量格式的文件当作智能对象置入到文档中，对其进行编辑处理。

提示： 智能对象保留图像的源内容及其所有原始特性，从而让用户能够对图层执行非破坏性编辑。

技术看板：置入文件

选择“文件>置入”命令，弹出“置入”对话框，选中图像，单击“置入”按钮，如图1-34所示。将图像置入到新建文档中，文档中将会显示被置入的图像，如图1-35所示。

▲ 图1–34

▲ 图1–35

双击图像，选择“窗口>图层”命令，打开“图层”面板，发现该图像所在图层带有智能对象角标，如图1-36所示。单击图像缩览图，弹出提示框，如图1-37所示。

▲ 图1–36

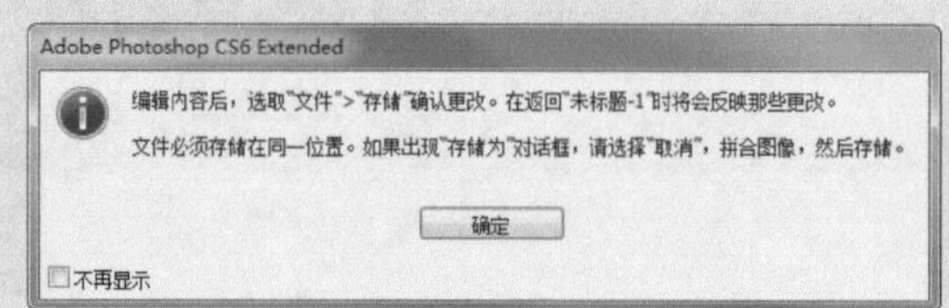

▲ 图1–37

单击“确定”按钮，图像将会被切换到新的可编辑文档中，如图1-38所示。

▲ 图1–38

提示： 单击“图层”面板中的智能对象缩览图，可以在新的文档中对智能对象进行编辑，编辑完成后，退出文档并保存，当前文档中的智能对象也会被修改。

1.4.4 存储文件

完成文件的创建编辑后，都要将文件进行保存，以便使用和下次修改。接下来将对保存文件的具体操作进行演示。

技术看板：存储文件

选择“文件>存储”命令，弹出“存储为”对话框，如图1-39所示。打开“格式”下拉列表，选择如图1-40所示的格式。

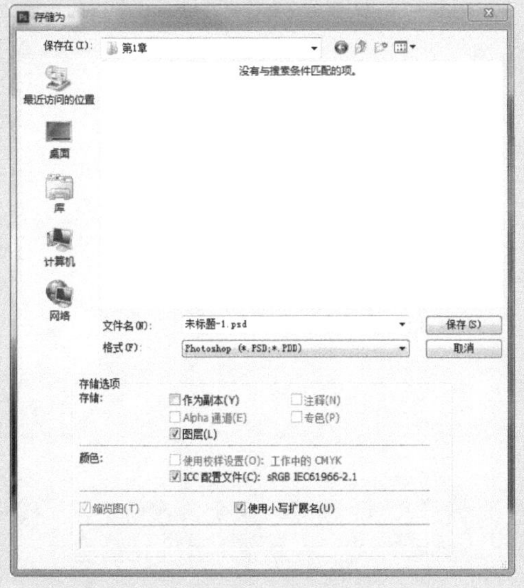

▲ 图1-39

▲ 图1-40

修改文件名，单击“保存”按钮，如图1-41所示。随后弹出“JPEG选项”对话框，单击“确定”按钮，将文件保存，如图1-42所示。

选择“文件>存储为”命令，在弹出的对话框中设置各项参数，单击“保存”按钮，如图1-43所示。随后弹出“Photoshop格式选项”对话框，单击“确定”按钮，将文件保存，如图1-44所示。

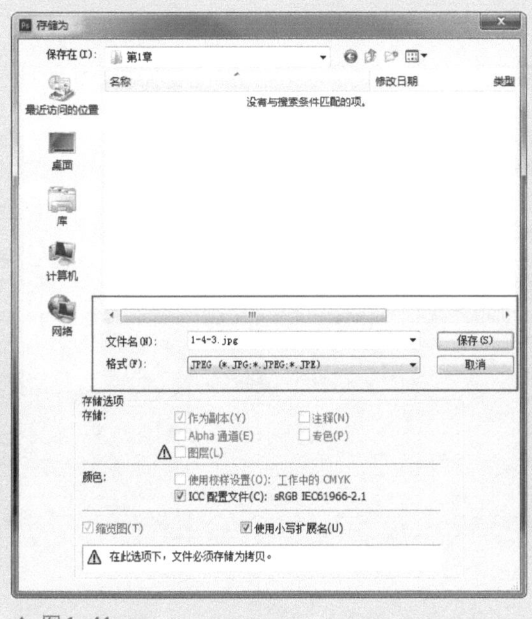

▲ 图1-41

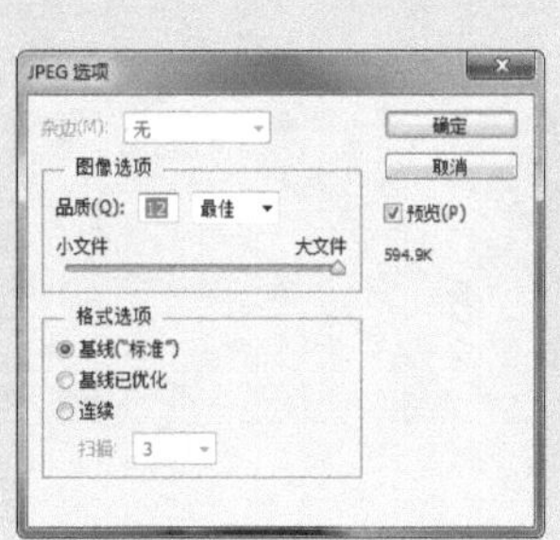

▲ 图1-42

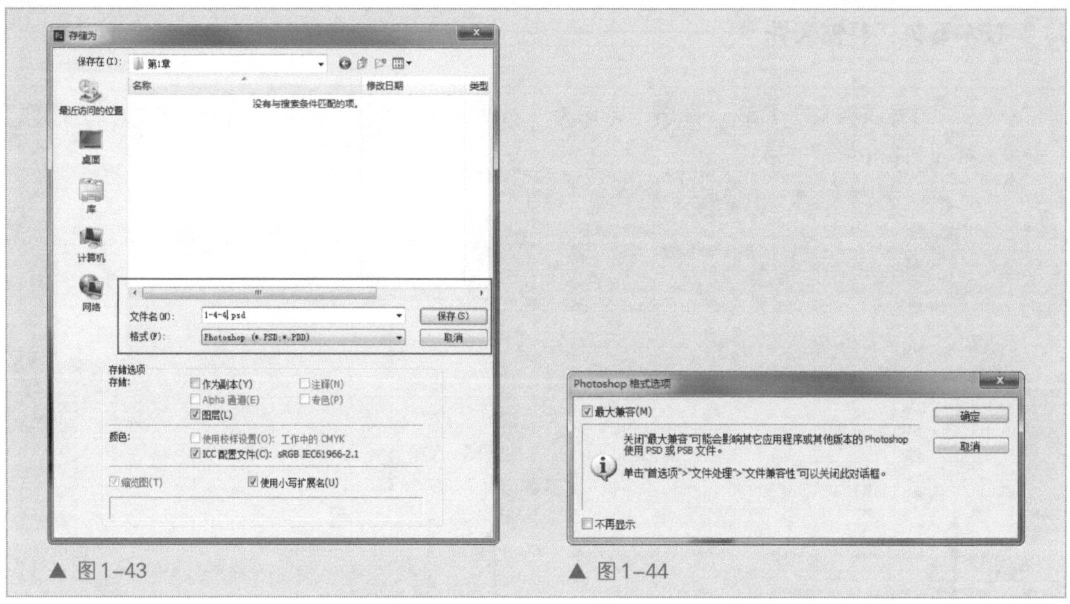

▲ 图1-43　　▲ 图1-44

小技巧：完成对图像的修改操作后，选择“文件>存储”命令，存储图像。选择“文件>存储为”命令，可以将文件保存为其他的图像格式，或者保存在其他位置。

1.4.5 关闭文件

完成文件的编辑后，需要关闭文件以结束当前操作，关闭文件的方法有关闭文件、关闭全部文件和退出Photoshop CS6程序3种。

技术看板：关闭文件

在打开的素材图像中（如图1-45所示），选择“文件>关闭”命令（如图1-46所示），按下快捷键Ctrl+W或单击文档窗口右上角的“关闭”按钮，即可关闭当前文档。

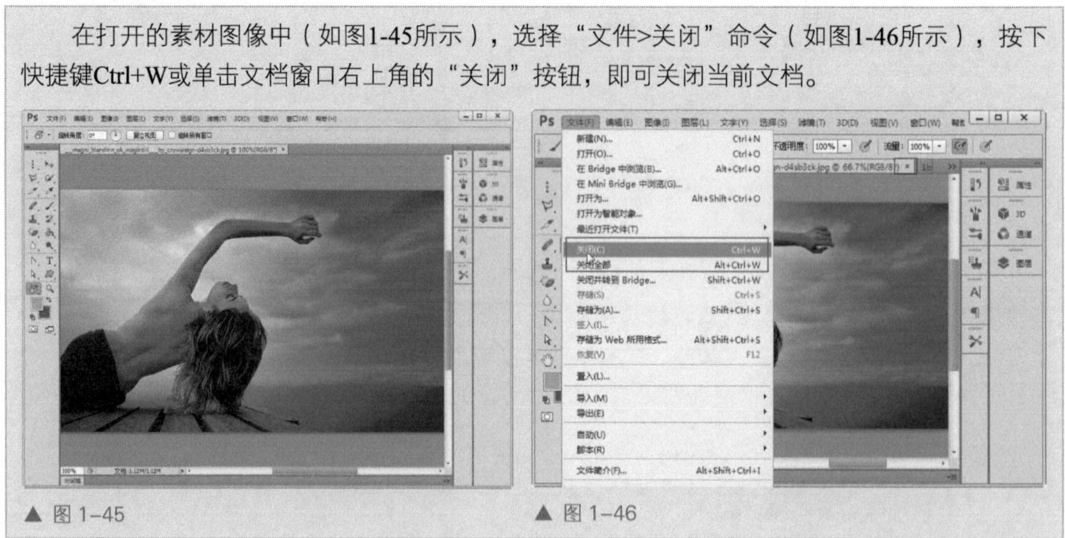

▲ 图1-45　　▲ 图1-46

如果在Photoshop CS6中打开了多个文件，选择“文件>关闭全部”命令，如图1-47所示，或者按住Shift键的同时单击文档窗口右上角的“关闭”按钮，即可关闭全部文件。

选择“文件>退出”命令，如图1-48所示，或者按下快捷键Ctrl+Q或者单击Photoshop CS6窗口右上角的“关闭”按钮，即可关闭当前文件。

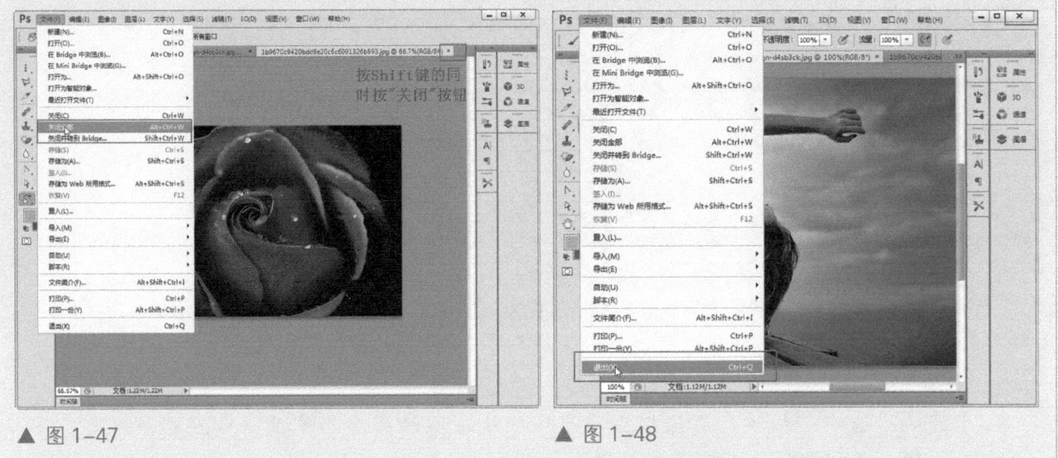

▲ 图 1–47　　▲ 图 1–48

提示：在标题栏上单击鼠标右键，弹出快捷菜单，选择“关闭”或“关闭全部”命令关闭文件。还可以选择“在资源管理器中显示”或“移动到新窗口”命令，来对图像文件进行编辑。

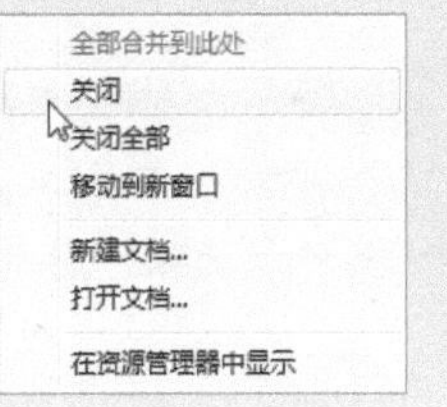

1.5 设置画布和图像大小

在Photoshop CS6中可以将画布理解为绘图时所使用的画板，那么设计完成的作品就是画板上的图像。为了更好地设计作品，在绘图时需要根据设计作品的要求，对画布大小和图像大小进行合理调整。

1.5.1 画布大小

画布是指整个文档的工作区域，也就是图像的显示区域，如图1-49所示。在处理图像时，可以根据用户的需要来减小或者增大画布的大小，也可以旋转画布。

选择“图像>画布大小”命令，弹出“画布大小”对话框，如图1-50所示，可以设置相关参数。增大画布大小时，图像周围会添加空白区域；减小画布大小时，图像会被裁剪。

▲ 图 1-49

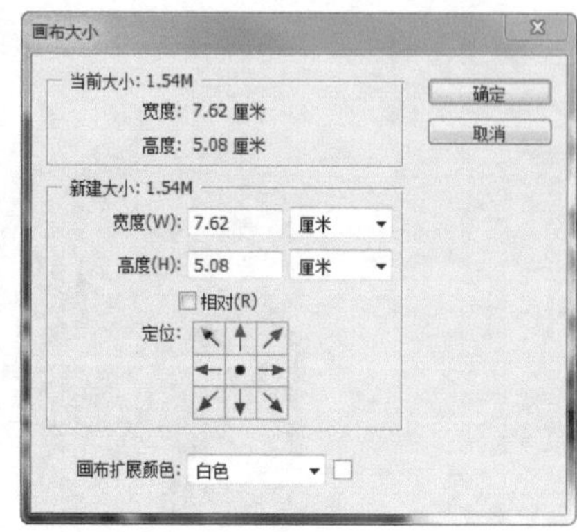

▲ 图 1-50

小技巧：选中“相对”复选框，画布增加或减少的高度和宽度，是在画布现有大小的基础上增加或减少的，而不是基于整个文档。

提示：单击“画布扩展颜色”右侧的下拉按钮，弹出下拉列表，共有7个选项：前景、背景、白色、黑色、灰色和其他。如果前面6个都不是用户想要的颜色，那么选择“其他”选项，弹出“拾色器”对话框，选择任意颜色作为画布扩展颜色。

“定位”是指单击不同的方格，可以指示当前图像在新画布上的位置。如图1-51所示为设置了两种不同的定位方向的效果，且增加画布大小后的位置也会不同。

▲ 图 1-51

1.5.2 图像大小

在编辑图像的时候，当素材图像不符合设计要求或设计规范时，可以选择“图像>图像大小”命令，弹出“图像大小”对话框，如图1-52所示。在对话框中可以对图像的像素大小、打印尺寸和分辨率等进行修改。

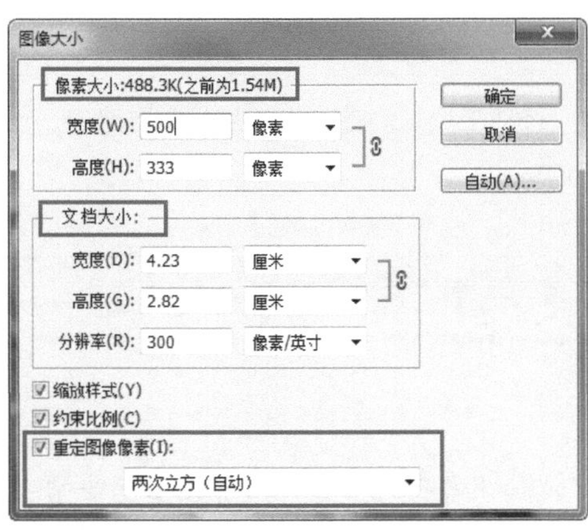

▲ 图 1-52

疑难解答：“图像大小”对话框

“像素大小”显示的是图像当前的像素尺寸，括号内显示的是修改前的大小，该选项区域的“宽度”和“高度”可以自定义。“文档大小”选项区域用来设置图像输出时的打印尺寸，同时也可以设置分辨率。选中“缩放样式”复选框，图层样式会跟随图像大小的变化而变化。选中“重定图像像素”复选框，在修改图像大小时，图像的清晰度也会随之更改，Photoshop CS6给出了6种重定图像像素方案，可以在修改时任意选择。

技术看板：更改图像大小

打开素材图像，选择“图像>图像大小”命令，弹出“图像大小”对话框，如图1-53所示。在对话框中可以设置参数，设置完成后单击“确定”按钮，如图1-54所示。

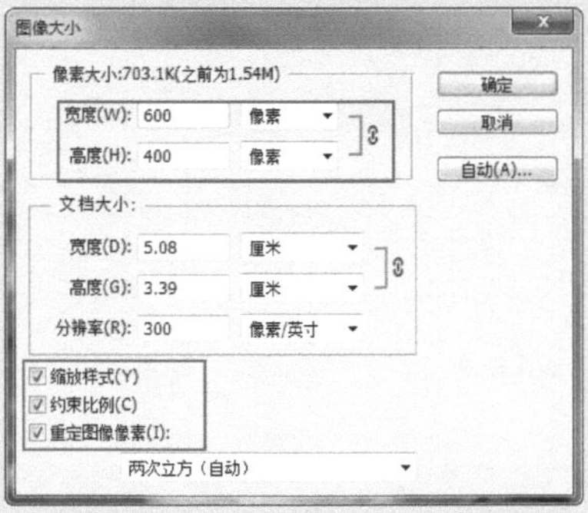

▲ 图 1-53

▲ 图 1-54

提示：在修改图像的大小时，为了不破坏图像的比例和完整性，一般都会选中“约束比例”复选框。

1.6 编辑图像

在图像的制作过程中，常常需要对素材图像进行编辑，编辑图像包括移动图像、裁剪多余图像、变换图像角度和旋转图像等。

1.6.1 移动图像

在Photoshop CS6中，移动图像需要使用工具箱中的“移动工具”。首先将图片或图层选中，然后即可对其进行移动。“移动工具”的选项栏如图1-55所示。

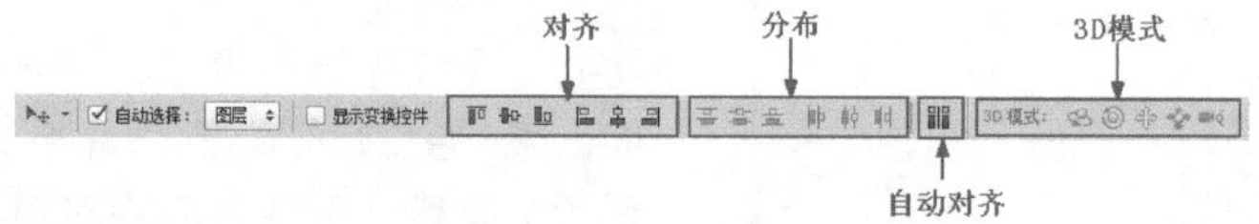

▲ 图1–55

提示：当文档有两个或两个以上的图层时，可以使用各个对齐按钮对齐图层。当文档中有3个或以上的图层时，单击相应的分布按钮，可以使所选图层中的对象按规则分布。单击“自动对齐”按钮可以根据不同图层中的相似内容自动对齐图层。3D模式的选项只有在进行3D操作时才可以使用。

打开两张素材图像，如图1-56所示。切换文档到房子图像中，使用“移动工具”在画布中进行移动，房子图像可随鼠标位置进行移动。

▲ 图1–56

使用“移动工具”将房子图像移动到草地图像的标题上，再继续移动，直到草地图像上，松开鼠标，即可将房子移到草地上，如图1-57所示。

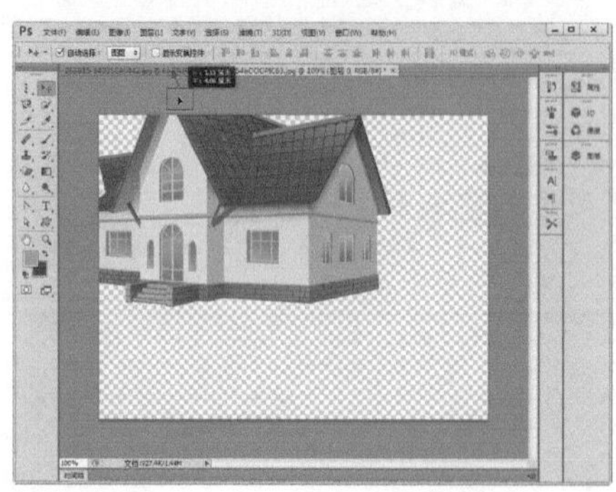

▲ 图1–57

小技巧：移动图层中或选区中的对象时，可以通过键盘上的方向键实现精确移动，每按一下方向键移动一个像素，按下Shift键的同时按下方向键，可以移动10个像素。

提示： 移动图像时，如果移动的图像是“背景”图层，则该图层无法在文档区域自由移动，但是可以在文件和图像间自由移动。如果想要“背景”图层在画布内自由移动，可以将背景图层转换为普通图层。

1.6.2 旋转图像和画布

在Photoshop CS6中，不仅可以变更图像和画布的大小，还可以旋转画布和图像。接下来将演示旋转画布的具体操作过程。

技术看板：旋转画布

选择“图像>图像旋转>水平翻转画布”命令，即可实现画布的水平翻转，如图1-58所示。

▲ 图 1–58

选择“图像>图像旋转>任意角度”命令，弹出“旋转画布”对话框，设置相应参数，单击“确定”按钮，即可旋转画布如图1-59所示。

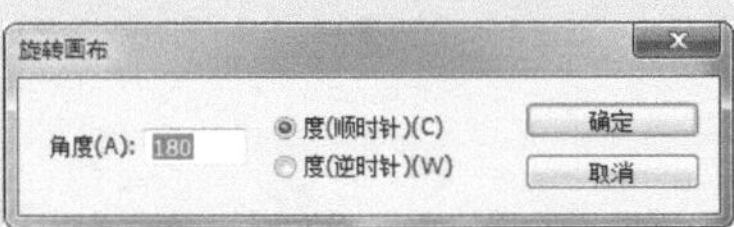

▲ 图 1–59

单击工具箱中的“旋转视图工具”按钮，当鼠标指针变为时进行旋转，画布将跟随鼠标旋转的角度同步进行旋转，如图1-60所示。

▲ 图1-60

提示：使用“旋转视图工具”时，Photoshop CS6中的3D效果必须为打开状态。如果用户的计算机显卡支持OpenGL绘图，可选择“编辑>首选项>3D”命令，查看3D效果的相关设置；相反，若计算机显卡不支持OpenGL绘图，用户无法使用该工具。

如果用户想要旋转图像中的某一图层，可选择“编辑>自由变换”命令，出现定界框后进行旋转，图层中的对象会随之旋转，在定界框内双击或者按下Enter键，即可确认旋转操作，如图1-61所示。

▲ 图1-61

小技巧：如果用户想要旋转图层中的对象，也可以选择“编辑>变换>旋转”命令。使用方法与“自由变换”命令相同。

1.6.3 变换图像

通过选择“自由变换”命令，可以为素材图像调出定界框，并对图像进行缩放和旋转等操作。选项栏如图1-62所示。

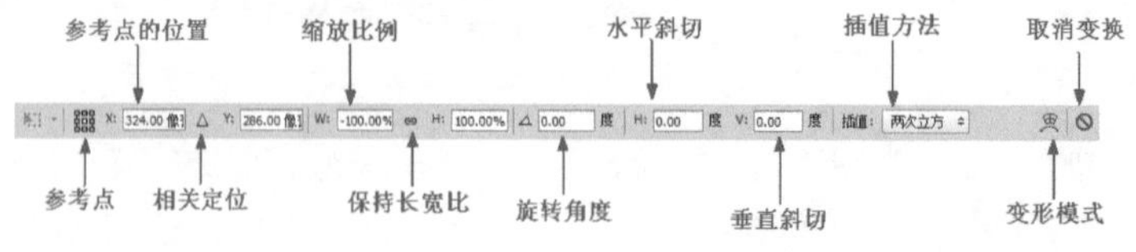

▲ 图1-62

选中打开的素材图像，选择“编辑>自由变换”命令，调出定界框，单击鼠标右键，弹出快捷菜单，选择“水平翻转”命令，即可水平翻转图像，如图1-63所示。

▲ 图1-63

在已经调整出定界框的素材图像中，当鼠标指针变为↔或↗时，拖动定界框可对图像进行缩放处理，如图1-64所示。选择“编辑>变换>扭曲”命令，调整定界框4个角的位置，即可扭曲图像如图1-65所示。

▲ 图1-64

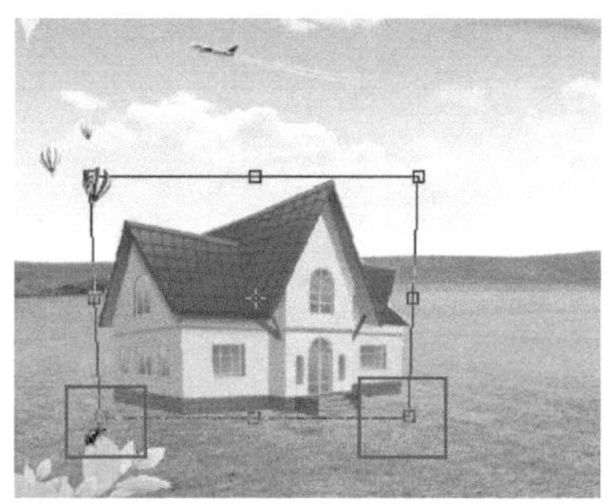

▲ 图1-65

小技巧：在缩放图像时，当鼠标指针显示为↗时，按住Shift键的同时拖动定界框，图像会按比例进行缩小或扩大。

选择“编辑>变换>透视”命令，出现定界框。将鼠标放在定界框的任意角点上，向上或向下移动角点，可使图像具有透视效果如图1-66所示。选择“编辑>变换>斜切”命令，调整角点位置，可以斜切图像如图1-67所示。

▲ 图1-66

▲ 图1-67

提示：选择“编辑>变换>斜切”命令时，按住Alt键的同时移动某个角点，会变为对称斜切。

技术看板：变形图像

打开素材图像，在图像上创建选区并复制图像到新图层，使用快捷键Ctrl+T为选区调出定界框，选择“编辑>变换>变形”命令，如图1-68所示。

▲ 图 1-68

拖动鼠标，使定界框内的直线变为曲线，图像的变形操作已基本完成，按Enter键，确认变形操作，如图1-69所示。

▲ 图 1-69

小技巧： 使用“自由变换”和“变换”命令调出定界框，用户在没有调整好图像前，不要轻易按Enter键确认调整，否则再次出现的定界框将与上次的不同。

1.6.4 裁剪图像

裁剪图像的主要目的是调整图像的大小，为获得更好的构图，删除不需要的内容。使用“裁剪工具”“裁剪”命令或“裁切”命令都可以裁剪图像，“裁剪工具”的选项栏如图1-70所示。

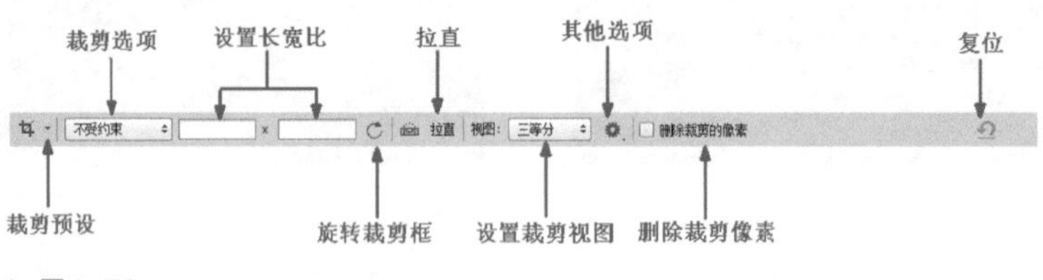

▲ 图1-70

提示：拉直是指通过在图像上画一条直线来修改图像的垂直方向。选中“删除裁剪的像素”复选框，裁剪后会将裁剪掉的像素删除；取消选中此复选框，则会以蒙版的形式暂时将裁剪掉的像素隐藏。

打开素材图像，单击工具箱中的“裁剪工具”按钮，图像四周显示裁剪标记，向左拖动鼠标到相应位置，在裁剪框内部双击即完成裁剪操作，如图1-71所示。

▲ 图 1-71

单击选项栏中的“裁剪选项”下拉按钮，在弹出的下拉列表中选择“大小与分辨率”选项，打开如图1-72所示的对话框。在其中设置相关参数，单击“确定”按钮，效果如图1-73所示。

▲ 图 1-72

▲ 图 1-73

提示：打开选项栏中的“裁剪选项”下拉列表，可以选择预设的裁剪长宽比。如果其中没有用户想要的长宽比例，可以在设置框内自定义裁剪时的长和宽，同时用户也可以选择“裁剪视图”中的选项，使得裁剪出来的图像更加精确美观。

技术看板：透视裁剪图像

打开素材图像，单击工具箱中的“透视裁剪工具”按钮。在图像上连续单击，完成裁剪框的设定，如图1-74所示。

▲ 图 1-74

将鼠标指针放在裁剪框上并进行拖动，可以扩大裁剪框的范围。在裁剪框内双击，即可完成裁剪，如图1-75所示。

▲ 图 1-75

1.7 撤销与重做

在制作和编辑图像的过程中，很容易出现操作失误或对操作效果不满意的情况，这时可以使用“还原”命令，将图像效果退回到上一步操作。如果已经执行了多个操作步骤，同样可以选择“恢复”命令，使图像效果退回到未开始操作之前。

1.7.1 还原、前进和后退命令

选择“编辑>还原”命令，或按快捷键Ctrl+Z，可以撤销用户对图像进行的最后一次编辑，将图像还原到上一步结束的状态，如图1-76所示。

提示：每一次使用“还原”命令时名称都不相同，因为还原命令的名称会随着用户的上一步操作而改变，例如用户的上一步操作为裁剪，还原命令的名称则为“还原裁剪”。

执行一次“还原”命令后，该命令就会变为“重做”命令，如图1-77所示。

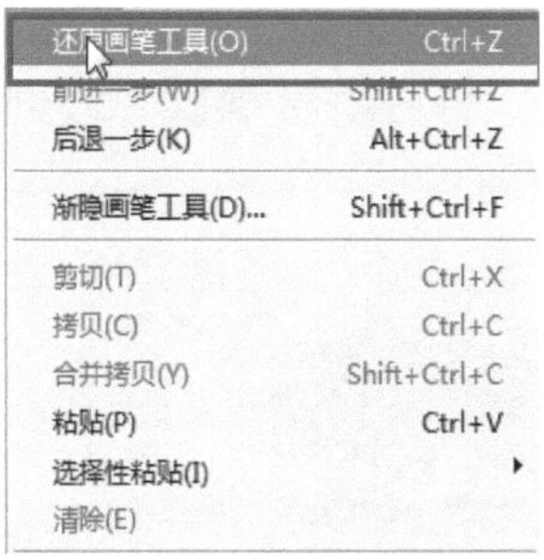

▲ 图 1–76

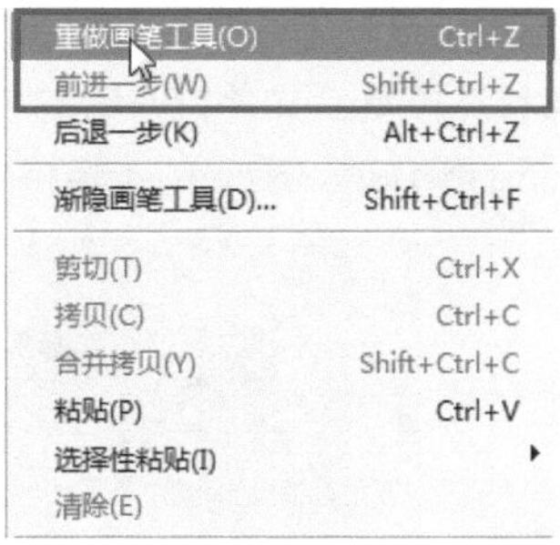

▲ 图 1–77

“还原”命令只能还原一步操作，如果想要连续还原操作，可以连续选择“编辑>后退一步”命令，或按快捷键Alt+Ctrl+Z，逐步撤销操作。

当用户发现连续取消操作执行过多时，可以继续连续选择“编辑>前进一步”命令，或按快捷键Shift+Ctrl+Z，逐步恢复被撤销的操作。

1.7.2 恢复命令

用户在编辑图像的过程中，只要没有保存图像，就可以将出现错误操作的图像，恢复到图像打开时的状态。此时，选择“文件>恢复”命令或按F12键即可，如图1-78所示。

提示：如果用户在编辑图像的过程中进行了保存操作，那么选择“恢复”命令后，恢复的操作则是在上一次保存后的状态，而未经保存的操作将被放弃。在Photoshop CS6中，选择“恢复”命令的操作将会被记录到“历史记录”面板中，所以，用户能够取消恢复操作，还原到恢复前的步骤。

Photoshop CS6带有自动保存功能，选择“编辑>首选项>文件处理”命令，选中“自动存储恢复信息时间间隔”复选框，并设置存储时间，如图1-79所示。设置完成后，Photoshop CS6会按照设定的时间自动存储文件为备份副本文件，对原始文件没有影响。

当系统出现错误中断文件编辑时，再次启动软件，Photoshop CS6会自动恢复最后一次自动保存的文件，如图1-80所示。

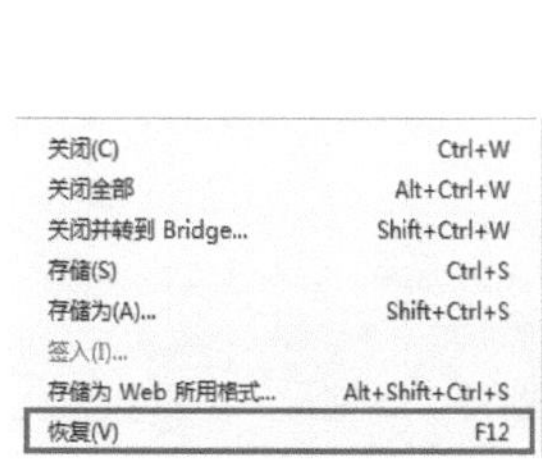

▲ 图 1–78

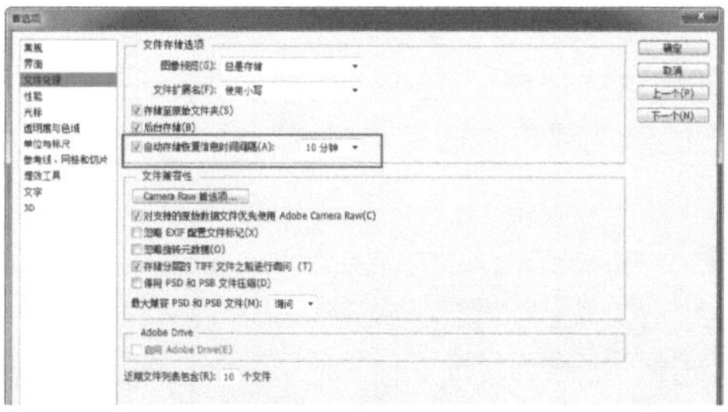

▲ 图 1–79

▲ 图 1–80

1.7.3 历史记录

Photoshop CS6为用户提供了“历史记录”面板，用来记录用户的各项操作。使用“历史记录”面板，用户可以在图像编辑过程中，使操作状态回到前面的“某一步”。

选择“窗口>历史记录”命令，打开“历史记录”面板，如图1-81所示。单击“打开”步骤，文档区域内的图像状态恢复到文件打开时的初始状态。“打开”步骤以下的步骤全部变暗，如图1-82所示。当执行新的操作时，变暗的步骤将全部被取代。

▲ 图1-81

▲ 图1-82

单击“历史记录”面板底部的“创建新快照”按钮，当前文档区域内的图像状态会被记录到“快照1”里。选择“快照1”，单击“历史记录”面板底部的“删除”按钮，快照将会被删除。也可以将“快照1”直接拖动到“删除”按钮上，将其删除。

1.8 辅助工具

在图像处理过程中，经常需要借助一些辅助工具，来帮助用户把一些细微和烦琐的操作，变得简单和便利。下面将具体介绍一些辅助工具的使用方法，例如标尺、参考线、网格和注释工具等。

1.8.1 标尺

选择“视图>标尺”命令，或按快捷键Ctrl+R，显示标尺，如图1-83所示。将鼠标指针移动到标尺上，单击鼠标右键，在弹出的快捷菜单里选择“像素”命令，设置标尺的计量单位为像素，如图1-84所示。

▲ 图1-83

▲ 图1-84

将鼠标指针移动到窗口左上角的位置，按住鼠标左键，向下拖动，如图1-85所示。调整标尺的原点位置，也就是（0，0）的位置。移动后的原点位置如图1-86所示，双击窗口左上角，原点位置将恢复到原始位置。

▲ 图1-85

▲ 图1-86

1.8.2 参考线

使用“移动工具”在图像上面的标尺处单击，并向下拖动鼠标，如图1-87所示，松开鼠标创建第一条水平参考线。继续在图像的左面标尺处向右拖动，创建第二条参考线，如图1-88所示。

▲ 图1-87

▲ 图1-88

选择“视图>清除参考线”命令，文档内所有参考线将被清除，如图1-89所示。选择“移动工具”，当鼠标指针变为⇕时，参考线为被选中状态，向上或者向左移动鼠标拖动参考线至标尺上，即可清除被选中的参考线，如图1-90所示。

▲ 图1-89

▲ 图1-90

小技巧：可以使用“移动工具”随意移动参考线，当确定好所有参考线的位置后，选择“视图>锁定参考线”命令可以锁定参考线，以防参考线被错误移动。

提示：选择“视图>新建参考线”命令，可弹出“新建参考线”对话框。在此对话框中，可以精确地设置每条参考线的位置和取向，从而创建精确的参考线。

技术看板：智能参考线的使用

新建文件，将图像移入画布中，选择“视图>显示>智能参考线”命令，使用“移动工具”将第一个圆形向下移动，可以看到智能参考线，如图1-91所示。

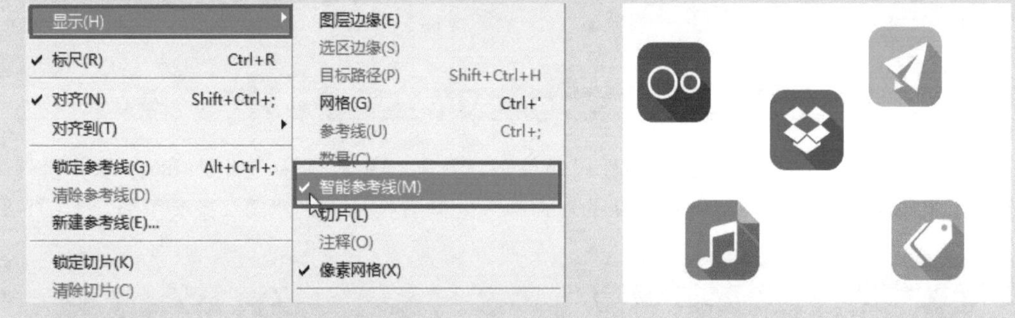

▲ 图 1-91

根据智能参考线的位置提醒，使用“移动工具”将图标上下左右对齐后，放在同一水平线上，如图1-92所示。

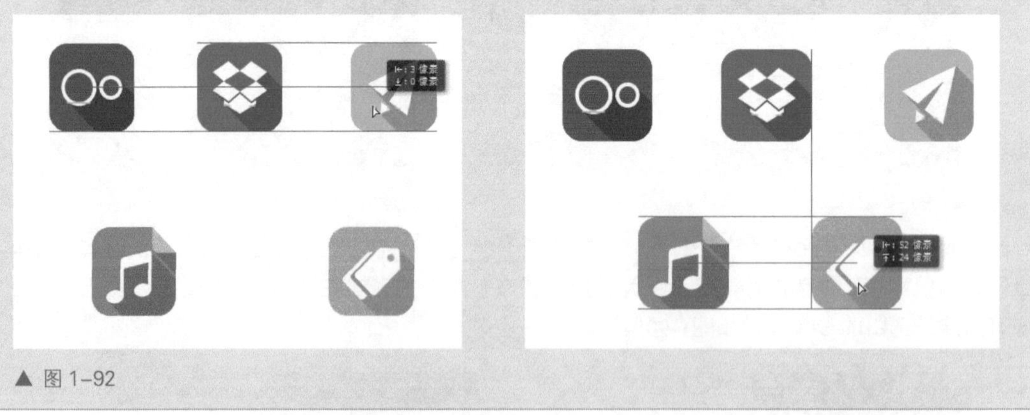

▲ 图 1-92

1.8.3 网格

Photoshop CS6中的网格具有对准线的作用。它可以把画布平均分成若干块同样大小的区域，这样有利于绘图时的对齐。选择“视图>显示>网格”命令，可以显示网格，如图1-93所示。再次选择“视图>显示>网格”命令，网格消失，如图1-94所示。

▲ 图1-93

▲ 图1-94

1.8.4 标尺工具

在Photoshop CS6中，“标尺工具”是一种用来非常精准地测量及修正图像的工具。使用“标尺工具”拉出一条直线后，如图1-95所示，用户可以得出这条直线的详细信息，如直线的坐标、宽、高、长度、角度等，这些都是以水平线为参考的。

▲ 图 1-95

观察这些数值，用户可以判断图像角度不正的具体数值。单击选项栏中的“拉直图层”按钮，图像如图1-96所示，使用“裁剪工具”修剪图片，如图1-97所示。

▲ 图 1-96

▲ 图 1-97

> **提示**：“标尺工具”选项栏内的“使用测量比例”是用来设置测量比例的，它将在图像中设置一个与比例单位（如英寸、毫米或厘米）数相等的指定像素数。在创建比例之后可以用选定的比例单位测量区域并接收计算和记录结果。“拉直图层”按钮可以将图层变换为“标尺工具”拉出的直线，和水平线平行。

1.8.5 注释工具

使用“注释工具”可以在图像的任何位置添加文本注释，标注一些制作信息或者其他有用的信息。

单击工具箱中的“注释工具”按钮，在图像中需要注释的位置单击，出现如图1-98所示的标记，表示添加一个注释，在弹出的“注释”面板中输入注释内容，即可完成注释的添加，如图1-99所示。

▲ 图1-98

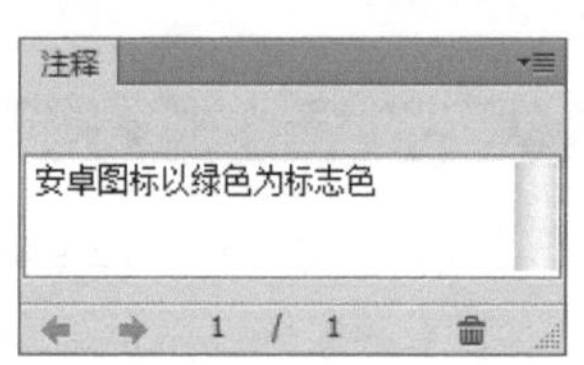

▲ 图1-99

选择想要删除的注释，单击鼠标右键，在弹出的快捷菜单中选择“删除注释”命令即可将注释删除，如图1-100所示。也可以直接按Delete键将选中的注释删除。

在Photoshop CS6中，选择“文件>导入>注释”命令，如图1-101所示，可以将PDF文件中的注释内容直接导入到图像中。

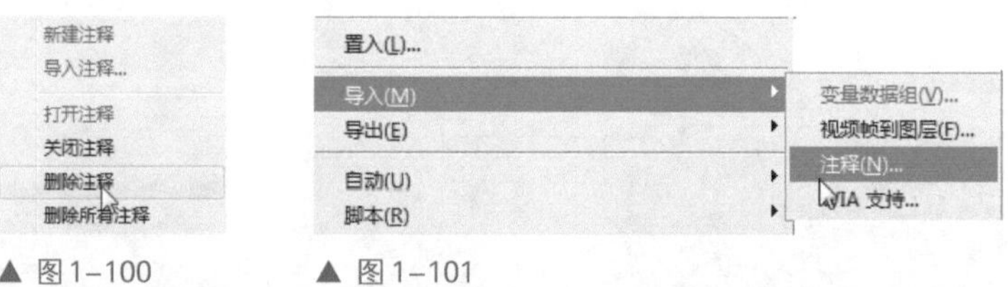

▲ 图1-100　　▲ 图1-101

1.8.6 计数工具

Photoshop CS6中的“计数工具”是一款数字计数工具，使用的时候用户可以在需要标注的地方单击，相应地出现一个数字，如图1-102所示，数字会随着用户的单击而递增。

▲ 图1-102

使用“计数工具”可以统计图像中一些重复的元素，它是统计及标记工具。标记的颜色、字号大小及标记大小都可以在选项栏中进行设置，如图1-103所示。如果想要清除标记，可以单击选项栏中的“清除”按钮。

▲ 图1-103

> **提示：单击“清除”按钮后，Photoshop CS6文档区域内所有计数标记将被清除，如果想要清除部分标记，可以选择“还原”命令。**

1.9 查看图像

用户刚开始使用Photoshop CS6编辑图像时，常常需要执行一些例如缩小或放大图像的操作，以便可以更好地编辑图像和观察操作完成后的图像效果。Photoshop CS6提供了“缩放工具”“抓手工具”“导航器”面板和多种操作命令来为查看图像服务。

1.9.1 更改屏幕模式

Photoshop CS6根据不同用户的不同制作需要，提供了3种不同的屏幕显示方式。在工具箱中的“更改屏幕模式”按钮上单击鼠标右键，显示如图1-104所示的屏幕显示方式。选择相应的方式，可以更换不同的屏幕模式，3种屏幕模式如图1-105所示。

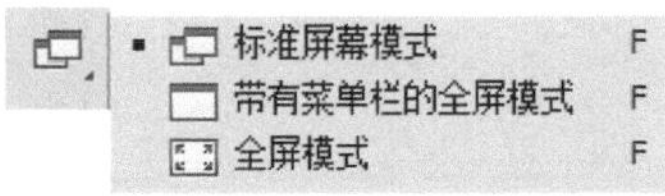

▲ 图 1-104

标准屏幕模式

带有菜单栏的全屏模式

全屏模式

▲ 图 1–105

小技巧：按下F键可以在3种模式下快速切换。在“全屏模式”下可以通过F键或者Esc键退出全屏模式，按下Tab键可以隐藏/显示工具箱、选项栏和面板，按下快捷键Tab+Shift可以隐藏/显示面板。

1.9.2 缩放工具

Photoshop CS6为用户提供了一个“缩放工具”，来帮助用户完成对图像的放大或缩小。单击工具栏中的“缩放工具”按钮，鼠标指针变为或时，在文档区域内单击，可放大或者缩小图像。“缩小工具”的选项栏如图1-106所示。

调整窗口大小以满屏显示　缩放所有窗口　☑ 细微缩放　实际像素　适合屏幕　填充屏幕　打印尺寸

▲ 图 1–106

技术看板：放大或缩小图像

打开一张素材图像，单击工具箱中的“缩放工具”按钮，在选项栏中选中“细微缩放”复选框。向右拖动鼠标，图像将被无限放大；向左拖动鼠标，图像将被无限缩小，如图1-107所示。

▲ 图 1–107

取消选中“细微缩放”复选框，在画布中单击并按下鼠标左键拖动，将出现一个矩形选框。松开鼠标后，矩形选框中的图像会被放大到整个窗口，如图1-108所示。

▲ 图1-108

疑难解答："缩放工具"选项栏

单击"调整窗口大小以满屏显示"按钮，在缩放图像的同时自动调整窗口的大小。选中"缩放所有窗口"复选框，可同时缩放所有打开的图像窗口。单击"实际像素"按钮，图像将以实际像素显示。单击"适合屏幕"按钮，用户可以在窗口中最大化显示完整图像。单击"填充屏幕"按钮，将以当前图像填充整个屏幕大小。单击"打印尺寸"按钮，可以使图像以1:1的实际打印尺寸显示。

小技巧：放大图像还可以在按住Ctrl键不放的同时按下+键，同理，缩小图像也可以在按住Ctrl键不放的同时按下-键。

1.9.3 抓手工具

在图像编辑过程中，如果图像较大，不能够在画布中完全显示，可以使用"抓手工具"移动画布，以查看图像的不同区域。选择该工具后，在画布中单击并拖动鼠标，即可移动画布，如图1-109所示。

按下Alt键的同时，使用"抓手工具"在窗口中单击可以缩小窗口；按住Ctrl键的同时，使用"抓手工具"在窗口中单击可以放大窗口，如图1-110所示。

▲ 图1-109

▲ 图1-110

疑难解答：“导航器”面板

缩放文本框中显示了文档区域的显示比例，在文本框内输入数值可以改变显示比例；拖动滑块向左或向右，可以缩小或放大文档区域的显示；单击“放大”或“缩小”按钮，同样可以放大或缩小文档区域的显示。

▲ 图 1–111

1.9.4 “导航器”面板

Photoshop CS6为用户提供了一个“导航器”面板，使用该面板可以缩放图像，还可以移动画布。在图像需要按照一定比例工作时，如果画布中无法完整显示图像，可以通过该面板查看图像。选择“窗口>导航器”命令，弹出“导航器”面板，如图1-111所示。

当文档区域不能完整地显示图像时，将鼠标指针移至“导航器”面板的代理预览区域内，鼠标指针变换形状，如图1-112所示。单击并拖动鼠标可以移动画布，在代理预览区域内的图像会位于文档区域的中心，如图1-113所示。

▲ 图 1–112

▲ 图 1–113

小技巧：选择“导航器”面板菜单中的“面板选项”命令，可在打开的对话框中修改代理预览区域内矩形框的颜色。

1.9.5 多窗口查看图像

在Photoshop CS6中同时打开多张素材图像，为了更好地观察和比较图像，可以使用菜单栏中的“排列”命令。选择“窗口>排列”命令，弹出的菜单如图1-114所示。

在“排列”子菜单中有10种排列方式可供用户选择，选择“全部垂直拼贴”排列方式，效果如图1-115所示。

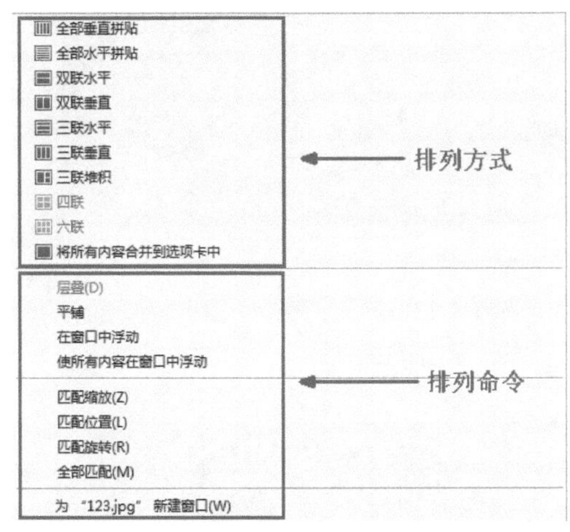

▲ 图 1-114

▲ 图 1-115

技术看板：多窗口查看图像

依次打开3张素材图像，选择“窗口>排列>三联堆积”命令，窗口排列方式如图1-116所示。继续选择“窗口>排列>平铺”命令，效果如图1-117所示。

▲ 图 1-116

▲ 图 1-117

对3张素材图像分别选择“窗口>排列>在窗口中浮动”命令或者选择“窗口>排列>使所有内容在窗口中浮动”命令，还可以直接拖动使窗口浮动，如图1-118所示。窗口全部浮动后，可对其进行自由移动，如图1-119所示。

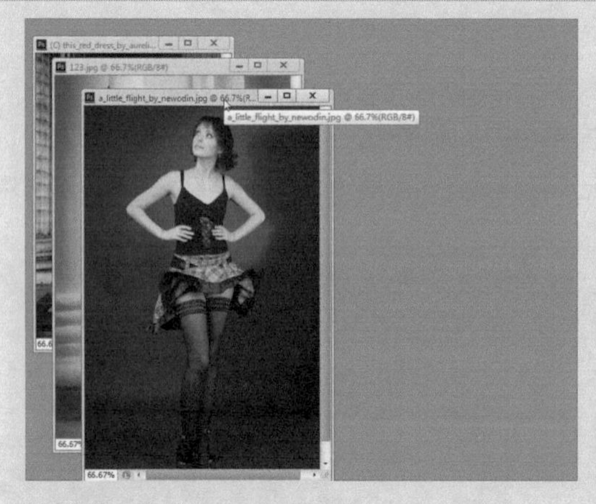

▲ 图 1–118

▲ 图 1–119

继续选择“窗口>排列>层叠”命令，窗口排列效果如图1-120所示。选择“窗口>排列>将所有内容合并到选项卡中”命令，窗口排列恢复到初始状态，如图1-121所示。

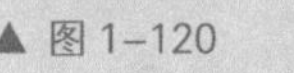

▲ 图 1–120

▲ 图 1–121

疑难解答：“排列”下拉菜单中的排列命令

排列命令是除了已经设置好的几种文档排列方案外，Photoshop CS6提供的其他几种查看文档的方式。选择“匹配缩放”命令，所有窗口的大小都将匹配到与当前窗口相同的缩放比例。“匹配位置”“匹配旋转”“全部匹配”和“匹配缩放”用法相同，但作用不同。选择“为‘文件名’新建窗口”命令是指为当前文档新建一个窗口，新窗口的名称会显示在“窗口”菜单的底部。

第2章 选区的应用

在 Photoshop CS6 中，选区作为抠图的基础，具有很重要的意义。选区可以帮助用户实现图像的局部调整，而不影响图像其他部分的像素。本章的重点就是选区的操作和应用，希望可以帮助读者更好地学习 Photoshop CS6。

2.1 制作广告轮播图背景

选区就是在Photoshop CS6中划定的操作范围，会被虚线包围。Photoshop CS6有很多种创建选区的工具，其中按选区的形式分为创建规则选区工具和创建不规则选区工具。下面将使用创建规则选区的几种工具来制作广告轮播图的背景。

2.1.1 矩形选框工具

淘宝网页的轮播图是网页广告中最常用的一种形式，如图2-1所示，通常由核心产品图和广告两部分组成。其中，核心产品图可以由选区工具抠图获得，再加上准确的文字和丰富的色彩搭配，完美地展示产品的特性。

▲ 图 2-1

选择“文件>新建”命令，在弹出的对话框中设置各项参数，如图2-2所示。选择“文件>打开”命令，单击工具箱中的“矩形选框工具”按钮，在画布中拖动创建选区，如图2-3所示。

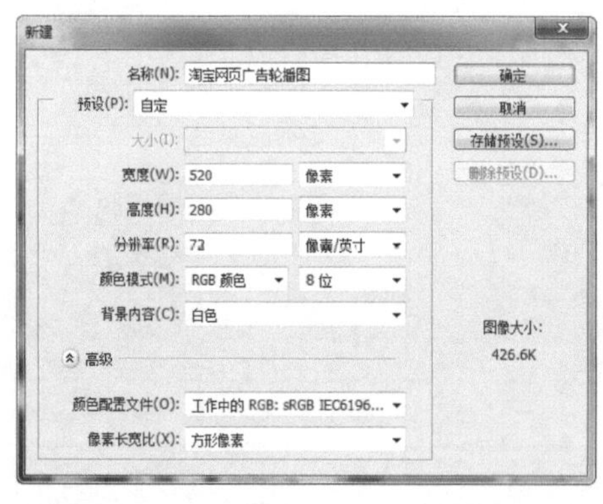

▲ 图 2-2

▲ 图 2-3

创建选区后，在选项栏中的“样式”下拉列表中选择“固定比例”选项，“固定比例”的宽高比为13 : 7，如图2-4所示。

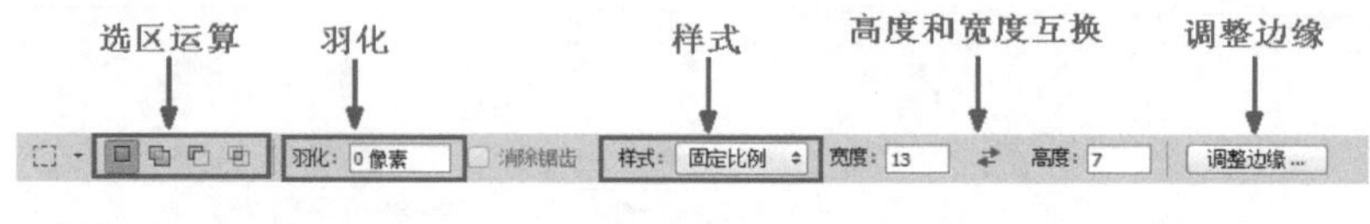

▲ 图 2-4

提示：根据新建文档的大小比例，设定选区的“固定比例”为13 : 7。这样选择的选区与新建文档的比例相同。

技术看板：创建矩形选区

新建一个空白文档，单击工具箱中的“矩形选框工具”按钮，在画布上按下鼠标左键拖动以创建选区，如图2-5所示。也可以在创建选区的同时按下Shift键，创建出一个正方形选区，同时会在选区边缘提示选区宽和高的准确数值，如图2-6所示。

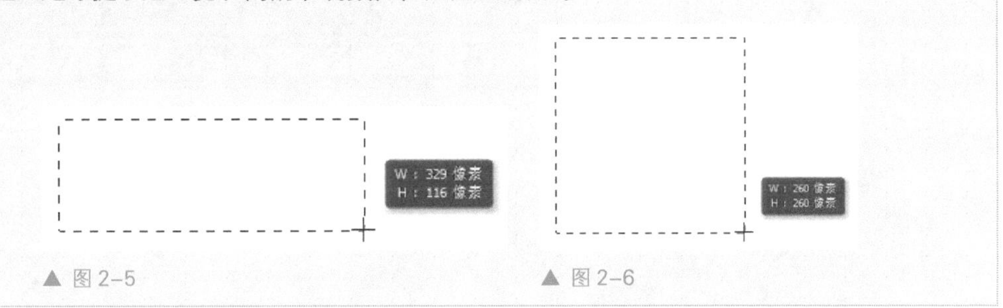

▲ 图2-5　▲ 图2-6

选择“编辑>复制”命令，回到新建文档内，选择“编辑>粘贴”命令，选区内的图像被复制到画布中，如图2-7所示。使用快捷键Ctrl+T调出定界框，调整图像大小，如图2-8所示。

▲ 图2-7

▲ 图2-8

疑难解答：复制/粘贴图像

① 使用选择工具需要复制的对象，选择“编辑>复制”命令，将图像复制到剪贴板上，选择想要粘贴对象的图像，选择“编辑>粘贴”命令，即可完成图像的粘贴操作。

②Photoshop CS6的文件中常常包含好多图层，选择“编辑>合并复制”命令，可将文件中所有可见图层内容复制到剪贴板中。

③选择“编辑>剪切”命令，选中的复制对象时会被从原图中删除。

提示：复制图像的快捷键是Ctrl+C，粘贴图像的快捷键是Ctrl+V，剪切图像的快捷键是Ctrl+X，合并复制的快捷键是Shift+Ctrl+C。

选择“图层>新建>图层”命令，弹出“新建图层”对话框，如图2-9所示。使用“矩形选框工具”创建选区，如图2-10所示。

设置前景色为RGB（246、138、92），选择“编辑>填充”命令，在弹出的“填充”对话框中选择“前景色”选项，以前景色填充，如图2-11所示。选择“选择>取消选择”命令，或者使用快捷键Ctrl+D取消选区，如图2-12所示。

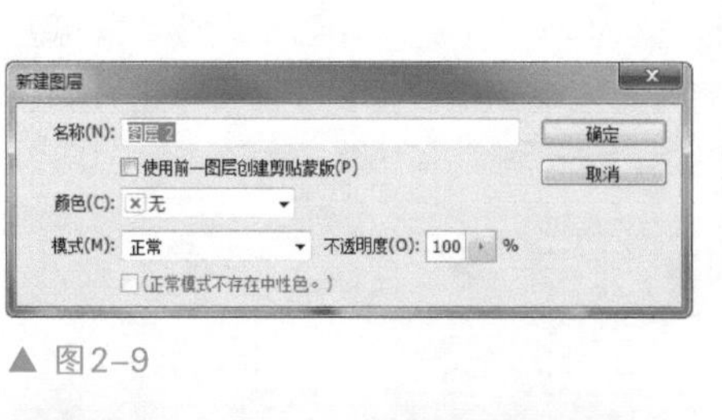

▲ 图2-9

▲ 图2-10

▲ 图2-11

▲ 图2-12

2.1.2 椭圆选框工具

Photoshop CS6的工具箱中除了“矩形选框工具”外，还有“椭圆选框工具”，是用来创建椭圆选区的工具。

技术看板：使用“椭圆选框工具”

新建一个空白文档，单击工具箱中的“椭圆选框工具”按钮，在画布中按下鼠标左键拖动，绘制椭圆选区，如图2-13所示。在绘制选区的同时按下Shift键，将创建出一个正圆形选区，如图2-14所示。

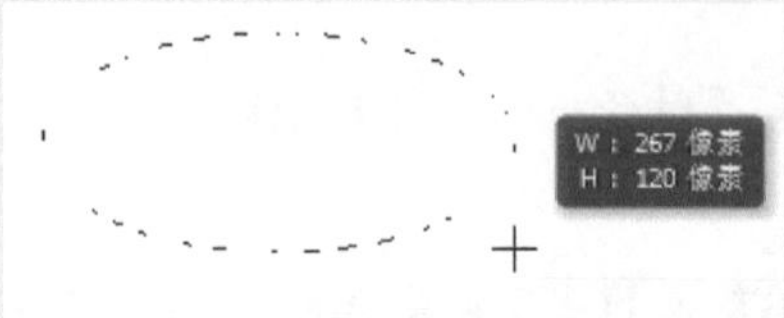

▲ 图2-13

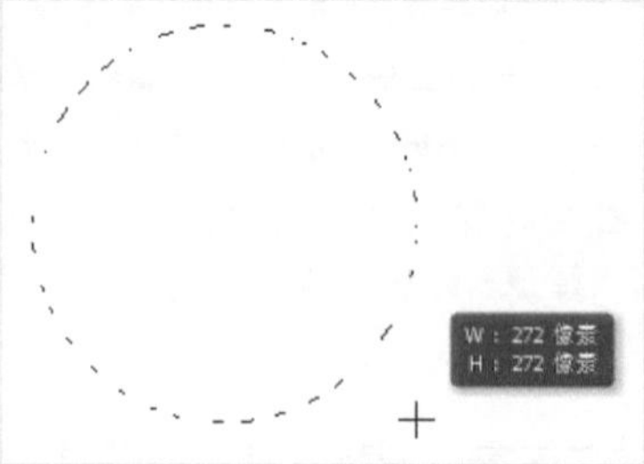

▲ 图2-14

2.1.3 单行/单列选框工具

选择“窗口>图层”命令，打开“图层”面板，单击面板底部的“新建图层”按钮。单击工具箱中的“单行选框工具”按钮，在画布上单击以创建选区，如图2-15所示。选择“编辑>填充”命令，弹出“填充”对话框，参数设置如图2-16所示。

▲ 图 2-15

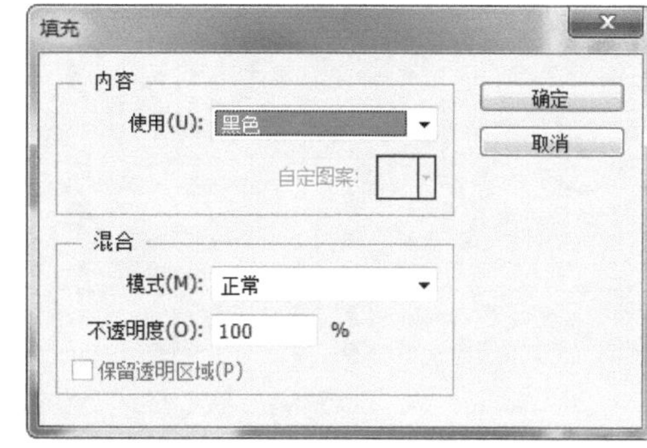

▲ 图 2-16

相关链接：关于新建图层的方法，Photoshop CS6提供了不止一种，详细的用法和操作请用户参考本书第4章图层的内容。

使用快捷键Ctrl+D取消选区，如图2-17所示。单击工具箱中的“橡皮擦工具”按钮，擦除多余部分，如图2-18所示。

▲ 图 2-17

▲ 图 2-18

新建图层，单击工具箱中的“单列选框工具”按钮，在画布上创建选区，如图2-19所示。在选项栏中单击“从选区减去”按钮，使用“矩形选框工具”将多余的选区删除。使用快捷键Alt+Delete为选区填充前景色（黑色），如图2-20所示。

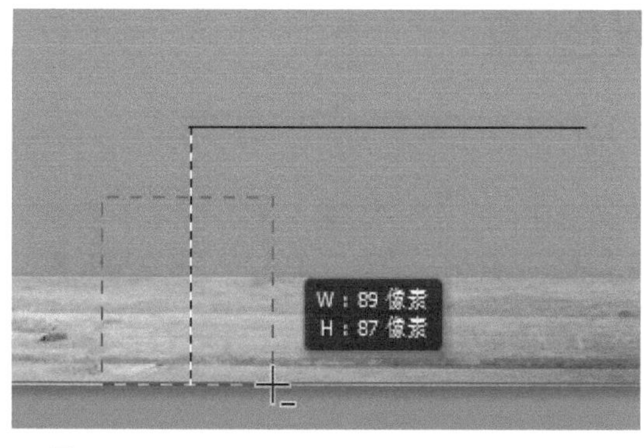

▲ 图 2-19

▲ 图 2-20

使用相同的方法在右侧创建直线，使用快捷键Ctrl+T调出定界框，旋转直线，效果如图2-21所示。使用相同的方法完成相似内容的制作，如图2-22所示。

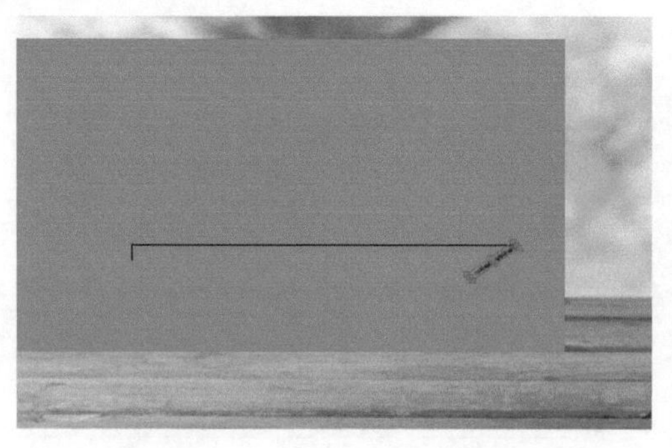

▲ 图 2-21

▲ 图 2-22

技术看板：固定大小的选区

单击工具箱中的“椭圆选框工具”按钮，在选项栏中的“样式”下拉列表中选择“固定大小”选项，设置选区的“宽度”和“高度”后，如图2-23所示，在画布中单击，即可绘制一个固定大小的椭圆形选区，如图2-24所示。

▲ 图 2-23

▲ 图2-24

> **提示：**在“宽度”和“高度”的文本框中间，有一个“互换”按钮，单击该按钮，用户设置的“宽度”和“高度”可实现互换。

2.2 为广告轮播图抠取图像

在Photoshop CS6中，可以通过5种工具创建不规则选区，分别是“套索工具”“多边形套索工具”“磁性套索工具”“快速选择工具”和“魔棒工具”。其中，“套索工具”“多边形套索工具”和“磁性套索工具”在一个工具组内，下面具体讲解其用法。

2.2.1 套索工具

“套索工具”比创建规则选区的工具自由度更高，它可以创建任何形状的选区。单击工具箱中的“套索工具”按钮，在画布上拖动鼠标，如图2-25所示，释放鼠标即可完成选区的创建，如图2-26所示。

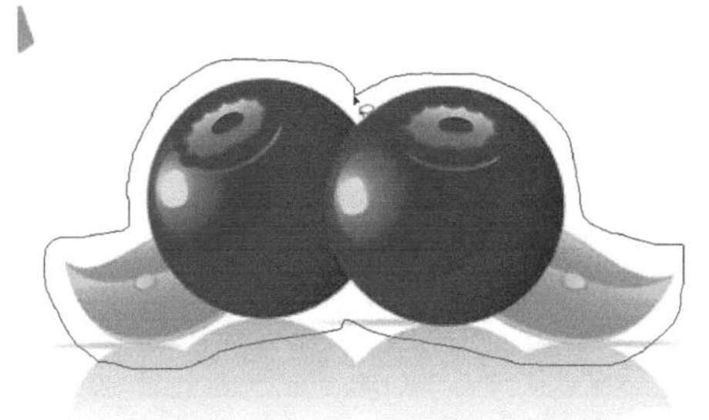
▲ 图 2-25

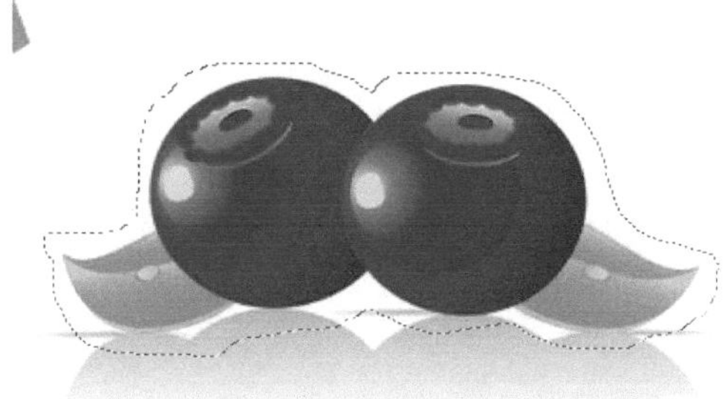
▲ 图 2-26

提示：在使用“套索工具”绘制选区时，如果释放鼠标时起点与终点没有重合，系统会在起点与终点之间自动创建一条直线，使选区闭合。

2.2.2 多边形套索工具

“多边形套索工具”适合创建一些由直线构成的多边形选区，用户可以轻松快捷地抠取照片、电视画面或家电等一些比较规则的图像。

新建图层，单击工具箱中的“多边形套索工具”按钮，在画布中单击并拖动出直线，再次单击并拖动鼠标，如图2-27所示。最后将鼠标移至起始点位置单击，鼠标图标出现小圆圈，完成选区的创建，如图2-28所示。

▲ 图 2-27

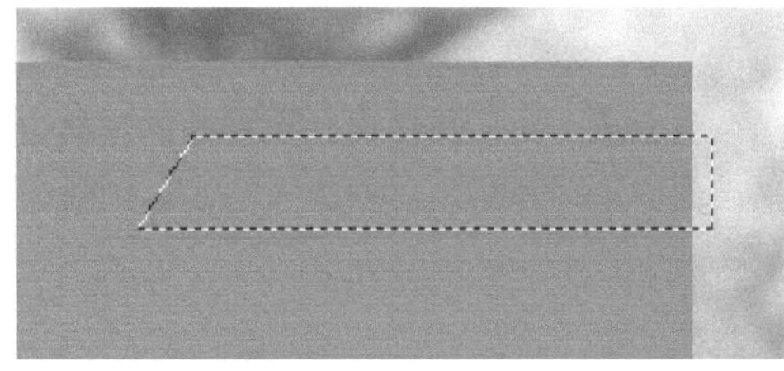
▲ 图 2-28

提示：在使用“多边形套索工具”创建选区时，按住Shift键可以绘制水平、垂直或以45°角为增量的选区边线；按住Ctrl键的同时单击鼠标左键相当于双击鼠标左键；按住Alt键的同时单击并拖动鼠标可切换为“套索工具”。

提示：使用“多边形套索工具”创建选区时，单击两次后，双击鼠标即可创建选区。

单击工具箱中的“前景色”颜色块，设置“前景色”为RGB（255、194、108），使用快捷键Alt+Delete为选区填充前景色，如图2-29所示。使用相同的方法完成相似内容的制作，如图2-30所示。

相关链接：打开“图层”面板，单击相应图层将其选中，拖动图层调整图层顺序。关于图层的具体使用方法，请用户参考本书第4章内容。

▲ 图 2-29

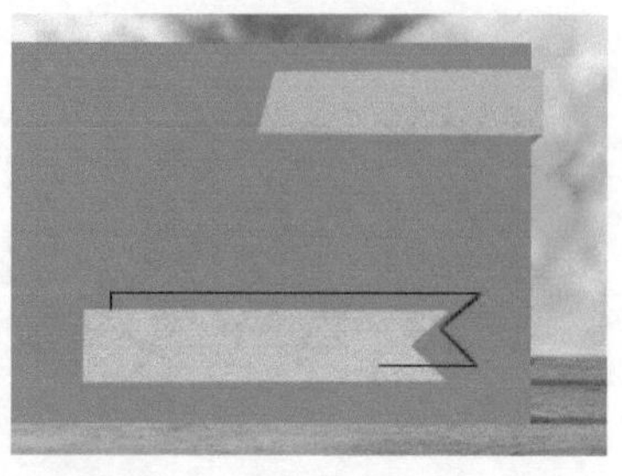

▲ 图 2-30

使用“多边形套索工具”创建选区时，可以通过在起始点位置单击完成选区的创建，如图2-31所示。也可以在创建选区的过程中双击鼠标，在鼠标双击点与起始点之间会自动形成一条直线闭合选区，完成选区的创建，如图2-32所示。

▲ 图 2-31　▲ 图 2-32

2.2.3 磁性套索工具

“磁性套索工具”具有自动识别绘制对象边缘的功能。单击鼠标左键后在绘制对象边缘移动鼠标，会出现自动跟踪绘制对象边缘的线。创建选区时边界越明显磁力越强，将首尾连接后可完成选区的创建。

技术看板：使用“磁性套索工具”创建选区

使用“磁性套索工具”在画布中创建选区，在选项栏中的“频率”文本框中分别输入20和80，可以发现数值越高，生成的锚点越多，捕捉到的边缘越准确，如图2-33所示。

▲ 图 2-33

连续打开两张素材图像，单击工具箱中的“磁性套索工具”按钮，在画布中的图像边缘处进行单击，如图2-34所示。将鼠标沿图像边缘移动，Photoshop CS6会自动在鼠标指针经过处放置鼠标的锚点来连接选区，如图2-35所示。

▲ 图 2-34

▲ 图 2-35

提示：使用“磁性套索工具”创建选区时，为了使选区更加精准，可以在绘制选区的过程中单击鼠标添加锚点。也可以按Delete键或删除键，依次删除多余的或错误的描点。

将鼠标移至起点处，单击即可闭合选区，如图2-36所示。使用快捷键Ctrl+C复制选区内的图像，回到“淘宝广告轮播图”文档中，使用快捷键Ctrl+V粘贴图像，调整图像的大小和位置，如图2-37所示。

▲ 图 2-36

▲ 图 2-37

使用相同的方法完成香蕉图片的抠取，如图2-38所示。单击“横排文字工具”按钮，在画布上单击添加文字，最终效果如图2-39所示。

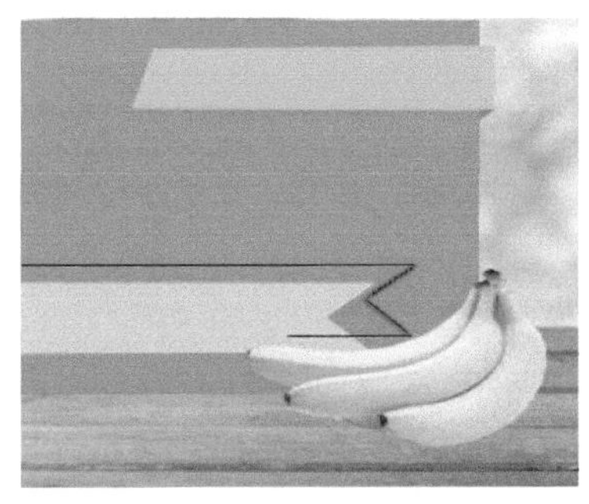

▲ 图 2-38

▲ 图 2-39

疑难解答：“磁性套索工具”选项栏中的“宽度”选项

“宽度”选项决定了以鼠标为中心，其周围有多少个像素能够被“磁性套索工具”检测到。“对比度”选项则是用来设置工具感应图像边缘的灵敏度的。“频率”选项可以设置在使用“磁性套索工具”创建选区时的锚点数量。该值越高，生成的锚点越多。

技术看板：选区运算按钮

新建一个空白文档，使用“单列选框工具”在画布上创建选区，如图2-40所示。在选项栏中的单击“添加到选区”按钮，继续在画布中连续创建选区，如图2-41所示。

▲ 图 2-40　　▲ 图 2-41

选择“椭圆选框工具”，在其选项栏中单击“与选区交叉”按钮，在画布中创建选区，如图2-42所示，并使用快捷键Alt+Delete为选区填充前景色，如图2-43所示。

▲ 图 2-42　　▲ 图 2-43

2.2.4 魔棒工具

“魔棒工具”是Photoshop CS6中提供的一种比较快捷的抠图工具，对于一些分界线比较明显的素材图像，通过“魔棒工具”可以很快速地将图像抠出。“魔棒工具”可以知道用户单击的那个地方的颜色，并自动获取附近区域相同的颜色，使它们处于被选择状态。

技术看板：使用“魔棒工具”抠取图像

打开一张素材图像，如图2-44所示，单击工具箱中的“魔棒工具”按钮，在画布中的空白处单击，选区为图像中的所有白色背景，如图2-45所示。

▲ 图 2-44

▲ 图 2-45

选择“选择>反向”命令，从选中的白色背景选区反向选中花朵。使用快捷键Ctrl+C复制图像，如图2-46所示，再次打开一张素材图像，使用快捷键Ctrl+V粘贴图像，如图2-47所示。

▲ 图 2-46

▲ 图 2-47

提示：使用“魔棒工具”在图像中创建选区后，由于受该工具特性的限制，常常会有部分边缘像素不能被完全选择，此时配合“套索工具”或其他工具再次添加选区就可以轻松地选择需要的图像。

2.2.5 快速选择工具

“快速选择工具”能够利用可调整的圆形画笔快速创建选区，在拖动鼠标时，选区会向外扩展并自动查找和跟随图像中定义的边缘。

打开一张素材图像，单击工具栏中的“快速选择工具”按钮，在人物脸部单击并向下拖动鼠标，如图2-48所示，继续向下、向左或向右拖动鼠标，直到整个人物被完全选择，如图2-49所示。

▲ 图 2-48

▲ 图 2-49

小技巧：如果在选择选区时有漏选的地方，可以按住Shift键单击，将其添加到选区中；如果有多选的地方，可以按住Alt键单击，将其从选区中减去。

提示：“快速选择工具”可以将需要的内容（如人物、物品）从背景图像中抠出，所以对图像的清晰度要求较高。在处理使用纯色作为背景的图像或背景比较简单的图像时效果比较好，如果图像背景过于复杂，可能达不到预先设定的效果。

2.3 编辑选区

在Photoshop CS6中，如果对创建的选区不满意，可以对选区进行移动和变换，进行适当的调整，同时也可以对满意的选区进行存储和载入，方便用户对选区的再次使用。

2.3.1 移动选区

新建一个空白文档或者打开一张素材图像，使用“矩形选框工具”创建选区，将鼠标放入选区内，如图2-50所示。在选项栏中单击“新建选区”按钮，拖动选区使选区移动，如图2-51所示。

▲ 图 2-50

▲ 图 2-51

> **小技巧：** 如果设置选区运算方式为“添加”“减去”或“相交”，那么，在选区上拖动会创建新选区，而非移动选区。另外，可以在移动选区之后释放鼠标前按住Shift键，使选区垂直或水平移动。

2.3.2 变换选区

接着上面的步骤继续进行学习，选择“选择>变换选区”命令，或者在选区内单击鼠标右键，在弹出的快捷菜单中选择“变换选区”命令，选区周围会显示定界框，如图2-52所示。

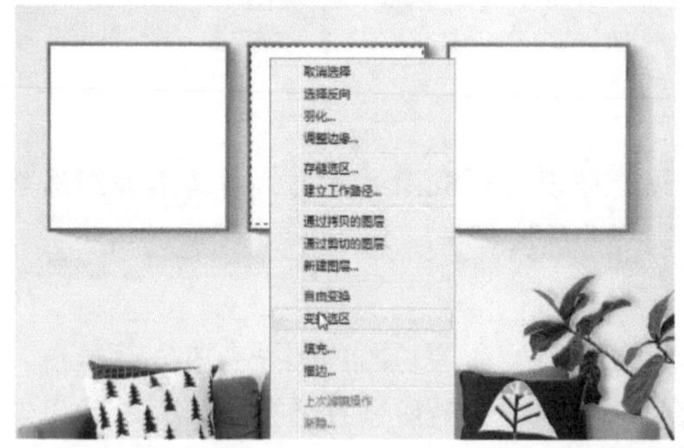

▲ 图 2-52

用户可以像变换图像一样对选区进行变换操作，如图2-53所示。变换完成后按Enter键确认变换，如图2-54所示。

▲ 图 2-53　　▲ 图 2-54

提示：不能使用快捷键Ctrl+T为选区调出定界框，这样调出的选区定界框内包含图像。变换选区时图像会随之变换，或者会出现如右图所示的警告框。

2.3.3 存储和载入选区

在Photoshop CS6中，不仅可以移动和变换选区，还可以存储和载入选区。存储选区后，可以在操作过程中随时调用，减少重复创建选区的麻烦。

技术看板：使用存储选区和载入选区的方式抠像

打开两张素材图像，使用“矩形选框工具”创建选区，然后存储选区，如图2-55所示。选择“选择>存储选区”命令，打开“通道”面板，可以找到存储的选区，如图2-56所示。

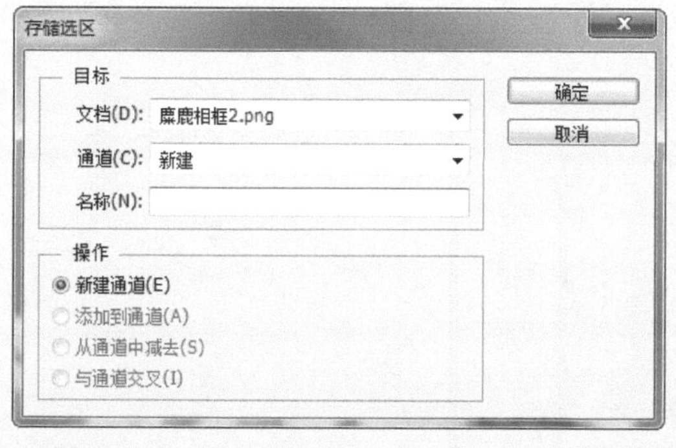

▲ 图 2-55

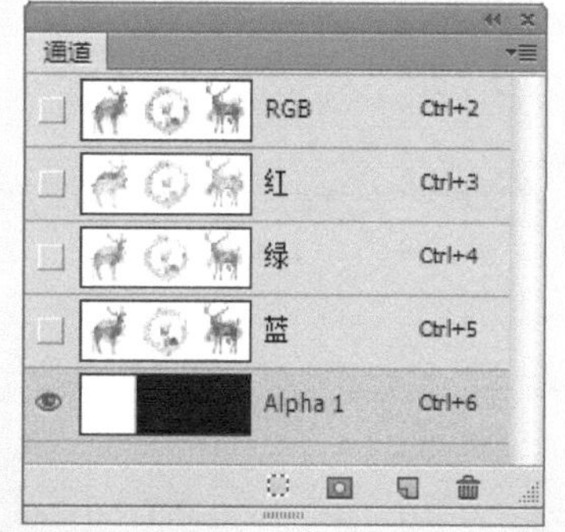

▲ 图 2-56

使用快捷键Ctrl+X剪切选区内的图像，回到“麋鹿相框1”文档中，使用快捷键Ctrl+V粘贴图像，并调整图像位置，如图2-57所示。切换到“麋鹿相框2”文档，选择“选择>载入选区”命令，打开“载入选区”对话框，如图2-58所示。

使用任何可以创建选区的工具调整选区位置，如图2-59所示，按照前面的步骤将实现另外两张图的抠取，完成图像的制作，如图2-60所示。

▲ 图 2-57　▲ 图 2-58

▲ 图 2-59　▲ 图 2-60

相关链接：关于“通道”面板和Alpha通道的具体使用方法，请读者参考本书后面章节“通道”的内容。

2.3.4 描边选区

在绘制图像的过程中，经常出现颜色较相似、选区边界混淆，或者是选区出现错误的情况。这时用户需要对绘制的选区进行修改，此时可以对选区进行描边操作，要描边选区可以选择“编辑>描边”命令，如图2-61所示。

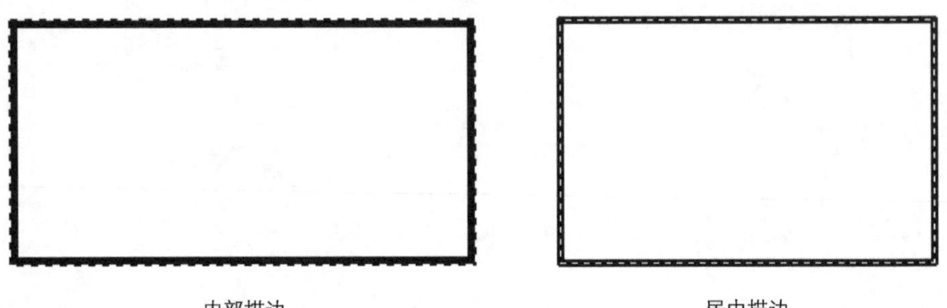

▲ 图 2-61

相关链接：关于“描边”对话框中的混合模式，详细的用法操作请用户参考本书第4章中的内容。

技术看板：为图像制作相框

打开一张素材图像，如图2-62所示，单击工具箱中的“矩形选框工具”按钮，在图像边缘创建选区， 新建图层，如图2-63所示。

▲ 图 2-62

▲ 图 2-63

选择“编辑>描边”命令，弹出“描边”对话框，在对话框内设置各项参数，如图2-64所示。单击“确定”按钮，图像效果如图2-65所示。

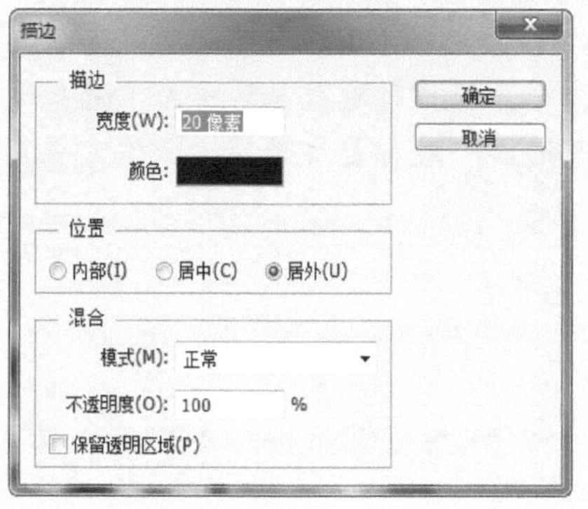

▲ 图 2-64

▲ 图 2-65

小技巧： 如果图像文档中含有透明区域，那么在“描边”对话框中选中“保留透明区域”复选框后，不会将描边效果应用到透明区域。如果在新建的透明图层中描边，并选中 “保留透明区域”复选框，则完全没有效果。

2.4 选择命令

在Photoshop CS6菜单栏中的“选择”下拉菜单中，有“全部”“取消选择”“重新选择”和“反向”4种用于选区的基本操作命令，而剩下的命令则用于辅助工具箱中的创建选区工具，帮助用户创建出更加复杂和精准的选区。

2.4.1 全部

打开一张素材图像，选择“选择>全部”命令，或者按快捷键Ctrl+A，即可将当前图层中的全部图像选中，如图2-66所示。

▲ 图2–66

2.4.2 取消选择和重新选择

选择“选择>取消选择”命令，或者按快捷键Ctrl+D，可以取消选区。选择“选择>重新选择”命令，可以恢复上一次被取消的选区。

提示：选择“视图>显示额外内容”命令或按下快捷键Ctrl+H，就可以隐藏选区。如果想要将隐藏的选区再次显示，可以执行相同的命令。操作时隐藏选区是为了避免选区的蚂蚁线妨碍视线，从而影响调整效果，所以隐藏选区一般都是临时的，操作完成就会马上重新显示选区。

2.4.3 反向

在图像中创建选区以后，选择“选择>反向”命令，或者按快捷键Shift+Ctrl+I即可将选择的区域与未选择的区域交换，这就是反向选区，也叫翻转选区或反选等。

2.4.4 扩大选取和选取相似

“扩大选取”和“选取相似”命令都是用来扩展当前选区的，执行这两个命令时，Photoshop CS6会基于“魔棒工具”选项栏中的容差值来决定选区的扩展范围，容差值越高，选区范围扩展就越大。

打开一张素材图像，使用“快速选择工具”创建选区，选择“选择>扩大选取”命令，效果如图2-67所示。使用快捷键Ctrl+Z撤销操作，再次选择“选择>选取相似”命令，效果如图2-68所示。

▲ 图2–67

▲ 图2–68

疑难解答：“扩大选取”和“选取相似”

使用“扩大选取”命令和“选取相似”命令，Photoshop CS6会查找并选择与当前选区中的像素色调相近的像素，从而扩大选择区域。“扩大选取”命令只扩大到与选区相连接的区域；“选取相似”命令可以查找整个图像，包括与原选区不相接的像素。

2.4.5 在快速蒙版模式下编辑图像

Photoshop CS6中的“快速蒙版”应用较为广泛，因为用户可以对快速蒙版涂抹的区域添加滤镜，从而得到更为复杂的选区。

单击工具箱中的“以快速蒙版模式编辑”按钮或按Q键，可以进入快速蒙版编辑状态，使用“画笔工具”在图像中进行涂抹，如图2-69所示。再次单击工具箱中的“以标准模式编辑”按钮或按Q键可以退出快速蒙版编辑状态，完成选区的创建，如图2-70所示。

▲ 图2-69

▲ 图2-70

疑难解答：“快速蒙版选项”对话框

“被蒙版区域”指的是非选择部分。在快速蒙版状态下，单击工具箱中的“画笔工具”按钮，在图像上进行涂抹，涂抹的区域即被蒙版区域。

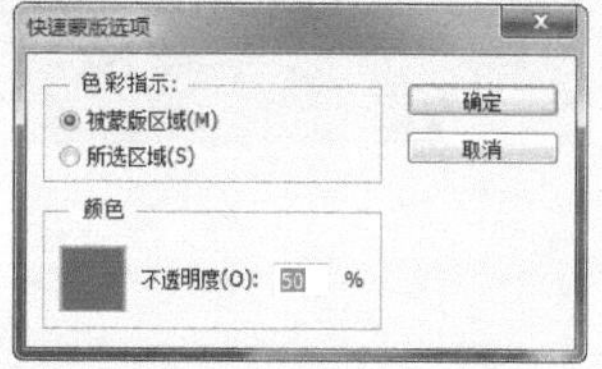

2.5 制作名片

使用“选择”命令下的“修改”命令，可以帮助用户实现一些复杂的选区加减操作。选区的修改方式包含边界选区、扩展选区、平滑选区、收缩选区和羽化选区等，这些命令只对选区起作用，下面将使用“修改”命令制作一张简约风格的名片，如图2-71所示。

▲ 图2-71

2.5.1 扩展和收缩

当用户创建的选区偏小或者偏大时，可以通过使用“扩展选区”和“收缩选区”命令，使选区扩大或缩小到用户想要的精确范围。

新建一个空白文档，使用快捷键Alt+Delete填充背景色为黑色，新建图层。使用“单行选框工具”创建选区，如图2-72所示。选择“选择>修改>扩展”命令，弹出“扩展选区”对话框，并为其填充RGB（30、73、90）颜色，如图2-73所示。

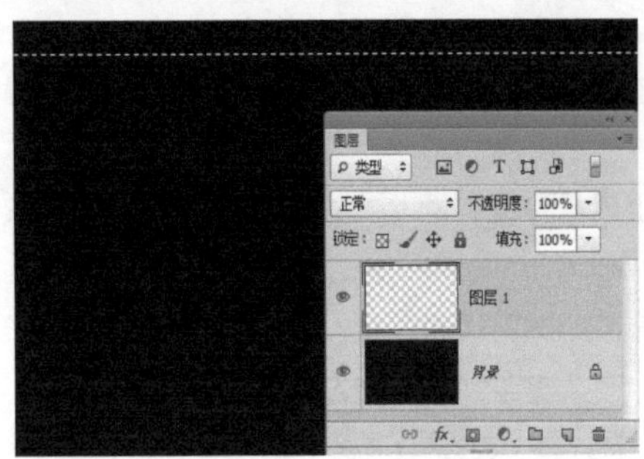

▲ 图2-72

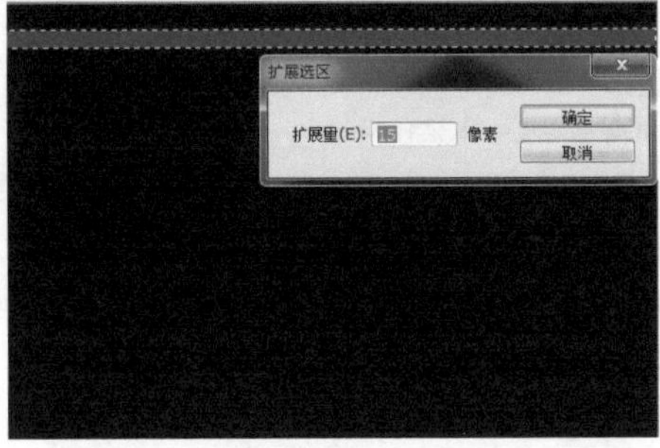

▲ 图2-73

移动选区，选择“选择>修改>收缩”命令，弹出“收缩选区”对话框，如图2-74所示，为选区填充颜色，效果如图2-75所示。

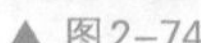
▲ 图2-74

▲ 图2-75

2.5.2 边界

使用“边界”命令可以将当前选区的边界向内侧或外侧进行扩展，扩展后的区域将形成新的选区，并将原选区替换掉。

新建图层，使用“单行选框工具”在画布上创建选区，如图2-76所示。选择“选择>修改>边界”命令，弹出“边界选区”对话框，具体设置如图2-77所示。

▲ 图2-76

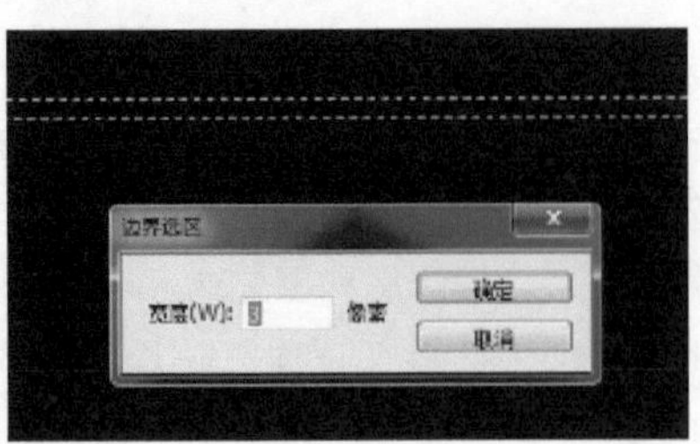

▲ 图2-77

2.5.3 羽化

羽化选区就是模糊选区的边缘部分，羽化值越大，边缘就越模糊，这种效果可以使选区内的图像很自然地融入其他图层。

选择“选择>修改>羽化”命令，弹出“羽化选区”对话框，具体设置如图2-78所示。然后使用快捷键Alt+Delete为选区填充前景色，效果如图2-79所示。

▲ 图2-78

▲ 图2-79

小技巧： 除了选择“羽化”命令羽化选区外，其实很多创建选区的工具选项栏中都有“羽化”选项。如果使用熟练，用户可以在创建选区时就直接将其羽化。

使用“橡皮擦工具”在画布上擦除多余部分，并修改图层的“不透明度”为60%，效果如图2-80所示。然后使用相同的方法完成如图2-81所示内容的制作。

▲ 图2-80

▲ 图2-81

提示： 修改图层不透明度需要打开“图层”面板，选择“窗口>图层”命令，在打开的“图层”面板中可以修改图层的“不透明度”“填充”或“混合模式”。

使用“横排文字工具”在画布上添加文字，如图2-82所示。修饰文字，为文字变换不同的填充颜色，使作品更加饱满，如图2-83所示。

▲ 图2-82

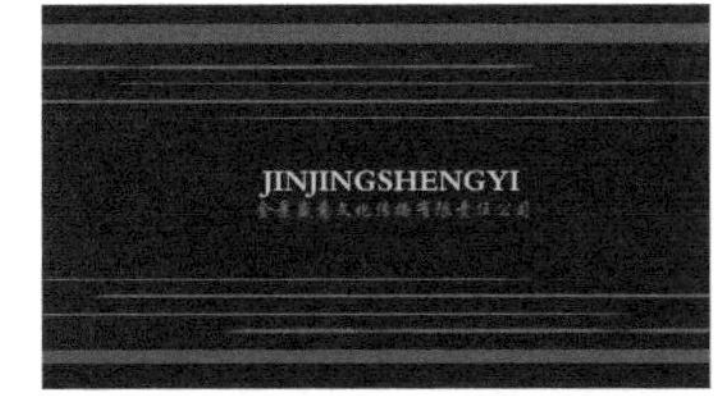

▲ 图2-83

疑难解答：羽化选区警告框

如果创建的选区半径小于羽化半径，例如：选区羽化值为100像素，而创建的选区半径只有80像素，则会弹出警告提示框。虽然画布中无法看到选区，但它依然存在。

2.5.4 平滑

在使用不规则选区工具创建选区时，选区的边缘会有些生硬，可以选择“平滑”命令，使选区变得平滑。

技术看板：打造人物简易妆容

打开人物素材图像，使用“磁性套索工具”在人物眼部创建选区，如图2-84所示。选择“选择>修改>平滑”命令，弹出“平滑选区”对话框，参数设置如图2-85所示。

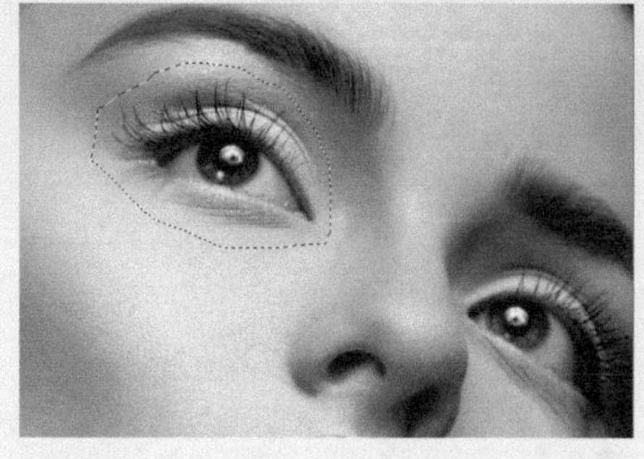

▲ 图2-84

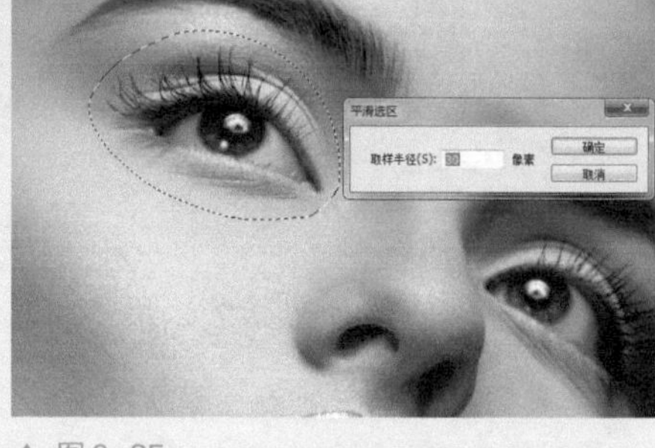

▲ 图2-85

选择“选择>修改>羽化”命令，羽化选区，如图2-86所示。新建图层，使用“渐变工具”为选区填充颜色，效果如图2-87所示。

使用“橡皮擦工具”在画布中擦除多余部分，修改图层的“不透明度”为50%，效果如图2-88所示。使用相同的方法完成相似内容的制作，图像效果如图2-89所示。

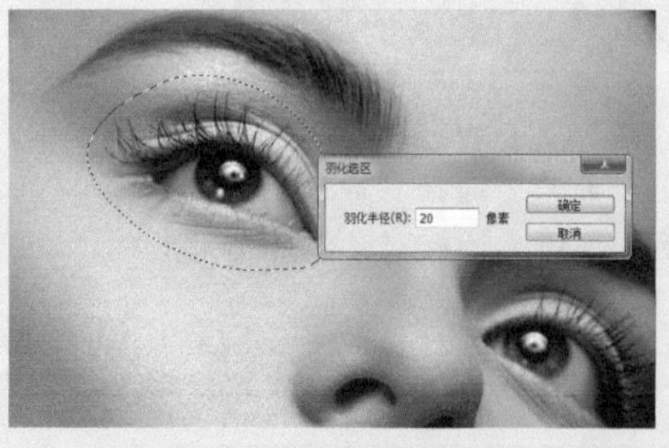

▲ 图2-86

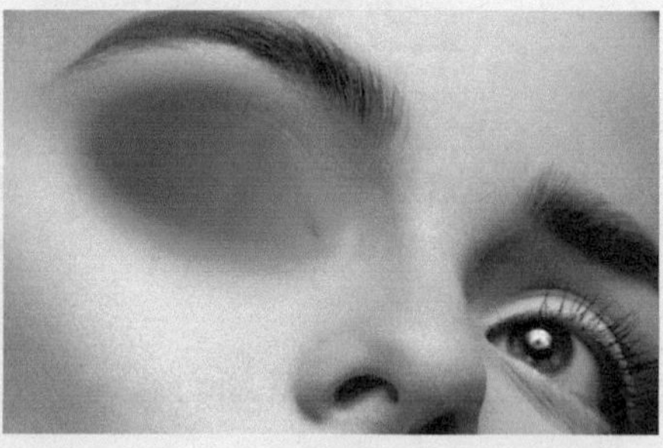

▲ 图2-87

▲ 图2-88

▲ 图2-89

2.6 制作商品广告

抠图是在制作网页广告内容时经常使用的操作，为了使商品图片更加美观，往往需要将商品从背景中抠出，再放置在用户设计制作的背景中，可以增强商品图片的美观度和买家的购买欲望，如图2-90所示。

▲ 图 2–90

2.6.1 色彩范围

在创建选区时，如果创建选区的对象是毛发等细微的图像，可以使用工具箱中的“快速选择工具”“魔棒工具”，或选择“色彩范围”命令，在图像中创建一个大致的选区范围，再使用“调整边缘”命令，对选区进行细致化处理，从而选中所需的细微对象。

此外，“调整边缘”命令还可以消除选区边缘的背景色、改进蒙版，以及对选区进行扩展、收缩、羽化等处理。尤其是在选择图像中的主体景物时，可以准确、快速地将主体景物与背景区分出来。

打开一张素材图像，为了不破坏素材图像的完整性，首先要复制图像，如图2-91所示，选择“选择>色彩范围”命令，弹出“色彩范围”对话框，如图2-92所示。

▲ 图 2–91

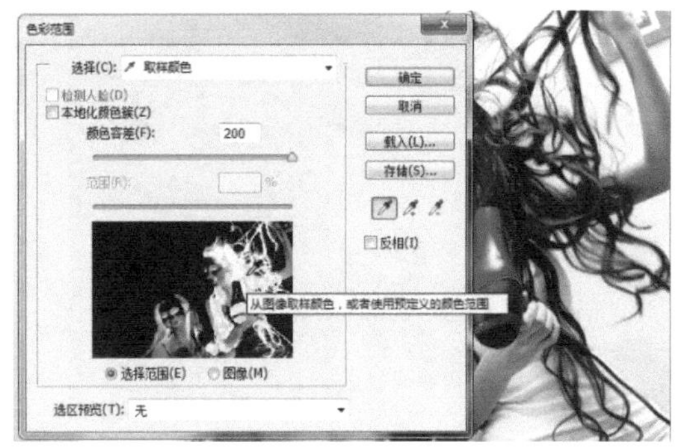

▲ 图 2–92

提示：如果要添加颜色，可单击“添加到取样”按钮，然后在预览区或图像上单击；如果要减去颜色，可单击“从取样中减去”按钮，然后在预览区或图像上单击。

疑难解答：复制图像

选择“图像>复制”命令，弹出“复制图像”对话框，单击“确定”按钮，即可完成图像的复制操作。选中“仅复制合并的图层”复选框，复制的图像将自动合并可见图层，删除不可见图层。

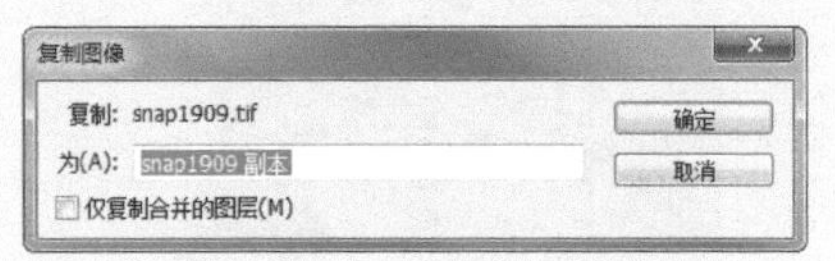

单击“确定”按钮，图像中的选区范围如图2-93所示。选择“快速选择工具”，在选项栏中单击“添加到选区”按钮，在画布中拖动鼠标添加选区，如图2-94所示。

▲ 图2-93

▲ 图2-94

2.6.2 调整边缘

继续使用“快速选择工具”，在选项栏中单击“从选区中减去”按钮，在画布中拖动鼠标减去部分选区，如图2-95所示。选择“选择>调整边缘”命令，弹出“调整边缘”对话框，如图2-96所示。

▲ 图2-95

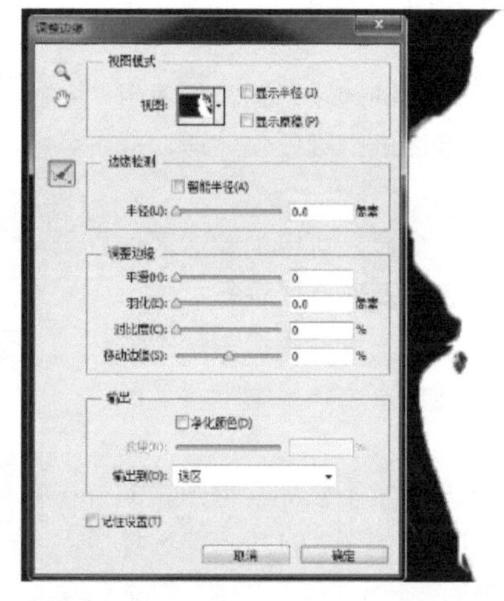

▲ 图2-96

使用“调整半径工具”在画布中人物的发丝处进行涂抹，如图2-97所示，涂抹完成后，单击“确定”按钮，如图2-98所示。

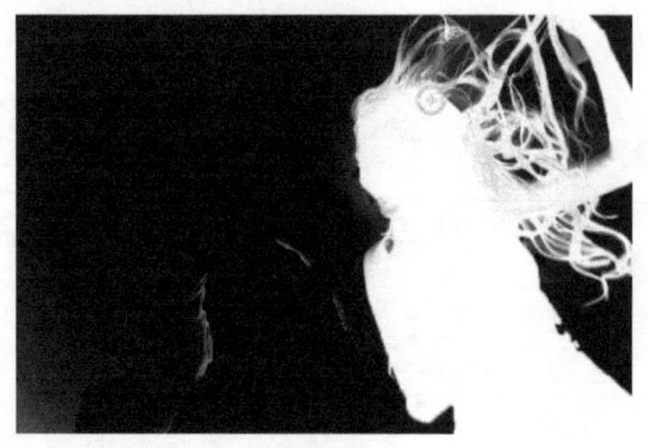

▲ 图2-97

▲ 图2-98

使用快捷键Ctrl+C复制选区，选择“文件>打开”命令，打开背景图像，如图2-99所示。使用快捷键Ctrl+V粘贴图像，最终效果图如图2-100所示。

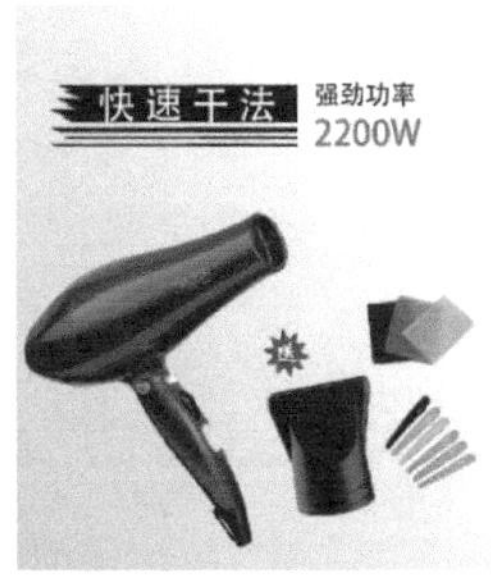

▲ 图2-99

▲ 图2-100

提示：边缘检测就是指可以检测当前选区边缘，系统将对选区边缘进行自动调整。下面将详细介绍边缘检测的各项参数。

技术看板：创建精确选区

打开一张素材图像，使用“快速选择工具”在画布中创建选区，如图2-101所示。选择“选择>调整边缘”命令，弹出“调整边缘”对话框。在对话框中可以对调整选区的工具进行参数设置，如图2-102所示。

▲ 图2-101

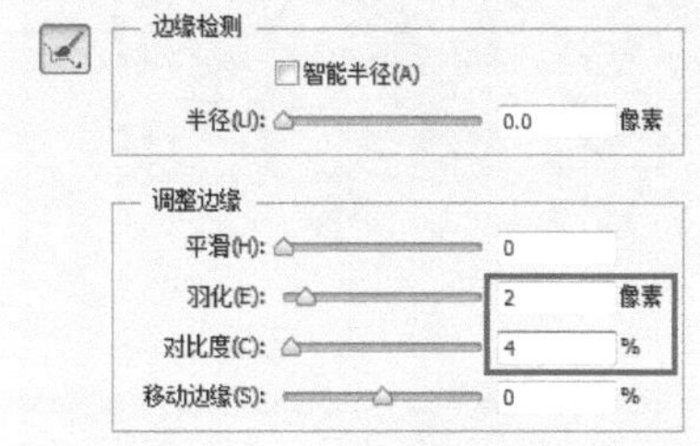

▲ 图2-102

单击选项栏中的“调整半径工具”按钮，设置大小数值为100像素，效果如图2-103所示，在画布中人物的发梢处进行涂抹，效果如图2-104所示。

▲ 图2-103

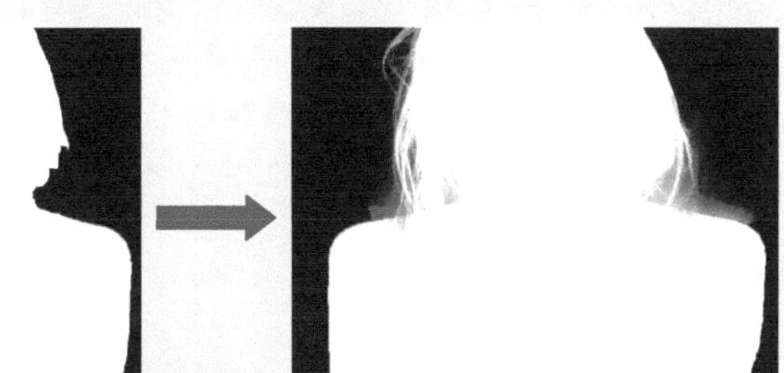

▲ 图2-104

单击选项栏中的“涂抹调整工具”按钮，设置大小数值为20像素，在画布中人物的发梢处进行涂抹，如图2-105所示。完成后单击“确定”按钮，完善后的选区如图2-106所示。

▲ 图2-105

▲ 图2-106

使用快捷键Ctrl+C复制选区，再次打开一张素材图像，按快捷键Ctrl+V粘贴图像，如图2-107所示。创建选区，选择“编辑>合并复制”命令，如图2-108所示。

▲ 图 2-107

▲ 图 2-108

打开相框素材图像，使用“快速选择工具”创建选区，选择“编辑>选择性粘贴>贴入”命令，如图2-109所示，调整图片的角度和大小，最终效果如图2-110所示。

▲ 图 2-109

▲ 图 2-110

疑难解答：选择性粘贴

选择“编辑>选择性粘贴”命令，其级联菜单中有“原位粘贴”“贴入”和“外部贴入”3个命令。“选择性粘贴”命令可以将选区中的图像粘贴到另一张图像的指定位置。其中“原位粘贴”就是将图像原位粘贴到其他图像中。而“贴入”命令和“外部贴入”命令，在将选区图像粘贴到另一张图像中的前提条件，是该图像中存在选区，否则命令将无法执行。

提示： 当图像以浮动的形式显示在Photoshop窗口中时，在图像文件标题栏的位置单击鼠标右键，在弹出的快捷菜单中选择“复制”命令，也可以完成图像的复制。

疑难解答：“调整边缘”选项区域

平滑：用于减少选区边界中的不规则区域，创建更加平滑的轮廓；羽化：可以为选区设置羽化范围，取值范围为0~1000像素；对比度：可以锐化选区边缘，并去除模糊的不自然感；移动边缘：负值表示收缩选区边界，正值表示扩展选区边界。

第3章 色彩和图像调整

颜色是通过眼、脑和我们的生活经验所产生的一种对光的视觉效应。我们肉眼所见到的光线，是由波长范围很窄的电磁波产生的，不同波长的电磁波表现为不同的颜色，对色彩的辨认是肉眼受到电磁波辐射能刺激后所引起的一种视觉神经的感觉。而在Photoshop CS6中，颜色有着至关重要的作用。同时，好的色彩搭配可以让作品更加出色，带给用户更好的视觉体验。

3.1 打造靓丽的艺术照片

色彩是图像的重要组成部分，利用合理的色彩搭配可以为图像增加美观度。而色彩模式是Photoshop CS6中表示颜色的一种算法。在Photoshop CS6中，图像的色彩模式决定了图像的显示和打印输出方式，如图3-1所示。

▲ 图3-1

技术看板：色彩属性

打开一张素材图像，选择“图像>调整>色相/饱和度”命令，弹出“色相/饱和度”对话框，如图3-2所示。

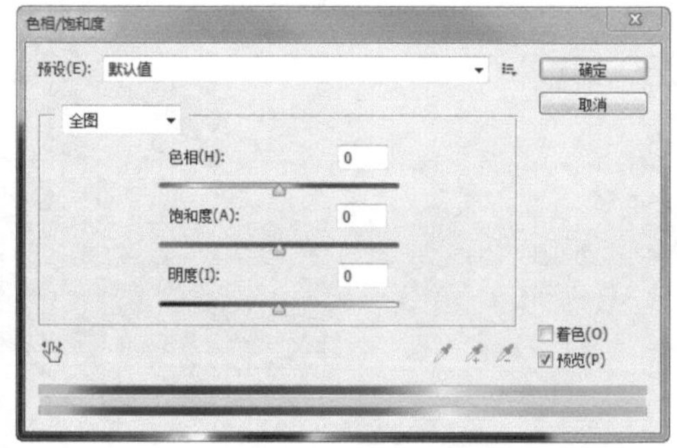

▲ 图3-2

修改“色相”选项值为-54，图像效果如图3-3左图所示，继续修改“饱和度”选项值为-100，图像效果如图3-3右图所示。

色相-54

饱和度-100

▲ 图3-3

色彩的属性决定了它的使用范围，通过更改色彩的属性值，可以反映冷暖或心情好坏等。同时，颜色具有4个特性，即色调、明度、饱和度和对比度，这4个属性值控制着色彩向外界传达的信息。

疑难解答：色彩属性

①色相：就是指从物体反射或通过物体传播的颜色。简单来说，色相就是物体的颜

色，多种颜色之间的变化就是指色相的调整。②明度：是指在各种色彩模式下，图形原色的明暗度。明度的调整就是明暗度的调整，明度的范围是0～255，共包括256种色调。③饱和度：是指颜色的强度或纯度。调整饱和度也就是调整图像的彩度，将一个彩色图像的饱和度降低为0时，就会变成一个灰色的图像。增强图像的饱和度就是增加图像的彩度。④对比度：是指不同颜色之间的差异。对比度越大，两种颜色之间的反差就越大；反之，对比度越小，两种颜色之间的反差也就越小，颜色就越相近。

3.1.1 渐变工具

选择“文件>打开”命令，打开一张RGB模式的图像，如图3-4所示。选择“图层>复制图层”命令，如图3-5所示。

▲ 图3-4

▲ 图3-5

单击工具箱中的“渐变工具”按钮，继续单击选项栏中的渐变预览条右侧的三角形图标，在弹出的“渐变编辑器”对话框中选择相应的渐变色，如图3-6所示。单击“确定”按钮，打开“图层”面板，新建“图层1”图层，如图3-7所示。

▲ 图3-6

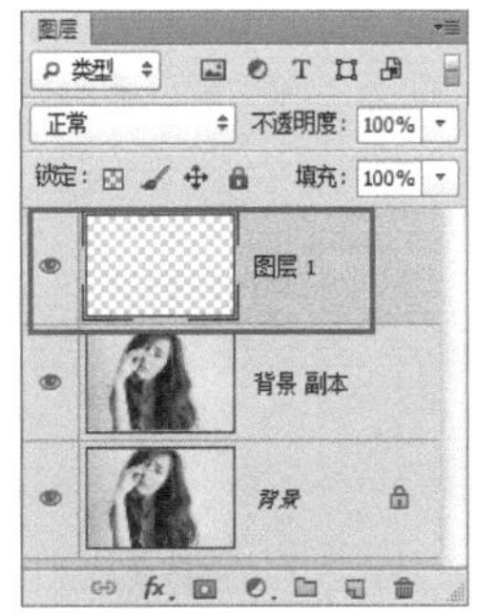

▲ 图3-7

疑难解答：“渐变工具”选项栏

①渐变预览条：在此下拉列表框中显示渐变颜色的预览效果。单击渐变预览条，弹出“渐变编辑器”对话框，可在其中选择任意一种渐变颜色进行填充。②渐变类型：有5种渐

变类型可供选择，分别为“线性渐变”“径向渐变”“角度渐变”“对称渐变”与“菱形渐变”。③反向：选中此复选框后，填充后的渐变颜色刚好与用户设置的渐变颜色相反。④仿色：选中此复选框，可以用递色法来表现中间色调，使渐变效果更加平衡。⑤透明区域：选中此复选框，将打开透明蒙版功能，使渐变填充时可以应用透明设置。⑥不透明度：在该下拉列表框中设置渐变的不透明度。

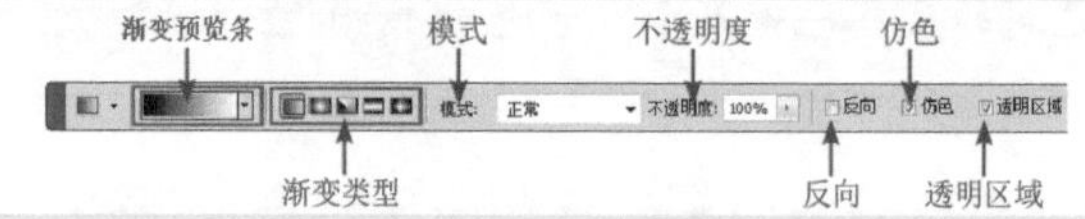

相关链接：关于“新建图层”的具体操作，请用户参考本书的第4章中的内容。

在画布中单击并拖动鼠标填充渐变，如图3-8所示。鼠标松开后图像的渐变效果如图3-9所示。

打开“图层”面板，修改图层的“混合模式”为“叠加”，“图层”面板如图3-10所示，图像效果如图3-11所示。

▲ 图3-8

▲ 图3-9

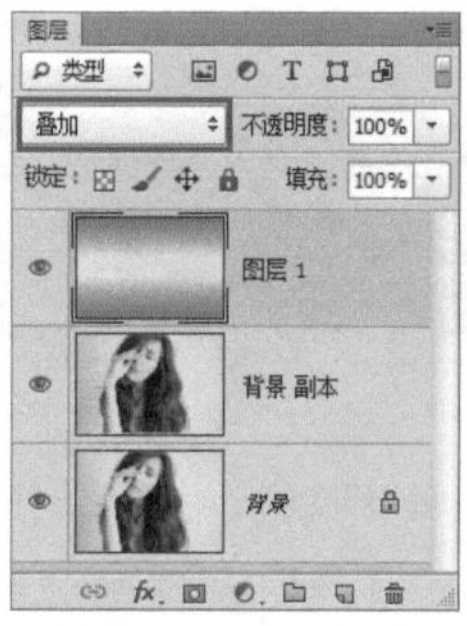

▲ 图3-10

▲ 图3-11

技术看板：油漆桶工具

新建一个空白文档，如图3-12所示。设置前景色为RGB（253、219、59），单击工具箱中的“油漆桶工具”按钮，在画布上单击以填充颜色，如图3-13所示。

▲ 图3-12

▲ 图3-13

在默认情况下，前景色和背景色为黑色和白色。前景色决定了使用绘图工具时绘制图像及使用文字工具创建文字时的颜色；而背景色则决定了背景图像区域为透明时所显示的颜色，以及增加画布的颜色。

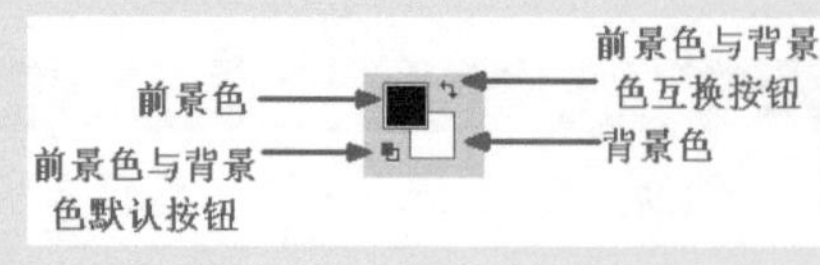

小技巧：设置前景色与背景色的默认值可以单击“默认前景色和背景色”按钮，或按D键，可以将前景色和背景色恢复为默认的颜色。同时也可以单击相应的色块，可在弹出的“拾色器”对话框中设置需要的前景色和背景色。单击“切换前景色与背景色”按钮，或按X键，可以交换当前的前景色与背景色。

选择“图像>调整>色相/饱和度”命令，弹出“色相/饱和度”对话框，参数设置如图3-14所示。单击“确定”按钮，图像效果如图3-15所示。

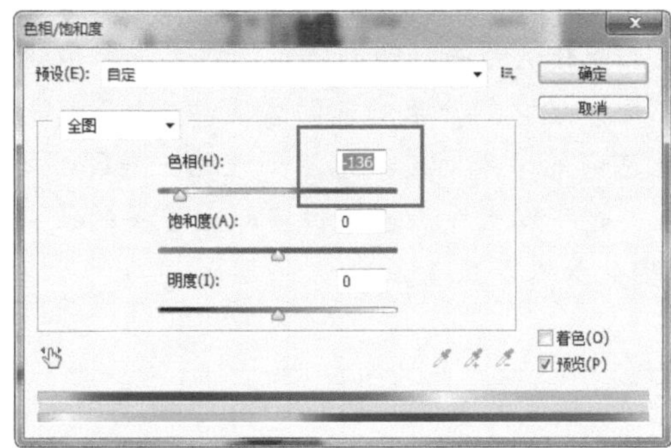

▲ 图3-14

▲ 图3-15

打开“图层”面板，单击面板底部的“添加图层蒙版”按钮，“图层”面板如图3-16所示。使用“画笔工具”在画布上进行涂抹，如图3-17所示。

▲ 图3-16

▲ 3-17

3.1.2 色彩模式的转换

继续使用“画笔工具”在人物皮肤上进行涂抹，完成涂抹后，图像效果如图3-18所示。选择“图像>模式>CMYK颜色模式”命令，效果如图3-19所示。

▲ 图3-18

▲ 图3-19

提示：在Photoshop CS6中，一共有8种颜色模式。其中包括常见的RGB颜色模式、CMYK颜色模式、Lab颜色模式、位图模式和灰度模式，还有用于输出和打印的索引颜色模式、双色调颜色模式和多通道模式。

疑难解答：图像颜色模式

RGB模式是Photoshop CS6中最常见的一种颜色模式。在RGB模式下处理图像较为方便，同时RGB模式下存储的图像较为节省内存和存储空间。用户还能够方便地使用Photoshop CS6中的所有命令和滤镜。CMYK颜色模式是一种印刷模式，它由分色印刷的4种颜色组成，在本质上与RGB颜色模式并无不同。但它们产生颜色的方法却不同，RGB模式产生色彩的方式为加色法，CMYK模式产生色彩的方式则是减色法。理论上将CMYK模式中的三原色，即青色、洋红色和黄色混合在一起可以生成黑色。但实际上等量的C、M、Y三原色混合并不能完美地产生黑色和灰色，因此加入了黑色。

提示：要将RGB 模式的图像转换成CMYK 模式的图像，Photoshop 会先将RGB 模式转换成Lab 模式，然后将Lab 模式转换成CMYK 模式，只不过这一操作是在软件内部进行的。

技术看板：灰度模式和位图模式

打开一张素材图像，如图3-20所示。选择“图像>调整>灰度”命令，弹出警告框，单击“扔掉”按钮，如图3-21所示。

▲ 图3-20

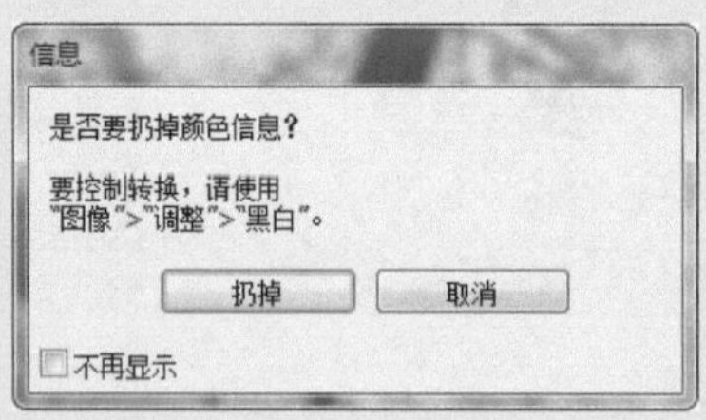

▲ 图3-21

选择“图像>调整>位图”命令，弹出“位图”对话框，参数设置如图3-22所示。单击“确定”按钮，完成图像转换，如图3-23所示。

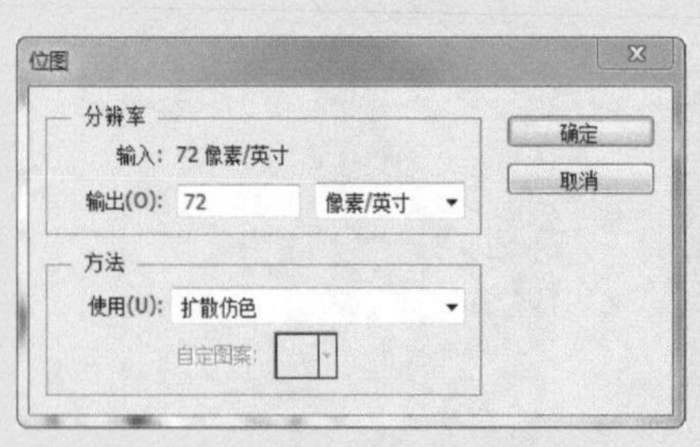

▲ 图3-22

▲ 图3-23

疑难解答：灰度模式和位图模式

灰度模式的图像可以表现出丰富的色调，表现出自然界物体的生活形态和景观，但它始终是黑白的图像。灰度模式中的像素是由8位的位分辨率来记录的，因此能够表现出256种色调。

位图模式只有黑色和白色两种颜色。它的每一个像素只包含一位数据，占用的磁盘空间最小。在位图模式下不能制作出色调丰富的图像，只能制作只有黑白两色的图像。

提示：将彩色图像转换为黑白图像时，必须先将彩色图像转换为灰度模式的图像，然后再将它转换为黑白图像。位图模式图像的“通道”面板如右图所示。

疑难解答：索引颜色模式

索引颜色模式是专业的网络图像颜色模式。在索引颜色模式下可生成最多256种颜色的8位图像文件，容易出现颜色失真的问题。索引颜色能够在保持多媒体演示文稿、Web页等所需的视觉效果的同时，减小文件的大小。

索引颜色模式下只能进行有限的编辑。要进一步编辑，应临时转换为RGB 模式。索引颜色文件可以存储为Photoshop、BMP、DICOM（医学数字成像和通信）、GIF、Photoshop EPS、大型文档格式（PSB）、PCX、Photoshop PDF、Photoshop Raw、Photoshop 2.0、PICT、PNG、Targa 或 TIFF 格式。

3.2 拾取图像中的颜色

在绘制一幅精致美观的图像设计作品时，首先需要掌握最基本的工具使用方法和颜色的选择，然而颜色的选择更是绘图的关键所在。在Photoshop CS6中提供了各种颜色选择工具，这就不可避免地要对各个颜色选择工具进行设置。

3.2.1 吸管工具

打开一张素材图像，打开“图层”面板，新建图层，如图3-24所示。使用“矩形选框工具”在画布中绘制矩形选框，如图3-25所示。

单击工具箱中的“渐变工具”按钮，打开“渐变编辑器”对话框，单击对话框中的起点色标，如图3-26所示。将鼠标移动到文档编

▲ 图3-24

▲ 图3-25

辑区域，指针变为吸管形状，单击图像中人物的红裙拾取颜色，如图3-27所示。

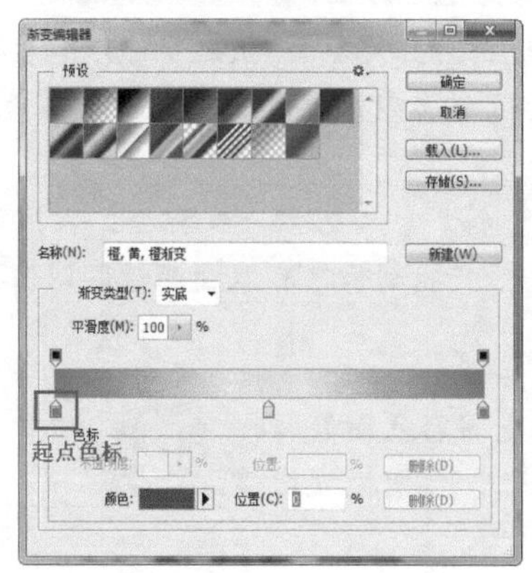

▲ 图3-26

▲ 图3-27

在“渐变编辑器”对话框中，单击中间的色标并将其拖到对话框外部，删除色标，如图3-28所示。继续单击对话框中的“不透明度”按钮，设置“不透明度”为0，如图3-29所示。

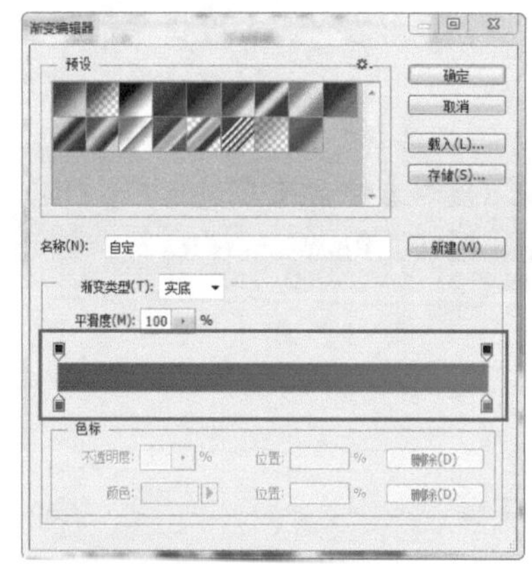
▲ 图3-28

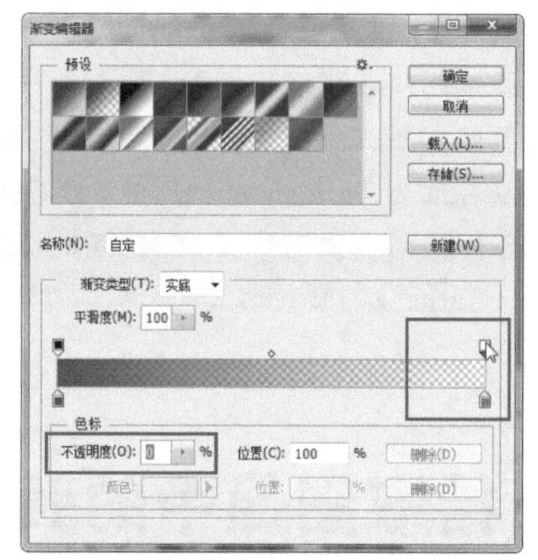
▲ 图3-29

技术看板：“颜色取样器”工具和“信息”面板

打开一张素材图像，单击工具箱中的“颜色取样器工具”按钮，在画布中单击，进行颜色取样，弹出的“信息”面板显示与当前操作有关的各种信息，如图3-30所示。

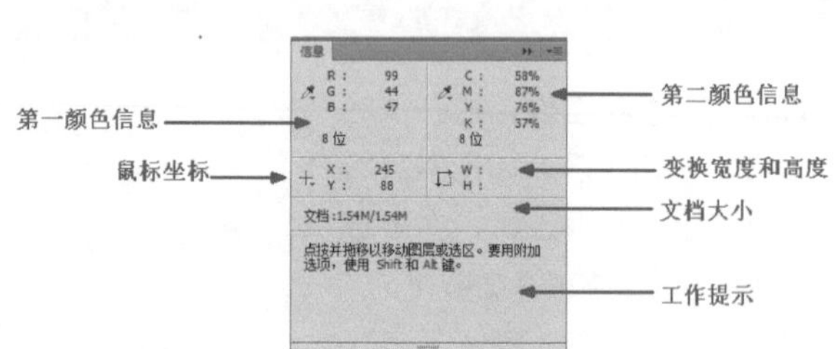

▲ 图3-30

“信息”面板是个多面手，在没有进行任何操作时，它会显示鼠标当前位置的颜色值、文档的状态、当前工具的使用提示等信息。

3.2.2 定义图案

接着前面的操作，设置完成后，单击“确定”按钮，为选区填充渐变色，效果如图3-31所示。选择“编辑>定义图案”命令，弹出“图案名称”对话框，如图3-32所示，可以定义图案。

▲ 图3-31

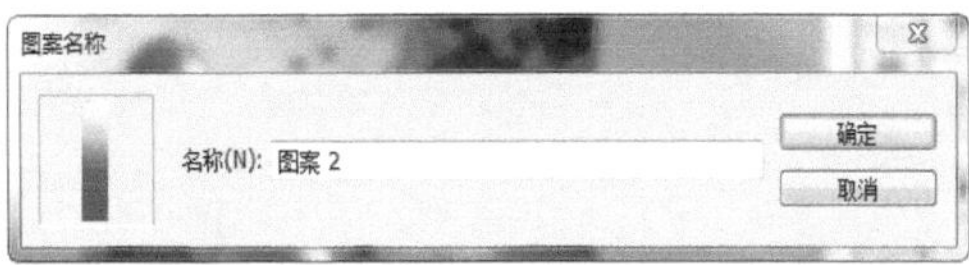

▲ 图3-32

3.2.3 使用图案填充

接着前面的操作，单击“确定”按钮，完成定义图案的操作。新建一个空白文档，如图3-33所示，选择“编辑>填充”命令，弹出“填充”对话框，参数设置如图3-34所示，可以使用图案进行填充。

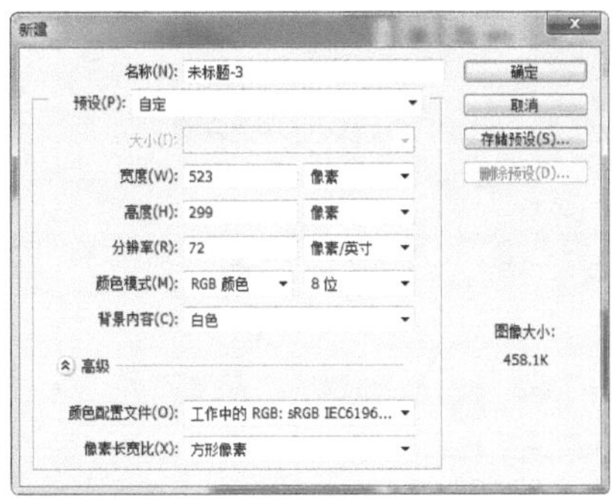

▲ 图3-33

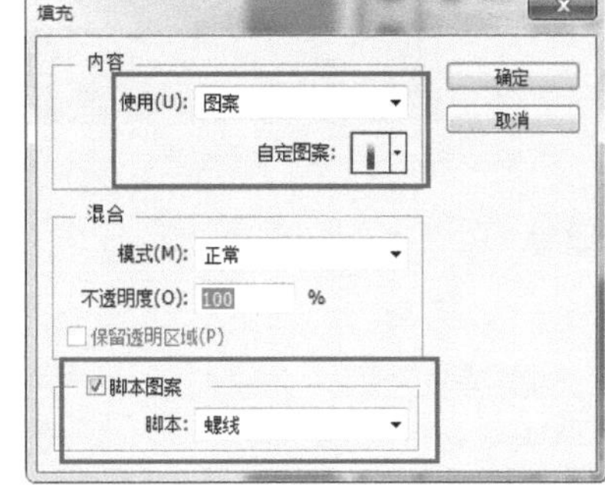

▲ 图3-34

> **小技巧：**在“图案名称”对话框中，单击“名称”后面的文本框，用户可以输入自定义的图案名称。

单击“确定”按钮，完成填充，如图3-35所示。

▲ 图3-35

3.3 调出枯黄的秋草

对于设计者来说，颜色是一个强有力的刺激性极强的设计元素，它可以给人视觉上的震撼，因此，创建完美的色彩至关重要。图像色调和色彩的控制更是图像编辑的关键，只有有效地控制色调和色彩，才能制作出符合意境的图像，如图3-36所示。

修改前
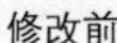

修改后

▲ 图3-36

3.3.1 色相/饱和度

打开一张素材图像，如图3-37所示，选择“图层>复制图层”命令，复制“背景”图层，“图层”面板如图3-38所示。

▲ 图3-37

▲ 图3-38

选择“图像>调整>色相/饱和度”命令，在弹出的“色相/饱和度”对话框中设置参数，如图3-39所示。

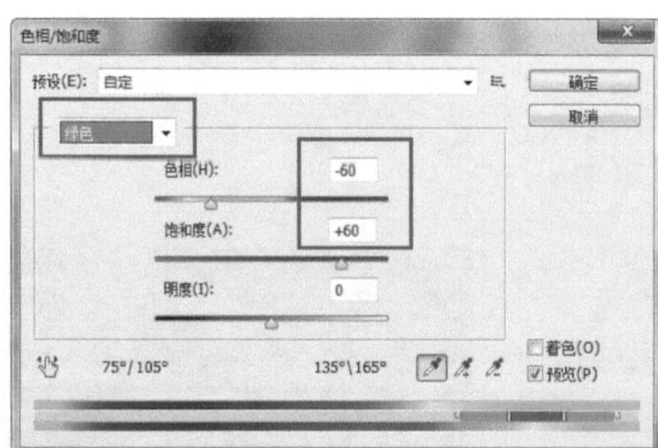
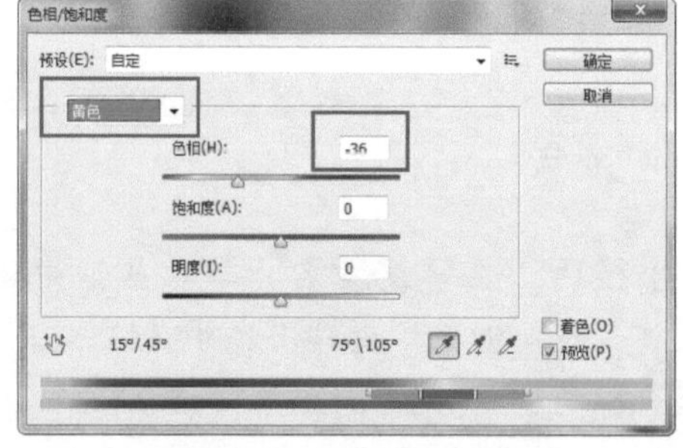
▲ 图3-39

疑难解答：“色相/饱和度”命令

①编辑范围：在弹出的下拉列表中，可以选择需要调整的颜色。选择“全图”选项，可调整图像中所有的颜色。选择其他选项，则可以调整图像中与之对应的颜色。②颜色条：对话框底部有两个颜色条，上面的颜色条代表了调整前的颜色，下面的颜色条代表了调整后的颜色。③着色：选中该复选框，可以将图像转换为只有一种颜色的单色图像。④吸管工具：如果在编辑范围下拉列表中选择了一种颜色，可以使用“吸管工具”在图像中单击定义颜色范围；使用“添加到取样工具”在图像中单击可以增加颜色范围；使用“从取样中减去工具”在图像中单击可以减少颜色范围。

设置完成后，单击“确定”按钮，图像效果如图3-40所示。选择“图像>调整>可选颜色”命令，弹出“可选颜色”对话框，参数设置如图3-41所示。

▲ 图3-40

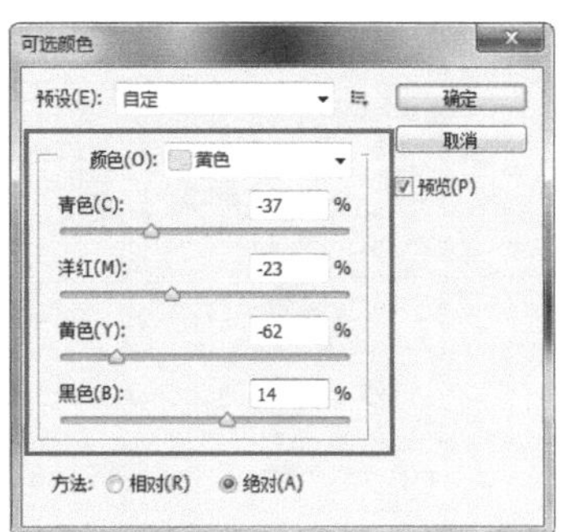

▲ 图3-41

> **提示：**“色相/饱和度”命令可以调整图像中特定颜色范围的色相、饱和度和亮度，或者同时调整图像中的所有颜色。该命令尤其适用于微调CMYK图像中的颜色，以便它们处在输出设备的色域内。

分别选择“青色”“蓝色”和“白色”3个选项，继续在“可选颜色”对话框中设置，如图3-42所示。

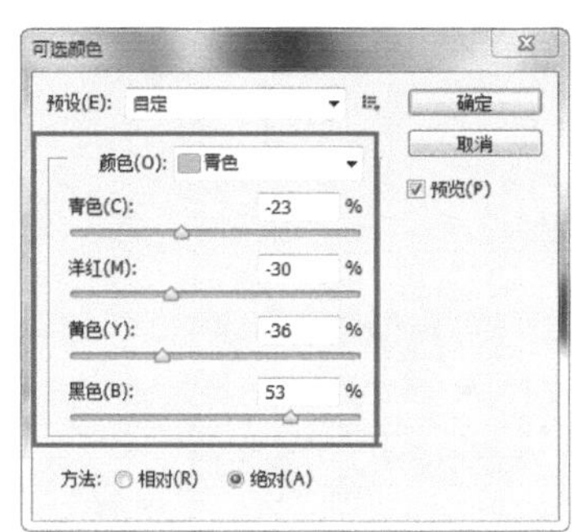

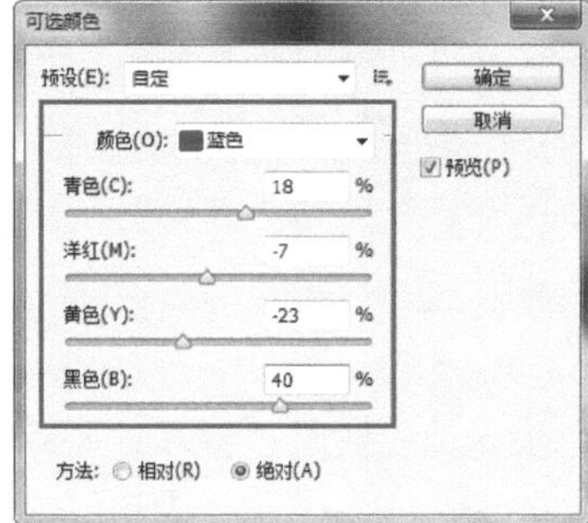

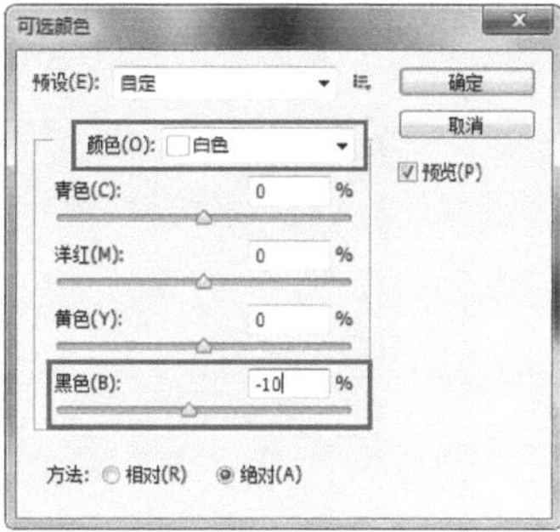

▲ 图3-42

技术看板：通道混合器

打开一张素材图像，复制“背景”图层，如图3-43所示。选择“图像>调整>通道混合器”命令，弹出“通道混合器”对话框，参数设置如图3-44所示。

▲ 图3-43

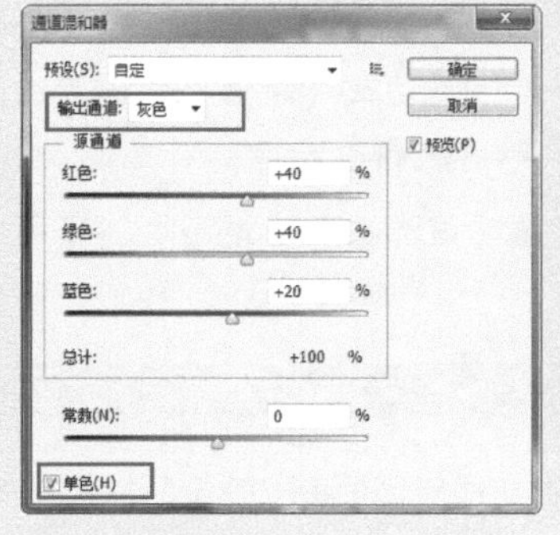

▲ 图3-44

选择“窗口>图层”命令，打开“图层”面板，如图3-45所示，修改图层的“混合模式”为“变亮”，图像效果如图3-46所示。

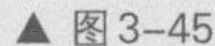
▲ 图3-45

▲ 图3-46

利用“通道混合器”命令可以进行改造性的颜色调整，这是其他颜色工具不能轻易做到的。例如，创建高质量的深棕色调或其他色调的图像；将图像转换到一些备选色彩空间；能够交换或复制通道。

3.3.2 自然饱和度

上一节的设置完成后，单击“确定”按钮，图像效果如图3-47所示。选择“图像>调整>自然饱和度”命令，在弹出的“自然饱和度”对话框中设置参数，如图3-48所示。

▲ 图3-47

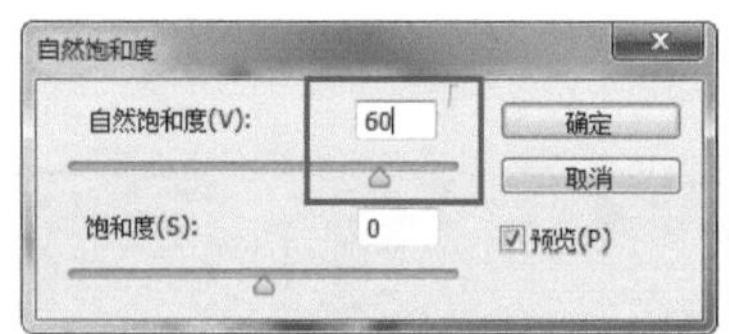

▲ 图3-48

提示： 如果要调整图像的饱和度，而又要在颜色接近最大饱和度时最大限度地减少修剪，可以使用“自然饱和度”命令进行调整。

疑难解答：“自然饱和度”命令

- 自然饱和度：拖动该滑块调整饱和度，可以将更多调整应用于不饱和的颜色，并在颜色接近完全饱和时避免颜色修剪。
- 饱和度：拖动该滑块调整饱和度，可以将相同的饱和度数量应用于所有颜色。

3.3.3 曝光度

上一节的设置完成后，单击“确定”按钮，图像效果如图3-49所示。选择“滤镜>锐化>USM锐化”命令，在弹出的“USM锐化”对话框中进行相应设置，如图3-50所示。

▲ 图 3-49

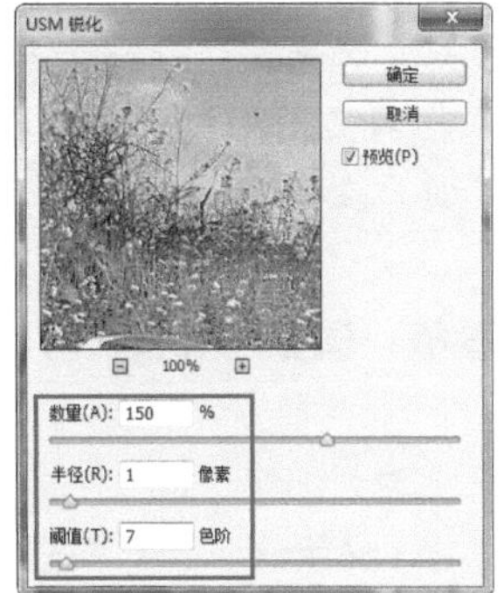

▲ 图 3-50

相关链接：关于“USM 锐化”滤镜的具体使用方法，请参考本书后面章节“锐化”滤镜的详细讲解。

选择“图像>调整>亮度/对比度”命令，在弹出的“亮度/对比度”对话框中设置相关参数，如图3-51所示。选择“图像>调整>曝光度”命令，在弹出的“曝光度”对话框中设置相关参数，如图3-52所示。

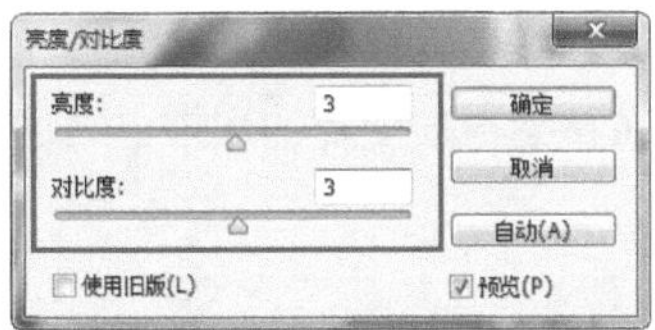

▲ 图 3-51

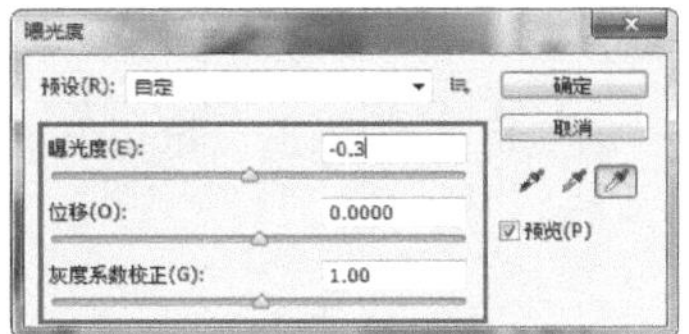

▲ 图 3-52

疑难解答：“曝光度”对话框

- 曝光度：该选项对图像或者选区范围进行曝光调节。正值越大，曝光度越充足；负值越大，曝光度越弱。
- 位移：该选项可以对图像的暗部和亮部进行细微调节。
- 灰度系数校正：该选项用来调节图像灰度系数的大小，即曝光颗粒度。值越大则曝光效果就越差，值越小则对光的反应越灵敏。

单击“确定”按钮完成操作，图像效果如图3-53所示。选择“文件>储存”命令，将其保存为“调出枯黄的秋草.psd”，如图3-54所示。

▲ 图 3-53

▲ 图 3-54

提示：“曝光度”命令是专门用于调整HDR图像色调的命令，但它也可以用于8位和16位图像。调整HDR图像曝光度的方式与在真实环境中拍摄场景时调整曝光度的方法类似。这是因为在HDR图像中可以按比例显示和存储展示场景中的所有明亮度值。

技术看板：调整“亮度/对比度”

打开一张素材图像，如图3-55所示。选择“图层>复制图层”命令，复制“背景”图层，“图层”面板如图3-56所示。选择“图像>调整>亮度对比度”命令，弹出“亮度/对比度”对话框，如图3-57所示。

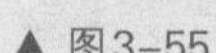

▲ 图3-55

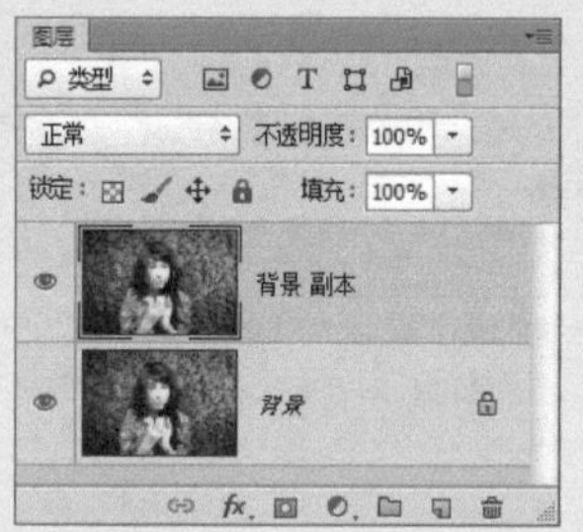

▲ 图3-56

单击对话框中的“自动”按钮，Photoshop CS6将会根据图片的属性自动调整图片的亮度和对比度，如图3-57所示。

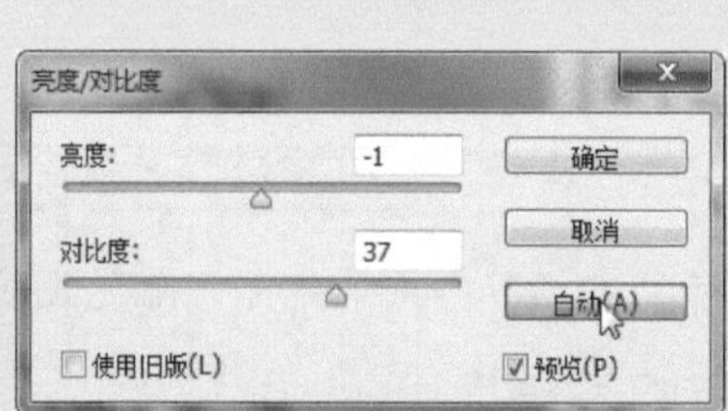

▲ 图3-57

亮度和对比度的值为负值，图像的亮度和对比度会下降；亮度和对比度的值为正值时，则图像亮度和对比度增加；当值为0时，图像不发生任何变化。

提示：“亮度/对比度”命令主要用于调节图像的亮度和对比度。虽然使用“色阶”和“曲线”命令都可以实现此功能，但是这两个命令使用起来比较烦琐，而“亮度/对比度”命令可以更加简便、直观地完成亮度和对比度的调整。

3.4 为人物打造玫红色皮肤

Photoshop CS6为用户提供了完善的色调和色彩调整功能。选择“图像>调整”命令，其级联菜单中的命令可以使图像中的画面更加漂亮，主题更加突出。玫红色本身可以很好地体现出女性柔和妩媚的气质，下面使用一些命令为人物打造玫红色皮肤，如图3-58所示。

修改前

修改后

▲ 图3-58

3.4.1 曲线

打开一张素材图像，选择“图层>复制图层”命令，复制“背景”图层，如图3-59所示。选择“图像>计算”命令，在弹出的“计算”对话框中进行相应设置，如图3-60所示。

▲ 图3-59

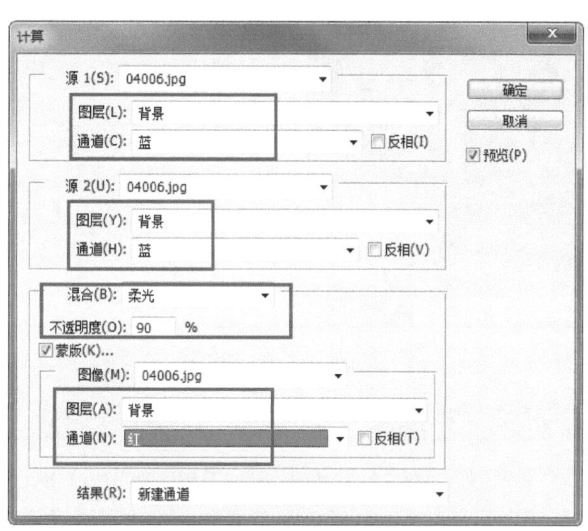

▲ 图3-60

> **小技巧：**“计算”是另一种图像混合运算，它和“应用图像”命令相似。“计算”命令可以将图像中的两个通道进行合成，并将合成后的结果保存到一个新图像中或新通道中，或者直接将合成后的结果转换成选区。

设置完成后，得到Alpha 1通道，如图3-61所示。选择“Alpha 1”通道，并将其复制粘贴到“绿”通道中，如图3-62所示。

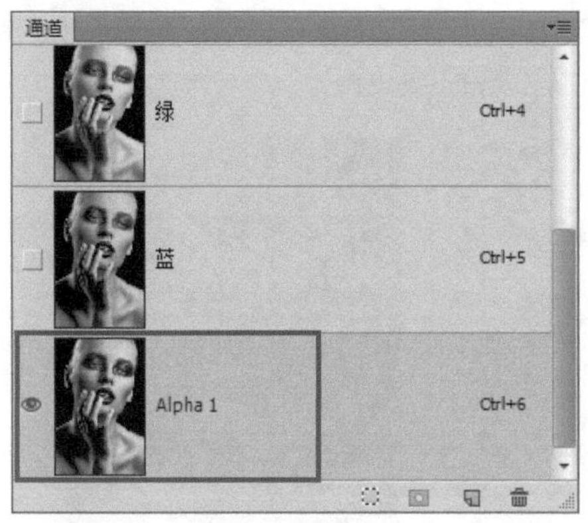

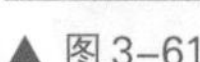
▲ 图3-61

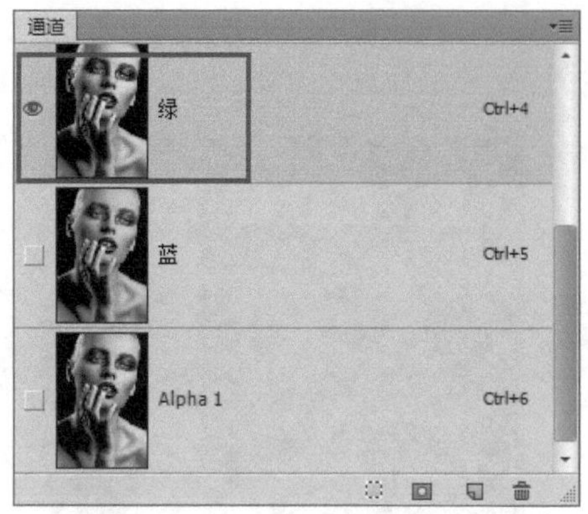

▲ 图3-62

相关链接：关于“通道”面板和Alpha通道的内容，请参考本书后面“通道”面板的详细讲解。

取消选区，并选中RGB复合通道，返回“图层”面板，图像效果如图3-63所示。选择“图像>调整>曲线”命令，在弹出的“曲线”对话框中进行相应设置，如图3-64所示。

▲ 图3-63

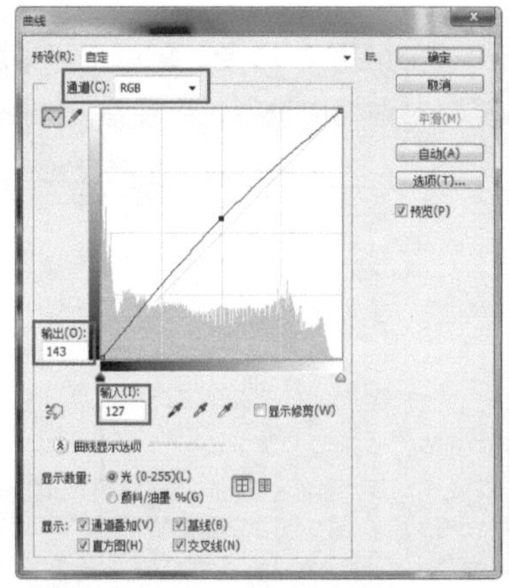

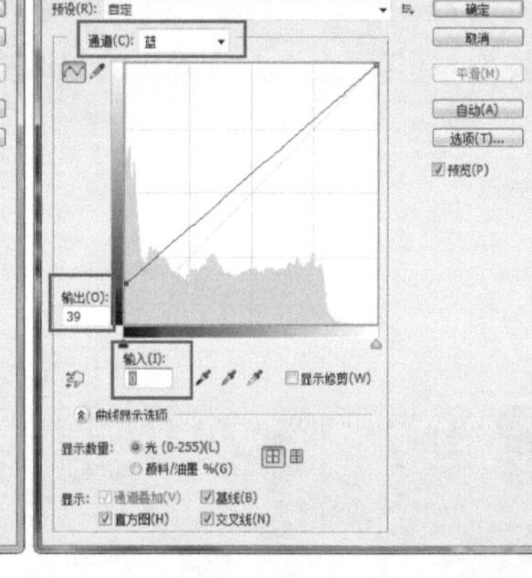

▲ 图3-64

疑难解答：“曲线”对话框

- 预设：该下拉列表中包含了Photoshop CS6提供的预设调整文件。当选择“默认值”时，可以通过拖动曲线来调整图像。当选择其他选项时，则可以使用预设文件调整图像。
- 通道：在该下拉列表中可以选择需要调整的通道，共有RGB、红、蓝和绿通道4种通道。
- 编辑点以修改曲线工具：单击此按钮，在曲线中单击可添加新的控制点，拖动控制点改变曲线形状，即可调整图像。
- 通过绘制来修改曲线工具：单击此按钮，可以在对话框中自由绘制曲线。绘制结束后，单击“编辑点以修改曲线工具”按钮，在曲线上显示控制点。
- 输入/输出：“输入”显示调整前的像素值；“输出”显示调整后的像素值。

提示：“曲线”是用于调整图像与色调的工具，它比“色阶”的功能更强大，“色阶”只有3个调整功能，而“曲线”允许在图像的整个色调范围内（从阴影到高光）最多调整14个点。在所有调整工具中，“曲线”可以提供最为精准的调整结果。

技术看板：“渐变映射”命令

打开一张素材图像，复制“背景”图层，如图3-65所示。选择“图像>调整>渐变映射”命令，弹出“渐变映射”对话框，如图3-66所示。

▲ 图 3-65

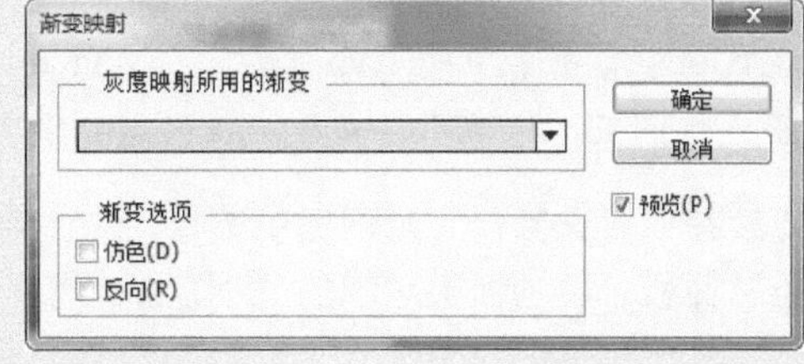

▲ 图3-66

单击渐变预览条，弹出“渐变编辑器”对话框，如图3-67所示，选择从黑到白的渐变颜色。单击“确定”按钮，完成图像调整，如图3-68所示。

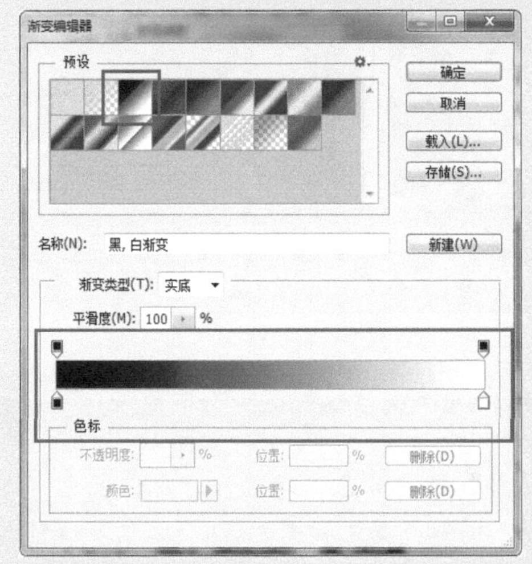

▲ 图3-67

▲ 图3-68

“渐变映射”命令的主要功能是将预设的几种渐变模式作用于图像，将要处理的图像作为当前图像。

3.4.2 可选颜色

上一节的设置完成后，图像效果如图3-69所示。选择“图像>调整>可选颜色”命令，在弹出的“可选颜色”对话框中进行相应设置，对图像颜色进行调整，如图3-70所示。

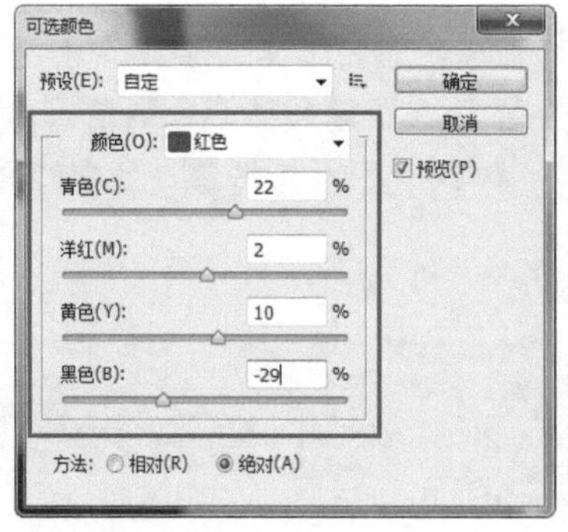

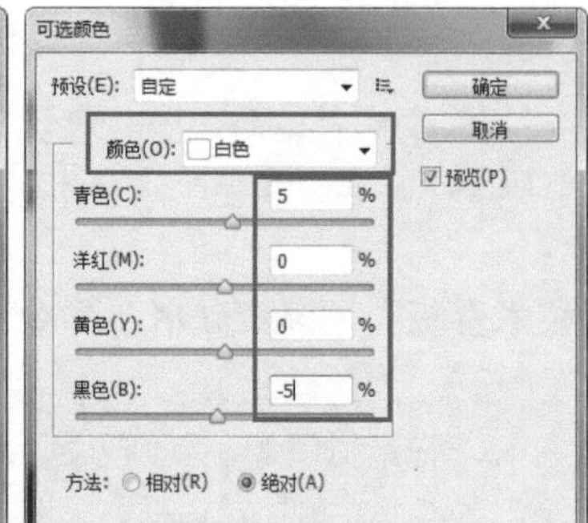

▲ 图3-69　　▲ 图3-70

提示：可选颜色校正是高端扫描仪和分色程序使用的一种技术，可以对图像中限定颜色区域中各像素中的Cyan（青）、Magenta（洋红）、Yellow（黄）、black（黑）四色油墨进行调整，从而不影响其他颜色（非限定颜色区域）的表现。

继续在“可选颜色”对话框中选择“中性色”进行相应设置，完成后如图3-71所示。打开“图层”面板，单击面板底部的“创建新的填充或调整图层”按钮，在弹出的下拉列表里选择“纯色”选项，如图3-72所示。

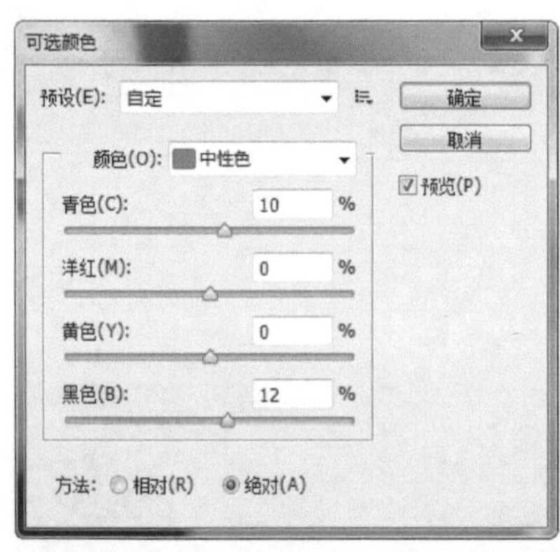

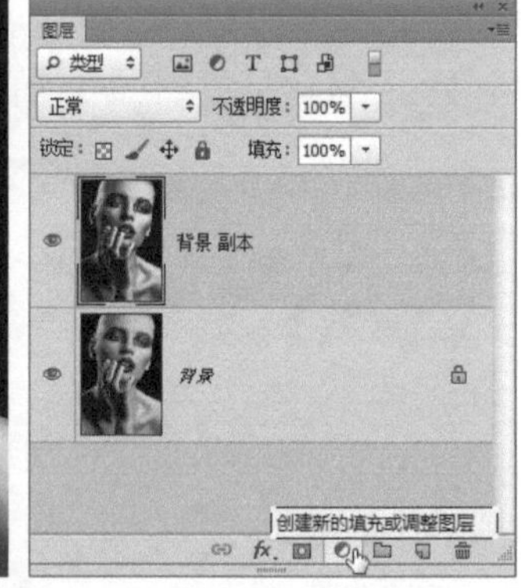

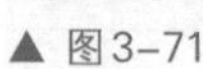
▲ 图3-71　　▲ 图3-72

疑难解答：“可选颜色”对话框

• 颜色：在该下拉列表中，可以有针对性地选择红色、黄色、绿色、青色、蓝色、洋红、白色、中性色和黑色进行设置。通过使用青色、洋红、黄色和黑色这4个选项可以针对选定的颜色调整C、M、Y、K的比例。

• 方法：提供了“相对”和“绝对”两个选项。“相对”调整的数额以CMYK的四色总数量的百分比来计算。“绝对”以绝对值来计算。

相关链接：关于“画笔工具”的具体使用方法，请用户参考本书中的第几章第几节“画笔工具”的详细讲解。

在弹出的“拾色器”对话框中设置颜色为RGB（197、169、149），如图3-73所示。打开“图层”面板，修改图层的“混合模式”为“柔光”、“不透明度”为80%，如图3-74所示。

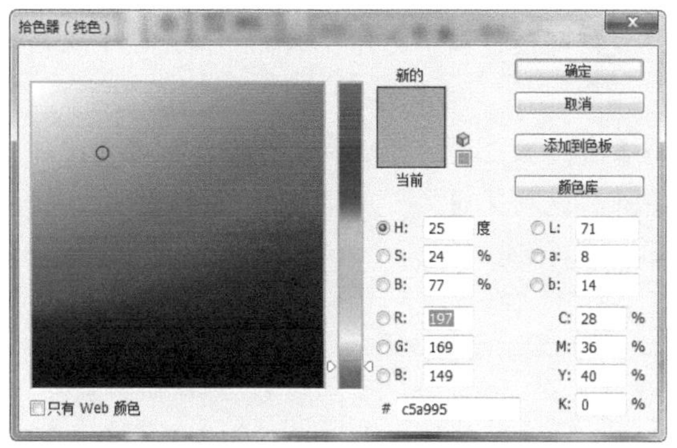

▲ 图3-73

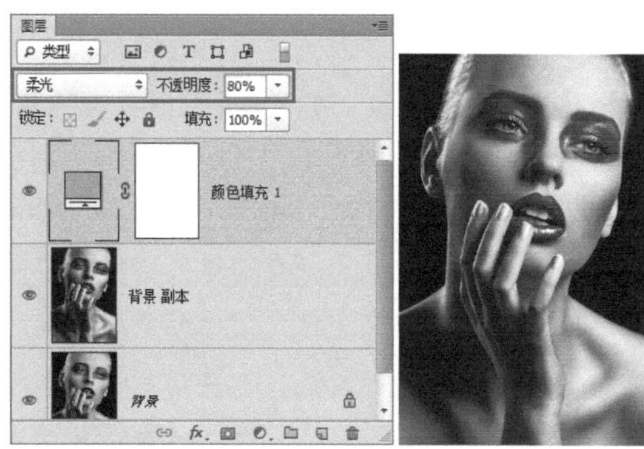

▲ 图3-74

> **小技巧：**“图层”面板中的“创建新的填充或调整图层”按钮，与菜单栏下的“调整”命令和“填充”命令一样，区别在于“调整”命令和“填充”命令确定以后不可修改，而调整图层可随时进行修改。

3.4.3 色阶

选择“图像>调整>色阶”命令，在弹出的“色阶”对话框中设置相应参数，如图3-75所示。单击工具箱中的“以快速蒙版模式编辑”按钮，使用“画笔工具”在人物瞳孔反光部位进行涂抹，如图3-76所示。

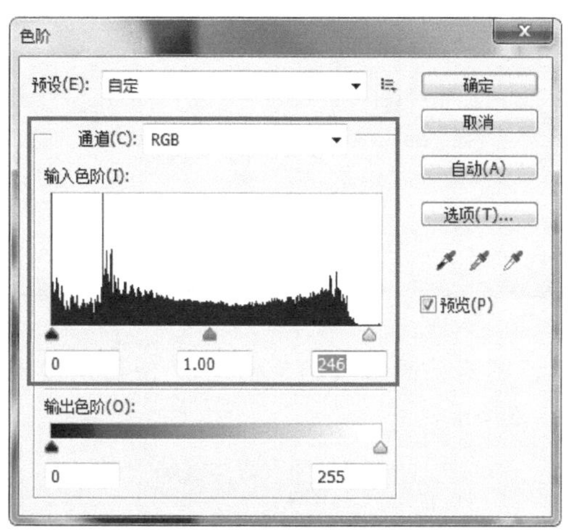

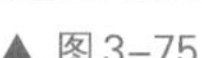
▲ 图3-75

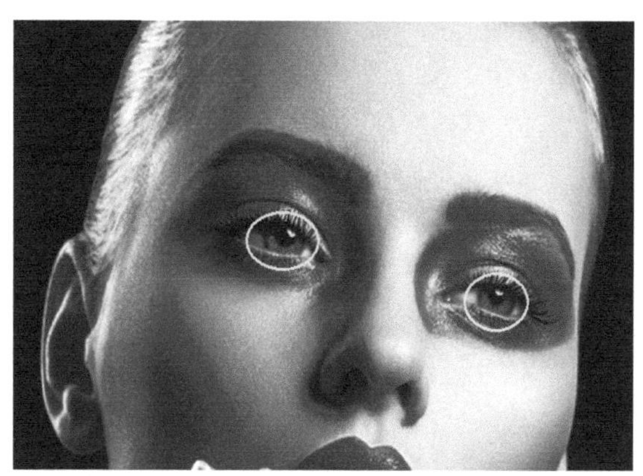

▲ 图3-76

> **提示：**使用“色阶”命令可以调整图像的阴影、中间调和高光的轻度级别，从而校正图像的色调范围和色彩平衡。“色阶”对话框中包含一个直方图，可以作为调整图像基本色调时的直观参考依据。

疑难解答："色阶"对话框

• 预设：在该下拉列表中包含Photoshop CS6提供的预设调整文件。单击"预设"下拉列表框右面的 按钮，可以储存预设和载入预设。

• 通道：在下拉列表中可以选择需要调整的通道，如果要同时编辑多个通道，可在选择"色阶"命令前，按住Shift键在"通道"面板中选择这些通道。

• 输入色阶：用来调整图像的阴影、中间调和高光区域。

• 输出色阶：用来限定图像的亮度范围。

• 自动：单击该按钮，可应用自动颜色校正。

• 选项：单击该按钮，可以在弹出的"自动颜色校正"对话框中设置黑色像素和白色像素的比例。

• 设置黑场：使用该工具在图像中单击，可以根据单击点的像素亮度来调整其他中间色调的平衡亮度。

涂抹完成后单击"以标准模式编辑"按钮，将涂抹区域转为选区，使用快捷键Ctrl+Shift+I反向选区，如图3-77所示。再次选择"图像>调整>曲线"命令，在弹出的"曲线"对话框中进行相应设置，如图3-78所示。

▲ 图3-77

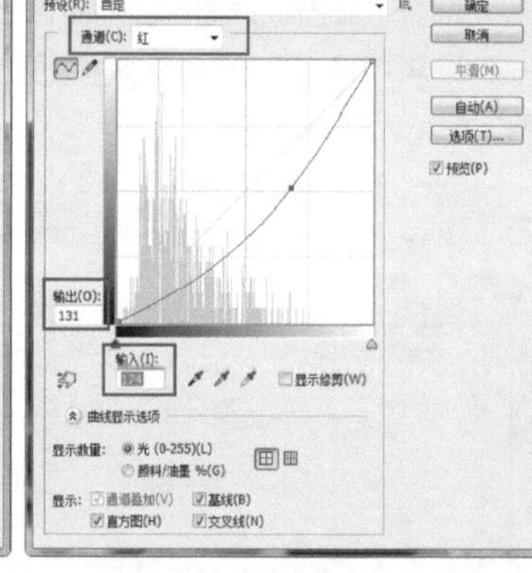

▲ 图3-78

设置完成后，单击"确定"按钮，取消选区，图像效果如图3-79所示。使用快捷键Ctrl+Shift+Alt+E盖印图层，得到"图层1"图层，如图3-80所示。

▲ 图3-79

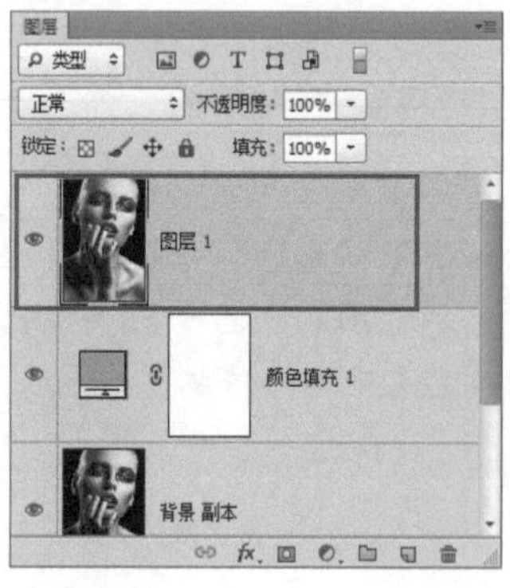

▲ 图3-80

技术看板："去色"命令

打开一张素材图像，复制图层，如图3-81所示。选择"图像>调整>去色"命令，或按快捷键Shift+Ctrl+U，就可以去掉图像中的颜色信息，如图3-82所示。

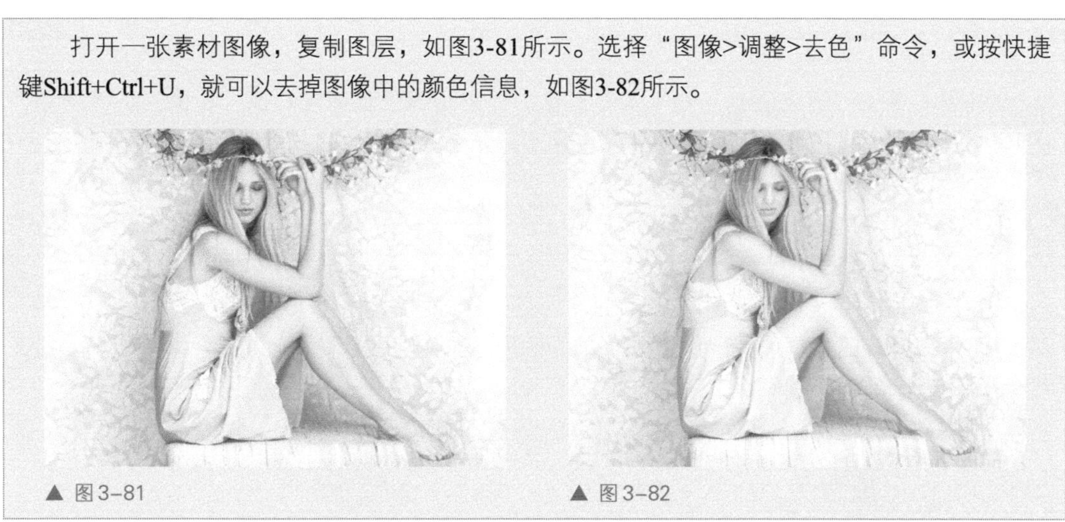

▲ 图3-81　　▲ 图3-82

"去色"命令的主要作用是去除图像中的饱和色彩，也就是将图像中所有颜色的饱和度更改为0，将图像转换为灰度图像。与直接选择"灰度"命令转换为灰度图像的方式不同，使用"去色"命令处理后的图像不会改变图像的色彩模式。

3.4.4 自动色调

选择"图像>自动色调"命令，图像效果如图3-83所示。执行两次"滤镜>锐化>锐化边缘"命令，完成图像的调整，将文件以如图3-84所示的文件名保存。

▲ 图3-83

文件名(N): 为人物打造玫红皮肤.psd
格式(F): Photoshop (*.PSD;*.PDD)

▲ 图3-84

提示：调整图像色彩主要是对图像明暗度的调整，如果想要快速调整图像的色彩和色调，可以使用“图像”菜单中的“自动色调”“自动对比度”和“自动颜色”命令。

提示：使用“自动色调”命令调整图像，可以增强图像的对比度，在像素值平均分布且需要以简单方式增加对比度的特定图像中，该命令可以提供较好的效果。

技术看板：“自动对比度”命令

打开一张素材图像，复制图层，如图3-85所示。选择“图像>自动对比度”命令，或按快捷键Alt+Ctrl+Shift+L，就可以自动调整图像的对比度。调整过后的图像比原图像清晰，同时对比度也更强烈，如图3-86所示。

▲ 图3-85

▲ 图3-86

使用“自动对比度”命令可以让系统自动调整图像亮部和暗部的对比度。其原理是该命令可以将图像中最暗的像素变为黑色，最亮的像素变为白色，而使看上去较暗的部分变得更暗，较亮的部分更亮。

技术看板：“自动颜色”命令

打开一张素材图像，复制图层，如图3-87所示。选择“图像>自动颜色”命令，或者按快捷键shift+Ctrl+B，即可自动校正颜色，如图3-88所示。

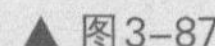

▲ 图3-87

▲ 图3-88

“自动颜色”命令可以让系统自动对图像进行颜色校正。如果图像有色偏或者饱和度过高，均可以使用该命令进行自动调整。

3.5 打造梦幻阿宝色

使用“色彩平衡”命令可以更改图像的总体颜色混合，分别控制阴影、中间调和高光区域的颜色成分，从而使图像达到色彩平衡。本节将使用“色彩平衡”命令、“曲线”命令和“自然饱和度”命令将绿色的图片调整为梦幻的阿宝色，如图3-89所示。

修改前

修改后

▲ 图 3-89

3.5.1 色彩平衡

打开一张素材图像，如图3-90所示。使用快捷键Ctrl+J复制“背景”图层，得到“图层1”图层，如图3-91所示。

▲ 图 3-90

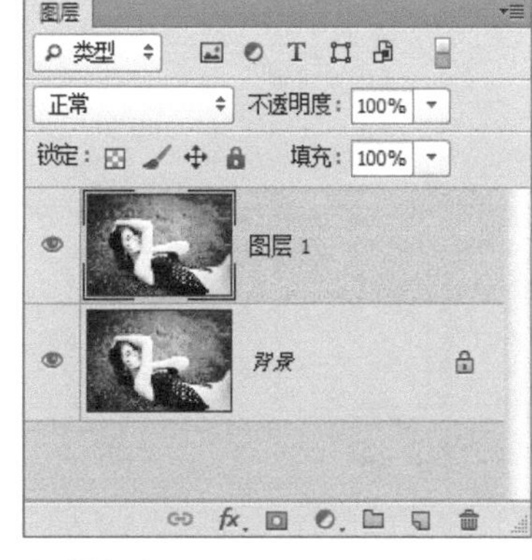

▲ 图 3-91

打开“通道”面板，选择“绿”通道，按快捷键Ctrl+A全选，继续按快捷键Ctrl+C复制，如图3-92所示。选择“蓝”通道，使用快捷键Ctrl+V粘贴，选中RGB复合通道，并返回“图层”面板，如图3-93所示。

单击“图层”面板底部的“添加图层蒙版”按钮，使用“画笔工具”在画布中涂抹人物部分，如图3-94所示。按住Ctrl键，单击“图层1”蒙版缩览图载入选区，如图3-95所示。

▲ 图3-92

▲ 图3-93

▲ 图3-94

▲ 图3-95

选择“图像>调整>曲线”命令，在弹出的“曲线”对话框中设置参数，如图3-96所示。选择“图像>调整>自然饱和度”命令，在弹出的“自然饱和度”对话框中设置参数，如图3-97所示。

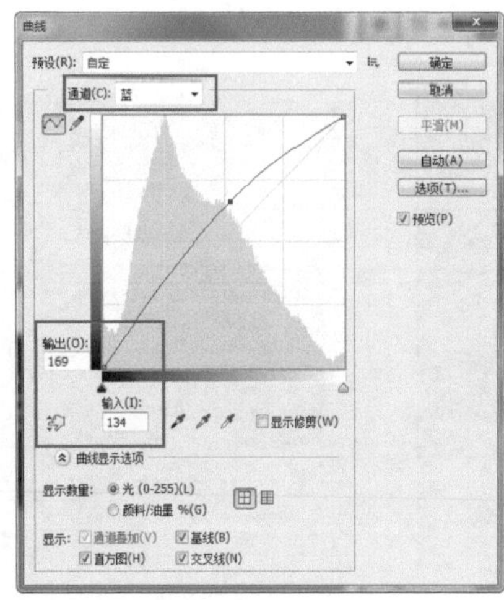

▲ 图3-96

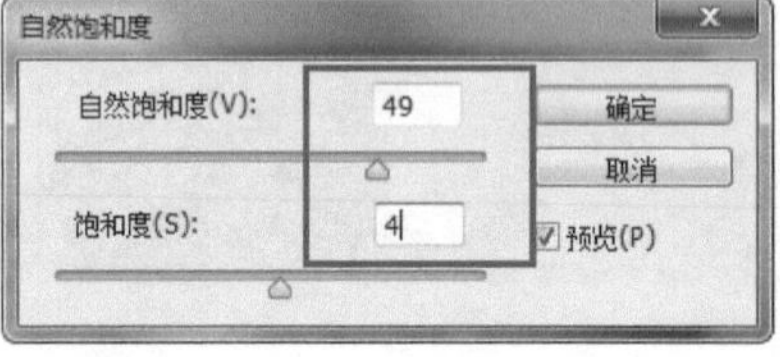

▲ 图3-97

提示： 单击“预设”下拉列表框右侧的按钮，可以弹出下拉菜单，选择“存储预设”命令，可以将当前的调整状态保存为一个预设文件。在对其他图像应用相同调整时，可以选择“载入预设”命令，用载入的预设文件自动调整。选择“删除当前预设”命令，则删除所存储的预设文件。

设置完成后的图像效果如图3-98所示。选择“图像>调整>色彩平衡”命令，在弹出的“色彩平衡”对话框中设置参数，如图3-99所示。

▲ 图 3-98

▲ 图 3-99

疑难解答：“色彩平衡”命令

• 色彩平衡：在“色阶”文本框里输入数值，或者拖动各个滑块可向图像中增加或者减少相应颜色。例如：将最上面的滑块移向“青色”，可在图像中增加青色，同时还会减少红色。

• 色调平衡：可以选择一个色调范围来进行调整，包括“阴影”“中间调”和“高光”。选中“保持明度”复选框，可以防止图像的亮度值随颜色的改变而改变，从而保持图像的色调平衡。

技术看板：“色调分离”命令

打开一张素材图像，复制“背景”图层。选择“图像>调整>色调分离”命令，弹出“色调分离”对话框，“色阶”初始值为4。“色阶”值越小，色彩变化越大；“色阶”值越大，色彩变化越小。如图3-100所示。

色阶值为4

色阶值为255

▲ 图 3-100

“色调分离”命令可以让用户指定图像中每个通道的色调级的数目，将这些像素映射为最接近匹配色调。

提示：“色调分离”命令与“阈值”命令相似，“阈值”命令在任何情况下都只考虑两种色调，而“色调分离”可以指定2～255的一个值。

疑难解答：“阈值”命令

用户可以选择“图像>调整>阈值”命令。该命令会根据图像像素的亮度值把它一分为二，一部分用黑色表示，另一部分用白色表示。其黑白像素的分配由“阈值”对话框中的“阈值色阶”文本框指定。其范围为1～255，阈值色阶的值越大，黑色像素的分布就越大；反之，阈值色阶值越小，白色像素分布越广。

3.5.2 照片滤镜

设置完成后可以看到图像效果，如图3-101左图所示。选择“图像>调整>照片滤镜”命令，在弹出的“照片滤镜”对话框中设置参数，如图3-101右图所示。

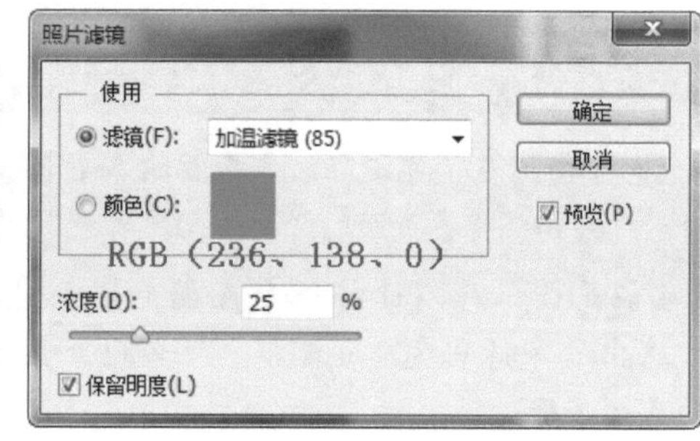

▲ 图3-101

使用快捷键Ctrl+Shift+Alt+E盖印图层，如图3-102所示。选择“滤镜>锐化>USM锐化”命令，在“USM锐化”对话框中设置参数，如图3-103所示。

▲ 图3-102

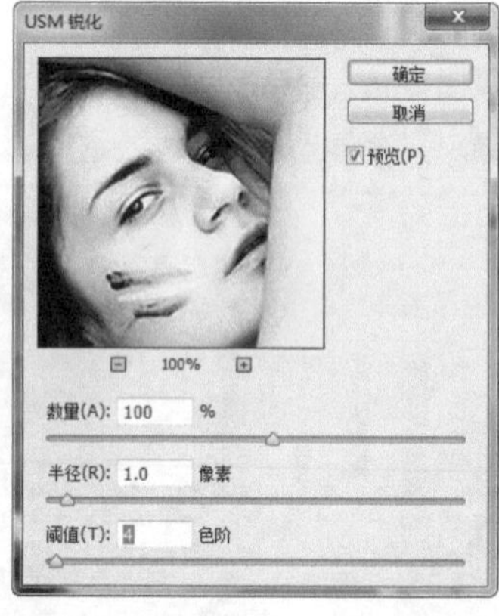

▲ 图3-103

提示：“照片滤镜”命令可以模拟通过色彩校正滤镜拍摄照片的效果，该命令允许用户选择预设的颜色或者自定义的颜色向图像应用色相调整。

疑难解答："照片滤镜"命令

• 滤镜：在该下拉列表中可以选择需要使用的滤镜，Photoshop CS6可以模拟在相机镜头前面加彩色滤镜，以调整通过镜头传输的光的色彩平衡和色温。

• 颜色：单击该选项右侧的颜色块，可以在弹出的"拾色器"对话框中设置自定义滤镜颜色。

• 浓度：可以调整应用到图像中的颜色数量。该值越高，颜色的调整幅度越大。

疑难解答："反相"命令

使用"反相"命令，可以将像素的颜色改为它们的互补色，如黑变白、白变黑等。该命令是唯一不损失图像色彩信息的变换命令。在使用"反相"命令前，可先选择反相的内容，如图层、通道、选区范围或整个图像。

技术看板："黑白"命令

打开一张素材图像，复制图层，如图3-104所示。选择"图像>调整>黑白"命令，弹出"黑白"对话框，单击"预设"右侧的下拉按钮，弹出下拉列表，如图3-105所示。

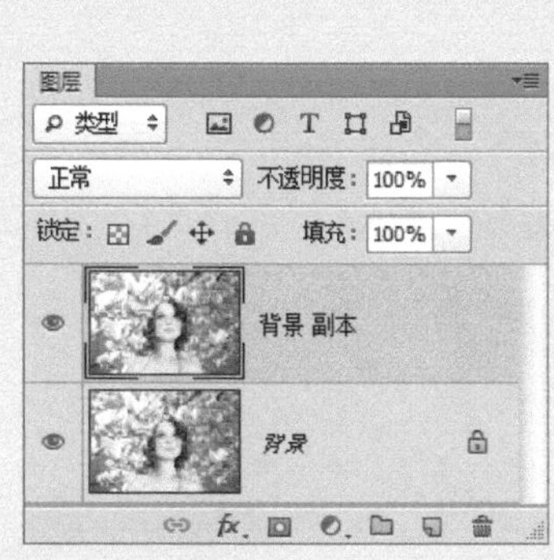

▲ 图3-104

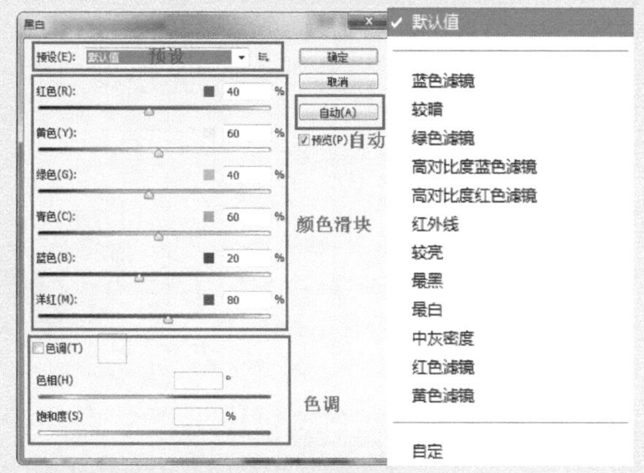

▲ 图3-105

选择"最黑"选项，单击"确定"按钮，图像变为灰度图像。"黑白"命令可以将彩色图像转换为灰度图像。另外，该命令可以同时保持对各颜色转换方式的完全控制。该命令也可以为灰度着色，将彩色图像转换为单色图像，如图3-106所示。

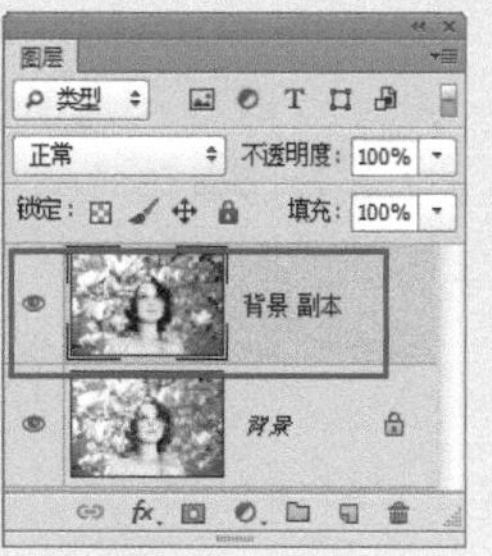

▲ 图3-106

技术看板："匹配颜色"命令

打开两张素材图像，如图3-107所示，使用"匹配颜色"命令可以将第二张图的色调调整为第一张图的色调，如图3-108所示。

▲ 图 3-107

▲ 图 3-108

选择"图像>调整>匹配颜色"命令，弹出"匹配颜色"对话框，设置参数，如图3-109所示，完成图像的调整，如图3-110所示。

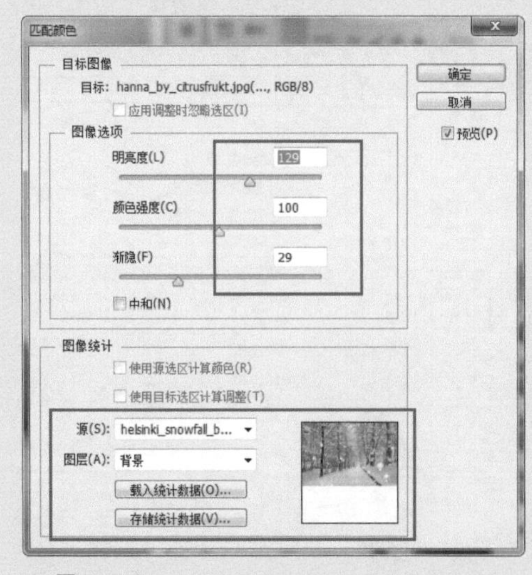

▲ 图3-109

▲ 图3-110

疑难解答："匹配颜色"命令

"匹配颜色"命令可以将一幅图像（初始图像）的颜色与另一幅图像（目标图像）中的颜色相匹配，它比较适合使多个图片的颜色保持一致。此外，该命令还可以匹配多个图层和选区之间的颜色。

第4章 图层的应用

图层是 Photoshop CS6 中非常重要的工具之一，几乎所有的编辑操作都以图层为依托。Photoshop CS6 提供了多种图层混合模式和不透明度，可以将两个图层的图像通过各种形式很好地融合在一起。除此之外，还可以通过为图层中的图像添加不同的图层样式达到奇特的效果，如阴影、发光、斜面和浮雕等，灵活使用图层样式，可以创作出更有创意的作品。

4.1 制作简单可爱的儿童相册

儿童摄影的处理既不能太过成人化，也不能太简单。使用Photoshop CS6对儿童照片进行排版时，最为常用的做法就是将一些普通的照片错落有致地排列。而在这个排列的过程中，会涉及多个图层的编辑与管理，下面这个案例将具体讲解图层的编辑功能，如图4-1所示。

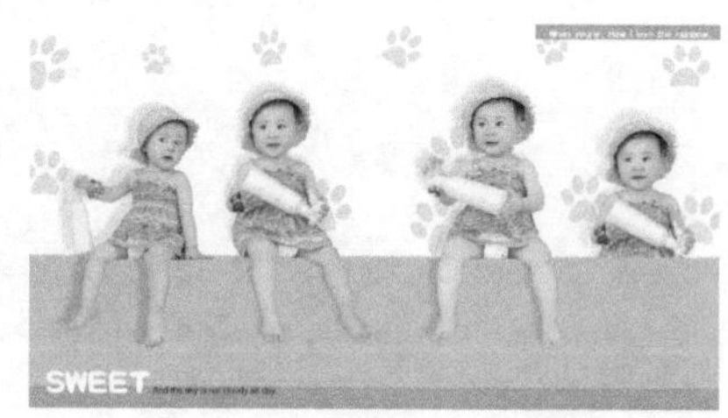

▲ 图 4–1

4.1.1 创建图层

新建一个空白文档，参数设置如图4-2所示。选择“图层>新建>图层”命令，弹出“新建图层”对话框，如图4-3所示。

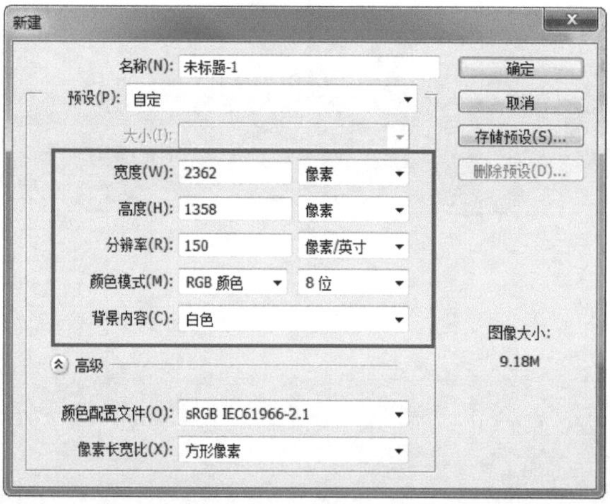

▲ 图 4–2

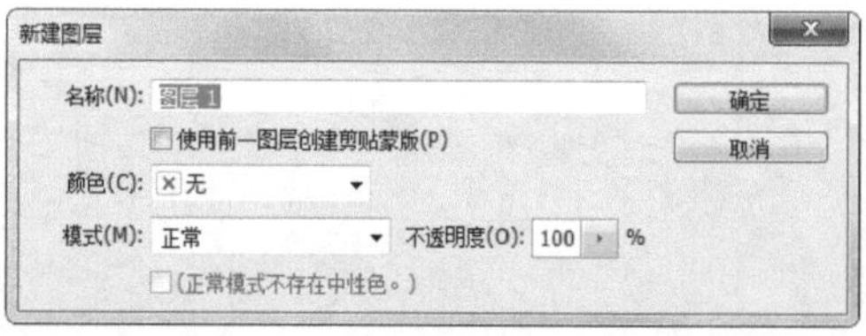

▲ 图 4–3

疑难解答：多种创建图层的方法

①打开“图层”面板，单击“图层”面板底部的“新建图层”按钮，即可在当前图层上方新建一个图层，新建的图层会自动成为当前图层。

②单击“图层”面板右上角的三角形按钮，在弹出的下拉菜单中选择“新建图层”命令，或者按住Alt键单击“新建图层”按钮，也可以弹出“新建图层”对话框。

③选择“图层>新建>背景图层”命令，将所选的图层创建为“背景”图层。

④在“图层”面板中双击所选图层，弹出“新建图层”对话框，在对话框中为其输入一个名称，选择图层颜色，单击“确定”按钮，即可将“背景”图层转换为普通图层。

小技巧：如果要在当前图层的下面创建图层，可以在按住Ctrl键的同时单击“新建图层”按钮，需要注意的是“背景”图层下面不能创建新图层。

4.1.2 背景图层

单击“确认”按钮，“图层”面板如图4-4所示。使用“矩形选框工具”在画布中创建一个矩形选框，大小为2362×530像素，如图4-5所示。

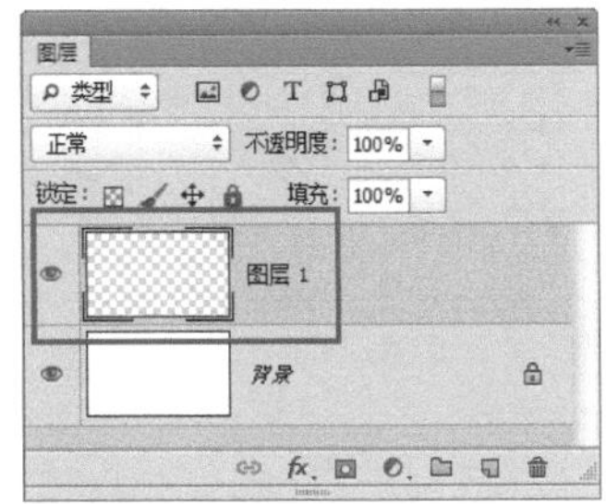

▲ 图4-4

▲ 图4-5

提示：“背景”图层是比较特殊的图层，无法调整它的堆叠顺序、混合模式和不透明度。按住Alt键双击“背景”图层，可以不必打开对话框直接将其转换为普通图层。一个图像中可以没有“背景”图层，但最多只能有一个“背景”图层。

设置“前景色”为RGB（255、204、55），按快捷键Alt+Delete为选区填充颜色，如图4-6所示。用相同的方法创建“图层2”图层，使用“矩形选框工具”创建选区，大小为2362×104像素，并为选区填充RGB（255、173、23）颜色，如图4-7所示。

▲ 图4-6

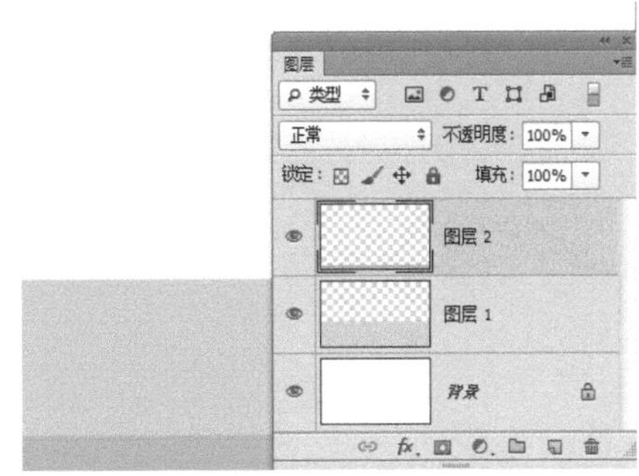

▲ 图4-7

打开素材图像，使用“选择工具”将图像移动到设计文档中，并调整其位置，如图4-8所示。使用快捷键Ctrl+T调出定界框，单击鼠标右键，弹出快捷菜单，选择“水平翻转”命令，按Enter键确认调整，如图4-9所示。

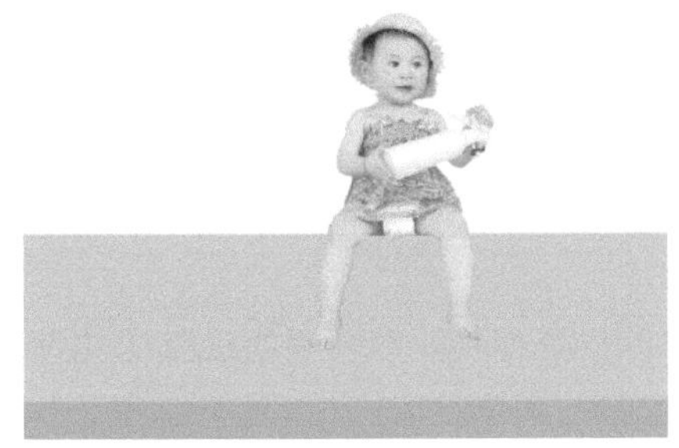

▲ 图4-8

▲ 图4-9

4.1.3 调整图层

使用相同的方法将其余素材图像移动到设计文档中，并调整位置和大小，如图4-10所示。打开“图层”面板，单击面板底部的“创建新的填充或调整图层”按钮，如图4-11所示。

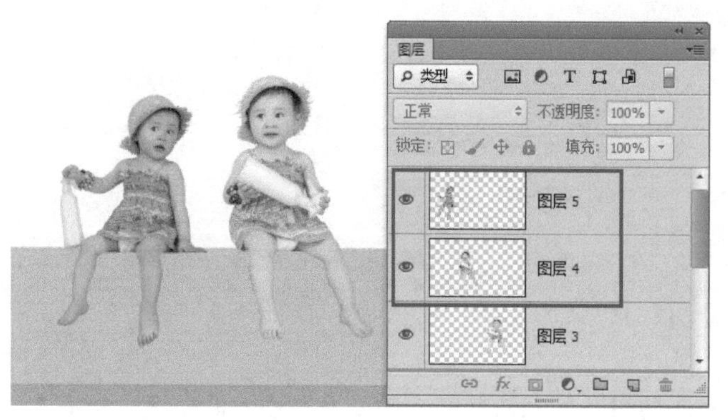

▲ 图 4-10

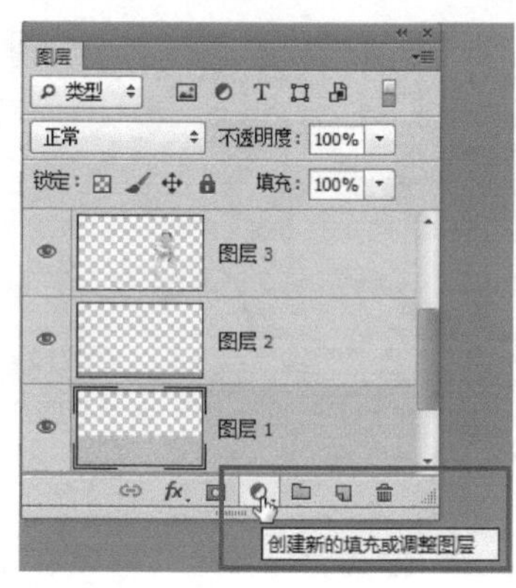

▲ 图 4-11

弹出下拉列表，选择“曲线”选项，在打开的“属性”面板中设置参数，如图4-12所示。在打开的“图层”面板中，单击鼠标右键，在弹出的快捷菜单中选择“创建剪贴蒙版”命令，“图层”面板如图4-13所示。

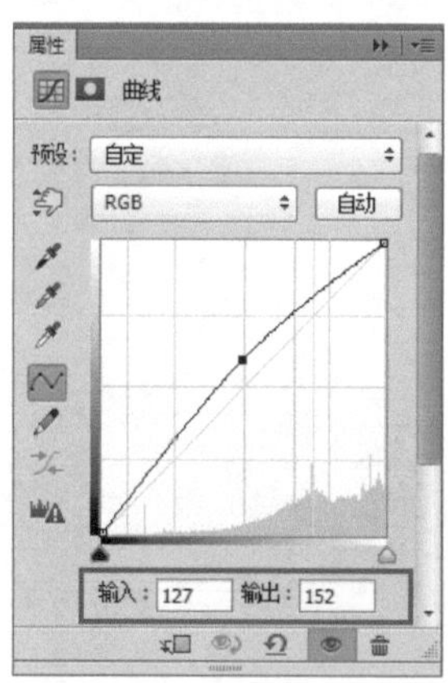

▲ 图 4-12

▲ 图 4-13

提示：调整图层是比较特殊的一种图层。这种类型的图层主要是用来控制色调和对色彩进行调整。也就是说，Photoshop CS6会将色调和色彩的设置，如色阶和曲线调整等应用功能变成“调整图层”单独存放到文件中，使得方便修改其设置，但不会永久改变原始图像，从而保持了图像修改的弹性。

技术看板：使用“填充图层”制作底纹效果

打开一张素材图像，如图4-14所示。打开“图层”面板，单击面板底部的“创建新的填充或调整图层”按钮，在弹出的下拉列表中的选择“图案”选项，弹出对话框，如图4-15所示。

▲ 图4-14

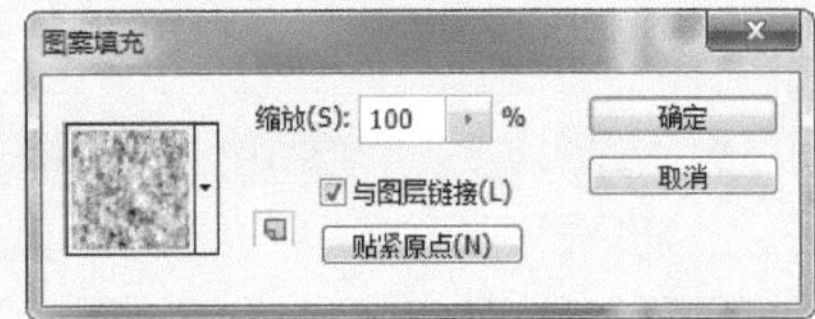

▲ 图4-15

在对话框中单击“图案”按钮，在弹出的图案列表框中选择所需图案，单击“确定”按钮，图像如图4-16所示。在打开的“图层”面板中修改图层的“不透明度”为20%，图像最终效果如图4-17所示。

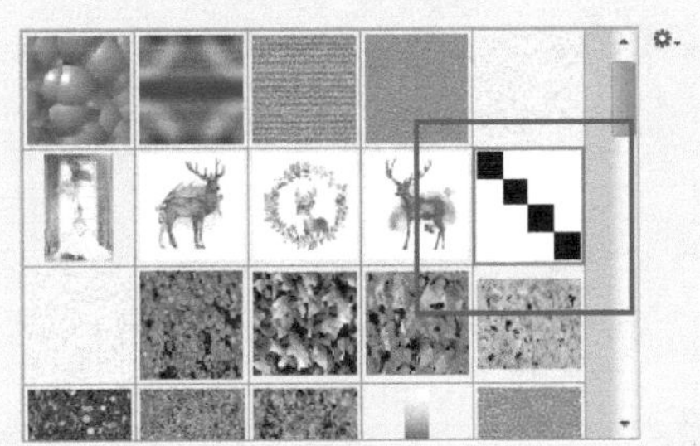

▲ 图4-16

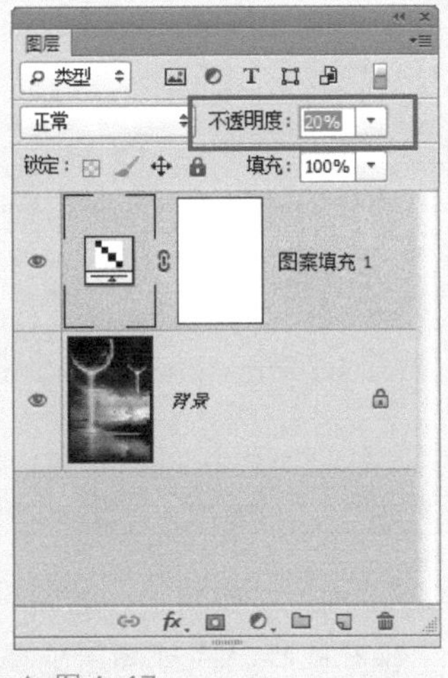

▲ 图4-17

填充图层可以在当前图层中填入一种颜色（纯色或渐变色）或者图案，并结合图层蒙版，产生一种遮盖效果。

4.1.4 移动、复制、删除图层

选中“图层4”图层，单击鼠标右键，在弹出的快捷菜单中选择“复制图层”命令，弹出“复制图层”对话框，如图4-18所示。单击“确定”按钮，“图层”面板如图4-19所示。

▲ 图4–18

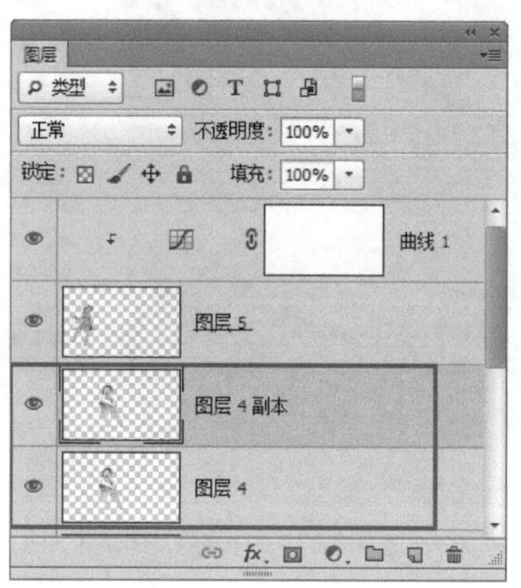

▲ 图4–19

小技巧：如果想要移动整个图层的内容，选中图层后使用“选择工具”，或按住Ctrl键拖动就可移动图像。

小技巧：选择“图层>复制图层”命令，或者单击“图层”面板右上角的三角形按钮，在弹出的快捷菜单中选择“复制图层”命令，都可以复制当前图层。

疑难解答：删除图层

①在打开的“图层”面板中，单击面板底部的“删除图层”按钮，弹出提示框，单击“是”按钮，即可删除当前图层。如果需要删除的是图层组，则弹出如下图所示的提示框，用户可以根据自身的需要选择删除的内容。

②选中要删除的图层，按住Alt键的同时单击面板中的“删除图层”按钮，或者按下Delete键，即可删除选中图层。

③选择“图层>删除>图层”命令，在弹出的下拉菜单中选择“图层”或“隐藏图层”选项，即刻删除当前图层。

Adobe Photoshop CS6 Extended
删除组"组 1"及其内容，还是仅删除组？
组和内容(G) 仅组(O) 取消(C)

4.1.5 调整图层顺序

在打开的“图层”面板中，将鼠标放到“图层4 副本”图层上，如图4-20所示。按住鼠标左键不放，向下移动鼠标至“背景”图层上方，松开鼠标，完成图层的移动操作，如图4-21所示。

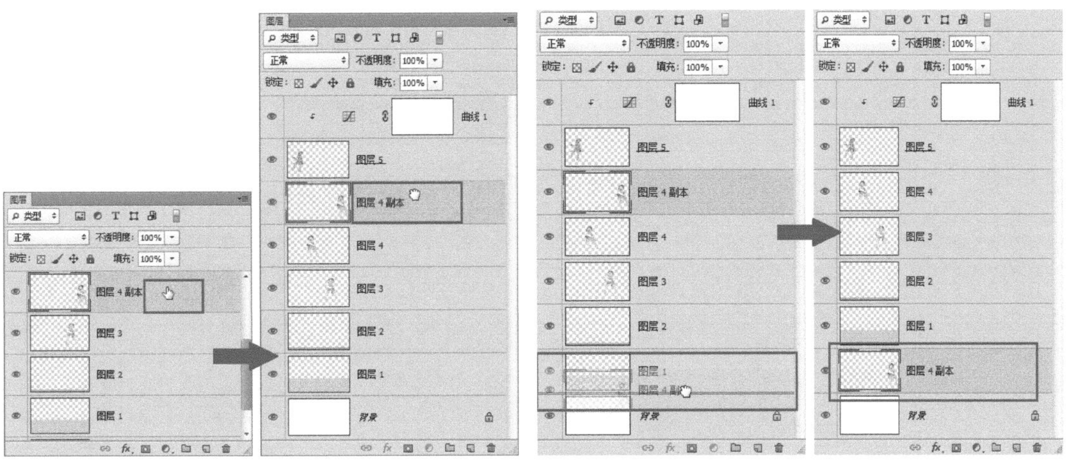

▲ 图4–20　　▲ 图4–21

疑难解答："缩放工具"选项

①鼠标直接拖动：在"图层"面板中，使用鼠标可以很轻松地将图层移至所需位置。

②选择"图层>排列"命令，弹出如右图所示的菜单，选择相应命令，可以将当前图层调整为顶层、上移一层、下移一层或将所选图层置为底层。

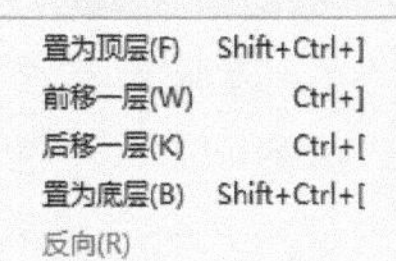

在"图层2"图层上方新建"图层6"图层，按下Ctrl键单击"图层3"图层的缩览图载入选区，如图4-22所示。按快捷键Shift+Ctrl+D，在弹出的"羽化选区"对话框中输入参数7，如图4-23所示。

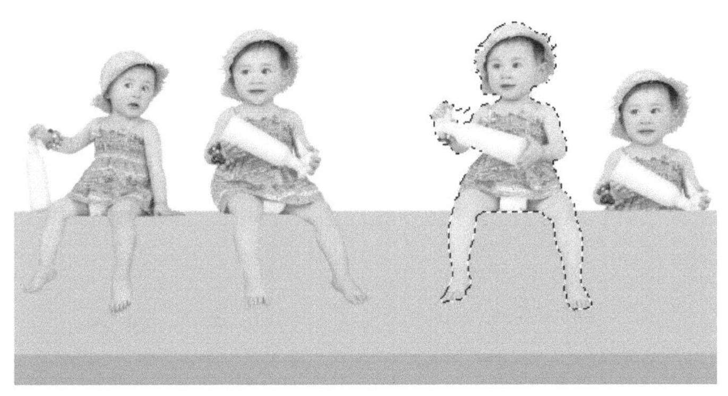

▲ 图 4–22

▲ 图 4–23

4.1.6 选择图层

接着上一节的操作，完成设置后单击"确定"按钮，为选区填充颜色RGB（255、204、55），如图4-24所示。使用相同的方法载入"图层4"和"图层5"的选区，并分别为其填充颜色，如图4-25所示。

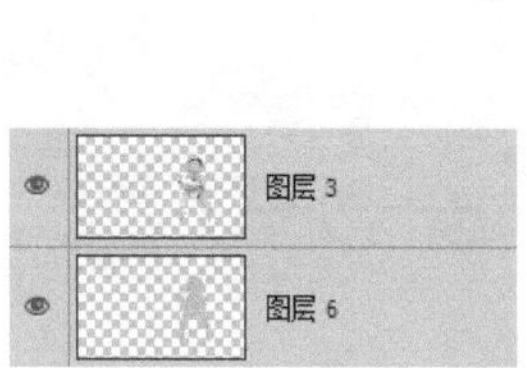

▲ 图 4–24

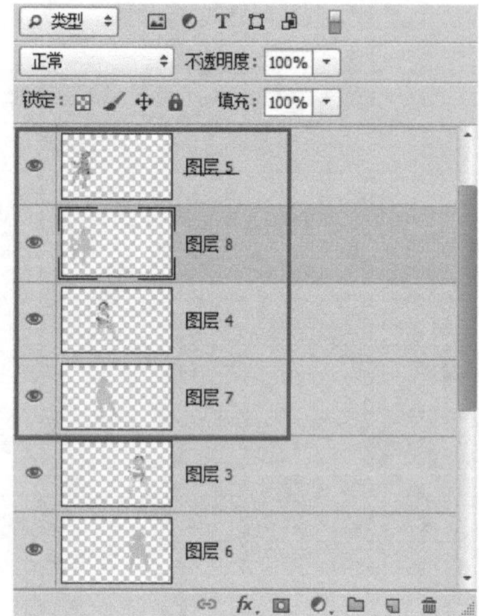

▲ 图 4–25

疑难解答：链接图层

• 选择所有图层：选择“选择>所有图层”命令，即可选择“图层”面板中除“背景”图层外的所有图层。

• 取消选择图层：选择“选择>取消选择图层”命令，即可取消选中的一个或多个图层。

• 选择链接图层：Photoshop CS6可以将多个相关图层使用“链接”命令链接在一起，以便执行移动、缩放等操作。要想选择所有链接图层，可以选择“图层>选择链接图层”命令。

• 选择“选择工具”，并在选项栏中的“自动选中”栏中选择“图层”选项，可以在画布中单击对象选中图层，单击鼠标右键，弹出相应图层的快捷菜单。

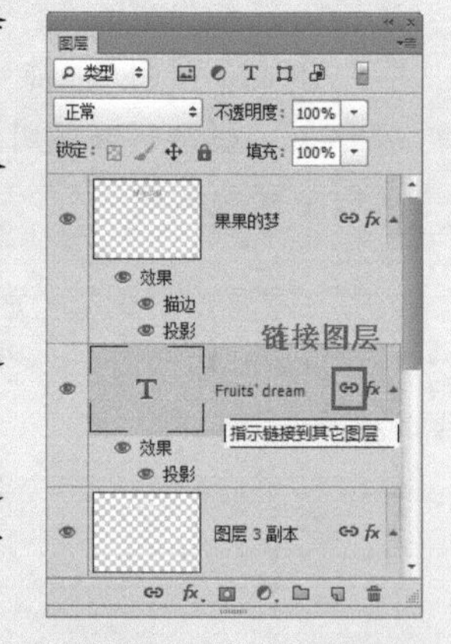

使用“移动工具”将图像向左上微移，效果如图4-26所示。使用相同的方法完成“图层7”和“图层6”的内容制作，移动“图层7”图层和“图层8”图层中图像的位置，如图4-27所示。

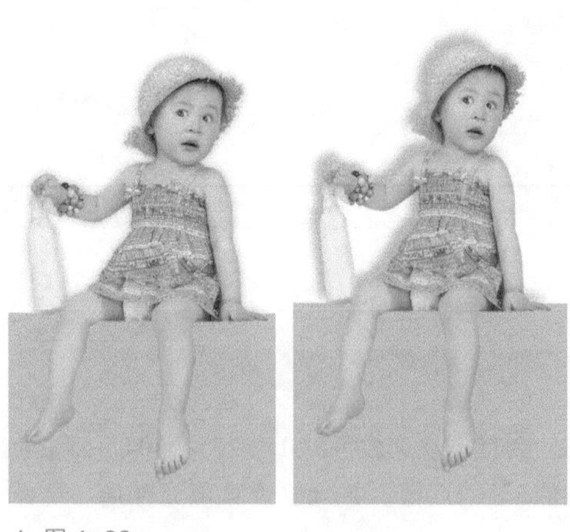

▲ 图 4–26

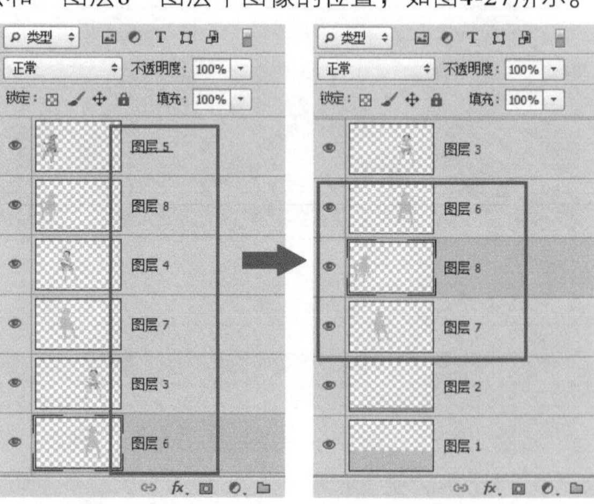

▲ 图 4–27

4.1.7 图层的不透明度

选中“图层6”图层、“图层7”图层和“图层8”图层，选择“图层>合并图层”命令，合并后的“图层”面板如图4-28所示。修改图层的“不透明度”为40%，如图4-29所示。

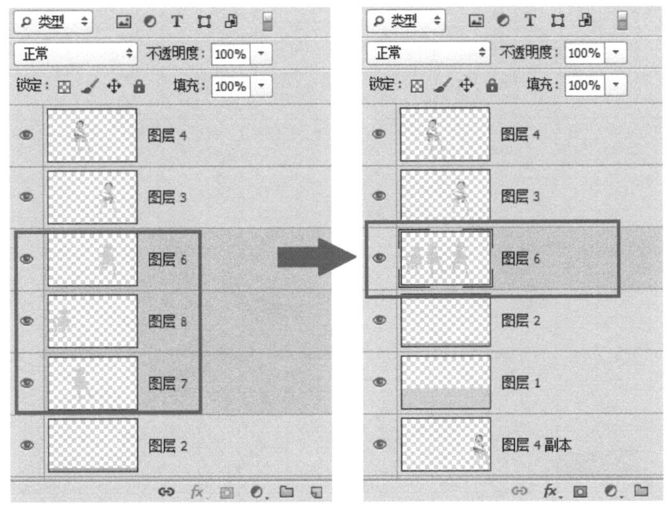

▲ 图 4-28

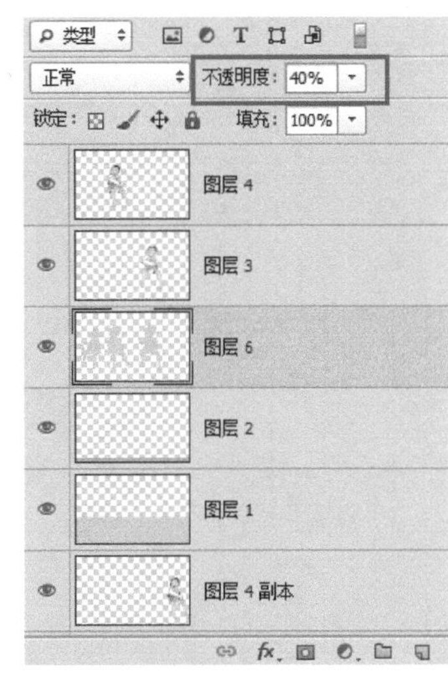

▲ 图 4-29

疑难解答：“不透明度”和“填充”

• 不透明度：用于控制图层、图层组中绘制的像素和形状的不透明度，如果对图层应用了图层样式，则图层样式的不透明度也会受到影响。

• 填充：“填充”值只影响图层中绘制的像素和形状的不透明度，不会影响图层样式的不透明度。

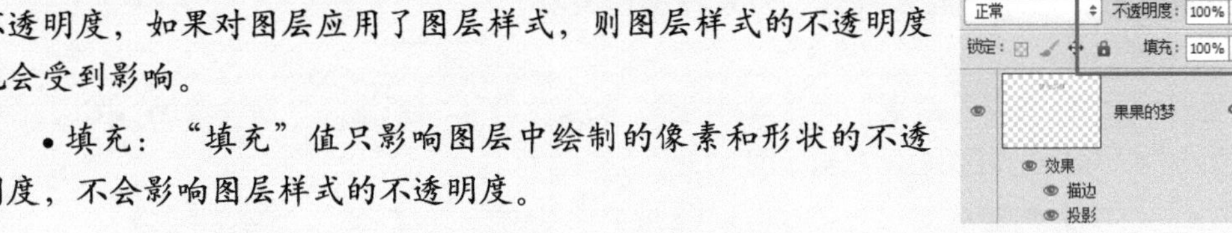

提示：“背景”图层或锁定图层的不透明度是无法更改的。要将“背景”图层转换为支持更改不透明度的普通图层，才能更改其不透明度。

小技巧：除了使用画笔、图章、橡皮擦等绘画和修饰工具外，按键盘中的数字键可快速修改图层的不透明度。例如：按3键，图层“不透明度”更改为30%；按0键，图层“不透明度”恢复为100%。

复制“图层6”，并载入该图层的选区，填充颜色RGB（255、173、23），修改其图层的“不透明度”为100%，如图4-30所示。单击“图层”面板底部的“添加图层蒙版”按钮，“图层”面板如图4-31所示。

使用“矩形选框工具”在图像中创建选区，并为其填充黑色，如图4-32所示。取消选区，使用相同的方法为“图层4 副本”图层制作阴影部分，如图4-33所示。

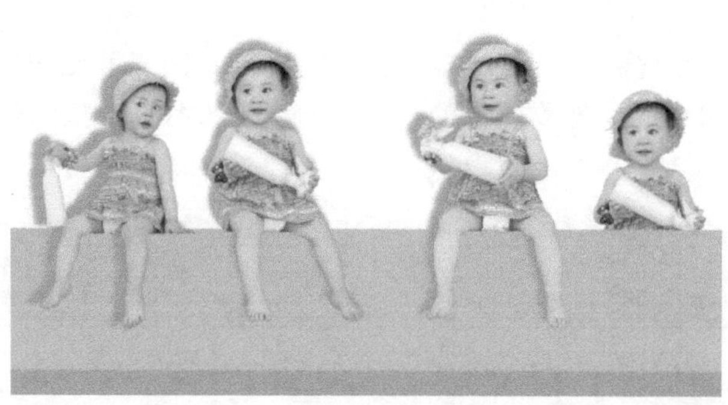

▲ 图 4-30

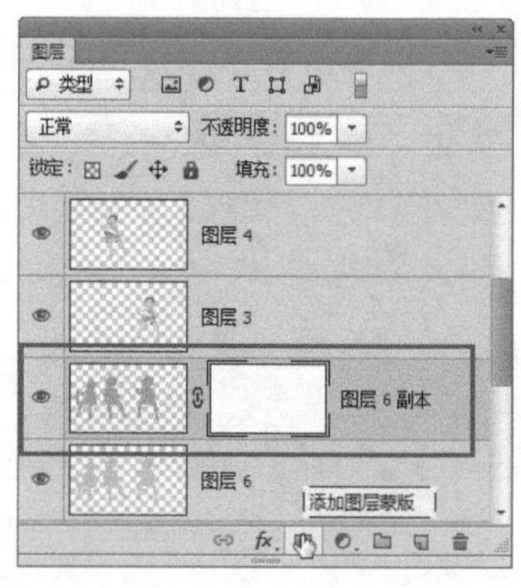

▲ 图 4-31

▲ 图 4-32

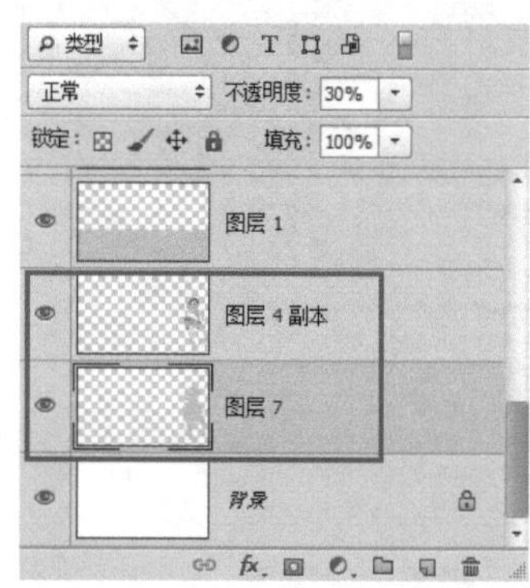

▲ 图 4-33

技术看板：使用“混合模式”为人物制作文身

选择“文件>打开”命令，打开素材图像，效果如图4-34所示。复制“背景”图层，得到“背景 副本”图层，“图层”面板如图4-35所示。

▲ 图 4-34

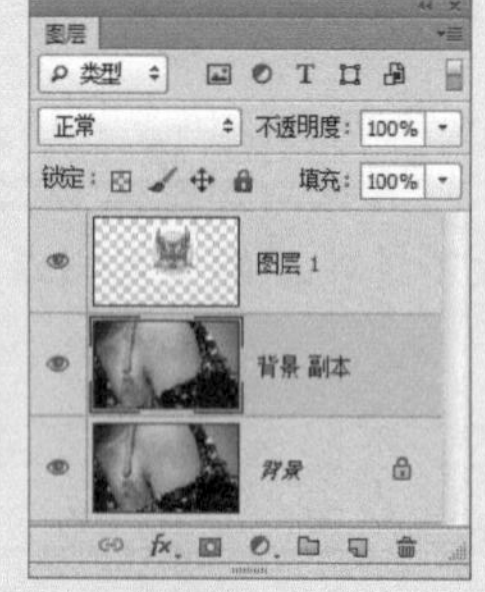

▲ 图 4-35

在打开的“图层”面板中，将“图层1”图层的“混合模式”设置为“正片叠底”，如图4-36所示。

使用快捷键Ctrl+T调出文身图像的定界框，旋转图像，鼠标指针停在定界框内，如图4-37所示。

单击鼠标右键，在弹出的快捷菜单中选择“变形”命令，按Enter键确认操作，完成文身图像的制作，如图4-38所示。

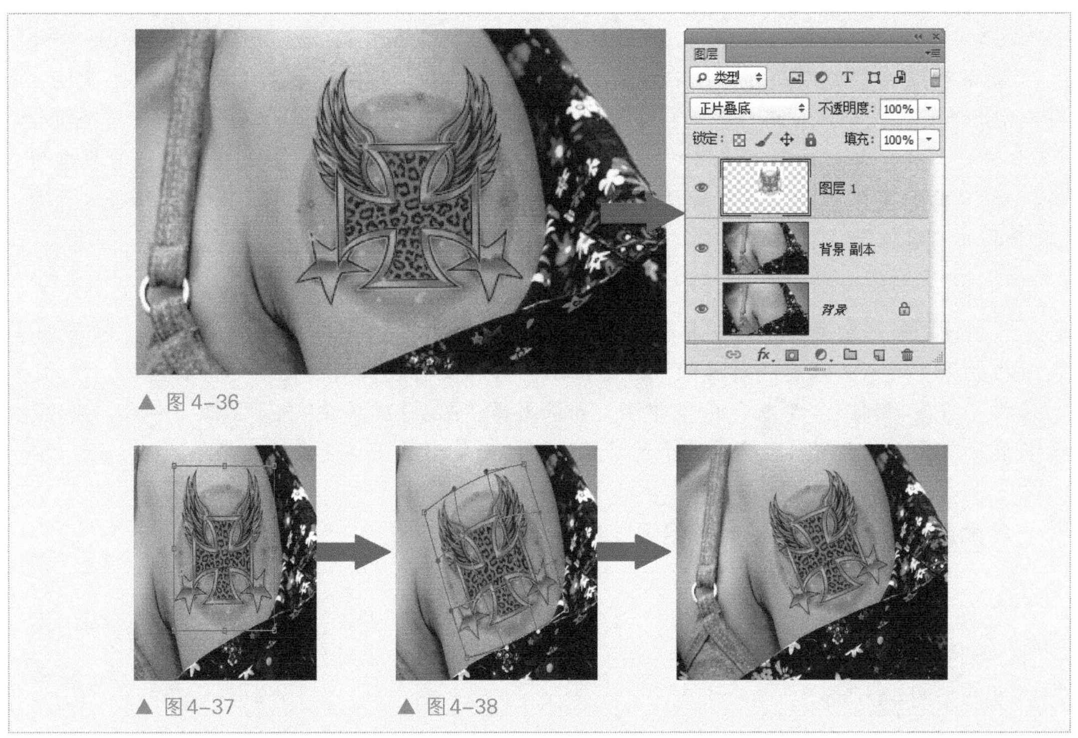

▲ 图 4-36

▲ 图4-37

▲ 图4-38

4.1.8 形状图层

接上一节，选中“图层2”图层，单击工具箱中的“自定形状工具”按钮，在选项栏中单击“形状”按钮，在弹出的列表框中，选择如图4-39所示的形状，在画布中单击并拖动鼠标绘制形状，如图4-40所示。

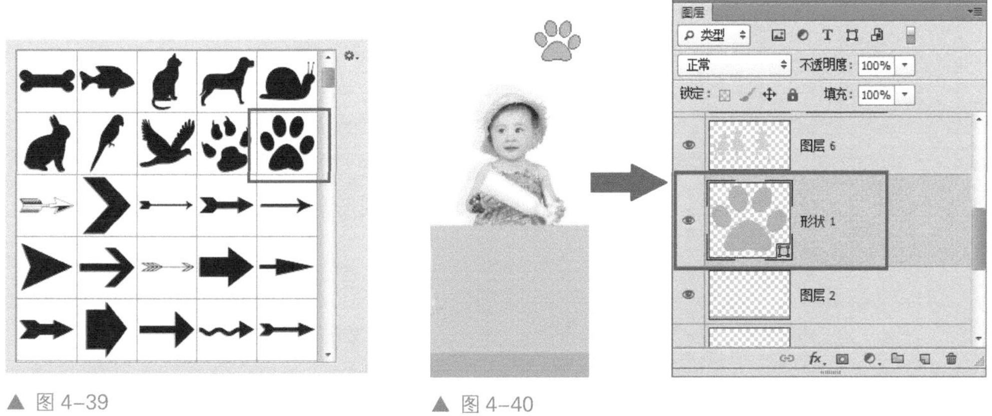

▲ 图 4-39

▲ 图 4-40

提示：当使用“矩形工具”“圆角矩形工具”“椭圆工具”“多边形工具”“直线工具”或“自定形状工具”等形状工具时，在选项栏上单击“形状”按钮后，在图像中绘制图形时就会在“图层”面板中自动产生一个形状图层，并自动命名为“形状1”或“矩形1”等名称。

疑难解答：形状图层的特性

形状图层具有可以反复修改和编辑的特性。在“图层”面板中单击矢量蒙版缩览图，Photoshop CS6就会在“路径”面板中自动选中当前路径，随后用户即可利用各种路径编辑工具进行编辑。与此同时，也可以更改形状图层中的填充颜色，只要双击图层缩览图就可以打开“拾取实色”对话框重新设置填充颜色。用户还可以删除形状图层中的路径，或者隐藏和关闭路径等。

小技巧： 形状图层不能直接执行众多的Photoshop功能，如色调和色彩调整，以及滤镜功能等。所以必须先将其转换成普通图层。选择要转换成普通图层的形状图层，然后选择“图层>栅格化>形状”命令即可。如果选择“图层>栅格化>矢量蒙版”命令，则可将形状图层中的剪辑路径变成一个图层蒙版，从而使形状图层变成填充图层。

技术看板：使用“自动对齐图层”命令拼合图像

选择“文件>打开”命令，弹出“打开”对话框，如图4-41所示。单击“打开”按钮，将“自动对齐图层2.png”和“自动对齐图层3.png”拖动到“自动对齐图层1.png”文档中，“图层”面板如图4-42所示。

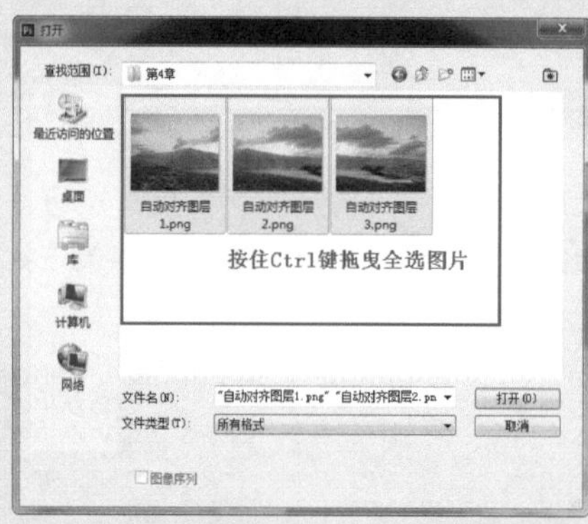

▲ 图 4-41

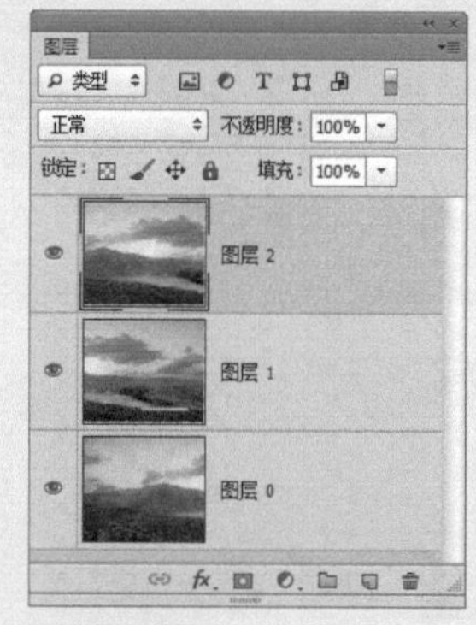

▲ 图 4-42

选中全部图层，选择“编辑>自动对齐图层”命令，弹出“自动对齐图层”对话框，参数设置如图4-43所示。单击“确定”按钮，“图层”面板如图4-44所示。

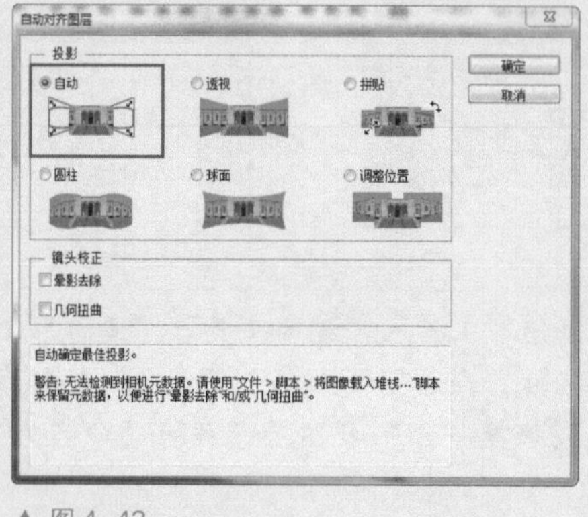

▲ 图 4-43

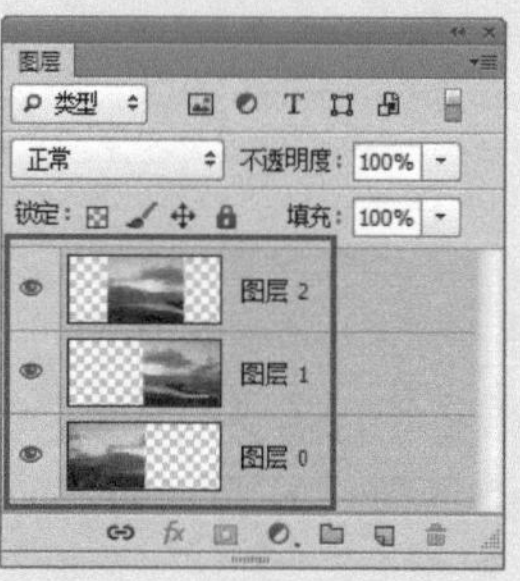

▲ 图 4-44

系统将基于内容对齐图层，图层也不会发生改变，最后图像效果如图4-45所示。

▲ 图4-45

选择“编辑>自动对齐图层”命令，可以根据不同图层中的相似内容（如角和边）自动对齐图层。用户可以指定一个图层作为参考图层，也可以让 Photoshop CS6自动选择参考图层。其他图层将与参考图层对齐，以便匹配的内容能够自行叠加。

提示：选择“编辑>自动混合图层”命令，可以缝合或组合图像，从而在最终复合图像中获得平滑的过渡效果。“自动混合图层”命令将根据需要对每个图层应用图层蒙版，可以遮盖过度曝光或曝光不足的区域的内容差异。但是“自动混合图层”仅适用于RGB图像和灰度图像，不适用于智能对象、视频图层、3D图层或背景图层。

4.1.9 合并图层

使用“自定形状工具”继续绘制图形，使用快捷键Ctrl+T调出定界框，旋转形状，如图4-46所示。使用相同的方法在画布中绘制形状，选中所有形状图层，将其合并，并修改图层的“不透明度”为30%，如图4-47所示。

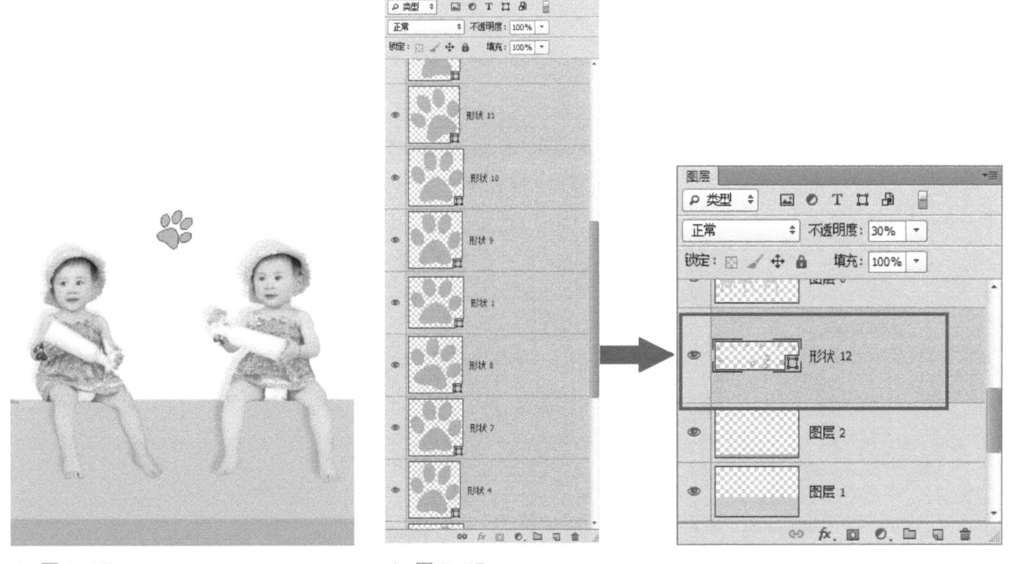

▲ 图4-46　　▲ 图4-47

双击图层名称进入图层名称编辑状态，更改图层名称为“形状1”图层，如图4-48所示。单击工具箱中的“矩形工具”按钮，在画布中绘制颜色为RGB（255、173、23）的矩形，如图4-49所示。

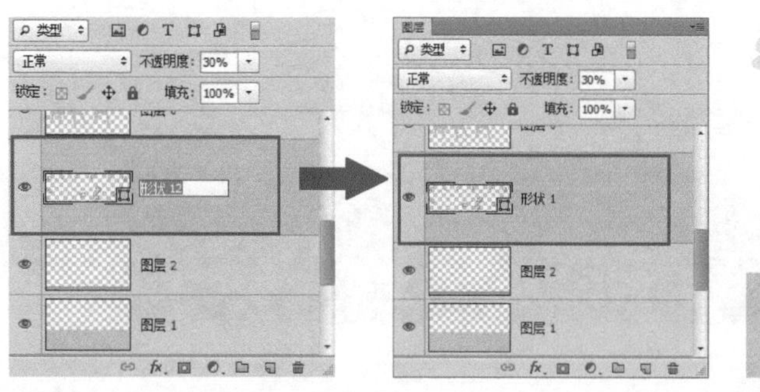
▲ 图4-48

▲ 图4-49

疑难解答：合并图层

图层过多，占用的内存与暂存盘等系统资源就大。这样，会导致计算机的运行速度变慢。将相同属性的图层合并可以减小文件的大小。

①合并多个图层或组：当需要合并两个或多个图层时，首先在“图层”面板中单击选中多个图层，然后选择“图层>合并图层”命令，或是单击“图层”面板右上角的三角形按钮，在弹出的下拉菜单中选择“合并图层”命令，即可完成图层的合并。

②向下合并图层：将一个图层与它下面的图层合并时，可以选择该图层，然后选择“图层>向下合并”命令，合并后的图层以下方图层的名称命名。

③合并可见图层：将所有可见图层合并为一个图层时，可以选择“图层>合并可见图层”命令，合并后的图层以合并前选择的图层的名称命名。

④拼合图层：选择“图层>拼合图层”命令，Photoshop CS6会将所有可见图层合并到“背景”图层中。如果有隐藏的图层，则会弹出一个提示对话框，询问是否删除隐藏的图层。

技术看板：“图层”面板

打开一个PSD格式的素材文件，“图层”面板如图4-50所示。单击“图层”面板上的“锁定”按钮，可以将图层锁定，以免用户在操作其他图层时不小心更改图层内容，如图4-51所示。

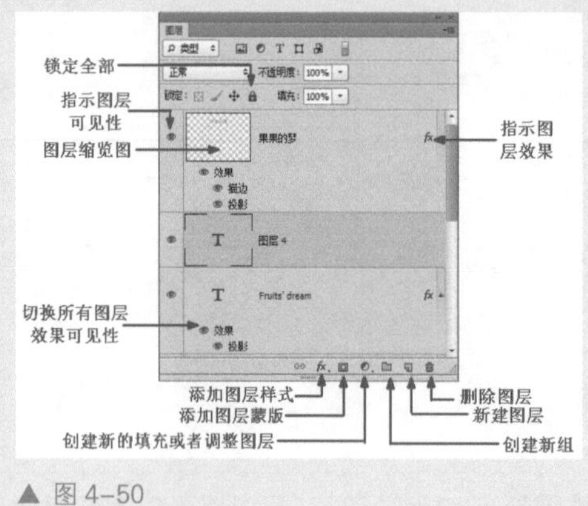

▲ 图4-50

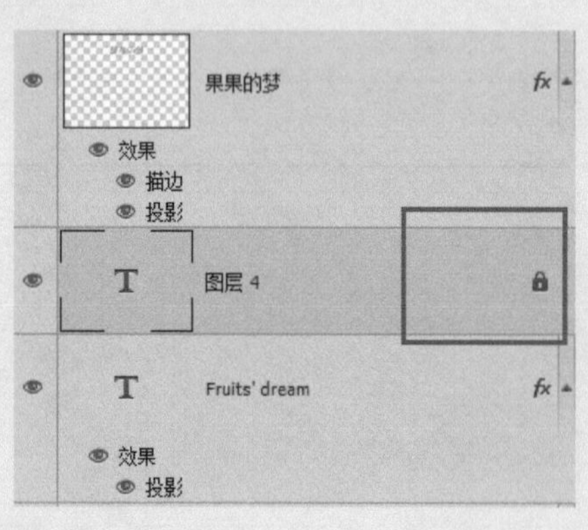

▲ 图4-51

4.1.10 文字图层

选择“窗口>字符”命令，打开“字符”面板，参数设置如图4-52所示。单击工具箱中的“横排文字工具”按钮，在画布上单击并创建文字，如图4-53所示。

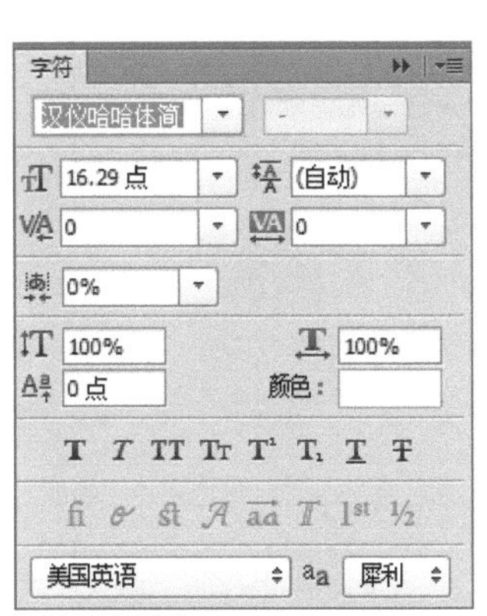

▲ 图 4-52

▲ 图 4-53

疑难解答：文字图层

文字图层就是用文字工具建立的图层。在画布中输入文字，就会自动产生一个文字图层。文字图层有以下几个特点：

①文字图层含有文字内容和文字格式，可以单独保存在文件中，并且可以反复编辑和修改。文字图层中的图层缩览图中有一个T符号。

②文字图层的名称默认以当前输入的文字内容作为图层名称，以便于辨别。

③在文字图层上不能使用众多的工具来着色和绘图，如画笔、历史记录画笔、艺术历史记录画笔、铅笔、直线、图章、渐变、橡皮擦、模糊、锐利、涂抹、加深、减淡、海绵工具等。

④文字图层不能使用众多的工具和命令，但它可以使用“编辑>变换”子菜单中的命令，对文字进行旋转、翻转、倾斜和扭曲等操作。

提示：Photoshop中的许多命令都不能直接在文字图层上应用，如“填充”命令及所有的“滤镜”命令等。如果需要对文字图层使用这些工具和命令，必须先将文字图层转换成普通图层。选择“图层>栅格化>图层”命令或选择“图层>栅格化>文字”命令，就可以将文字图层转换为普通图层。

将文字图层转换为普通图层后，将无法还原为文字图层，此时将失去文字图层反复编辑和修改的功能，所以在转换时要慎重考虑。必要时先复制一份，然后再将文字图层转换为普通图层。

使用相同的方法，完成剩余文字内容的制作，如图4-54所示，图像最终效果如图4-55所示。

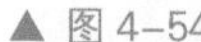
▲ 图 4-54

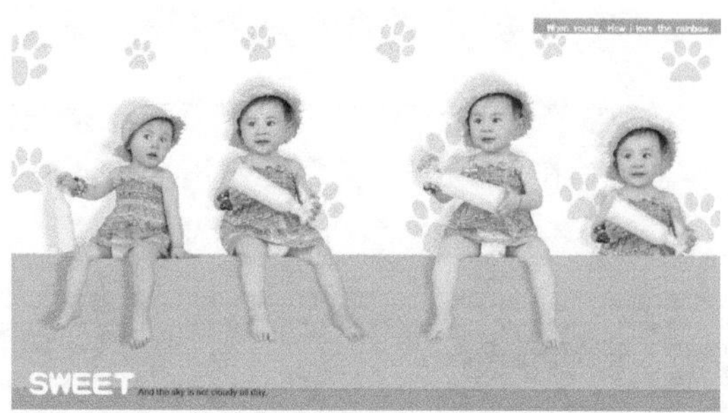

▲ 图 4-55

4.2 简单唯美相框的制作

制作简单唯美的相框时，为了突出相框和照片的质感，将会适当地为图像中的一些图层添加不同的图层样式，使得相框和照片看起来更加精致和有立体感。同时利用图层样式和前后不同的图层排列方式使得图像具有层次感，如图4-56所示。

▲ 图4-56

4.2.1 添加图层样式

新建一个空白文档，参数设置如图4-57所示。使用“油漆桶工具”为画布填充颜色RGB（192、205、146），如图4-58所示。

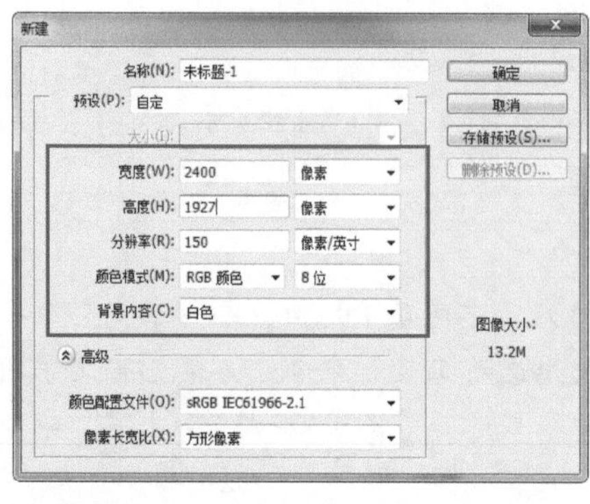

▲ 图 4-57

▲ 图4-58

疑难解答：添加图层样式

要为图层添加样式，方法并不是唯一的，下面将介绍几种打开“图层样式”对话框的方法。

①第一种方法：选择“图层>图层样式”下拉菜单中的样式命令，可打开“图层样式”对话框，并进入到相应效果的设置界面。

②第二种方法：在“图层”面板底部，单击“添加图层样式”按钮，在弹出的下拉列表中选择任意一种样式，可以打开“图层样式”对话框，并进入到相应效果的设置界面。

③第三种方法：双击需要添加样式的图层，也可以打开“图层样式”对话框，在对话框左侧选择要添加的图层样式，即可切换到该样式的设置界面。

小技巧：在“图层”面板，选中一个图层，按住Alt键的同时单击图层的“指示图层可见性”按钮，除选中图层外的所图层均被隐藏。

4.2.2 斜面和浮雕

选择“图层>图层样式”命令，在弹出的下拉列表中选择“斜面和浮雕”选项，在“斜面和浮雕”界面设置参数，如图4-59所示，继续选中“纹理”选项，参数设置如图4-60所示。

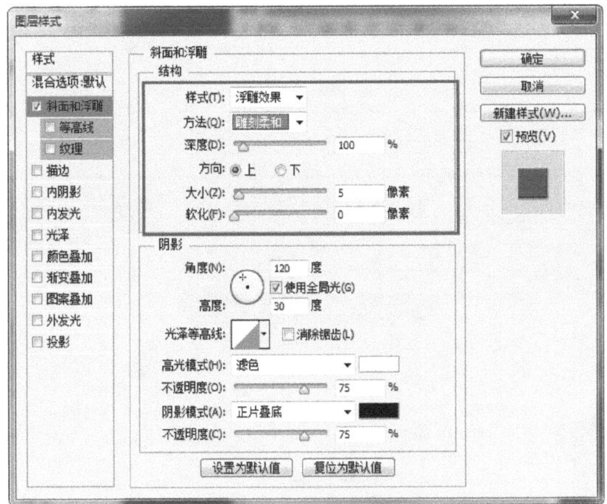

▲ 图 4-59

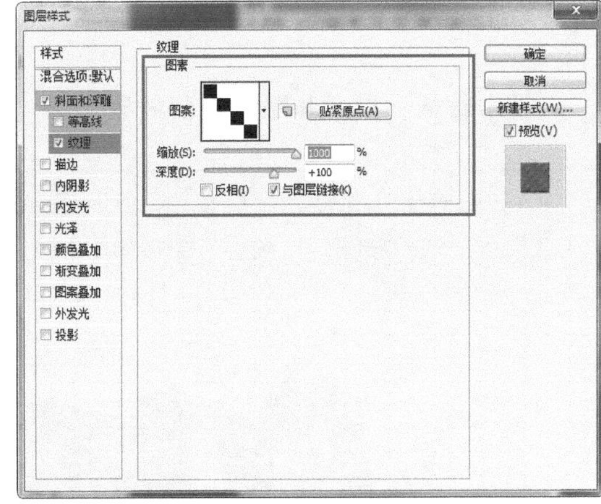

▲ 图 4-60

提示：“斜面和浮雕”是最复杂的一种图层样式，可以对图层添加高光与阴影的各种组合，模拟现实生活中的各种浮雕效果。

疑难解答：“斜面和浮雕”设置界面

- 样式：在该下拉列表中可选择斜面和浮雕的样式，共有内斜面、外斜面、浮雕效果、枕状浮雕和描边浮雕5种图层样式可供选择。
- 方法：用于设置创建浮雕的方法，该下拉列表中提供了雕刻柔和、雕刻清晰和平滑3种方法。
- 深度：用来设置浮雕斜面的应用深度。该值越高，浮雕的立体感就越强。
- 方向：定位源角度后，可通过该选项设置高光和阴影的位置。选择“上”单选按钮，高光位于上面；选择“下”单选按钮，高光位于下面。
- 大小：用来设置斜面和浮雕中阴影面积的大小。
- 软化：用来设置斜面和浮雕的柔和程度。该值越高，效果越柔和。

• 角度/高度：“角度”选项用来设置光源的照射角度；“高度”选项用于设置光源的高度。要调整这两个参数，可以在相应的文本框中输入数值，也可以拖动圆形图标内的指针来进行操作。如果选中“使用全局光”复选框，所有浮雕样式的光照角度可保持一致。

小技巧：等高线：在创建自定图层样式时，用户可以使用等高线来控制“投影”“内阴影”“内发光”“外发光”“斜面和浮雕”及“光泽”效果在指定范围内的形状。例如：“投影”上的“线性”等高线将导致不透明度在线性过渡效果中逐渐减少，使用“自定”等高线来创建独特的阴影过渡效果。

小技巧：单击对话框左侧的“纹理”选项，可以切换到“纹理”设置界面。单击图案右侧的按钮，可以在打开的列表框中选择一个图案，将其应用到斜面和浮雕上。“反相”按钮可反转图案纹理的凹凸方向。单击“从当前图案创建新的预设”按钮，可以将当前设置的图案创建为一个新的预设图案，新图案会保存在“图案”列表框中。缩放：拖动滑块或输入数值可以调整图案的大小。深度：用来设置图案的纹理应用程度。

技术看板：显示和隐藏图层效果

打开一张PSD格式的素材文件，此时如图4-61所示。打开“图层”面板，单击“切换所有图层效果可见性”按钮，“图层”面板如图4-62所示。

▲ 图 4-61

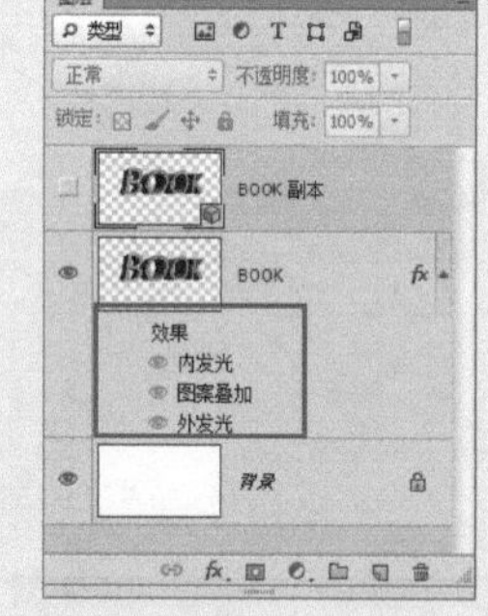

▲ 图 4-62

图像的所有图层效果被隐藏，此时图像效果如图4-63所示。单击“指示图层可见性”按钮，可以单独隐藏一个或几个图层样式，如图4-64所示。

▲ 图 4-63

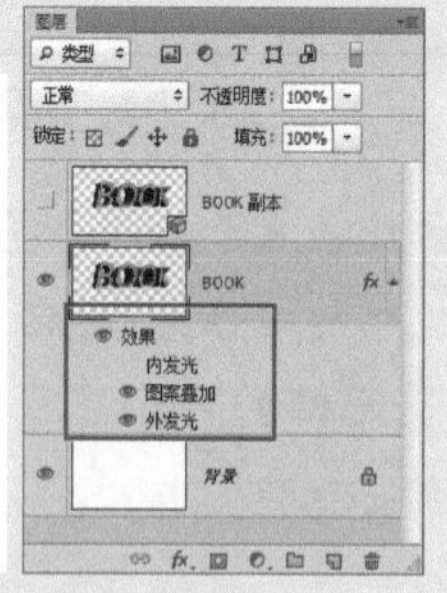

▲ 图 4-64

4.2.3 渐变叠加

在“图层模式”对话框中，单击“渐变叠加”选项，参数设置如图4-65所示。新建图层，使用“矩形选框工具”在画布中绘制选区，设置前景色为RGB（86、142、90），使用快捷键Alt+Delete为选区填充前景色，如图4-66所示。

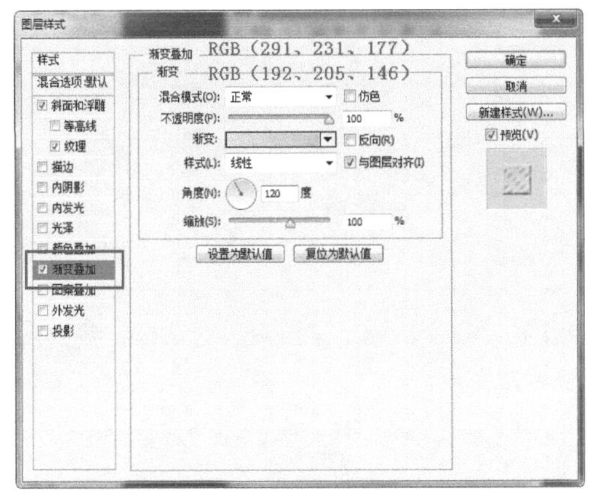

▲ 图 4–65

▲ 图 4–66

提示：“渐变叠加”可以在图层内容上填充一种渐变颜色。此图层样式与在图层中填充渐变颜色的功能相同，与创建渐变填充图层的功能相似。

技术看板：“光泽”设置界面

新建一个空白文档，使用“矩形工具”在画布中创建矩形，如图4-67所示。打开“图层”面板，单击面板底部的“添加图层样式”按钮，在弹出的下拉列表中选择“渐变叠加”选项，弹出“图层样式”对话框，如图4-68所示。

▲ 图4–67

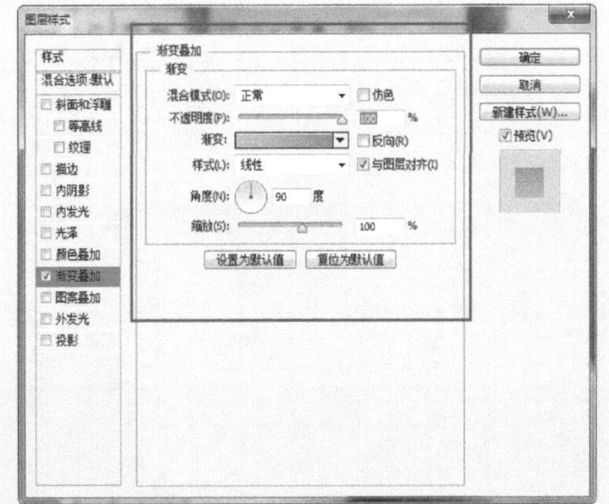

▲ 图 4–68

继续选择“光泽”选项，参数设置如图4-69所示。用“光泽”图层样式可以创建常规的彩色波纹，在图层内部根据图层的形状应用阴影，创建出金属表面的光泽效果，如图4-70所示。

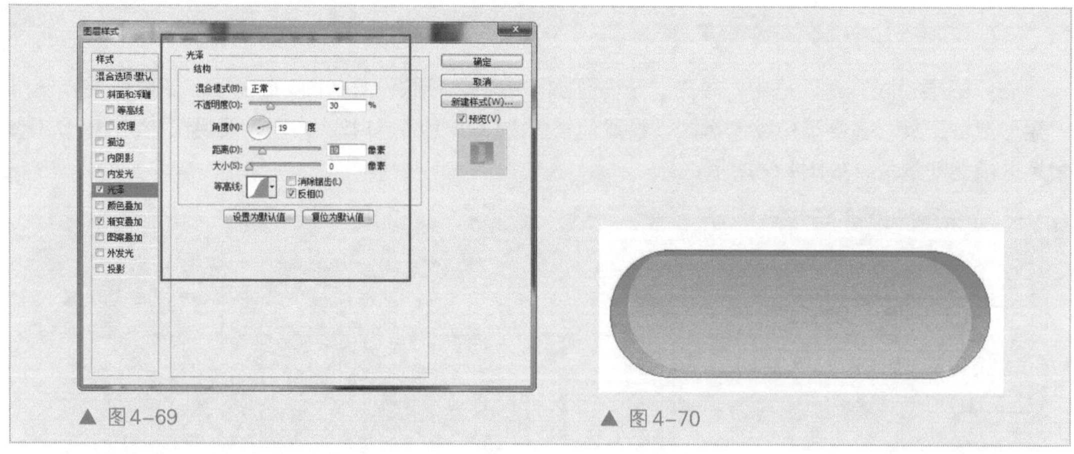

▲ 图4-69　　▲ 图4-70

使用快捷键Ctrl+D取消选区，选择“滤镜>扭曲>波浪”命令，弹出“波浪”对话框，参数设置如图4-71所示。单击“确定”按钮，图像变形效果如图4-72所示。

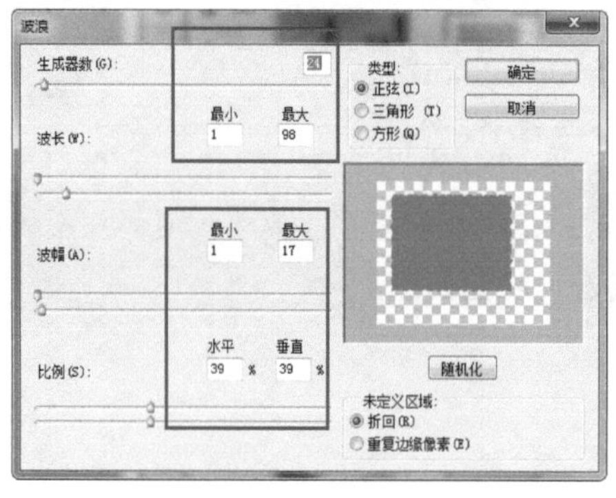

▲ 图 4-71　　▲ 图 4-72

4.2.4 投影

接上一节，打开“图层”面板，单击面板底部的“添加图层样式”按钮，在弹出的下拉列表中选择“投影”选项，弹出“图层样式”对话框，参数设置如图4-73所示。设置完成后，单击“确定”按钮，图像效果如图4-74所示。

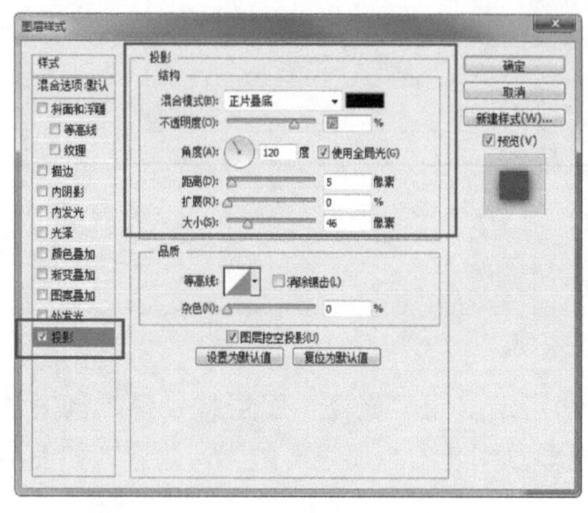

▲ 图 4-73　　▲ 图 4-74

疑难解答："投影"设置界面

- 投影颜色：单击"混合模式"下拉列表框右侧的颜色块，可以设置投影颜色。
- 不透明度：拖动滑块或输入数值可以调整投影的不透明度。
- 角度：用来设置应用投影时的光照角度，也可以在文本框中输入数值或者拖动圆形内的指针进行调整。指针指向的方向为光源的方向，相反方向为投影的方向。
- 使用全局光：选中该复选框，可以保持所有光照的角度一致；未选中时可以为不同的图层分别设置光照角度。
- 距离：用来设置投影偏移图层内容的距离。值越高，投影越远。也可以将鼠标放在文档窗口的投影上，此时鼠标指针会变为"移动工具"，单击并拖动鼠标可以直接调整投影的距离和角度。
- 大小：用来设置投影的模糊范围。值越大，模糊的范围就越广；值越小，投影越清晰。
- 扩展：用来设置投影的扩展范围，该值会受到"大小"选项的影响。例如，将"大小"设置为0像素时，无论怎样调整"扩展"值，生成的投影将与原图像大小一样。
- 等高线：使用"等高线"可以控制投影的形状。
- 消除锯齿：选中该复选框可以混合等高线边缘的像素，使投影更加平滑。该选项对于尺寸小且具有复杂等高线的投影最有用。
- 杂色：拖动滑块或输入数值可以在投影中添加杂色。值很高时，投影会变为点状。
- 图层挖空投影：选中该复选框可以控制半透明图层中投影的可见性。如果当前图层的不透明度小于100%，则半透明图层中的投影不可见。

提示："投影"是最简单的图层样式，它可以创建出日常生活中物体投影的逼真效果，使其产生立体感。每种图层样式基本上都有"混合模式"选项，可见其重要性。混合模式直接影响颜色和光泽的模拟效果是否逼真。在默认状态下，每新建一种样式，Photoshop都会为该样式设置最为常用的混合模式。"投影"样式默认为"正片叠底"模式。

4.2.5 颜色叠加

接上一节，使用快捷键Ctrl+T调出定界框，旋转图形，如图4-75所示。打开"图层"面板，单击鼠标右键，在弹出的快捷菜单中选择"复制图层"命令，并使用快捷键Ctrl+T旋转图形，如图4-76所示。

▲ 图 4-75

▲ 图 4-76

小技巧：使用“颜色叠加”图层样式可以根据用户的需求在图层上叠加指定的颜色，通过设置“混合模式”和“不透明度”等选项，可以控制叠加的效果。

提示：“颜色叠加”“渐变叠加”和“图案叠加”样式效果类似于“纯色”“渐变”和“图案”填充图层，只不过它们是通过图层样式的形式进行内容叠加的。综合使用3种叠加方式可以为图像做出更好的效果。

技术看板：“图案叠加”设置界面

打开一张PSD格式的素材文件，如图4-77所示，打开“图层”面板，单击面板底部的“添加图层样式”按钮，在弹出的下拉列表中选择“图案叠加”选项，弹出“图层样式”对话框，如图4-78所示。

▲ 图 4-77

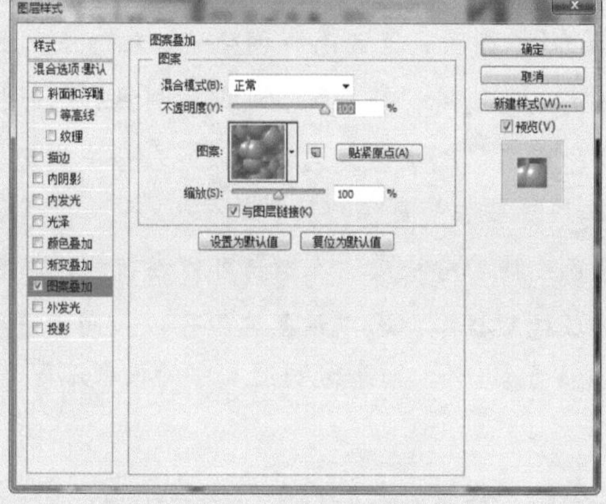

▲ 图 4-78

“图案叠加”图层样式采用了自定义图案来覆盖图像，可以缩放图案，设置图案的不透明度和混合模式。

此图层样式与用“填充”命令填充图案的功能相同，与创建图案填充图层功能相似。单击“图案”选项，选择合适的图案，图像将被覆盖，如图4-79所示。

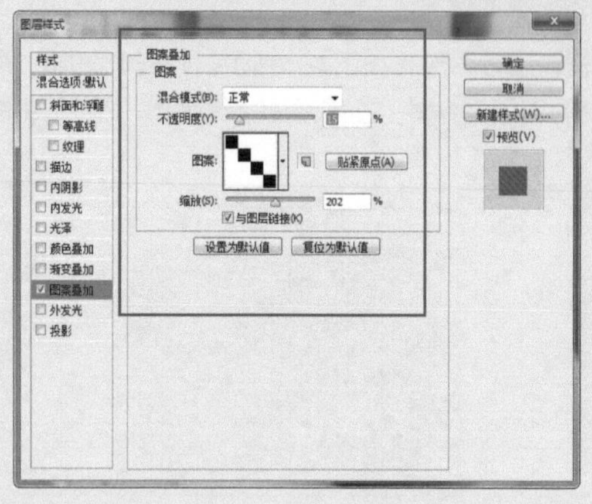

▲ 图 4-79

4.2.6 内发光

接上一节，单击“图层”面板底部的“添加图层样式”按钮，在弹出的下拉列表中选择“颜色叠加”选项，弹出“图层样式”对话框，参数设置如图4-80所示。继续选择“内发光”选项，参数设置如图4-81所示。

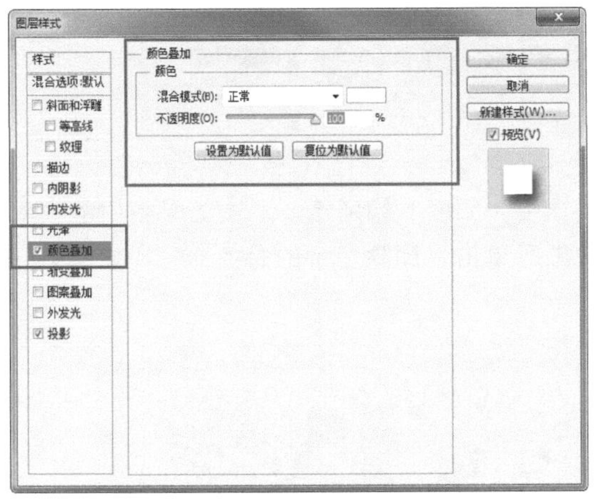

▲ 图 4-80

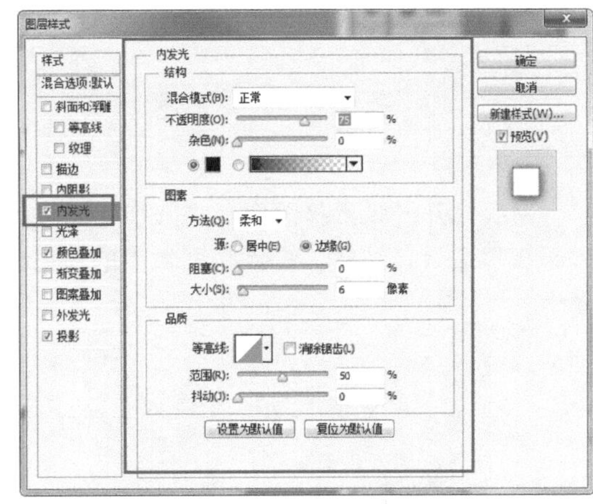

▲ 图 4-81

提示：制作发光的文字或者物体效果是平面设计作品中经常会用到的。发光效果的制作非常简单，只要使用图层样式的功能即可实现，发光又分为“内发光”和“外发光”。

疑难解答：“内发光”和“外发光”设置界面

- 杂色：可以在发光效果中添加随机的杂色，使光晕呈现颗粒感。
- 发光颜色：“杂色”选项下面的颜色块和颜色条用来设置发光颜色。如果要创建单色发光，可单击左侧的颜色块；如果要创建渐变发光，可单击右侧的渐变条。
- 方法：用来控制轮廓发光的方法，以控制发光的准确程度。选择“柔和”单选按钮时，Photoshop CS6会应用经过修改的模糊操作；选择“精确”单选按钮时，则可以得到精确的边缘。
- 源：用于控制发光光源的位置。选择“居中”单选按钮，表示应用从图层内容的中心发出的光，此时增加“大小”值，发光效果会向图像的中央收缩；选择“边缘”单选按钮，则从图层内容的内部边缘发出光，此时增加“大小”值，发光效果会向图像的中央扩展。
- 阻塞：用来在模糊之前收缩内发光的杂色边界。

小技巧：在制作发光效果时，如果发光物体或文字的颜色较深，发光颜色应选择较明亮的颜色；反之，如果发光物体或文字的颜色较浅，则发光颜色必须选择偏暗的颜色。总之，发光物体的颜色与发光颜色需要有一个较强的反差，才能突出发光的效果。

设置完成后，单击“确定”按钮，图像效果如图4-82所示。打开一张素材图像，使用“移动工具”将其拖动到设计文档中，并调整其位置和大小，如图4-83所示。

▲ 图 4-82

▲ 图 4-83

继续打开一张素材图像，将其拖动到设计文档中，如图4-84所示。单击工具箱中的“魔术橡皮擦工具”按钮，在素材图像中的白色部分进行单击，删除多余的白色部分，如图4-85所示。

▲ 图 4-84

▲ 图 4-85

技术看板：“外发光”设置界面

新建一个空白文档，创建一个渐变圆角矩形，打开“图层”面板，单击面板底部的“添加图层样式”按钮，在弹出的下拉列表中选择“外发光”选项，弹出“图层样式”对话框，设置参数，完成对图像图层样式的添加，如图4-86所示。

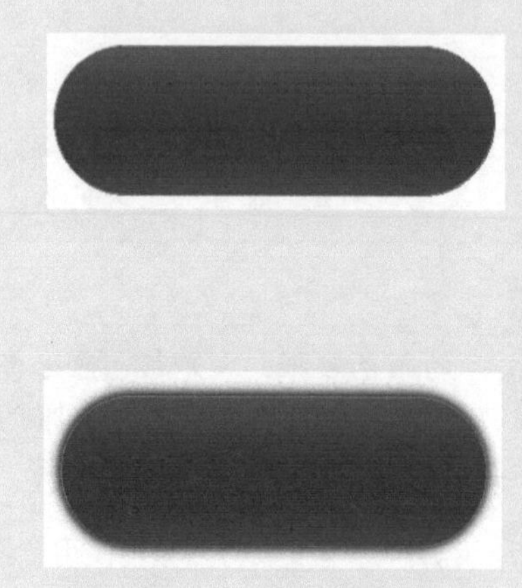

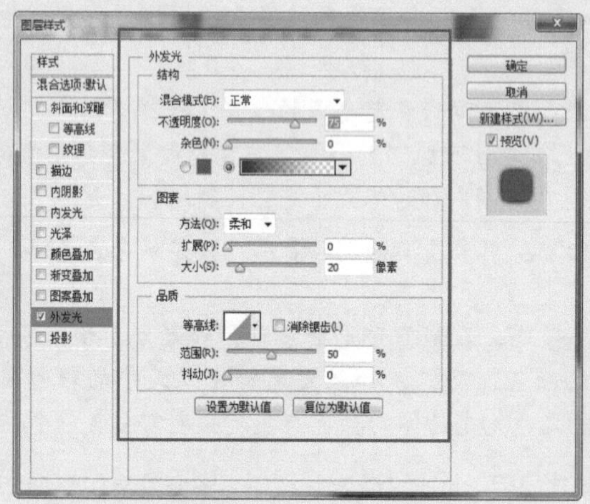

▲ 图 4-86

4.2.7 复制和粘贴图层样式

接上一节，在打开的“图层”面板中，选中“图层2”图层，单击鼠标右键，在弹出的快捷菜单中选择“复制图层样式”命令，如图4-87所示。继续选中“图层4”图层，单击鼠标右键，在弹出的快捷菜单中选择“粘贴图层样式”命令，“图层”面板如图4-88所示。

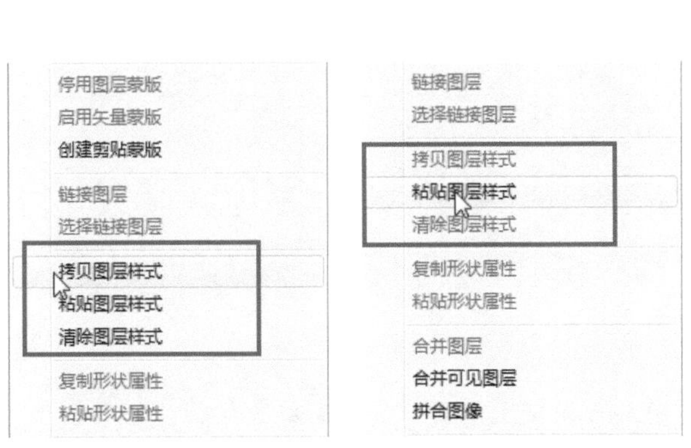

▲ 图 4–87

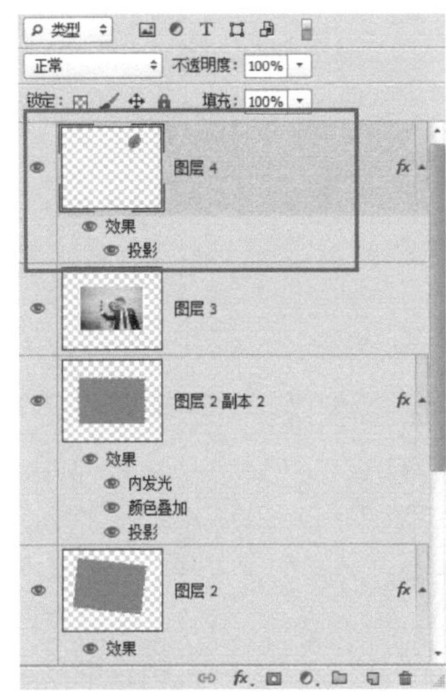

▲ 图 4–88

调整“图层4”图层到“图层2”图层的上方，“图层”面板如图4-89所示。使用相同的方法完成相似内容的制作，如图4-90所示。

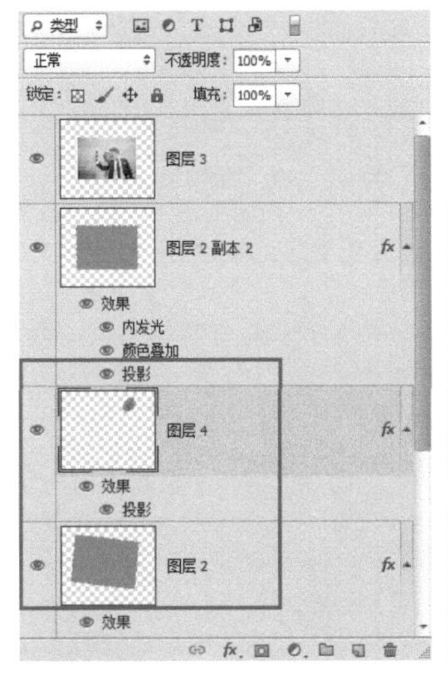

▲ 图 4–89

▲ 图 4–90

> **提示：**如果要删除单个图层样式效果，可以直接用鼠标拖动该效果名称至“图层”面板底部的“删除图层”按钮上。如果要删除该图层的所有图层样式效果，可以直接将效果图标或者“效果”拖至“图层”面板底部的“删除图层”按钮上，或者单击鼠标右键，在弹出的快捷菜单中选择“清除图层样式”命令。

4.2.8 创建图层组

接上一节，选择“图层>新建>组”命令，弹出“新建组”对话框，参数设置如图4-91所示。选中除“背景”图层和“图层1”图层以外的所有图层，将其移到“图像”图层组中，单击图层组前面的三角形图标，图层组将被收起，如图4-92所示。

▲ 图 4-91

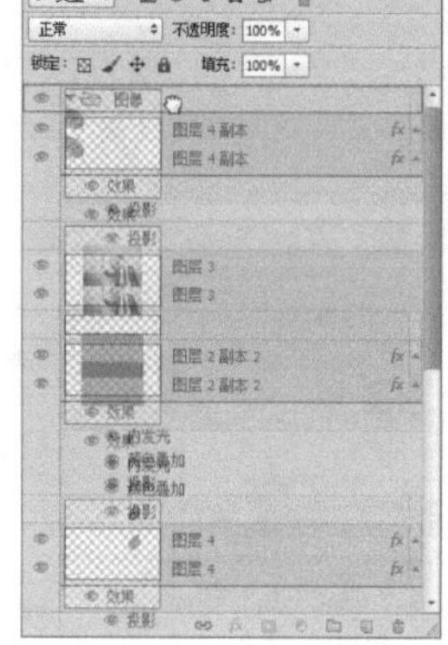

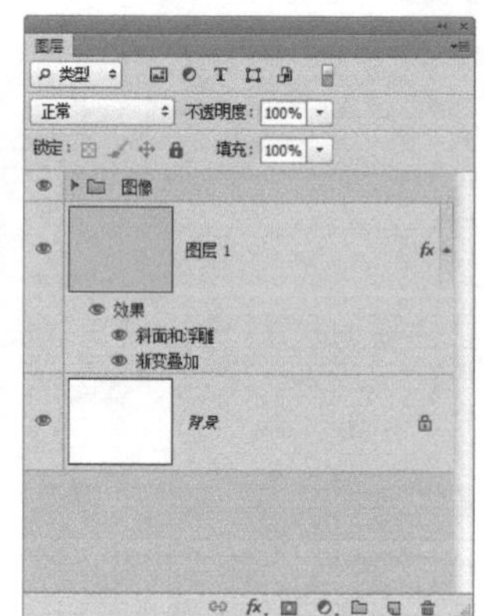

▲ 图 4-92

小技巧： 按住Alt键的同时在“图层”面板上单击“创建新组”按钮，可以打开“新建组”对话框。

小技巧： 如果要将多个图层创建在一个图层组内，可以选择这些图层，再选择“图层>图层编组”命令。

提示： 选择“图层>新建>从图层建立组”命令，打开“从图层新建组”对话框，设置图层组的名称、颜色和模式等属性，可以将所选图层创建在设置了特定属性的图层组内。

单击工具箱中的“横排文字工具”按钮，打开“字符”面板，参数设置如图4-93所示。在画布中输入文字，如图4-94所示。

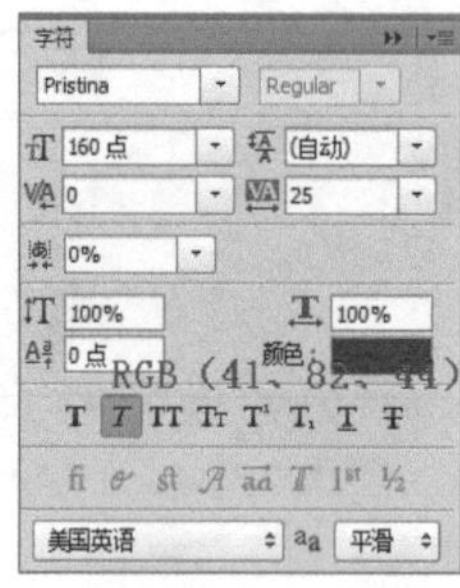

▲ 图 4-93

▲ 图 4-94

提示： 创建图层组后，可以将已有的图层移到图层组中。如果要移动图层到指定图层组，只需拖动该图层到图层组的名称上或图层组内的任何一个位置即可。将图层组中的图层拖出组外，即可将其从图层组中移出。

提示：当需要取消图层组而保留图层时，可以选择该图层组，选择“图层>取消图层编组”命令，或按快捷键Shift+Ctrl+G，即可取消图层组。

4.2.9 描边

接上一节，打开“图层”面板，单击“图层”面板底部的“添加图层样式”按钮，在弹出的下拉列表中选择“描边”选项，弹出“图层样式”对话框，参数设置如图4-95所示。继续选择“内阴影”选项，参数设置如图4-96所示。

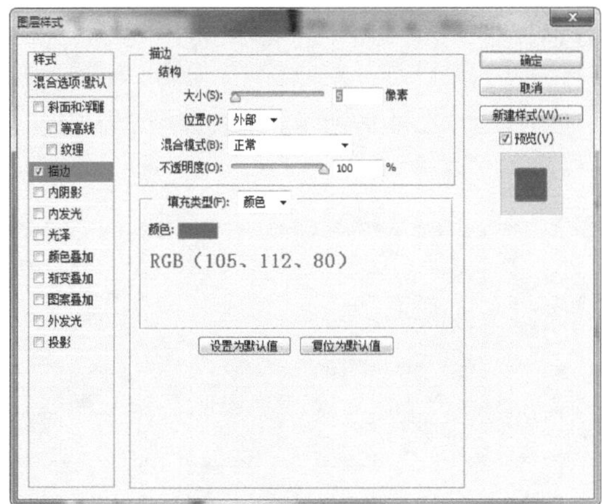

▲ 图 4-95

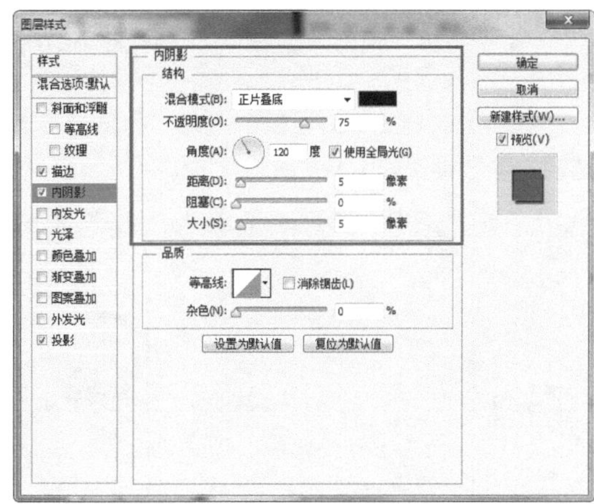

▲ 图 4-96

提示：使用“描边”样式可以为图像边缘绘制不同样式的轮廓，如纯色、渐变颜色或图案等。此功能类似于“描边”命令，但它可以修改，因此使用起来相当方便。使用该样式对于硬边形状，如文字等特别有用。

疑难解答：“描边”图层样式

- 大小：设置描边宽度。
- 位置：设置描边的位置。系统为用户提供了“内部”“外部”和“居中”3种位置。
- 混合模式：设置描边的混合模式。
- 不透明度：设置描边的不透明度。
- 填充类型：设置描边的内容。
- 颜色：描边内容为纯色。单击颜色框，打开“拾色器”面板，用户根据需要选择合适的颜色进行填充。

提示：在Photoshop CS6中提供的“内阴影”效果可以在紧靠图层内容的边缘内添加阴影，使图层产生凹陷效果。可以说阴影效果的制作非常频繁，无论是图书封面，还是报纸杂志、海报，都能看到拥有阴影效果的文字。

疑难解答：“内阴影”设置界面

“内阴影”与“投影”的设置方式基本相同。它们的不同之处在于“投影”是图层对象背后产生的阴影，通过“扩展”选项来控制投影边缘的渐变程度，从而产生投影的视觉效果；而“内阴影”则是通过“阻塞”选项来控制的。“阻塞”可以在模糊之前收缩内阴影的边界，与“大小”选项相关联，“大小”值越高，设置的“阻塞”范围就越大。

- 距离：设置阴影的位移。
- 阻塞：进行模糊处理前缩小图层蒙版。
- 大小：确定阴影大小。
- 等高线：阴影模式下的等高线增加不透明度的变化。

在“图层样式”对话框中选择“内发光”选项，参数设置如图4-97所示。继续选择“外发光”选项，参数设置如图4-98所示。

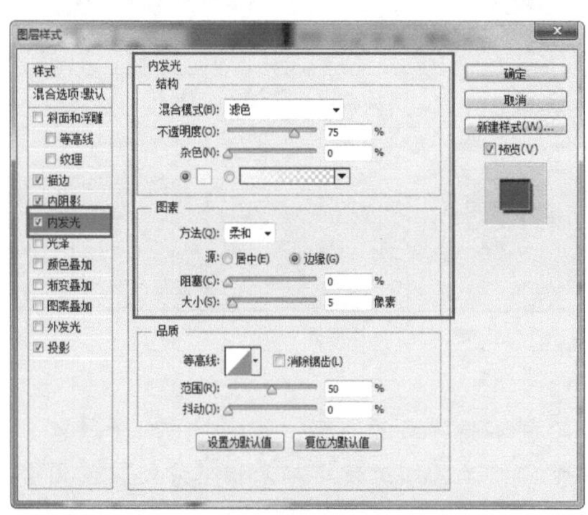

▲ 图 4-97

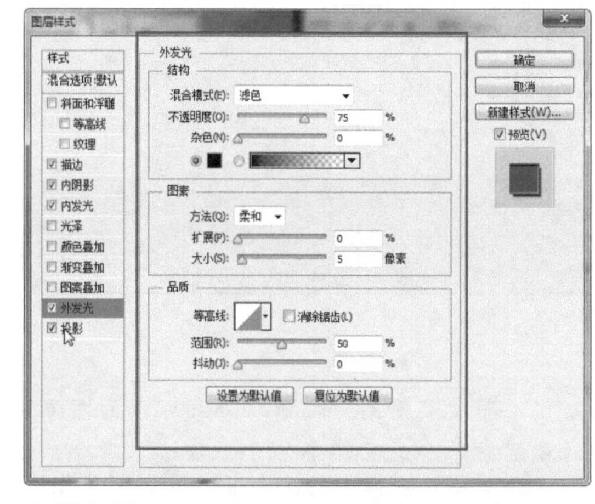

▲ 图 4-98

继续在“图层样式”对话框中选择“投影”选项，参数设置如图4-99所示。设置完成后，单击“确定”按钮，图像最终效果如图4-100所示。

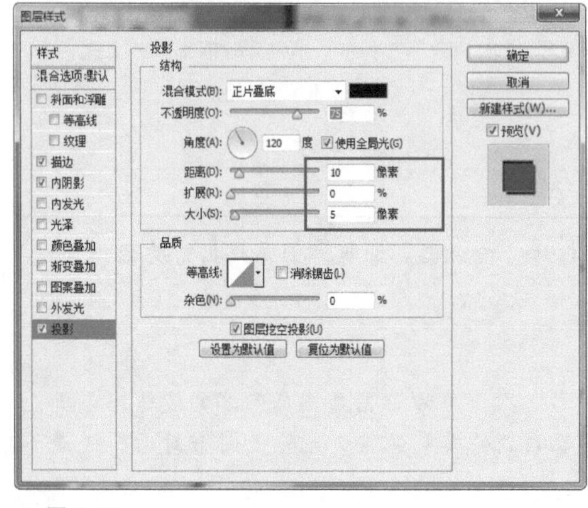

▲ 图 4-99

▲ 图 4-100

技术看板：使用“样式”面板

使用文字工具，在画布中输入文字，如图4-101所示，图像和“图层”面板如图4-102所示。

▲ 图4-101

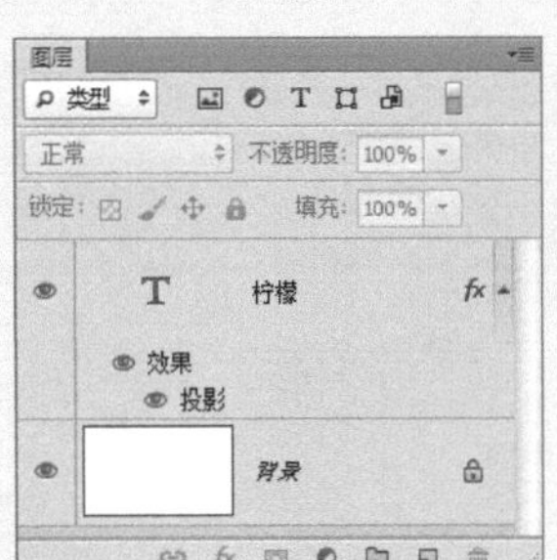

▲ 图4-102

选择“窗口>样式”命令，打开“样式”面板，选中某一样式，如图4-103所示，即可对图像应用此样式，如图4-104所示。

▲ 图4-103

▲ 图4-104

4.3 制作简单的合成照片

用户在编辑作品时，有时会设计几套不同的方案供客户选择。当需要展示作品时，比较笨一点的做法就是利用图层的可见性切换方案，但这样比较麻烦。这时，用户可以选择使用“图层复合”面板来切换方案，如图4-105所示。

原始照片

合成后的照片

▲ 图4-105

4.3.1 智能对象

打开一张素材图像，如图4-106所示。打开“字符”面板，设置相应参数，使用“横排文字工具”在画布上输入文字，如图4-107所示。

▲ 图 4-106

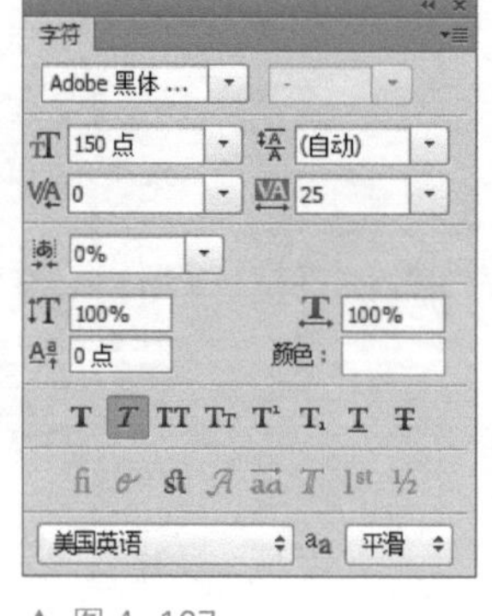

▲ 图 4-107

打开存放素材图片的文件夹，将素材图片直接拖入到设计文档中，按Enter键确认，如图4-108所示。打开“图层”面板，单击鼠标右键，在弹出的快捷菜单中选择“栅格化图层”命令，或者选择“图层>栅格化图层>智能对象”命令，如图4-109所示。

▲ 图 4-108

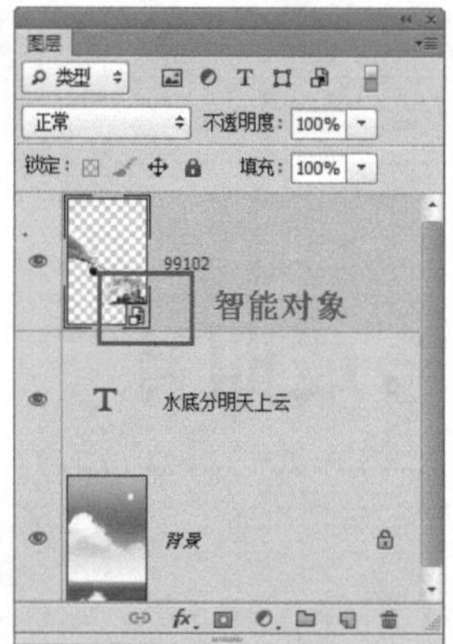

▲ 图 4-109

4.3.2 “图层复合”面板

接上一节，选择“窗口>图层复合”命令，打开“图层复合”面板，单击“图层复合”面板上的“创建新的图层复合”按钮，弹出“新建图层复合”对话框，参数设置如图4-111所示。

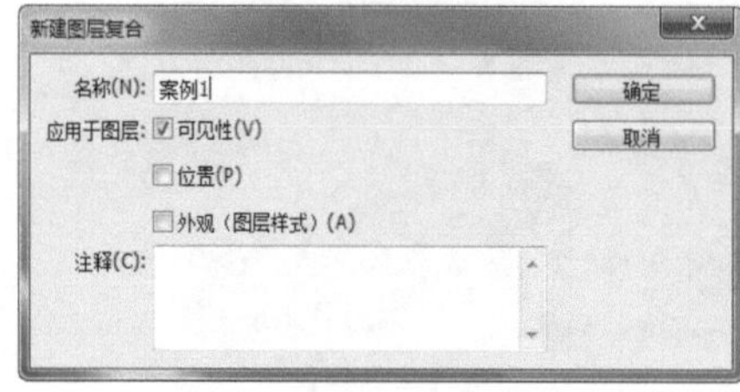

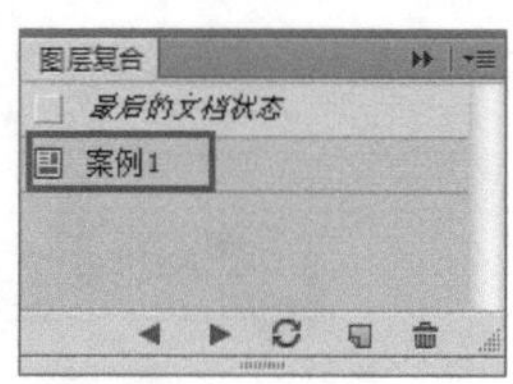

▲ 图 4-110

切换到“图层”面板中，将“99102”图层隐藏，如图4-111所示。选择“文件>打开”命令，打开素材图像，使用“移动工具”将其拖到设计文档中，如图4-112所示。

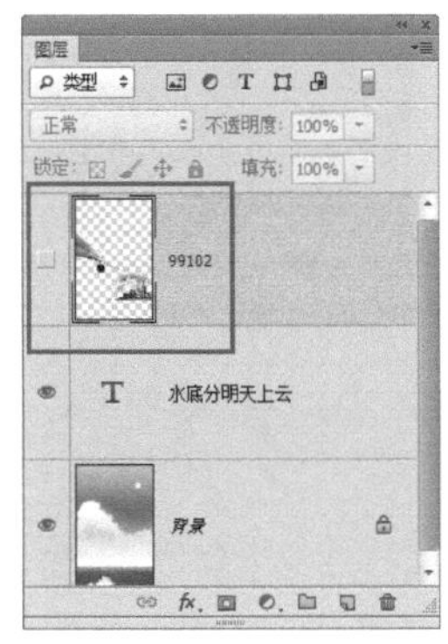

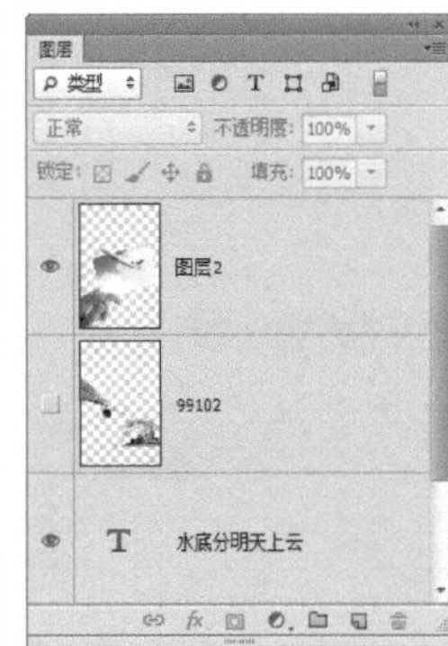

▲ 图 4-111

▲ 图 4-112

切换到“图层复合”面板，单击“图层复合”面板上的“创建新的图层复合”按钮，弹出“新建图层复合”对话框，具体设置如图4-113所示。单击“确定”按钮，创建一个新的图层复合案例，如图4-114所示。

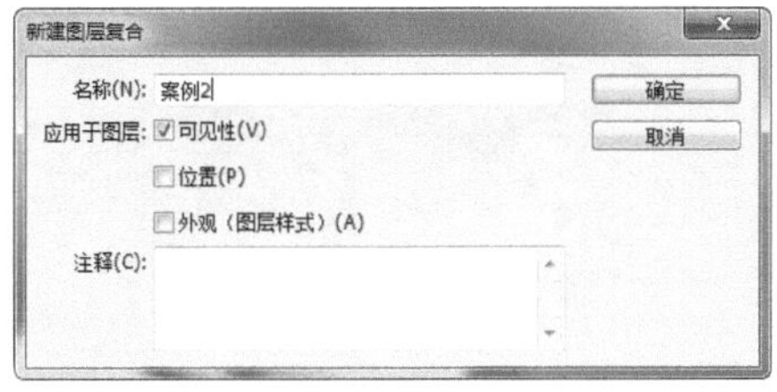

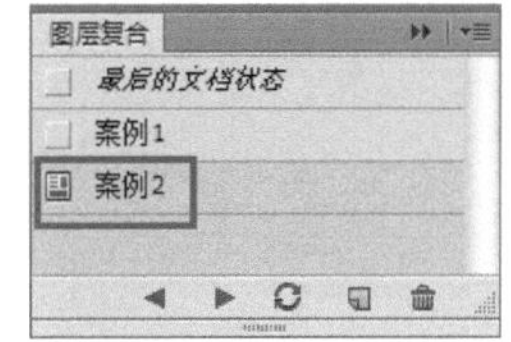

▲ 图 4-113

▲ 图 4-114

通过图层复合记录了两套设计方案，在“图层复合”面板中的“案例1”和“案例2”的名称前单击，显示应用图层复合图标，如图4-115所示为选择“案例2”的效果，图像窗口中将会显示此图层复合记录的快照，如图4-116所示。

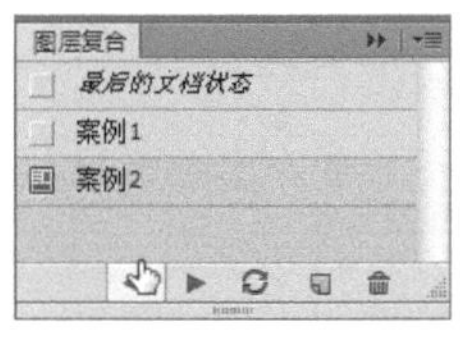

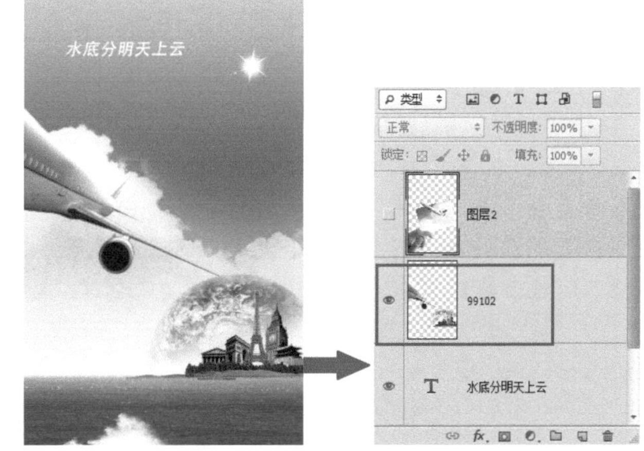

▲ 图 4-115

▲ 图 4-116

可以在“图层复合”面板中单击“应用选中的上一图层复合”和“应用选中的下一图层复合”按钮循环切换，如图4-117所示。

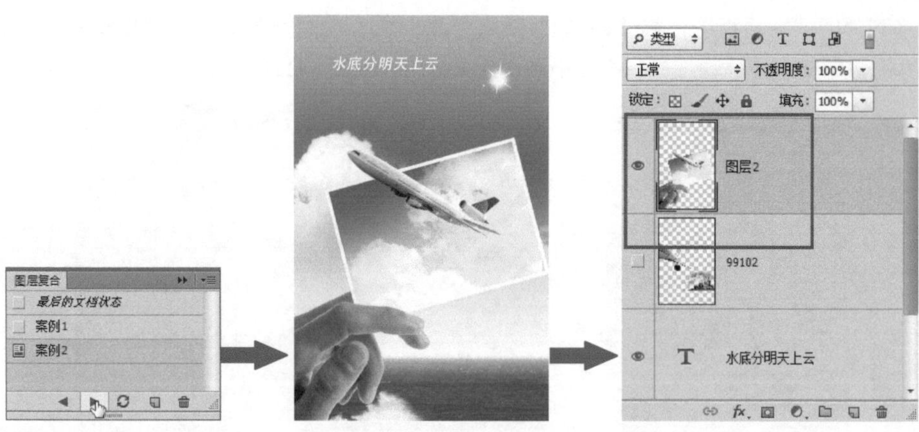

▲ 图 4-117

4.2.3 盖印图层

接上一节，按快捷键Ctrl+Alt+Shift+E，可以将当前图层下面的所有可见图层盖印至一个新的图层中，原图层内容保持不变，如图4-118所示。

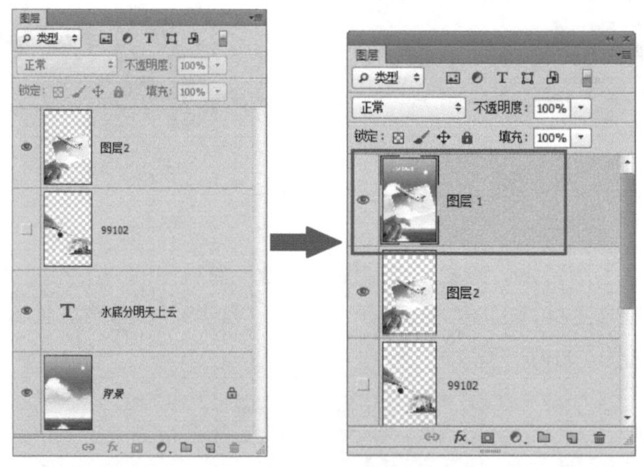

▲ 图 4-118

疑难解答："图层复合"面板

"图层复合"是"图层"面板状态的快照，它记录了当前文件中图层的可见性、位置和外观（包括图层的不透明度、混合模式及图层样式等），通过图层复合可以快速地在文档中切换不同版面的显示。"图层复合"面板用来创建、编辑、显示和删除图层复合。

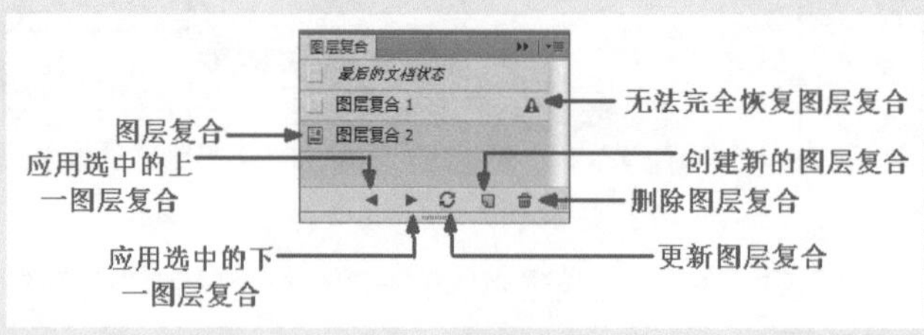

第5章 图像的修饰和美化

图像的修饰和美化是人们比较常用的图像处理手段，Photoshop CS6 本身提供了一些为图像修饰和润色的工具，可以轻松地对图像进行修饰操作。熟练掌握这些工具能够快速地对要修复、美化的图像进行处理，从而提高工作效率。

 5.1 修复破损的图像

▲ 图5-1

如果用户编辑的图像出现了“衣物破损”或“人物脸上有明显的疤痕和痘印”等现象，可以使用“仿制图章工具”来修复破损的衣物；而疤痕和痘印则可以通过“修补工具”和“污点修复画笔工具”来消除，如图5-1所示。

5.1.1 污点修复画笔工具

打开素材图像，使用快捷键Ctrl+J复制图像，得到“图层1”图层，如图5-2所示。选择“图像>自动色调”命令，图像效果如图5-3所示。

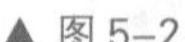

▲ 图5-2

▲ 图5-3

单击工具箱中的“污点修复画笔工具”按钮，将笔触调小一点，在画布中人物的面部单击进行涂抹，如图5-4所示。

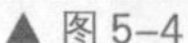

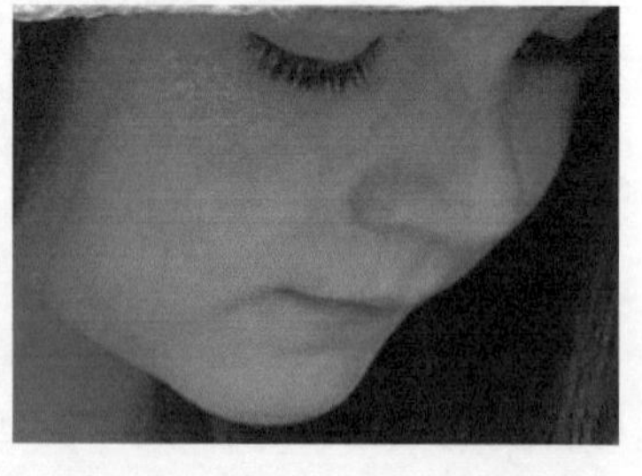

▲ 图5-4

疑难解答：“污点修复画笔工具”选项栏

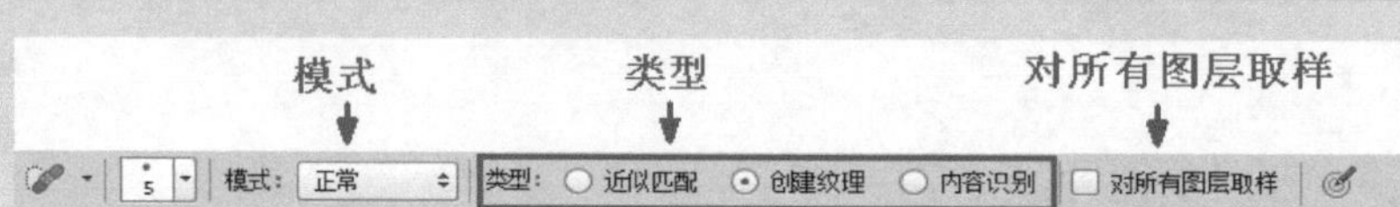

• 模式：用来设置修复图像时使用的混合模式。选择该工具中的“替换”模式，可以保留画笔描边边缘处的杂色、胶片颗粒和纹理。

• 类型：用来设置修复的方法。选中“近似匹配”单选按钮时，可以使用选区边缘周围的像素来查找要用作选定区域修补的图像区域；选中“创建纹理”单选按钮时，可以使用选区中的所有像素创建一个用于修复该区域的纹理，如果纹理不起作用，可尝试再次拖过区域；选中“内容识别”单项按钮时，当对图像的某一区域进行覆盖填充时，由软件自动分析周围图像的特点，将图像进行拼接组合后填充在该区域并进行融合，从而达到快速无缝拼接的效果。

• 对所有图层取样：如果当前文档中包含多个图层，选中“对所有图层取样”复选框后，可以从所有可见图层中对数据进行取样；取消选中此复选框，则只从当前图层中取样。

提示：“污点修复画笔工具”可以快速去除图像上的污点、划痕和其他不理想的部分。它可以使用图像或图案中的样本像素进行绘画，并将样本像素的纹理、光照、透明度和阴影与所修复的像素相匹配，还可以自动从所修饰区域的周围取样。

技术看板：“红眼工具”的使用方法

打开素材图像，使用快捷键Ctrl+J复制图层，得到“图层1”图层，如图5-5所示。单击工具箱中的“红眼工具”按钮，在画布中单击拖动得到矩形框，如图5-6所示。

▲ 图 5-5

▲ 图 5-6

松开鼠标，图像中人物的红色眼睛已被修正为黑色眼睛，如图5-7所示。使用相同的方法完成相似的操作，如图5-8所示。

▲ 图 5-7

▲ 图 5-8

提示：在光线较暗的环境下，使用数码相机拍摄人物会出现红眼现象，这是由于闪光灯闪光时使人眼的瞳孔瞬间放大，视网膜上的血管被反射到底片上，从而产生红眼现象。可以通过Photoshop CS6等专业图像处理软件来去除红眼。

5.1.2 仿制图章工具

单击工具箱中的“仿制图章工具”按钮，在画布中单击进行取样，如图5-9所示。继续单击需要修复的区域，可以看到笔刷范围内的图像已被修复，如图5-10所示。

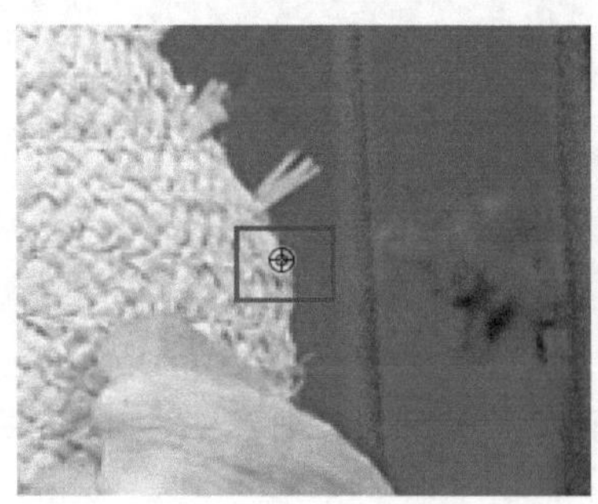

▲ 图 5-9　　▲ 图 5-10

连续单击需要修复的区域，可以看到图像的修复效果，如图5-11所示。使用相同的方法完成相似内容的制作，如图5-12所示。

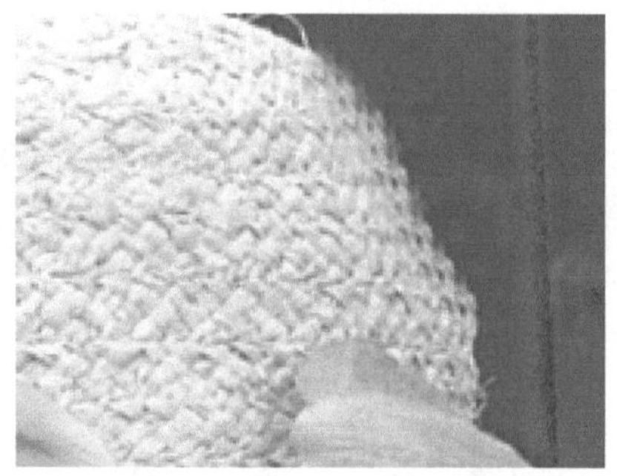

▲ 图 5-11　　▲ 图 5-12

提示：“仿制图章工具”可以将图像中的像素复制到其他图像或同一图像的其他部分，可在同一图像的不同图层间进行复制，对于复制图像或覆盖图像中的缺陷十分重要。

疑难解答：“仿制图章工具”选项栏

- 对齐：选中该复选框，会对像素进行连续取样，在仿制过程中，取样点随仿制位置的移动而变化；取消选中此复选框，则在仿制过程中始终以一个取样点为起始点。
- 样本：用来设置从指定的图层中进行数据取样。Photoshop CS6提供“当前和下方图层”“当前图层”和“所有图层”3个选项以供用户选择。

小技巧：“仿制图章工具”选项栏中的“模式”“不透明度”“流量”“喷枪”等与“画笔工具”的使用方法相同，在这里就不再做过多讲解。

技术看板：“魔术橡皮擦工具”的使用方法

打开一张素材图像，如图5-13所示。单击工具箱中的“魔术橡皮擦工具”按钮，在画布中的白色背景处单击，可擦除画布中的所有白色背景，如图5-14所示。

▲ 图5-13

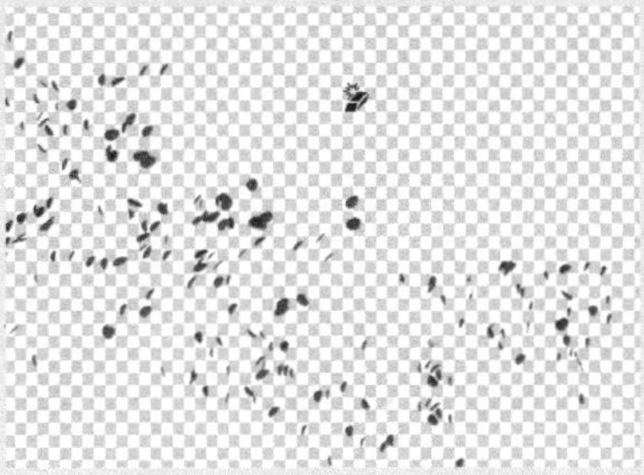

▲ 图5-14

“魔术橡皮擦工具”可以用来擦除图像中的颜色，并且该工具的独特之处在于，使用它可以擦除一定容差值内的相邻颜色。擦除颜色后不会以背景色来取代擦除颜色，而是变成透明图层。

技术看板：“图案图章工具”的使用方法

打开一张名称为“2.png”的素材图像，如图5-15所示。选择“编辑>定义图案”命令，弹出“定义图案”对话框，设置参数，如图5-16所示。

▲ 图5-15

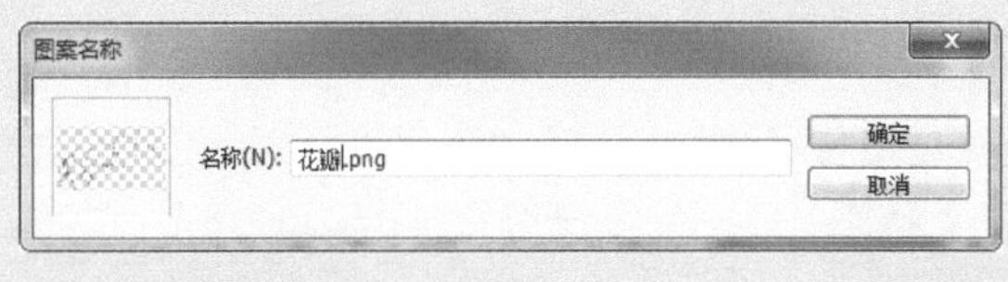

▲ 图5-16

再次打开一张素材图像，如图5-17所示。新建图层，单击工具箱中的“图案图章工具”按钮，在选项栏中选择刚刚定义好的图案，在画布中进行涂抹，如图5-18所示。

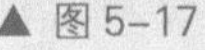

▲ 图5-17

▲ 图5-18

使用快捷键Ctrl+T，缩小图像，如图5-19所示。单击工具箱中的“橡皮擦工具”按钮，擦除图中人物身上多余的花瓣，图像效果如图5-20所示。

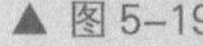

▲ 图 5–19

▲ 图 5–20

疑难解答：“魔术橡皮擦工具”选项栏

容差：5 ☑ 消除锯齿 ☑ 连续 ☐ 对所有图层取样 不透明度：100%

• 容差：用来设置可擦除的颜色范围。低容差会擦除颜色值范围内与单击点非常相似的像素，高容差可擦除范围更广的像素。

• 消除锯齿：选中该复选框，可以使擦除区域的边缘变得平滑。

• 连续：选中该复选框，擦除与单击点邻近的像素；取消选中此复选框，擦除图像中所有相似的像素。

• 对所有图层取样：可对所有可见图层中的组合数据来采集抹除色样。

• 不透明度：不透明度为100%时将完全擦除像素，较低的不透明度可擦除部分像素。

疑难解答：“图案图章工具”选项栏

在“图案图章工具”选项栏中用户可以设置“图案”“对齐”和“印象派效果”等属性。

150 模式：正常 不透明度：100% 流量：100% ☑ 对齐 ☐ 印象派效果

• 图案：单击右侧的下拉按钮，可打开图案拾色器，可以选择更多图案。单击其右上角的“菜单”按钮，通过打开的菜单，可添加更多的图案。

• 对齐：选中该复选框，可以保持填充图案与原始起点的连续性。即使多次单击鼠标，也可以连接填充。取消选中该复选框，每次单击鼠标都将重新开始填充图案。

• 印象派效果：选中该复选框，可以为填充图案添加模糊效果，模拟出印象派效果。取消选中该复选框，绘制出的图案将清晰可见。

5.1.3 修补工具

单击工具箱中的“修补工具”按钮，在画布中人物的头发上建立选区，如图5-21所示，向下移动选区，如图5-22所示。

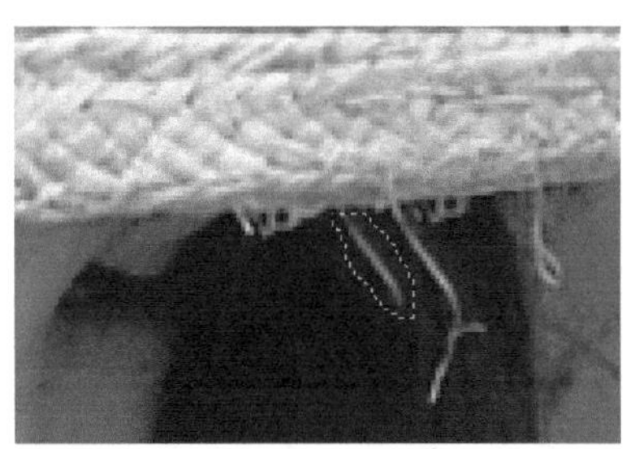

▲ 图 5-21

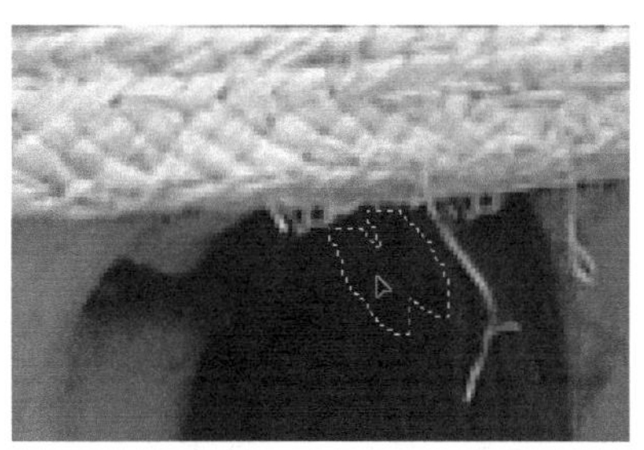

▲ 图 5-22

提示：“修补工具”可以用其他区域或图案中的像素来修复选中的区域。与“修复画笔工具”一样，“修补工具”会将样本像素的纹理、光照和阴影与源像素进行匹配。但“修补工具”需要选区来定位修补范围，这是它与“修复画笔工具”的不同之处。

疑难解答：“修补工具”选项栏

创建选区方式　修补　使用图案

修补：正常　源　目标　透明　使用图案

选区创建方式：用来设置选区范围，此处每个按钮与使用“矩形工具”创建选区的用法一致，此处就不再赘述。

修补：用来设置修补的方式，该下拉列表中包括“正常”和“内容识别”两个选项。选择“正常”选项，将显示“源”“目标”和“透明”3个单选按钮。选中“源”单选按钮，将选区拖动到要修补的区域，放开鼠标后，该区域的图像会修补原来的选项；选中“目标”单选按钮，将选区拖动到其他区域时，可以将源区域内的图像复制到该区域；选中“透明”复选框，可以使修补的图像与原图像产生透明的叠加效果。选择“内容识别”选项，将显示“适应”和“对所有图层取样”两个单选按钮。“适应”选项用来设置图像的融合程度。在该下拉列表中包括5个选项。选择不同的选项，得到的最终效果也将存在不同的差异。选中“对所有图层取样”复选框，将修改所有图层。

使用图案：在画布中创建选区后，将修补方式设置为“正常”，“使用图像”按钮被激活。在图案拾色器中选择一个图案后，单击该按钮，可以使用图案修补选区内的图像。

使用快捷键Ctrl+D取消选区，图像效果如图5-23所示。使用相同的方法完成相似内容的制作，如图5-24所示。

▲ 图 5-23

▲ 图 5-24

疑难解答："橡皮擦工具"选项栏

擦除图像是在图像处理的过程中必不可少的步骤，Photoshop CS6中提供了3种类型的擦除工具，分别是"橡皮擦工具""背景橡皮擦工具"和"魔术橡皮擦工具"。

- 模式：用来设置橡皮擦的种类，在该下拉列表中包括"画笔""铅笔"和"块"3个选项。选择"画笔"选项，可创建柔边擦除效果；选择"铅笔"选项，可创建硬边擦除效果；选择"块"选项，擦除的效果为块状。
- 流量：用来控制工具的涂抹速度。
- 抹到历史记录：选中该复选框，在"历史记录"面板中选择一个状态或快照，在擦除时可以将图像恢复为指定状态。

小技巧："橡皮擦工具"用于擦除图像颜色，如果在"背景"图层或锁定了透明区域的图像中使用该工具，被擦除的部分会显示为背景色；处理其他图层时，可擦除涂抹区域的任何像素。

选择"滤镜>锐化>USM锐化"命令，弹出的"USM锐化"对话框，参数设置如图5-25所示。图像最终效果如图5-26所示。

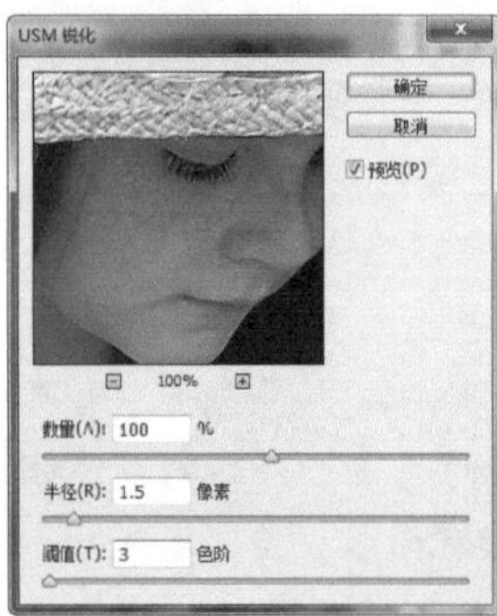

▲ 图5-25

▲ 图5-26

技术看板："内容感知移动工具"的使用方法

打开一张素材图像，如图5-27所示。使用快捷键Ctrl+J复制图层，单击工具箱中的"内容感知移动工具"按钮，在画布中拖动鼠标沿金鱼的边缘建立选区，如图5-28所示。

▲ 图5-27

▲ 图5-28

选区建立完成后，使用“内容感知移动工具”移动选区，如图5-29所示。移动到合适位置后，松开鼠标并取消选区，确认移动，如图5-30所示。

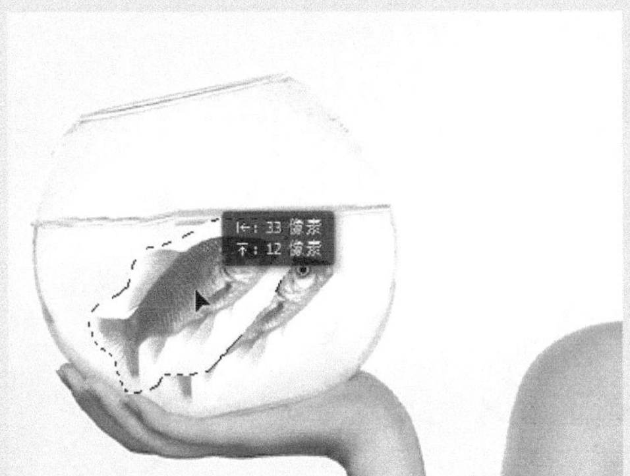

▲ 图5–29

▲ 图5–30

使用“内容感知移动工具”可以将图像中的对象移动到图像的其他位置，并且在对象原来的位置自动填充附近的图像

提示：无论是“仿制图章工具”还是“修复画笔工具”，都可以通过“仿制源”面板来设置。选择“窗口>仿制源”命令，打开“仿制源”面板。仿制源按钮：在使用“仿制图章工具”和“修复画笔工具”时，按住Alt键在图像上单击，可以设置取样点。单击不同的“仿制源”按钮，可以设置不同的取样点，最多可以设置5个。“仿制源”面板会存储样本源，直至关闭文档。

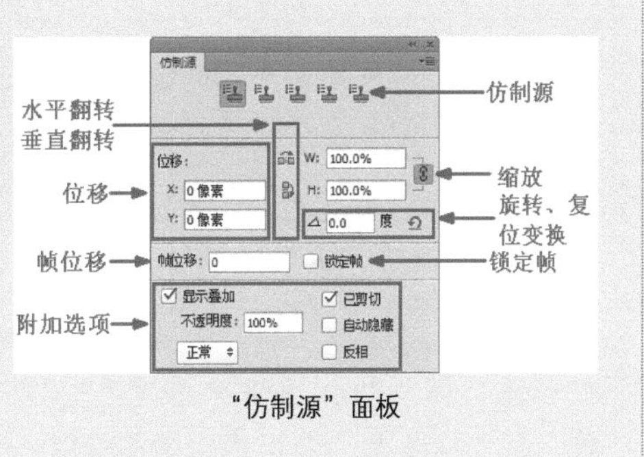

“仿制源”面板

5.2 调整图像的进深感

修饰和美化图像还可以使用“模糊工具”“锐化工具”或“涂抹工具”，这些工具对于图像的局部细节修饰特别方便，只需在图像中单击并拖动鼠标即可，如图5-31所示。

▲ 图5–31

5.2.1 模糊工具

打开一张素材图像，如图5-32所示，使用快捷键Ctrl+J复制图层，得到“图层1”图层。单击工具箱中的“模糊工具”按钮，调整笔触大小和花朵大小一样，如图5-33所示。

▲ 图5-32

▲ 图5-33

疑难解答：“模糊工具”选项栏

单击工具箱中的“模糊工具”按钮，显示其选项栏。“模糊工具”的操作非常简单，只需要在有杂点或折痕的地方单击并涂抹即可。

90　模式：正常　强度：100%　对所有图层取样

- 画笔：用来设置画笔的大小和形状，模糊区域的大小取决于画笔的大小。
- 模式：用来设置工具的混合模式。
- 强度：用来设置工具的强度。

提示：“模糊工具”可以柔化图像的边缘，减少图像的细节。它经常被用于修正扫描图像，因为扫描图像中很容易出现一些杂点或折痕，如果使用“模糊工具”稍加修饰，就可以使杂点与周围像素融合在一起，看上去比较平顺。

技术看板：“修复画笔工具”的使用方法

打开一张素材图像，使用快捷键Ctrl+J复制图层，如图5-34所示。单击工具箱中的“修复画笔工具”按钮，在选项栏中选择“内容识别”选项，设置笔触大小为40像素，在画布中单击，如图5-35所示。图像即被修复，效果如图5-36所示。

▲ 图5-34

▲ 图5-35

▲ 图5-36

提示：“修复画笔工具”与“仿制图章工具”一样，也可以利用图像或图案中的样本像素来绘画。但该工具可以从被修饰区域的周围取样，使用图像或图案中的样本像素进行绘画，并将样本的纹理、光照、透明度和阴影等与所修复的像素匹配，从而去除照片中的污点和划痕，修复后的效果不会产生人工修复的痕迹。

使用“模糊工具”在画布中的花朵处进行涂抹，如图5-37所示。调整笔触到合适大小，继续在画布中的根茎处进行涂抹，如图5-38所示。

▲ 图 5-37

▲ 图 5-38

5.2.2 锐化工具

接上一节，单击工具箱中的“锐化工具”按钮，在人物的脸部和颈部进行涂抹，涂抹前后的效果对比如图5-39所示。

涂抹前

涂抹后

▲ 图 5-39

疑难解答：“锐化工具”选项栏

“锐化工具”可以增强图像中相邻像素之间的对比，提高图像的清晰度。

单击工具箱中的“锐化工具”按钮，显示其选项栏。“锐化工具”的操作非常简单，只需要在图像模糊的地方单击并涂抹即可。

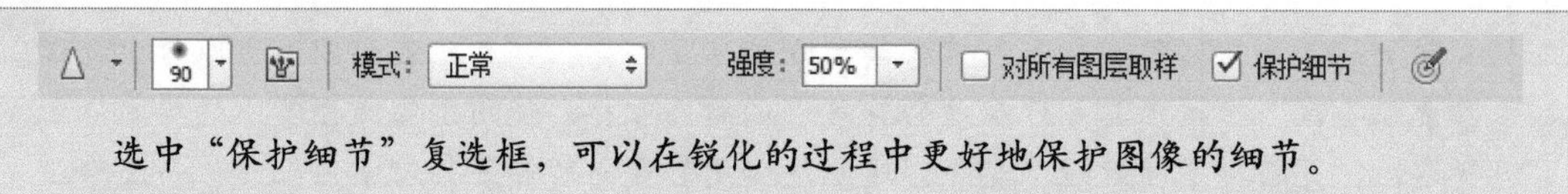

选中“保护细节”复选框，可以在锐化的过程中更好地保护图像的细节。

继续在人物的手指部分进行涂抹，图像效果如图5-40所示。新建图层并设置前景色为白色，使用“画笔工具”在图像左上方单击进行绘制，如图5-41所示。

▲ 图5-40

▲ 图5-41

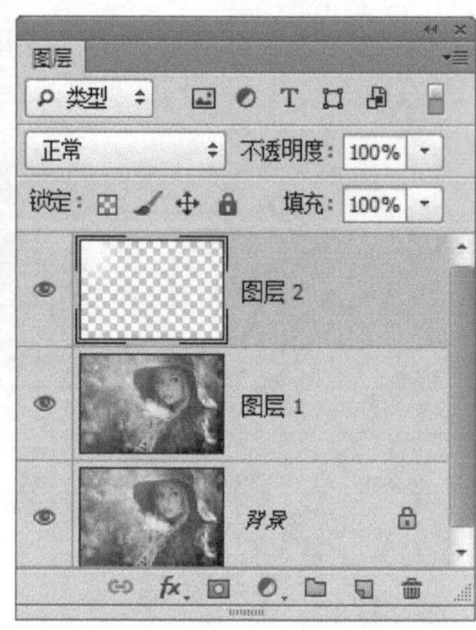

小技巧：使用“模糊工具”时，按住Alt键可以临时切换到“锐化工具”的使用状态，松开Alt键则回到“模糊工具”的使用状态。“锐化工具”临时转换为“模糊工具”也采用同样的方法。

技术看板：“背景橡皮擦工具”的使用方法

打开一张素材图像，打开“图层”面板，双击“背景”图层，将“背景”图层转换为普通图层，如图5-42所示。单击工具箱中的“背景橡皮擦工具”按钮，设置笔触为“柔边圆”，大小为125像素，在画布中涂抹，如图5-43所示。

▲ 图5-42

▲ 图5-43

继续在选项栏中设置笔触为“硬边圆”，像素大小适当调整得小一点，在画布中涂抹，如图5-44所示。再次打开一张素材图像，将擦除好的图像移动到打开的杯子图像中，调整大小和位置，如下图5-45所示。

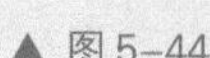

▲ 图5-44

▲ 图5-45

新建图层，使用“椭圆选框工具”，在选项中设置羽化值为50像素，在画布中绘制选区，并填充黑色，如图5-46所示。使用相同的方法完成相似内容的制作，为图像制作阴影，如图5-47所示。

▲ 图5-46

▲ 图5-47

调整图层顺序，并将图层的“不透明度”更改为80%，如图5-48所示。使用“橡皮擦工具”擦除多余的阴影部分，图像最终效果如图5-49所示。

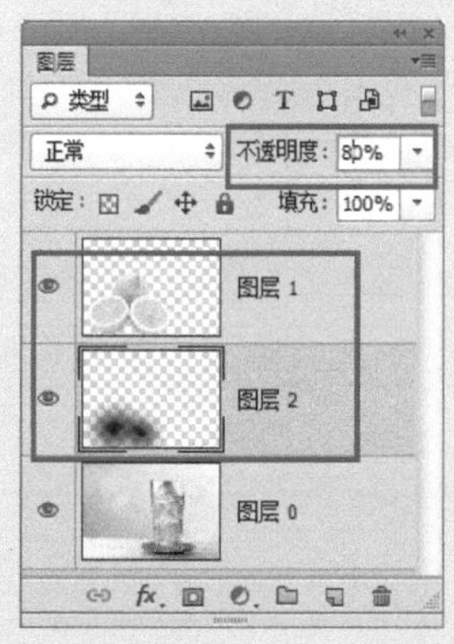

▲ 图5-48

▲ 图5-49

提示：“背景橡皮擦工具”是一种智能橡皮擦，它具有自动识别对象边缘的功能，可采集画笔中心的色样，并删除在画笔内出现的这种颜色，使擦除区域成为透明区域。

疑难解答："背景橡皮擦工具"选项栏

限制：连续　容差：50%　保护前景色

• 取样：用来设置取样方式。单击"取样：连续"按钮后，在拖动鼠标时可连续对颜色取样，如果鼠标中心的十字线碰触到需要保留的对象，也会将其擦除；单击"取样：一次"按钮后，只擦除包含第一次单击点颜色的区域；单击"取样：背景色板"按钮后，只擦除包含背景色的区域。

• 限制：用来设置擦除时的限制模式。选择"不连续"选项，可擦除出现在鼠标下任何位置的样本颜色；选择"连续"选项，只擦除包含样本颜色并且互相连接的区域；选择"查找边缘"选项，可擦除包含样本颜色的连接区域，同时更好地保留形状边缘的锐化程度。

• 容差：用来设置颜色的容差范围。数值越大，能够被擦除的颜色范围就越大；数值越小，则只能擦除与样本颜色非常相似的颜色范围。

• 保护前景色：选中此复选框，可以防止擦除与当前工具箱中前景色相匹配的颜色。如果图像中的颜色与工具箱中的前景色相同，那么擦除时这种颜色将受保护，不会被擦除。

5.2.3 涂抹工具

单击工具箱中的"涂抹工具"按钮，调整笔触大小，在画布中的左上角单击并拖动鼠标，为图像制作光照效果，如图5-50所示。修改图层的"不透明度"为80%，图像效果如图5-51所示。

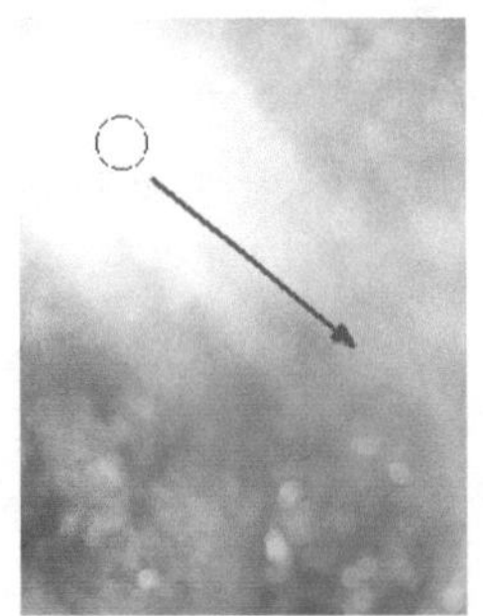
▲ 图 5-50

▲ 图 5-51

疑难解答："涂抹工具"选项栏

单击工具箱中的"涂抹工具"按钮，显示其选项栏。"涂抹工具"的操作非常简单，在图像中需要处理的地方单击并涂抹即可。

模式：正常　强度：50%　对所有图层取样　手指绘画

选中"手指绘画"复选框，可以在涂抹时添加前景色；取消选中此复选框，则使用每个描边起点处鼠标所在位置的颜色进行涂抹。

提示："涂抹工具"可以拾取鼠标单击点的颜色，并沿拖移的方向展开这种颜色，模拟出类似于手指拖过湿油漆时的效果。

5.3 对图像进行润色

▲ 图 5-52

PhotoshopCS6的工具箱中有一组修饰工具，分别是“减淡工具”“加深工具”和“海绵工具”，用于润饰图像。利用这些工具可以改善图像色调、色彩的饱和度，使图像看起来更加平衡饱满，如图5-52所示。

5.3.1 减淡工具

打开一张素材图像，使用快捷键Ctrl+J复制图层，得到“图层1”图层，如图5-53所示。单击工具箱中的“减淡工具”按钮，调整笔触大小为200像素，在画布中涂抹人物的肌肤、衣服和头纱等部分，如图5-54所示。

▲ 图 5-53

▲ 图 5-54

提示：“减淡工具”是色调工具，使用该工具可以改变图像特定区域的曝光度，使图像变亮。

疑难解答：“减淡工具”选项栏

单击工具箱中的“减淡工具”按钮，显示其选项栏。“减淡工具”的操作非常简单，在图像中需要处理的地方单击并涂抹即可。

- 范围：可以选择不同的色调进行修改，在该下拉列表中包括“阴影”“中间调”和“高光”3个选项。选择“阴影”选项，可处理图像的暗色调；选择“中间调”选项，可处理图像的中间调，即灰色的中间范围色调；选择“高光”选项，可以处理图像的亮部色调。
- 曝光度：为“减淡工具”指定曝光。该值越高，效果越明显。
- 喷枪：单击该按钮，可以为画笔开启喷枪功能。
- 保护色调：选中该复选框，可以保护图像的色调不受影响。

技术看板：使用“历史记录画笔工具”实现面部磨皮

打开一张素材图像，如图5-55所示。使用快捷键Ctrl+J复制图层。单击工具箱中的“模糊工具”按钮，在人物脸部进行涂抹，如图5-56所示。

选择“窗口>历史记录”命令，打开“历史记录”面板，在“通过复制的图层”历史记录前单击将其指定为绘画源，如图5-57所示。单击工具箱中的“历史记录画笔工具”按钮，在人物的眼睛、嘴巴和鼻子处进行涂抹，如图5-58所示。

▲ 图 5-55　▲ 图 5-56　▲ 图 5-57　▲ 图 5-58

提示：“历史记录画笔工具”可以将用户正在编辑的图像还原到编辑过程中某一步骤的状态，或者将部分图像恢复为原样。不同于其他画笔工具的是，该工具的使用需要结合“历史记录”面板。

5.3.2 加深工具

接上一节，继续单击工具箱中的“加深工具”按钮，在选项栏中设置“范围”为“高光”，设置笔触大小为250像素，在画布右上角的树叶处进行涂抹，如图5-59所示。继续在画布左下角的树叶处进行涂抹，如图5-60所示。

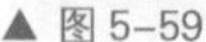
▲ 图 5-59

▲ 图 5-60

提示：“加深工具”与“减淡工具”一样，也是色调工具，使用该工具可以改变图像特定区域的曝光度，使图像变暗。

小技巧：“减淡工具”和“加深工具”的功能与“亮度/对比度”命令中的“亮度”功能基本相同，不同的是“亮度/对比度”命令是对整个图像的亮度进行控制，而“减淡工具”和“加深工具”可根据用户的需要对图像的指定区域进行亮度控制。

疑难解答：“加深工具”选项栏

单击工具箱中的“加深工具”按钮，显示其选项栏，其中的选项与“减淡工具”的使用方法一致，这里就不再赘述。“加深工具”的操作非常简单，在图像中需要处理的地方单击并涂抹即可。

范围：中间调　曝光度：50%　保护色调

技术看板：“渐隐”命令

打开一张素材图像，如图5-61所示。打开“图层”面板，复制图层，得到“背景 副本”图层，如图5-62所示。选择“滤镜>模糊>高斯模糊”命令，弹出“高斯模糊”对话框，设置相关参数，如图5-63所示。

▲ 图5-61

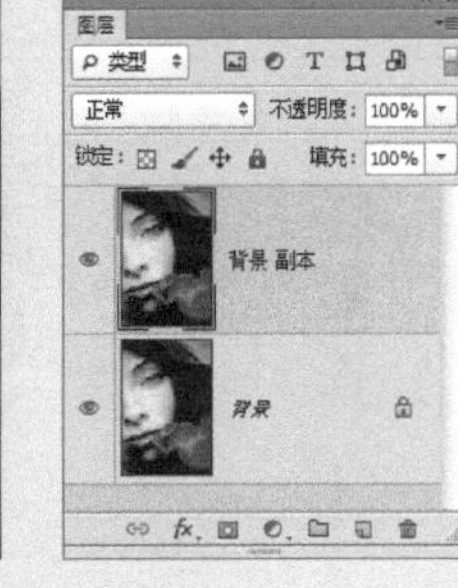

▲ 图5-62

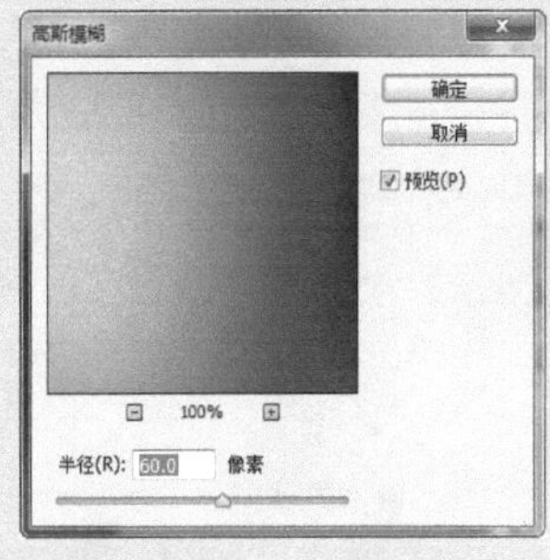

▲ 图5-63

单击“确定”按钮，图像效果如图5-64所示。选择“编辑>渐隐”命令，弹出“渐隐”对话框，参数设置如图5-65所示。

▲ 图5-64

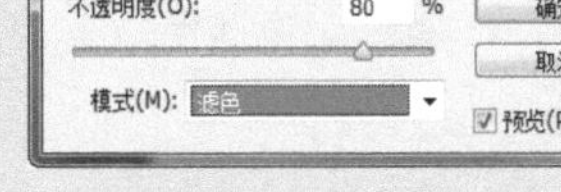

▲ 图5-65

单击“确定”按钮，图像效果如图5-66所示。打开“图层”面板，单击面板底部的“添加图层蒙版”按钮，为图层添加图层蒙版。设置“前景色”为黑色，使用“画笔工具”在图像中除人物脸部以外的部分进行涂抹，如图5-67所示。

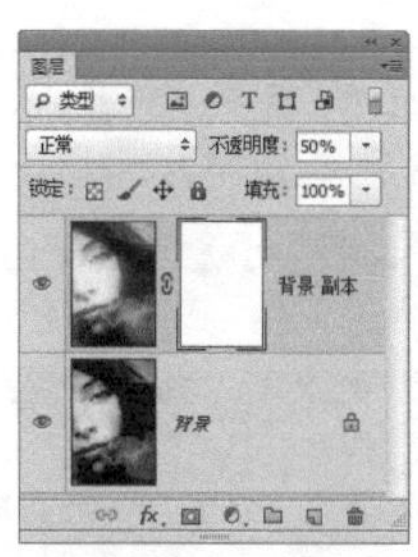

▲ 图5-66　　▲ 图5-67

提示：“渐隐”命令可以更改任何滤镜、绘画工具、橡皮擦工具或颜色调整命令。选择“编辑>渐隐”命令，弹出“渐隐”对话框。对话框中的“模式”是绘画和编辑工具选项中混合模式的子集（“背后”模式和“清除”模式除外）。应用“渐隐”命令类似于在一个单独的图层上应用滤镜效果，然后再调整图层的不透明度和混合模式。

5.3.3 海绵工具

接上一节，单击工具箱中的“海绵工具”按钮，在选项栏中设置笔触大小为150像素，在人物手上拿着的花朵处进行涂抹，图像效果如图5-68所示。使用“减淡工具”和“加深工具”对人物部分进行细微的涂抹，最终效果如图5-69所示。

▲ 图5-68　　▲ 图5-69

疑难解答：“海绵工具”选项栏

单击工具箱中的“海绵工具”按钮，显示其选项栏。“海绵工具”的操作非常简单，在图像中需要处理的地方单击并涂抹即可。

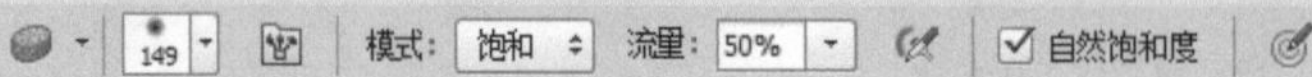

- 模式：可选择更改色彩的方式，在该下拉列表中包括“降低饱和度”和“饱和度”两个选项。选择“降低饱和度”选项，可降低图像的饱和度；选择“饱和度”选项，可增加图像的饱和度。
- 流量：可以为“海绵工具”指定流量。该值越高，工具的强度越大，效果越明显。
- 自然饱和度：选中该复选框，可以在增加饱和度时，防止颜色过度饱和而出现溢色。

提示：使用“海绵工具”能够非常精确地增加或减少图像的饱和度。在灰度模式图像中，“海绵工具”通过远离灰阶或靠近中间灰色来提高或降低对比度。

技术看板："历史记录艺术画笔工具"的使用方法

打开一张素材图像，如图5-70所示。打开"图层"面板，单击面板底部的"新建图层"按钮，新建"图层1"图层，设置"前景色"为黑色，使用快捷键Alt+Delete为图层填充前景色，如图5-71所示。

▲ 图 5-70

▲ 图 5-71

选择"窗口>历史记录"命令，打开"历史记录"面板，确认历史记录源为原始图像，单击工具箱中的"历史记录艺术画笔工具"，在选项栏中设置参数，在画布中进行涂抹，如图5-72所示。

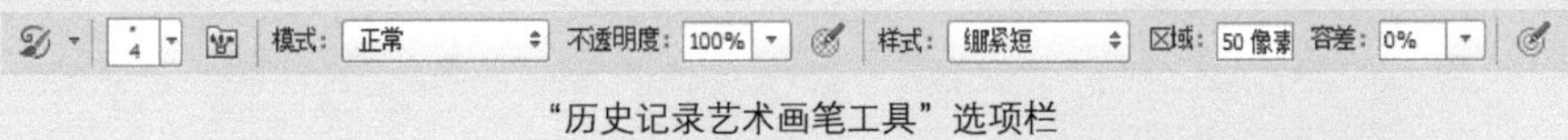

"历史记录艺术画笔工具"选项栏

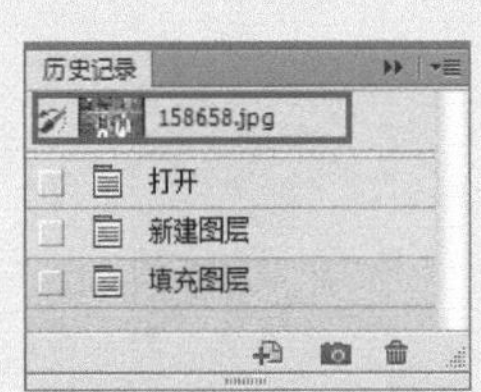

▲ 图 5-72

提示："历史记录艺术画笔工具"使用指定的历史记录或快照中的源数据，以风格化描边进行绘画。通过使用不同的绘画样式、大小和容差选项，可以用不同的色彩和艺术风格模拟绘画的纹理。

疑难解答："历史记录艺术画笔工具"选项栏

- 样式：用来设置绘画描边的形状。在该下拉列表中包括10个选项可供选择。
- 区域：用来设置绘画描边所覆盖的区域。该值越高，覆盖的区域越大，描边的数量也越多。
- 容差：用来限定可应用绘画描边的区域。低容差可用于在图像中的任何地方绘制无数条描边；高容差会将绘画描边限定在与源状态或快照中的颜色明显不同的区域。

技术看板：调整图像构图

打开一张素材图像，复制图层得到“背景 副本”图层，如图5-73所示。使用选区工具创建选区，如图5-74所示。

将选区保存后，取消选区，选择“编辑>内容识别比例”命令，选项栏中的参数设置如图5-75所示。拖动控制点图片的宽度，刚刚存储的选区将不受影响，如图5-76所示。

▲ 图5-73

▲ 图5-74

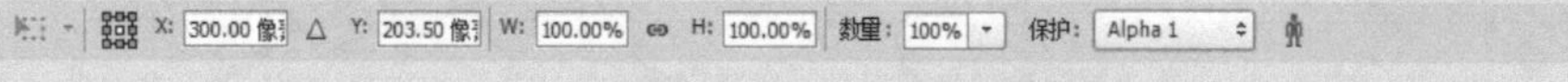

▲ 图5-75

继续打开一张人物素材图像，将“背景”图层转换为普通图层，选择“编辑>内容识别比例”命令，在选项栏中单击“保护肤色”按钮，拖动控制点图片的宽度，刚刚存储的选区将不受影响，如图5-77所示。

▲ 图5-76

▲ 图5-77

小技巧：选择“编辑>变换”菜单下的各项命令可以对图像进行各种变形，但是如果操作时没有保证宽高比例，图像就会严重变形。选择“编辑>内容识别比例”命令，单击选项栏中的“保护肤色”按钮，对图像进行变形操作，人物将不再受该操作的影响。

技术看板：“操控变形”命令的使用方法

打开一张素材图像，如图5-78所示，复制“背景”图层，得到“背景 副本”图层。隐藏“背景”图层，使用“快速选择工具”创建选区，如图5-79所示。

▲ 图 5–78

▲ 图 5–79

选择“图层>新建>通过复制的图层”命令，得到“图层1”图层，如图5-80所示。选中“背景 副本”图层，使用“污点修复画笔工具”在人物的胳膊处进行涂抹，如图5-81所示。

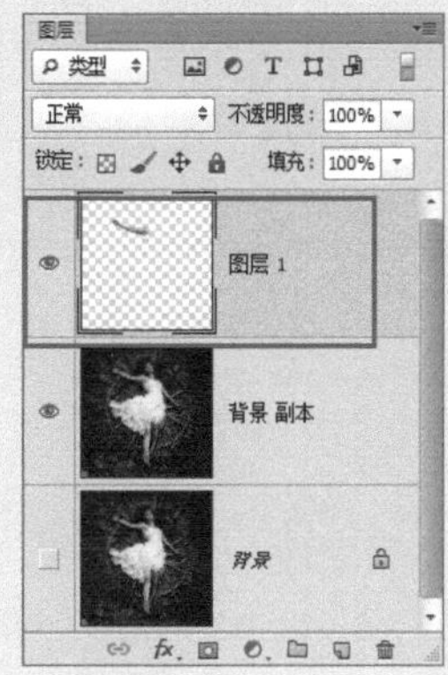

▲ 图 5–80

▲ 图 5–81

选中“图层1”图层，选择“编辑>操控变形”命令，在画布中单击添加图钉，拖动图钉更改人物胳膊的方向，如图5-82所示。完成后，单击Enter键确认操作，如图5-83所示。

▲ 图 5–82

▲ 图 5–83

提示：“操控变形”命令不能应用到“背景”图层上。所以要想使用“操控变形”命令，可以双击“背景”图层将其转换为“图层0”，或者在一个独立的图层使用该命令。

疑难解答：“操控变形”选项栏

选择“编辑>操控变形”命令可以对图像进行更丰富的变形操作，使用该命令可以精确地将任何图像元素重新定位或变形，如将直的木棒制作出艺术变形。

模式：正常 浓度：正常 扩展：2像素 显示网格 图钉深度： 旋转：自动 0 度

- 模式：有3种模式供选择，分别是“正常”“刚性”和“扭曲”。正常：变形效果准确，过渡柔和；刚性：变形效果精确，缺少柔和过渡；扭曲：可以在变形时创建透视效果。
- 浓度：有3种类型供选择，分别是“正常”“较少点”和“较多点”。正常：网格数量适度；较少点：网格点较少，变形效果生硬；较多点：网格点较多，变形效果柔和。
- 扩展：输入数值可以控制变形效果的衰减范围。设置较大的数值则变形边缘平滑；设置较小的数值则变形边缘生硬。
- 显示网格：选中该复选框则显示网格；取消选中此复选框则不显示网格。
- 图钉深度：图钉重叠时，可以通过单击相应按钮调整图钉的顺序，实现更好的变形效果。
- 旋转：选择“自动”选项，在拖动图钉时，可以自动对图像内容进行旋转处理；选择“固定”选项，则可以在文本框中输入准确的旋转角度。

小技巧：选择一个图钉，单击鼠标右键，选择“删除图钉”命令可以将其删除，也可以按Alt键的同时单击图钉完成删除操作。选择图钉，按Delete键也可以删除它。

第6章 图形与形状的绘制

Photoshop CS6 提供了一些专门用于绘画和绘制矢量图形的工具。在 Photoshop CS6 中绘制的矢量图形可以在不同分辨率的文件中交换使用，不会受分辨率的影响而出现锯齿。利用矢量工具不仅可以绘制复杂的图形，还可以实现路径与选区之间的转换，在对图像进行一些复杂操作时，如抠图，虽然会比较麻烦，但却可以提高图像处理的精确度。

6.1 制作儿童照片墙

Photoshop CS6提供了多种绘画工具，包括“画笔工具”“铅笔工具”“颜色替换工具”和“混合器画笔工具”。使用不同的绘画工具结合“画笔”面板，可以绘制出不同效果的图像，如图6-1所示。

▲ 图 6–1

6.1.1 椭圆工具

打开一张素材图像，如图6-2所示，再打开另一张素材图像，使用“移动工具”将素材图像拖动到设计文档中，使用快捷键Ctrl+T调出定界框，调整图像大小和位置，如图6-3所示。

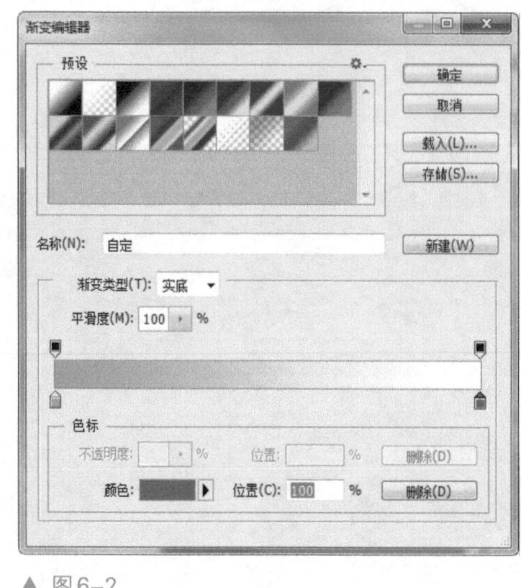

▲ 图6–2

▲ 图 6–3

单击工具箱中的“椭圆工具”按钮，“前景色”为任意颜色，在画布中单击并拖动鼠标创建圆形，如图6-4所示。使用快捷键Ctrl+T调出定界框，调整形状和大小，如图6-5所示。

▲ 图 6–4

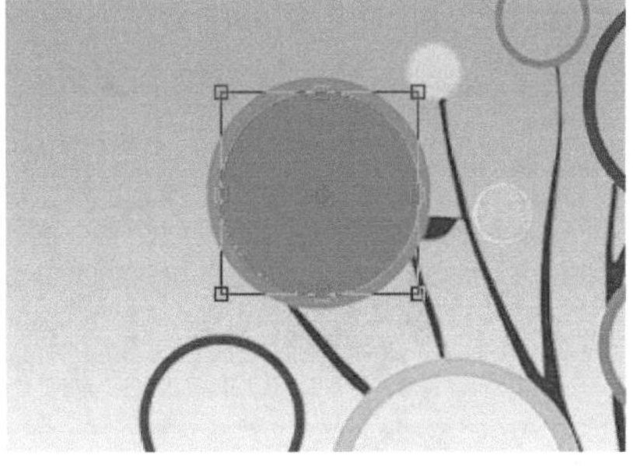

▲ 图 6–5

疑难解答：“椭圆工具”选项栏中的“路径”工作模式

使用“椭圆工具”可以绘制椭圆和正圆形，在画布中单击并拖动鼠标即可绘制。单击工具箱中的“椭圆工具”按钮，显示其选项栏。

- 建立：创建路径后，单击“选区”“蒙版”和“形状”按钮，可以建立与之相对应的选区、矢量蒙版和形状。
- 几何选项：在“几何选项”面板中可以设置矩形的创建方法。
- 不受约束：可以绘制任意大小的矩形。方形：只能绘制任意大小的正方形；固定大小：可以在“W”文本框中输入所绘制矩形的宽度，在“H”文本框中输入所绘制矩形的高度，然后在画布中单击，即可绘制出固定尺寸大小的矩形；比例：在“W”和“H”文本框中分别输入所绘制矩形的宽度和高度，可以绘制出任意大小但宽度和高度保持一定比例的矩形；从中心：鼠标在画布中的单击点即为所绘制矩形的中心点，绘制时矩形由中心向外扩展。

疑难解答：“椭圆工具”选项栏中的“形状”工具模式

使用“椭圆工具”可以绘制椭圆和正圆形，在画布中单击并拖动鼠标即可绘制。单击工具箱中的“椭圆工具”按钮，显示其选项栏。

- 形状填充类型：用于设置形状的填充类型，单击“填充”按钮，可以在弹出的面板中选择“纯色”“渐变”和“图案”选项。
- 形状描边：用于对绘制的形状进行描边设置，包括描边的类型、宽度和样式。
- 形状宽度和高度：用于对所绘制的形状的大小进行精确的控制，在画布中绘制完形状后，在该文本框中输入精确的数值，可以控制形状的大小。
- 路径操作/对齐方式/排列方式：用于设置路径的创建方式、排列方式和对齐方式。

提示：Photoshop中的形状工具包括“矩形工具”“圆角矩形工具”“椭圆工具”“多边形工具”“直线工具”和“自定义形状工具”，使用形状工具可以快速绘制出不同的形状图形。

打开一张素材图像，使用相同的方法将图像移入设计文档中。使用快捷键Ctrl+T，调整图像大小到如图6-6所示的效果。选择“图层>创建剪贴蒙版”命令，图像效果如图6-7所示。

▲ 图 6–6

▲ 图 6–7

技术看板：使用“矩形工具”绘制云朵

新建一个背景为蓝色渐变的文档，单击工具箱中的“矩形工具”按钮，在画布中单击，弹出“创建矩形”对话框，参数设置如图6-8所示。单击“确定”按钮，矩形绘制完成，如图6-9所示。

“矩形工具”和“椭圆工具”的使用方法相同，使用“椭圆工具”按照相同的方法绘制多个椭圆形状，如图6-10所示。

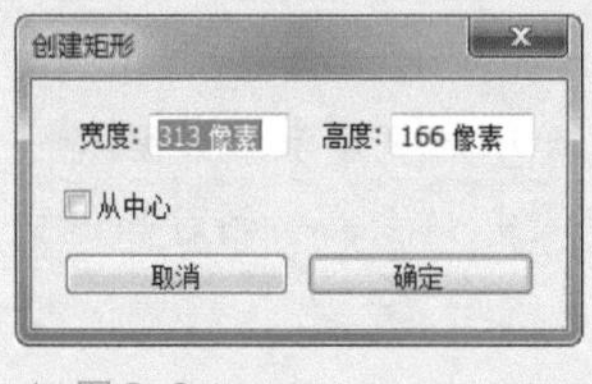

▲ 图6–8

▲ 图6–9

▲ 图6–10

6.1.2 钢笔工具

单击工具箱中的“钢笔工具”按钮，在选项栏中选择“形状”选项，在画布中单击以添加锚点，如图6-11所示。继续在画布上单击，最后一个锚点与第一个锚点重合，闭合形状，如图6-12所示。

▲ 图 6–11

▲ 图 6–12

疑难解答：“钢笔工具”选项栏

• 工具模式：在该下拉列表中包括“形状”“路径”和“像素”3个选项，“像素”选项只有在使用矢量形状工具时才可以使用。

• 形状创建方式：单击该按钮，弹出形状创建方式选项。此创建方式与选区的创建方式一致，此处就不再赘述。

• 对齐与分布：用来设置路径的对齐与分布方式。单击该按钮，可弹出对齐与分布菜单，如右上图所示。使用“路径选择工具”选择两个或两个以上的路径，选择不同的选项，路径可按不同的方式进行排列分布。

左边(L)
水平居中(H)
右边(R)
顶边(T)
垂直居中(V)
底边(B)
按宽度均匀分布
按高度均匀分布
对齐到选区
✓ 对齐到画布

• 形状堆叠方式：单击该按钮，弹出形状堆叠方式选项，如右下图所示。选择不同的选项，可以调整形状的堆叠顺序，调整顺序的所有形状必须在同一个图层中。

将形状置为顶层
将形状前移一层
将形状后移一层
将形状置为底层

技术看板：使用“钢笔工具”绘制直线路径

单击工具箱中的“钢笔工具”按钮，在选项栏中设置“工具模式”为“路径”。将鼠标移至画布中，鼠标变为形状，单击即可创建一个锚点，如图6-13示。

将鼠标移至下一个位置单击，创建第二个锚点，两个锚点会连接成一条由角点定义的直线路径，如图6-14示。

使用相同的方法，在其他位置单击创建第二条直线，如图6-15示。将鼠标移至第一个锚点的上方，鼠标变为形状，单击即可闭合路径，如图6-16示。

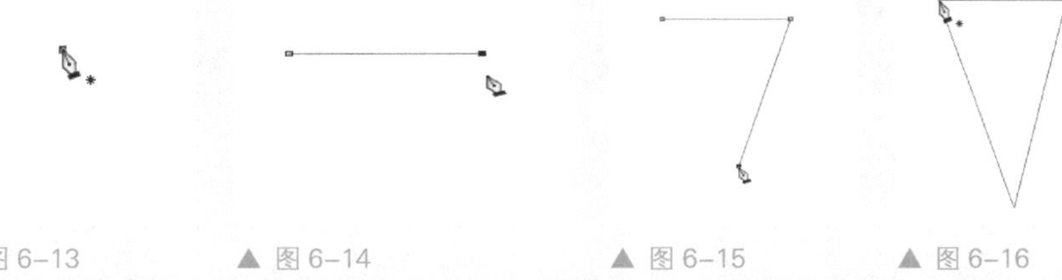

▲ 图 6–13　▲ 图 6–14　▲ 图 6–15　▲ 图 6–16

提示：“钢笔工具”是Photoshop CS6中最为强大的矢量绘图工具，使用“钢笔工具”可以绘制任意开放或封闭的路径或形状。Photoshop CS6对“钢笔工具”进行了一系列的改进，使其绘制出的形状具有更丰富的效果。

小技巧：如果要结束一段开放式路径的绘制，可以按住Ctrl键单击画布的空白处，也可以单击工具箱中的其他工具，或按下Esc键也可以结束当前路径的绘制。

技术看板：使用“钢笔工具”绘制曲线路径

单击工具箱中的“钢笔工具”按钮，在选项栏中设置“工具模式”为“路径”。将鼠标移至画布中单击并向右拖动鼠标创建一个平滑点，如图6-17所示。

将鼠标移至下一个位置单击并向左拖动鼠标，创建第二个平滑点，如图6-18所示。使用相同的方法，继续创建平滑点，绘制一段平滑的曲线，如图6-19所示。

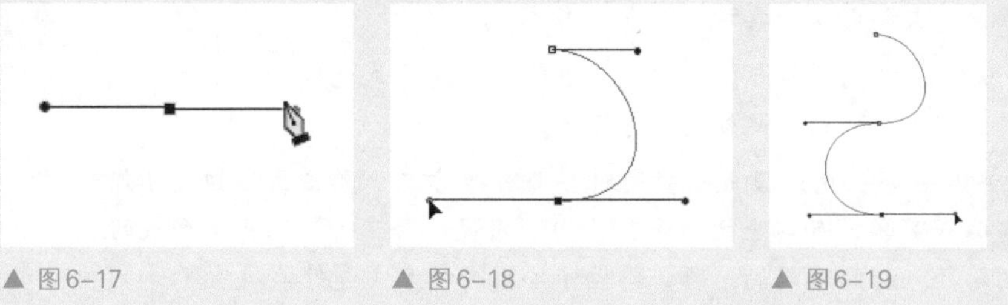

▲ 图6-17　▲ 图6-18　▲ 图6-19

小技巧： 在使用“钢笔工具”绘制曲线的过程中，可以拖动方向线控制其方向和长度，进而影响下一个锚点生成路径的走向，从而绘制出不同效果的曲线。

6.1.3 转换点工具

单击工具箱中的“转换点工具”按钮，在画布上单击并向左或向右拖动鼠标，拉出方向线，如图6-20所示。使用“转换点工具”将其余3个锚点的方向线拉出，如图6-21所示。

▲ 图6-20

▲ 图6-21

提示： 使用“转换点工具”，可以使锚点在平滑点和角点之间相互转换。要将角点转换为平滑点，单击“转换点工具”按钮，将鼠标移至角点的上方，单击并拖动鼠标，即转换为平滑点，平滑点上有两个控制柄。使用“转换点工具”将平滑点转换为角点，只需单击平滑点即可。

小技巧： 使用“钢笔工具”时，将鼠标移至锚点的上方，按住Alt键可暂时将“钢笔工具”更改为“转换点工具”；使用“直接选择工具”时，将鼠标移至锚点的上方，按住快捷键Ctrl+Alt，可暂时将“直接选择工具”更改为“转换点工具”。

疑难解答：自由钢笔工具

“自由钢笔工具”用来绘制比较随意的图形，它的使用方法与“套索工具”非常相似。在画布中单击并拖动鼠标即可绘制路径，路径的形状为鼠标运行的轨迹，Photoshop CS6会自动为路径添加锚点。

单击工具箱中的“自由钢笔工具”按钮。该工具的大多数选项都与“钢笔工具”的选项的设置方法和作用相同。

选中选项栏中“磁性的”复选框，可以将“自由钢笔工具”转换为“磁性钢笔工具”，并可以设置“磁性钢笔工具”的相关选项。

6.1.4 直接选择工具

单击工具箱中的“直接选择工具”按钮，调整方向线的角度和长度，如图6-22所示。继续打开一张素材图像，使用相同的方法完成图像剪贴蒙版的制作，如图6-23所示。

▲ 图 6-22

▲ 图 6-23

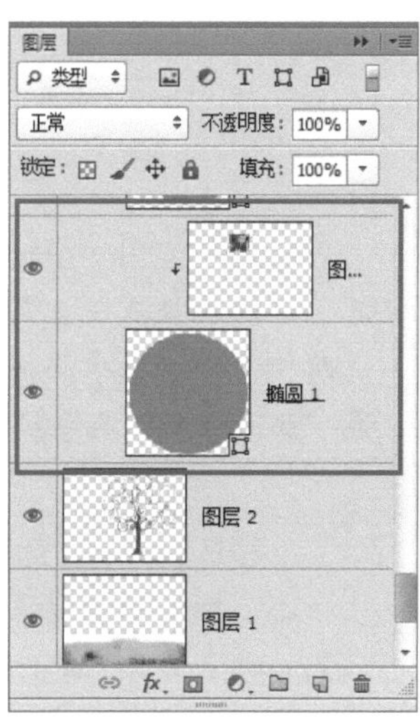

提示：使用“直接选择工具”选择路径，不会自动选中路径中的锚点，锚点为空心方框状态，只有将所有锚点选中后，才可以移动路径。

根据前面介绍的制作照片的方法，将成长树上剩余的照片制作完成，如图6-24所示。打开 “图层”面板，创建新组，将除“图层1”和“背景”图层以外的所有图层移入组中，重命名为“照片墙”，如图6-25所示。

▲ 图 6-24

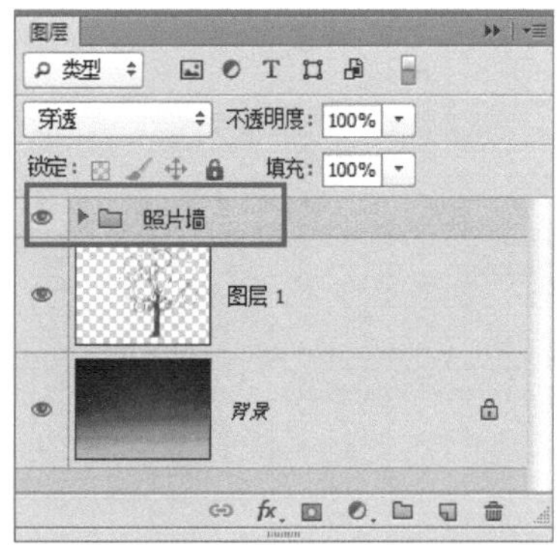

▲ 图 6-25

技术看板：使用“添加锚点工具”绘制心形形状

新建一个空白文档，选择“视图>显示>网格”命令，如图6-26所示。使用“钢笔工具”在画布中添加锚点，如图6-27所示。

单击工具箱中的“添加锚点工具”按钮，在画布中单击添加锚点，如图6-28所示。使用“转换点工具”调整锚点方向线，如图6-29所示。

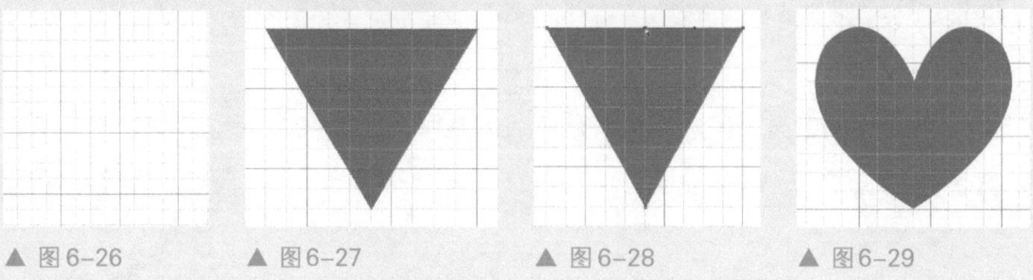

▲ 图6-26　▲ 图6-27　▲ 图6-28　▲ 图6-29

提示：在Photoshop中，工具箱提供了3种用于添加或删除锚点的工具：“钢笔工具”“添加锚点工具”和“删除锚点工具”。默认情况下，当将“钢笔工具”定位到所选路径上方时，会变成“添加锚点工具”；当将“钢笔工具”定位到锚点上方时，会变成“删除锚点工具”。

小技巧：单击工具箱中的“添加锚点工具”按钮，将鼠标移至需要添加锚点的路径上单击，即可添加锚点，如果单击并拖动鼠标可直接拖出需要的弧度。单击工具箱中的“删除锚点工具”按钮，将鼠标移至需要删除的锚点上单击，即可删除锚点。

6.1.5 “画笔”面板

新建图层，单击工具箱中的“画笔工具”按钮，在选项栏中选择如图6-30所示的笔刷。选择“窗口>画笔”命令，弹出“画笔”面板，参数设置如图6-31所示。

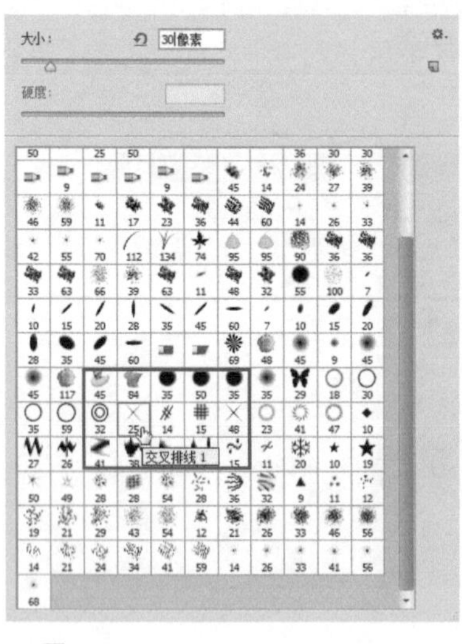

▲ 图6-30

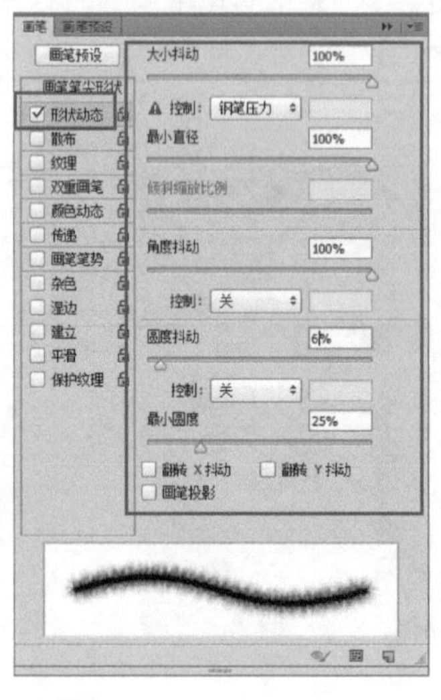

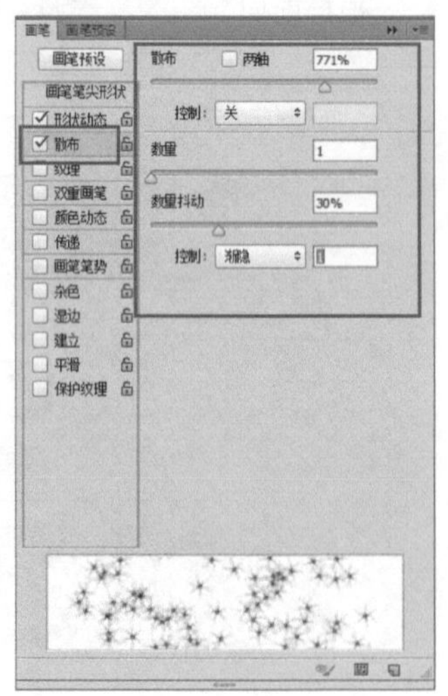

▲ 图6-31

疑难解答："画笔"面板

• 画笔预设：单击该按钮，可以打开"画笔预设"面板。该面板中的画笔预设与"画笔"面板中的"画笔笔尖形状"中的画笔保持一致，当通过"画笔预设"面板单击替换当前画笔预设时，"画笔"面板中的"画笔笔尖形状"也会发生相应的变化。

• 画笔笔尖形状：显示Photoshop提供的预设画笔笔尖，选择一个笔尖后，可在"画笔预览"选项区域预览该笔尖的形状。

• 画笔选项：用来调整画笔的具体参数。

• "画笔预览"选项区域：可预览当前设置的画笔效果。

• 创建新画笔：如果对某个预设的画笔进行了调整，单击该按钮，可通过弹出的"画笔名称"对话框将其保存为一个新的预设画笔。

疑难解答："形状动态"选项

"形状动态"选项提供了画笔的动态效果，它可以决定绘制线条时画笔笔迹的变化。

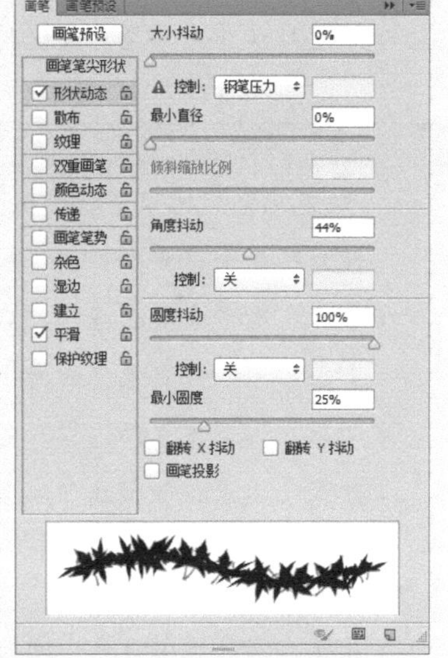

• 大小抖动：用来设置画笔笔迹大小的改变方式。该值越大，变化效果越明显。

• 最小直径：启用"大小抖动"选项可设置画笔笔迹缩放的最小百分比，数值越大，变化越小。

• 角度抖动：用来设置画笔笔迹角度的变化效果。该值越大，变化效果越明显。

• 圆度抖动：用来设置画笔笔迹的圆度在描边中的变化方式。该值越大，变化效果越明显。

• 最小圆度：当启用"圆度抖动"选项后，通过该选项可设置画笔笔迹的最小圆度。

• 翻转X/Y抖动：用来设置画笔的笔尖在其X轴或Y轴上的方向。

• 画笔投影：用来为画笔添加投影效果。

疑难解答："画笔笔尖形状"选项

"散布"选项用来设置画笔笔迹的散布程度。该值越大，画笔笔迹的散布程度越大。

散布130%

散布840%

• 两轴：选中该复选框，将在X轴和Y轴同时散布。

• 数量：用来设置在每个间距间隔应用的画笔笔迹数量。该值增大时可重复画笔笔迹。

• 数量抖动：用来设置画笔笔迹的数量如何针对各种间距间隔而变化。

疑难解答："纹理"选项

"纹理"选项运用图案使绘制的图像看起来像是在带纹理的画布上绘制的。

使用"纹理"前
使用"纹理"后

- 反相：选中"反相"复选框，可以基于图案中的色调反转纹理中的亮点和暗点，图案中的最亮区域是纹理中的暗点。单击"图案"右侧的三角按钮，可以在打开的图案拾色器中选择一个图案，将其设为纹理。
- 为每个笔尖设置纹理：选中该复选框，绘画时将单独渲染每个笔尖。必须选择该复选框，才能使用"深度抖动"选项。
- 模式：用来设置画笔和图案的混合模式。
- 深度：用来设置油彩渗入纹理中的深度。当"深度"为0%时，纹理中的所有点都接收相同数量的油彩，从而隐藏图案；当"深度"为100%时，纹理中的暗点不接收任何油彩。
- 最小深度：该选项用于设置当将"控制"设置为"渐隐""钢笔压力""钢笔斜度""光笔轮"，并且选中"为每个笔尖设置纹理"复选框时，油彩可渗入的最小深度。选中"为每个笔尖设置纹理"复选框，该选项才可用。
- 深度抖动：用来设置纹理抖动的最大百分比。

疑难解答："双重画笔"选项

"双重画笔"选项可以使用两个画笔形状创建出两种画笔的混合效果。

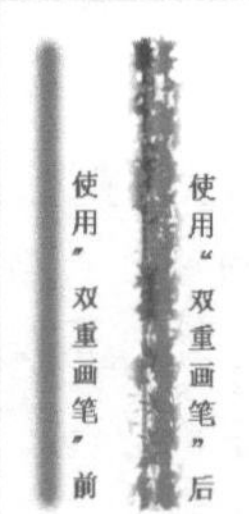
使用"双重画笔"前
使用"双重画笔"后

- 模式：用来设置主要画笔和双重画笔之间的混合方式。
- 翻转：选中该复选框，将启用随机画笔翻转效果。
- 大小：用来设置笔尖的大小。
- 间距：用来设置描边中双笔尖画笔笔迹之间的距离。
- 散布：用来设置描边中双笔尖画笔笔迹的分布样式。选中"两轴"复选框，双笔尖画笔笔迹按径向分布。取消选中"两轴"复选框时，双笔尖画笔笔迹垂直于描边路径分布。
- 数量：用来设置在每个间距间隔应用的双笔尖画笔笔迹的数量。

疑难解答："颜色动态"选项

"颜色动态"决定了不透明度抖动、流动抖动和油彩颜色的变化方式。单击"画笔"面板中的"颜色动态"选项，会显示相关设置的内容。

- 前景/背景抖动：可以设置前景色和背景色之间的油彩变化方式。该值越高，变化后的颜色越接近背景色；该值越小，变化后的颜色越接近前景色，如下图所示。

50%　　100%

- 色相抖动：可以设置描边中油彩色相可以改变的变化范围。该值越高，色相变化越丰富；该值越低，色相越接近前景色，如下图所示。

40%

100%

• 饱和度抖动：可以设置画笔笔迹颜色饱和度的变化范围。该值越高，色彩的饱和度越高；该值越低，色彩的饱和度越接近前景色。

• 亮度抖动：可以设置描边中油彩亮度可以改变的变化范围。该值越高，颜色的亮度值越大；该值越小，亮度越接近前景色。

• 纯度：用来设置笔迹颜色的饱和度。当该值为-100%时，将会完全去色；当该值为100%时，颜色将会完全饱和。

疑难解答："传递"选项

"传递"选项用来设置画笔笔迹的不透明度和流量变化等。单击"画笔"面板中的"传递"选项，会显示相关设置的内容。使用"传递"前后的图像效果如下图所示。

使用"传递"前后的效果对比

• 不透明度抖动：用来设置画笔描边中油彩不透明度的变化程度。

• 流量抖动：用来设置画笔笔迹中油彩流量的变化程度。

• 湿度抖动/混合抖动：只有选择了"混合器画笔工具"之后，才能应用这两种抖动方式。

疑难解答："画笔笔势"选项

"画笔笔势"选项用来控制画笔笔簇随鼠标走势而改变的效果。单击"画笔"面板中的"画笔笔势"选项，会显示相关设置的内容。使用"画笔笔势"前后的图像效果如右图所示。

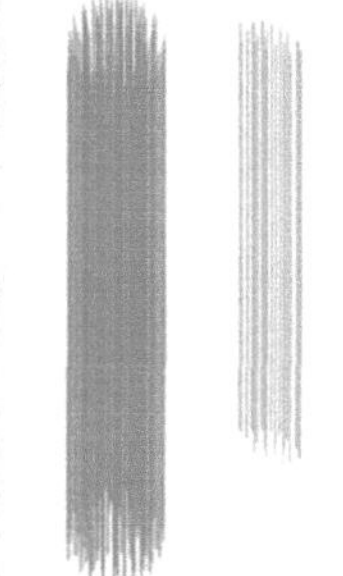
使用"画笔笔势"前后对比

• 倾斜*X*/*Y*：设置默认画笔光笔*X*/*Y*笔势。该值越大，效果越明显。

• 覆盖倾斜*X*/*Y*：选中该复选框，将覆盖光笔倾斜*X*/*Y*的数据。

• 旋转：用来设置默认画笔光笔旋转角度。

• 覆盖旋转：选中该复选框，将覆盖光笔旋转数据。

• 压力：用来设置默认画笔光笔压力。

• 覆盖压力：选中该复选框，将覆盖光笔压力数据。

6.1.6 画笔工具

设置"前景色"为白色后，在画布中单击并拖动鼠标，可以在画布中看到一些零散的星星，如图6-32所示，更改图层的"不透明度"为50%，如图6-33所示。

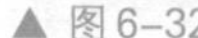
▲ 图6-32

▲ 图6-33

提示：在Photoshop CS6中，“画笔工具”的应用比较广泛，使用它可以绘制出比较柔和的线条，就像用毛笔画出的线条。“画笔工具”在后期的应用中，不仅可以绘制图形，还可以用来修改蒙版和通道。单击工具箱中的“画笔工具”按钮，在选项栏中会出现相应的选项。

疑难解答：“画笔工具”选项栏

35 模式：正常 不透明度：100% 流量：100%

- 画笔预设选取器：单击“笔触大小”后面的小三角按钮，在打开的“画笔预设选取器”中可以选择画笔笔尖，设置画笔的大小和硬度。
- “切换画笔面板”按钮：单击该按钮，可以打开“画笔”面板，在“画笔”面板中可以对画笔进行多种样式的设置。
- 模式：该选项用来设置画笔的绘画模式。在该下拉列表中可以选择画笔笔迹颜色与下面像素的混合模式。
- 流量：用来设置当将鼠标移动到某个区域上方时应用颜色的速率。
- “启用喷枪模式”按钮：单击该按钮，即可启用喷枪功能。将渐变色调应用于图像，同时模拟传统的喷枪技术，Photoshop会根据鼠标左键的单击程度确定画笔线条的填充数量。

新建图层，单击工具箱中的“画笔工具”按钮，调整画笔笔触大小为400像素，在画布左上角绘制白色图像，如图6-34所示。使用“涂抹工具”在画布中进行涂抹，如图6-35所示。

▲ 图6-34

▲ 图6-35

小技巧：使用“画笔工具”时，在画布中单击，然后按住Shift键再在画面中任意位置单击，两点之间会以直线连接。按住Shift键还可以绘制水平、垂直或以45°角为增量的直线。

小技巧：使用“画笔工具”时，在英文状态下，按[键可减小画笔的直径，按]键可以增加画笔的直径；对于实边圆、柔边圆和书法画笔，按快捷键Shift+[可以减小画笔的硬度，按快捷键Shift+]则增加画笔的硬度。

按键盘上的数字键可以调整工具的不透明度。例如：按1时，不透明度为10%；按5时，不透明度为50%；按75时，不透明度为75%；按0时，不透明度为100%。

选择“滤镜>模糊>高斯模糊”命令，弹出“高斯模糊”对话框，参数设置如图6-36所示。使用快捷键Ctrl+T调出定界框，将图像调整到如图6-37所示的位置。

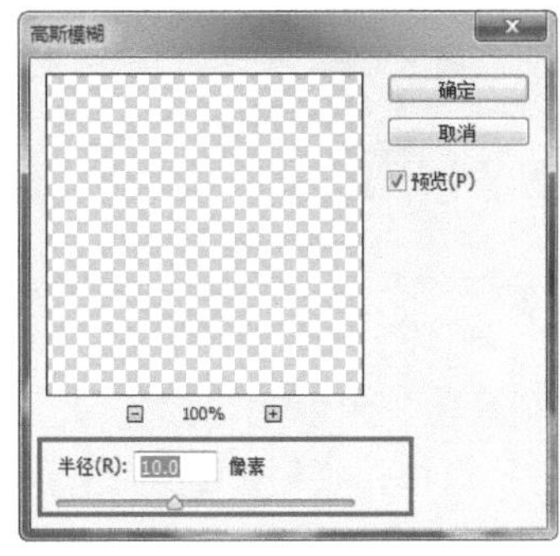

▲ 图6-36

▲ 图6-37

打开一张素材图像，使用“魔术橡皮擦工具”将图像中的白色背景擦除，如图6-38所示。使用“移动工具”将素材图像移入设计文档中，调整大小和位置，如图6-39所示。

▲ 图6-38

▲ 图6-39

疑难解答：“颜色替换工具”选项栏

使用“颜色替换工具”，可以用前景色替换图像中的颜色。单击工具箱中的“颜色替换工具”按钮，在选项栏中会出现相应的选项。

- 取样：用来设置颜色取样的方式。单击“连续”按钮时，拖动鼠标时可连续对颜色取样；单击“一次”按钮时，可替换包含第一次单击的颜色区域中的目标颜色；单击“背景色板”按钮时，只替换包含当前背景色的区域。
- 容差：用来设置工具的容差。该工具可以替换单击点像素容差范围内的颜色，该值越高，可替换的颜色范围越广。
- 消除锯齿：选中该复选框，可以为校正区域定义平滑的边缘，从而消除锯齿。

技术看板："颜色替换工具"的使用方法

打开一张素材图像，如图6-40所示。按快捷键Ctrl+J复制"背景"图层，得到"图层1"图层，如图6-41所示。

▲ 图6-40

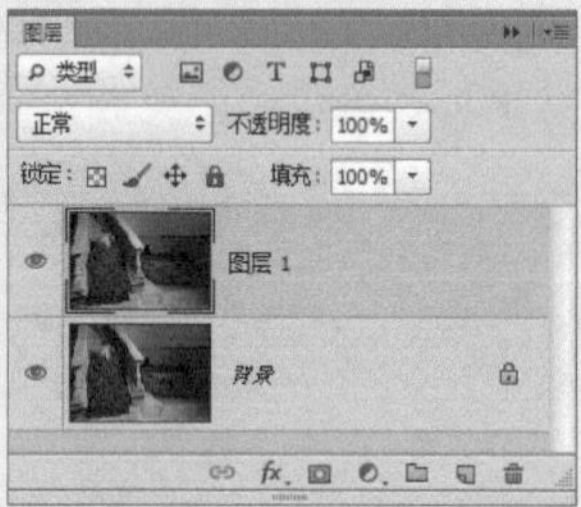

▲ 图6-41

单击工具箱中的"颜色替换工具"按钮，设置"前景色"为RGB（60、19、13），在选项栏中单击"取样：连续"按钮，在图像中避开人物进行涂抹，效果如图6-42所示。按快捷键Ctrl+J复制"图层1"，得到"图层1副本"图层，如图6-43所示。

▲ 图6-42

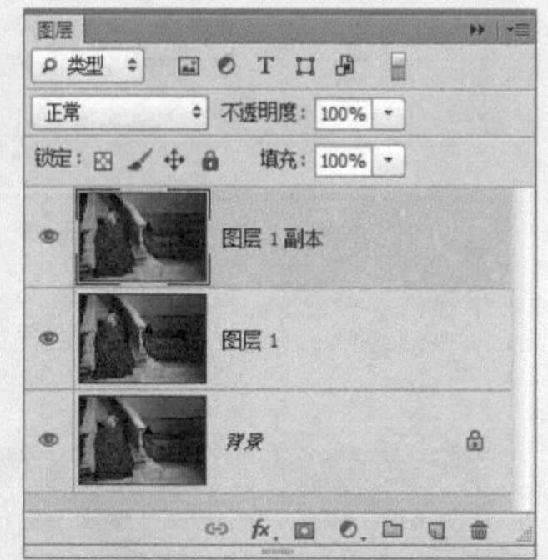

▲ 图6-43

设置"前景色"为RGB（144、0、255），将"背景色"设置为人物裙子的大概颜色RGB（140、1、38），单击选项栏中的"取样：背景色板"按钮，如图6-44所示，在图像中人物裙子部分进行涂抹，最终效果如图6-45所示。

▲ 图6-44

▲ 图6-45

提示：“颜色替换工具”在替换图像中局部颜色方面非常方便实用，在替换颜色时应注意，鼠标不要碰到要替换颜色图像以外的范围，否则，也将替换成其他颜色。下面通过一个小实例向读者介绍“颜色替换工具”的应用。

疑难解答：“混合器画笔工具”选项栏

使用“混合器画笔工具”可以在一个混色器画笔笔尖上定义多个颜色，以逼真的混色进行绘画。或使用干的混色器画笔混合照片颜色，可以将它转化为一幅美丽的图画。

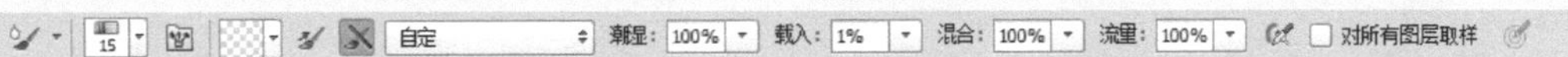

- 当前画笔载入：在该下拉列表中选择相应的选项，可以对载入的画笔进行相应的设置。
- 有用的混合画笔组合：设置画笔的属性，在该下拉列表中提供了多个预设的混合画笔设置。

干燥，浅描　　湿润，深混合

- 潮湿：设置从画布中摄取的油彩量，如下图所示为不同“潮湿”值的图像效果。

潮湿：0%

潮湿：100%

载入：设置画笔上的油彩量。

混合：设置描边的颜色混合比，如下图所示为不同“混合”值的图像效果。

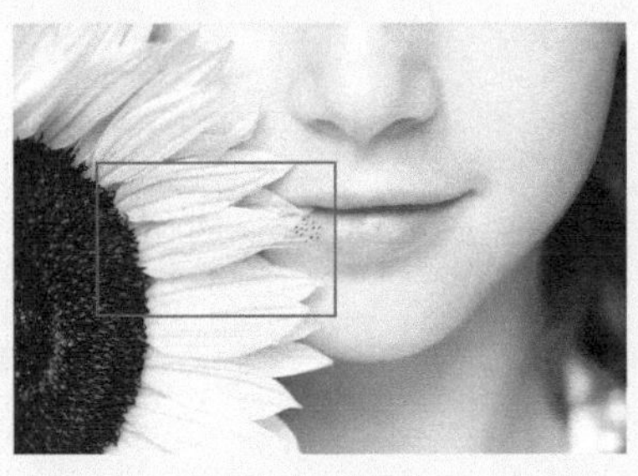

混合：0%

混合：100%

6.2 绘制购物车图标

对于日益趋于成熟化的UI产品设计，简洁化和明了化的扁平化图标更容易让用户记住与使用。设计好的扁平化图标需要大量使用Photoshop CS6中的形状工具，这样可以方便快捷地完成设计内容。

6.2.1 绘制路径

新建一个空白文档，新建图层，单击工具箱中的“钢笔工具”按钮，在选项栏中选择“路径”选项，在画布中绘制路径，如图6-46所示。使用“转换点工具”将部分角点转换为平滑点，如图6-47所示。

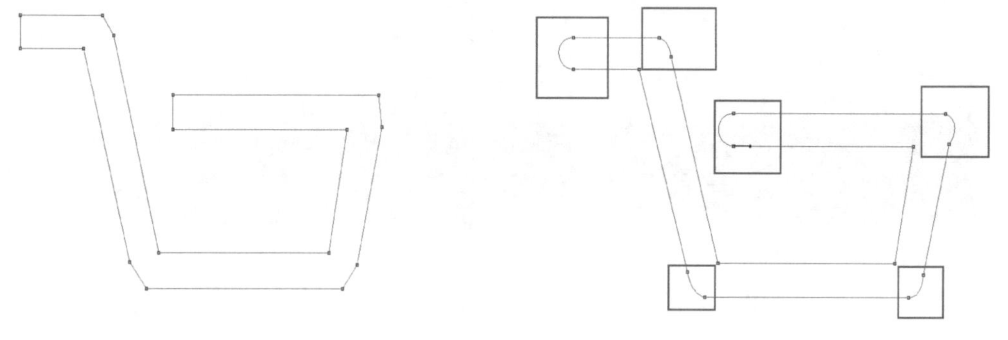

▲ 图 6–46

▲ 图 6–47

提示：在Photoshop中，“路径”功能是其矢量设计功能的充分体现。路径是指用户勾绘出来的由一系列点连接起来的线段或曲线，可以沿着这些线段或曲线进行颜色填充或描边，从而绘制出图像。

小技巧：路径是可以转换为选区或者使用颜色填充和描边的轮廓，它包括有起点和终点的开放式路径，以及没有起点和终点的闭合式路径。此外，也可以由多个相对独立的路径组成，每个独立的路径称为子路径。

技术看板：路径的变换操作

使用“路径选择工具”选择路径，选择“编辑>变换路径”命令，在该命令的子菜单中，包括各种变换路径命令，如图6-48所示。

执行路径变换命令时，当前路径上会显示出定界框、中心点和控制点，如图6-49所示。路径的变换方法与变换图像的方法相同，这里就不再赘述。

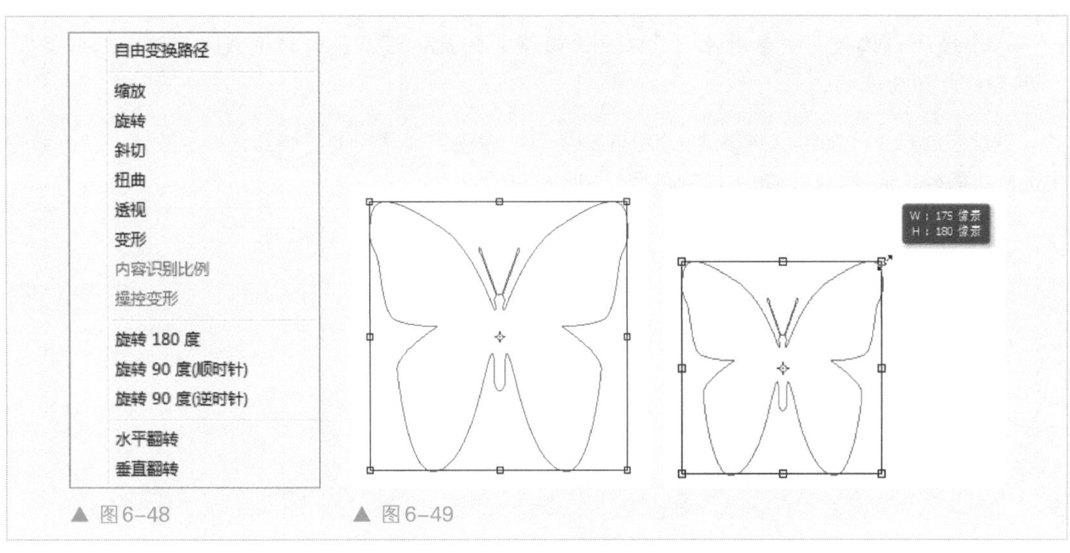

▲ 图6-48　▲ 图6-49

6.2.2 路径和锚点

单击工具箱中的"添加锚点工具"按钮，在画布中添加锚点，如图6-50所示。使用"直接选择工具"选中锚点，移动锚点至如图6-51所示的位置。

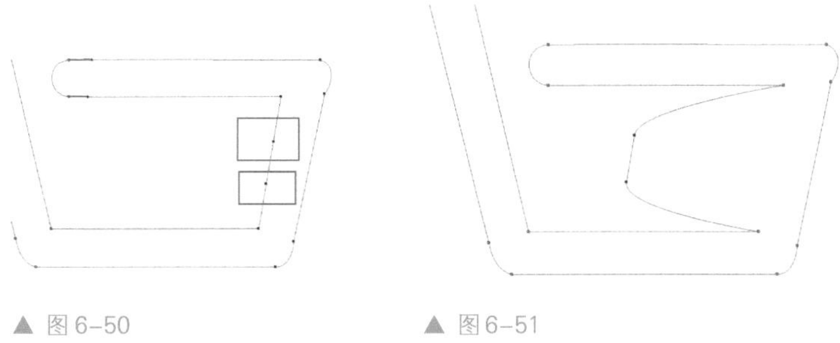

▲ 图6-50　▲ 图6-51

小技巧：事实上，路径是一些矢量线条，因此无论缩小还是放大图像，都不会影响它的分辨率或平滑度。编辑好的路径可以同时保存在图像中，也可以将它单独输出为文件，然后在其他软件中进行编辑或使用。

疑难解答：路径和锚点选项

路径是由直线路径段或曲线路径段组成的，它们通过锚点连接。锚点分为两种，一种是平滑点，另外一种是角点。连接平滑点可以形成平滑的曲线；连接角点形成直线或者转角曲线。曲线路径段上的锚点有方向线，方向线的端点为方向点，它们主要用来调整曲线的形状。

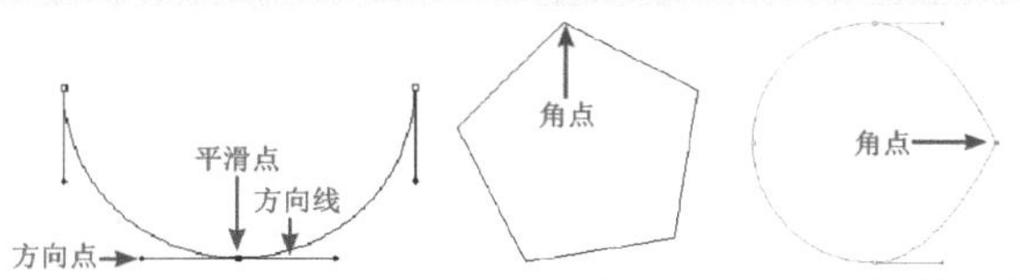

小技巧：路径是矢量对象，它不包含像素，因此，没有进行填充或者描边的路径是不会被打印出来的。

继续在画布上添加锚点并移动，如图6-52所示。单击工具箱中的“椭圆工具”按钮，在选项栏中选择“路径”选项，在画布中绘制路径，如图6-53所示。

▲ 图6-52　　▲ 图6-53

6.2.3 路径选择工具

单击工具箱中的“路径选择工具”按钮，在路径上单击以选中路径，移动路径到合适的位置，如图6-54所示。

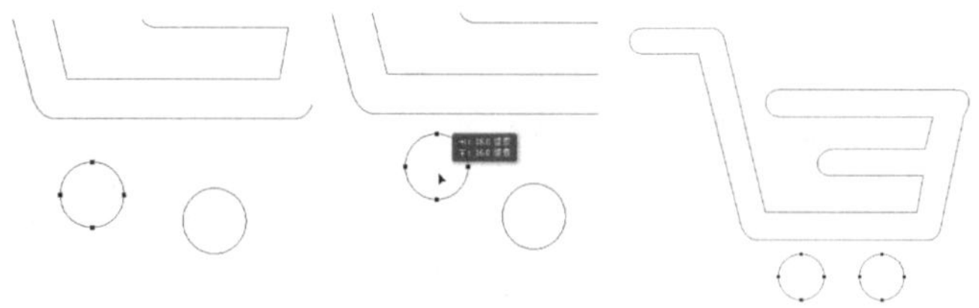

▲ 图6-54

提示：“路径选择工具”主要用来选择和移动整个路径，使用该工具选择路径后，路径上的所有锚点为选中状态，为实心方点，可直接对路径进行移动操作。

小技巧：使用“路径选择工具”单击路径或路径内任意部位都可以选取路径；而“直接选择工具”只能单击在路径上，才可以选中路径。

疑难解答：“路径选择工具”和“直接选择工具”

使用“直接选择工具”，按住Alt键单击路径，可以选中路径和路径中的所有锚点。也可以拖动鼠标，在要选取的路径周围画一个选择框，松开鼠标，该路径就被选中。框选的方法更适合选择多个路径。

使用“路径选择工具”移动路径，把鼠标移至路径上或者路径内部拖动即可，路径将跟随鼠标的拖动而移动。

使用“直接选择工具”移动路径，需要用选择框选中要移动的路径，再把鼠标移至路径上拖动，路径将跟随鼠标的拖动而移动；若要移动某个锚点，则使用“直接选择工具”单击该锚点拖动。

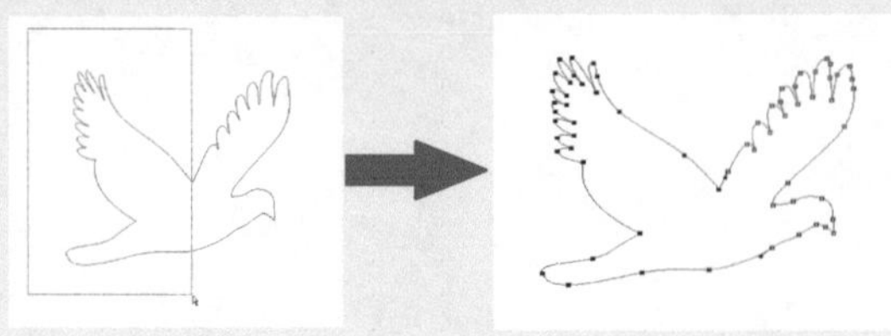

小技巧：不论是使用“路径选择工具”还是使用“直接选择工具”，在移动路径的过程中，按住Shift键，就可以使路径在水平、垂直或45°角倍数的方向上移动。如果对于路径或锚点，只是微小的移动，则可以直接按方向键。

技术看板：选择和隐藏路径

单击“路径”面板上的某个路径即可选中该路径，该路径会在画布中显示出来，如图6-55所示。在“路径”面板的空白处单击即可取消路径的选择，画布中的路径也会随之隐藏，如图6-56所示。

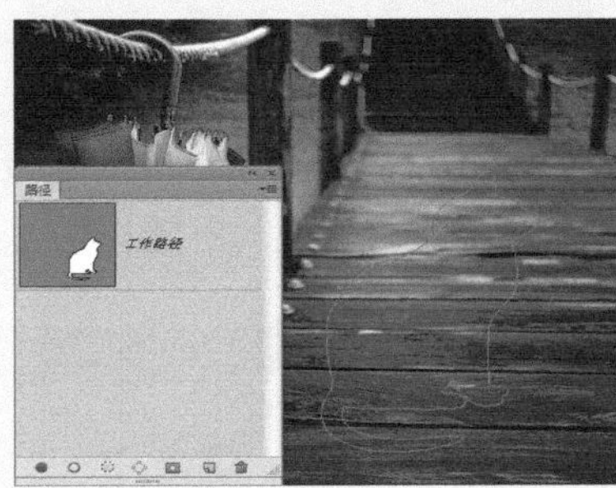

▲ 图6-55

▲ 图6-56

技术看板：创建新路径

在“路径”面板中创建路径，共有两种方法：第一种是直接单击“路径”面板上的“创建新路径”按钮，如图6-57所示。

通过这种方法创建的路径，名称默认为“路径（*）”（*为数字序号）；第二种方法是按住Alt键单击“创建新路径”按钮，在弹出的“新建路径”对话框中为其命名，单击“确定”按钮，即可创建新路径，如图6-58所示。

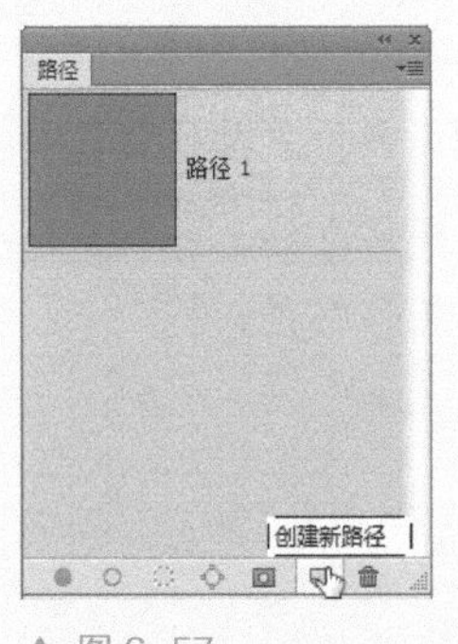

▲ 图6-57

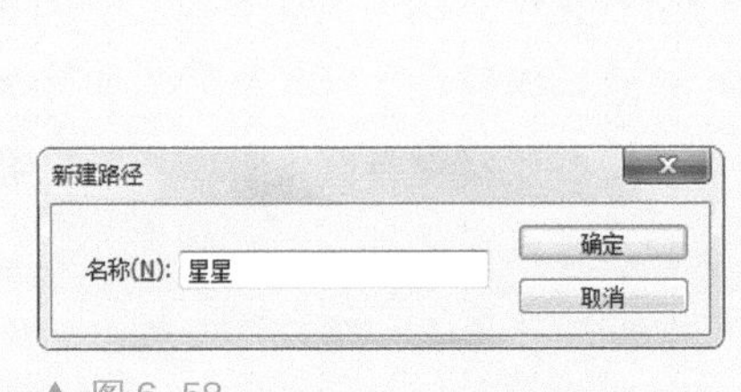

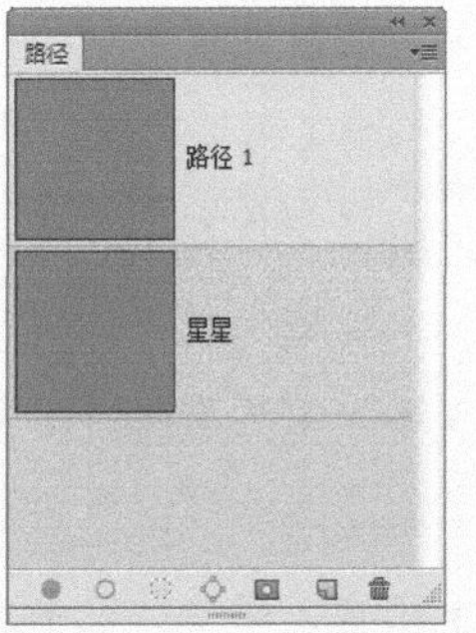

▲ 图6-58

6.2.4 “路径”面板

选择“窗口>路径”命令，打开“路径”面板，单击面板左上角的三角形图标，在弹出的下拉菜单中选择“面板选项”命令，弹出“路径面板选项”对话框，参数设置如图6-59所示。单击“确定”按钮，“路径”面板如图6-60所示。

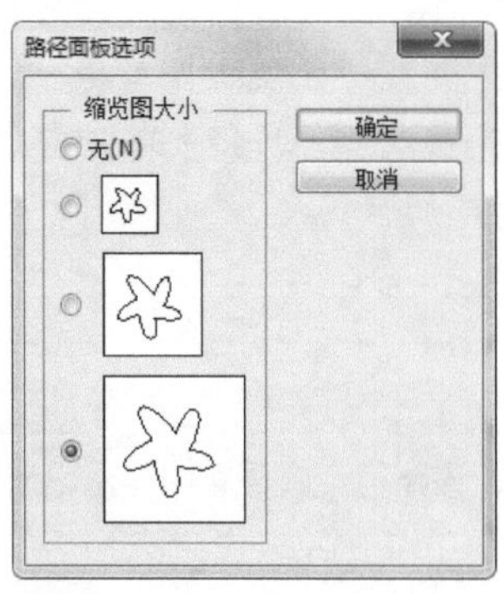

▲ 图 6-59

▲ 图 6-60

提示：“路径”面板的主要功能是保存和管理路径。平时绘制的路径，都寄存在“路径”面板中，包括工作路径、路径和当前矢量蒙版，以及路径名称和缩览图。

疑难解答：“路径”面板

先介绍3种路径。

- 路径：单击“路径”面板上的“创建新路径”按钮可直接创建新路径。双击新建的路径，可以更改路径名称，路径名称默认情况下为“路径1”“路径2”……依次递增。
- 工作路径：如果没有单击“创建新路径”按钮而是直接在画布中进行绘制，创建的路径就是工作路径。
- 矢量蒙版：使用任何一个矢量工具，在选项栏中设置“工具模式”为“形状”来绘制图形，在“路径”面板中，都会自动生成一个矢量蒙版。

“路径”面板中各参数含义如下：

- 用前景色填充路径：单击该按钮，Photoshop会以前景色填充路径内的区域。
- 用画笔描边路径：单击该按钮可以按设置的“画笔工具”和前景色沿着路径进行描边。
- 将路径作为选区载入：单击该按钮，可以将当前路径转换为选区。
- 从选区生成工作路径：单击该按钮，可以将当前选区转换为工作路径。
- 添加图层蒙版：单击该按钮，可以为当前图层添加图层蒙版。
- 创建新路径：单击该按钮，可以创建一个新路径。
- 删除当前路径：单击该按钮，可以在“路径”面板中删除当前选定的路径。

提示：在绘制路径时，“路径”面板中自动生成的“工作路径”默认处于选中状态，如果在这时绘制其他路径，新绘制的路径仍然在当前工作路径中。只有在取消路径的选择后，绘制的新路径才会替换工作路径中的已有路径。

技术看板：填充路径

新建一个空白文档，填充背景为任意颜色。打开一张素材图像，使用“移动工具”将素材图像拖入设计文档中，调整大小及位置，如图6-61所示。选中“背景”图层，然后新建图层，如图6-62所示。

单击工具箱中的“矩形工具”按钮，在画布中创建路径，如图6-63所示。打开“路径”面板，设置“前景色”为白色，单击面板底部的“用前景色填充路径”按钮，为路径填充颜色，如图6-64所示。

▲ 图 6-61　▲ 图 6-62

▲ 图 6-63

▲ 图 6-64

技术看板：描边路径

单击工具箱中的“画笔工具”按钮，打开“画笔”面板，参数设置如图6-65所示。打开“路径”面板，单击面板右上角的三角形按钮，在弹出的下拉菜单中选择“描边路径”命令，弹出“描边路径”对话框，参数设置如图6-66所示。

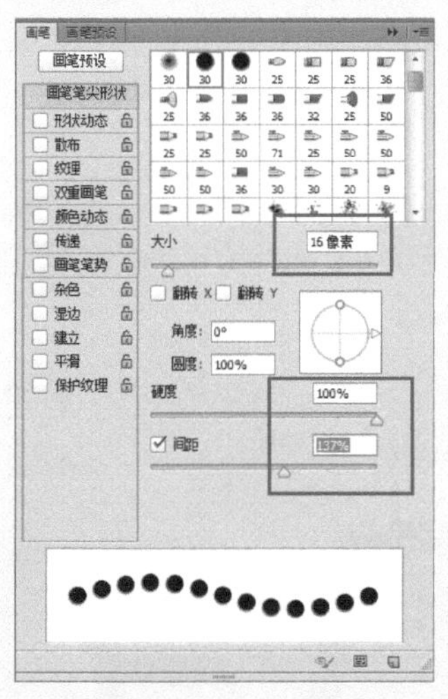

▲ 图 6-65

▲ 图 6-66

单击工具箱中的“横排文字工具”按钮，打开“字符”面板，参数设置如图6-67所示。在画布中添加文字，如图6-68所示。

▲ 图6-67　　▲ 图6-68

小技巧：为路径描边，也可以单击面板底部的“用画笔描边路径”按钮。同样，为路径填充颜色，也可以单击面板右上角的三角形图标，在弹出的下拉菜单中选择“填充路径”命令。选择该命令将会弹出“填充路径”对话框，用户可以在对话框内设置相关参数，丰富了填充路径的选择。

6.2.5 选区与路径

继续单击面板右上角的三角形按钮，在弹出的下拉菜单中选择“存储路径”命令，弹出“存储路径”对话框，参数设置如图6-69所示。单击工具箱中的“钢笔工具”按钮，单击选项栏中的“建立选区”按钮，弹出“建立选区”对话框，如图6-70所示。

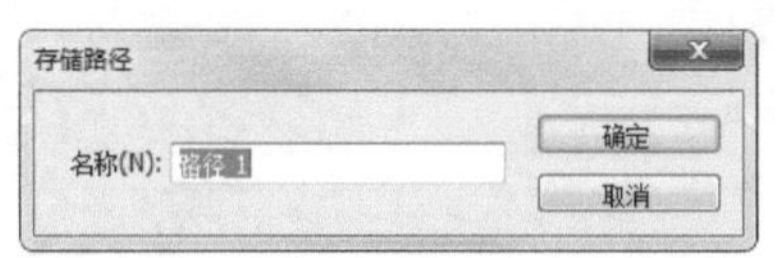

▲ 图6-69

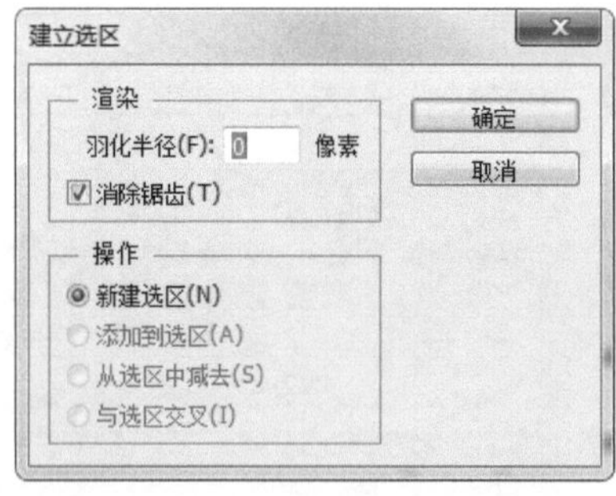

▲ 图6-70

单击“确定”按钮，选区如图6-71所示。或者单击“路径”面板底部的“将路径作为选区载入”按钮，也可以将路径转换为选区，为选区填充白色，如图6-72所示。

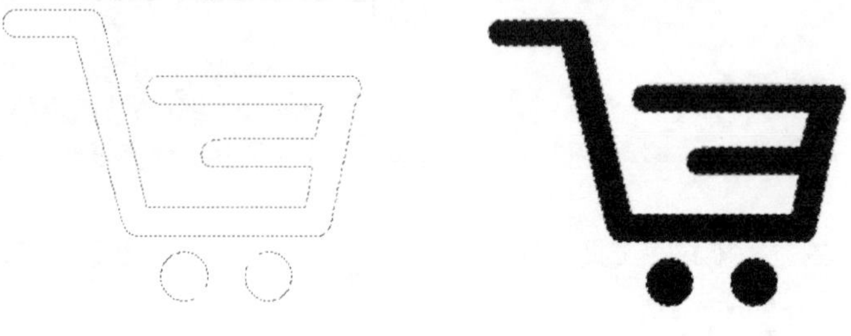

▲ 图6-71　　▲ 图6-72

6.2.6 圆角矩形工具

接上一节，取消选区，单击工具箱中的“圆角矩形工具”按钮，在选项栏中设置圆角矩形的半径为80像素，在画布中绘制形状，如图6-73所示。调整图层顺序和购物车的颜色，最终效果如图6-74所示。

▲ 图 6–73　　▲ 图 6–74

疑难解答：“圆角矩形工具”选项栏

使用“圆角矩形工具”可以绘制圆角矩形，在画布中单击并拖动鼠标即可绘制圆角矩形。单击工具箱中的“圆角矩形工具”按钮，它的选项栏与“矩形工具”的选项栏基本相同。

“半径”选项用来设置所绘制的圆角矩形的圆角半径。该值越高，圆角越广。

6.3 制作精美书签

Photoshop CS6中的形状工具除了包括前面用过的“矩形工具”“圆角矩形工具”和“椭圆工具”以外，还包括接下来要使用的“直线工具”“多边形工具”和“自定形状工具”。这6种形状工具可以快速地绘制出用户指定的形状图形。

6.3.1 直线工具

新建一个空白文档，参数设置如图6-75所示。打开一张素材图像，使用“移动工具”将素材图像拖入设计文档中，调整大小后，如图6-76所示。

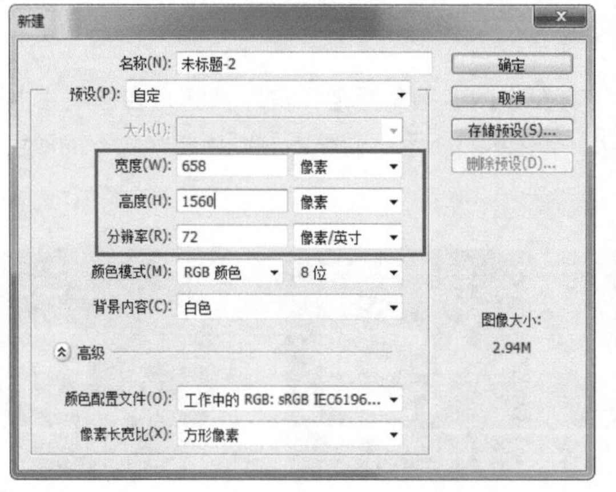

▲ 图 6-75

▲ 图 6-76

单击工具箱中的“直排文字工具”按钮，打开“字符”面板，参数设置如图6-77所示。在画布上输入文字，如图6-78所示。

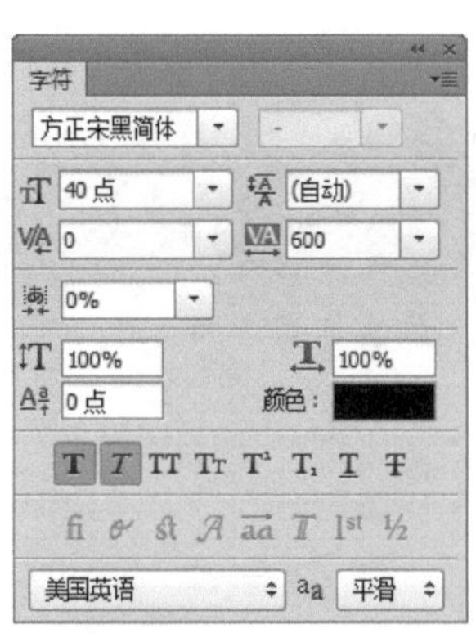

▲ 图 6-77

▲ 图 6-78

使用“横排文字工具”继续在画布上输入文字，如图6-79所示。单击工具箱中的“直线工具”按钮，在选项栏中设置直线的粗细为3像素，在画布中绘制直线，如图6-80所示。

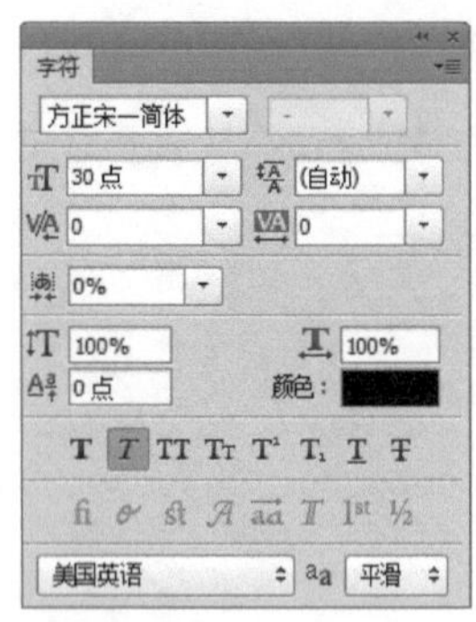

▲ 图 6-79

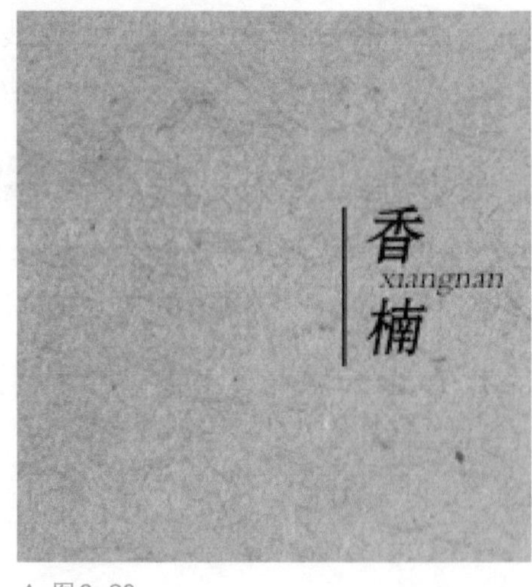

▲ 图6-80

疑难解答："直线工具"选项栏

使用"直线工具"可以绘制粗细不同的直线和带有箭头的线段，在画布中单击并拖动鼠标即可绘制直线或线段。单击工具箱中的"直线工具"按钮，显示其选项栏。

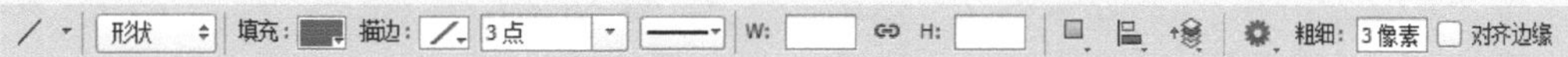

- 粗细：以系统设置的厘米或像素为单位，确定直线或线段的宽度。
- 起点/终点：选中"起点"或"终点"复选框，可以在所绘制直线的起点或终点添加箭头。

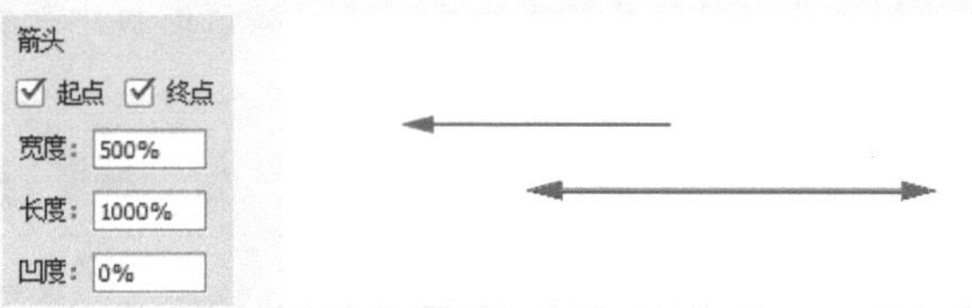

- 宽度：用来设置箭头宽度与直线宽度的百分比，范围为10%~1000%。
- 长度：用来设置箭头长度与直线宽度的百分比，范围为10%~5000%。

- 凹度：用来设置箭头的凹陷程度，范围为-50%~50%。当该值为0时，箭头尾部平齐；当设置"凹度"大于0时，向内凹陷；当设置"凹度"小于0时，向外凸出，效果对比如右图所示。

提示：使用"直线工具"在画布中绘制直线或线段时，如果按住Shift键的同时拖动鼠标，则可以绘制水平、垂直或以45°角为增量的直线。由于"直线工具"的特殊性，使用该工具在画布中单击不会弹出相应的对话框。

6.3.2 自定形状工具

单击工具箱中的"自定形状工具"按钮，在选项栏中选择如图6-81所示的形状，设置填充颜色为红色、描边颜色为无，在画布中进行绘制，如图6-82所示。

▲ 图 6-81

▲ 图 6-82

疑难解答："自定形状工具"选项栏

在Photoshop中提供了大量的自定义形状，包括箭头、标识、指示牌等，使用"自定形状工具"在画布上拖动鼠标即可绘制该形状的图形。单击工具箱中的"自定形状工具"按钮，显示其选项栏。

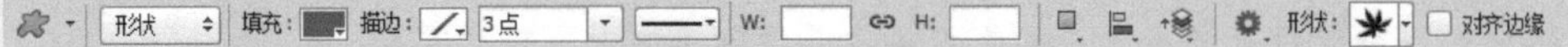

单击选项栏上的"几何选项"按钮，打开"自定形状选项"面板。在该面板中可以设置"自定形状工具"的选项，它的设置方法与"矩形工具"的设置方法基本相同。单击"形状"右侧的三角形按钮，打开"自定形状"拾取器，可以从该面板中选择更多其他的形状。

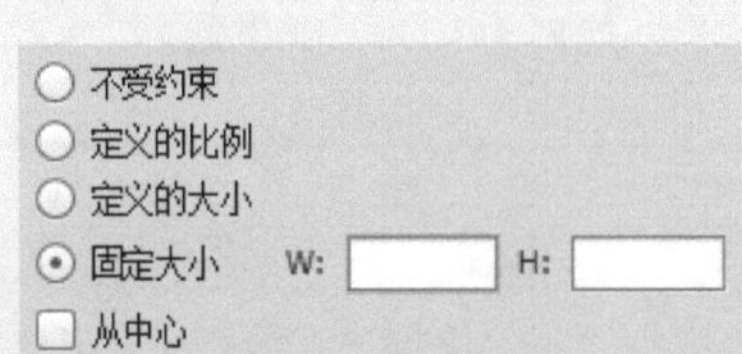

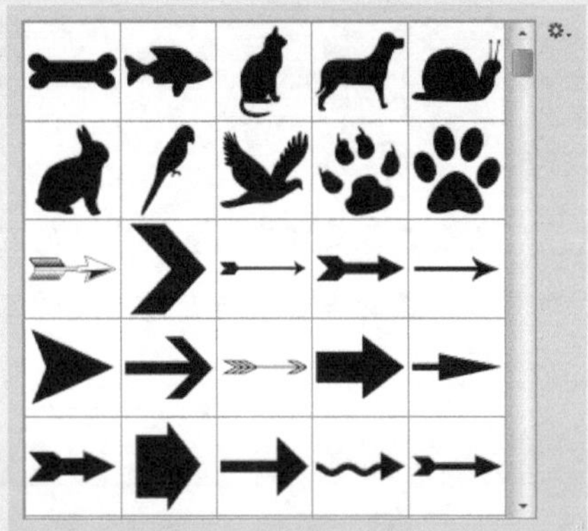

- 定义的比例：选中该单选按钮，可以使绘制的形状保持原图形的比例关系。
- 定义的大小：选中该单选按钮，可以使绘制的形状为原图形的大小。

小技巧：在使用各种形状工具绘制矩形、椭圆形、多边形、直线和自定义形状时，按住键盘上的空格键拖动鼠标可以移动形状的位置。

打开"字符"面板，在面板中设置参数，如图6-83所示，继续使用"直排文字工具"在画布中输入文字，如图6-84所示。

使用相同的方法，在"字符"面板中设置参数，如图6-85所示，继续在画布中输入文字，如图6-86所示。

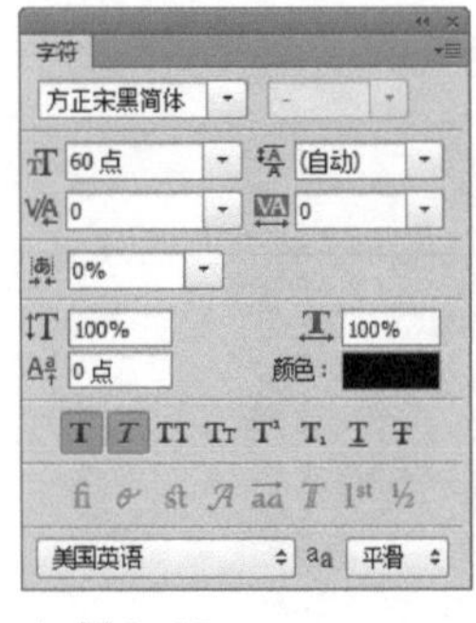

▲ 图6-83

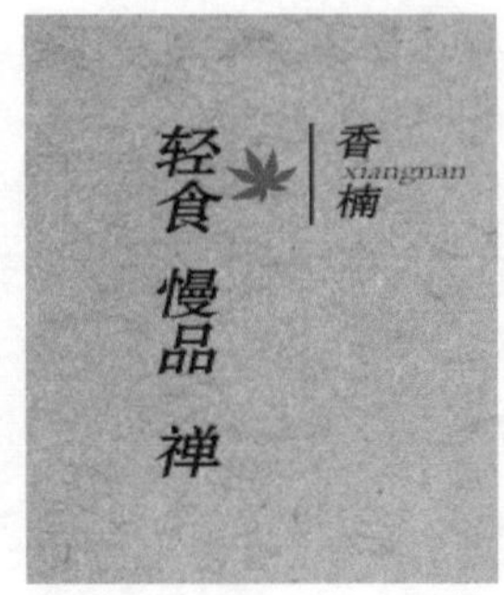

▲ 图6-84

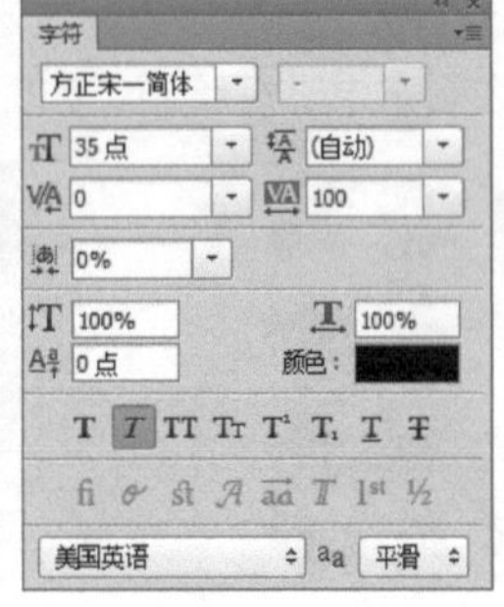

▲ 图6-85

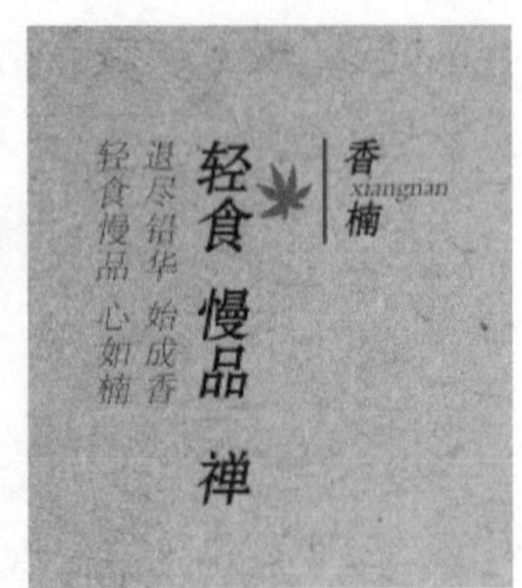

▲ 图6-86

6.3.3 多边形工具

接上一节，单击工具箱中的“多边形工具”按钮，在选项栏中设置边数为3，其他参数设置如图6-87所示。在画布中绘制形状，如图6-88所示。

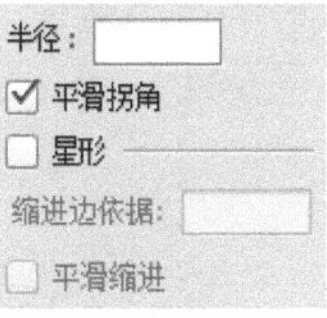

▲ 图 6-87

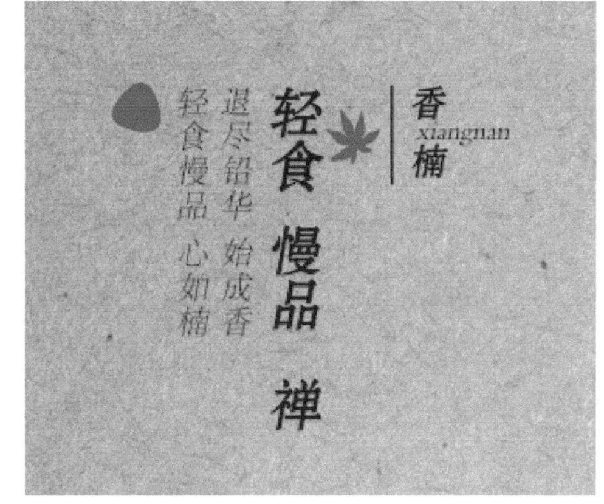

▲ 图 6-88

> **提示：**使用“多边形工具”绘制多边形或星形时，只有在“几何选项”面板中选中“星形”复选框，才可以对“缩进边依据”和“平滑缩进”选项进行设置。默认情况下“星形”复选框是未被选中的。

> **小技巧：**使用“多边形工具”可以绘制多边形和星形，在画布中单击并拖动鼠标即可按照预设的选项绘制多边形和星形。

疑难解答：“多边形工具”选项栏

单击工具箱中的“多边形工具”按钮，显示其选项栏。

单击选项栏上的“几何选项”按钮，弹出“几何选项”面板，在该面板中可以对绘制多边形或星形时的相关选项进行设置。

“边”选项用来设置所绘制的多边形或星形的边数，它的范围为3~100，设置不同边数的效果如下图所示。

- 半径：用来设置所绘制的多边形或星形的半径，即图形中心到顶点的距离。设置该值后，在画布中单击并拖动鼠标即可按照指定的半径值绘制多边形或星形。
- 平滑拐角：选中该复选框，绘制的多边形和星形将具有平滑的拐角。下面展示了平滑拐角的多边形与星形效果。

• 星形：选中该复选框，可以绘制出星形。

• 缩进边依据：用来设置星形边缩进的百分比。该值越大，边缩进越明显。如下右图所示为设置不同缩进量的星形。

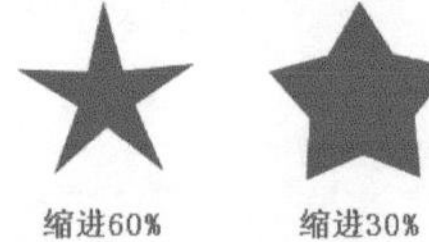

• 平滑缩进：选中该复选框，可以使绘制的星形的边平滑地向中心缩进。

使用快捷键Ctrl+T调出定界框，单击鼠标右键，在弹出的快捷菜单中选择“变形”命令，将多边形调整为如图6-89所示的形状。打开“字符”面板，参数设置如图6-90所示，在画布中输入“香楠”字样，如图6-91所示。

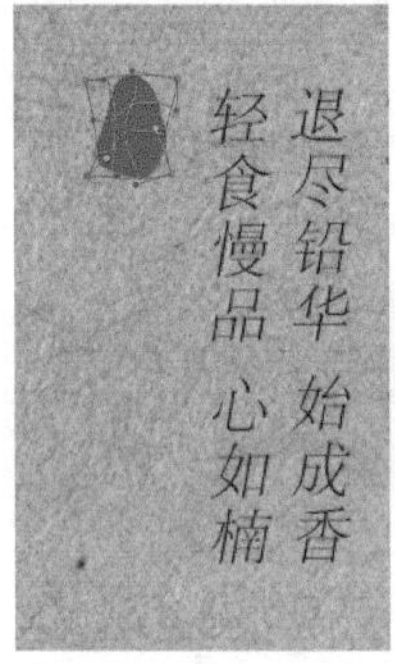

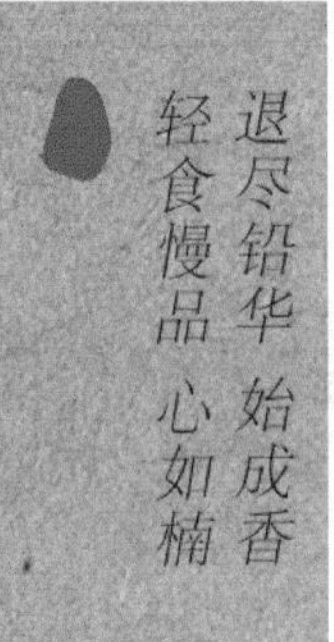

▲ 图 6-89

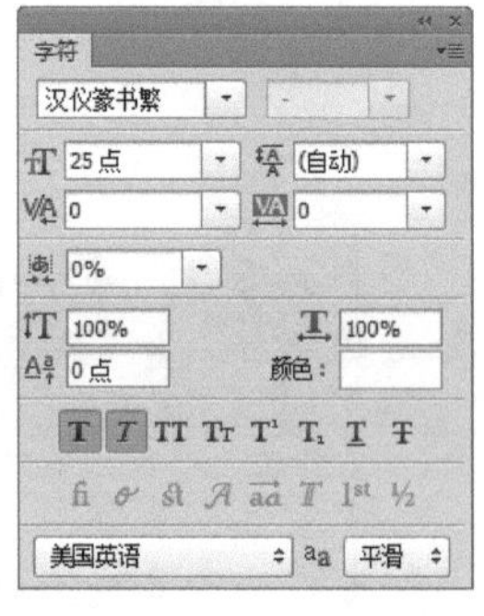

▲ 图 6-90

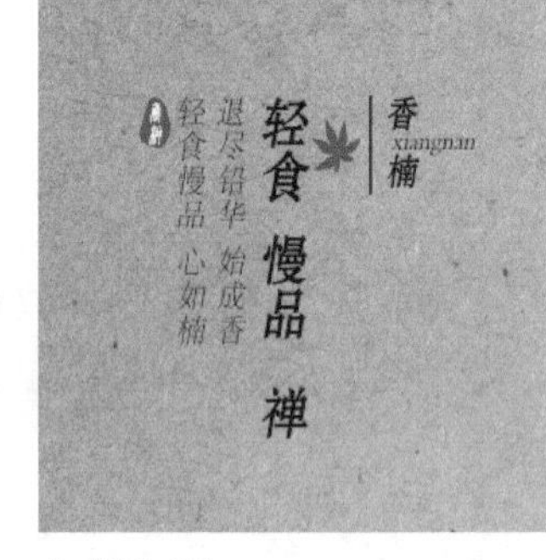

▲ 图 6-91

打开一张素材图像，使用“移动工具”将素材图像拖入到设计文档中，如图6-92所示。打开“图层”面板，更改图层的“混合模式”为“正片叠底”，图像前后效果如图6-93和图6-94所示。

▲ 图 6-92

▲ 图 6-93

▲ 图 6-94

单击“图层”面板底部的“添加图层蒙版”按钮，为图层添加蒙版，使用“画笔工具”在画布中进行涂抹，效果如图6-95所示，将选项栏中的“不透明度”设置50%，此时的“图层”面板和图像最终效果如图6-96和图6-97所示。

▲ 图 6-95

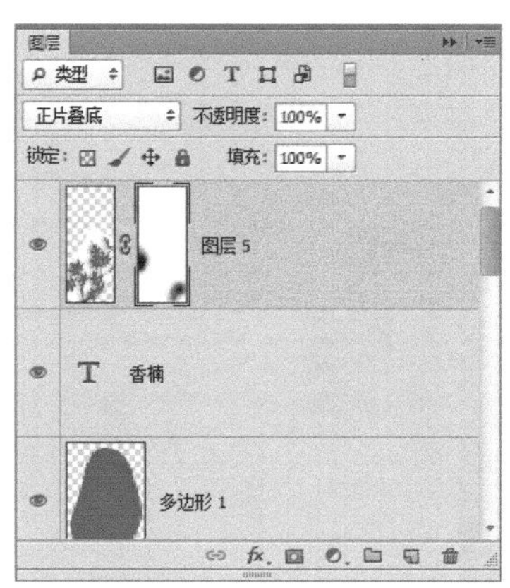

▲ 图 6-96

▲ 图 6-97

技术看板：编辑形状图层

使用“钢笔工具”或其他形状工具绘制路径时，在选项栏中设置“工具模式”为“形状”，都会自动创建填充前景色的形状图层，如图6-98所示。

在Photoshop中通过对形状图层的编辑，用户可以更改形状的填充内容，还可以修改形状的轮廓，如图6-99所示。

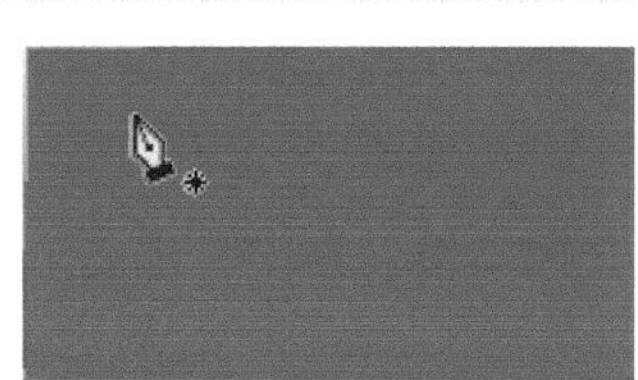

▲ 图 6-98

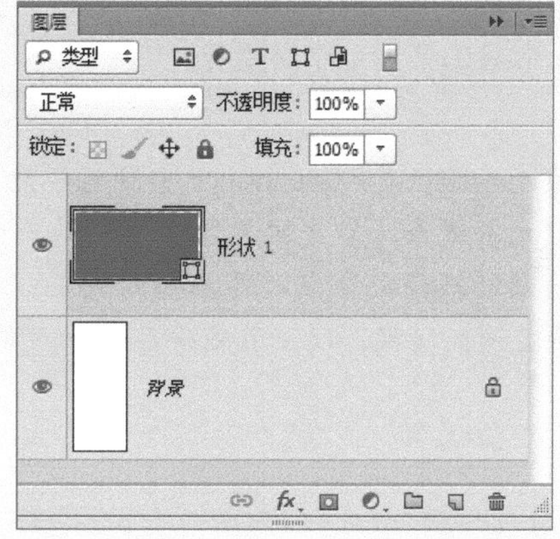

▲ 图 6-99

要更改形状图层的填充类型，可在任意矢量工具的选项栏中单击“填充”色块，在打开的“填充类型”面板中对其进行更改，如图6-100所示，也可以将填充类型更改为图案，如图6-101所示。

▲ 图 6-100

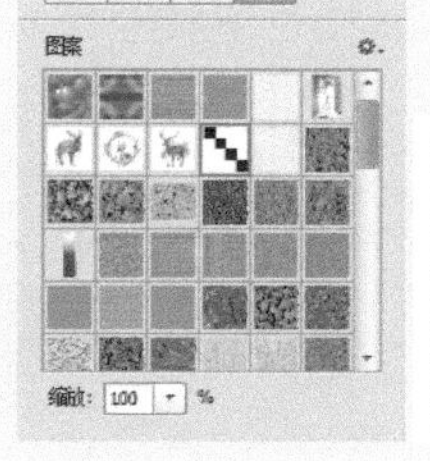

▲ 图 6-101

除上述方法外，还可以通过双击形状图层来更改形状填充类型。Photoshop将根据当前填充类型弹出相应的“拾色器（纯色）”“渐变填充”或“图案填充”对话框，在对话框中同样可以进行修改，如图6-102所示。

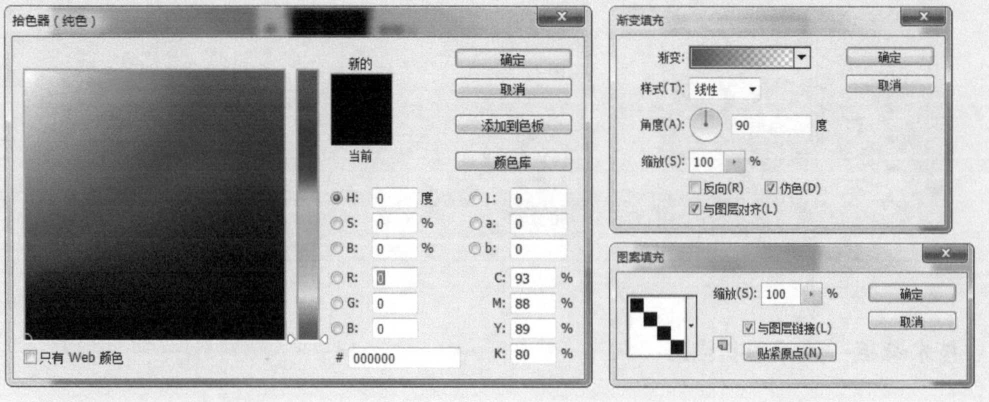

▲ 图6-102

修改形状轮廓的方法与编辑路径的方法一致，也可以使用“路径选择工具”“转换锚点工具”等对其进行编辑，此处就不再赘述。

提示：形状工具和“钢笔工具”的选项栏中，工具模式下的“像素”选项，只有在使用矢量形状工具时才可以使用。

小技巧：路径是Photoshop中重要的功能之一，主要用于光滑图像选择区域、辅助抠图、绘制光滑线条，定义画笔等工具的绘制轨迹、输出路径等。可以使用矢量工具绘制路径，绘制的路径保存在“路径”面板中，通过“路径”面板中的相关设置可以实现路径与选区之间的转换，以及其他一些特殊效果。

第7章 丰富的文字图像制作

本章主要讲解 Photoshop CS6 中文字的处理方法。Photoshop 提供了多种创建文字的工具，并且文字的编辑方法也变得非常灵活。用户可以对文字的各种属性进行精确的设置，还可以对字体进行变形、查找与替换等操作。本章将向读者全面介绍在 Photoshop 中创建文字和编辑文字的各种方法。

7.1 制作书籍封面

文字和图片是图书封面的重要组成部分，所以制作书籍封面的关键在于文字和图片的排版。下面就文字工具的应用为读者做一个初步的介绍，下面展示的是设计制作完成的案例，效果展示图如图7-1所示。

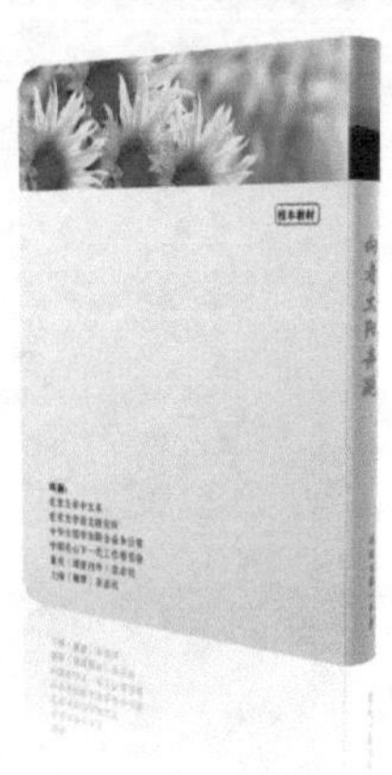

▲ 图7–1

7.1.1 认识文字工具

新建一个空白文档，参数设置如图7-2所示。使用“矩形工具”按钮，在画布中绘制两个白色矩形，大小分别为488×150和48×668像素，如图7-3所示。

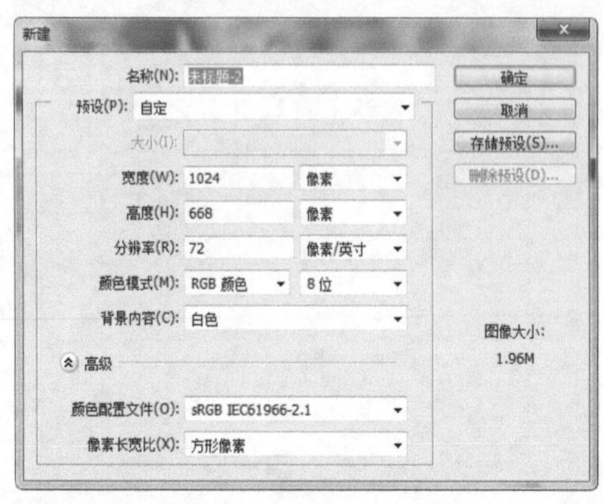

▲ 图7–2

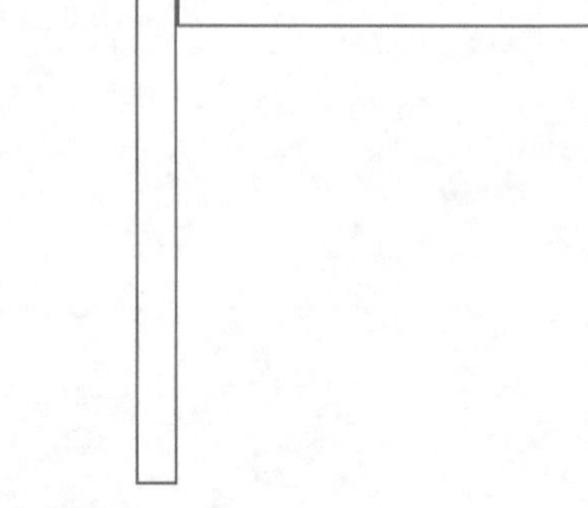

▲ 图7–3

将“矩形1”图层和“矩形2”图层放进新建的图层组内，如图7-4所示。继续打开一张素材图像，使用“移动工具”将素材图像拖到设计文档中，使用快捷键Ctrl+T，调整图像的大小和位置，如图7-5所示。

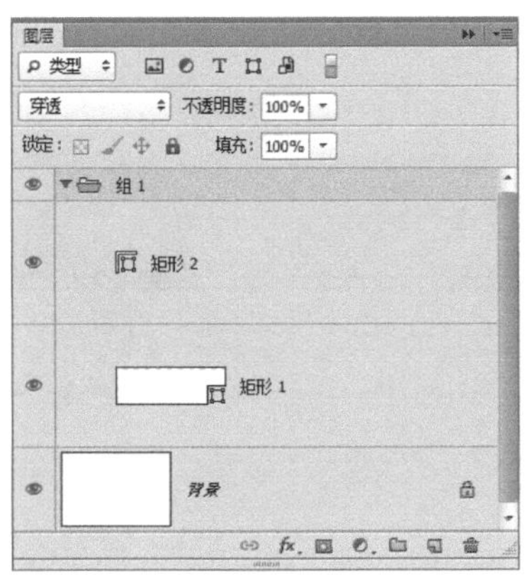

▲ 图7-4　　▲ 图7-5

打开“图层”面板，单击鼠标右键，在弹出的快捷菜单中选择“创建剪贴蒙版”命令，如图7-6所示。选中“矩形1”图层，单击面板底部的“添加图层蒙版”按钮，使用“渐变工具”在画布上进行填充，如图7-7所示。

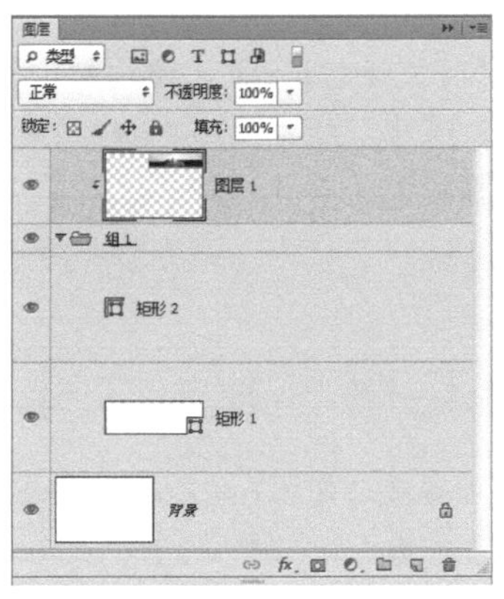

▲ 图7-6　　▲ 图7-7

选中“矩形2”图层，单击面板底部的“添加图层样式”按钮，在弹出的下拉列表中选择“投影”选项，设置各项参数，如图7-8所示。使用相同的方法完成相似内容的制作，如图7-9所示。

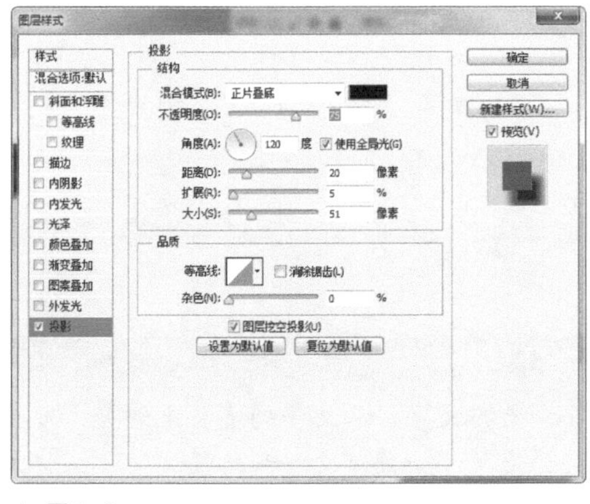

▲ 图7-8　　▲ 图7-9

完成操作后，“图层”面板如图7-10所示。单击工具箱中的“横排文字工具”按钮，在画布中单击插入输入点，即可输入文字，如图7-11所示。

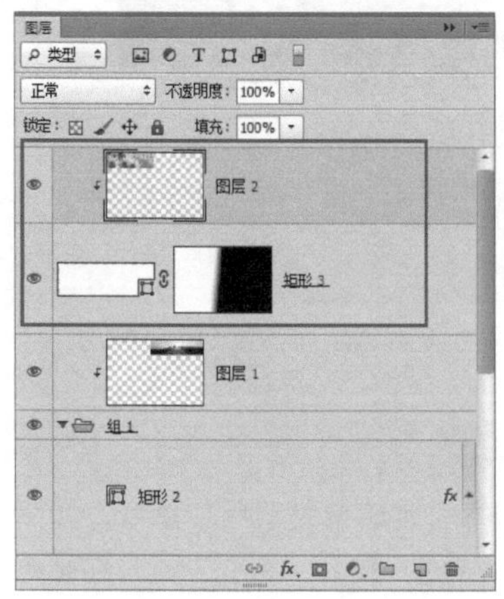

▲ 图 7–10

▲ 图 7–11

提示：单击工具箱中的“横排文字工具”按钮或者按快捷键T，再在该按钮上单击鼠标右键，即可展开文字工具组，该组中共包括4种工具。其中“横排文字工具”和“直排文字工具”用来创建点文字，“横排文字蒙版工具”和“直排文字蒙版工具”用来创建文字选区。

- 横排文字工具 T
- 直排文字工具 T
- 横排文字蒙版工具 T
- 直排文字蒙版工具 T

7.1.2 “字符”面板

选择“窗口>字符”命令，打开“字符”面板，设置各项参数，如图7-12所示。在画布中输入文字，单击选项栏上的“提交所有当前编辑”按钮，完成文字的输入，如图7-13所示。

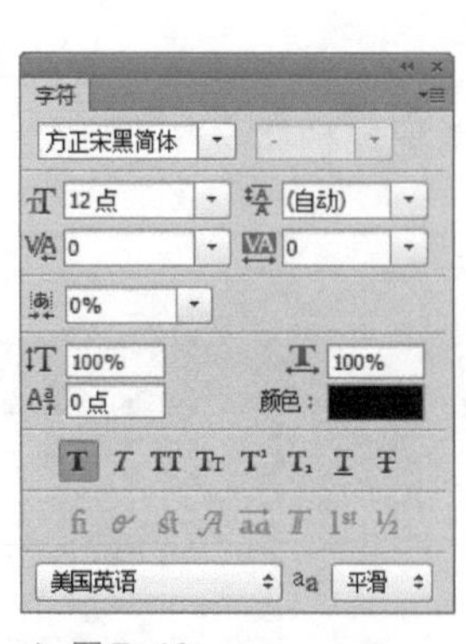

▲ 图 7–12

▲ 图 7–13

疑难解答：文本的不同分类方式

文本从排列方式上划分，可分为横排文字和直排文字；从文字的类型上划分，可分为文字和文字蒙版；从创建的内容上划分，可分为点文字、段落文字和路径文字；从样式上划分，可分为普通文字和变形文字。

单击工具箱中的“圆角矩形工具”按钮，在选项栏中设置圆角矩形的半径为5像素、填充为无、描边为1像素，在画布中绘制形状，如图7-14所示。继续单击工具箱中的“横排文字工具”按钮，在画布中单击拖出文本框，如图7-15所示。

▲ 图 7–14　　▲ 图 7–15

疑难解答：“字符”面板

设置字符微距：该选项用于设置两个字符之间的字距微调，取值范围为-1000～1000。如果想为选中的字符使用字体的内置字距微调信息，可以选择“度量标准”选项；如果需要根据选定字符的形状自动调整它们之间的间距，可以选择“视觉”选项；如果想手动调整字距微调，可以在该下拉列表中选择相应的选项或在文本框中输入数值。

设置行距：用于设置所选字符串之间的行距。Photoshop CS6默认的行距为“自动”。如果想自行调整行距，选中需要调整行距的文字，在下拉列表中选择相应的选项或直接输入具体数值。设置的值越大，字符行距越大。如下图所示为不同行距的文本效果。

《诗经》是中国古代诗歌开端，
最早的一部诗歌总集，
原称“诗”或“诗三百”，
收集了西周初年至春秋中叶
（前11世纪至前6世纪）的诗歌，
共305篇，其中6篇为笙诗，
即只有标题，没有内容，
称为笙诗六篇
（南陔、白华、华黍、由康、崇伍、由仪），
反映了周初至周晚期约五百年间的
社会面貌。

《诗经》是中国古代诗歌开端，
最早的一部诗歌总集，
原称“诗”或“诗三百”，
收集了西周初年至春秋中叶
（前11世纪至前6世纪）的诗歌，
共305篇，其中6篇为笙诗，
即只有标题，没有内容，
称为笙诗六篇
（南陔、白华、华黍、由康、崇伍、由仪），
反映了周初至周晚期约五百年间的
社会面貌。

所选字符字距：该选项用于设置所选字符的比例间距，可以在下拉列表中选择相应的选项，也可以直接在文本框中输入具体的数值，设置的范围为0%～100%。设置的数值越大，则字符之间的间距越小。

所选字符比例间距：该选项用于设置字符间距。在该下拉列表中可以选择预设的字距调整值，也可以在其文本框中输入需要的数值。设置的数值越大，则字符间距越大。

垂直缩放/水平缩放：用于对所选字符进行水平或垂直缩放。选取相应的字符，在“垂直缩放”文本框和“水平缩放”文本框中输入数值，即可缩放所选文字。

7.1.3 输入段落文字

在“字符”面板中设置相应的参数，如图7-16所示。在画布中的文本框内输入段落文字，效果如图7-17所示。

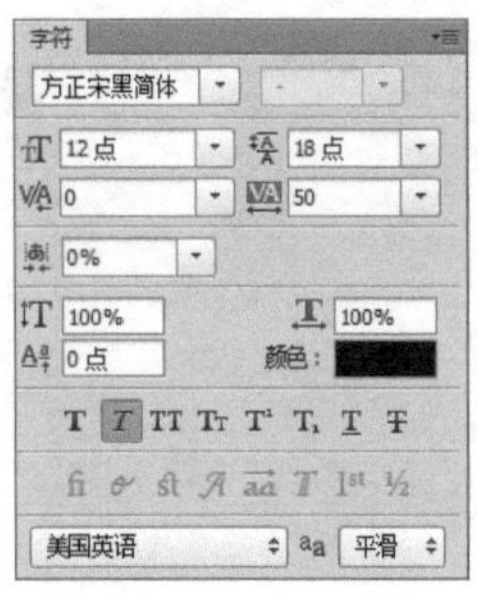

▲ 图7-16

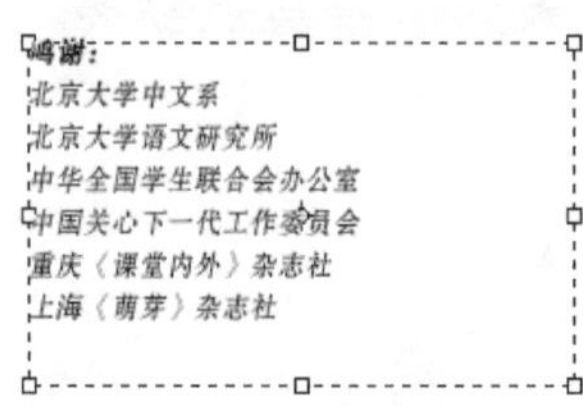

▲ 图7-17

提示：段落文字就是在文本框中输入的字符串。在输入段落文字时，文字会基于文本框的大小自动换行。在处理大量文本时，可以使用段落文字来完成。创建段落文字后，用户可以根据需要自由调整定界框的大小，使文字在调整后的矩形框中重新排列，并且还可以通过定界框旋转、缩放和斜切文字。下面通过一个应用案例来讲解段落文字的创建和编辑方法。

小技巧：在定界框内输入文本内容后，按快捷键Ctrl+Enter即可创建段落文本。

在定界框内，如果按住Ctrl键不放，然后将鼠标移至文本框内，拖动鼠标即可移动该定界框；按下Ctrl键拖动控制点，可以等比例缩放文本框。

在旋转文本框时，同时按下Shift键，可以以15°角为增量进行旋转。

7.1.4 输入直排文字

单击工具箱中的“直排文字工具”按钮，在画布上单击确认文字插入点，如图7-18所示。打开“字符”面板，设置各项参数，如图7-19所示。

▲ 图7-18

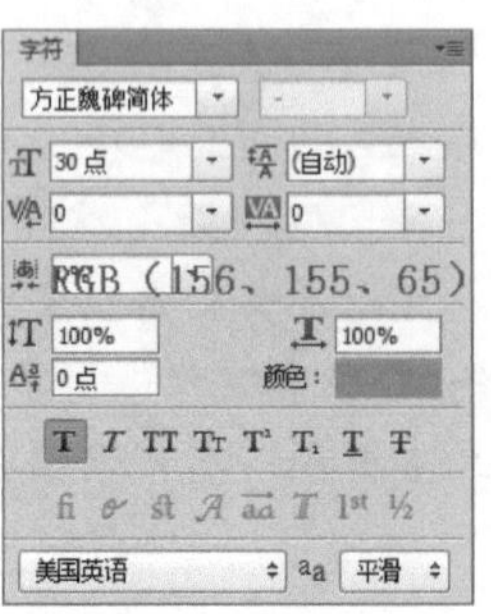

▲ 图7-19

小技巧： 当文字处于编辑状态时，可以输入并编辑文本。但是，如果要执行其他操作，则必须先提交对当前文字的编辑。

在画布中输入文字，效果如图7-20所示。单击“文字工具”选项栏上的“提交所有当前编辑”按钮，提交文字输入。使用相同的方法输入其他文字，效果如图7-21所示。

▲ 图 7–20　　▲ 图 7–21

小技巧： 将段落文本转换为点文本时，所有溢出定界框的字符都会被删除。因此，为避免丢失文字，应首先调整定界框，使所有文字在转换前都显示出来。

技术看板：点文本与段落文本的相互转换

点文本和段落文本可以相互转换。如果当前文本为点文本，选择“文字>转换为段落文本”命令，即可将其转换为段落文本，如图7-22和图7-23所示。如果是段落文本，选择“文字>转换为点文本”命令，即可转换为点文本。

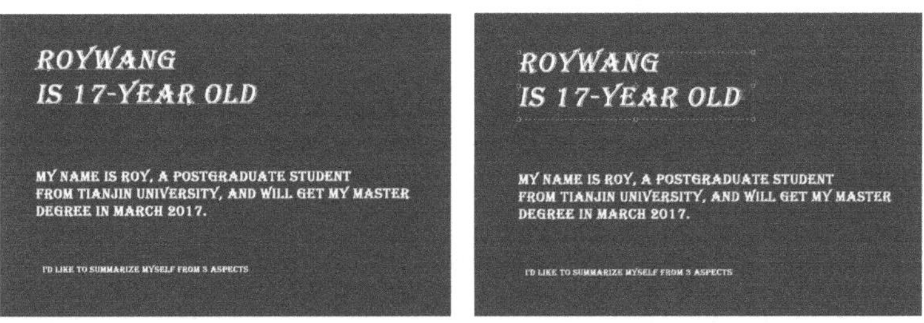

▲ 图 7–22

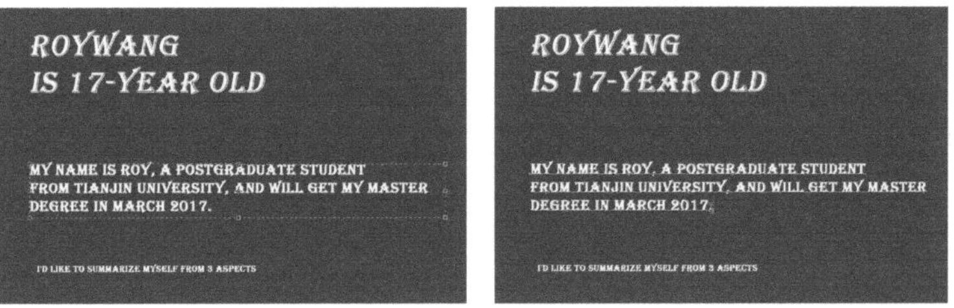

▲ 图 7–23

7.1.5 输入横排文字

使用“椭圆工具”在画布上绘制圆形，如图7-24所示。单击工具箱中的“横排文字工具”按钮，打开“字符”面板，参数设置如图7-25所示。

▲ 图7-24　　▲ 图7-25

在画布中输入文字，效果如图7-26所示。单击选项栏上的“提交所有当前编辑”按钮，完成文字的输入，使用快捷键Ctrl+T调出定界框，为文字调整角度，效果如图7-27所示。

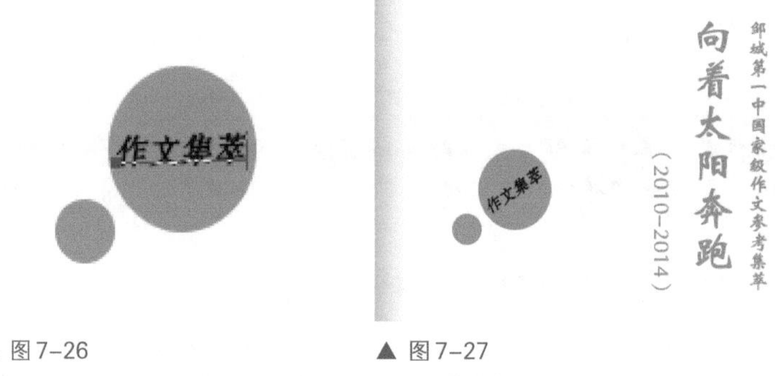

▲ 图7-26　　▲ 图7-27

7.1.6 选择全部文本

使用相同的方法完成相似内容的制作，如图7-28所示。将鼠标移动到图像窗口中的文字位置，将文字载入编辑状态，如图7-29所示。

▲ 图7-28　　▲ 图7-29

提示： 在对文本进行编辑之前，首先要选中相应的文字，在Photoshop CS6中用户既可以通过执行命令来选择文本，也可以通过快捷键选择文本。

选择“编辑>全部”命令，即可选择全部文字，如图7-30所示。打开“字符”面板，单击“仿斜体”按钮，取消字体的仿斜体效果，如图7-31所示。

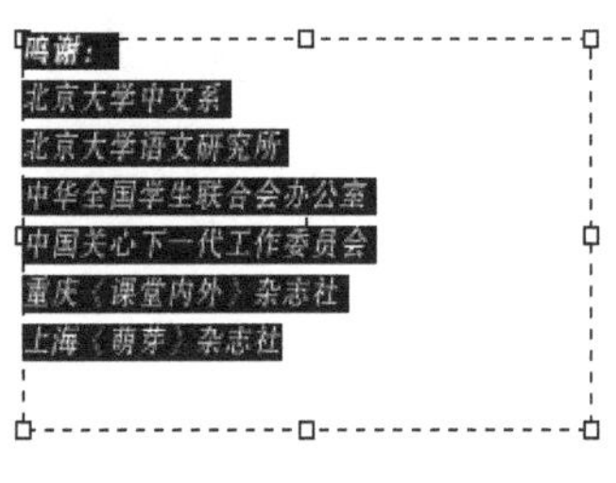

▲ 图 7–30

鸣谢：
北京大学中文系
北京大学语文研究所
中华全国学生联合会办公室
中国关心下一代工作委员会
重庆《课堂内外》杂志社
上海《萌芽》杂志社

▲ 图 7–31

提示： 在编辑文本时，经常需要选中全部文本内容，设置其字体、字号和颜色等属性，或进一步进行其他操作。

完成对图像文字的调整，图像最终效果如图7-32所示。

▲ 图 7–32

小技巧： 在文字编辑状态下，按快捷键Ctrl+A可选择全部文本内容。

另外，在双击文字图层缩览图选中全部文字时，一定要双击该文字图层前面的缩览图，如果双击后面的名称部分会激活图层重命名操作。

技术看板：选择部分文本

新建一个空白文档，并输入相应的文字，如图7-33所示。完成文字的输入后，可以再单击工具箱中的“横排文字工具”按钮，激活文本内容输入状态，如图7-34所示。

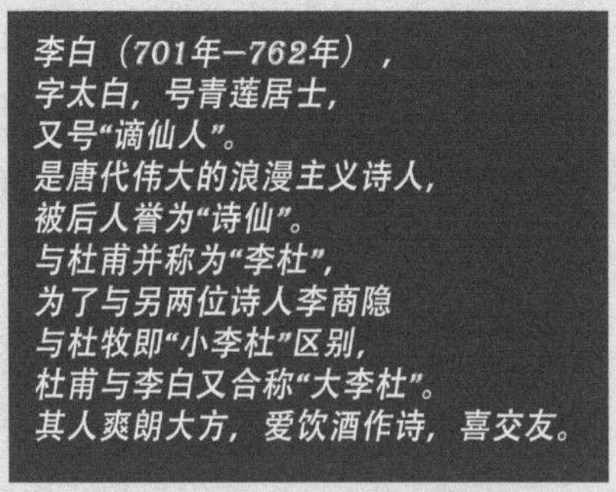

李白（701年–762年），
字太白，号青莲居士，
又号“谪仙人”。
是唐代伟大的浪漫主义诗人，
被后人誉为“诗仙”。
与杜甫并称为“李杜”，
为了与另两位诗人李商隐
与杜牧即“小李杜”区别，
杜甫与李白又合称“大李杜”。
其人爽朗大方，爱饮酒作诗，喜交友。

▲ 图7–33

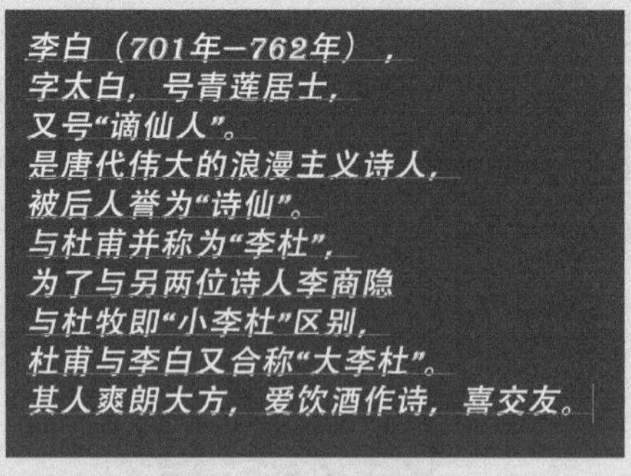

李白（701年–762年），
字太白，号青莲居士，
又号“谪仙人”。
是唐代伟大的浪漫主义诗人，
被后人誉为“诗仙”。
与杜甫并称为“李杜”，
为了与另两位诗人李商隐
与杜牧即“小李杜”区别，
杜甫与李白又合称“大李杜”。
其人爽朗大方，爱饮酒作诗，喜交友。

▲ 图7–34

在光标插入点位置，按住鼠标左键向右拖动，可以看到部分文字已被选中，如图7-35所示，选择完成后释放鼠标即可。除此之外，在文本中当前鼠标所在位置双击即可将鼠标所在位置的一句话选中，如图7-36所示。

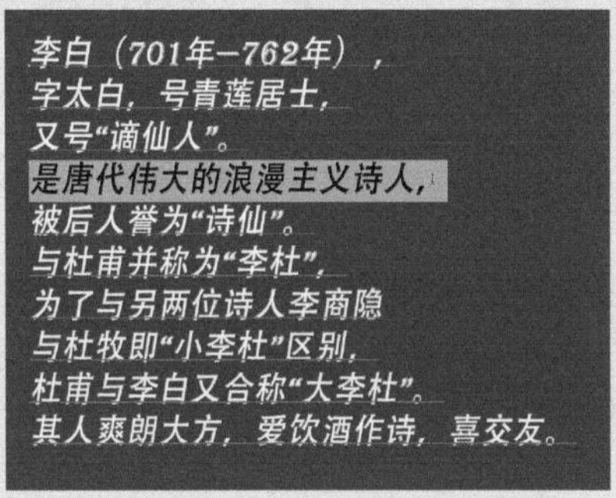

李白（701年–762年），
字太白，号青莲居士，
又号“谪仙人”。
是唐代伟大的浪漫主义诗人，
被后人誉为“诗仙”。
与杜甫并称为“李杜”，
为了与另两位诗人李商隐
与杜牧即“小李杜”区别，
杜甫与李白又合称“大李杜”。
其人爽朗大方，爱饮酒作诗，喜交友。

▲ 图7–35

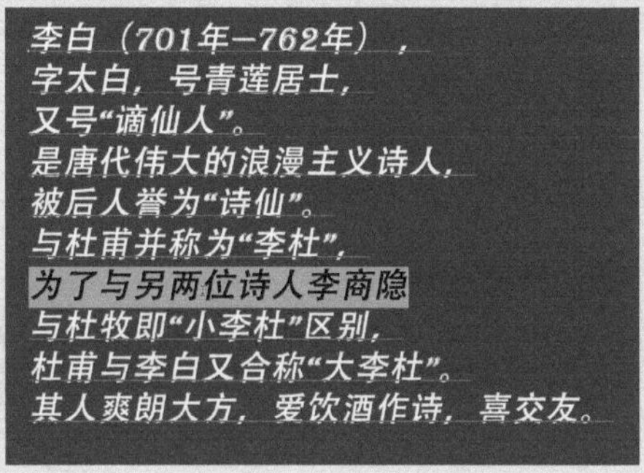

李白（701年–762年），
字太白，号青莲居士，
又号“谪仙人”。
是唐代伟大的浪漫主义诗人，
被后人誉为“诗仙”。
与杜甫并称为“李杜”，
为了与另两位诗人李商隐
与杜牧即“小李杜”区别，
杜甫与李白又合称“大李杜”。
其人爽朗大方，爱饮酒作诗，喜交友。

▲ 图7–36

提示：在编辑文本的过程中，有时需要对图像中的部分文本进行选择，以便进行编辑操作。在Photoshop CS6中主要是通过鼠标拖动的方法选择部分文本内容的，在文本编辑状态下移动光标的位置向前或向后都可以将部分文本选中。

7.2 调整杂志封面的字体

在对文字工具进行初步了解后，下面要带领读者对文字工具进行进一步的学习和应用，以便用户可以在以后设计作品时方便快捷地使用文字工具。

7.2.1 切换文本取向

打开一个名为72101.psd的素材文件，如图7-37所示。单击工具箱中的“横排文字工具”按钮，在画布上单击，确定插入点，如图7-38所示。

▲ 图 7–37

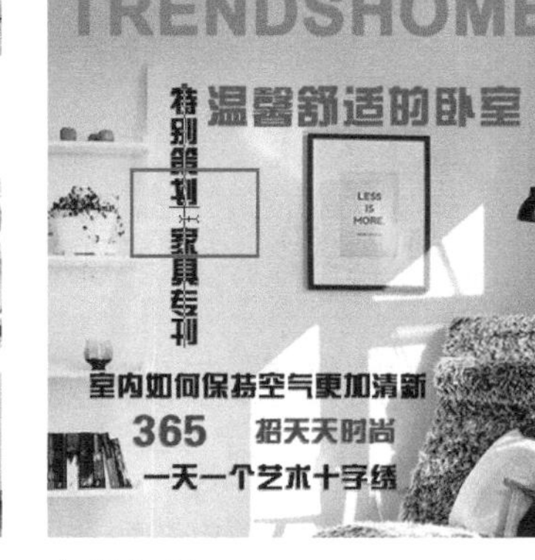

▲ 图 7–38

疑难解答：文字工具的选项栏

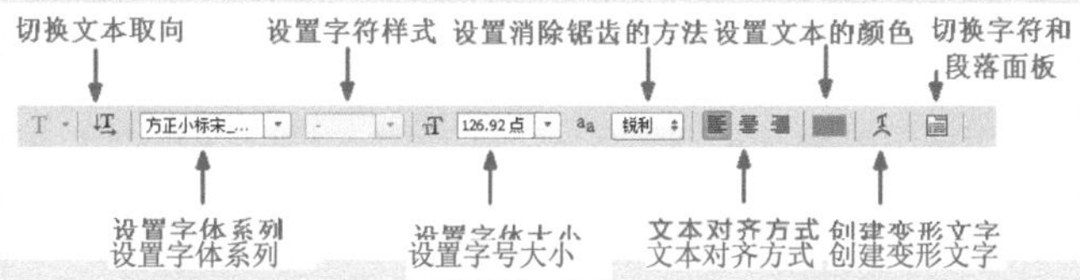

• “切换文本取向”按钮：用于切换文本的输入方向，如果当前文字为横排文字，单击该按钮，可将其转换为直排文字；如果是直排文字，则可将其转换为横排文字。

• 设置字体系列：设置文本的字体。该下拉列表中包含所有安装在计算机中的字体。

• 设置字体样式：用来为字符设置样式。下拉列表中的选项会随着所选字体的不同而变化，一般包括Regular（常规）、Italic（斜体）、Bold（粗体）和Bold Italic（粗斜体）。

• 设置字号大小：可以选择字号的大小，或者直接输入数值进行字号大小的调整。

• 设置消除锯齿的方法：可以为文字消除锯齿选择一种方法。Photoshop会通过部分的填充边缘像素，来产生边缘平滑的文字，使文字的边缘混合到背景中而看不出锯齿。

• 设置文本对齐：用于设置文本的对齐方式，包括“左对齐文本”“居中对齐文本”和“右对齐文本”，效果如下图所示。

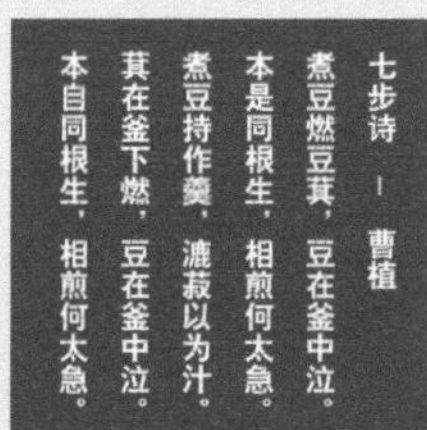

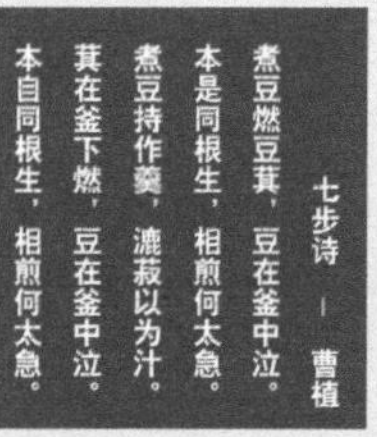

• 设置文本颜色：用于设置文字的颜色。单击颜色块，在弹出的“拾色器”中设置颜色。

• “创建文字变形”按钮：单击该按钮，可在弹出的“变形文字”对话框中为文本添加变形样式，创建变形文字。

• “切换字符和段落面板”按钮：单击该按钮，可以显示或隐藏“字符”和“段落”面板。

选择要切换文本取向的文字图层，然后单击“切换文本取向”按钮，可以看到图像中的直排文字已经被切换为横排文字，如图7-39所示。使用“移动工具”调整文字位置，如图7-40所示。

▲ 图 7-39

▲ 图 7-40

使用“横排文字工具”在画布中进行单击，确定插入点，如图7-41所示。单击“切换文本取向”按钮，可以看到图像中的横排文字已经被切换为直排文字，如图7-42所示。

▲ 图7-41

▲ 图7-42

技术看板：栅格化文字图层

选择“文字>栅格化”命令，可将当前文字图层转换为普通的位图图层，如图7-43所示。文字属于矢量图形，可以随意放大或缩小而不会产生模糊。

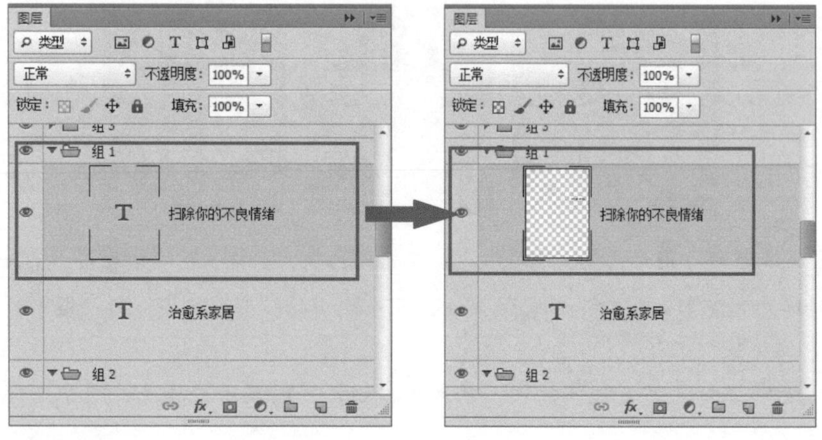

▲ 图7-43

将文字图层栅格化为普通图层后，该图层将不再具有矢量图形的特征，它将可以使用任何普通图层可用的工具和命令。

7.2.2 设置字体系列

选择“编辑>首选项>文字”命令，弹出“首选项”对话框，如图7-44所示。在该对话框中可以看到文字的多种选项，下面将对相应的选项进行介绍。

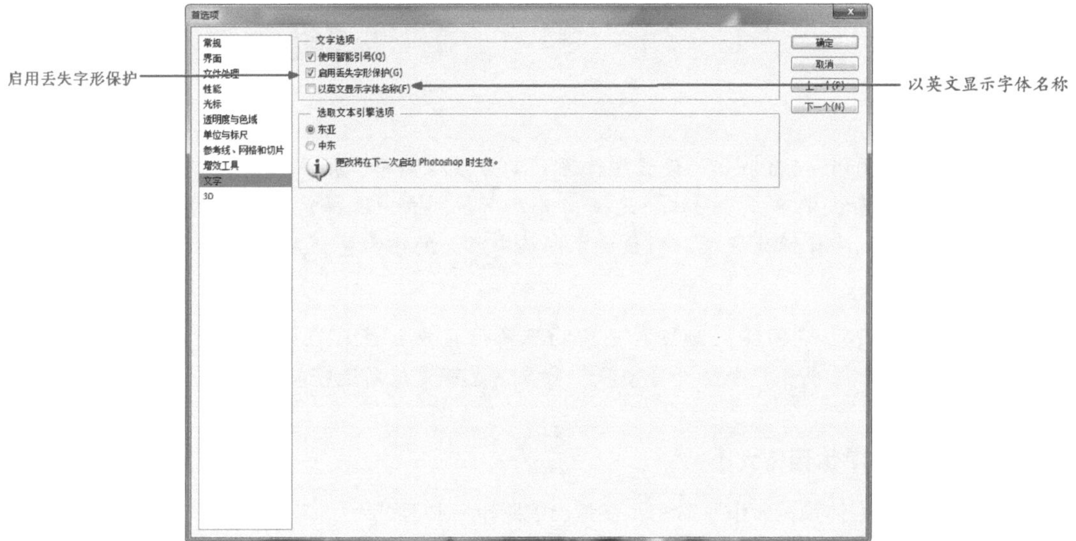

▲ 图 7–44

提示：在Photoshop CS6的默认设置下，“文本工具”选项栏中的“字体”下拉列表中所显示的字体是英文名称。这为字体格式的设置带来了诸多不便，用户可以通过设置将其显示为中文名称。

疑难解答：“首选项”对话框

- 使用智能引号：用于确定是否在使用文本工具输入文字时自动替换左右引号。该选项默认为选中状态。
- 启用丢失字形保护：选中该复选框可以对丢失的字形自动进行字体替换。
- 以英文显示字体名称：取消选中“以英文显示字体名称”复选框，那么在“文本工具”选项栏中的“字体”下拉列表中所显示的字体为中文名称。该选项默认为不选中。
- 东亚：选择该单选按钮，支持欧洲和高级东亚语言功能。
- 中东：选择该单选按钮，支持欧洲、阿拉伯、希伯来语等语言功能。

单击工具箱中的“横排文字工具”按钮，在画布中单击，确定文字插入点，选中要更改的文字，如图7-45所示，并在选项栏中的“字体”下拉列表中选择需要使用的字体，更改完成后的文字如图7-46所示。

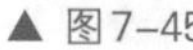

▲ 图7-45

▲ 图7-46

提示：使用Photoshop CS6设置字体系列的方法很简单，用户只需在文本工具的选项栏或“字符”面板中单击“字体”选项，并在下拉列表中选择需要使用的字体，就可以非常直观地看到字体预览效果，而且文本图层中所选的字体也会发生相应的改变。

小技巧：单击“字符”面板右上角的三角形按钮，然后在弹出的面板菜单中选择“全部大写字母”或者“小型大写字母”命令，也可更改所选字符的大小写方式。

技术看板：字体预览大小

选择“字体>字体预览大小”命令，在弹出的菜单中共有“无”“小”“中”“大”“特大”和“超大”6个选项供用户选择，如图7-47所示。

该设置可影响文本工具选项栏与“字符”面板中“字体系列”选项的字体预览大小。如图7-48、图7-49所示分别为选择“中”和“特大”选项时的字体预览效果。

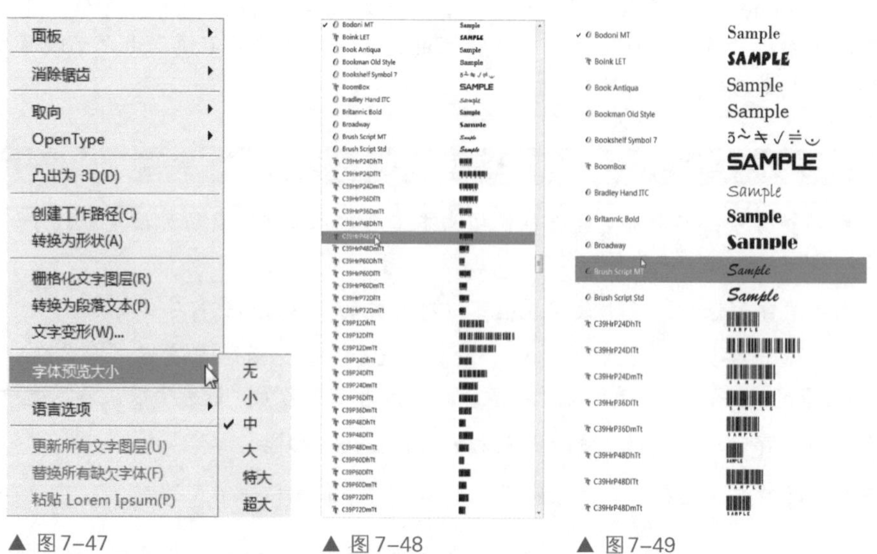

▲ 图7-47　　▲ 图7-48　　▲ 图7-49

小技巧：字体预览设置得越大，在设置字体系列时的预览字体越直观、清晰，这将给用户带来巨大的便利。但相应的如果该值设置得过大，字体预览速度会明显受到影响。

7.2.3 设置字体样式

使用“横排文字工具”选中需要更改的文字，如图7-50所示。打开“横排文字工具”选项栏上的“字体样式”下拉列表，或者打开“字符”面板中的“字体样式”下拉列表，可以看到下拉列表中有如图7-51所示的几种样式。

▲ 图7-50

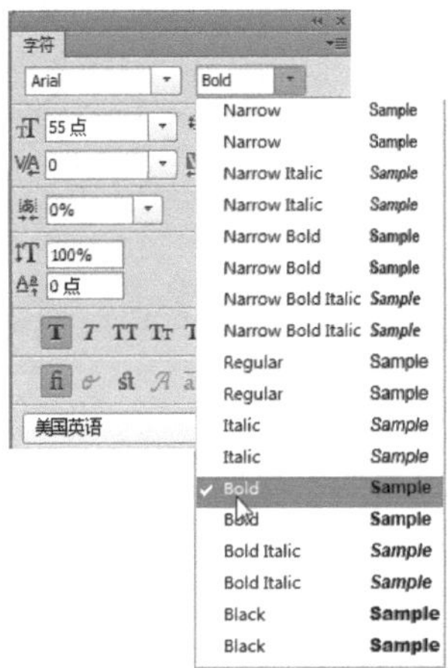

▲ 图7-51

疑难解答：不同的字体样式

下面是分别选择不同字体样式的文字效果。

RoyWang	*RoyWang*	**RoyWang**	***RoyWang***	*RoyWang*
Reguler字体	斜体	粗体	粗斜体	细斜体

部分字体还允许对字体的样式进行设置，用户可以通过选项栏或“字符”面板中的“字体样式”下拉列表对其进行更改。

技术看板：查找和替换文本

新建一个空白文档，使用“横排文字工具”在画布中输入文字，如图7-52所示。选择“编辑>查找和替换文本”命令，弹出“查找和替换文本”对话框，参数设置如图7-53所示。

北京历史悠久，文化灿烂，是首批国家历史文化名城、中国四大古都之一和世界上拥有世界文化遗产数最多地城市，3060年地建城史孕育了故宫、天坛、八达岭长城、颐和园等众多名胜古迹。早在七十万年前，北京周口店地区就出现了原始人群部落“北京人”。公元前1045年，北京成为蓟、燕等诸侯国地都城。公元938年以来，北京先后成为辽陪都、金中都、元大都、明清国都。1949年10月1日成为中华人民共和国首都。

▲ 图7-52

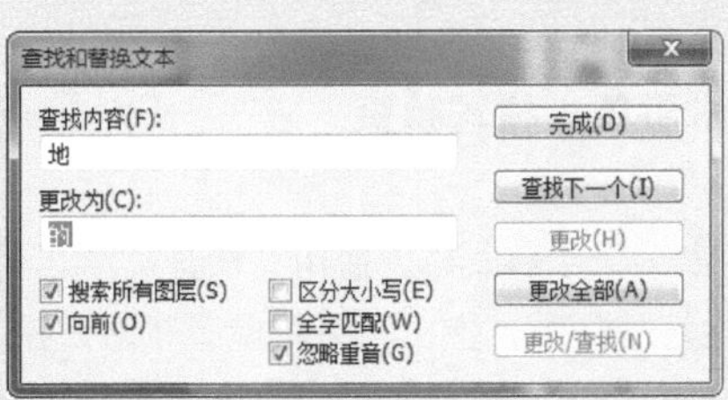

▲ 图7-53

文本内容变为可编辑状态，如图7-54所示。由于“地”字为多音字，所以结合使用“查找下一个”按钮和“更改”按钮替换正确的文本内容，完成后单击“完成”按钮，如图7-55所示。

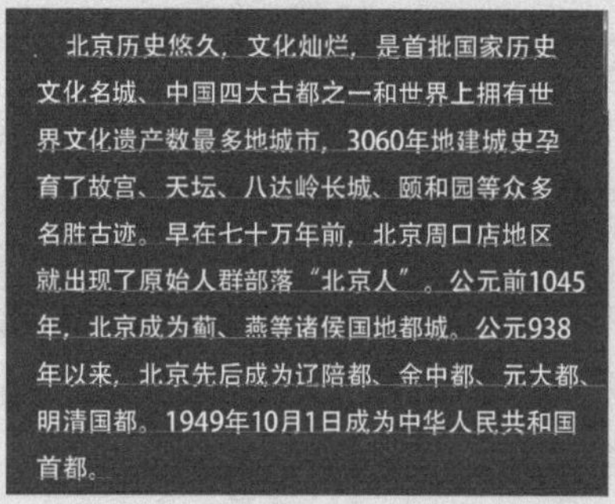

北京历史悠久，文化灿烂，是首批国家历史
文化名城、中国四大古都之一和世界上拥有世
界文化遗产数最多地城市，3060年地建城史孕
育了故宫、天坛、八达岭长城、颐和园等众多
名胜古迹。早在七十万年前，北京周口店地区
就出现了原始人群部落“北京人”。公元前1045
年，北京成为蓟、燕等诸侯国地都城。公元938
年以来，北京先后成为辽陪都、金中都、元大都、
明清国都。1949年10月1日成为中华人民共和国
首都。

▲ 图7-54

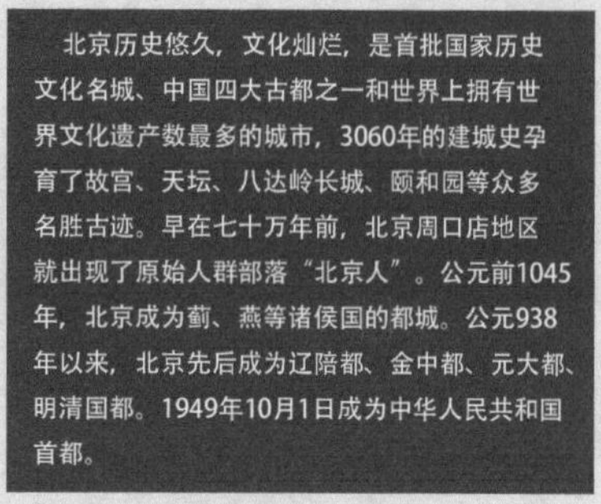

北京历史悠久，文化灿烂，是首批国家历史
文化名城、中国四大古都之一和世界上拥有世
界文化遗产数最多的城市，3060年的建城史孕
育了故宫、天坛、八达岭长城、颐和园等众多
名胜古迹。早在七十万年前，北京周口店地区
就出现了原始人群部落“北京人”。公元前1045
年，北京成为蓟、燕等诸侯国的都城。公元938
年以来，北京先后成为辽陪都、金中都、元大都、
明清国都。1949年10月1日成为中华人民共和国
首都。

▲ 图7-55

7.2.4 设置字体大小

继续使用“横排文字工具”选中要更改字体大小的文字，如图7-56所示。在“横排文字工具”选项栏的“字体大小”下拉列表框中或者“字符”面板中的“字体大小”下拉列表中，选择相应的字体大小选项，如图7-57所示。

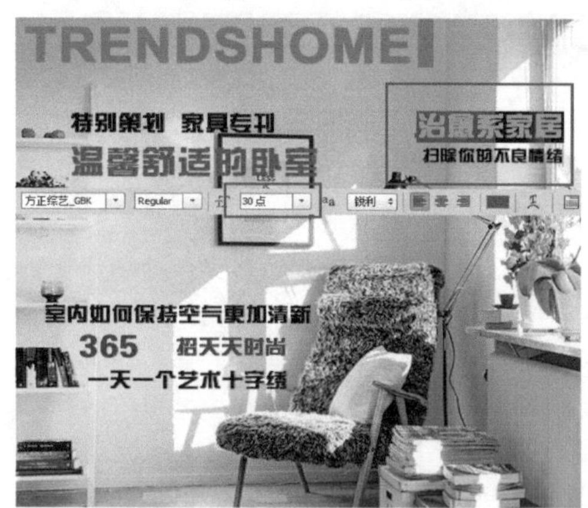

TRENDSHOME
特别策划 家具专刊
温馨舒适的卧室
治愈系家居
扫除你的不良情绪
室内如何保持空气更加清新
365 招天天时尚
一天一个艺术十字绣

▲ 图7-56

OME
36 点
治愈系家居
扫除你的不良情绪

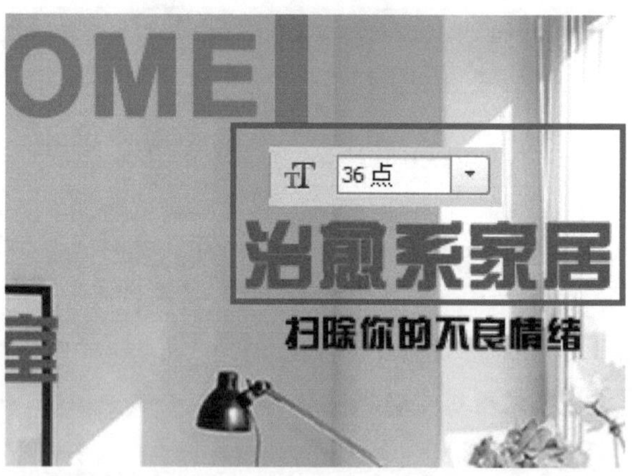

▲ 图7-57

小技巧：在输入或编辑完文本后，除了单击选项栏中的“提交所有当前编辑”按钮确认操作之外，在工具箱中选取其他的工具，或在“图层”面板中单击任意图层后，系统同样会自动提交当前输入的文字或修改。

技术看板：拼写检查

新建一个空白文档，使用“横排文字工具”在画布上添加文字，如图7-58所示。选择“编辑>拼写检查”命令，弹出“拼写检查”对话框，如果检测到错误的单词，Photoshop CS6会提供修改建议，选择正确的单词拼写即可，如图7-59所示。

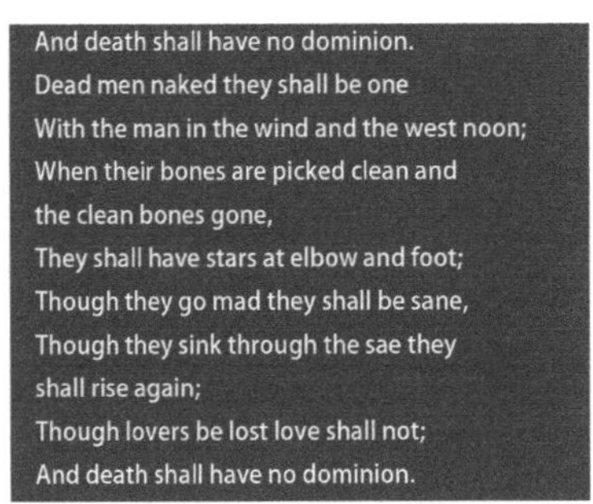

▲ 图7–58

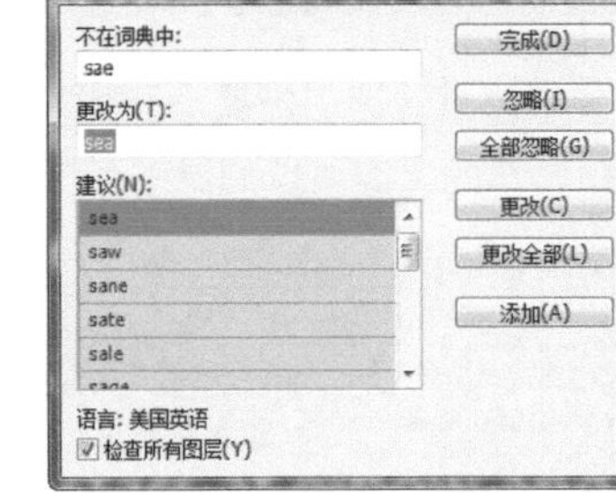

▲ 图7–59

单击“更改”按钮，使用正确的单词替换文本中所有错误的单词，这时会弹出提示对话框，提示拼写检查完成，如图7-60所示。单击“确定”按钮，完成单词的拼写检查，效果如图7-61所示。

▲ 图7–60

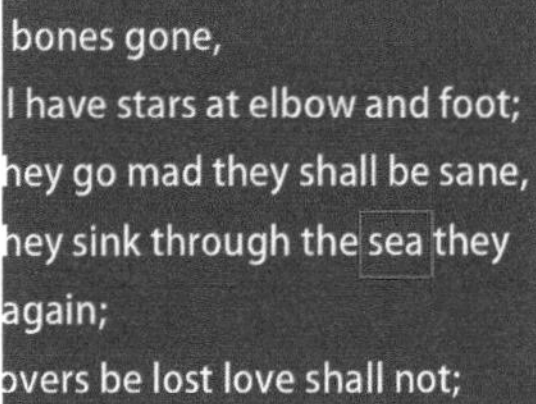

▲ 图7–61

提示：在Photoshop CS6中提供了“拼写检查”功能，使用“拼写检查”可以对当前文本中的英文单词拼写进行检查，以确保单词拼写正确。

疑难解答：“拼写检查”对话框

- 不在词典中：Photoshop会将查出的错误单词显示在“不在词典中”文本框内。
- 更改为：此处显示用来替换错误文本的正确单词，用户可以在“建议”列表框中选择需要替换的文本，或直接在此文本框中输入正确的单词。
- 建议：显示出提供修改的建议。
- 更改：单击“更改”按钮可使用正确的单词替换文本中错误的单词。
- 更改全部：如果要使用正确的单词替换文本中所有错误的单词，可单击“更改全部”按钮。
- 语言：可以在“字符”面板中进行调整。
- 检查所有图层：选中该复选框可自动检测所有图层中的文本，取消选中时只检查所选图层中的文本。
- 完成：单击该按钮结束检查并关闭对话框。
- 忽略/全部忽略：单击“忽略”按钮，表示忽略当前的检查结果；单击“全部忽略”按钮，则忽略所有检查结果。
- 添加：用于将检测到的词条添加到词典中。如果被查找到的单词拼写正确，可单击该按钮，将其添加到Photoshop词典中。以后再查找到该单词时，Photoshop会自动视其拼写格式正确。

7.2.5 消除锯齿

使用“横排文字工具”选中需要消除锯齿的文字，如图7-62所示。单击选项栏中的“设置消除锯齿的方法”按钮，在弹出的下拉列表中选择“锐利”选项，如图7-63所示。

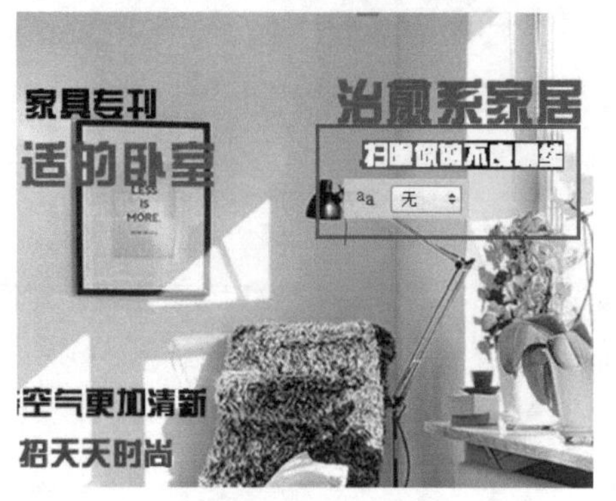

▲ 图7-62

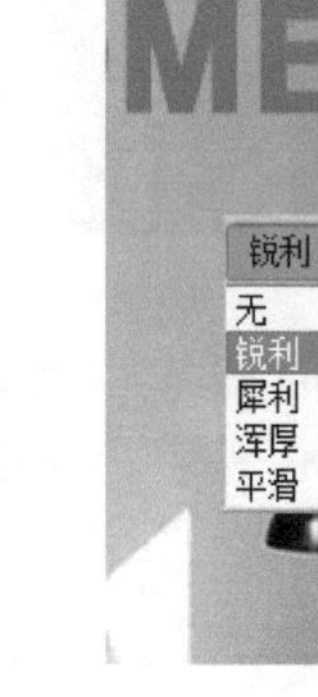

▲ 图7-63

疑难解答：消除锯齿

消除锯齿后的文字会产生平滑的边缘，使文字的边缘混合到背景中而看不出锯齿。在“横排文字工具”选项栏中有5种消除锯齿的方法。除此之外，用户还可以选择“文字>消除锯齿方式”命令，在弹出的菜单中选择消除锯齿的方法。

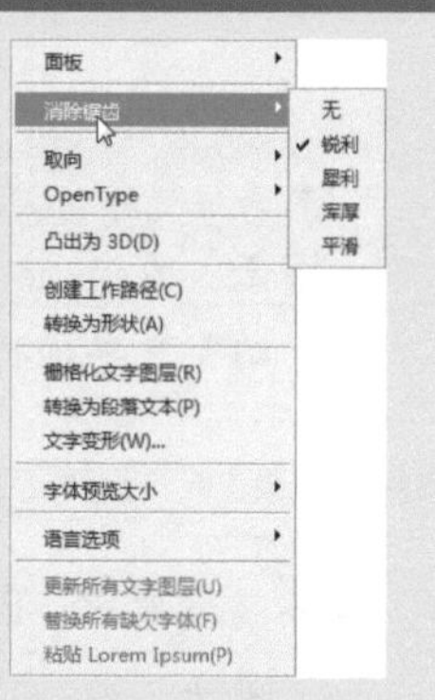

疑难解答：“消除锯齿”选项栏

- 无：消除锯齿方式为“无”，表示不对文字进行消除锯齿处理。
- 锐利：消除锯齿方式为“锐利”，表示轻微使用消除锯齿，文本的边缘效果变得锐利。
- 犀利：消除锯齿方式为“犀利”，表示轻微使用消除锯齿，文本的边缘效果变得犀利。
- 浑厚：消除锯齿方式为“深厚”，表示大量使用消除锯齿，文本的边缘效果变得更粗重。
- 平滑：消除锯齿方式为“平滑”，表示大量使用消除锯齿，文本的边缘效果变得圆滑。

7.2.6 文本对齐方式

使用“横排文字工具”在画布中单击，确定插入点，此时选项栏中的文本对齐方式为“居中对齐文本”，效果如图7-64所示。选中所有的文本图层，单击“左对齐文本”按钮，文字对齐效果如图7-65所示。

▲ 图7–64

▲ 图7–65

> **提示：** 在Photoshop CS6中处理大量文本时，可以使用文本对齐方式来约束文本内容，这样可以减少操作时间，从而提高工作效率。

疑难解答："文字"菜单

• Open Type：选择"文字>Open Type"命令，可以为当前文本图层或选中的文字选择Open Type功能。执行该命令的效果与"字符"面板下方的8个Open Type功能按钮相同.。

• 凸出为3D：在Photoshop CS6中针对文字增加了一个"凸出为3D"功能。选择"文字>凸出为3D"命令可以将文字自动生成为3D模型。

• 语言选项：选择"文字>语言选项"命令，在弹出的菜单中的命令主要用来对文本引擎和文字的行内对齐方式等属性进行相关设置。

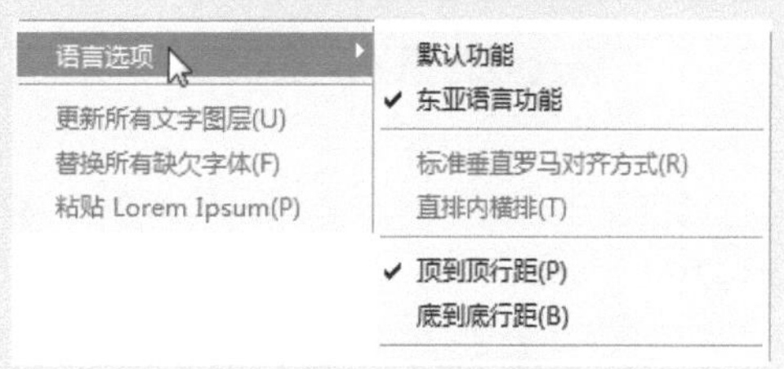

• 替换所有欠缺字体：选择"文字>替换所有欠缺字体"命令，文档内缺失的字体将会全部被更新为其他可用字体。

• 更新所有文字图层：选择"文字>更新所有文字图层"命令，文档内丢失的字体或字形将会被全部更新为可用数据。

文字调整完成后，图像效果如图7-66所示。杂志封面字体设计调整完成后，封面展示效果如图7-67所示。

▲ 图7–66

▲ 图7–67

7.3 制作精美音乐节海报

文字是每一个设计作品中不可或缺的一部分，而随着Photoshop CS6不断改进，文字工具的应用也越来越多样化，同时使得设计作品也逐步多元化。

7.3.1 创建变形文字

打开一个名为73101.psd的素材图像，如图7-68所示，“图层”面板如图7-69所示。单击工具箱中的“横排文字工具”按钮，打开“字符”面板，参数设置如图7-69所示。

▲ 图7-68

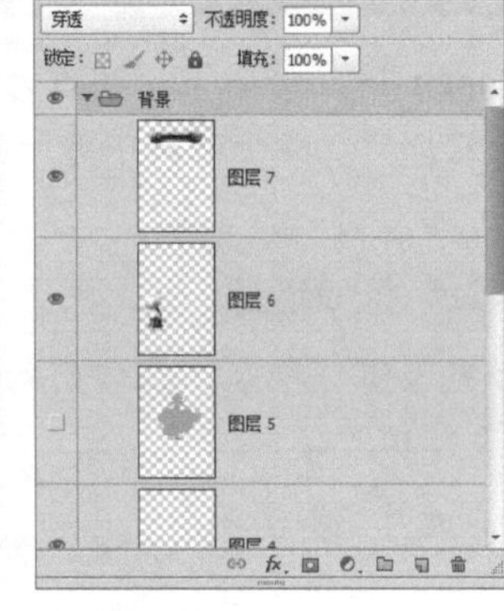

▲ 图7-69

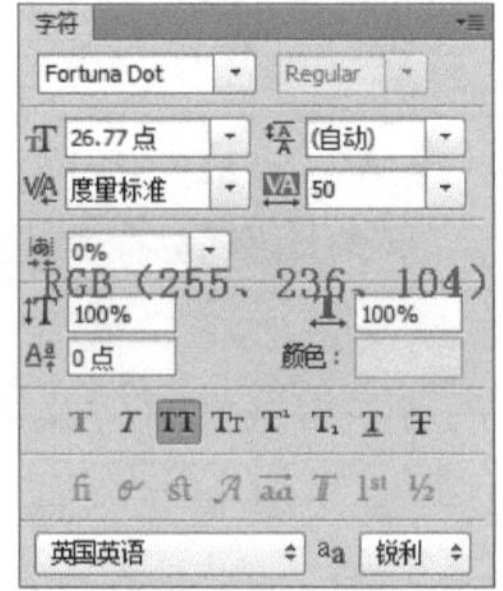

在画布中单击确定插入点，输入如图7-70所示的文字。单击选项栏中的“创建变形文字”按钮，弹出“变形文字”对话框，参数设置如图7-71所示。

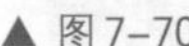

▲ 图7-70

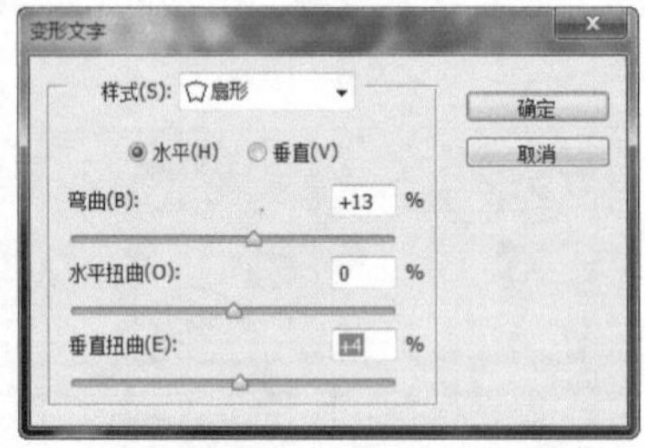

▲ 图7-71

疑难解答：变形选项设置

单击文字工具选项栏中的“创建变形文字”按钮，弹出“变形文字”对话框，在该对话框中显示出文字的多种变形选项，包括文字的变形样式和变形程度。在“样式”下拉列表中有多种系统预设的变形样式。

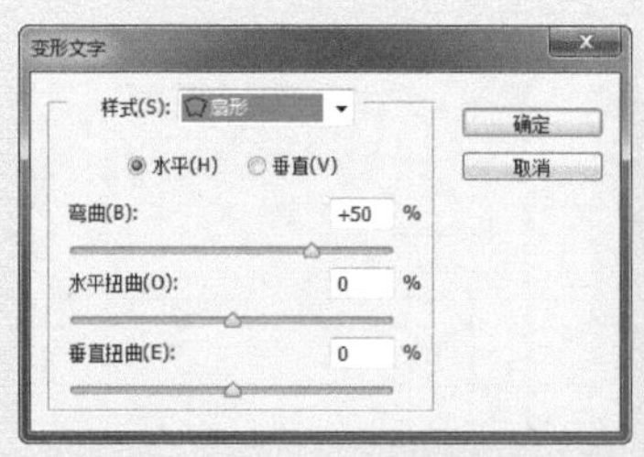

• 样式：在该下拉列表中有15种系统预设的用户可以直接选用的变形样式，应用不同选项的文字变形样式效果也不同。

• 水平/垂直：用于指定文本应用扭曲的方向。选择“水平”单选按钮，文本扭曲的方向为水平；选择“垂直”单选按钮，文本扭曲的方向为垂直。如图7-76所示。

• 弯曲：用于设置文本变形的弯曲程度。正值为向上弯曲，负值为向下弯曲。

• 水平扭曲/垂直扭曲：分别用于指定文本在水平和垂直方向的扭曲程度。

小技巧：用户在“变形文字”对话框中设置参数时可以在画布中移动文字的位置，但是并不改变参数值。请注意它与“图层样式”不同，在“图层样式”对话框中，在画布中拖动不改变图像或图形的位置，而是改变对话框中的参数。

设置完成后，单击“确定”按钮，画布中文字变形效果如图7-72所示。打开“图层”面板，单击面板底部的“添加图层样式”按钮，在弹出的下拉列表中选择“外发光”和“颜色叠加”选项，参数设置如图7-73所示。

▲ 图 7–72

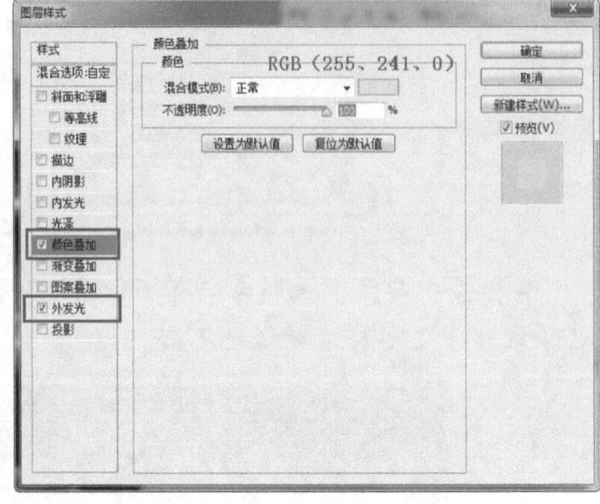

▲ 图 7–73

提示：由于本书篇幅限制，上一步骤中使用的“外发光”图层样式的具体参数值就不在这里多加赘述，用户可以打开随书附赠的源文件查看相关参数。

设置完成后，单击“确定”按钮，文字效果如图7-74所示。使用相同的方法完成两次相似文字内容的输入，效果如图7-75所示。

▲ 图 7–74

▲ 图 7–75

疑难解答：重置变形与取消变形

使用“横排文字工具”和“直排文字工具”创建的文本，在没有将其栅格化或转换为形状前，可以随时重置与取消变形。

- 重置变形：选择一种文字工具，单击选项栏中的“创建文字变形”按钮，或选择“文字>文字变形”命令，可以弹出“变形文字”对话框，修改变形参数，或者在“样式”下拉列表中选择另外一种样式，即可重置文字变形。
- 取消变形：在“变形文字”对话框的“样式”下拉列表中选择“无”，然后单击“确定”按钮，关闭对话框，即可取消文字变形。

小技巧：使用“横排文字蒙版工具”和“直排文字蒙版工具”创建文字选区时，在文本输入状态下同样可以进行变形操作，这样就可以得到变形的文字选区。

7.3.2 创建沿路径排列的文字

新建图层，单击工具箱中的“钢笔工具”按钮，在选项栏中设置“工具模式”为“路径”，在画布中绘制路经，如图7-76所示。单击工具箱中的“横排文字工具”按钮，打开 “字符”面板，参数设置如图7-77所示。

▲ 图7-76

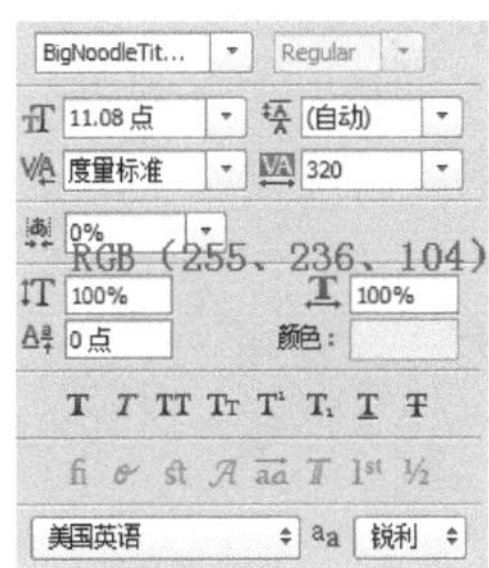

▲ 图7-77

选择文字工具后将鼠标指针放在路径起点处，当鼠标指针变成如图7-78所示的形状时，单击设置文字插入点，输入文字后文字即可沿着路径排列，如图7-79所示。

▲ 图7-78

▲ 图7-79

再次打开“图层”面板，单击面板底部的“添加图层样式”按钮，在弹出的下拉列表中选择“斜面与浮雕”“内阴影”“内发光”“颜色叠加”和“投影”选项，参数设置如图7-80所示。完成图层样式的添加，文字效果如图7-81所示。

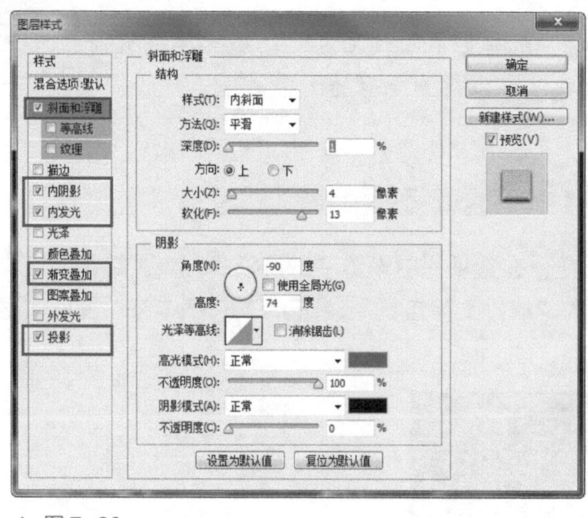

▲ 图7-80

▲ 图7-81

提示：路径文字是指创建在路径上的文字，这种文字会沿着路径排列，而且在改变路径形状时，文字的排列方式也会随之变化。有了路径文字，文字的处理方式就变得更加灵活了。

提示：路径文字创建完成后，用户还可以随时对其进行修改和编辑。由于路径文字的排列方式受路径的形状控制，所以移动或编辑路径就会影响文字的排列。

技术看板：移动与翻转路径文字

新建一个空白文档，使用“钢笔工具”在画布中创建路经，如图7-82所示。使用“横排文字工具”在路径上输入文字，如图7-83所示。

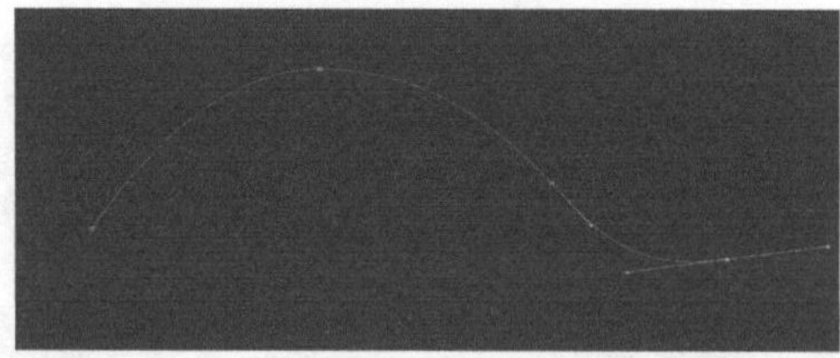

▲ 图7-82

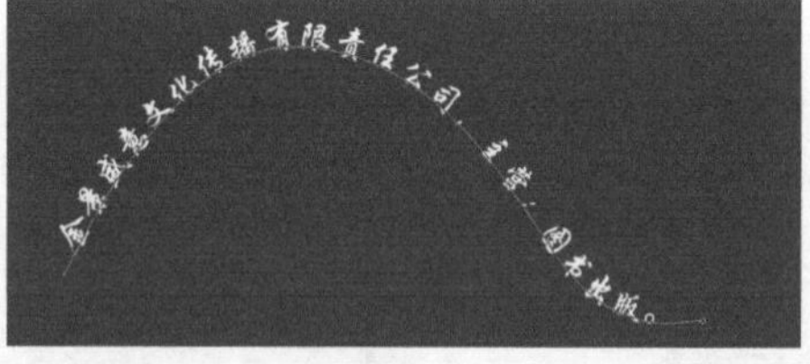

▲ 图7-83

单击工具箱中的“直接选择工具”按钮或“路径选择工具”按钮，将鼠标指针定位到文字上，单击并沿着路径拖动鼠标可以移动文字，如图7-84所示。单击并向路径的另一侧拖动文字，可以将文字翻转，如图7-85所示。

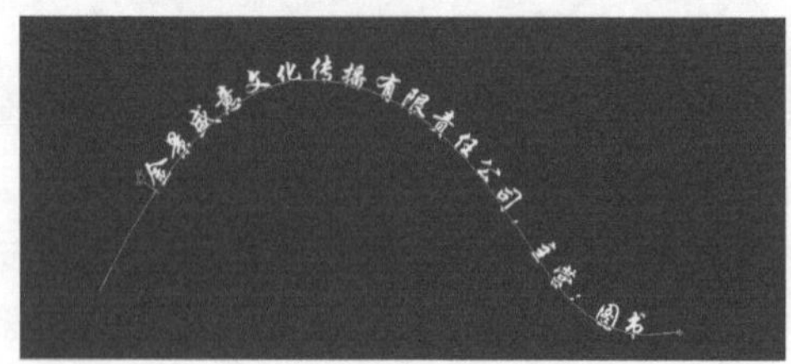

▲ 图7-84

▲ 图7-85

技术看板：编辑文字路径

创建路径文字后，用户还可以直接修改路径的方向来影响路径的排列。使用“直接选择工具”单击路径，显示锚点，如图7-86所示。移动锚点或者调整路径的形状，文字会沿修改后的路径重新排列，如图7-87所示。

▲ 图7-86

▲ 图7-87

7.3.3 “字符样式”面板

打开一张素材图像，将其拖到设计文档中，如图7-88所示。打开“字符样式”面板，单击面板底部的“创建新的字符样式”按钮，创建“字符样式1”，如图7-89所示。双击“字符样式1”缩览图，弹出“字符样式选项”对话框，参数设置如图7-90所示。

▲ 图7-88

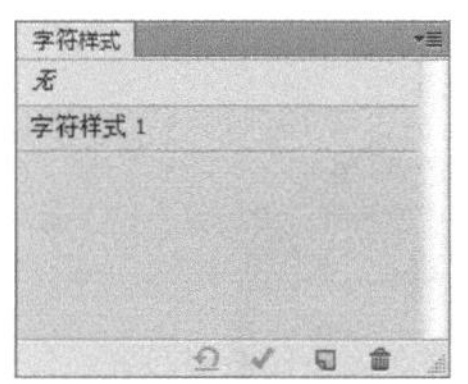

▲ 图7-89

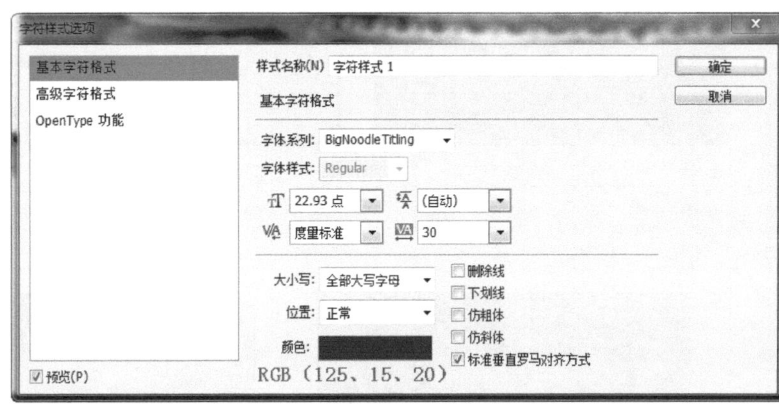

▲ 图7-90

提示：“字符样式”与“段落样式”面板的操作方法并无太大区别，此处将以“字符样式”面板为例，对其进行着重讲解。

疑难解答：“字符样式”面板

选择“窗口>字符样式”命令，打开“字符样式”面板。单击该面板右上角的三角形按钮，打开面板扩展菜单。

- 新建字符样式：可创建新的字符样式。

删除样式：可将当前选中的字符样式删除。

清除覆盖：如果对使用了某种字符样式的文字进行了大小或字体的更改，选择此命令，可将选择的文字恢复到原有的字符样式。

重新定义样式：如果对使用了某种字符样式的文字进行了大小或字体的更改，选择此命令，不仅选择的文字更新为修改后的样式，它所使用的“字符样式”也将随之更改。

样式选项：选择该命令，将弹出“字符样式选项”对话框，在该对话框中可对当前字符样式进行修改。

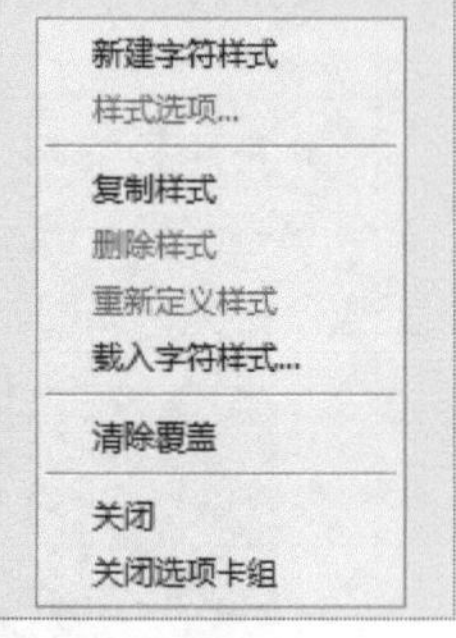

使用“横排文字工具”在画布上添加文字，如图7-91所示。再次打开“图层”面板，单击面板底部的“添加图层样式”按钮，在弹出的下拉列表中选择“斜面和浮雕”“内阴影”“内发光”“渐变叠加”和“投影”选项，参数设置如图7-92所示。

▲ 图7-91

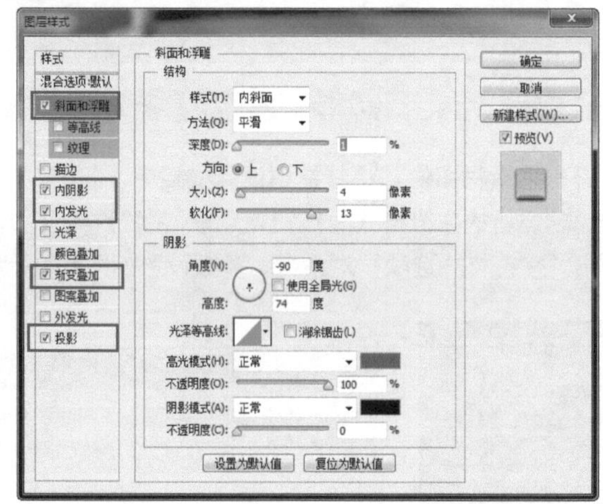

▲ 图7-92

设置完成后，单击“确定”按钮，文字效果如图7-93所示。使用相同的方法完成相似文字内容的制作，如图7-94所示。

▲ 图7-93

▲ 图7-94

小技巧：当字符或段落使用了“字符样式”或“段落样式”后，如果需要对文字的样式进行更改，只需在“字符样式”面板或“段落样式”面板中更改某个样式，即可将使用该样式的所有文字的样式统一更新，避免了大量的重复操作，节省了工作时间。

7.3.4 “段落”面板

打开“字符”面板，参数设置如图7-95所示。使用“横排文字工具”在画布中输入文字，如图7-96所示。

▲ 图 7–95

▲ 图 7–96

使用相同的方法为文字图层添加图层样式，参数设置如图7-97所示。设置完成后，文字效果如图7-98所示。

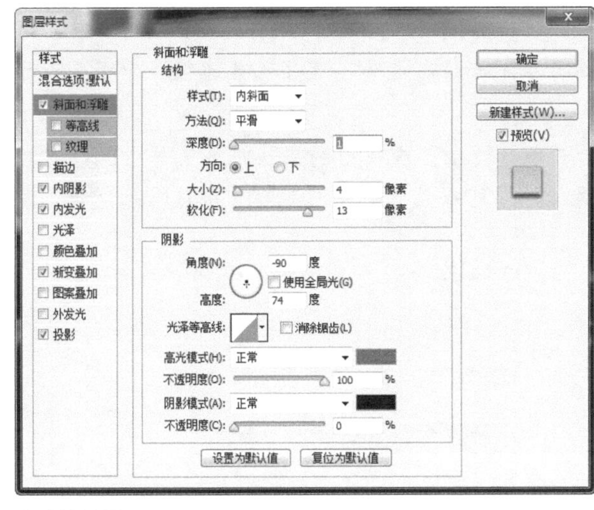

▲ 图 7–97

▲ 图 7–98

继续在“字符”面板中设置参数，如图7-99所示。选择“窗口>段落”命令，打开“段落”面板，参数设置如图7-100所示。

▲ 图 7–99

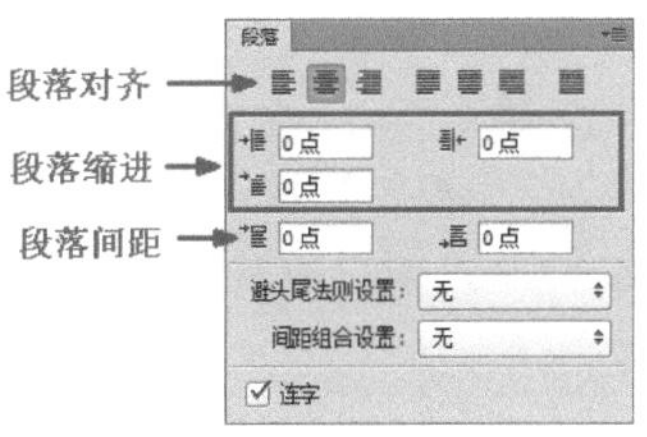

▲ 图 7–100

提示：段落是指在输入文本时，末尾带有回车符的任何范围内的文字。对于点文字来说，也许一行就是一个单独的段落；而对于段落文字来说，一段可能有多行。通过“段落”面板可以设置段落对齐、段前/段后间距等选项。总之，段落格式的设置主要通过“段落”面板来实现。

疑难解答：“段落”面板

- 段落对齐：该选项用于设置段落的对齐方式。在输入文字时，为了整体的协调性，一般都需要对文本对齐方式进行设置。不论是点文字还是段落文字，都可以按照需要选择左对齐、右对齐或居中对齐，以达到整洁的视觉效果。
- 段落缩进：段落缩进是指段落文字与文字边框之间的距离，或者段落首行缩进的文字距离。进行段落缩进处理时，只会影响选中的段落区域，因此可以对不同段落设置不同的缩进方式和间距。
- 段落间距：段落间距是指当前段落与上一段落或下一段落之间的距离。进行段落间距处理时，会影响选中的段落区域。因此，可以对不同段落设置不同的缩进方式和间距。
- 连字：连字符是在每一行末端断开的单词之间添加的标记。在将文本强制对齐时，为了对齐的需要，会将某一行末端的单词断开至下一行。选中“连字”复选框，即可在断开的单词间显示连字标记。
- 对齐：单击“段落”面板右上角的三角形按钮，在弹出的面板扩展菜单中选择“对齐”命令，弹出“对齐”对话框，在此对话框中可以设置“字间距”“字符间距”和“字形缩放”。

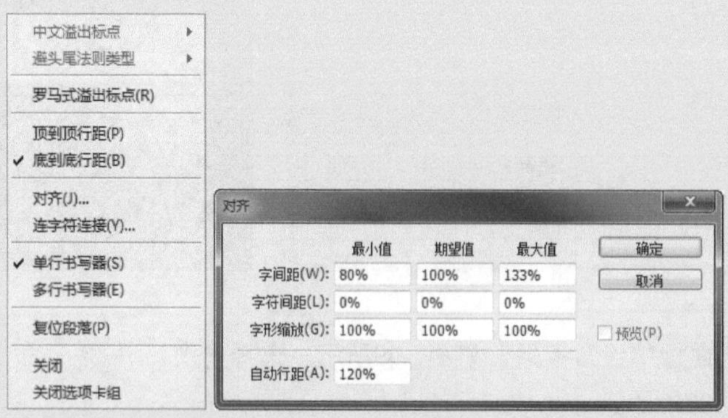

- 连字符连接：该选项用于对“连字”方式进行相应的设置。在“段落”面板中选中“连字”复选框，单击“段落”面板右上角的三角形按钮，在弹出的面板扩展菜单中选择“连字符连接”命令，会弹出“连字符连接”对话框。

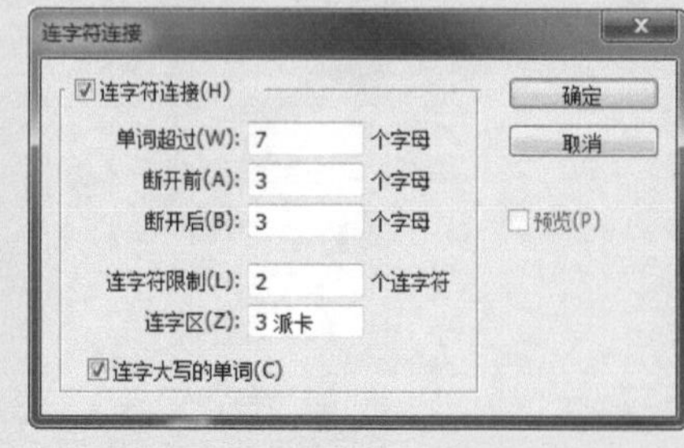

- 复位段落：在“段落”面板扩展菜单中选择“复位段落”命令，可以快速地将指定文本的格式复位为默认参数设置。

提示：在实际应用中，文本不仅仅可以简单地作为普通的叙述文字，还可以将文字的外形做一些调整作为图像应用。将文本转换为选区，再进行相应的编辑和处理，便是其中一个非常重要的应用。

技术看板：载入文字选区

新建一个空白文档，并输入一些文字，如图7-101所示。选择文字图层，然后按下Ctrl键，并单击“图层”面板上的文字图层缩览图，就可以将文字图层的文字载入选区，效果如图7-102所示。

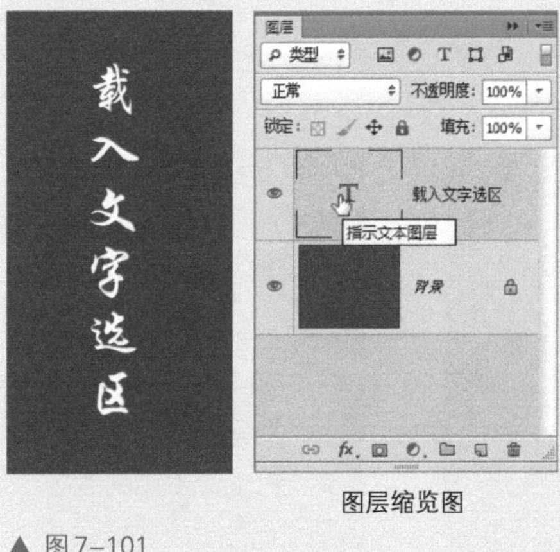

图层缩览图

▲ 图7-101

▲ 图7-102

小技巧：载入文字选区后，可以根据制作需要为选区填充各种颜色，应用各种滤镜或命令添加特效，或者加入其他图像、花纹之类的素材，制作出各种美丽的文字效果。

7.3.5 “段落样式”面板

使用“横排文字工具”在画布中拖出文本框，如图7-103所示。选择“窗口>段落样式”命令，打开“段落样式”面板，单击面板底部的“创建新的段落样式”按钮，创建“段落样式1”，如图7-104所示。

▲ 图7-103

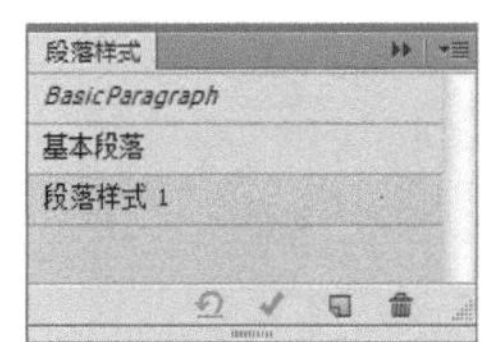

▲ 图7-104

双击“段落样式1”缩览图，打开“段落样式选项”对话框，设置各项参数，如图7-105所示。

段落样式选项

基本字符格式
高级字符格式
OpenType 功能
缩进和间距
排版
对齐
连字符连接

样式名称(N)：段落样式 1
基本字符格式
字体系列：BigNoodleTitling
字体样式：Regular
12 点　(自动)
度量标准　0
大小写：正常
位置：正常
颜色：
删除线
下划线
仿粗体
仿斜体
标准垂直罗马对齐方式
确定
取消
预览(P)

▲ 图7–105

使用“横排文字工具” 在文本框中输入文字，文字效果如图7-106所示。图像最终效果如图7-107所示。

▲ 图7–106

▲ 图7–107

> **提示**：在Photoshop CS6中，除了使用“字符”面板和“段落”面板编辑文本之外，还可以通过执行一些命令进一步编辑文字，如将文本转换为形状，通过拼写检查、查找和替换文本对文本进行检查等操作。

文字调整完成后，图像效果如图7-108所示。至此，杂志封面设计字体调整完成，封面展示效果如图7-109所示。

▲ 图7–108

▲ 图7–109

技术看板：将文字转换为路径

打开一张素材图像，使用“直排文字工具”在画布中输入文字，如图7-110所示。使用快捷键Ctrl+T调出定界框，修改文字的宽度及大小，如图7-111所示。

▲ 图7-110

▲ 图7-111

修改完成后，按Enter键确认操作。选择“文字>创建工作路径” 命令，“路径”面板如图7-112所示。打开“图层”面板，新建图层，隐藏文字图层，如图7-113所示。

▲ 图7-112

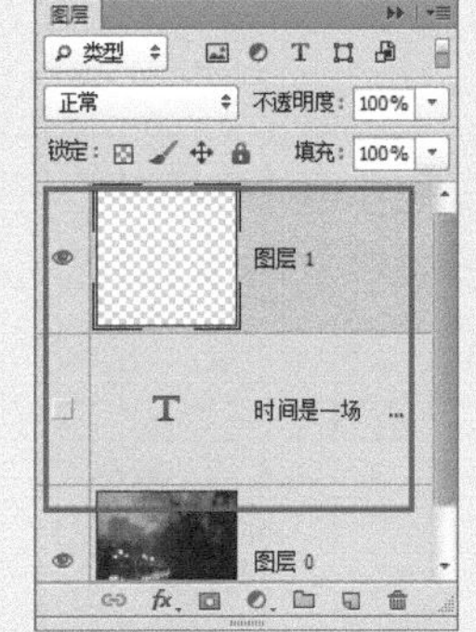

▲ 图7-113

选择“画笔工具”，在“画笔”面板中设置参数，如图7-114所示。再次打开“路径”面板，单击面板底部的“用画笔描边路径”按钮，图像效果如图7-115所示。

▲ 图7-114

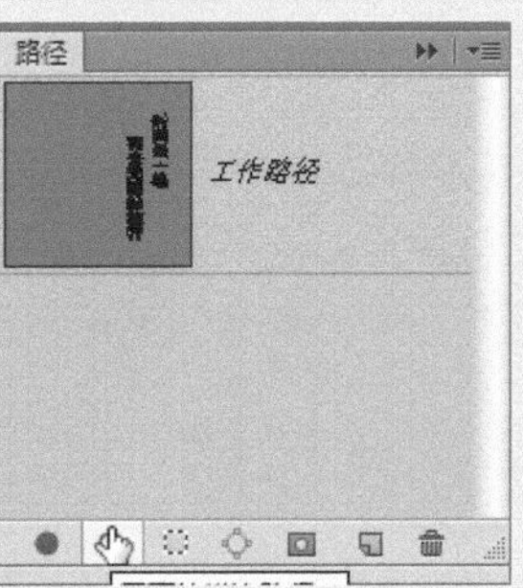

▲ 图7-115

锁定“图层1”图层的透明像素，如图7-116所示。使用“渐变工具”为图层填充渐变色，图像效果如图7-117所示。

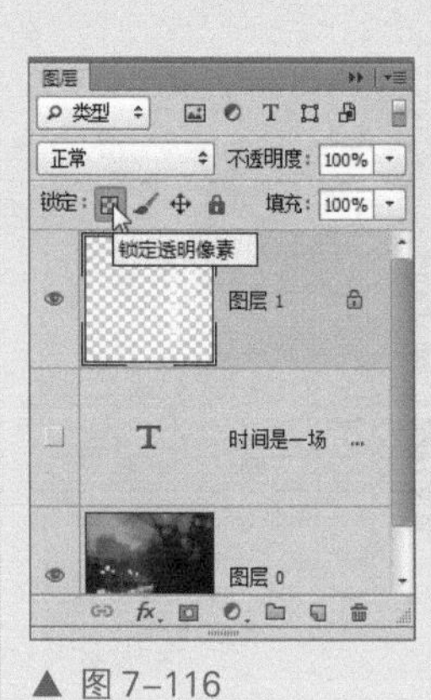

▲ 图 7–116

▲ 图 7–117

技术看板：将文字转换为形状

接上一个案例，打开“图层”面板，显示并选择文字图层，如图7-118所示。选择“文字>转换为形状”命令，可以将其转换为一个形状图层，可以看到图层效果，如图7-119所示。

▲ 图 7–118

▲ 图 7–119

第 8 章 滤镜的使用

用户在处理图像的过程中，经常需要将图像调整为变化万千的特殊效果，而 Photoshop CS6 中的滤镜功能，可以帮助用户在很短的时间内完成这些效果的制作。在 Photoshop CS6 中，有特殊滤镜、内置滤镜和外挂滤镜，使用不同滤镜的组合能够制作出许多特殊的图像效果。

8.1 制作水彩画效果宣传页

本书将使用“素描”滤镜、“艺术效果”滤镜、“查找边缘”滤镜和文字工具来制作唯美的水彩画效果宣传页。使用滤镜可以为普通的图像快速制作用户想要的各种特殊效果，使用户的工作效率得到提高。

8.1.1 素描

打开一张素材图像，如图8-1所示，复制“背景”图层，选择“图像>调整>阴影/高光”命令，在弹出的“阴影/高光”对话框中设置参数，如图8-2所示。

▲ 图 8-1

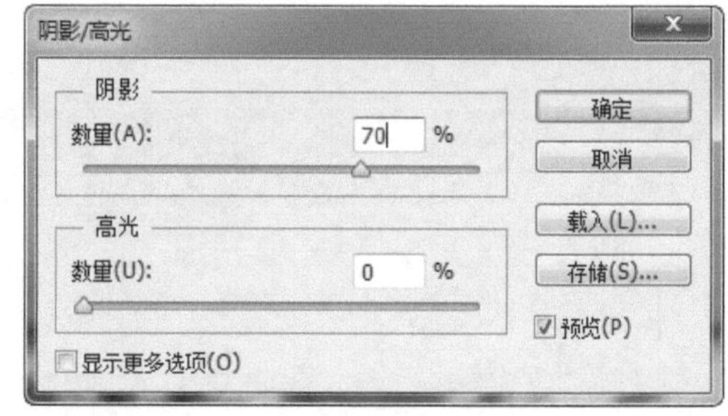

▲ 图 8-2

连续按3次快捷键Ctrl+J复制“背景 副本”图层，如图8-3所示。选择“背景 副本 2”图层，隐藏另外两个复制的图层。选择“滤镜>滤镜库”命令，选择“素描”效果下的 “水彩油画”选项，弹出“水彩油画”对话框，如图8-4所示。

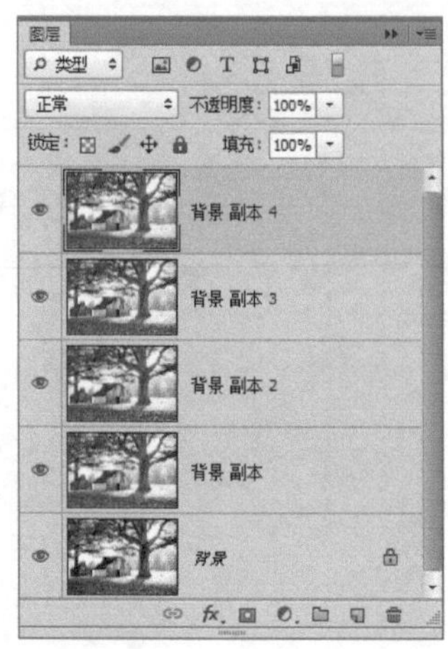

▲ 图 8-3

▲ 图 8-4

小技巧： 在Photoshop CS6中的5组滤镜组已被合并到了滤镜库中，如果想要它们显示在菜单中，可以选择“编辑>首选项>增效工具”命令，在对话框中选中“显示滤镜库的所有组和名称”复选框，全部滤镜组将会显示在滤镜菜单中的下拉列表中。

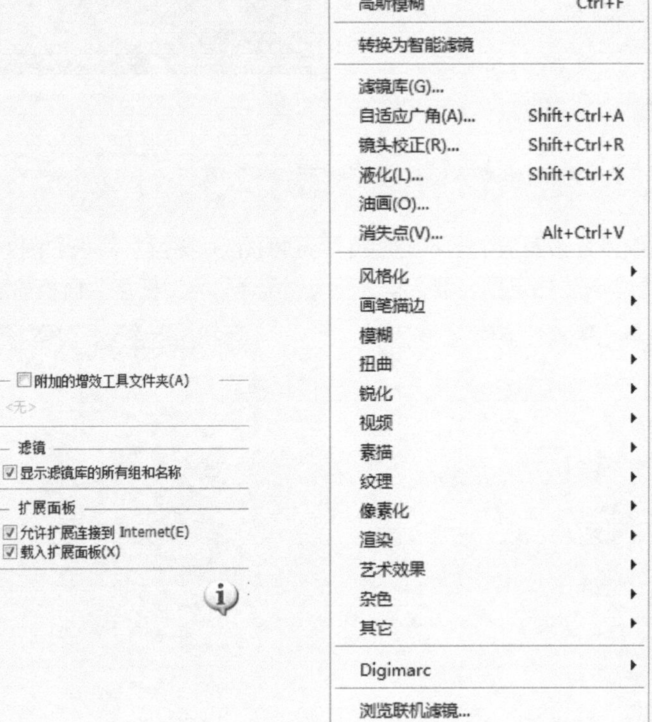

提示： 滤镜是Photoshop CS6中的重要组成部分，恰当地使用滤镜能够为作品增添色彩，使用滤镜无须耗费大量时间和精力，就可以快速制作出各种有趣的视觉效果，使设计作品产生意想不到的效果。

疑难解答：滤镜的种类

当需要对图层或选区进行特定变化，实现如马赛克、云彩、扭曲、球形化、浮雕化、波动等效果时，都可以使用特定的滤镜。在Photoshop中，滤镜包括特殊滤镜、内置滤镜和外挂滤镜。

- 特殊滤镜：特殊滤镜包括滤镜库、液化滤镜和消失点滤镜，其功能强大而且使用频繁，在“滤镜”菜单中的位置也区别于其他滤镜。
- 内置滤镜：内置滤镜包括多种多样的滤镜，分为9种滤镜组，广泛应用于纹理制作、图像效果修整、文字效果制作、图像处理等各个方面。
- 外挂滤镜：外挂滤镜并非Photoshop自带的滤镜，而是需要用户单独安装的。其种类繁多，效果奇妙，如KPT、Eye、Candy等都是著名的外挂滤镜。

设置“水彩画纸”滤镜的各项参数，设置完成后，单击“确定”按钮，确认操作，图像效果如图8-5所示。

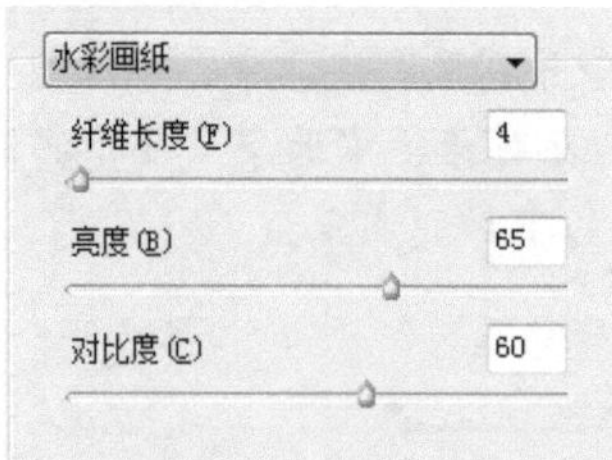

▲ 图 8-5

8.1.2 艺术效果

接上一节，继续设置该图层的“不透明度”为80%，“图层”面板如图8-6所示。选择并显示“背景 副本 3”图层，设置图层的“混合模式”为“柔光”，“图层”面板如图8-7所示。

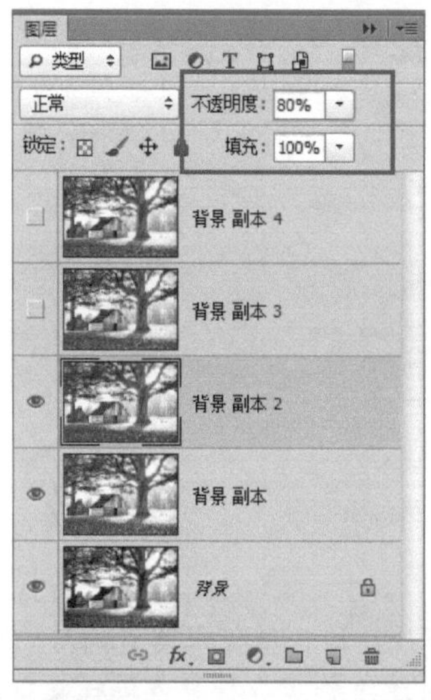

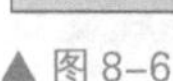
▲ 图 8-6

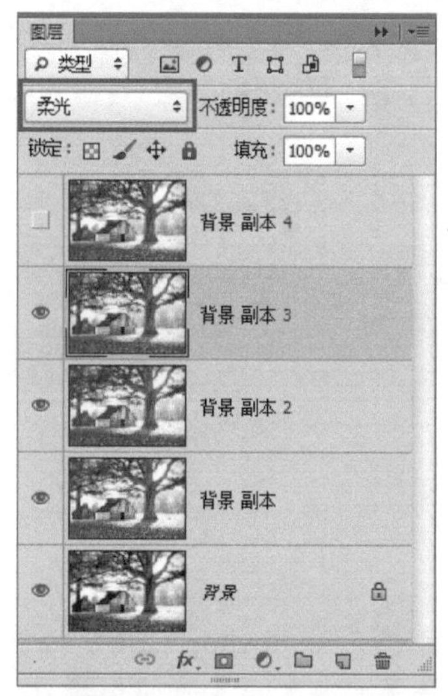

▲ 图 8-7

选择“滤镜>滤镜库”命令，选择“艺术效果”选项的“调色刀”效果，显示“调色刀”设置界面，如图8-8所示。

▲ 图 8-8

提示：选择“滤镜>滤镜库”命令，打开“滤镜库”对话框，对话框左侧为预览区，中间6组为可供选择的滤镜，右侧为滤镜参数设置区。滤镜组包括“风格化”“画笔描边”“扭曲”“素描”“纹理”和“艺术效果”6组命令。

疑难解答：滤镜库

- 预览区：用来预览当前使用滤镜的效果。
- 滤镜组：滤镜库中包含6组滤镜，单击滤镜组前的按钮或滤镜组名称，可以展开该滤镜组，单击滤镜组中的滤镜即可使用该滤镜。
- 参数设置：用来设置滤镜组中各个滤镜的相关参数。
- 弹出式菜单：在该弹出式菜单中包含6个滤镜组中所有的滤镜，这些滤镜是按照滤镜名称拼音的先后顺序排列的。
- 新建效果图层：单击“新建效果图层”按钮，可创建一个滤镜效果图层，创建后的图层即可使用滤镜效果。选择某一使用滤镜效果的图层，单击其他滤镜可更改当前效果图层的滤镜。图层顺序不同，滤镜在图像上的效果也会发生变化。
- 删除效果图层：单击“删除效果图层”按钮，可将滤镜图层删除，同时该图层上应用的滤镜效果也会被删除。
- 预览缩放：可放大或缩小预览图像的显示比例。
- 效果图层：在“滤镜库”中单击任意一个滤镜后，该滤镜就会出现在对话框右下角的图层列表中。

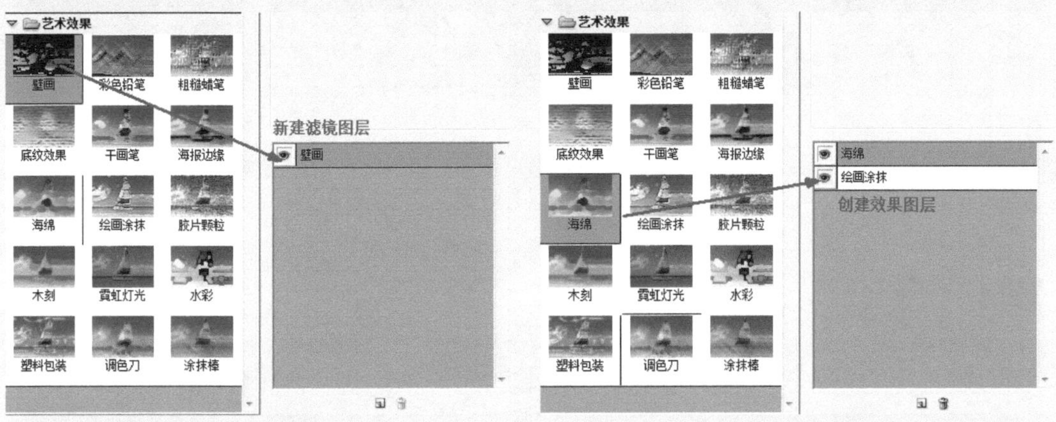

滤镜图层与图层的操作方法相同，上下拖动效果图层，可以调整它们的顺序，滤镜效果也会改变。

技术看板：自适应广角滤镜

打开一张素材图像，如图8-9所示。选择“滤镜>自适应广角”命令，打开“自适应广角”对话框，如图8-10所示。

▲ 图 8–9

▲ 图 8–10

单击左侧工具栏中的“约束工具”按钮，在图像上创建如图8-11所示的约束。使用相同的方式为图像添加多条约束线条，如图8-12所示。

▲ 图 8–11

▲ 图 8–12

单击“确定”按钮，可以看到校正后的效果，如图8-13所示。使用“裁剪工具”裁剪图像，效果如图8-14所示。

▲ 图 8–13

▲ 图 8–14

提示：“自适应广角”滤镜主要用来修复枕形失真图像。选择“滤镜>自适应广角”命令，弹出“自适应广角”对话框。对话框中包含用于定义透视的选项卡、用于编辑图像的工具，以及一个可预览图像工作区和一个细节查看预览区。

疑难解答：“自适应广角”滤镜

“自适应广角”滤镜：包括“约束工具”“多边形约束工具”“移动工具”“抓手工具”和“放大工具”，可以对图像进行放大和移动。

- 约束工具：单击图像或拖动端点可添加或编辑约束。按住Shift键可添加水平垂直约束，按住Alt键可删除约束。
- 多边形约束工具：单击图像或拖动端点可添加或编辑多边形约束。单击初始起点可结束约束，按住Alt键可删除约束。
- 移动工具：使用该工具可移动画面中的图像到指定位置。
- 抓手工具：单击“抓手工具”后，将鼠标指针移动到画面中，可以有效地移动窗口中的对象。
- 放大工具：单击或在窗口中拖动可以放大区域，按住Alt键单击或拖动可以缩小区域。
- 校正工具：可以对图像进鱼眼校正、透视校正，把图像调整到合适的方位。
- 鱼眼：可以在对话框中设置各项参数以实现想要的效果。
- 透视：可以把图像调整到合适的方位。

- 自动：可以自动调整图像，但是必须配置“镜头型号”和“相机型号”才能使用。
- 完整球面：可以使图像变得球面化，也可以消除球面化，但是长和宽的比必须是1：2才能使用，否则无效。
- 缩放：可以设置画面的比例，使画面可以放大或缩小到指定的比例。
- 焦距：可以设置画面的焦距，将图像的焦距调整到合适的位置。
- 裁剪因子：指定画面的裁剪因子。
- 细节：可以更清楚地预览图像局部。
- 显示网格：选中此复选框可在预览区中显示网格，通过网格可以更好地查看和跟踪图像效果。
- 显示约束：可以将制作的约束显示和隐藏。
- 预览：可以将制作的图像效果显示和隐藏。

提示：“自适应广角”滤镜可以在图像中添加或编辑约束和多边形约束，在透视平面的图像中进行透视校正。

8.1.3 查找边缘

接上一节，设置“调色刀”滤镜的各项参数，如图8-15所示。选择并显示“背景 副本4”图层，选择“滤镜>风格化>查找边缘”命令，效果如图8-16所示。

▲ 图 8-15

▲ 图 8-16

提示：“查找边缘”滤镜能自动搜索图像像素对比变化剧烈的边界，将高反差区变亮、低反差区变暗，其他区域则介于两者之间，硬边变为线头，而柔边变粗，形成一个清晰的轮廓。

疑难解答：“风格化”滤镜组

①使用“等高线”滤镜可以查找图像中主要亮度区域的转换，并且在每个颜色通道中勾勒主要亮度区域的转换，从而使图像获得与等高线图中的线条类似的效果。执行该命令，弹出“等高线”对话框，设置完成后可以为图像应用“等高线”滤镜。

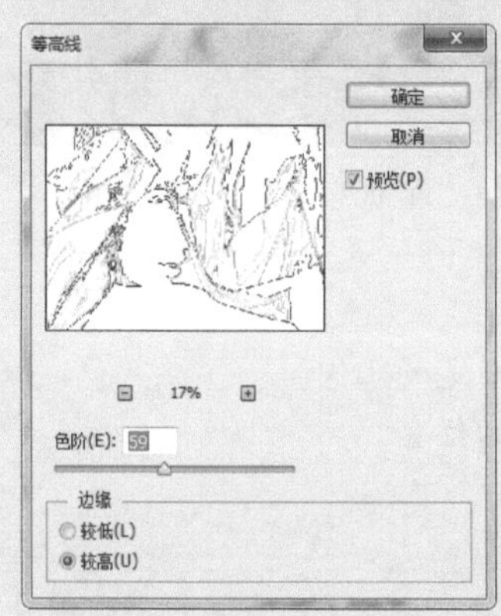

②“风”滤镜是通过在图像中增加一些细小的水平线来模拟风吹的效果。该滤镜只在水平方向起作用，将图像旋转，再使用此滤镜，可以产生其他方向的效果。执行该命令，弹出“风”对话框，设置完成后可以为图像应用“风”滤镜。

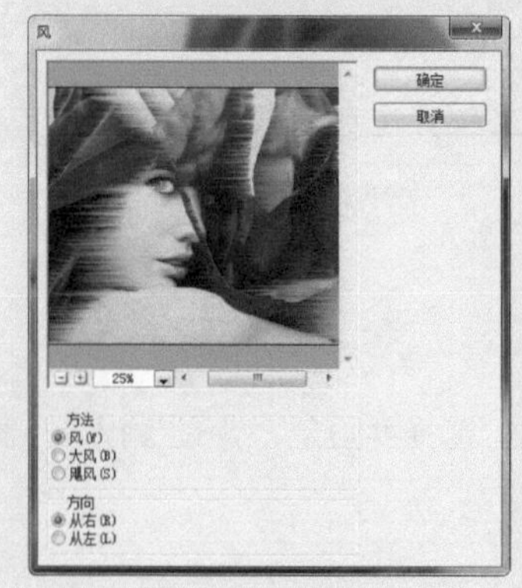

③“浮雕效果”滤镜可通过勾画图像或选区的轮廓并降低周围色值来生成凸起或凹陷的浮雕效果。执行该命令，可以弹出“浮雕效果”对话框，单击“确定”按钮，可以为图像应用“浮雕效果”滤镜。

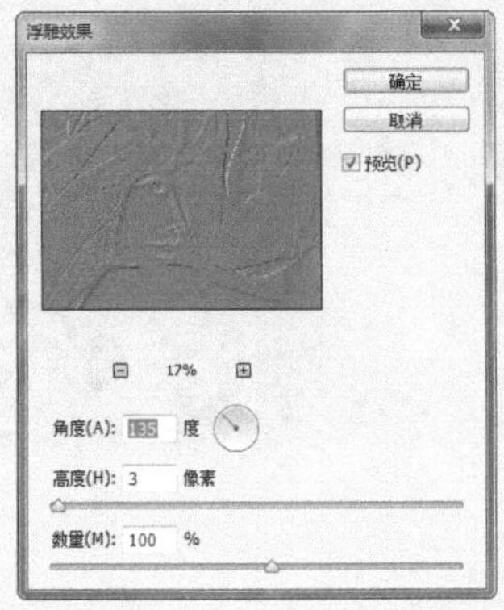

④“扩散”滤镜可以将图像中相邻像素按规定的方式有机移动，使图像扩散，形成一种看似透过磨砂玻璃观察图像的分离模糊效果。执行该命令，可以弹出“扩散”对话框，完成设置后可以为图像应用“扩散”滤镜。

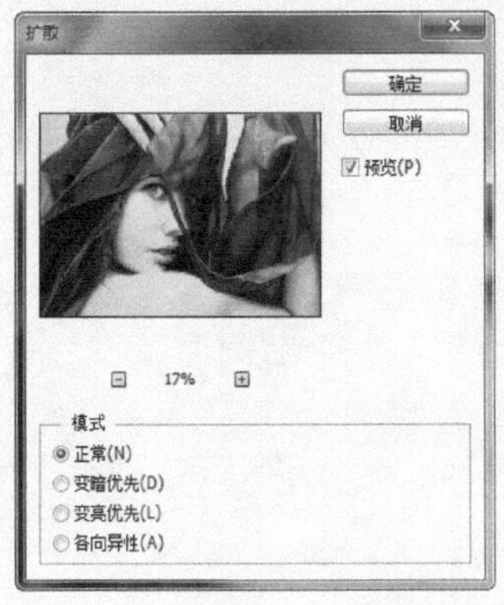

⑤“拼贴”滤镜可根据对话框中的指定值将图像分为块状，使其偏离原来的位置，产生不规则的瓷砖拼凑成的效果。执行该命令，可以弹出“拼贴”对话框，完成设置后可以为图像应用“拼贴”滤镜。

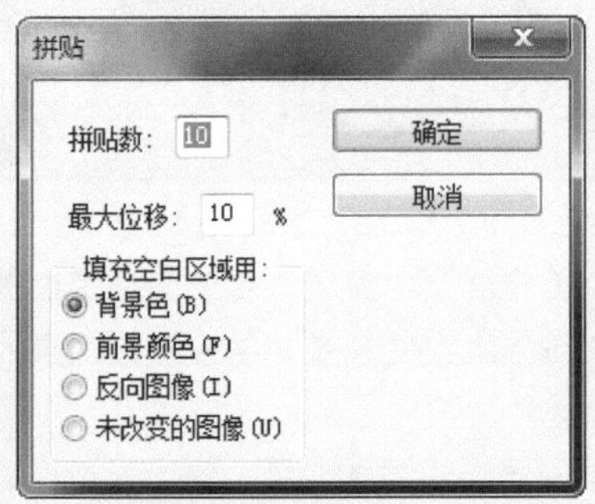

⑥“曝光过度”滤镜可以使图像产生正片和负片混合的效果，模拟摄影中因为增加光线强度而产生的过度曝光效果。

⑦“凸出”滤镜可以将图像分成一系列大小相同且有机重叠放置的立方体或锥体，产生特殊的三维效果。

▲ 曝光过度　　▲ 凸出

设置该图层的“混合模式”为“正片叠底”、“不透明度”为“20%”，“图层”面板如图8-17所示，图像效果如图8-18所示。

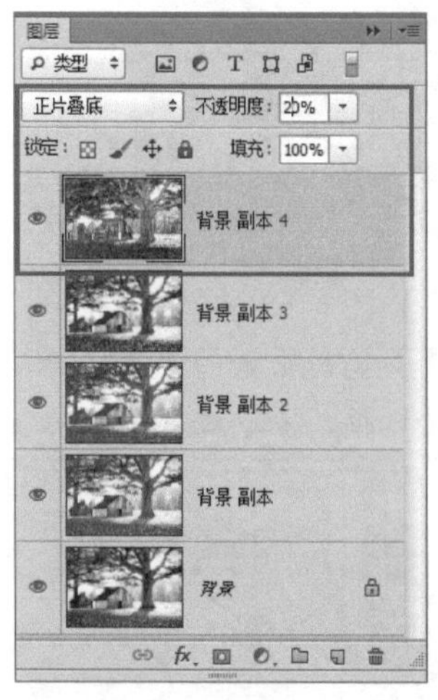

▲ 图 8–17

▲ 图 8–18

新建“图层1”，单击“渐变工具”按钮，在“渐变编辑器”中设置渐变色为白黑白渐变，如图8-19所示。按住Shift键，从“图层1”画面的顶部到底部创建线性渐变，并设置该图层的“混合模式”为“滤色”，如图8-20所示。

完成图像的绘制，效果如图8-21所示。使用文字工具在画布中添加文字，使得设计作品具有完整性和商业性，如图8-22所示。

▲ 图 8-19

▲ 图 8-20

▲ 图 8-21

▲ 图 8-22

技术看板：“镜头校正”滤镜

打开一张素材图像，如图8-23所示。选择“滤镜>镜头校正”命令，弹出“镜头校正”对话框，选择“自定”选项卡，如图8-24所示。

▲ 图 8-23

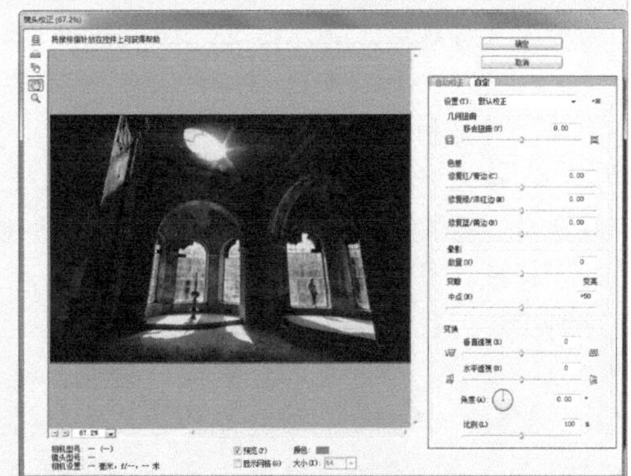

▲ 图 8-24

拖动“垂直透视”滑块到-50，如图8-25所示。单击“确定”按钮，垂直透视校正图像效果如图8-26所示。

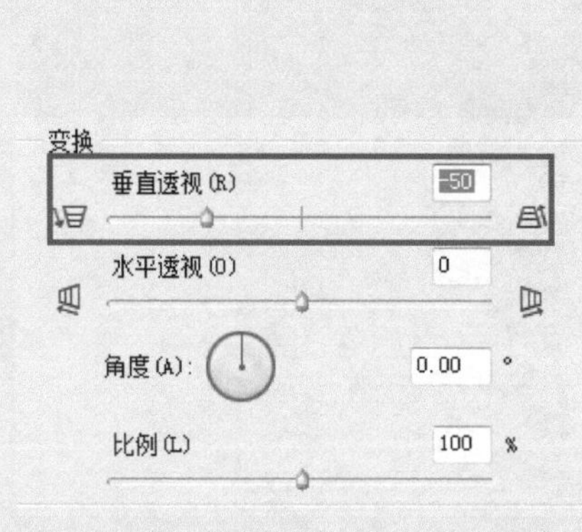

▲ 图 8-25

▲ 图 8-26

提示：“镜头校正”滤镜用于修复常见的镜头缺陷，如桶形失真、枕形失真、色差及晕影等，也可以用来旋转图像，或修改由于相机垂直或水平倾斜而导致的图像透视现象。在进行变换和变形操作时，该滤镜要比“变换”命令更为强大，该功能以网格调整透视，使得校正图像变得更加轻松和精确。

疑难解答：“镜头校正”滤镜

镜头校正可以使用下列工具手动调整：使用“移去扭曲工具”可以校正图像拍摄产生的桶形失真和枕形失真；使用“拉直工具”可以校正倾斜的图像；“移动网格工具”用来移动网格，以便使它与图像对齐；“抓手工具”和“缩放工具”用于移动画面和缩放窗口的显示比例。在“预览”选项区域可以预览校正效果。选中“显示网格”复选框，可以在窗口中显示网格。通过“大小”选项可以调整网格间距；通过“颜色”选项可以修改网格线的颜色。

在“自定”选项卡中，用户可以根据需求自定义参数。

- 移去扭曲：该选项与“移去扭曲工具”的作用相同，可以手动校正图像拍摄产生的桶形失真和枕形失真。通过“移去扭曲”选项可以更加精确地校正图像的几何扭曲效果。
- 角度：可以旋转图像对由于相机歪斜而产生的图像倾斜进行校正，该选项与“拉直工具”的作用相同。
- 色差：通过对具体数值的设置，校正由于镜头对不同平面颜色的光进行对焦而产生的色边。修复红/青边：通过调整红色通道的大小，针对红/青色边进行补偿；修复绿/洋红边：通过调整绿色通道的大小，针对绿/洋红色边进行补偿；修复蓝/黄边：通过调整蓝色通道的大小，针对蓝/黄色边进行补偿。
- 晕影：通过对具体数值的设置，校正由于相机镜头缺陷或镜头遮光处理不正确而导致边缘较暗的图像。“数量”可以设置沿图像边缘变亮或变暗的程度；“中点”是指定受“数量”滑块影响区域的宽度，如果指定较小的数值，则会影响较多的图像区域，如果指定较大的数值，只会影响图像的边缘。
- 变换：通过对具体数值的设置，校正倾斜的图像，使图像达到最佳的效果。垂直透视用来校正由于相机垂直倾斜而导致的图像透视效果。水平透视用来校正由于相机水平倾斜而导致的图像透视效果。

- 比例：可以向内侧或外侧调整图像缩放比例，图像的像素尺寸不会改变。该选项的主要用途是移去由于枕形失真、旋转或透视校正而产生的图像空白区域。放大图像实际上是裁剪图像，并使插值增大到原始像素尺寸。

小技巧：如果需要对大量图像选择“镜头校正”操作，可以通过选择“文件>自动>镜头校正”命令来完成。在弹出的“镜头校正”对话框中，选择需要进行批量镜头校正的图像，选择合适的镜头校正配置文件，选中需要的“校正选项”，单击“确定”按钮，Photoshop会快速而准确地完成所有图像的镜头校正工作。

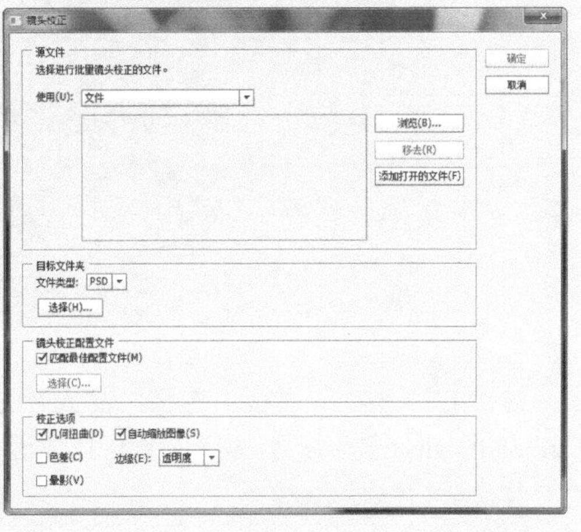

8.2 数码影像人物照片精修

在信息和科技飞速发展的今天，大众对美的理解和定义越来越高，同时使得女性对自己的身材要求也随之提高，下面将使用“液化”滤镜、“USM”锐化滤镜和“高斯模糊”滤镜修饰人物身形，如图8-27所示。

▲ 图 8-27

8.2.1 液化

打开一张素材图像，如图8-28所示。新建“色彩平衡”调整图层，在弹出的“属性”面板中设置各项参数，如图8-29所示。

▲ 图 8-28

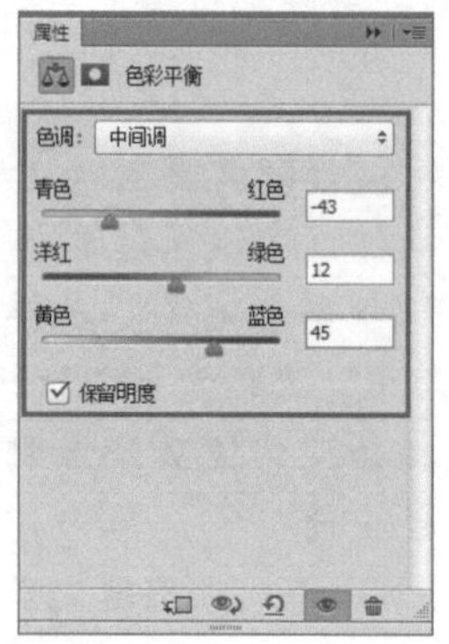

▲ 图 8-29

继续在“属性”面板中选择“高光”选项并设置各项参数，如图8-30所示。按快捷键Ctrl+Shift+Alt+E盖印图层，得到“图层1”图层，“图层”面板和图像效果如图8-31所示。

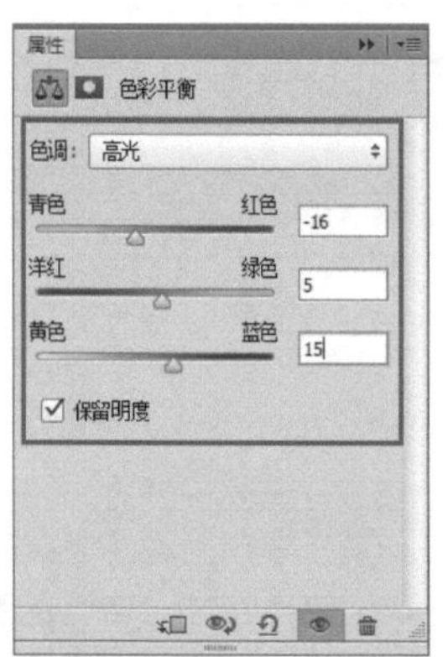

▲ 图 8-30

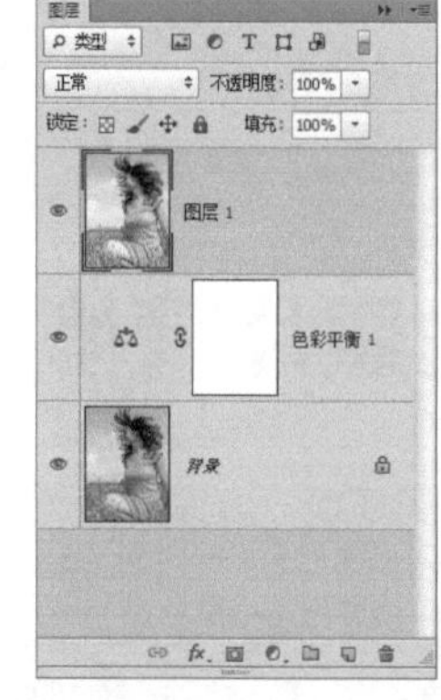

▲ 图 8-31

选择“滤镜>液化”命令，弹出“液化”对话框，在对话框中选择“向前变形工具”，在“工具选项”选项组中设置参数，如图8-32所示。对人物的胳膊进行变形调整，可以看到图像效果如图8-33所示。

载入网格(L)... 载入上次网格(O) 存储网格(V)...
高级模式
工具选项
画笔大小：300
画笔密度：50
画笔压力：30
画笔速率：80
光笔压力

▲ 图 8-32

▲ 图 8-33

继续使用“向前变形工具”对图像的其他部分进行变形，效果如图8-34所示。使用“裁剪工具”将图像中多余的部分裁切掉，如图8-35所示。

▲ 图 8-34

▲ 图 8-35

小技巧：“液化”滤镜是修饰图像和创建艺术效果的强大工具，该滤镜能够非常灵活地创建推拉、扭曲、旋转和收缩等变形效果，可以用来修改图像的任意区域。

疑难解答：液化

选择“滤镜>液化”命令，弹出“液化”对话框，在该对话框中可以满足基本的液化操作。如果用户希望使用更高级的液化操作，可以选中“高级模式”复选框。

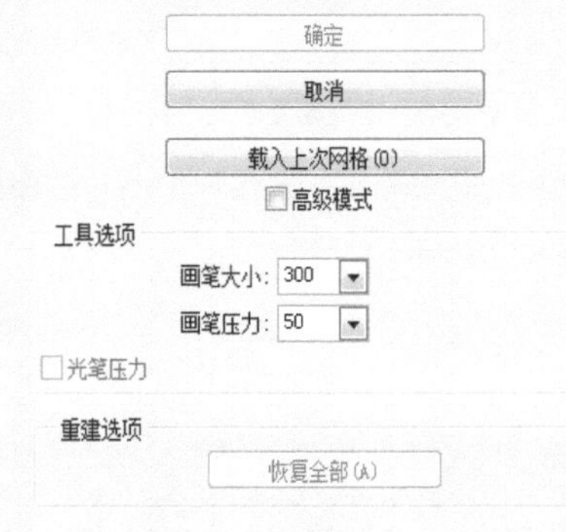

• 液化工具：“液化”对话框中包含各种变形工具，选择这些工具后，在对话框中的图像上单击并拖动鼠标即可进行变形操作，变形效果集中在画笔区域中心，并且会随着鼠标在某个区域中的重复拖动而得到增强。

• 工具选项：“液化”对话框中的工具选项用来设置当前选择工具的属性，通过设置工具的选项可以更好地处理图像的单击区域。

• 重建选项：“液化”对话框中的“重建选项”用来设置重建的方式，以及撤销所做的调整，通过设置“重建选项”可以方便用户处理图像。

• 蒙版选项：如果图像中包含选区或蒙版，可通过“液化”对话框中的“蒙版选项”设置蒙版的保留方式。

• 视图选项：“液化”对话框中的“视图选项”用来设置图像、网格和背景的显示与隐藏。此外，还可以对网格大小和颜色、蒙版颜色、背景模式和透明度进行设置。

技术看板："油画"滤镜

打开一张素材图像，选择"滤镜>油画"命令，弹出"油画"对话框，如图8-36所示。参数设置完成后，单击"确定"按钮，确认操作，图像效果如图8-37所示。

▲ 图 8-36

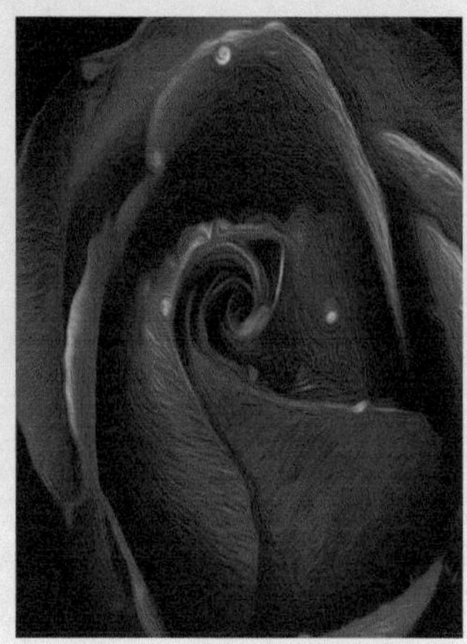

▲ 图 8-37

提示： Photoshop CS6中新增了一个全新的"油画"滤镜，使用这个滤镜可以轻松地制作出充满质感的油画效果。

8.2.2 USM锐化

选择"滤镜>锐化>USM锐化"命令，在弹出的"UMS锐化"对话框中设置参数，如图8-38所示。按快捷键Ctrl+F再次选择"USM锐化"命令，图像效果如图8-39所示。

▲ 图 8-38

▲ 图 8-39

疑难解答："USM锐化"滤镜

"USM锐化"滤镜可以查找图像中颜色发生明显变化的区域，然后将其锐化。

- 数量：用来设置锐化效果的强度。该值越大，锐化效果越明显。

- 半径：用来设置锐化的范围。
- 阈值：只有相邻像素间的差值达到该值所设定的范围时才会被锐化。因此，该值越高，被锐化的像素就越少。

小技巧："锐化"滤镜通过增加像素间的对比度使图像变得清晰，锐化效果不是很明显。"进一步锐化"滤镜用来设置图像的聚焦选区并提高其清晰度达到锐化效果。"进一步锐化"滤镜比"锐化"滤镜的效果更强烈一些，相当于用了两三次"锐化"滤镜。这两种锐化命令都没有对话框。

小技巧：“锐化边缘”滤镜与“USM锐化”滤镜一样，都可以查找图像中颜色发生明显变化的区域，然后将其锐化。“锐化边缘”滤镜只锐化图像的边缘，同时保留总体的平滑度，该命令无对话框。

小技巧：“智能锐化”滤镜具有“USM锐化”滤镜不具备的锐化控制功能，通过该功能可设置锐化算法，或控制在阴影和高光区域中进行的锐化量。

- 数量：用来设置锐化的数量。该值越大，边缘像素之间的对比度也就越强，图像看起来更加锐利。
- 半径：用来确定受锐化影响的边缘像素的数量。该值越高，受影响的边缘就越宽，锐化的效果也就越明显。

技术看板：“消失点”滤镜

打开一张素材图像，如图8-40所示。选择“滤镜>消失点”命令，弹出“消失点”对话框，如图8-41所示。

▲ 图 8-40

▲ 图 8-41

单击“创建平面工具”按钮，在图像中沿透视角度绘制如图8-42所示的平面。单击工具栏中的“图章工具”按钮，按住Alt键在图像左侧单击进行取样，如图8-43所示。

▲ 图 8-42

▲ 图 8-43

在刚刚创建平面区域的右侧单击以进行仿制，并进行多次仿制，效果如图8-44所示。单击“确定”按钮，效果如图8-45所示。

▲ 图 8-44

▲ 图 8-45

提示：“消失点”滤镜可以在具有透视平面的图像中进行透视校正，如建筑物侧面或任何矩形对象。使用“消失点”滤镜，可以在图像中指定透视平面，然后应用如绘画、仿制、复制或粘贴及变换等编辑操作，所有的操作都采用该透视平面来处理。

疑难解答：“消失点”滤镜

编辑平面工具　创建平面工具　选框工具　图章工具　画笔工具　变换工具　吸管工具　测量工具　抓手工具　缩放工具

- 编辑平面工具：用来选择、编辑、移动平面的节点及调整平面的大小。
- 创建平面工具：创建透视平面时，定界框和网格会改变颜色，以指明平面的当前情况。
- 选框工具：在平面上单击并拖动鼠标可以选择平面上的图像。选择图像后，将光标放在选区内按住Alt键拖动可以复制图像；按住Ctrl键拖动选区，可以用源图像填充该区域。
- 图章工具：使用该工具时，按住Alt键在图像中单击可以为仿制设置取样点，在其他区域拖动鼠标可以复制图像；按住Shift键单击可以将描边扩展到上一次单击处。
- 画笔工具：可在图像上绘制选定的颜色。
- 变换工具：使用该工具时，可以通过移动定界框的控制点来缩放、旋转和移动浮动选区，类似于在矩形上使用“自由变换”命令。

- 吸管工具：可拾取图像中的颜色作为画笔工具的绘画颜色。
- 测量工具：可在平面中测量项目的距离和角度。
- 抓手工具和缩放工具：用于移动画面以及缩放窗口的显示比例。

小技巧：使用“消失点”修饰、添加或去除图像中的内容时，Photoshop CS6可以正确确定这些编辑操作的方向，并将复制的图像缩放到透视平面，使效果更加逼真。

8.2.3 高斯模糊

选择“滤镜>模糊>高斯模糊”命令，弹出“高斯模糊”对话框，参数设置如图8-46所示。完成操作后，“图层”面板和图像效果如图8-47所示。

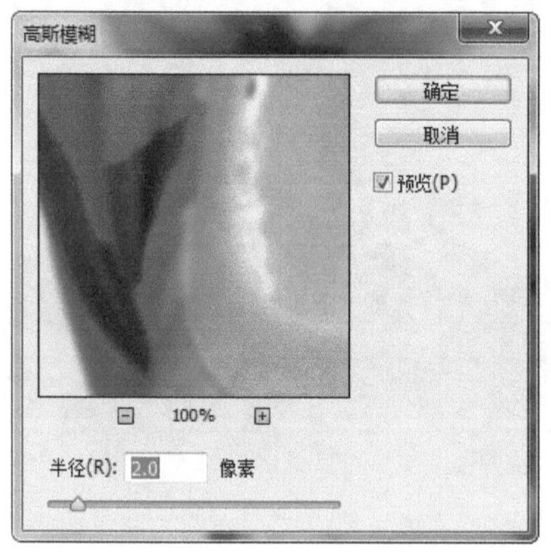

▲ 图 8-46

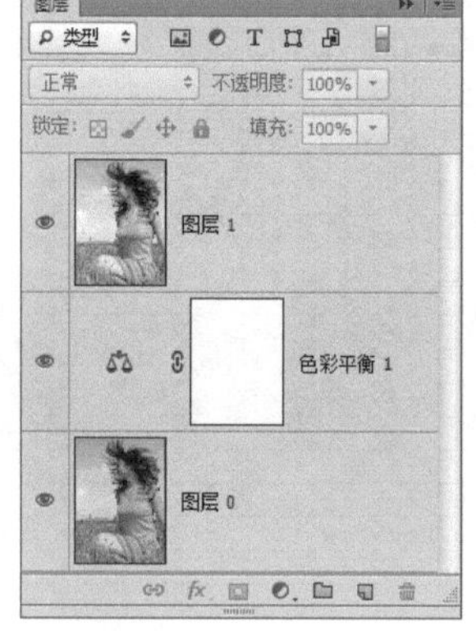

▲ 图 8-47

提示：“高斯模糊”滤镜可以添加低频细节，使图像产生一种朦胧效果。“高斯模糊”对话框中的“半径”选项用来设置模糊的范围，以像素为单位。设置的数值越高，模糊的效果越强烈。

疑难解答：“模糊”滤镜组中的“场景模糊”

“场景模糊”滤镜可以在图像中应用一致模糊或渐变模糊，从而使画面产生一定的景深效果。选择“滤镜>模糊>场景模糊”命令，弹出如右图所示的界面。

- 选区出血：如果要对选区中的区域应用模糊效果，该选项可以控制应用到所选区域的模糊量，取值范围为0~100%。如果图像中不包含选区，则该选项不可用。
- 聚焦：该选项只有“场景模糊”不可用，所以此处不多述。

• 将蒙版存储到通道：选中该复选框可以将模糊蒙版存储到“通道”面板中。按下M键可以预览模糊蒙版。

• 高品质：选中该复选框可启用更准确的散景。

• 模糊：用于控制图钉所在区域图像的模糊量，取值范围为0~500像素。设置的参数值越高，画面的模糊程度越高。

小技巧：用户可以在画面中的不同区域单击添加“图钉”，并为每个图钉应用不同的模糊量，从而实现平滑的渐变模糊效果。使用鼠标拖动图钉可移动其位置，按Delete键可删除当前选中的图钉。将鼠标放置在外围的圆环上，并沿着圆环顺时针或逆时针拖动鼠标可放大或缩小模糊量。

疑难解答：光圈模糊

• 聚焦：用于控制图钉中心区域的模糊量，只有“场景模糊”不可用，取值范围为0~100%。设置的参数越低，图钉所在区域聚焦程度越低，焦点区域越模糊。

• 调整范围边框的形状：将鼠标置于模糊范围边框上较大的方形控制点上向外拖动，可以得到方形的范围边框。

• 旋转范围边框：将鼠标置于模糊范围边框上的方形控制点，鼠标指针变为↻时拖动鼠标，对边框进行不等比例的旋转。

• 缩放边框：将鼠标放置在边框上，鼠标指针变为↔时拖动鼠标，可等比例缩放模糊范围，模糊的起始点也会随之变化。

• 起始点：用于定义模糊的起始点。4个起始点到图钉之间的区域完成聚焦，起始点到边框之间的范围模糊程度逐步递增，边框之外的区域完全被模糊。用户可以拖动4个点来调整模糊开始的区域。按下Alt键拖动鼠标可以调整单个点的位置。

提示：“光圈模糊”不同于“场景模糊”之处在于，“场景模糊”定义了图像中多个点之间的平滑模糊；而“光圈模糊”则定义了一个椭圆形区域内模糊效果从一个聚焦点向四周递增的规则。

疑难解答：倾斜偏移

“倾斜偏移”滤镜可以在图像中创建焦点带，以获得带状的模糊效果。选择“滤镜>模糊>倾斜偏移”命令，弹出“倾斜偏移”的界面。

• 调整模糊起始点：将鼠标置于实线上，拖动鼠标，可调整模糊起始点的位置。

• 旋转边框：将鼠标置于实线中间的原点上，拖动鼠标，可旋转模糊边框的角度。

• 缩放模糊边框：将鼠标置于虚线上拖动鼠标，可缩放模糊边框，调整边框的范围。

• 扭曲度：用于控制模糊扭曲的形状，默认值为0。当设置的参数为正值时，模糊区域将产生放射状扭曲。

• 对称扭曲：一般情况下，设置的“扭曲度”只对一个方向的模糊区域起作用，选中“对称扭曲”复选框可同时从两个方向启用扭曲。

提示：与其他命令不同，选择“场景模糊”“光圈模糊”和“倾斜偏移”命令后不会弹出对话框，而是在界面右侧弹出两个选项面板，并在界面上方显示选项栏。

技术看板：表面模糊

打开一张素材图像，如图8-48所示。选择“滤镜>模糊>表面模糊”命令，弹出“表面模糊”对话框，设置各项参数，完成模糊操作的图像效果如图8-49所示。

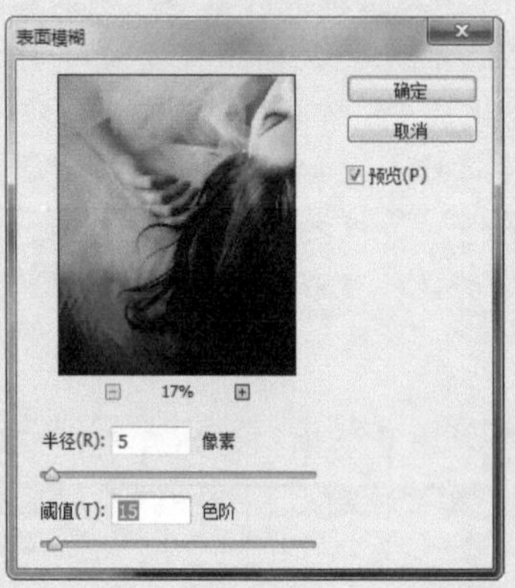

▲ 图 8-48

▲ 图 8-49

小技巧：“半径”用来指定模糊取样区域的大小，数值越大，模糊的范围就越大。“阈值”用来控制相邻像素色调值与中心像素值相差多大时才能成为模糊的一部分，色调值差小于该值的像素将被排除在模糊之外。

技术看板：动感模糊

打开一张素材图像，使用“快速选择工具”选中人物并反向选区，复制图层，如图8-50所示。选择“滤镜>模糊>动感模糊”命令，弹出“动感模糊”对话框，设置各项参数，如图8-51所示。

▲ 图 8-50

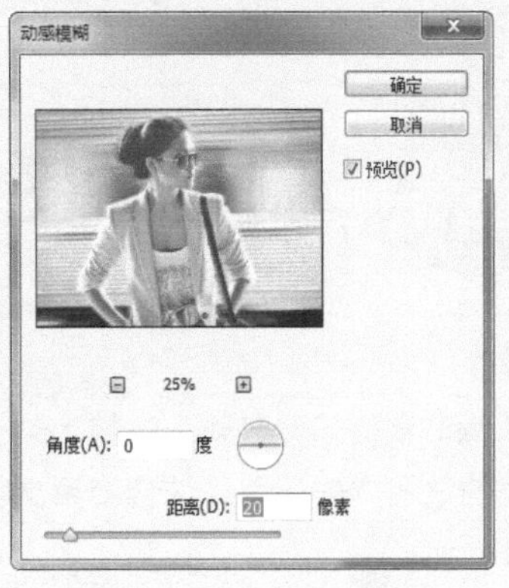

▲ 图 8-51

参数设置完成后，单击“确定”按钮，确认完成模糊操作，如图8-52所示。使用快捷键Ctrl+D取消选区，图像效果如图8-53所示。

▲ 图 8-52

▲ 图 8-53

提示：“动感模糊”对话框中的“角度”选项是用来设置模糊方向的，可以输入角度值，也可以拖动鼠标指针调整角度；“距离”选项则是用来设置像素移动距离的。

疑难解答：“模糊”滤镜组中的其他滤镜

- “方框模糊”滤镜是基于相邻像素的平均颜色来模糊图像的。
- “模糊”滤镜和“进一步模糊”滤镜都可以对图像边缘过于清晰、对比度过于强烈的区域进行光滑处理，使图像产生模糊的效果，但它们所产生的模糊程度不同，“进一步模糊”滤镜所产生的模糊效果是“模糊”滤镜的3~4倍。
- “径向模糊”滤镜可以模拟缩放或旋转相机所产生的模糊效果。
- “镜头模糊”滤镜通过图像的Alpha通道或图层蒙版的深度值来映射图像中像素的位置，产生带有镜头景深的模糊效果。
- “平均模糊”滤镜可以查找图像的平均颜色，然后以该颜色填充图像，创建平滑的外观。

- “特殊模糊”滤镜提供了“半径”“阈值”和“模糊品质”等设置选项，可以精确地模糊图像。
- “形状模糊”滤镜可以使用指定的形状创建特殊的模糊效果。

8.3 制作贴图广告

本节将使用“云彩”滤镜、“分层云彩”滤镜、“中间值”滤镜和“置换”滤镜制作具有褶皱效果的贴图广告。之后结合使用文字工具和形状工具，简捷、快速地完成酒店宣传页的制作，如图8-54所示。

▲ 图 8-54

8.3.1 云彩

选择“文件>新建”命令，弹出“新建”对话框，参数设置如图8-55所示。单击“确定”按钮，新建空白文档。按D键恢复默认的前景色与背景色，选择“滤镜>渲染>云彩”命令，效果如图8-56所示。

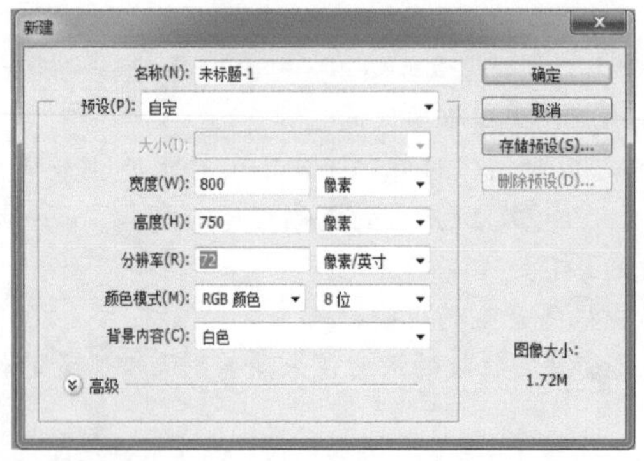

▲ 图 8-55

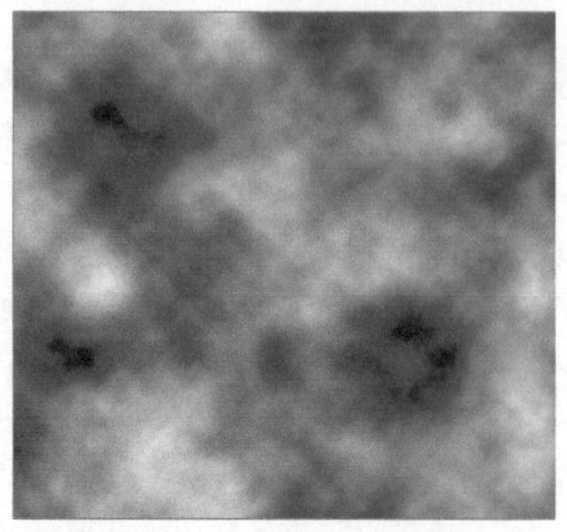

▲ 图 8-56

提示：“云彩”滤镜使用前景色和背景色之间的随机像素值将图像生成柔和的云彩图案。它是唯一能在透明图层上产生效果的滤镜，在使用前应设定好前景色与背景色。

相关链接：视频滤镜组中的滤镜用来解决视频图像交换时系统差异的问题，使用它们可以在以隔行扫描方式的设备中提取的图像。

- “NTSC颜色”滤镜匹配图像色域适合NTSC视频标准色域，以使图像可以被电视接收，它的实际色彩范围比RGB图像小。如果一个RGB图像能够用于视频或多媒体，可以使用该滤镜将由于饱和度过高而无法正确显示的色彩转换为NTSC系统可以显示的色彩。
- “逐行”滤镜可以消除图像中的差异交错线，使在视频上捕捉的运动图像变得平滑，应用该命令时可以打开“逐行”对话框。

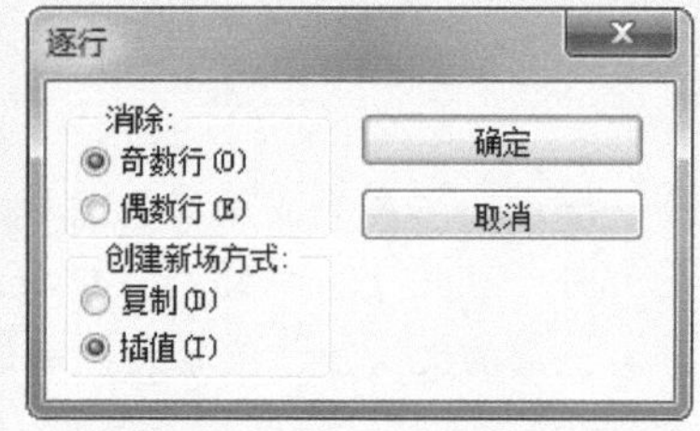

- 消除：用来设置需要消除的扫描线区域，分别为“奇数场”和“偶数场”。选择“奇数场”单选按钮，可删除奇数扫描线；选择“偶数场”单选按钮，可删除偶数扫描线。
- 创建新场方式：用来设置消除后以何种方式来填充空白区域。选择“复制”单选按钮，可复制被删除部分周围的像素来填充空白区域；选择“插值”单选按钮，则利用被删除部分周围的像素，通过插值的方法进行填充。

技术看板：高反差保留

打开一张素材图像，打开“图层”面板，复制“背景”图层，如图8-57所示。选择“滤镜>其他>高反差保留”命令，弹出“高反差保留”对话框，设置对话框中的各项参数，如图8-58所示。

▲ 图 8-57

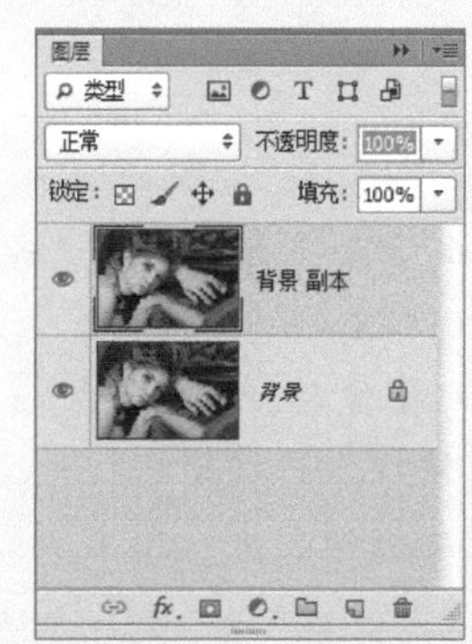

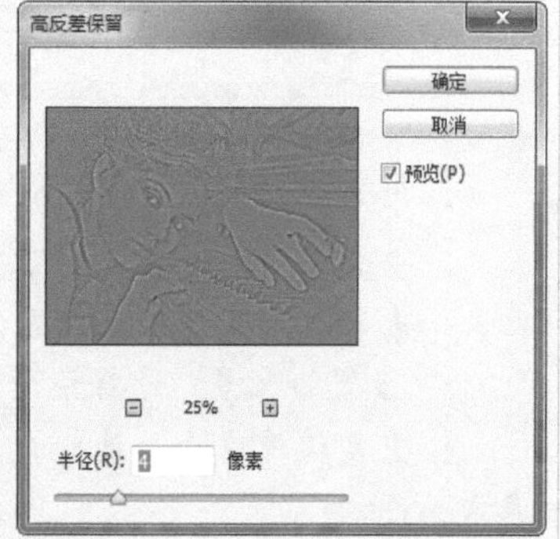

▲ 图 8-58

参数设置完成后，单击“确定”按钮，更改图层的“混合模式”为“叠加”，如图8-59所示，图像锐化效果如图8-60所示。

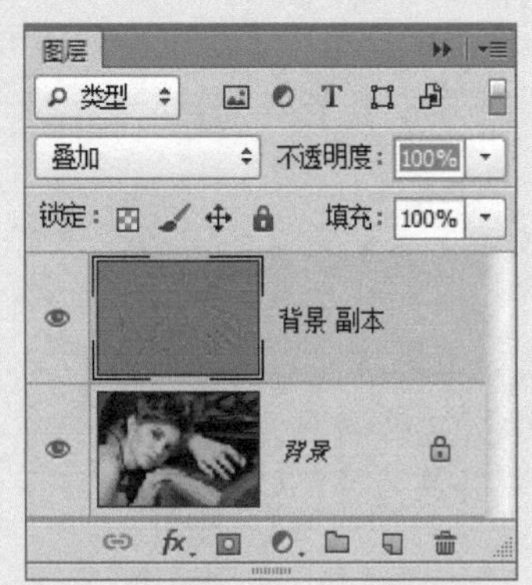

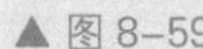
▲ 图 8-59

▲ 图 8-60

提示：“高反差保留”滤镜可以删除图像中色调变化平缓的部分，保留色彩变化最大的部分，可用于从扫描凸显中提取线画稿和大块黑色区域。对话框中的“半径”用来设置保留范围的大小。该值越大，所保留的原图像像素越多。

疑难解答：“其他”滤镜组

①“位移”滤镜可以为图像中的选区指定水平或垂直移动量，而选区的原位置变成空白区域。

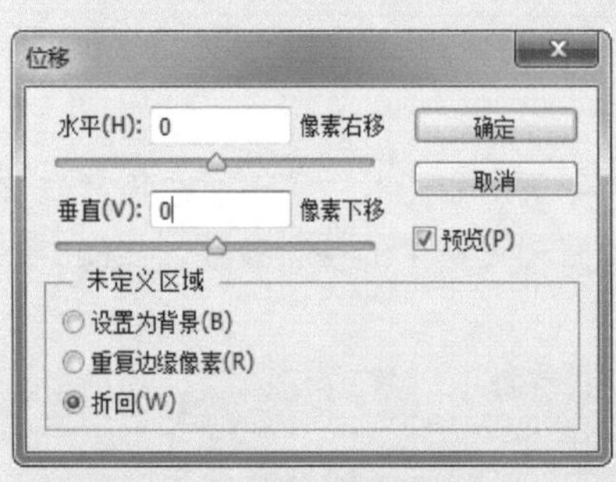

▲“位移”对话框

▲ 原图

▲ 效果图

- 水平：用来设置水平偏移的距离。为正值时，向右偏移；为负值时，向左偏移。
- 垂直：用来设置垂直偏移的距离。为正值时，向下偏移；为负值时，向上偏移。
- 未定义区域：用来设置偏移图像后产生的空缺部分的填充方式。
- 设置为背景：选择该单选按钮，将以背景色填充空缺部分。
- 重复边缘像素：选择该单选按钮，可在图像边界不完整的空缺部分填入扭曲边缘的像素颜色。
- 折回：选择该单选按钮，可在空缺部分填入溢出图像之外的图像内容。

②“自定”滤镜提供自定义滤镜的效果，它可以根据预定义的数学运算更改图像中每个像素的亮度值，这种操作与通道的加、减计算类似。用户可以存储创建的自定滤镜，并将其用于其他图像。

- 缩放：输入一个值，用该值去除计算机中包含的像素的亮度值总和。
- 位移：输入要与缩放计算结果相加的值。

③“最大值”滤镜可以在指定的半径内，用周围像素的最高亮度值替换当前像素的亮度值。“最大值”滤镜具有应用阻塞的效果，可以扩展白色区域、阻塞黑色区域。通过设置“半径”值可调整原图像的模糊程度。该值越大，原图像模糊程度越强；该值越小，原图像模糊程度就越弱。

④“最小值”滤镜可以在指定的半径内，用周围像素的最低亮度值替换当前像素的亮度值。“最小值”滤镜具有伸展的效果，可以扩展黑色区域、收缩白色区域、阻塞黑色区域。通过设置“半径”值可调整原图像的模糊程度：该值越大，原图像的模糊程度越强；该值越小，原图像的模糊程度就越弱。

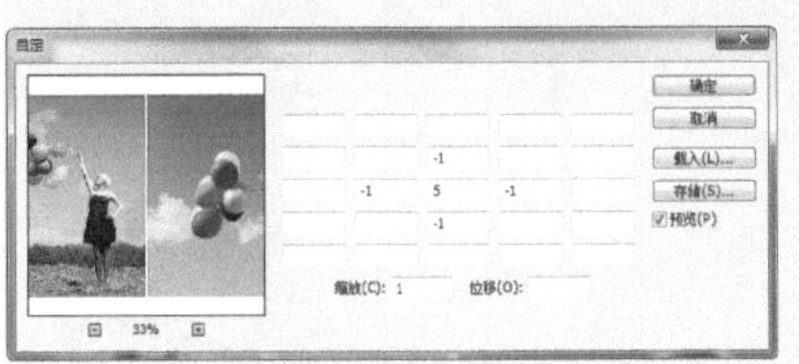
▲“自定”对话框

▲“最大值”对话框

▲“最小值”对话框

小技巧：“自定义滤镜”存储的扩展名为.acf。单击“载入”按钮，弹出“载入”对话框，选中自定滤镜，可将自定的滤镜载入到图像中。

8.3.2 分层云彩

选择“滤镜>渲染>分层云彩”命令，图像效果如图8-61所示。选择“滤镜>风格化>浮雕效果”，弹出“浮雕效果”对话框，参数设置如图8-62所示。

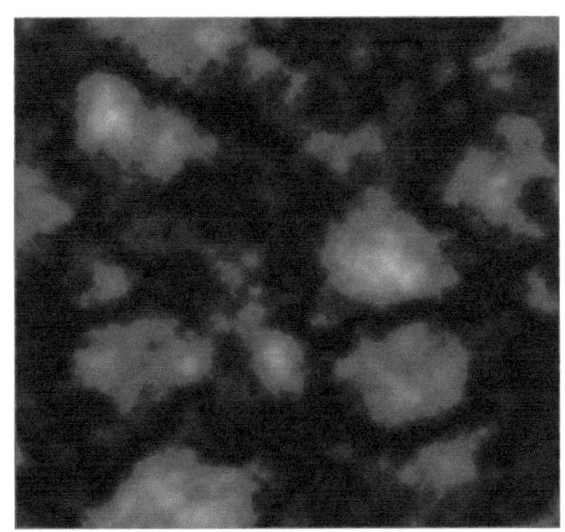
▲图 8-61

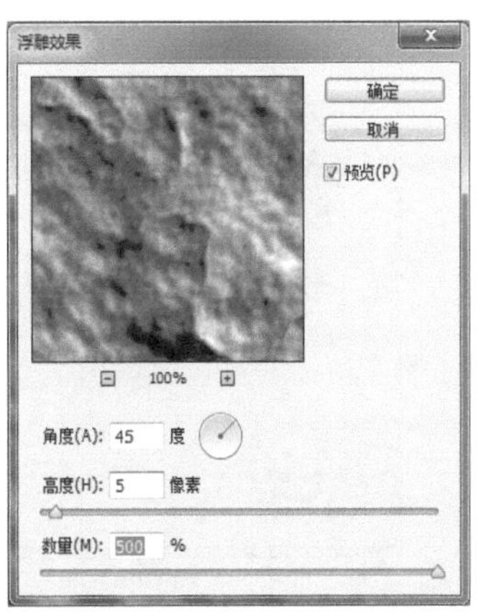

▲图 8-62

提示：“分层云彩”滤镜可以将云彩数据和前景色颜色值混合，其方式与“插值”模式混合颜色的方式相同。

疑难解答：“渲染”滤镜组

①“光照效果”滤镜通过光源、光色选择、聚焦和定义物体反射特性等在图像上产生光照效果，还可以使用灰度文件的纹理产生类似3D的效果。

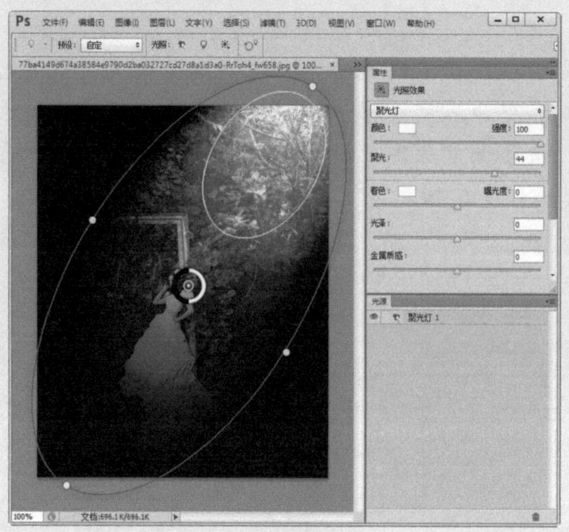

对话框左侧是图像预览区，该区域用于布置灯光。在这里，灯光的焦点用小圆圈表示，拖动它可以改变光源的位置。在聚集点四周有4个小圆点，这些点称为控制柄，拖动它们可以改变灯光照射的射程和范围。

- 无限光：类似于阳光，可以通过中心的操纵杆进行全方位摇动，使光照变亮或变暗。
- 聚光灯：类似于灯光，可以调节聚光大小，照亮的范围随之变大或变小。
- 聚光：可以调整灯光的聚光角度。

②“镜头光晕”滤镜可以模拟亮光照射到相机镜头所产生的折射，用来表现玻璃、金属等反射的光芒，或用来增强日光和灯光的效果。

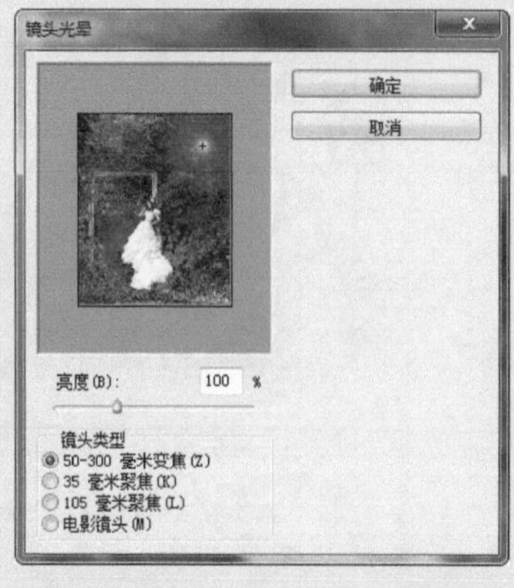

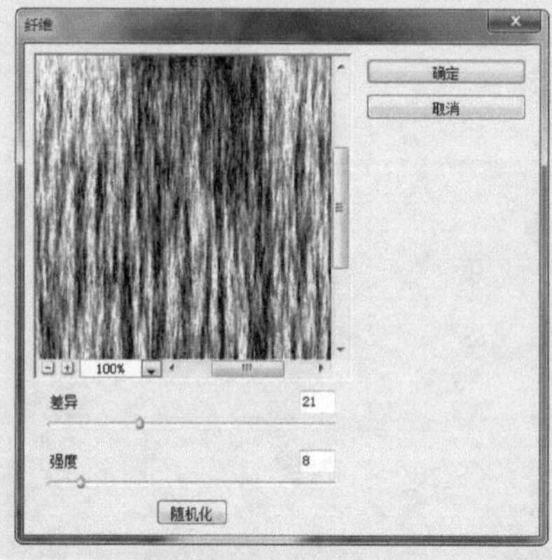

在图像缩览图上单击或者拖动十字手柄，可以指定光晕的中心。

- 亮度：用来控制光晕的强度，变化范围为10%～300%。
- 镜头类型：用来选择产生光晕的镜头类型，不同的类型产生不同的效果。

③“纤维”滤镜可使前景色和背景色随机产生编织纤维的外观效果。

• 差异：用来设置颜色的变化方式。该值较低时，会产生较长的颜色条纹；该值较高时，会产生较短且颜色分布变化更大的纤维。

• 强度：用来控制纤维的外观。该值较低时，会产生松散的织物效果；该值较高时，会产生短的绳状纤维。

• 随机化：单击该按钮可以随机生成新的纤维外观。

设置完成后，单击“确定”按钮，效果如图8-63所示。选择“滤镜>模糊>高斯模糊”命令，弹出“高斯模糊”对话框，参数设置如图8-64所示。

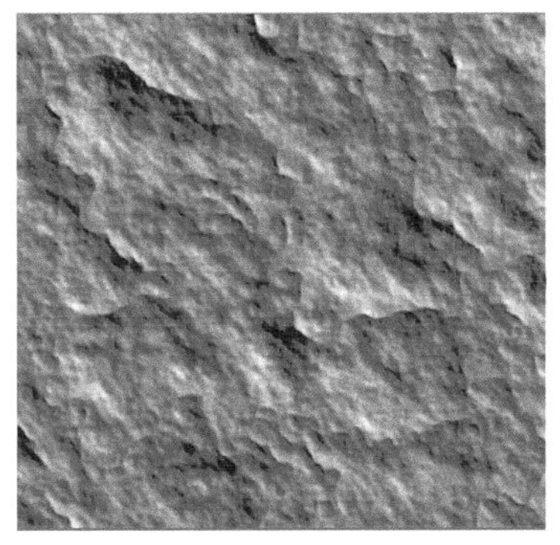

▲ 图 8-63

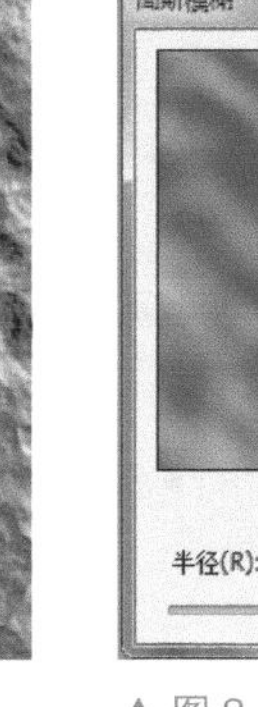

▲ 图 8-64

疑难解答 “像素化”滤镜组

“像素化”滤镜组中包含7种滤镜，它们可以将图像分块或平面化，然后重新组合，创建出彩块、点状、晶块和马赛克等特殊效果。

①“彩块化”滤镜会在保持原有图像轮廓的前提下，使纯色或相近颜色的像素结成像素块。使用该滤镜处理扫描的图像时，可以使其看起来像手绘的图像，也可以使现实主义图像产生类似抽象派的绘画效果。

②“彩色半调”滤镜可以使图像变为网点状效果。它可以将图像的每一个通道划分出矩形区域，再以矩形区域亮度成比例的圆形替代这些矩形。圆形的大小与矩形的亮度成比例，高光部分生成的网点较小，阴影部分生成的网点较大。

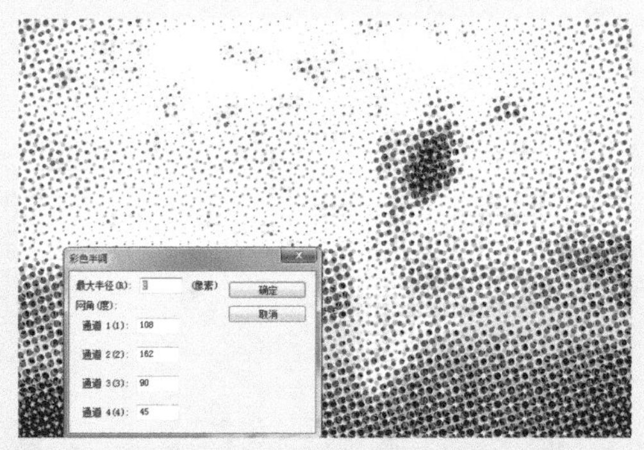

③“点状化”滤镜可以将图像中的颜色分散为随机分布的网点，产生点状化绘画效果，并使用背景色作为网点之间的画布区域。

④“晶格化”滤镜可以使图像中相近的像素集中到多边形色块中，产生类似结晶的颗粒效果。

⑤“马赛克”滤镜将具有相似色彩的像素合成规则排列的方块，产生马赛克的效果。

▲ 点状化

▲ 晶格化

▲ 马赛克

⑥“碎片”滤镜可以把图像的像素重复复制4次，再将其平均且相互偏移，使图像产生一种没有对准焦距的模糊效果。

⑦“铜版雕刻”滤镜可以在图像中随机生成各种不规则的直线、曲线和斑点，使图像产生年代久远的金属板效果。

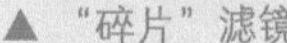
▲ “碎片”滤镜

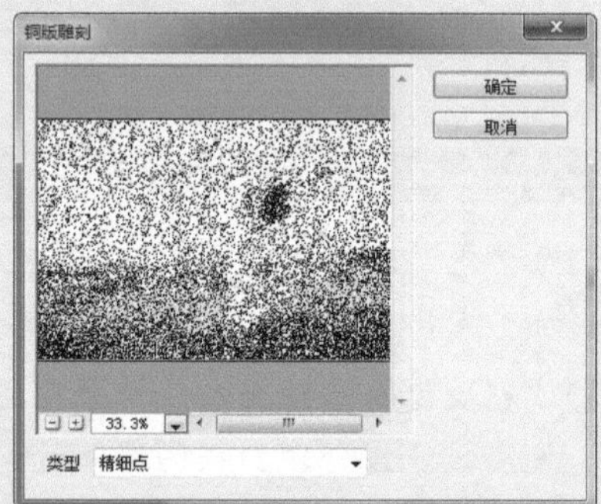

▲ 铜版雕刻

8.3.3 中间值

设置完成后，单击“确定”按钮，效果如图8-65所示。选择“文件>存储为”命令，将文件保存为“素材.psd”。打开素材图像“风景.psd”，效果如图8-66所示。

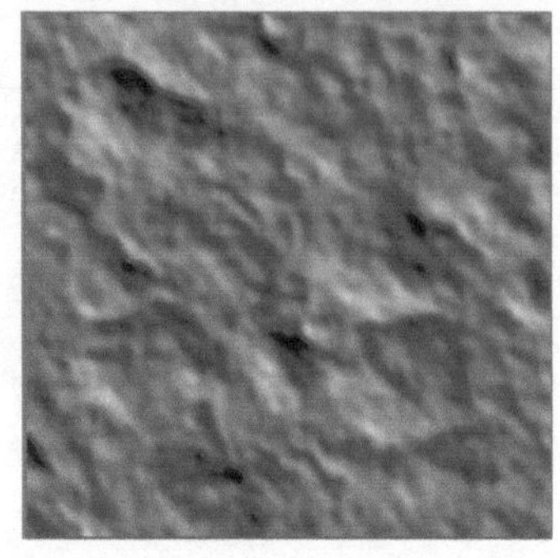
▲ 图 8-65

▲ 图 8-66

将素材图像拖入“素材1.psd”中，如图8-67所示。自动生成“图层1”，选择“滤镜>杂色>中间值”命令，效果如图8-68所示。

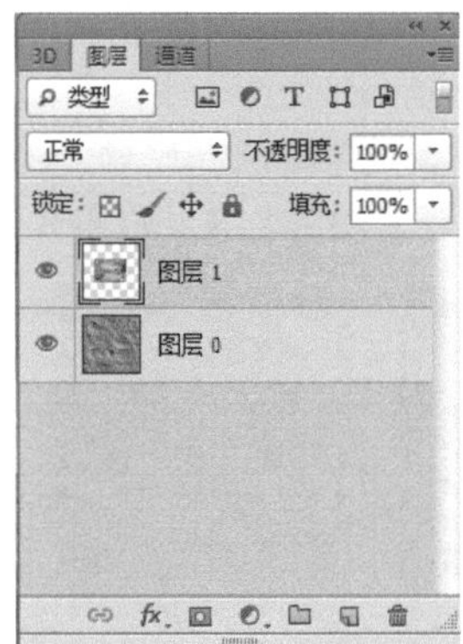

▲ 图 8-67

▲ 图 8-68

疑难解答：“杂色”滤镜组

①“减少杂色”滤镜可基于影响整个图像或单个通道的用户设置，保留边缘的同时减少杂色。

▲ 基本

▲ 高级

- 设置：如果保存了预设参数，可在该下拉列表中选择。单击“存储当前设置的副本”按钮，弹出“新建滤镜设置”对话框。在“名称”文本框中输入相应值即可保存当前设置。
- 高级：如果亮度杂色在一个或两个颜色通道中较明显，便可以选择相应的通道来去除杂色。方法是：选择对话框中的“高级”单选按钮，在“减少杂色”对话框中选择“每通道”选项，设置颜色“通道”，再使用“强度”和“保留细节”来减少该通道中的杂色。

①“蒙尘与划痕”滤镜通过更改相异的像素来减少杂色。主要用来搜索图片中的缺陷，再进行局部的模糊并将其融入周围的像素中，对于去除扫描图像中的杂点和折痕效果非常显著。

②由于“去斑”滤镜无弹出对话框，不能对去斑程度进行参数控制。因此，在应用滤镜后，可以按快捷键Ctrl+F重复使用该滤镜，以便去除图像中的杂点，达到满意的效果。但应注意的是，多次使用该滤镜会使图像变得模糊。

“去斑”滤镜的主要作用是消除图像中的斑点，一般对扫描的图像可以使用此滤镜对图像进行去斑。该滤镜能够在不影响整体轮廓的情况下，对细小、轻微的杂点进行柔化，从而达到去除杂点的效果。

③“添加杂色”滤镜可将随机的杂点混合到图像中，模拟在高速胶片上拍照的效果。选择“滤镜>杂色>添加杂色”命令，弹出“添加杂色”对话框，可以设置相关参数及应用滤镜。

▲ 蒙尘与划痕

▲ 去斑

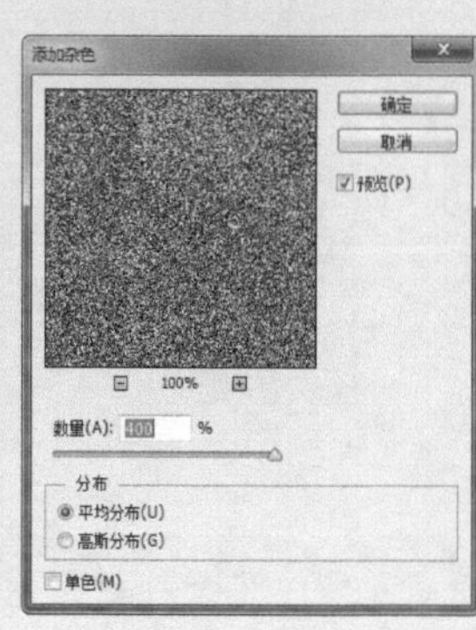

▲ 添加杂色

④“中间值”滤镜利用平均化手段重新计算分布像素，即用斑点和周围像素的中间颜色作为两者之间的像素颜色来消除干扰，从而减少图像的杂色。

相关链接：Digimarc滤镜可以将数字水印嵌入到图像中，使图像的版权通过Digimarc Image技术的数字水印受到保护。水印是一种以杂色方式添加到图像中的数字代码，添加Digimarc水印后，无论是进行通常的图像编辑还是进行文件格式转换，水印仍然存在。复制带有嵌入水印的图像时，水印与水印相关的任何信息也被复制。Digimarc滤镜组中包括“嵌入水印”滤镜和“读取水印”滤镜。

“嵌入水印”滤镜可以在图像中加入著作权信息。选择“滤镜>Digimarc>嵌入水印”命令，弹出“嵌入水印”对话框。

Digimarc标识号：设置创建者的个人信息。

图像信息：用来填写版权的申请年份等信息。

目标输出：用来指定图像是用于显示器显示、Web显示还是打印显示。

水印耐久性：设置水印的耐久性和可视性。

图像属性：用来设置图像的使用范围。选择“限制使用”复选框，可以限制图像的用途；选中“请勿复制”复选框，可以指定不能复制的图像；选择“成人内容”复选框，将图像内容标为只适于成人。

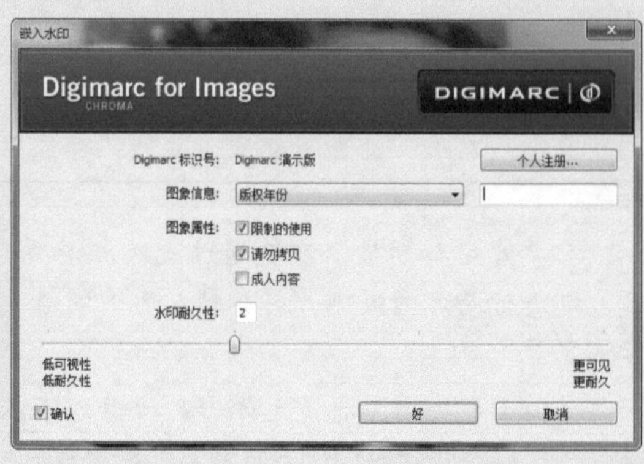

▲“嵌入水印”对话框

8.3.4 置换

设置“图层1”的“混合模式”为“强光”，图像效果如图8-69所示。按Ctrl键单击“图层1”的图层缩览图，调出当前图层的选区，如图8-70所示。

▲ 图 8-69

▲ 图 8-70

选择“背景”图层，按快捷键Ctrl+Shift+I反向选择当前选区，按快捷键Ctrl+Delete为选区填充白色背景色，效果如图8-71所示。然后为图层添加“投影”图层样式，参数设置如图8-72所示。

▲ 图 8-71

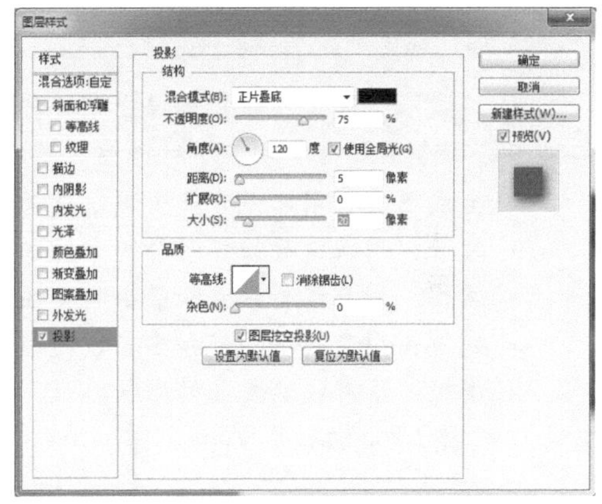

▲ 图 8-72

设置完成后，单击“确定”按钮，效果如图 8-73所示。“图层”面板如图 8-74所示。

▲ 图 8-73

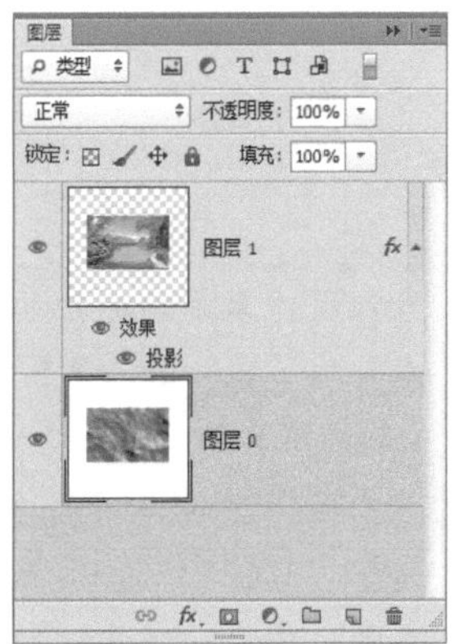

▲ 图 8-74

使用文字工具和形状工具制作页面的其他部分，如图8-75所示。将存储好的“置换滤镜.jpg”图片拖到设计文档中，选择“图层>创建剪贴蒙版”命令，宣传页如图8-76所示。

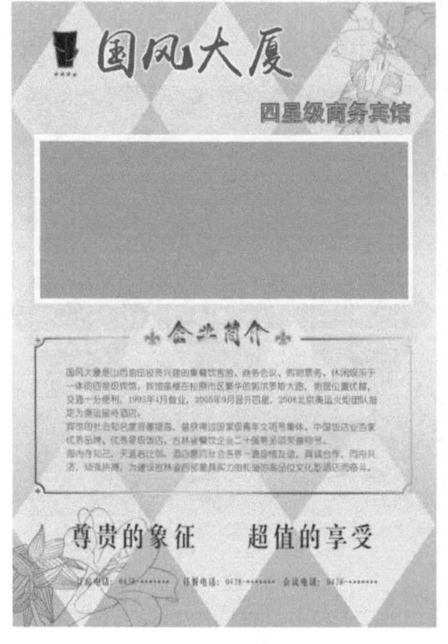

▲ 图 8-75

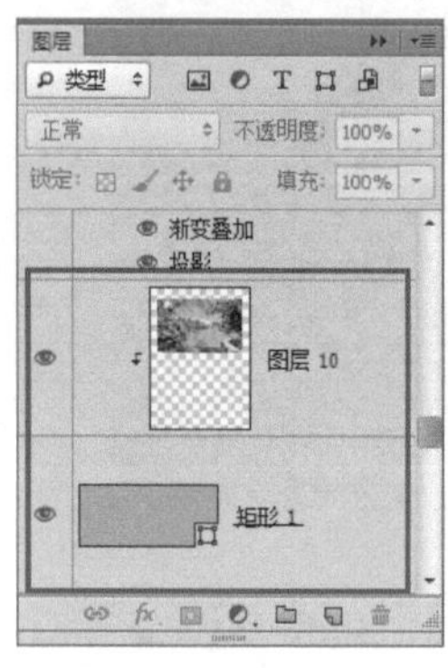

▲ 图 8-76

疑难解答：“扭曲”滤镜组

①“波浪”滤镜可以在图像上创建波状起伏的图案，生成波浪效果。选择“滤镜>扭曲>波浪”命令，弹出“波浪”对话框，可以设置参数。

- 生成器数：用来设置产生波纹效果的震源总数。
- 波长：用来设置相邻两个波峰的水平距离，其中最小波长不能超过最大波长。
- 波幅：用来设置最大和最小的波幅，其中最小波幅不能超过最大波幅。
- 比例：用来控制水平和垂直方向的波动幅度。
- 类型：用来设置波浪的形状。有“正弦”“三角形”和“方形”3种类型。

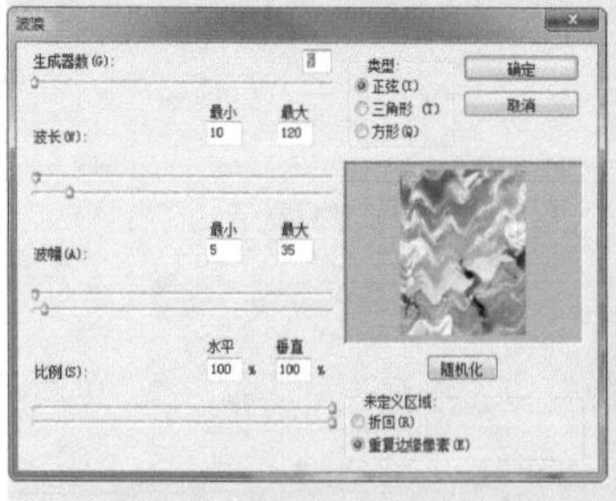

▲“波浪”对话框

▲“正弦” 效果

▲“三角形”效果

▲“方形”效果

- 随机化：单击该按钮可随机改变波浪的效果。
- 未定义区域：用来设置如何处理图像中出现的空白区域。选择“折回”单选按钮，可在空白区域填入溢出的内容；选择“重复边缘像素”单选按钮，可填入扭曲边缘像素的颜色。

②“波纹”滤镜与“波浪”滤镜相同，可以在图像上创建波状起伏的图案，产生波纹效果。选择“滤镜>扭曲>波纹”命令，弹出“波浪”对话框，可以设置参数。

- 数量：用来控制波纹的幅度。

• 大小：用来设置波纹的大小。在下拉列表中选择“小”“中”“大”3种大小。

▲“波纹”对话框

▲小

▲中

▲大

③“极坐标”滤镜可以将图像从平面坐标转换为极坐标，或者从极坐标转换为平面坐标。选择“滤镜>扭曲>极坐标”命令，弹出“波浪”对话框，可以设置参数。

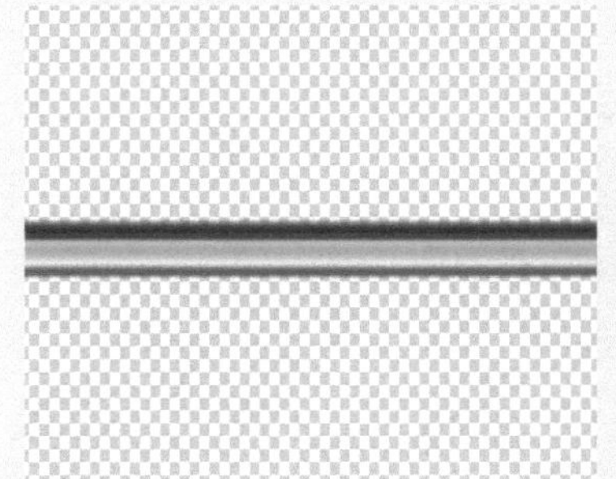

▲原图

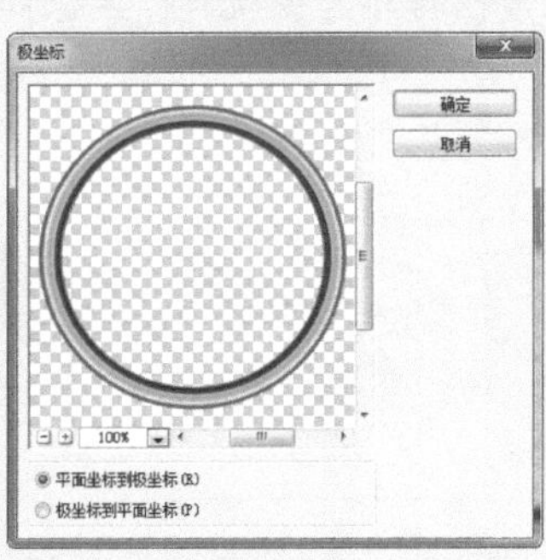

▲平面坐标到极坐标

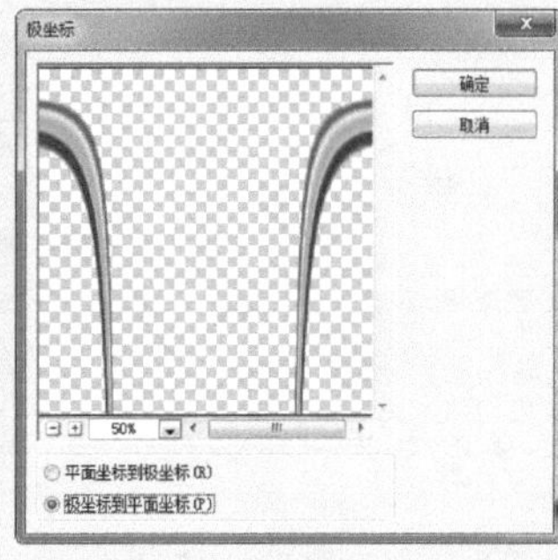

▲极坐标到平面坐标

④“挤压”滤镜可以将整个图像或选区内的图像向内或向外挤压。执行该命令，弹出“挤压”对话框。

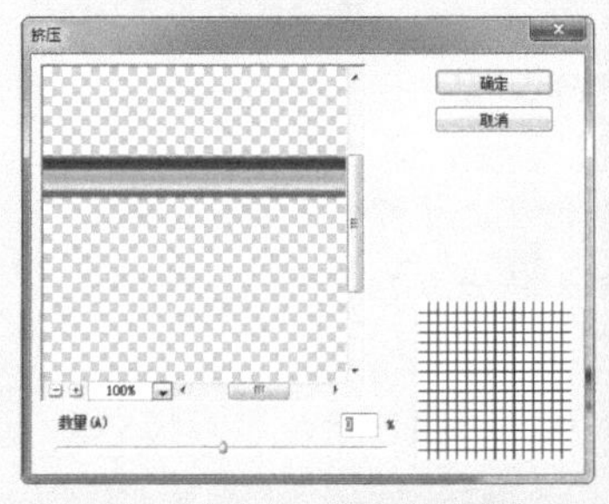

▲0%

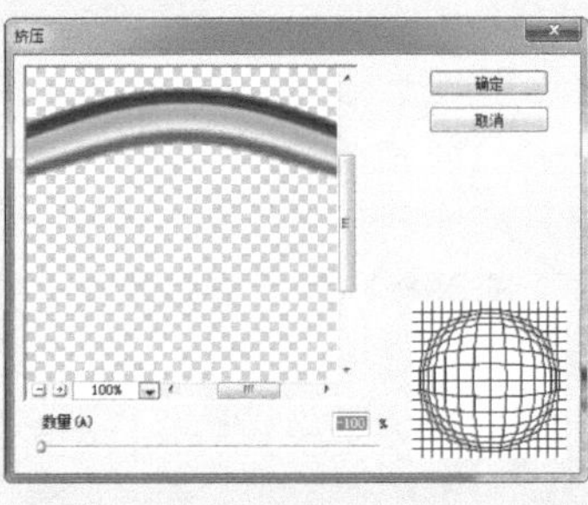

▲-100%

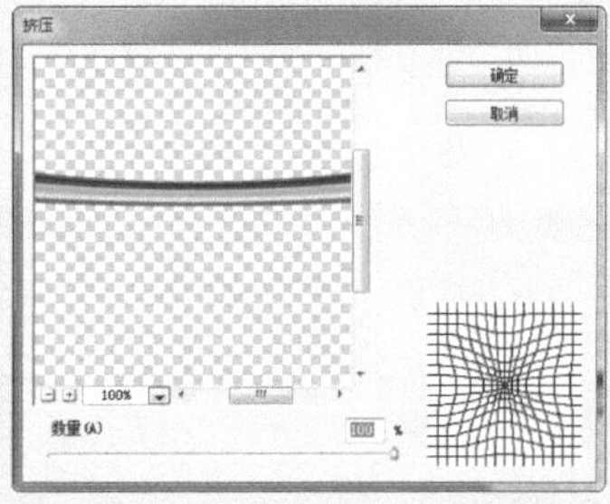

▲+100%

• 数量：变化范围为-100%~100%。当该值为正值时，图像由中心向内凹进；当该值为负值时，图像由中心往外凸出。

⑤“切变”滤镜允许用户按照自己设定的曲线来扭曲图像。执行该命令，弹出“切变”对话框。在曲线上可以添加控制点，通过拖动控制点改变曲线的形状即可扭曲图像。

• 折回：在空白区域中填入溢出图像之外的图像内容。

• 重复边缘像素：在图像边界不完整的空白区域填入扭曲边缘的像素颜色。

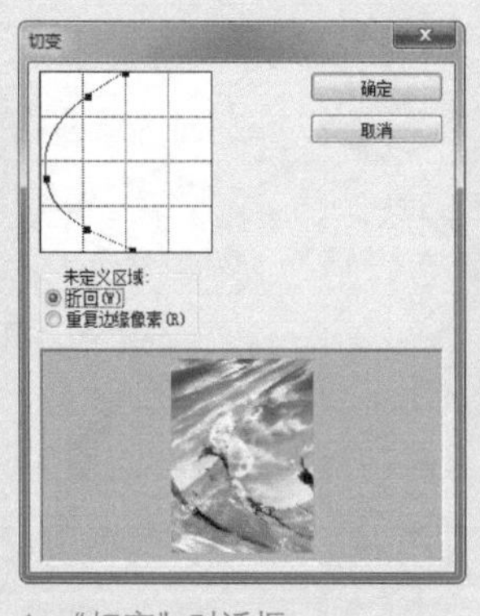

▲ “切变”对话框

▲ 折回

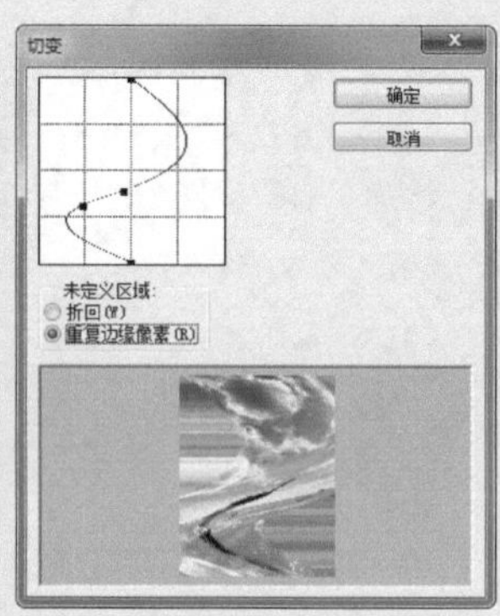

▲ 重复边缘像素

⑥“球面化”滤镜可以产生将图像包裹在球面上的效果。执行该命令，弹出“球面化”对话框，可以设置参数。

• 数量：用来设置挤压程度。该值为正值时，图像向外凸起；该值为负值时，图像向内收缩。

• 模式：在该下拉列表中可以选择挤压方式，包括“正常”“水平优先”和“垂直优先”3种方式。

▲ “球面化”对话框

▲ 正常

▲ 水平优先

▲ 垂直优先

⑦“水波”滤镜可以模拟水池中的波纹，类似水池中的涟漪效果。

• 数量：用来设置波纹的大小，范围为-100~100。该值为负值时，产生下凹的波纹；该值为正值时，产生上凸的波纹。

• 起伏：用来设置波纹数量，范围为1~20。数值越高，产生的波纹越多。

• 样式：用来设置波纹产生的方式。选择“围绕中心”选项，可围绕图像的中心产生波纹；选择“从中心向外”选项，波纹从中心向外扩散；选择“水池波纹”选项可产生同心状波纹。

▲ 围绕中心

▲ 从中心向外

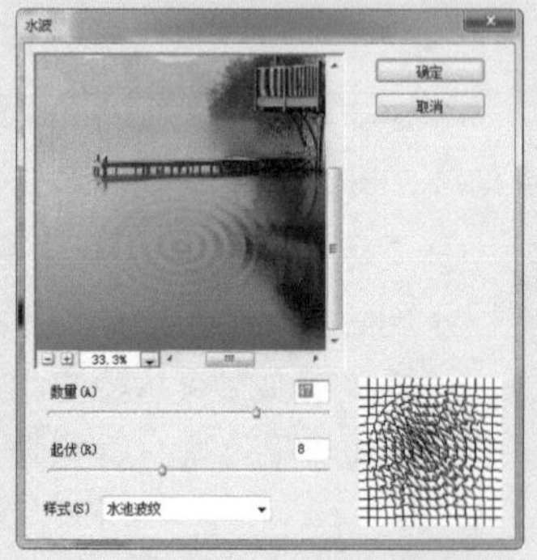

▲ 水池波纹

⑧“旋转扭曲”滤镜可以使图像产生旋转的风轮效果，旋转会围绕图像中心进行，中心旋转的程度比边缘大。

- 角度：该值为正值时，沿顺时针方向扭曲；该值为负值时，沿逆时针方向扭曲。

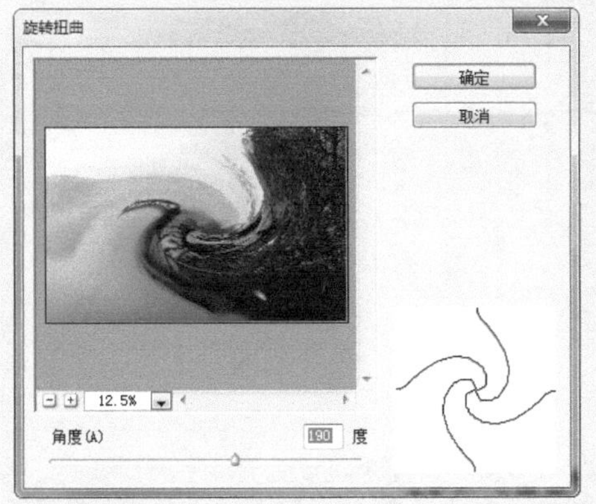

▲ 顺时针扭曲

▲ 逆时针扭曲

⑨“置换”滤镜可以根据另一张图片的亮度值使现有图像的像素重新排列并产生位移。

技术看板：外挂滤镜

打开Portraiture滤镜所在文件夹，选择“Portraiture.8fb”文件，按快捷键Ctrl+C，复制滤镜文件，如图8-77所示。将Photoshop安装目录\Plug-ins文件夹打开，按快捷键Ctrl+V进行粘贴，如图8-78所示。

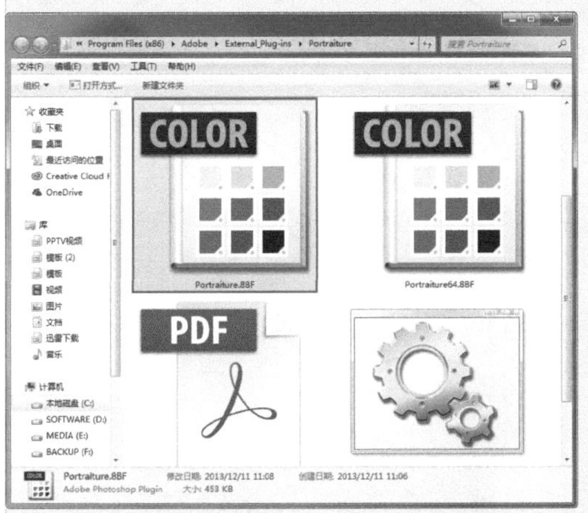

▲ 图 8-77

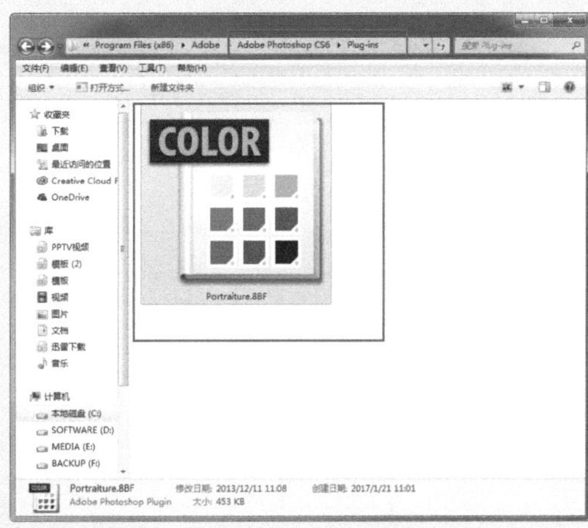

▲ 图 8-78

关闭Photoshop软件，再重新打开Photoshop软件，选择“文件>打开”命令，打开素材图像“素材>第8章>818201.jpg”，如图8-79所示。复制图层，“图层”面板如图8-80所示。

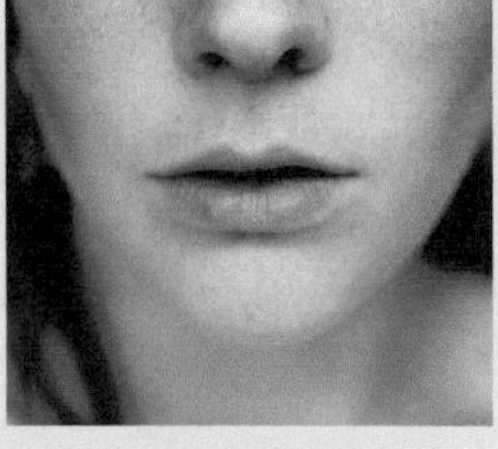

▲ 图 8-79　　▲ 图 8-80

选择“滤镜>Imagenomic>Portraiture”命令，如图8-81所示。在弹出的对话框中设置相关参数，如图8-82所示。

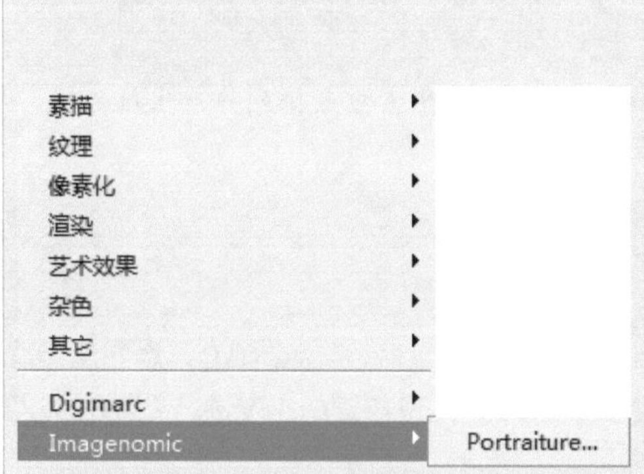

▲ 图 8-81

▲ 图 8-82

单击“确定”按钮，“图层”面板如图8-83所示，图像效果如图8-84所示。

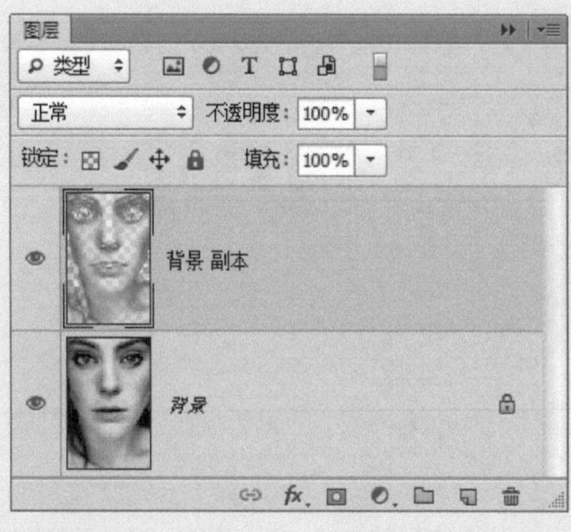

▲ 图 8-83

▲ 图 8-84

提示：外挂滤镜是由第三方厂商或个人开发的滤镜，Photoshop除了可以使用它本身自带的滤镜之外，还允许安装使用其他厂商提供的滤镜，这些从外部装入的滤镜，称为“第三方滤镜”。

第9章 通道和蒙版

蒙版在 Photoshop CS6 中已经成为一种概念，用于自由控制选区，这样就产生了通道，蒙版可以随时读出和更改事先存入的通道，对不同的通道可以进行合并和相减等操作。

9.1 制作手机预售海报

蒙版是模仿传统印刷的一种工艺，印刷时会用一种红色的胶状物来保护印刷版，因此Photoshop CS6中的蒙版默认颜色为红色。蒙版是将不同的灰度色值转化为不同的透明度，并作用到所在的图层，使图层中不同部位的透明度产生变化。

接下来将使用图层蒙版、矢量蒙版和剪贴蒙版制作手机预售海报的部分背景图像，同时结合文字工具和形状工具的使用，完成精美手机预售海报的制作，如图9-1所示。

▲ 图 9-1

9 1.1 蒙版简介及分类

蒙版用于保护被遮蔽的区域，使该区域不受任何操作的影响，是作为8位灰度通道存放的，可以使用所有绘画和编辑工具进行调整和编辑。

在“通道”面板中选择蒙版通道后，前景色和背景色都以灰度显示，蒙版可以将需要重复使用的选区存储为Alpha通道，如图9-2所示。

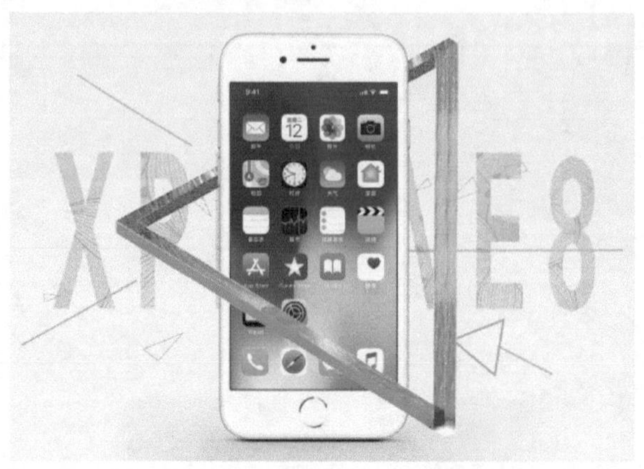

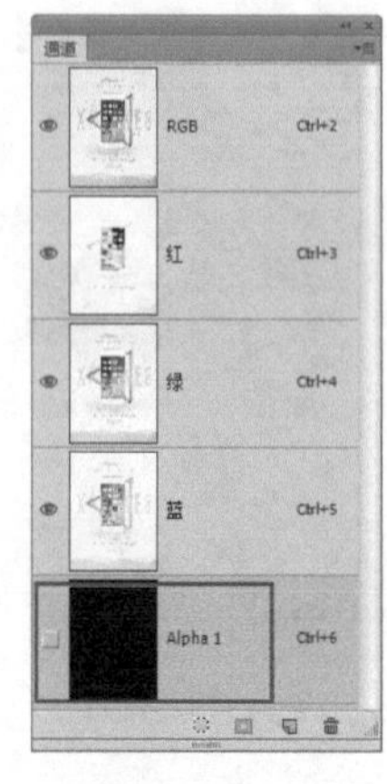

▲ 图 9-2

对蒙版和图像进行预览时，蒙版的颜色是半透明的红色。被它遮盖的区域是非选择部分，其余的则是被选择部分，对图像所做的任何改变将不对蒙版区域产生影响。

小技巧： 蒙版主要是在不损坏原图层的基础上新建的一个活动图层，可以在该蒙版图层上做许多处理，但有一些处理必须在真实的图层上操作。所以一般使用蒙版都要复制一个图层，在必要时可以拼合图层，这样才能够做出美丽的效果。当然，在使用蒙版对图像进行操作时，如果做的效果不好可以将蒙版图层删除，不会影响原来的图像。

Photoshop CS6提供了3种蒙版，分别是图层蒙版、剪贴蒙版和矢量蒙版。图层蒙版通过蒙版中的灰度信息来控制图像的显示区域；剪贴蒙版通过一个对象的轮廓来控制其他图层的显示区域；矢量蒙版通过路径和矢量形状控制图像的显示区域。

疑难解答：蒙版“属性”面板

蒙版“属性”面板用于调整选定的滤镜蒙版、图层蒙版或矢量蒙版的不透明度和羽化范围，单击“图层”面板中的蒙版，再选择“窗口>属性”命令或双击蒙版，打开“属性”面板。

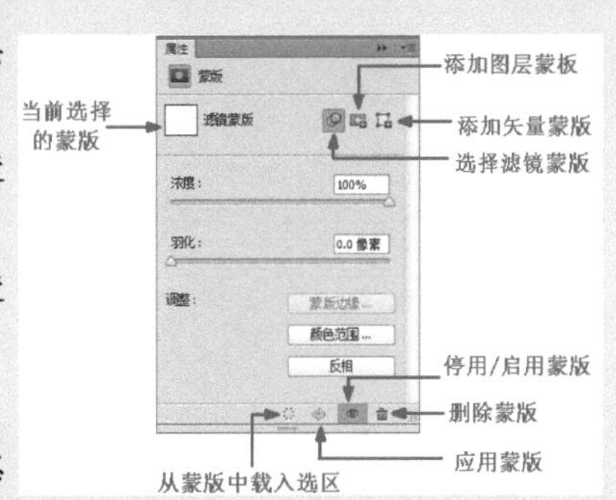

- 当前选择的蒙版：显示“图层”面板中选择的蒙版类型，此时可以在“蒙版”面板中对其进行编辑。
- 选择滤镜蒙版：表示当前所选择的是滤镜蒙版。如果当前选择的不是滤镜蒙版，单击该按钮可为智能滤镜添加滤镜蒙版。
- 添加图层蒙版：单击该按钮，可以为当前图层添加图层蒙版。
- 羽化：拖动该选项的滑块可以柔化蒙版的边缘。
- 浓度：拖动该选项的滑块可以控制蒙版的不透明度。
- 蒙版边缘：单击该按钮，弹出“调整蒙版”对话框，通过设置可以修改蒙版的边缘，并针对不同的背景查看蒙版，这些操作与使用“调整边缘”命令调整选区边缘的方法基本相同。该选项只有在图层蒙版下才可以使用。
- 颜色范围：单击该按钮，弹出“色彩范围”对话框，通过在图像中取样并调整颜色容差可以修改蒙版范围。该选项在矢量蒙版下不可用。
- 反相：单击该按钮，可以反转蒙版的遮盖区域。该选项在矢量蒙版下不可用。
- 从蒙版中载入选区：单击该按钮，可以载入蒙版中所包含的选区。
- 应用蒙版：单击该按钮，可以将蒙版应用到图像中，同时删除蒙版遮盖的图像。该选项在滤镜蒙版下不可用。
- 停用/启用蒙版：单击该按钮，或按住Shift键单击蒙版缩览图，可以停用或重新启用蒙版。停用蒙版时，蒙版缩览图上会出现一个红色的“X”符号。

删除蒙版：单击该按钮，可以删除当前选择的蒙版。在“图层”面板中，将蒙版缩览图拖至“删除图层”按钮上，也可以将其删除。

9.1.2 矢量蒙版

打开一个名为“手机预售海报.psd”的素材文件，如图9-3所示。打开“图层”面板，选择“图层1”图层，继续打开一张素材图像，使用“移动工具”将素材图像拖到设计文档中，调整大小和位置，如图9-4所示。

▲ 图 9-3

▲ 图 9-4

疑难解答：矢量蒙版

矢量蒙版与分辨率无关，可使用钢笔或形状工具进行创建，它可以返回并重新编辑，而不会丢失蒙版隐藏的像素。在“图层”面板中，矢量蒙版都显示为图层缩览图右边的附加缩览图，矢量蒙版缩览图代表从图层内容中剪切下来的路径。

矢量蒙版可以在图层上创建锐边形状，当想要添加边缘清晰分明的图像时可以使用矢量蒙版。当创建矢量蒙版后，可以向该图层应用一个或多个图层样式。通常在需要重新修改的图像的形状上添加矢量蒙版，就可以随时修改蒙版的路径，从而达到修改图像形状的目的。

单击工具箱中的“钢笔工具”按钮，在选项栏中设置“工具模式”为“路径”，在画布中绘制路径，如图9-5所示。选择“图层>矢量蒙版>当前路径”命令，矢量蒙版创建完成，在“图层”面板中修改“不透明度”为80%，如图9-6所示。

▲ 图 9-5

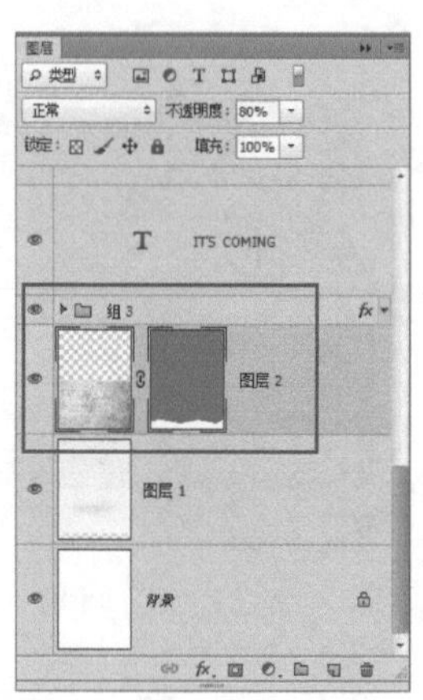

▲ 图 9-6

> **小技巧：**在画布中绘制路径后，按住Ctrl键单击“添加图层蒙版”按钮，可为该图层添加矢量蒙版。选择“图层>矢量蒙版>显示全部”命令，可以创建一个显示全部图像内容的矢量蒙版；选择“图层>矢量蒙版>隐藏全部”命令，可以创建一个隐藏全部图像内容的矢量蒙版。

继续使用“钢笔工具”在画布中绘制形状，填充颜色RGB（255、212、230），并修改图层的“不透明度”为50%，效果如图9-7所示。选择“组2”图层组，打开“字符”面板，设置各项参数，文字颜色为RGB（249、207、226），如图9-8所示。

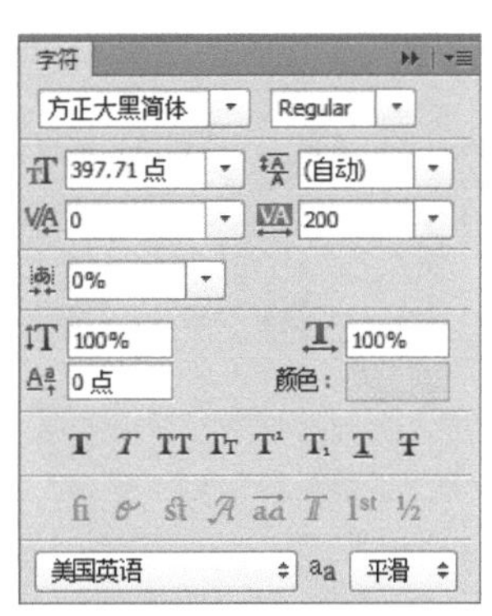

▲ 图 9–7　　▲ 图 9–8

疑难解答：编辑矢量蒙版

创建矢量蒙版之后，可以使用“路径编辑工具”移动或者修改路径，从而改变蒙版的遮盖区域，它与编辑一般的路径方法完全相同。

创建矢量蒙版后，可以继续在画布中图像被遮盖的地方绘制路径，图像会随着路径显示。按住Shift键单击可以同时选中多个矢量图形，方便对不同路径同时进行相同的操作。

同时也可以为矢量蒙版添加图层样式，修改图层的“混合模式”，更改图层的“不透明度”和“填充”值，操作方法与普通图层无区别。

选择“图层>栅格化>矢量蒙版”命令，可将矢量蒙版转换为图层蒙版，栅格化矢量蒙版后，将无法再将其更改回矢量对象。如果需要删除图层矢量蒙版，选中矢量蒙版所在的图层，选择“图层>矢量蒙版>删除”命令即可。

9.1.3 剪贴蒙版

使用“横排文字工具”在画布中添加文字，如图9-9所示。打开一张素材图像，使用“移动工具”将其移到设计文档中，如图9-10所示。

▲ 图 9–9

▲ 图 9–10

提示： 剪贴蒙版是一种非常灵活的蒙版，它使用一个图像的形状限制另一个图像的显示范围，而矢量蒙版和图层蒙版都只能控制一个图层的显示区域。

选择“图层>创建剪贴蒙版”命令，或按快捷键Ctrl+Alt+G创建剪贴蒙版，修改“图层混合模式”为“正片叠底”，文字效果如图9-11所示，“图层”面板如图9-12所示。

▲ 图 9-11

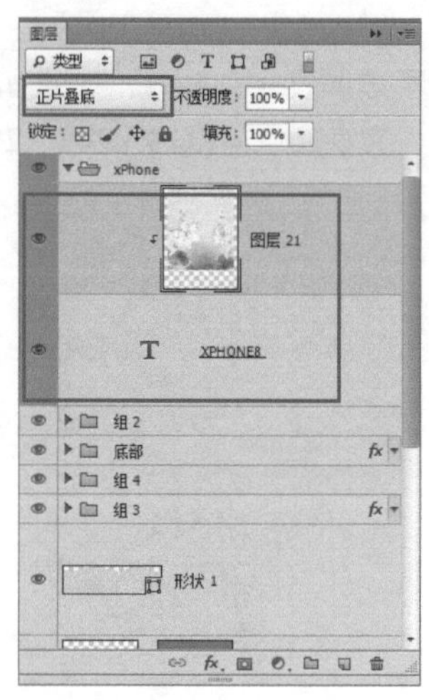

▲ 图 9-12

疑难解答：剪贴蒙版

剪贴蒙版可以使用某个图层的轮廓来遮盖其上方的图层，遮盖效果由基底图层或基底图层的范围决定。

基底图层的非透明内容将在剪贴蒙版中显示它上方图层的内容，剪贴图层中的所有其他内容将被遮盖掉。

在剪贴蒙版图层组中，下面的图层为基底图层，其图层名称带有下画线，上面的图层为内容图层，内容图层的缩览图是缩进的，并显示图标。

剪贴蒙版组中的所有图层都使用基底图层的不透明度属性。同剪贴蒙版的不透明度属性一样，剪贴蒙版组中的所有图层都使用基底图层的混合属性。

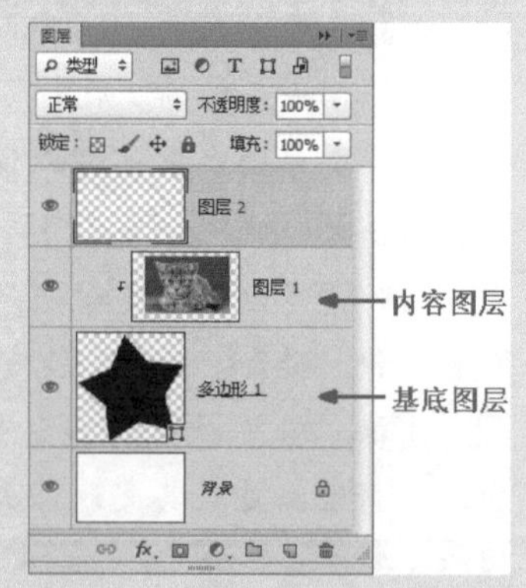

还可以在剪贴蒙版中使用多个内容图层，但它们必须是连续的图层。由于基底图层控制内容图层的显示范围，因此，移动基底图层就可以改变内容图层中的显示区域。

小技巧： 将光标放置于“图层”面板中需要创建剪贴蒙版的两个图层分隔线上，按住Alt键，光标会变为形状，单击即可快速创建剪贴蒙版。

9.1.4 认识图层蒙版

继续打开3张素材图像，依次将素材图像拖到画布中，如图9-13所示。复制图层，移动图层到如图9-14所示的位置。

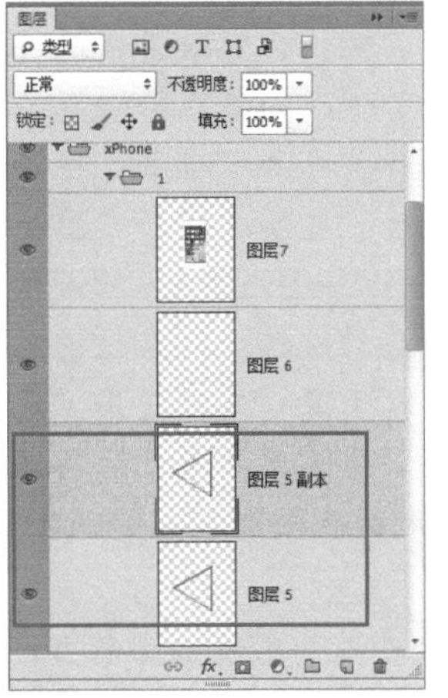
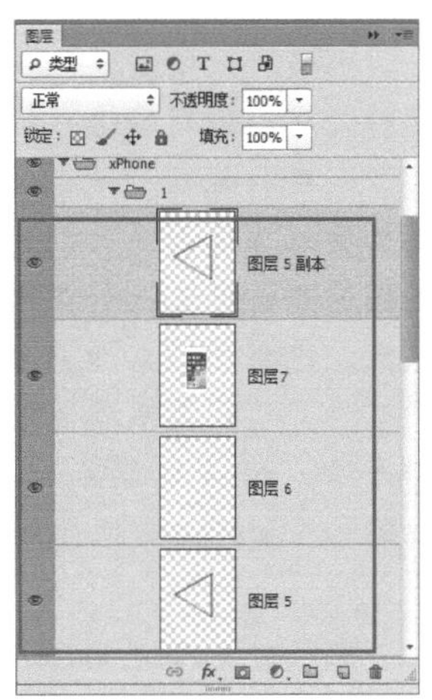

▲ 图 9–13

▲ 图 9–14

单击“图层”面板底部的“添加图层蒙版”按钮，为图层添加图层蒙版，如图9-15所示。使用“画笔工具”在画布中进行涂抹，笔触大小为像素，前景色为黑色，效果如图9-16所示。

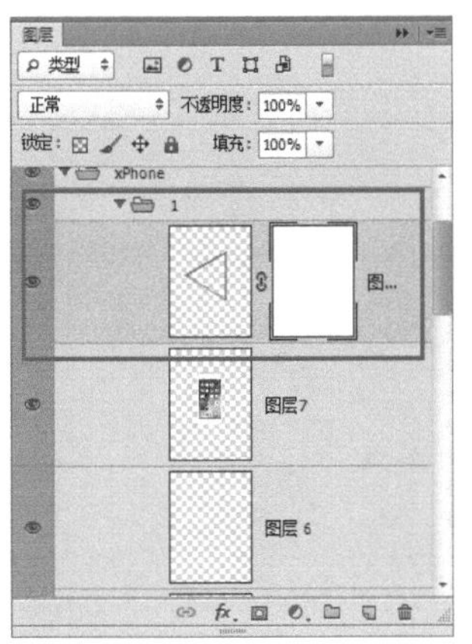

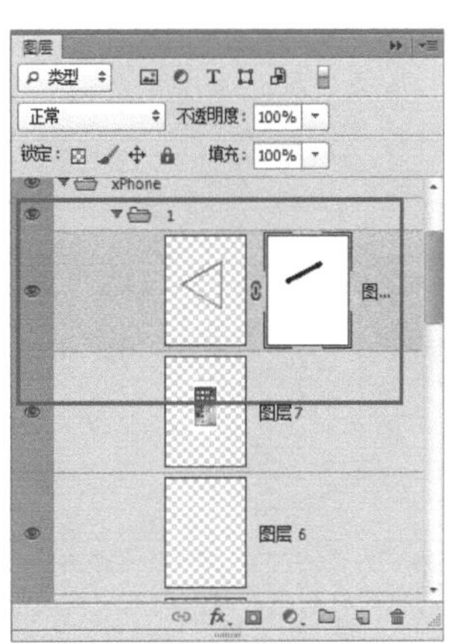

▲ 图 9–15

▲ 图 9–16

疑难解答：图层蒙版

在“图层”面板中，图层蒙版显示为图层缩览图右边的附加缩览图，此缩览图代表添加图层蒙版时创建的灰度通道。

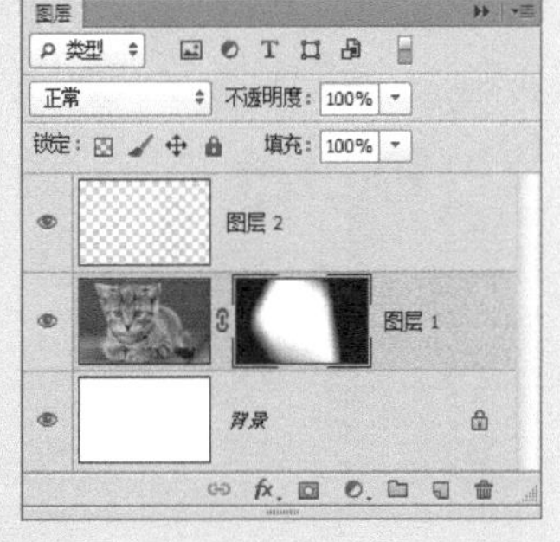

蒙版中的纯白色区域可以遮盖下面图层中的内容，只显示当前图层中的图像；蒙版中的纯黑色区域可以遮盖当前图层中的图像，显示出下面图层中的内容；蒙版中的灰色区域会根据其灰度值使当前图层中的图像呈现出不同层次的透明效果。

明白了图层蒙版的工作原理后，可以根据需要创建不同的图层蒙版。如果要完全隐藏上面图层的内容，可以为整个蒙版填充黑色；如果要完全显示上面图层的内容，可以为整个蒙版填充白色。

如果要使上面图层的内容呈现半透明效果，可以为蒙版填充灰色；如果要使上面图层的内容呈现渐隐效果，可以为蒙版填充渐变。

图层蒙版也包括多种类型，如普通图层蒙版、调整图层蒙版和滤镜蒙版等。

小技巧：蒙版虽然是一种选区，但它跟常规的选区颇为不同。常规选区体现出了一种操作趋向，即对所选区域进行处理；而蒙版却相反，它对所选区域进行保护，让其免于操作，而对非掩盖的地方应用操作。要为“背景”图层添加图层蒙版，必须先把“背景”图层转换为普通图层。创建选区后，也可以选择“图层>图层蒙版>显示选区”命令，选区外的图像将被遮盖；如果选择“图层>图层蒙版>隐藏选区”命令，则选区内的图像将被蒙版遮盖。调整图层蒙版与普通图层蒙版相同，在该图层蒙版上可以执行所有普通图层蒙版上的操作。使用图层蒙版的好处在于操作中只是用黑色和白色来显示或隐藏图像，而不是删除图像。如果误隐藏了图像或需要显示原来已经隐藏的图像时，可以在蒙版中将与图像对应的位置涂抹为白色；如果要继续隐藏图像，可以在其对应的位置涂抹黑色。

提示：在Photoshop CS6中可以向图层添加蒙版，使用此蒙版隐藏部分图层并显示下面的图层。蒙版图层是一项重要的复合技术，可用于将多张照片组合成单个图像，也可用于局部的颜色和色调校正。

技术看板：滤镜蒙版

选择“文件>打开为智能对象”命令，打开一张素材图像，如图9-17所示，选择“滤镜>滤镜库”命令，在打开的“滤镜库”对话框中选择要添加的滤镜并设置各项参数，“图层”面板如图9-18所示。

▲ 图 9-17

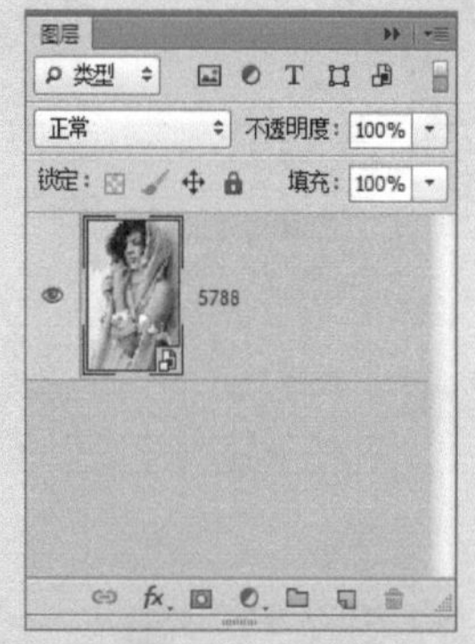

▲ 图 9-18

单击“确定”按钮，图像效果如图9-19所示。单击智能滤镜蒙版，设置“前景色”为黑色，使用“画笔工具”在人物的胳膊、脚、脸部进行涂抹，如图9-20所示。

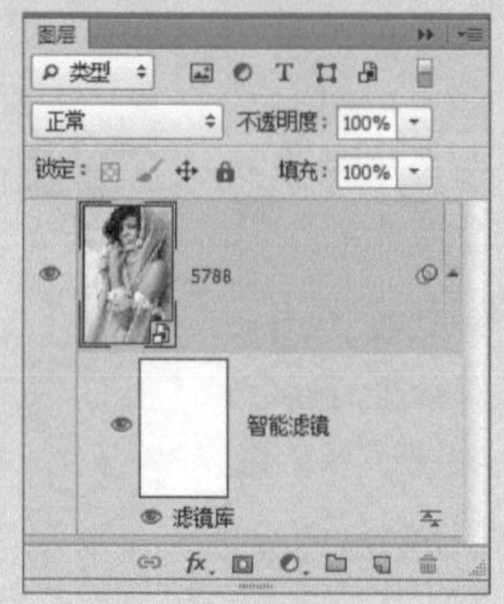

▲ 图 9-19

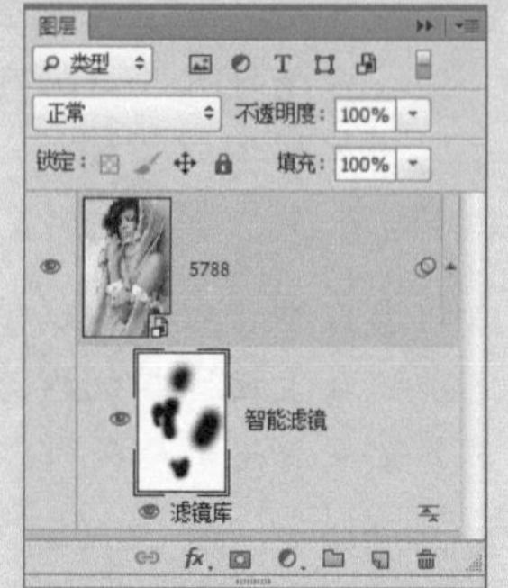

▲ 图 9-20

提示：将智能滤镜应用于某个智能对象时，Photoshop CS6 会在“图层”面板中该智能对象下方的智能滤镜行上显示一个白色蒙版缩览图。默认情况下，此蒙版显示完整的滤镜效果，如果在应用智能滤镜前已建立选区，则 Photoshop 会在“图层”面板中的智能滤镜行上显示适当的蒙版而非一个空白蒙版。使用滤镜蒙版可有选择地遮盖智能滤镜，当遮盖智能滤镜时，蒙版将应用于所有智能滤镜，无法遮盖单个智能滤镜。

小技巧：选择剪贴蒙版组中最上方的内容图层，选择“图层>释放剪贴蒙版”命令，或按下快捷键Ctrl+Alt+G，即可释放该内容图层。选择剪贴蒙版组中基底图层上方的内容图层，选择“图层>释放剪贴蒙版”命令，或按下快捷键Ctrl+Alt+G，同样可以释放剪贴蒙版中的所有图层。

9.2 合成灯箱广告

在Photoshop CS6中可以通过“通道”面板来创建、保存和管理通道。在用户打开素材图像时，“通道”会自动记录图像的样色信息，方便用户对图像进行各种处理。

9.2.1 “通道”面板

通道是Photoshop CS6中非常重要的概念，它记录了图像大部分的信息。通过通道可以创建复杂的选区、进行高级图像合成、调整图像颜色等。

打开一张素材图像，如图9-21所示。选择“窗口>通道”命令，打开“通道”面板，如图9-22所示。

▲ 图 9-21

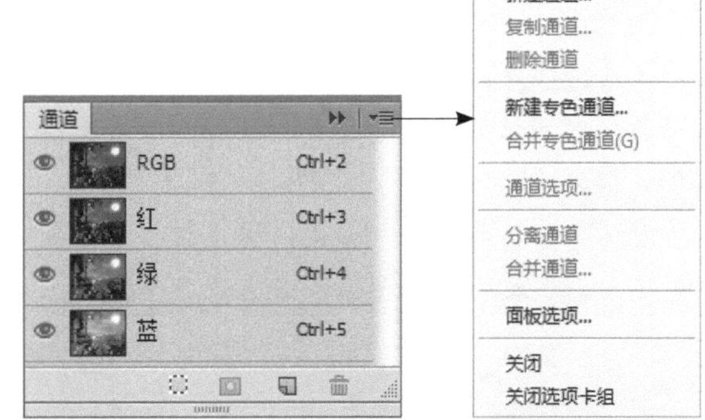

▲ 图 9-22

疑难解答：“通道”面板

下面介绍“通道”面板中个选项的功能和含义。

• 复合通道：在“通道”面板中最上层的就是复合通道，在复合通道下可以同时预览和编辑所有颜色通道。

- 颜色通道：用于记录图像颜色信息的通道。
- 专色通道：用于保存专色油墨的通道。
- Alpha通道：用来保存选区的通道。
- 创建新通道：单击该按钮，可以创建Alpha通道。
- 将通道作为选区载入：单击该按钮，可以载入所选通道的选区。
- 将选区存储为通道：单击该按钮，可以将图像中的选区保存在通道中。
- 删除当前通道：单击该按钮，可以将当前选中的通道删除，但是复合通道不能删除。
- 复制通道：选择该选项将弹出“复制通道”对话框。在该对话框中可以设置复制通道的相关参数，设置完成后，单击“确定”按钮，即可备份通道。
- 分离/合并通道：用于分离或合并通道，分离通道是将原素材图像关闭，将通道中的图像以3个灰度图像显示。合并通道与前者相反，是多个灰色图像合并为一个图像通道。

面板选项：用于设置“通道”面板中每个通道的显示状态。选择该选项，弹出“通道面板选项”对话框，在该对话框中可设置通道缩览图的大小。

疑难解答：通道的功能

在Photoshop CS6中，通道是一个比较难懂的概念。通道与图层有些相似，图层表示的是不同图层元素的信息，显示一幅图像的各种合成成分。通道则表示不同通道中的颜色信息。通道在Photoshop CS6中的重要性不亚于图层和路径，其功能有下面几点：

①通道可以代表图像中的某一种颜色信息。例如，在RGB模式中，G通道代表图像的绿色信息。

②通道可以用来制作选区。使用分离通道来选择一些比较精确的选区，在通道中，白色代表的就是选区。

③通道可以表示色彩的对比度。虽然每个原色通道都以灰色显示，但各个通道的对比度是不同的，这一功能在分离通道时可以比较清楚地看出来。

④通道还可以用于修复扫描失真的图像。对于扫描失真的图像，不要在整幅图像上进行修改，对图像的每个通道进行比较，对有缺点的通道进行单个修改，这样会达到事半功倍的效果。

⑤使用通道制作特殊效果。通道不仅限于图像的混合通道和原色通道，还可以使用通道创建出倒影文字、3D图像和若隐若现等效果。

9.2.2 颜色通道

单击面板顶部右上角的三角形按钮，在弹出的菜单中选择“面板选项”命令，弹出“通道面板选项”对话框，参数设置如图9-23所示。单击“确定”按钮，“通道”面板如图9-24所示。

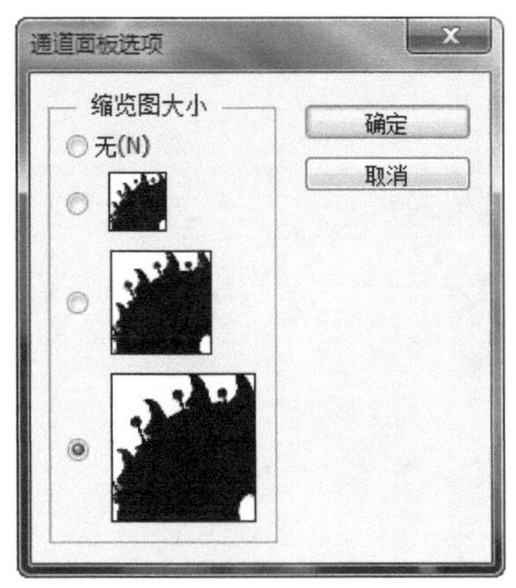

▲ 图 9-23

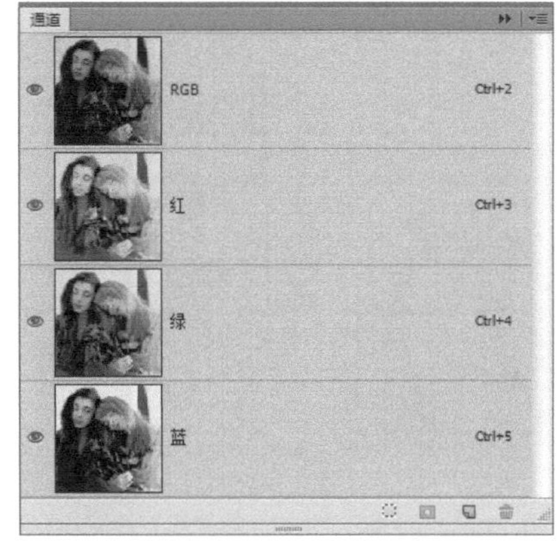

▲ 图 9-24

疑难解答：颜色通道

颜色通道是在打开图像时自动创建的通道，它们记录了图像的内容和颜色信息。图像的颜色模式不同，颜色通道的数量也不相同。RGB图像包含红、绿、蓝和一个用于编辑图像的复合通道；CMYK图像包含青色、洋红、黄色、黑色和一个复合通道；Lab图像包含明度、a、b和一个复合通道；位图、灰度、双色调和索引颜色图像都只有一个通道。

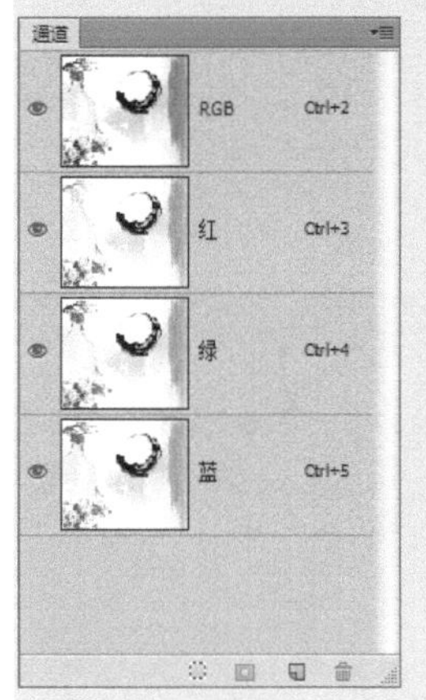

▲ RGB 图像通道

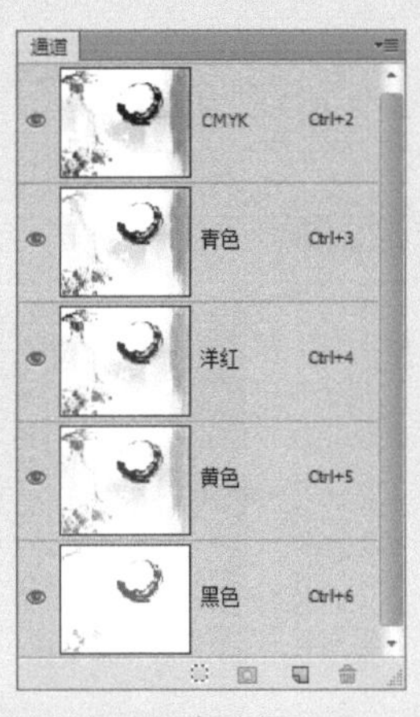

▲ CMYK 图像通道

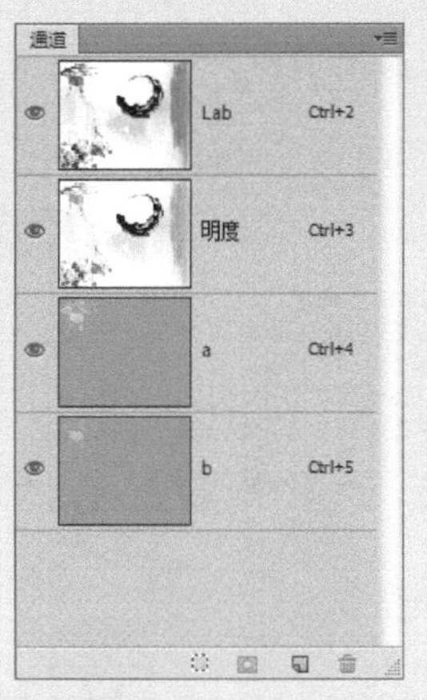

▲ Lab 图像通道

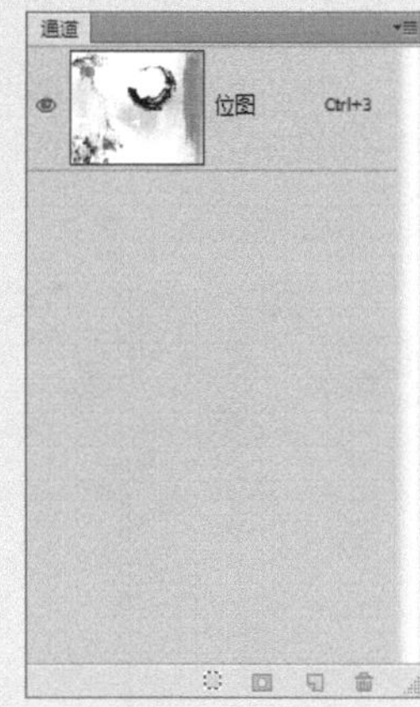

▲ 位图通道

提示：在Photoshop CS6中可以通过“通道”面板来创建、保存和管理通道。在Photoshop中打开图像时，会在“通道”面板中自动创建该图像的颜色信息通道。

技术看板：将通道中的图像粘贴到图层

打开一张素材图像，如图9-25所示。在“通道”面板中选择通道，按快捷键Ctrl+A全选，再按快捷键Ctrl+C复制通道，如图9-26所示。

单击选择复合通道，按快捷键Ctrl+V复制通道，可以将复制的通道粘贴到一个新的图层中，图像效果如图9-27所示，“图层”面板如图9-28所示。

▲ 图 9-25　▲ 图 9-26　▲ 图 9-27　▲ 图 9-28

9.2.3 Alpha通道

Alpha通道与颜色通道不同，它不会直接影响图像的颜色。Alpha通道有3种用途：第一种用于保存选区；第二种将选区存储为灰度图像。存储为灰度图像后用户就可以使用画笔等工具及各种滤镜，编辑Alpha通道从而修改选区；第三种从Alpha通道中载入选区。

在Alpha通道中，白色代表了被选择的区域；黑色代表了未被选择的区域；灰色代表了被部分选择的区域，即羽化的区域。

用白色涂抹Alpha通道可以扩大选区范围；用黑色涂抹则收缩选区范围；用灰色涂抹则可以增加羽化的范围。如图9-29所示为创建的Alpha通道。

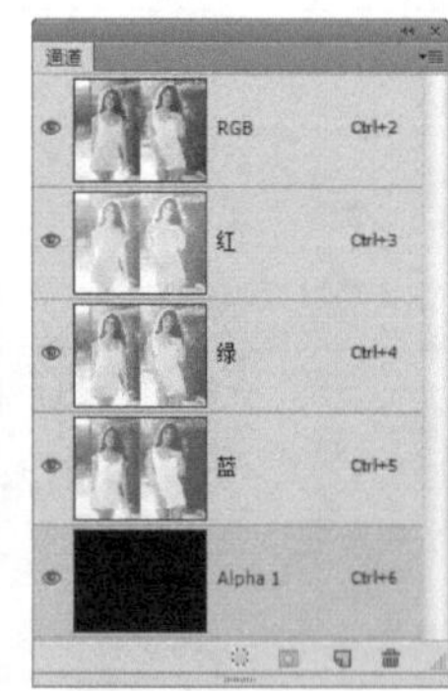

▲ 图 9-29

提示：Alpha通道是计算机图形学中的术语，指的是特别的通道，有时它特指透明信息，但通常的意思是“非彩色”通道。在Photoshop CS6中，通过使用Alpha通道可以制作出许多特殊的效果，它最基本的用途在于存储选区范围，并且不会影响图像的显示和印刷效果。当将图像输出到视频时，Alpha通道也可以用来决定显示区域。

相关链接：专色通道和复合通道。

专色通道是一种特殊的通道，它用来存储印刷用的专色。专色是用于替代或补充印刷色（CMYK）的特殊的预混油墨，如金属质感的油墨、荧光油墨等。通常情况下，专色通道由专色的名称来命名。

复合通道不包含任何信息，实际上只是同时预览并编辑所有颜色通道的一个快捷方式。它通常用来在单独编辑完一个或多个颜色通道后使“通道”面板返回到它的默认状态。

提示： 打开一张素材图像，选择“窗口>通道”命令，打开“通道”面板。在“通道”面板中单击即可选择通道，文档窗口中会显示所选通道的灰度图像。按住Shift键单击可以选择多个不同的通道，文档窗口中会相应地显示所选颜色通道的复合信息。通道名称的左侧显示通道内容的灰度图像缩览图，在编辑通道时缩览图会随时自动更新。

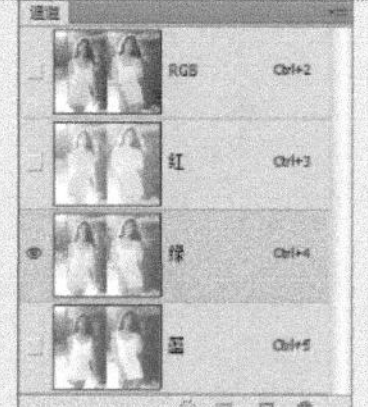

小技巧： 在“通道”面板中，每个通道的右侧都显示了快捷键，按Ctrl+数字键可以快速选择对应的通道。例如：在RGB模式下按快捷键Ctrl+3可以快速选择“红”通道。

默认情况下，“通道”面板中的颜色通道都显示为灰色，通过选择“编辑>首选项>界面”命令，在打开的“首选项”对话框中选中“用彩色显示通道”复选框，则可以使用原色显示各通道。

相关链接： 一个图像最多可以包含56个通道。只要以支持图像颜色模式的格式存储文件，便会保存颜色通道。但只有以PSD、PDF、PICT、Pixar、TIFF或RAW格式存储文件时，才会保存Alpha通道。DCS 2.0格式只保留专色通道。以其他格式存储文件可能会导致通道信息丢失。

疑难解答：创建Alpha通道

Alpha通道在Photoshop中的应用比较广泛，和其他功能结合得非常紧密。Alpha通道具有以下特点：所有通道都是8位灰度图像，能够显示256级灰阶；Alpha通道可以任意添加或删除；可以设置每个通道的名称、颜色和蒙版选项的不透明度（不透明度影响通道的预览，而不影响图像）；所有新通道具有与原图像相同的尺寸和像素数目；可以使用绘图工具在Alpha通道中编辑蒙版；将选区存放在Alpha通道中，可以在同一图像或不同的图像中重复使用。

创建通道的方法主要有：在“通道”面板中创建通道、使用选区创建通道和使用“贴入”命令创建通道。

在“通道”面板中创建通道的操作方法十分简单，就像在“图层”面板中创建新图层一样。单击“通道”面板中的“创建新通道”按钮，即可创建一个Alpha通道。按住Alt键单击“创建新通道”按钮，可弹出“通道选项”对话框，在该对话框中可以设置新通道的名称、色彩指示及蒙版颜色。

如果在文档窗口中已创建选区，单击“通道”面板中的“将选区存储为通道”按钮，即可创建Alpha通道。

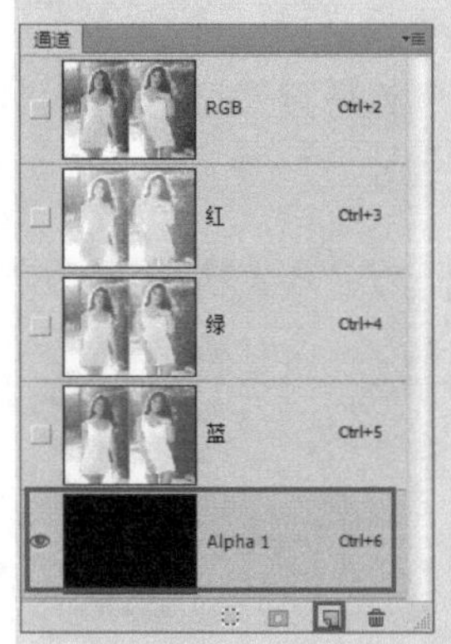
▲ 创建新通道

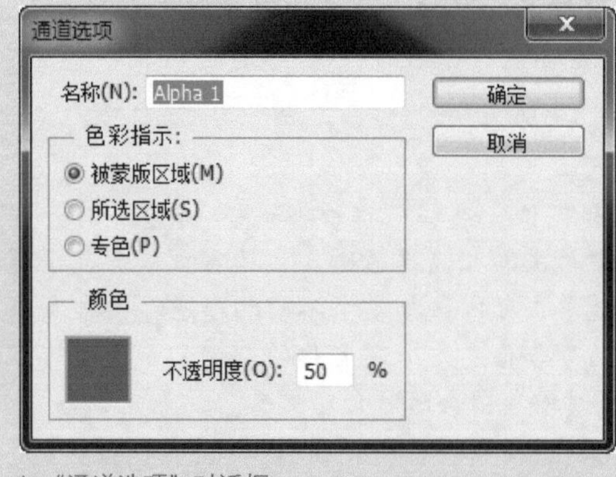

▲ “通道选项”对话框

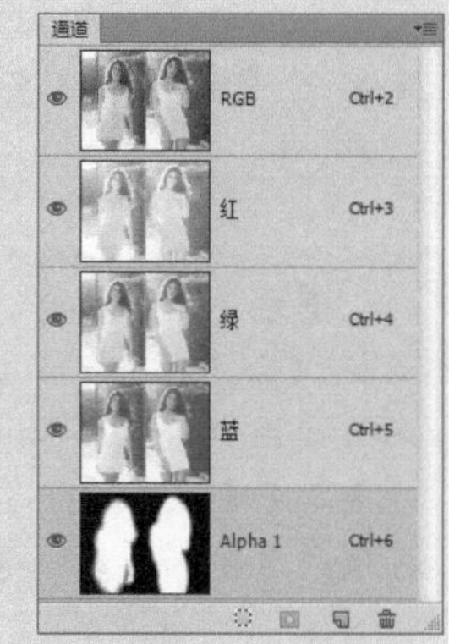
▲ 将选区存储为通道

除上述方法外，还可以选择“选择>存储选区”命令，在弹出的“存储选区”对话框中设置通道的名称。单击“确定”按钮，即可创建一个已命名的Alpha通道。

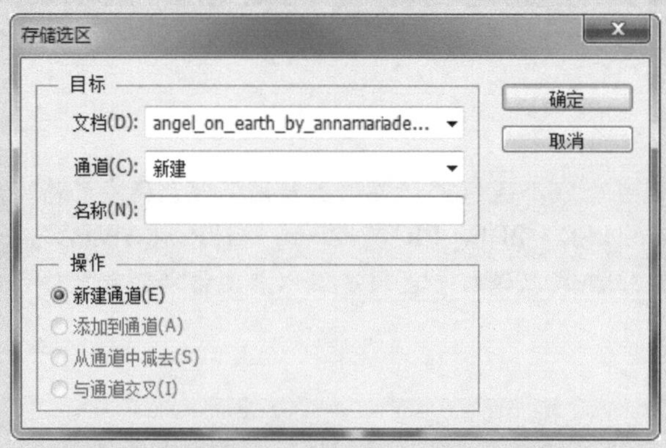

▲ “存储选区”对话框

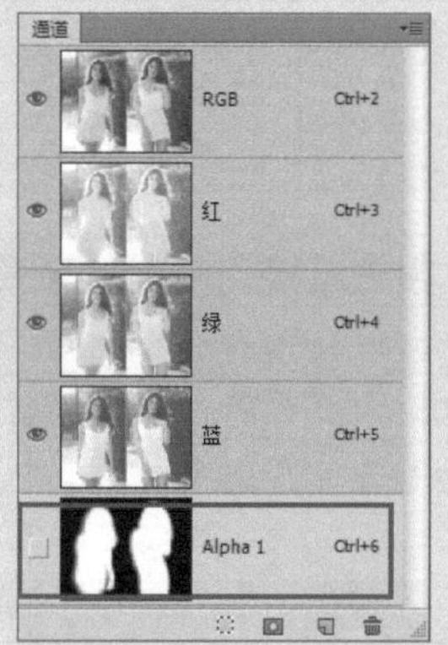
▲ 创建已命名的 Alpha 通道

提示：“存储选区”功能相当于使用“将选区存储为通道”按钮创建一个Alpha通道，两种方法的基本功能都是一致的，都是将不容易控制的选区存储为通道，便于调用选区及对选区进行操作。

疑难解答：同时显示Alpha通道和图像

创建Alpha通道之后，单击该通道，在文档窗口中只显示通道中的图像。在这种情况下，使得描绘图像边缘时因看不到彩色图像而使制作效果不够精确。此时，可单击复合通道中的“指示通道可见性”图标，文档窗口中就会同时显示彩色图像和通道蒙版，如图9-41所示。

▲ 显示通道中的图像

▲ 同时显示图像和通道蒙版

9.2.4 复制、删除与重命名

通过“通道”面板和面板菜单中的各项命令，用户可以创建不同的通道及创建不同的选区，并且还可以实现复制、删除、分离与合并通道等操作。

选择“蓝”通道，如图9-30所示，单击鼠标右键，在弹出的快捷菜单中选择“复制通道”命令，弹出“复制通道”对话框，参数设置如图9-31所示，单击“确定”按钮，“通道”面板如图9-32所示。

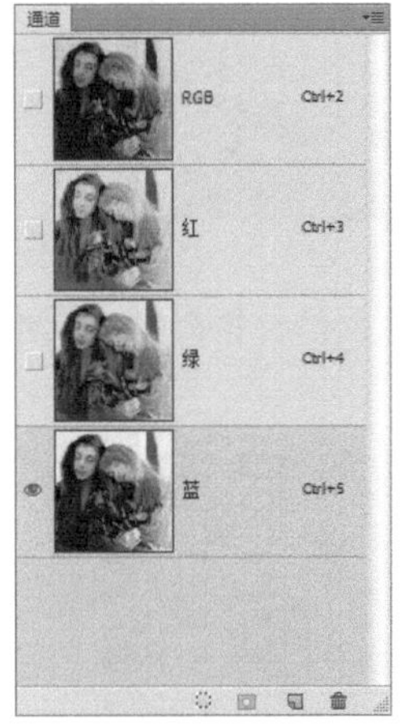

▲ 图 9-30

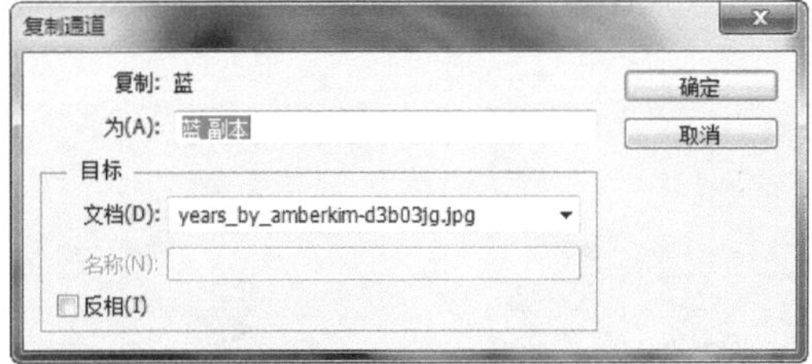

▲ 图 9-31

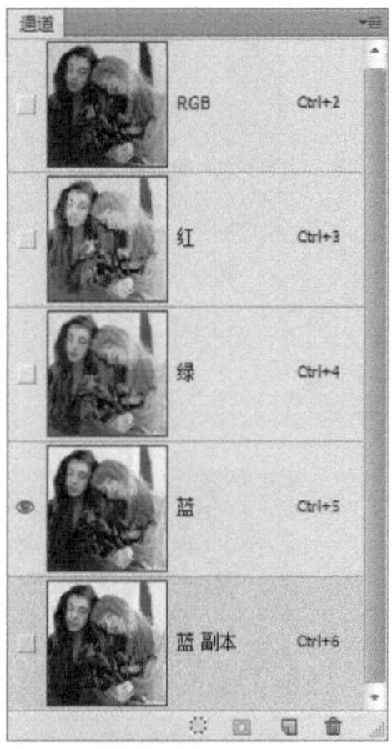

▲ 图 9-32

设置“前景色”为白色，使用“画笔工具”在画布上涂抹，继续设置“前景色”为黑色，在画布中涂抹，如图9-33所示。按住Ctrl键，单击通道缩览图，载入选区，继续反向选区，如图9-34所示。

▲ 图 9-33

▲ 图 9-34

继续打开“图层”面板，复制背景，使用快捷键Ctrl+J复制选区，如图9-35所示。打开一张素材图像，使用“移动工具”将透底的图像移到设计文档中，如图9-36所示。

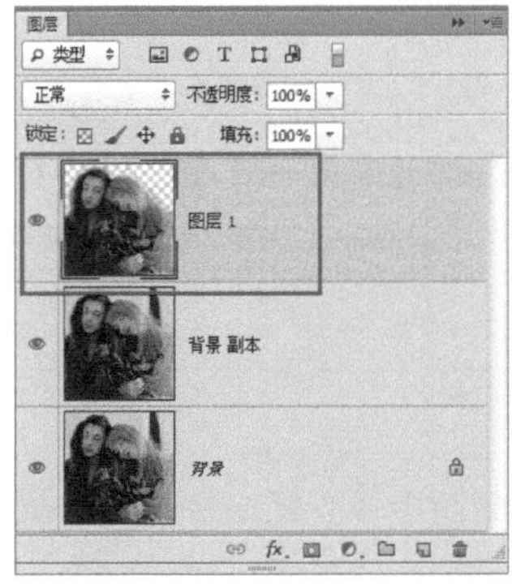

▲ 图 9-35

▲ 图 9-36

将图层的“混合模式”修改为“叠加”，将图层的“不透明度”修改为50%，如图9-37所示。为图层添加“图层蒙版”，使用“画笔工具”在蒙版上涂抹，图像效果如图9-38所示。

▲ 图 9–37

▲ 图 9–38

为图像调整“色相/饱和度”数值，添加文字内容，如图9-39所示。最后完成的灯箱合成广告图像效果如图9-40所示。

▲ 图 9–39

▲ 图 9–40

> **小技巧：** 双击需要重命名的通道名称，在显示的文本框中即可输入通道的新名称。但是复合通道和颜色通道不能进行重命名操作。
>
> 单击并拖动要删除的通道至“删除当前通道”按钮上方，释放鼠标即可将通道删除。也可以先选择通道，再单击“删除当前通道”按钮，此时会弹出提示框，提示是否删除当前通道。
>
> 删除颜色通道后，图像会自动转换为多通道模式。复合通道不能被复制，也不能被删除。
>
> 单击需要复制的通道，并将其拖到“创建新通道”按钮上方，释放鼠标即可复制通道，也可以选择面板菜单中的“复制通道”命令，在弹出的“复制通道”对话框中，可以进行命名等操作。

技术看板：将图层中的图像粘贴到通道

与将通道中的图像粘贴到图层的方法一样，打开一张素材图像，按快捷键Ctrl+A全选，如图9-41所示，再按快捷键Ctrl+C复制图像，在“通道”面板中新建一个Alpha通道，如图9-42所示，按快捷键Ctrl+V，即可将复制的图像粘贴到通道中，如图9-43所示。

▲ 图 9-41

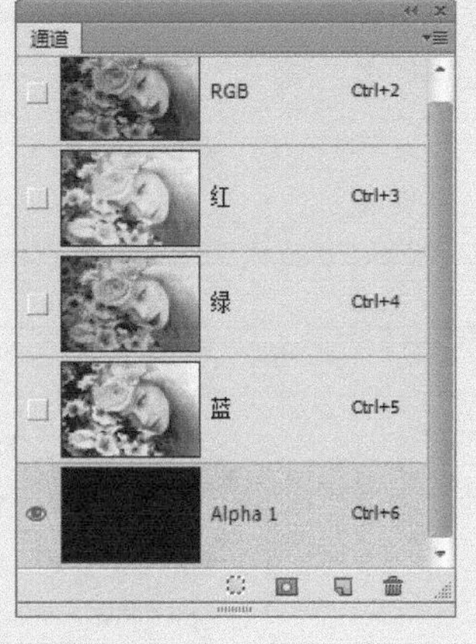

▲ 图 9-42

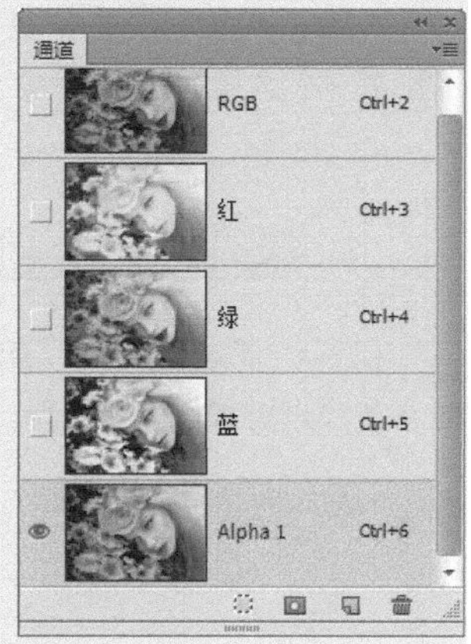

▲ 图 9-43

9.3 制作书籍页面内容

在Photoshop中，通道、蒙版和选区具有很重要的地位，它们三者之间也存在着极大的关联，而且选区、图层蒙版、快速蒙版及Alpha通道四者之间具有5种转换关系，如图9-44所示。

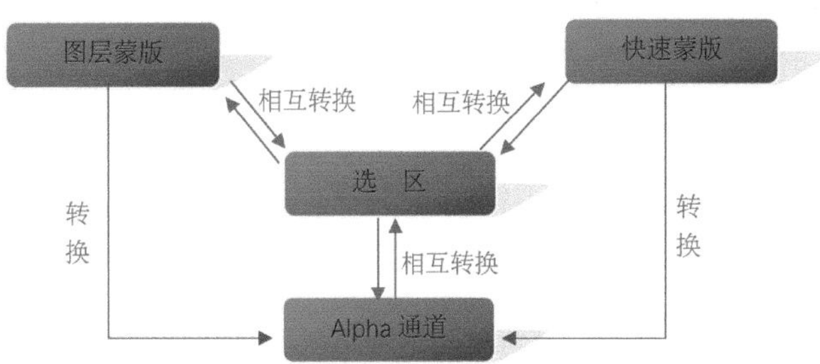

▲ 图 9-44

疑难解答："选区""蒙版"和"通道"的关系

选区是封闭的区域，可以是任何形状，但一定是封闭的，不存在开放的选区。

一旦建立选区，大部分的操作就只针对选区范围有效，如果要针对全图操作，必须先取消选区。

在具体操作时，可以通过创建并编辑快速蒙版得到选区，也可以通过将选区转换成快速蒙版，再对其进行编辑得到更为精确的选区。

选区与图层蒙版之间同样具有相互转换的关系。

选区与Alpha通道之间具有相互依存的关系。Alpha通道具有存储选区的功能，以便用到时可以载入选区。

快速蒙版可以被转换为Alpha通道。在快速蒙版编辑状态下，“通道”面板中将会自动生成一个名称为“快速蒙版”的暂存通道。

9.3.1 “应用图像”对话框

打开一张素材图像，如图9-45所示。选择“图像>应用图像”命令，弹出“应用图像”对话框，各项设置如图9-46所示。

▲ 图 9-45

▲ 图 9-46

疑难解答：“应用图像”对话框

- 源：用来设置参与混合的对象。在该下拉列表中可以选择Photoshop打开的所有与当前图像的像素尺寸相同的图像文件。
- 图层：用来设置参与混合对象的图层。如果源文件为JPG等不包括图层信息的格式，该选项只可选择背景图层；如果源文件是PSD等包含多个图层的格式，该选项将包括源文件的所有图层，还会多出一个“合并图层”选项。
- 通道：用来设置参与混合对象的通道。该下拉列表中包含文件中的所有通道，还会多出一个透明通道。选中“反相”复选框，可将通道反相后再进行混合。
- 目标：被混合的对象。它可以是图层，也可以是通道，当前所选图层或通道为目标对象。
- 混合：设置用于应用的源图像的混合模式。在该下拉列表中包含“图层”面板中没有的两个附加混合模式。
    - ➢ 相加：增加两个通道中的像素值。这是在两个通道中组合非重叠图像的好方法。
    - ➢ 减去：从目标通道中相应的像素上减去源通道中的像素值。
- 不透明度：用来设置通道或图层的混合强度。该值越高，混合的强度就越大。
- 保留透明区域：设置混合范围。选中此复选框，混合效果将限定在图层的不透明区域内。
- 蒙版：用来设置混合范围。选中该复选框，将显示隐藏的选项。在该选项下，可以选择包含蒙版的图像和图层，也可以选择任何颜色通道或Alpha通道以用作蒙版。

设置完成后，单击“确定”按钮，图像效果如图9-59所示。使用快捷键Ctrl+T调出自由变换控制框，调整图像的角度。

▲ 原图

▲ 调整后

9.3.2 “计算”命令

“计算”命令用于混合两个来自一个或多个源图像的单个通道，将计算结果应用到新图像的新通道或现有图像的选区。但是，不能对复合通道应用此命令。打开素材图像，选择“图像>计算”命令，弹出“计算”对话框，如图9-47所示。

疑难解答：“计算”对话框

- 源1：用来选择第一个源图像、图层和通道。在该选项组中可以选择在Photoshop CS6中打开的所有文件，前提是该文件的尺寸与选择“计算”命令的文件尺寸相同，Photoshop CS6无法对不同尺寸的通道进行计算。
- 源2：用来选择与“源1”混合的第二个源图像、图层和通道。该文件必须是打开的，并且与“源1”的图像具有相同的尺寸和分辨率。
- 结果：可以选择一种计算结果的生成方式。在该下拉列表中包括“新建通道”“新建文档”和“选区”3个选项。

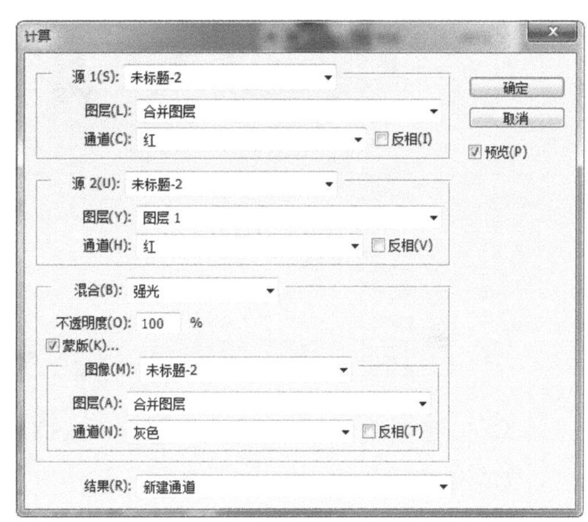

▲ 图 9-47

9.3.3 选区与快速蒙版的关系

在具体操作时，可以通过创建并编辑快速蒙版得到选区，也可以通过将选区转换成快速蒙版，再对其进行编辑得到更为精确的选区。

单击工具箱中的“套索工具”按钮，在图像上创建图像的基本轮廓选区，如图9-48所示，此时就可以方便地使用快速蒙版进行编辑了。单击工具箱中的“以快速蒙版模式编辑”按钮，图像中非选区的部分会自动用半透明的红色填充，如图9-49所示。

▲ 图 9-48

▲ 图 9-49

相关链接： 单击工具箱中的“画笔工具”按钮，设置“前景色”为黑色，在非选区部分进行涂抹。半透明红色区域是被蒙版区域，退出快速蒙版状态后，半透明红色区域之外的区域就是所创建的选区，使用快速蒙版编辑后将得到更为精确的选区。相关操作演示请参考本书“快速蒙版”部分的内容。

9.3.4 选区与图层蒙版的关系

选区与图层蒙版之间同样具有相互转换的关系。通过在“图层”面板上单击“添加图层蒙版”按钮，为当前的图层添加一个图层蒙版，如图9-50所示。

按住Ctrl键在“图层”面板上单击图层蒙版缩览图，则可以载入其存储的选区，效果如图9-51所示。

▲ 图 9-50

▲ 图 9-51

9.3.5 选区与Alpha通道的关系

Alpha通道具有存储选区的功能，以便在应用时可以载入选区。在图像上创建需要处理的选区，如图9-52所示。

选择“选择>存储选区”命令，或单击“通道”面板上的“将选区存储为通道”按钮，都可以将选区转换为Alpha通道，如图9-53所示。

▲ 图 9-52

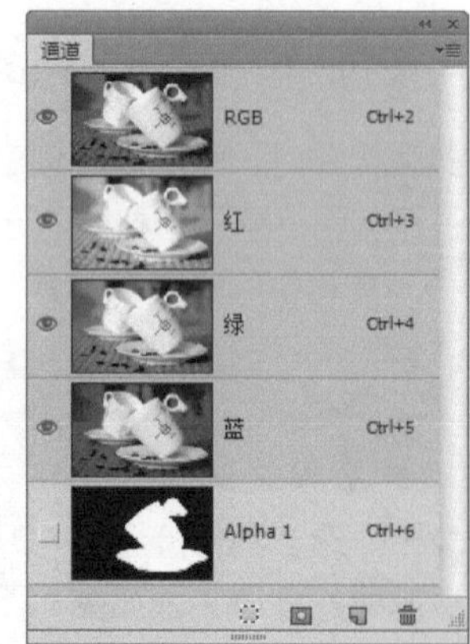

▲ 图 9-53

提示：按住Ctrl键单击不同的通道，可快速载入该通道的选区。但是在很多情况下，复杂的选区是由多个选区计算而成的，如果画布中已有选区，按住Ctrl键载入其他选区，已有选区将被替代。

9.3.6 通道与快速蒙版的关系

快速蒙版可以转换为Alpha通道。在快速蒙版编辑状态下，“通道”面板中将会自动生成一个名称为“快速蒙版”的暂存通道，如图9-54所示。

将该通道拖至“创建新通道”按钮上，释放鼠标可以复制通道并将其存储为Alpha通道，如图9-55所示。

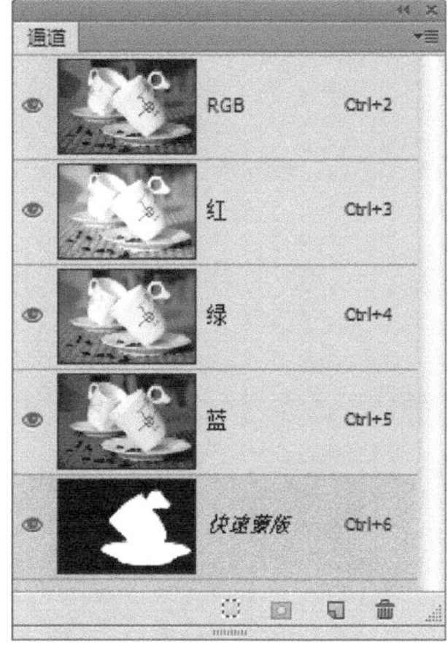

▲ 图 9-54

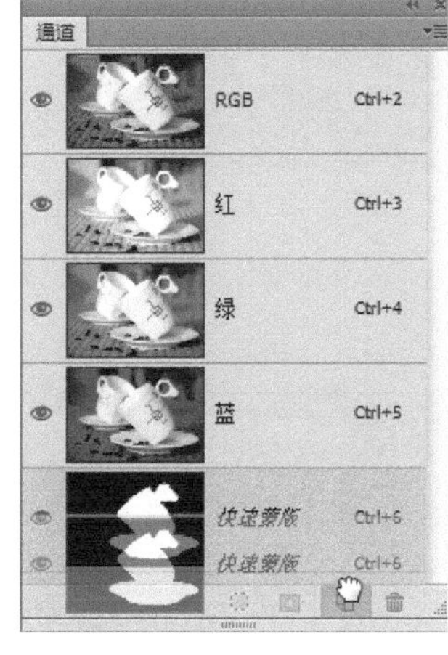

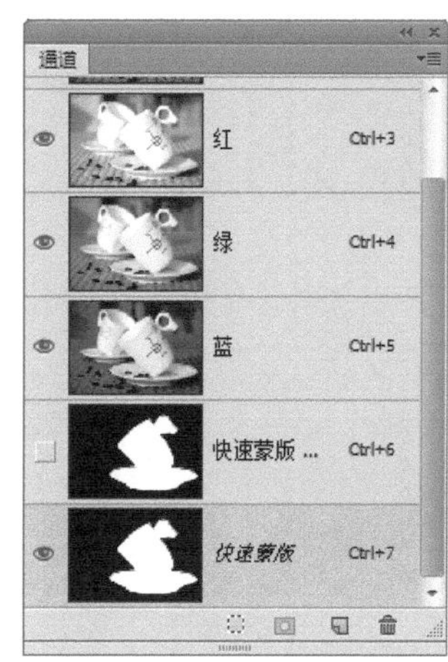

▲ 图 9-55

9.3.7 通道与图层蒙版的关系

图层蒙版可以转换为Alpha通道。在“图层”面板上单击“添加图层蒙版”按钮，为当前图层添加一个图层蒙版，打开“通道”面板，可以看到“通道”面板中暂存一个名称为“图层*蒙版”（*为相应的图层序号）的通道，如图9-56所示。

将该通道拖至“创建新通道”按钮上，释放鼠标可以复制通道并将其存储为Alpha通道，如图9-57所示。

▲ 图 9-56

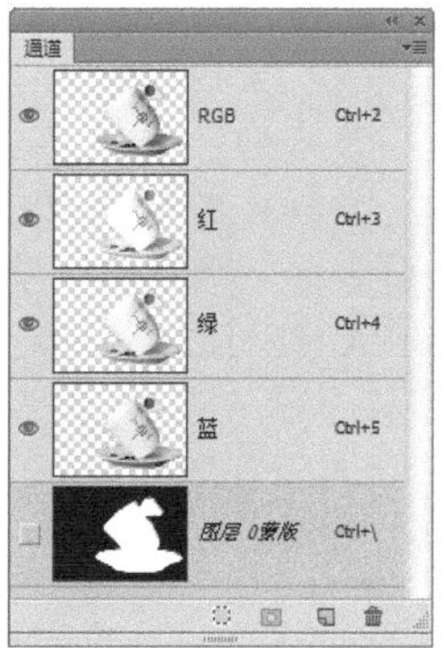

▲ 图 9-57

使用“矩形选框工具”在画布中创建选区，如图9-58所示。在打开的“图层”面板中，单击面板底部的“添加图层蒙版”按钮，效果如图9-59所示。

▲ 图 9-58

▲ 图 9-59

使用文字工具和其他素材图像，完成页面的制作，效果如图9-60所示。页面展示效果如图9-61所示。

▲ 图 9-60

▲ 图 9-61

小技巧： 很多人对通道的运用都是一知半解的，甚至使用了很久Photoshop，还没有使用过通道功能。其实理解了通道的功能就能很容易地学习并使用通道了。通道的主要作用就是存储颜色信息和创建保存选区，了解了这两点，相信对于读者的学习会有所帮助。

小技巧： 不只通道，蒙版也是同样的道理。如果当前图像中包含选区，单击“通道”面板中的缩览图时，可以按不同的快捷键计算选区。按快捷键Ctrl+Shift可将载入的选区添加到已有选区中；按快捷键Ctrl+Alt可将载入的选区从已有选区中减去；按快捷键Ctrl+Alt+Shift可得到载入选区与当前选区相交的选区范围。

第10章 3D和视频动画

Photoshop CS6 对 3D 功能进行了很多重大的改进，不仅在渲染技术上有了很大提高，而且丰富了 3D 素材，使用户在操作时更加方便快捷，使创意空间更为宽广。

同时 Photoshop CS6 不再是单一的图像处理软件，它具备了制作简单动画和编辑视频的功能。在本章中将向读者讲解如何制作 3D 图像、如何创建动画及视频的应用。

10.1 3D 功能简介

Photoshop CS6对3D功能进行了更多的优化组合，使3D功能完全融合到Photoshop的每一步操作中，功能也变得更加强大。在Photoshop CS6中，不但可以打开和处理由Adobe Acrobat 3D Version 8、3D Studio Max、Alias、Maya 及 GoogleEarth 等程序创建的 3D 文件，而且可以直接为这些3D文件绘制贴图、制作动画。

打开一个3D文件，可以保留该文件的纹理、渲染及光照等信息，并且把模型放在3D图层上，在该图层上显示详细信息，如图10-1所示。

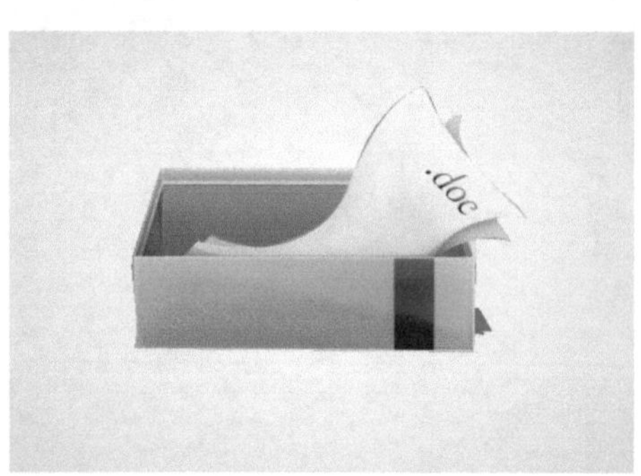

▲ 图 10-1

提示：“从3D文件新建图层”命令不能使用时，可能是未启用“首选项>性能”下的“启用OpenGL绘图”选项。如果该选项为灰色不能选择状态，则表示用户的计算机显卡不支持3D加速。

提示：OpenGL是一种软件和硬件标准，可在处理大型或复杂图像（如 3D 文件）时加速视频处理过程。OpenGL需要支持OpenGL 标准的视频适配器。在安装了OpenGL 的系统中，打开、移动和编辑 3D 模型时的性能将得到极大的提高。

疑难解答：创建3D图层的各项参数

用户创建3D图层后，通过3D工具可以对3D模型进行调整，实现对模型的移动、缩放及视图缩放等操作，还可以分别对3D模型的网格、材质和光源进行设置。一般的3D文件中都包含网格、材质和光源。

- 网格：提供3D模型的底层结构。通常，网格看起来是由成千上万个单独的多边形框架结构组成的线框。3D模型通常至少包含一个网格，也可能包含多个网格。在 Photoshop CS6中，可以在多种渲染模式下查看网格，还可以分别对每个网格进行操作。如果无法修改网格中实际的多边形，则可以更改其方向，并且可以通过沿不同坐标进行缩放以变换其形状。还可以通过使用预先提供的形状转换现有的2D图层，创建自己的3D网格。

• 材质：一个网格可具有一种或多种相关材质，这些材质控制整个网格的外观或局部网格的外观。这些材质依次构建于被称为“纹理映射”的子组件，它们的积累效果可创建材质的外观。纹理映射本身就是一种 2D 图像文件，它可以产生各种品质，如颜色、图案、反光度或崎岖度。

• 光源：光源类型包括无限光、聚光灯和点光。用户可以移动和调整现有光照的颜色和强度，并且可以将新光照添加到3D场景中。

技术看板：创建 3D 图层

创建一个3D图层相对比较简单，只需选择“3D>从3D文件新建图层”命令，弹出“打开”对话框，可以看出Photoshop CS6支持的 3D 文件格式：3DS、DAE、FL3、KMZ 、U3D 和OBJ，如图10-2所示。选择文件，单击“打开”按钮，即可新建3D图层，如图10-3所示。

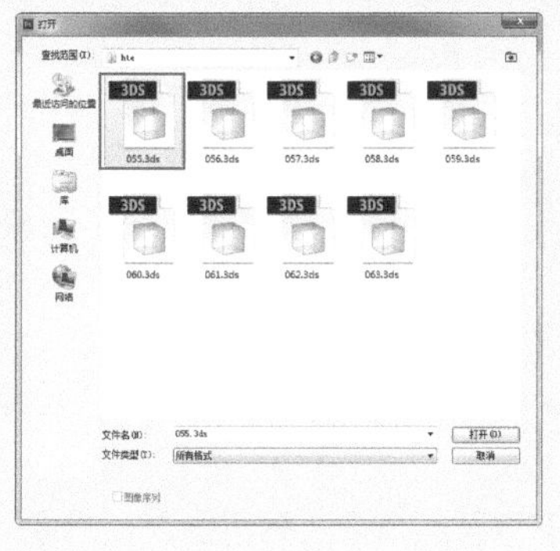

▲ 图 10-2

▲ 图 10-3

选择“3D>合并3D图层”命令可以合并Photoshop CS6文档中的多个3D模型，如图10-4所示。合并后，可以单独处理每个 3D 模型，或者同时在所有模型上使用调整对象和视图的工具，如图10-5所示。

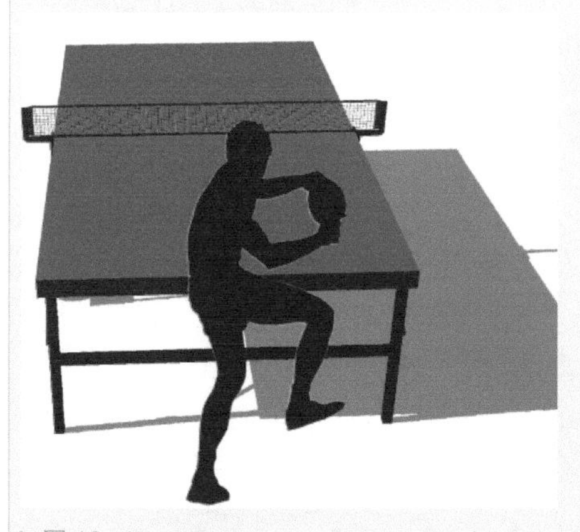

▲ 图 10-4

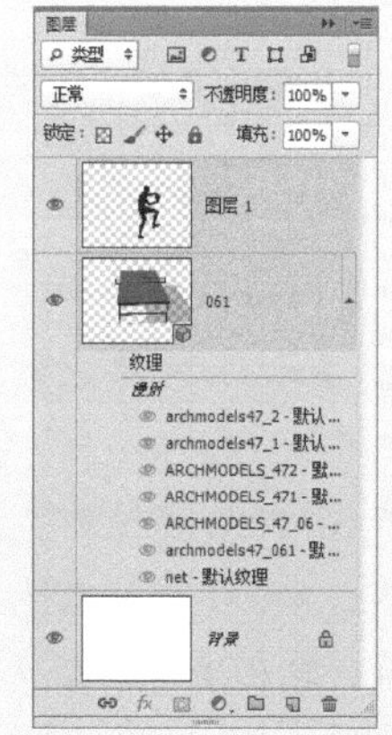

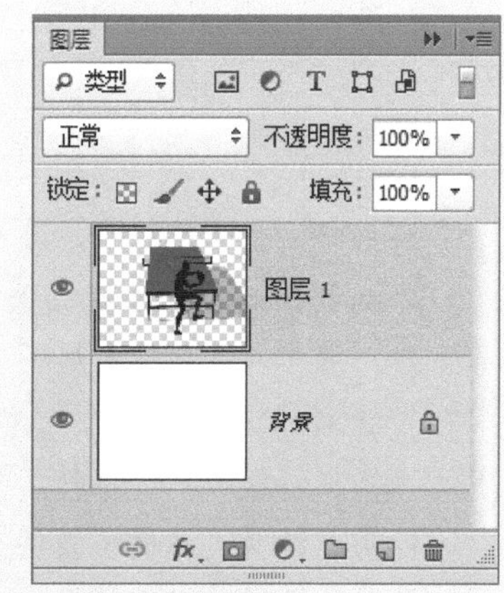

▲ 图 10-5

合并两个3D模型后，每个3D文件的所有网格和材质都包含在目标文件中，并显示在 3D 面板中。可以使用其中的 3D 模式工具选择并重新调整各个网格的位置。

疑难解答：将3D图层转换为2D图层

在Photoshop CS6中，可以将3D图层转换为2D图层，可以使3D内容在当前状态下进行栅格化。只有不想再编辑3D模型位置、渲染模式、纹理或光源时，才可将3D图层转换为常规图层。栅格化的图像会保留3D场景的外观，但格式为平面化的2D格式。

选择“图层>栅格化>3D”命令或在“图层”面板上的3D图层上单击鼠标右键，选择“栅格化3D”命令，都可以将3D图层转换为2D图层。

疑难解答：将3D图层转换为智能图层

将3D图层转换为智能对象，可以保留包含在3D图层中的3D信息。转换后，可以将变换或智能滤镜等其他调整应用于智能对象。可以重新打开“智能对象”图层以编辑原始3D场景。应用于智能对象的任何变换或调整会随之应用于更新的3D内容。

选择“图层>智能对象>转换为智能对象”命令或在“图层”面板上的3D图层上单击鼠标右键，选择“转换为智能对象”命令，将3D图层转换为智能图层。

10.2 制作 3D 模型

通过凸出方式创建的网格，可以在“属性”面板中对其网格进行编辑修改，并可以执行变形等操作设置。

10.2.1 编辑凸出3D模型网格

使用3D凸出功能创建3D网格后，可以通过在“属性”面板上设置不同的参数而获得更好的3D效果。选择“凸出”命令后，“属性”面板中“网格”选项的参数如图10-6所示。

疑难解答：编辑凸出3D模型网格

- 网格：单击该按钮，进入凸出网格编辑界面。
- 捕捉阴影：选中该复选框，显示3D网格上的阴影效果；取消选中此复选框，则不显示阴影。
- 投影：选中此复选框，显示3D网格的投影；取消选中此复选框，则不显示投影，同时也不显示阴影效果。
- 形状预设：该选项提供了18种形状预设供用户选择，可以实现不同的凸出效果。
- 纹理映射：通过在打开的列表框中选择相应选项，可以为凸出3D网格指定不同的纹理映射类型，可以选择缩放、平铺和填充。

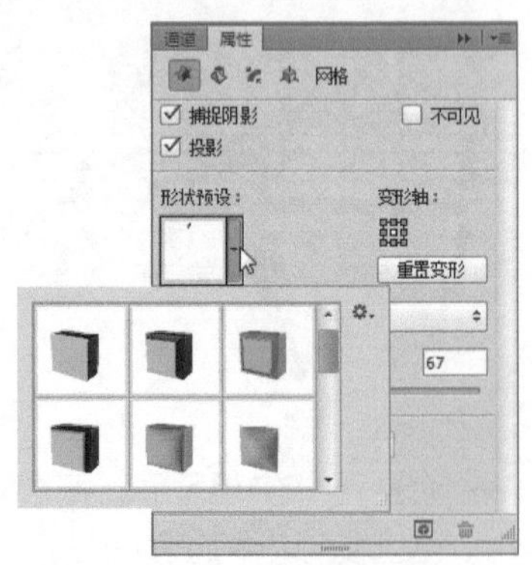

▲ 图 10-6

> ➢ 缩放：根据凸出网格的大小自动缩放纹理映射大小。
>
> ➢ 平铺：使用纹理映射固有的尺寸以平铺的方式显示。
>
> ➢ 填充：以原有纹理映射的尺寸显示。

- 凸出深度：可以设置凸出的深度。正负值决定凸出方向的不同。
- 不可见：选中该复选框，凸出的3D网格将不可见。
- 变形轴：设置3D网格变形轴。
- 重置变形：单击该按钮将恢复到最初的变形轴。
- 编辑源：编辑凸出的原始对象，如选区、路径、文字或者图层。
- 渲染：单击该按钮，Photoshop将开始渲染3D网格。

10.2.2 从所选路径新建3D凸起

新建一个500×500的空白文档，如图10-7所示，使用“椭圆工具”在画布中绘制形状，修改选项栏中的加减运算为“减去顶层形状”选项，继续在画布中绘制形状，如图10-8所示。

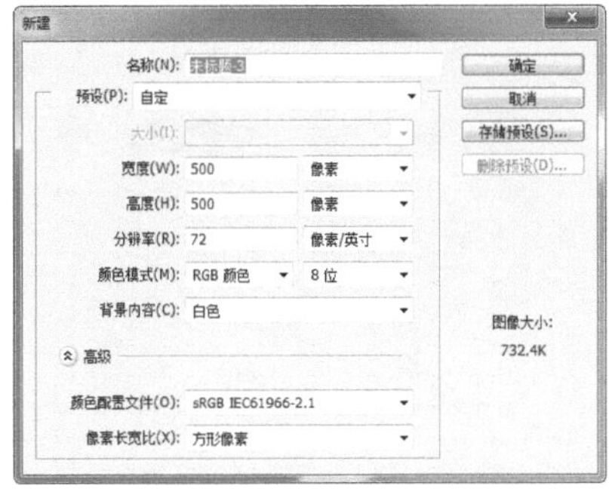

▲ 图 10-7

▲ 图 10-8

小技巧：选择Photoshop文档中的任一图层，选择“3D>从所选图层新建3D凸出”命令，即可将该图层的对象凸出为3D网格。

相关链接：确定被选中的是文字图层，选择“文字>凸出为3D”命令，即可将文字图层凸出为3D网格。

疑难解答：使用凸起创建3D图层

用户首先需要确定在打开的文档中创建了选区，然后选择“3D>从当前选区新建3D凸出”命令，即可将选区范围凸出为3D网格。

技术看板：拆分凸起

使用“凸出”命令可以创建具有5种材质的单个网格。如果要单独控制不同的元素（如文本字符串中的每个字母），可以通过选择“3D>拆分凸出”命令，创建单个网格。

如图10-9所示即为使用文本凸出的3D网格，所有字母作为一个对象存在。拆分凸出后的“3D”面板如图10-10所示。每个字母单独成为一个网格对象。

▲ 图 10–9

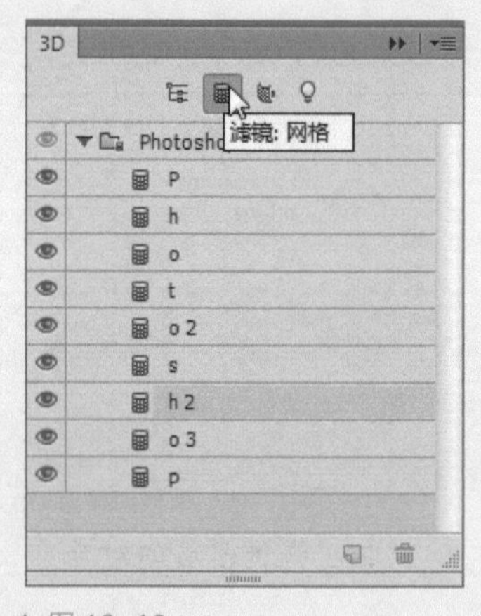

▲ 图 10–10

使用“路径选择工具”选中小椭圆，按住Alt键的同时拖动光标复制椭圆，效果如图10-11所示。选择“3D>从所选路径创建3D凸出”命令，如图10-12所示，凸出效果如图10-13所示。

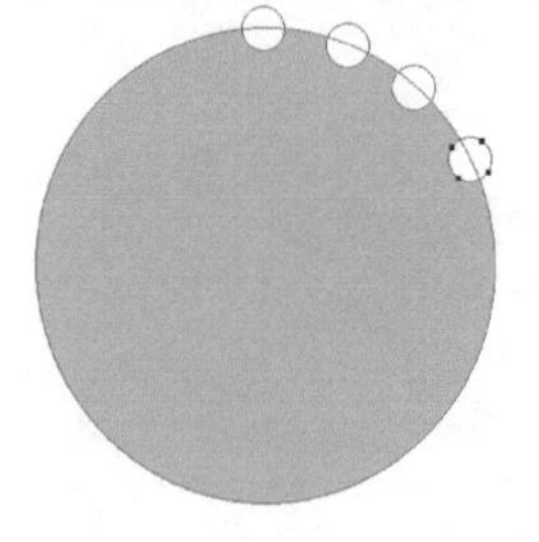

▲ 图 10–11

▲ 图 10–12

▲ 图 10–13

10.2.3 变形凸出3D模型

单击“移动工具”按钮，在选项栏上单击“旋转3D对象”按钮，旋转视图如图10-14所示。在3D模型上单击，选中网格，修改“属性”面板上的“凸出深度”为500，如图10-15所示，修改效果如图10-16所示。

▲ 图 10-14

▲ 图 10-15

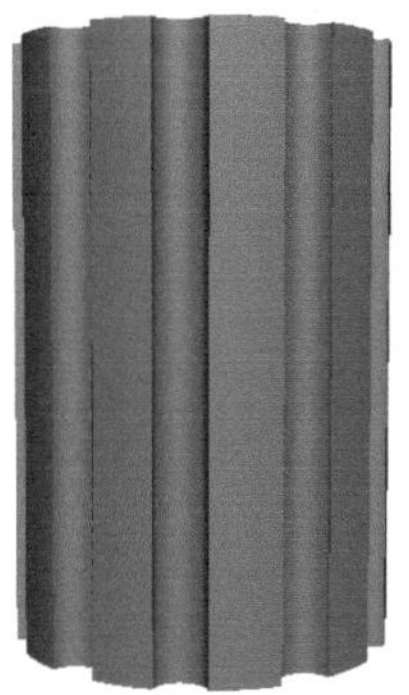

▲ 图 10-16

小技巧：变形：单击该按钮，可以切换到变形选项面板；扭转：将凸出3D网格沿*Z*轴旋转；锥度：将凸出的3D网格沿*Z*轴锥化；弯曲：选择变形方式为“弯曲”；切变：选择变形方式为“切变”。

疑难解答：编辑凸出3D模型盒子

“盖子”是Photoshop CS6中全新引进的概念，指的是3D网格的前部或背部部分。通过“属性”面板可以对盖子的宽度、角度等参数进行设置

- 盖子：单击该按钮可以对凸出的3D网格的盖子进行设置。
- 边：选择要倾斜/膨胀的侧面，可以选择“前部”“背部”和“前部和背部”。
- 斜面：设置斜面的宽度和角度。
- 膨胀：设置膨胀的角度和强度。
- 等高线：可以选择不同的等高线效果，实现不同的斜面效果。

创建了凸出对象后，还可以继续为网格添加约束。通过选择“3D>添加约束的来源”下的命令，可以分别使用选区和路径为网格添加约束。

要想对网格重新添加约束，需要在“3D”面板上选择“边界约束1”选项。然后创建路径或选区。

单击“属性”面板上的“将选区添加到表面”或“将路径添加到表面”按钮，或选择“3D>添加约束的来源”命令下的“当前选区”或“所选路径”命令，都可以为网格添加约束。

10.2.4 “3D”面板和“属性”面板

打开“3D”面板，选择“椭圆1 前膨胀材质”选项，继续打开“属性”面板，设置各项参数，如图10-17所示。

选择凸出的3D网格，在“属性”面板上单击“变形”按钮，可以对3D模型进行变形操作，“属性”面板如图10-18所示。

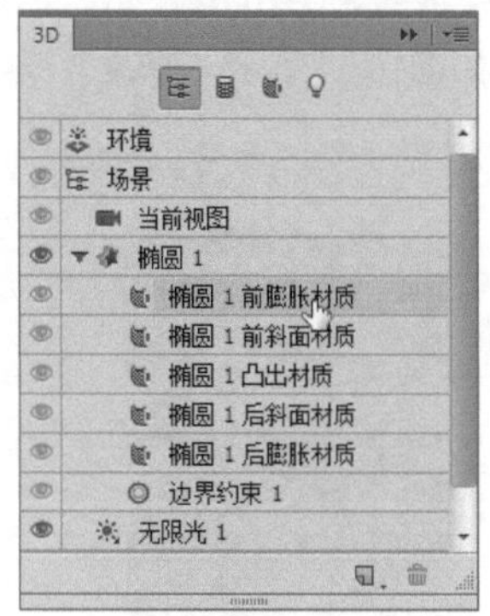

▲ 图 10-17

▲ 图 10-18

疑难解答：“3D”面板

使用“3D”面板创建3D对象或直接选择“3D图层”，“3D”面板将显示整个环境的内容。此时选择“3D面板”上的任一内容，该内容的参数将显示在“属性”面板中。

新建一个Photoshop文档，选择“视图>3D”命令，即可打开“3D”面板。打开“源”弹出式菜单，然后选择制作3D对象的方法，最后单击“创建”按钮，即可完成3D对象的创建。

设置3D环境：单击“3D”面板上的“环境”选项，显示其“属性”面板。全局环境色：设置在反射表面上可见的全局环境光的颜色。该颜色与用于特定材质的环境色相互作用；IBL：为场景启用基于图像的光照；颜色：设置基于图像的光照的颜色和强度；阴影：设置地面光照的阴影和柔和度；反射：设置地面阴影的颜色、不透明度和粗糙度；背景：将图像作为背景使用。

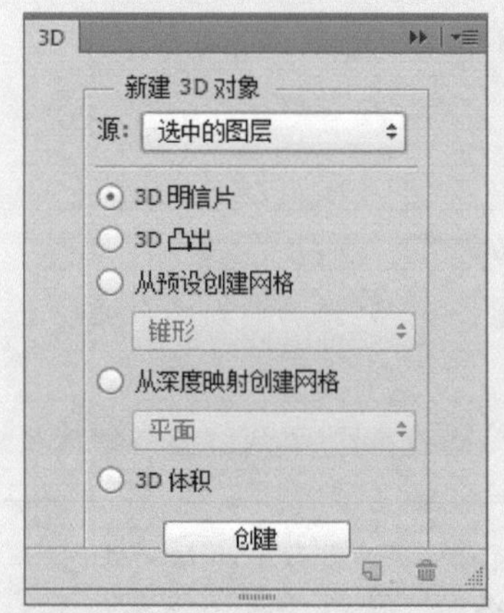
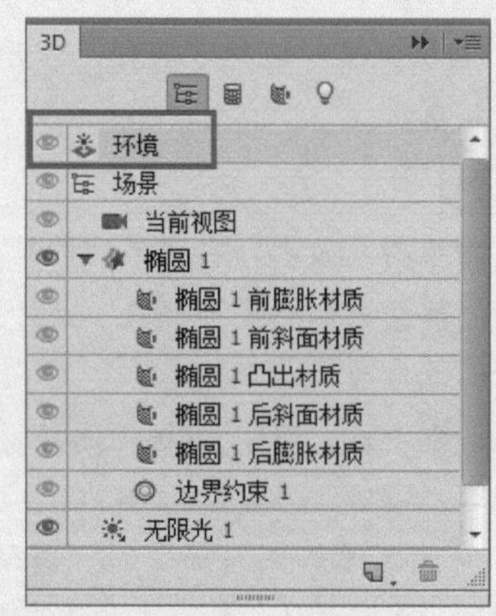
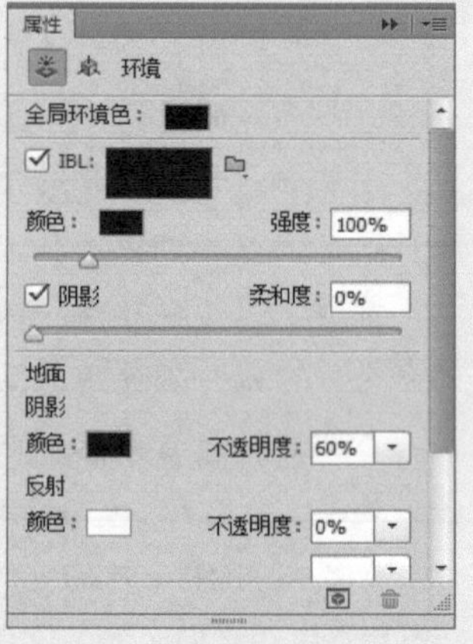

设置3D相机：单击“3D”面板上的“当前视图”选项，“属性”面板显示其相关参数。视图：选择要显示的相机或视图。在此下拉列表中提供了8种默认视图预设供用户选择。透视：使用视角显示视图，显示汇聚成消失点的平行线。正交：使用缩放显示视图，保持平行线不相交。在精确的缩放视图中显示模型，而不会出现任何透视扭曲。视角：设置相机的镜头大小，并且可以选择镜头的类型。有3种镜头供用户选择：“毫米镜头”“垂

直”和“水平”。景深：用于设置景深。其中“距离”决定聚焦位置到相机的距离，“深度”可以使图像的其余部分模糊化。立体：选中该复选框则将启动“立体视图”选项，共有“浮雕装饰”“并排”和“透镜”3种类型供用户选择。

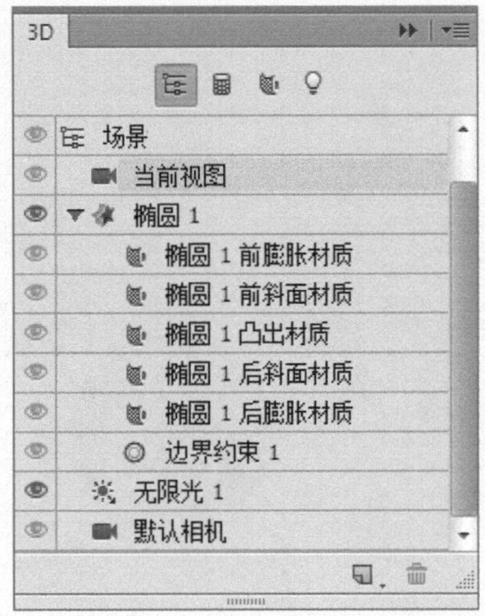

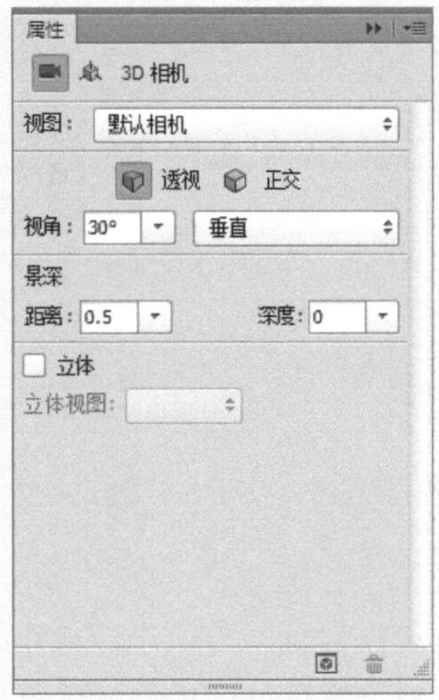

在“属性”面板上单击“变形”按钮，设置各项参数，如图10-19所示，变形效果如图10-20所示。

▲ 图 10-19

▲ 图 10-20

技术看板：创建网格制作逼真地球

打开素材图像，如图10-21所示，选择“3D>从图层新建网格>网格预设>球体”命令，图像效果如图10-22所示。

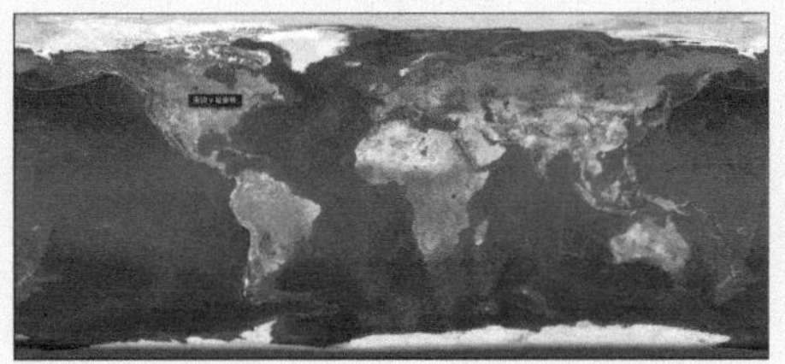

▲ 图 10-21

▲ 图 10-22

使用“移动工具”选择球体网格，单击鼠标右键，在弹出的“球体”面板中单击“材质”按钮，如图10-23所示。在“球体材质”面板的“凹凸”选项菜单中选择“载入纹理”命令，如图10-24所示。

载入图像，并设置“凹凸”值为“20%”。

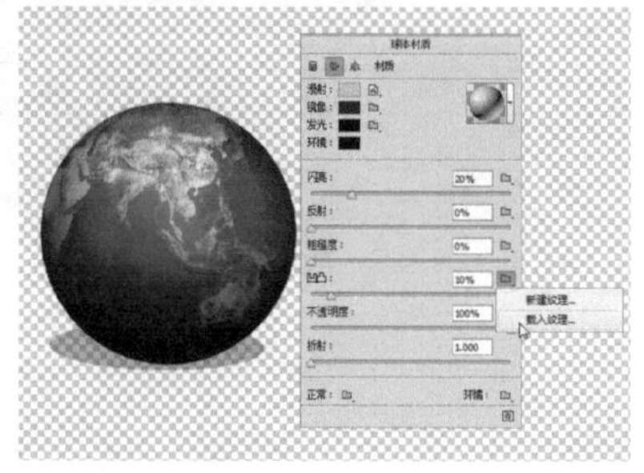

▲ 图 10–23

▲ 图 10–24

疑难解答：从图层新建网格

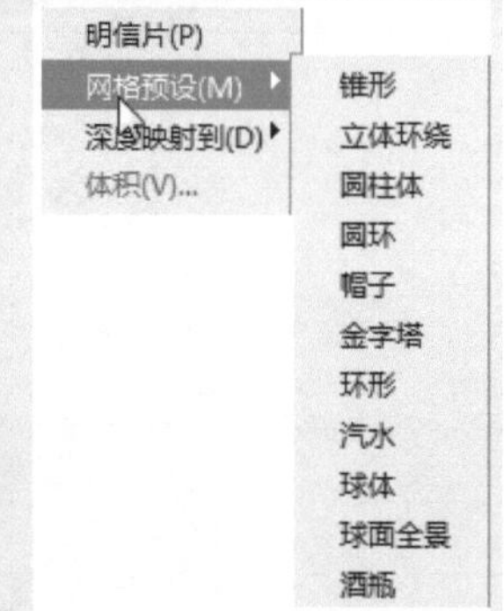

一般的2D平面图像给人的视觉感受比较单一，不具备空间感。通过创建3D明信片，可以对2D平面图像随意执行旋转、滚动等操作，使其具有立体效果。

选择“3D>从图层中新建网格>明信片”命令，即可实现3D明信片效果。

Photoshop CS6自带了12种网格预设，包括圆环、球面或帽子等单一网格对象，以及锥形、立体环绕、圆柱体、圆环或酒瓶等多网格对象，选择任一命令都可从图层新建形状。根据所选取的形状类型，最终得到的3D模型包含一个或多个网格。

执行该组命令可以将灰度图像转换为深度映射，从而将明度值转换为深度不一的表面。较亮的值生成表面凸起的区域，较暗的值生成表面凹下的区域。

通过选择“深度映射到”命令可以创建4种3D模型，分别是平面、双面平面、圆柱体和球体。

- 平面：将深度映射数据应用于平面表面。
- 双面平面：创建两个沿中心轴对称的平面，并将深度映射数据应用于两个平面。
- 圆柱体：从垂直轴中心向外应用深度映射数据。
- 球体：从中心点向外呈放射状应用深度映射数据。

单击“网格”按钮，再单击“编辑源”按钮，进入凸出源编辑。选择“编辑>自由变换”命令，调整形状图形的大小，如图10-25所示。提交变换并保存文件，效果如图10-26所示。

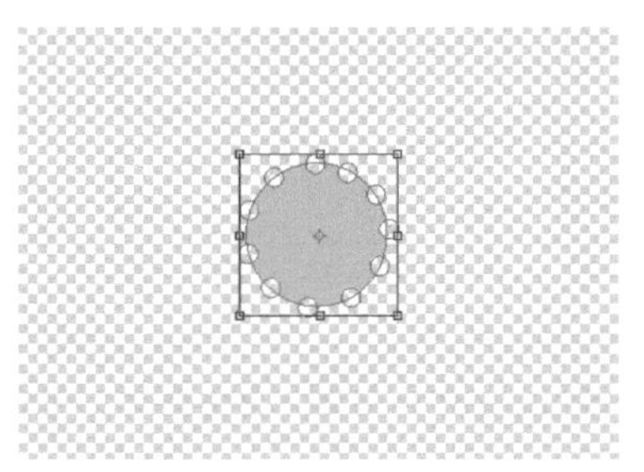

▲ 图 10-25

▲ 图 10-26

返回"属性"面板，单击"变形"按钮，修改"锥度"值为800%，如图10-27所示，效果如10-28所示。

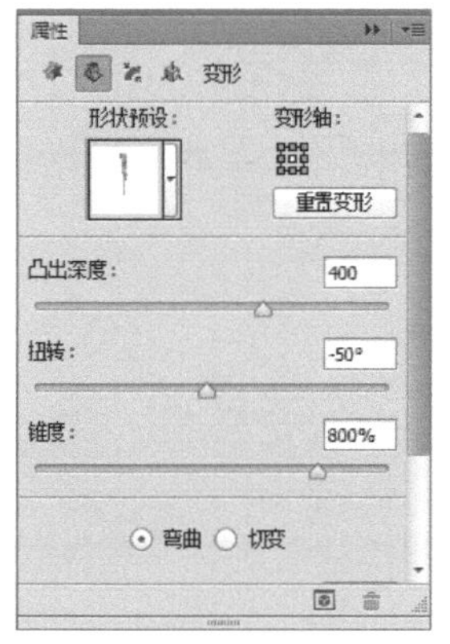

▲ 图 10-27

▲ 图 10-28

疑难解答：坐标和3D约束

为了准确地完成移动、旋转和缩放操作，Photoshop在"属性"面板中提供了"坐标"选项。选择任意3D网格，在"属性"面板中单击"坐标"按钮。

选择任意3D网格，在"属性"面板中都会显示"坐标"选项。位置：通过设置不同轴的位置，实现准确移动3D模型的操作。旋转：通过设置在不同轴上的旋转角度，实现准确旋转3D模型的操作。缩放：通过设置在不同轴上的缩放百分比，实现准确缩放3D模型的操作。

在创建凸出3D网格时，使用3D约束可以控制当前网格是"现用""非现用"或者"空心"，从而可以制作出更多的3D模型效果。

3D约束：在确定凸出的3D网格中存在复合对象时，才能使用该功能型，打开此下拉列表，可以选择"现用""非现用"和"空心"3种类型。删除约束：单击该按钮可以将3D约束删除。

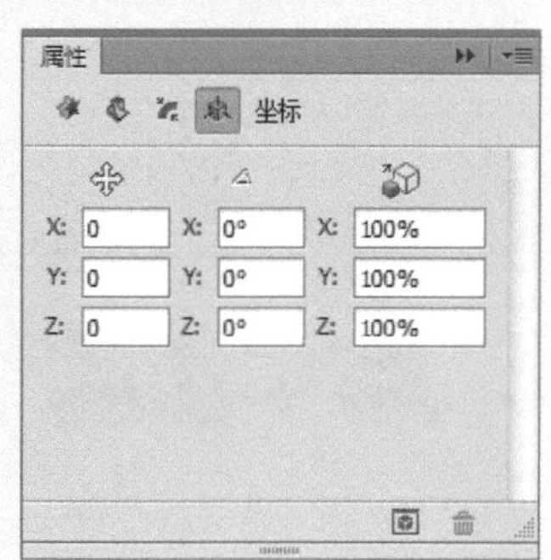

创建了凸出对象后，还可以继续为网格添加约束。通过选择"3D>添加约束的来源"下的命令，可以分别使用选区和路径为网格添加约束。

要想对网格重新添加约束，需要在"3D"面板中选择"边界约束1"选项。然后创建路径或选区。

单击"属性"面板中的"将选区添加到表面"或"将路径添加到表面"按钮。或选择"3D>添加约束的来源"命令下的"当前选区"或"所选路径"命令，都可以为网格添加约束。

10.3 周年店庆海报

在Photoshop CS6中，“3D”面板得到了全新的定位。使用“3D”面板既可以完成3D对象的创建，又能用来选择编辑3D对象。

用户在平时看到的各种店庆或节日海报中，可以频繁看到3D文字的使用。因为3D图像和文字会使画面更有立体感，同时也更容易抓住浏览者的眼球，所以才会被经常性地使用。

10.3.1 设置文字样式

新建一个500像素×200像素的Photoshop文档，如图10-29所示，单击“横排文字工具”按钮，在画布中输入如图10-30所示的文本。

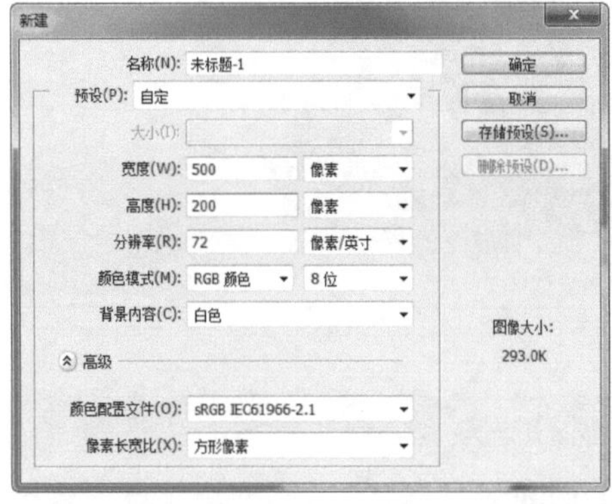

▲ 图 10-29

周年店庆

▲ 图 10-30

选择“文字>凸出为3D”命令，效果如图10-31所示。在“3D”面板中选择文本网格，在“属性”面板中设置“形状预设”为“膨胀”，如图10-32所示。

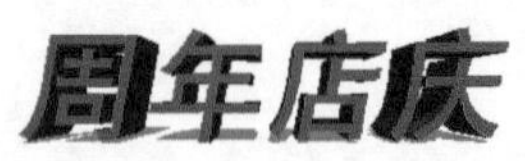

▲ 图 10-31

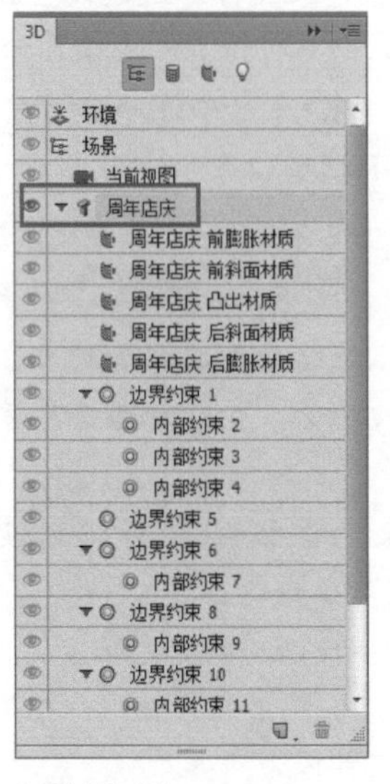

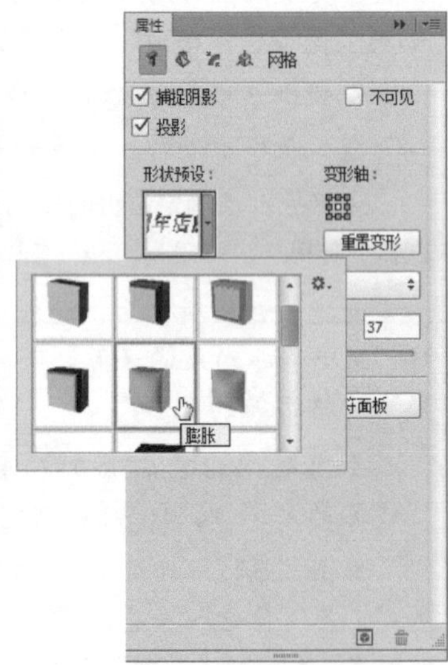

▲ 图 10-32

相关链接：设置3D材质

单击“3D”面板中的“材质”选项，可以设置3D材质。“漫射”用于设置材质的颜色，漫射映射可以是实色或任意2D内容；“镜像”用于为镜面属性设置显示颜色；“发光”用于定义不依赖于光照即可显示的颜色；“环境”用于设置在反射表面上可见的环境光的颜色；“闪亮”用于增加3D场景、环境映射和材质表面上的光泽；“反射”用于增加3D场景、环境映射和材质表面上其他对象的反射；“粗糙度”用于增加材质表面的粗糙度；“凹凸”用于在材质表面创建凹凸效果，无须改变底层网格；“不透明度”用于增加或减少材质的不透明度（在0~100% 范围内）；“折射”用于设置折射率；两种折射率不同的介质（如空气和水）相交时，光线方向发生改变，即产生折射；新材质的默认值是1.0（空气的近似值）；“正常”用于设置材质的正常材质映射。在材质拾色器中可以快速运用材质预设纹理，Photoshop共提供了18种默认材质纹理。

技术看板：为立方体添加纹理映射

新建一个500像素×500像素的Photoshop文档，如图10-33所示。选择“3D>从图层新建网格>网格预设>立方环绕”命令，效果如图10-34所示。

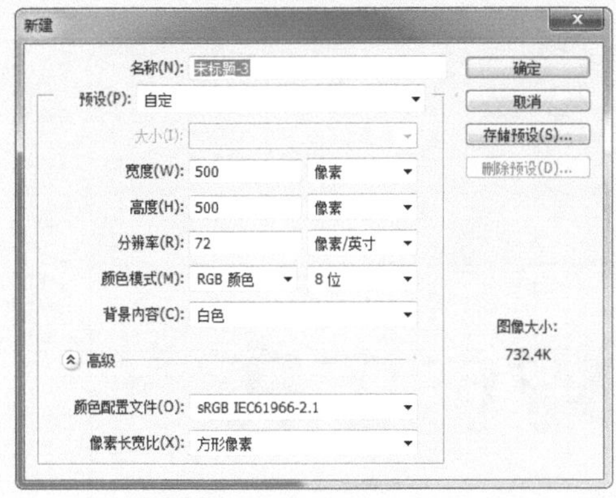

▲ 图 10-33

▲ 图 10-34

使用“3D旋转工具”调整视图，如图10-35所示。在“属性”面板上选中“立方体材质”，单击“属性”面板中“漫射”选项后面的文件夹按钮，选择“移去纹理”命令，如图10-36所示。

▲ 图 10-35

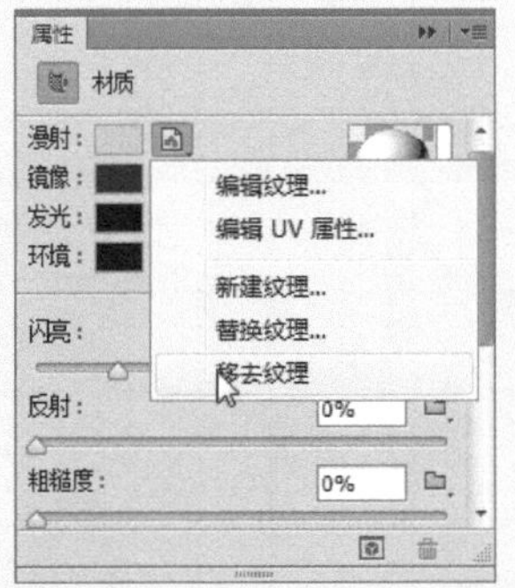

▲ 图 10-36

再次单击文件夹按钮，选择“载入纹理”命令，将素材图像打开并载入，效果如图10-37所示。

▲ 图 10-37

10.3.2 编辑纹理

在“3D”面板中选择“前膨胀材质”，显示其“属性”面板，如图10-38所示。设置“属性”面板上的“闪亮”和“反射”值为“100%”、“凹凸”值为“10%”，将“漫射”颜色设置为RGB（230、6、6），效果如图10-39所示。

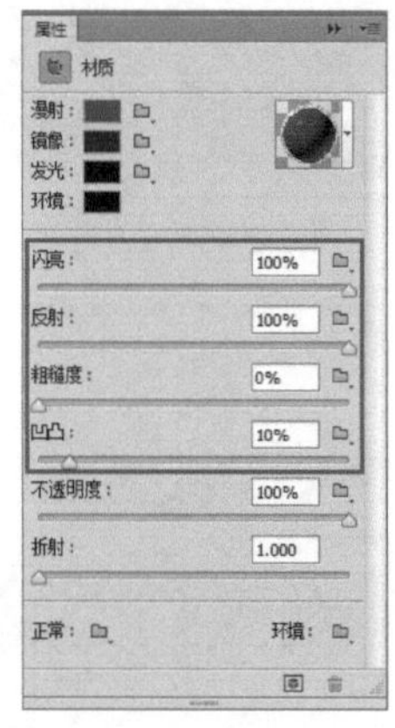

▲ 图 10-38　▲ 图 10-39

单击“漫射”选项后面的“文件夹”按钮，选择“载入纹理”命令，将素材图像载入，效果如图10-40所示。

▲ 图 10-40

疑难解答：编辑纹理

为3D网格添加纹理后，再次单击选项后的文件夹按钮，弹出快捷菜单。选择不同的命令，可以实现对纹理的编辑。

编辑纹理...
编辑 UV 属性...
新建纹理...
替换纹理...
移去纹理

选择“编辑纹理”命令，将以打开文件的方式打开纹理文件，用户可以在新文件中对纹理进行编辑。保存后，新纹理将被应用到3D网格上。

目标：确定设置应用于特定图层还是复合图像；纹理：显示纹理的文件名；U/V比例：调整纹理映射的大小，要创建重复图案，请降低该值；U/V位移：调整映射纹理的位置；新建纹理：单击该按钮，将新建一个文件，用户可以在新文件中创建一个全新的纹理。替换纹理：可以选择一个新的纹理文件替换现有纹理；移去纹理：将删除当前纹理。

技术看板：使用绘画工具为帽子上色

新建一个500像素×500像素的Photoshop文档，选择“3D>从图层新建网格>网格预设>帽子”命令，新建一个帽子网格，如图10-41所示。

使用“3D模式工具”调整视图，在“3D”面板中选择“帽子材质”选项。单击“属性”面板上“漫射”选项后面的文件夹按钮，选择“编辑纹理”命令，效果如图10-42所示。

▲ 图 10-41

▲ 图 10-42

切换到纹理文件视图中，选择“3D>创建绘图叠加>线框”命令，效果如图10-43所示。新建图层，使用“画笔工具”按照线框的提示，绘制如图10-44所示的线框。

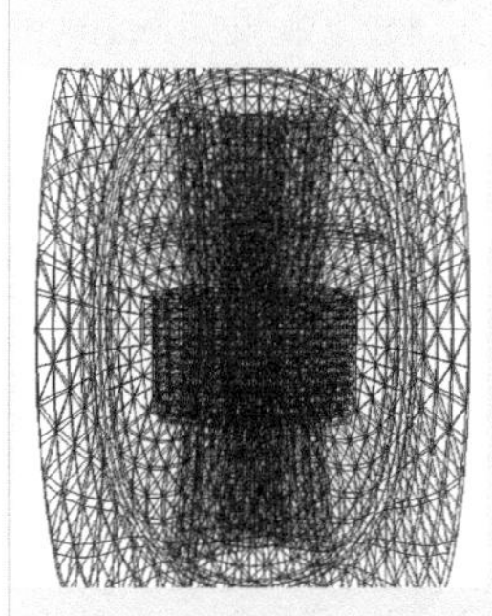
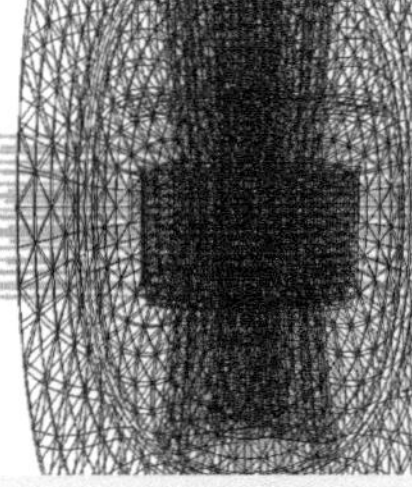
▲ 图 10-43

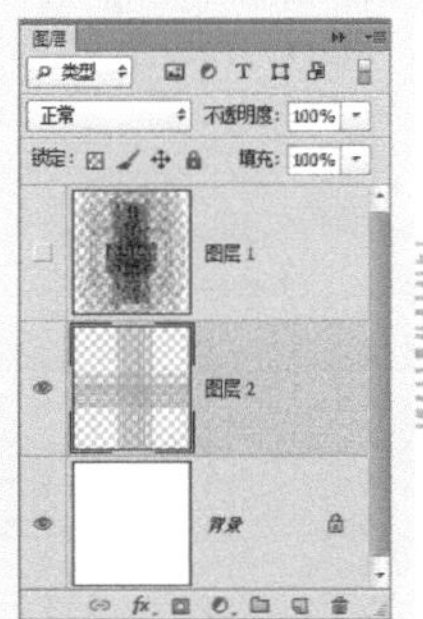

▲ 图 10-44

保存纹理文件。返回3D文件，效果如图10-45所示。选择“3D>重新参数化”命令，选择“较少接缝”命令，效果如图10-46所示。

▲ 图 10-45　▲ 图 10-46

提示：在Photoshop中可以使用任何绘画工具直接在3D模型上绘画，使用“选择工具”将特定的模型区域设为目标，或让Photoshop识别并高亮显示可绘画的区域。使用“3D”菜单命令可清除模型区域，从而访问内部或隐藏的部分，以便进行绘画。

10.3.3 渲染

用相同的方法为“属性”面板上的其他几个网格指定“反射”颜色，并设置各项参数，效果如图10-47所示。单击“属性”面板下部的“渲染”图标，开始渲染，效果如图10-48所示。

▲ 图 10-47

▲ 图 10-48

稍等片刻，完成渲染，将3D图层复制到素材图像中，并栅格化3D图层，图像效果如图10-49所示。

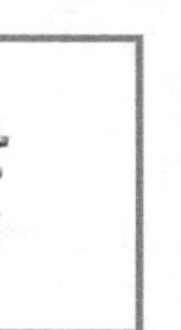

▲ 图 10-49

提示： 除了单击“属性”面板上的“渲染”按钮可以完成渲染外，也可以选择“3D>渲染”命令或者在3D图层上单击鼠标右键，选择“渲染”命令来实现对3D对象的渲染。

疑难解答：渲染

完成了3D网格的创建后，可以通过设置渲染样式，对3D对象进行渲染操作。单击“3D”面板上的“场景”选项。

• 预设：用于设置渲染预设。在该下拉列表中一共有20种渲染预设供用户选择。选中“横截面”复选框，可以选择添加切片的轴，设定切片的位移、倾斜角度。漫画：以漫画的方式显示，只显示简单的颜色过渡；仅限于光照：只显示光照区域的效果；素描：以素描的明暗方式显示。

• 线条：选中该复选框，将启用线条渲染，可以选择4种线条样式进行渲染，还可以设置线条的颜色、宽度和角度阈值。

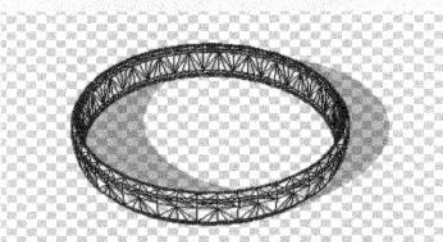

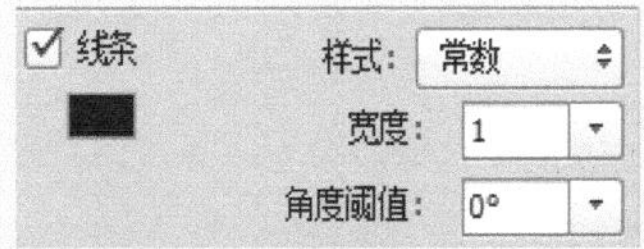

• 点：选中该复选框，将启用点渲染，共有4种点样式供选择。可以设置点的颜色和半径值。线性化颜色：选择该选项，将线性化显示场景中的颜色；背面：选择该选项，会将隐藏的背面移去，不再显示；线条：选择该选项，会将隐藏的线条移去，不再显示；渲染：单击该按钮，将按照选择的渲染参数开始渲染操作。

相关链接： 设置3D光源

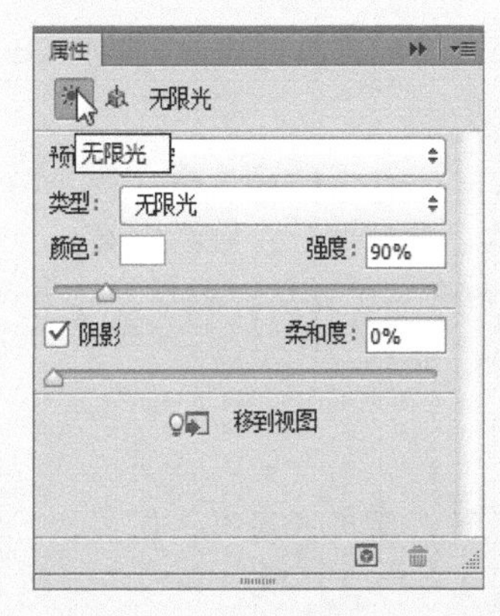

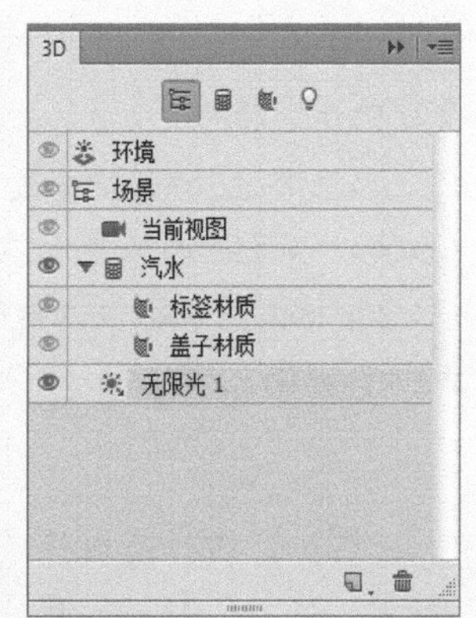

3D光源可以通过不同类型，以不同的角度照亮模型，从而使模型更具逼真的深度和阴影效果。Photoshop CS6提供了3种类型的光源：点光、聚光灯和无限光，每种光源都有独特的选项。

• 预设：应用存储的光源组和设置组，一共有15个预设光源组供用户选择。用户也可以通过“存储”命令自定义光源预设。

• 类型：一共有3种光源类型，分别是点光、聚光灯和无限光。

• 颜色：定义光源的颜色。单击该颜色框可以打开拾色器。

• 强度：调整光源的亮度。

• 阴影：从前景表面到背景表面、从单一网格到其自身或从一个网格到另一个网格的投影。取消选中此复选框可稍微改善软件的运行性能。

• 柔和度：表示模糊阴影边缘，产生逐渐的衰减。

• 移到视图：将光源移动到当前视图。

小技巧：新建3D图层时，Photoshop会自动添加光源。如果用户想为场景新建光源，可以单击“3D”面板下部的“将新光源添加到场景”按钮，可以选择添加3种光源。添加完成后，可以在“属性”面板中对其各项参数进行设置。

如果要删除场景中的光源，只需在“3D”面板中选择该光源，单击面板底部的“删除所选内容”按钮，即可将该光源删除。

疑难解答：导出3D图层

为了保存文档中的3D对象，可以将文档保存为PSD格式。也可以通过选择“3D>导出3D图层”命令，将3D图层导出为受支持的3D文件格式，设置文件名后单击“保存”按钮，弹出“3D导出选项”对话框，可以选择纹理的格式。

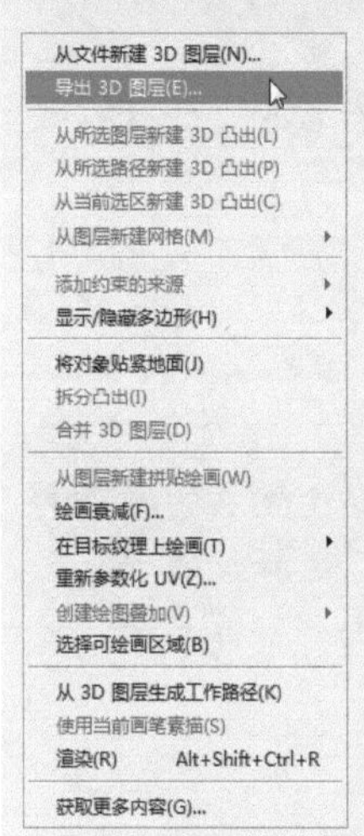

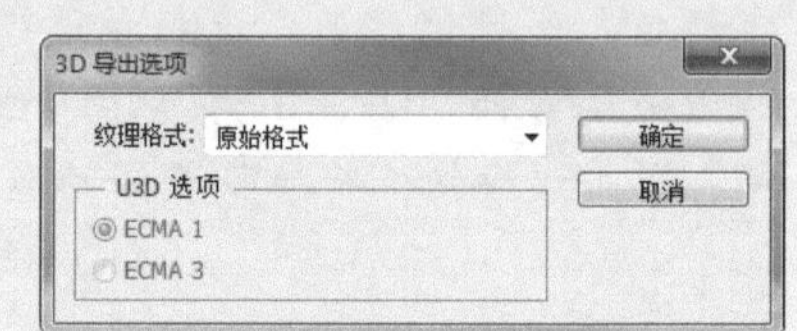

U3D和KMZ支持JPEG或PNG作为纹理格式；DAE和OBJ支持所有Photoshop支持的用于纹理的图像格式。

如果导出为U3D格式，请选择编码选项。ECMA 1与Acrobat 7.0 兼容，ECMA 3与Acrobat 8.0及更高版本兼容，并提供一些网格压缩。

Photoshop CS6可以用以下受支持的3D格式导出3D图层：Collada DAE、Flash 3D FL3、Wavefront/OBJ、U3D 和 Google Earth 4 KMZ。

提示：选择导出格式时，需要考虑以下因素：“纹理”图层可以以所有3D文件格式存储，但是U3D只保留“漫射”“环境”和“不透明度”纹理映射；Wavefront/OBJ 格式不存储相机设置、光源和动画；只有 Collada DAE 会存储渲染设置。

小技巧：要保留3D模型的位置、光源、渲染模式和横截面，可以将包含3D图层的文件保存为 PSD、PSB、TIFF或 PDF 格式。

10.4 制作唯美雪景动画

使用Photoshop CS6中的“时间轴”面板可以制作出漂亮、浪漫的各种小动画，因为“时间轴”面板可以基本满足用户制作各种小动画的需求。而Photoshop CS6中的动画主要是由一系列的图像或帧组成的快速、连续的动作。

10.4.1 “时间轴”面板

选择“文件>脚本>将文件载入堆栈”命令，单击“浏览”按钮，选择素材图像，如图10-48所示。打开素材图像后的“图层”面板如图10-49所示。

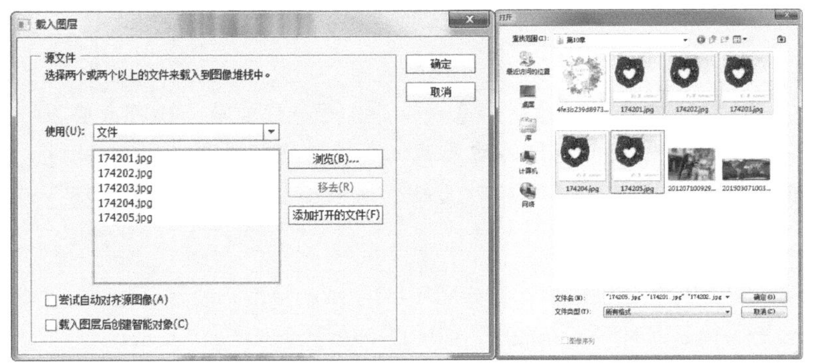

▲ 图 10-50

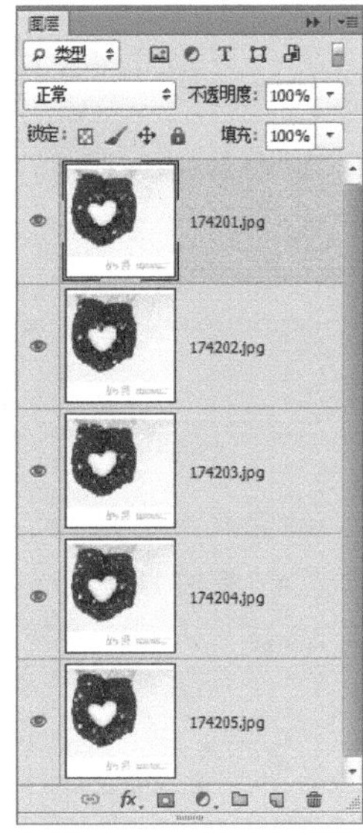

▲ 图 10-51

疑难解答：帧模式“时间轴”面板

在Photoshop CS6中，主要是通过“时间轴”面板制作动画效果的。选择“窗口>时间轴”命令，打开“时间轴”面板，在其面板菜单中可以选择“创建帧动画”命令。

“时间轴”面板会显示动画中帧的缩览图，使用面板底部的工具可以浏览各个帧、设置循环选项、添加和删除帧，以及预览动画。

- 当前帧：当前选择的帧。
- 帧延迟时间：设置帧在播放过程中的持续时间。
- 循环选项：设置动画在作为动画GIF文件导出时的播放次数。默认可以选择一次、三次和永远，用户也可以自定义。
- 选择第一帧：单击该按钮，可自动选择序列中的第一帧作为当前帧。

- 选择上一帧：单击该按钮，可选择当前帧的前一帧。
- 播放动画：单击该按钮，可在窗口中播放动画，再次单击则停止播放。
- 选择下一帧：单击该按钮，可选择当前帧的下一帧。
- 过渡动画帧：如果要在两个现有帧之间添加一系列帧，并让新帧之间的图层属性均匀变化，可单击该按钮，会弹出“过渡”对话框，设置“要添加的帧数”为1，单击“确定”按钮，即在“时间轴”面板中添加一帧。
- 复制所选帧：单击该按钮，可向面板中添加帧。
- 删除所选帧：选择要删除的帧后，单击该按钮，即可删除选择的帧。
- 转换为视频时间轴：单击此按钮即可转换为“视频时间轴”面板。

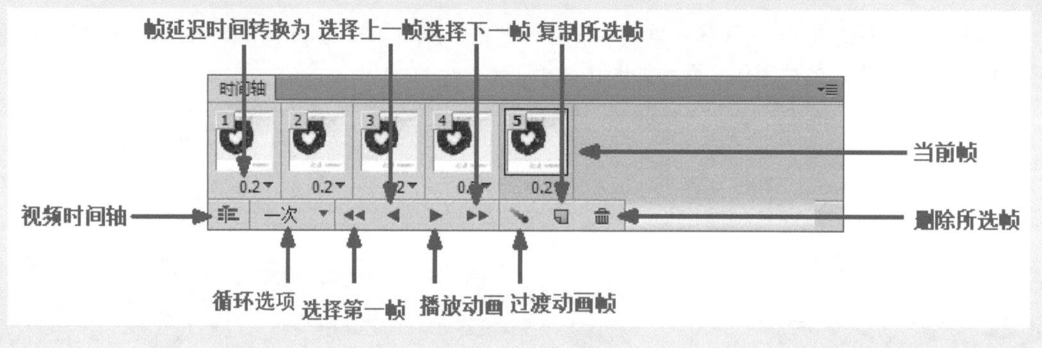

小技巧：动画是指在一段时间内显示一系列图像或帧，当每一帧较前一帧都有轻微的变化时，连续、快速地显示这些帧就会产生运动或其他变化的视频效果。Photoshop CS6将旧版本中的“帧模式”动画面板和“视频时间轴”动画面板合并为“时间轴”面板。

打开“时间轴”面板，单击“创建帧动画”按钮，如图10-52所示。单击“帧延迟时间”，在弹出的下拉列表中选择0.2，设置“帧延迟时间”为0.2秒，如图10-53所示。

▲ 图 10–52

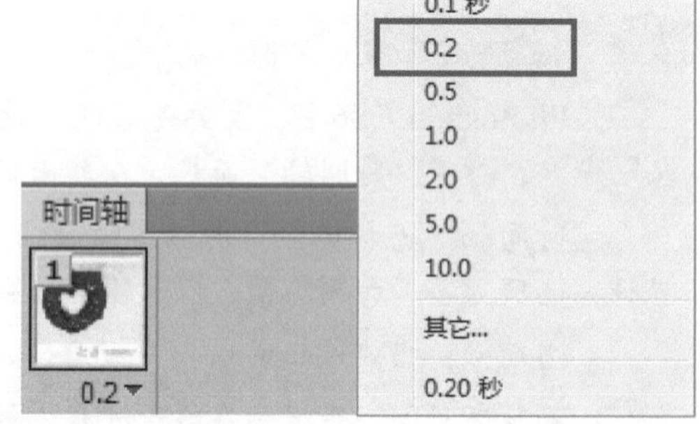

▲ 图 10–53

关闭其他图层前面的“眼睛”图标，将除“174201.jpg”图层外的其他图层隐藏，如图10-54所示。单击“复制所选帧”按钮，复制第1帧，如图10-55所示。

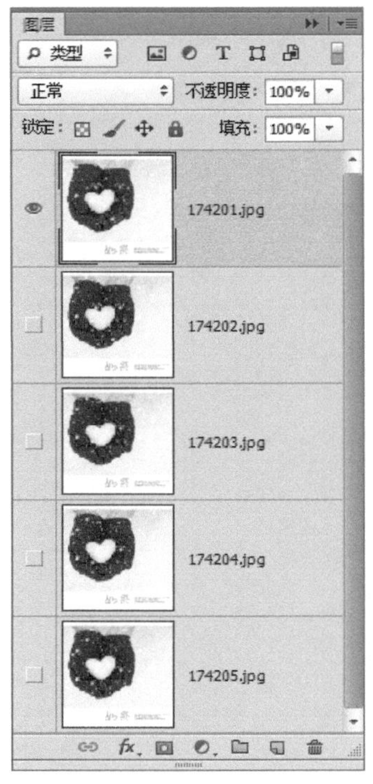

▲ 图 10-54

▲ 图 10-55

10.4.2 更改动画中的图层属性

将图层“174201.jpg”隐藏，显示“174202.jpg”图层，如图10-56所示。使用同样的方法复制帧并隐藏/显示图层，“时间轴”面板如图10-57所示。

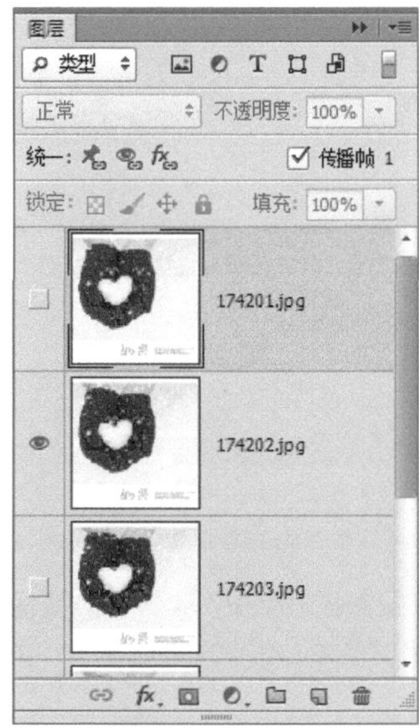

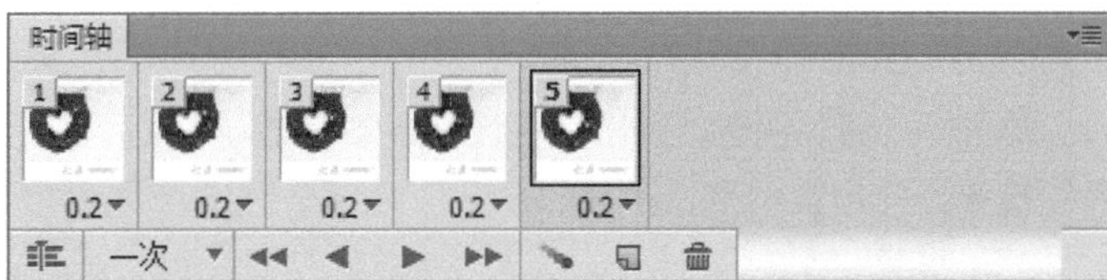

▲ 图 10-56

▲ 图 10-57

疑难解答：更改动画中的图层属性

在制作帧动画时，“图层”面板上会增加几个跟帧动画有关的按钮，分别是“统一”按钮和“传播帧1”选项。

“统一”按钮：包括“统一图层位置”“统一图层可见性”和“统一图层样式”3个按钮。它们的功能是决定如何将对现有动画帧中的属性所做的更改应用于同一图层中的其他帧。当单击某个统一按钮时，将在现有图层的所有帧中更改该属性；当取消激活该按钮时，更改将仅应用于现有帧。

传播帧 1：决定是否将对第一帧中的属性所做的更改应用于同一图层中的其他帧。选中该复选框后，用户可以更改第一帧中的属性，正在使用图层中的所有后续帧都会发生与第一帧相关的更改（并保留已创建的动画）。

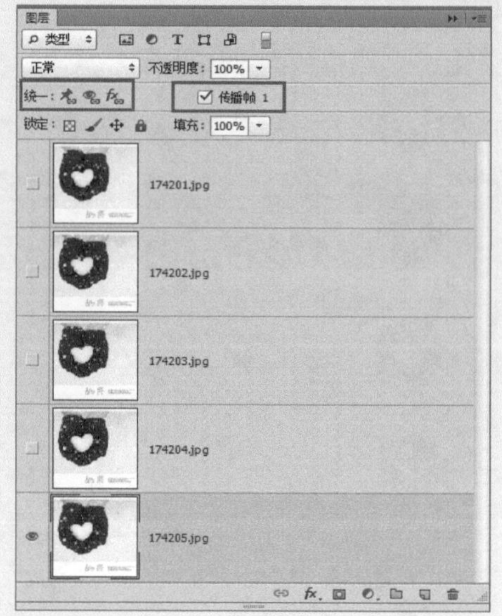

10.4.3 过渡动画和反向帧

完成动画的制作，选择“文件>存储为Web和设备所用格式”命令，弹出“存储为Web所用格式”对话框，选择优化格式为“GIF”，如图10-58所示。单击“播放动画”按钮，测试动画效果。

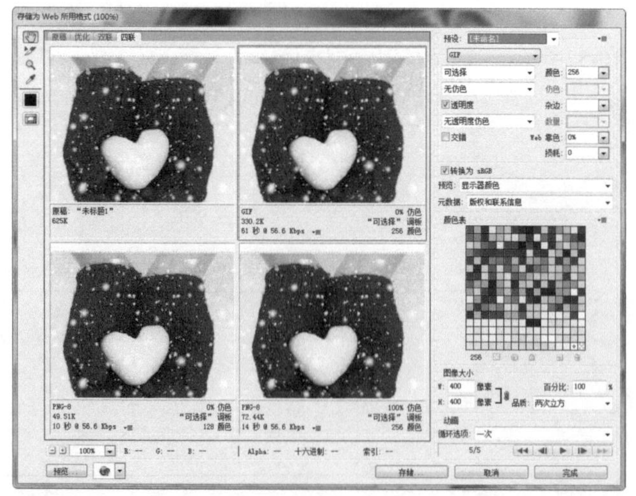

▲ 图 10-58

单击“存储”按钮，弹出“将优化结果存储为”对话框，具体设置如图10-59所示。单击“保存”按钮，弹出提示框，单击“确定”按钮，将动画保存为“10-4.gif”。动画效果如图10-60所示。

▲ 图 10-59

▲ 图 10-60

技术看板：文字淡入淡出效果

选择“文件>新建”命令，弹出“新建”对话框，在“预设”下拉列表中选择“Web”选项，将“大小”设为“中等矩形，300×250”，如图10-61所示。使用“渐变工具”创建如图10-62所示的径向渐变效果。

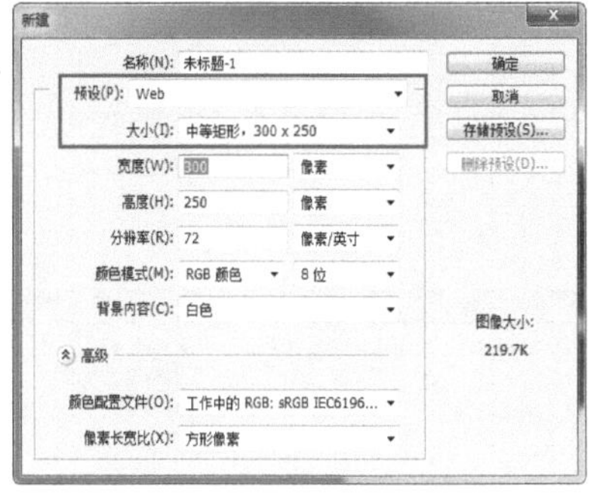

▲ 图 10-61

▲ 图 10-62

设置“字符”面板中的各项参数，如图10-63所示。使用“横排文字工具”在画布中输入如图10-64所示的文字。选中文字，并设置不同的大小，效果如图10-65所示。

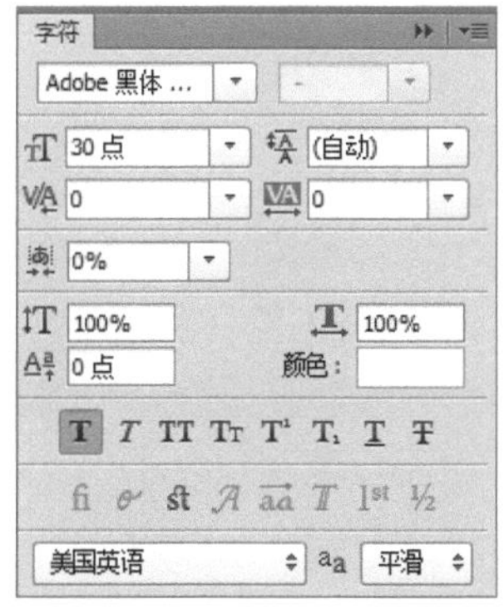

▲ 图 10-63

▲ 图 10-64

▲ 图 10-65

单击“时间轴”面板上的“创建帧动画”按钮，创建帧动画，如图10-66所示。单击“复制所选帧”按钮，复制一个帧，如10-67所示

▲ 图 10–66

▲ 图 10–67

选择第1帧，将“图层”面板中的文字图层隐藏，如图10-68所示。选择第2帧，将“图层”面板中的文字图层显示出来，“时间轴”面板如图10-69所示。

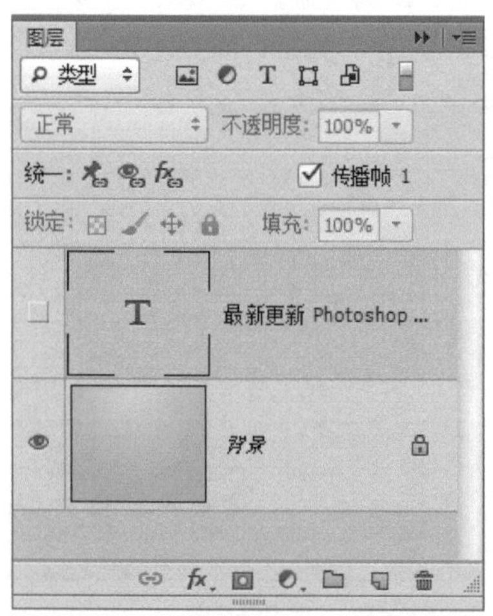

▲ 图 10–68

▲ 图 10–69

按下Shift键将2帧选中，单击“过渡动画帧”按钮，弹出如图10-70所示的对话框。设置“要添加的帧数”为30帧，单击“确定”按钮，此时的“时间轴”面板如图10-71所示。

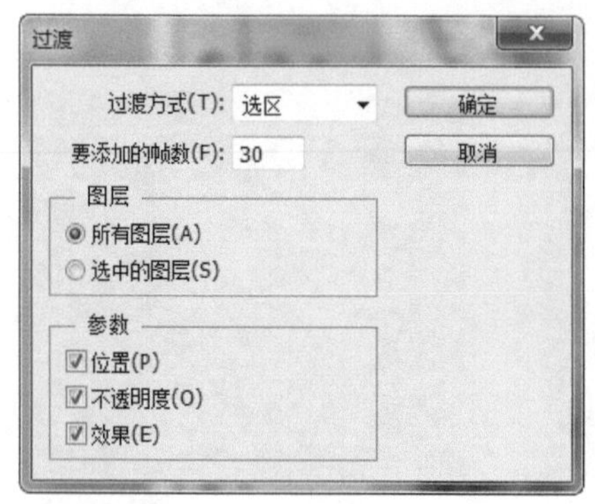

▲ 图 10–70

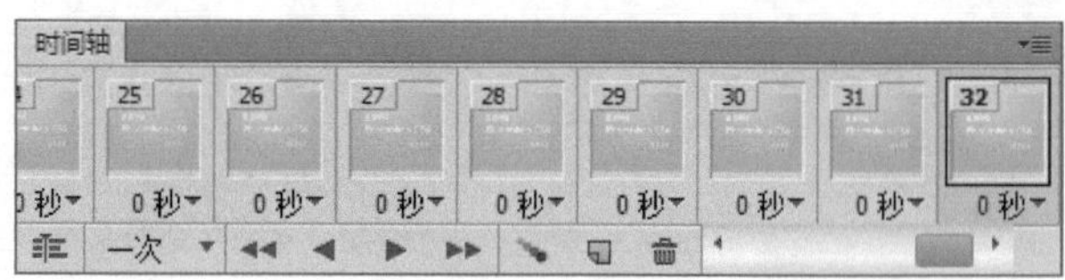

▲ 图 10–71

按Shift键选择全部32帧，单击“复制所选帧”按钮，“时间轴”面板如图10-72所示。选择面板菜单中的“反向帧”命令，如图10-73所示。

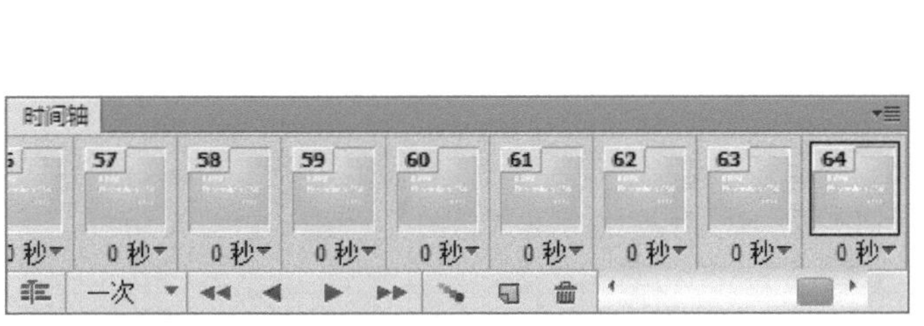

▲ 图 10-72

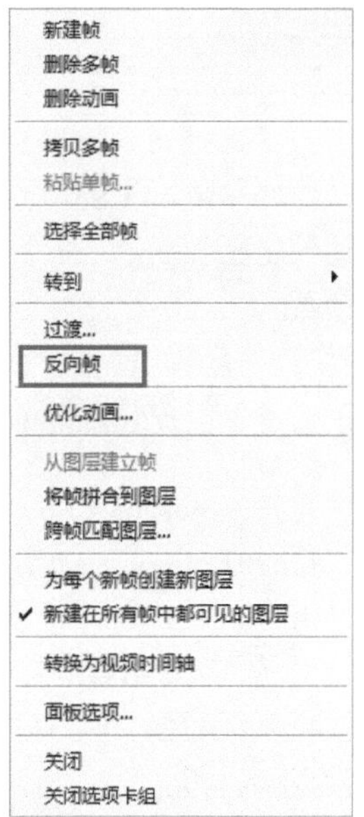

▲ 图 10-73

返回第1帧，单击“播放”按钮，观察文字的淡入淡出效果。选择“文件>存储为Web所用格式”命令，弹出如图10-74所示的对话框。设置“循环选项”为“永远”，单击“播放”按钮，测试动画，如图10-75所示。

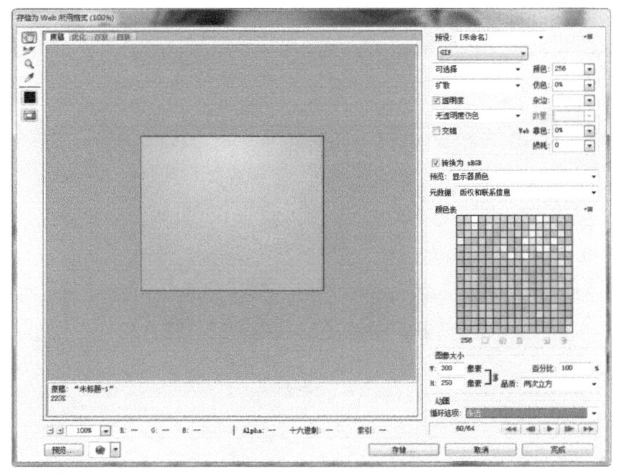

▲ 图 10-74

▲ 图 10-75

单击“存储”按钮，将动画保存为“文字淡入淡出效果.gif”，如图10-76所示。

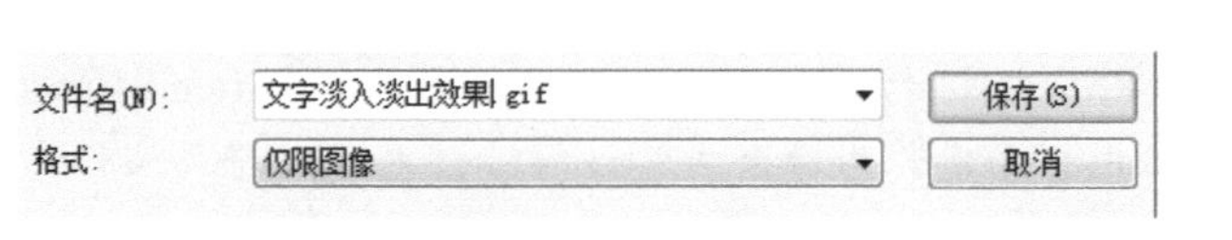

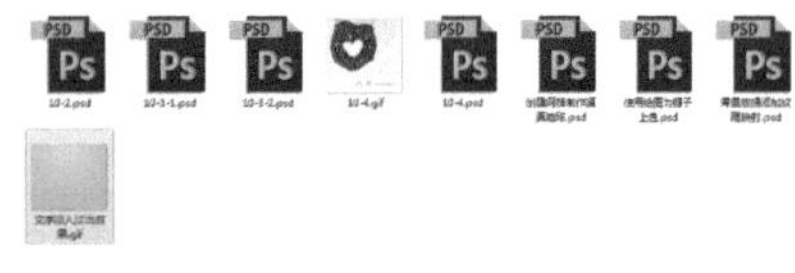

▲ 图 10-76

10.5 制作视频动画

在Photoshop CS6中，用户可以自己创建视频图层，还可以将视频文件打开，Photoshop CS6会自动创建视频图层，通过在“时间轴”面板中设置不同的视频图层样式，可以制作出效果丰富的漂亮动画。

10.5.1 将视频帧导入图层

打开Photoshop CS6，选择“文件>导入>视频帧到图层”命令，弹出“打开”对话框，载入视频“176201.mov”，如图10-77所示。单击“打开”按钮，弹出“将视频导入图层”对话框，如图10-78所示。

选择“从开始到结束”单选按钮，将视频完全导入；选择“仅限所选范围”单选按钮，可以只导入视频的片段。可以通过使用对话框下面的裁切控件控制导入范围，如图10-79所示。

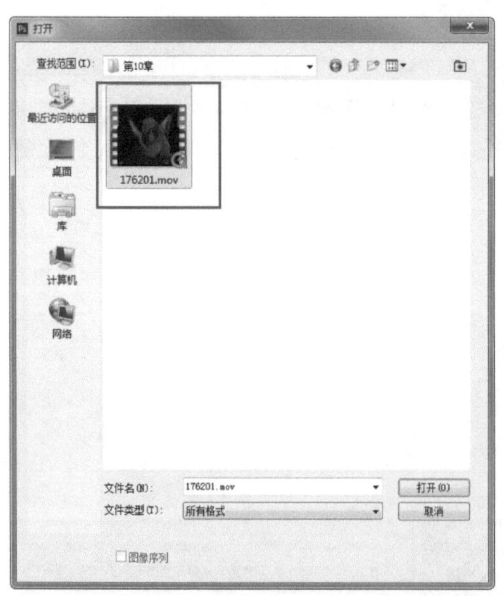

▲ 图 10-77

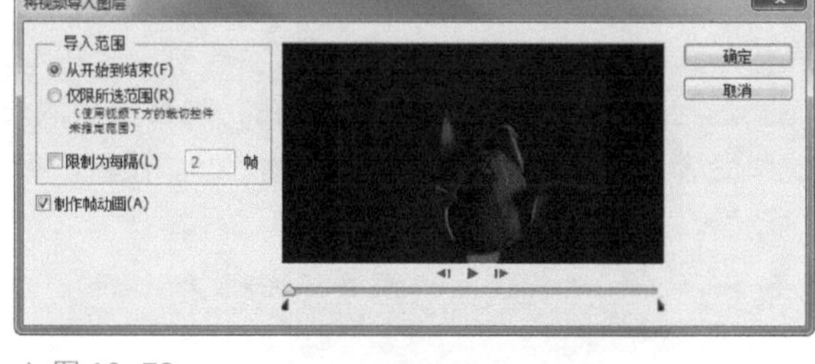

▲ 图 10-78

▲ 图 10-79

疑难解答：视频功能

Photoshop CS6可以编辑视频的各个帧和图像序列文件，其中包括使用任意Photoshop工具在视频上进行编辑和绘制，应用滤镜、蒙版、变换、图层样式和混合模式。

进行编辑之后，可以将文档存储为PSD文件（该文件可以在Premiere Pro和After Effects等Adobe应用程序中播放，或在其他应用程序中作为静态文件访问），也可以将文档作为QuickTime影片或图像序列进行渲染。

在Photoshop CS6中打开视频文件或图像序列时，会自动创建视频图层组，该图层组的视频图层带有🎬状图标，帧包含在视频图层中。

用户可以使用“画笔工具”和“图章工具”在视频文件的各个帧上进行涂抹和仿制，也可以创建选区或应用蒙版以限定对帧的特定区域进行编辑。

此外，还可以像编辑常规图层一样调整混合模式、不透明度、位置和图层样式。也可以将颜色和色调调整应用于视频图层。视频图层参考的是原始文件，因此对视频图层进行的编辑不会改变原始视频或图像序列文件。

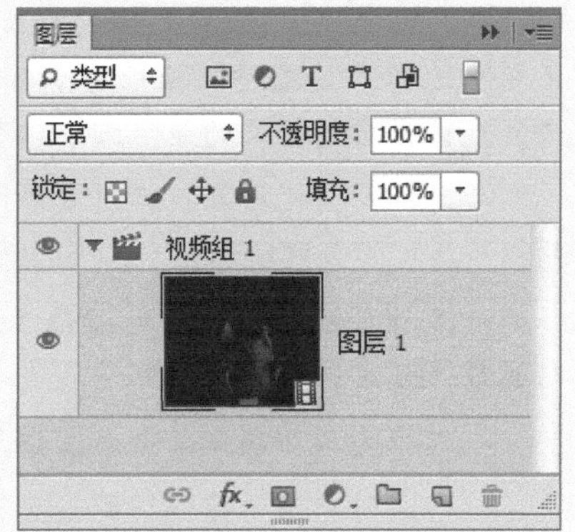

提示：如果想在Photoshop中打开视频并播放，需要在计算机系统中安装QuickTime软件，并且软件的版本需要在7.1以上，否则将不能打开或导入视频。

选中“制作帧动画”复选框，导入视频后会生成帧动画时间轴，如图10-80所示。取消选中该复选框，则将视频文件各帧导入到单独的图层上，但在“时间轴”面板上只有1帧。

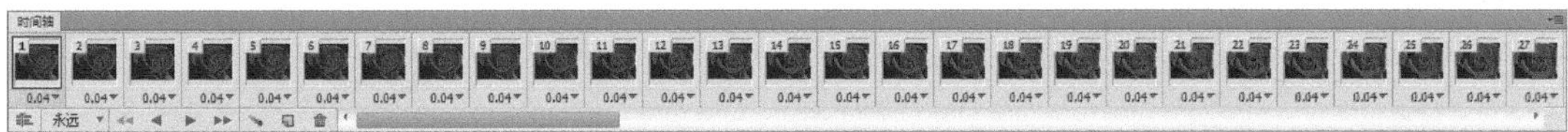

▲ 图 10–80

疑难解答：视频模式“时间轴”面板

在Photoshop CS6中不仅可以制作帧动画，还可以利用“时间轴”面板制作复杂的视频动画。

时间轴模式显示了文档图层的帧持续时间和动画属性。使用面板底部的工具可浏览各个帧，放大或缩小时间显示、切换洋葱皮模式、删除关键帧和预览视频。可以使用时间轴上自身的控件调整图层的帧持续时间、设置图层属性的关键帧并将视频某一部分指定为工作区域。

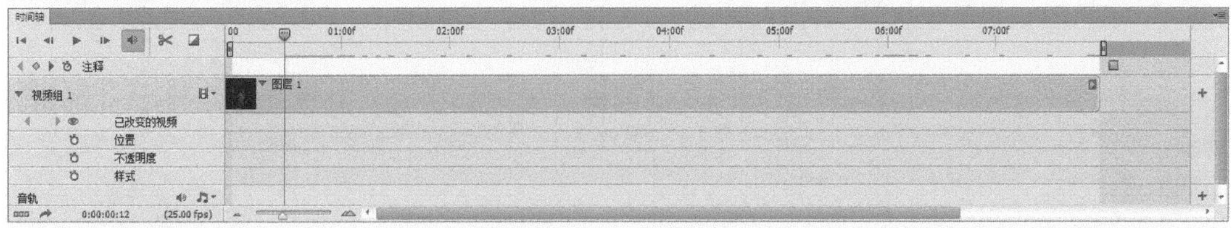

• 注释轨道：在面板菜单中选择“显示>注释轨道”命令，即当前时间显示注释轨道。单击“注释轨道”前面的“启用注释”按钮，可在弹出的对话框中输入注释内容。

• 时间码或帧号显示：显示当前帧的时间码或帧号，该数值取决于面板选项。在此处双击，可以弹出“设置当前时间”对话框。

• 全局光源轨道：显示在其中设置和更改图层的效果，如投影、内阴影及斜面和浮雕的主光照角度的关键帧。从面板菜单中选择“显示>全局光源跟踪”命令，即可在时间轴中显示光源轨道。

• 图层持续时间条：指定图层在视频或动画中的时间位置。要将图层移动到其他时间位置，可拖动该条；要调整图层的持续时间，可拖动该条的任意一端。

- 时间标尺：根据文档的持续时间和帧速率，水平测量持续时间或帧计数。从面板菜单中选择“设置时间轴帧速率”命令可更改帧速率。从面板菜单中选择“面板选项”命令，可设置时间标尺的显示方法，有“帧号”和“时间码”两种显示方式。
- 时间—变化秒表：启用或停用图层属性的关键帧设置。选择此选项可插入关键帧并启用图层属性的关键帧设置，取消选择此选项可移去所有关键帧并停用图层属性的关键帧设置。
- 工作区域指示器：拖动位于顶部轨道任意一端的蓝色标签，可标记要预览或导出的动画或视频的特定部分。
- 转换为帧动画：单击该按钮，可以切换为帧模式“时间轴”面板。
- 当前时间指示器：指示当前动画的时间点。通过拖动滑块可以调整指示器的位置。
- 添加/删除关键帧：单击该按钮，即可在时间轴上添加一个关键帧，再次单击则会删除该关键帧。
- 关键帧：用来控制当前时间下的视频动画效果，如大小、位置、不透明度等。
- 视频控制播放：此处提供了控制视频播放的操作按钮。
- 拆分：单击此按钮，将视频或图像序列从播放点处拆分为两段，并放置到不同的图层中。
- 添加过渡：单击该按钮可以选择为视频添加过渡效果，并且可以设置过渡持续的时间，Photoshop CS6中提供了5种过渡效果。

单击“时间轴”面板中“视频组”层尾部的按钮，在弹出的对话框中选择要导入的视频，单击“打开”按钮，可以快速打开视频文件，如图10-81所示。

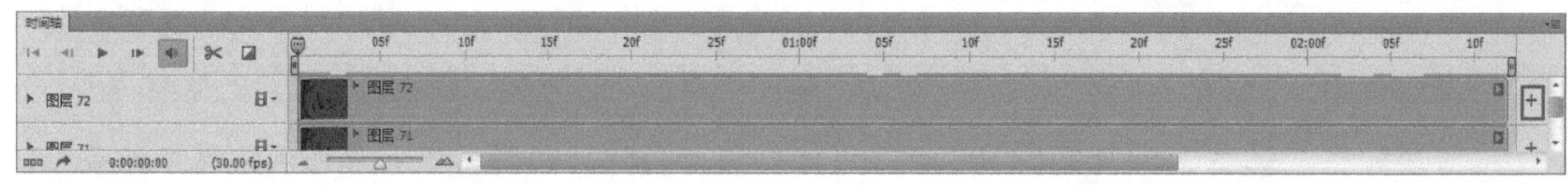

▲ 图 10-81

技术看板：新建空白视频图层

选择“文件>新建”命令，弹出“新建”对话框，在“预设”下拉列表中选择“胶片和视频”选项，如图10-82所示，然后在“大小”下拉列表中选择一个选项，如图10-83所示。单击“确定”按钮，即可创建一个空白的视频图像文件。

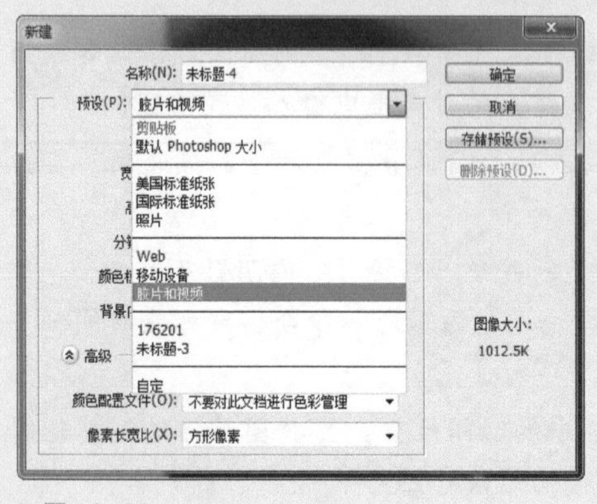

▲ 图 10-82

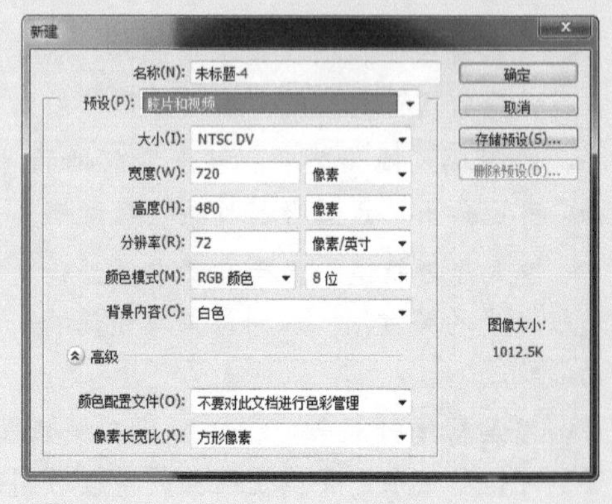

▲ 图 10-83

选择“图层>视频图层>新建空白视频图层”命令，如图10-84所示，即可新建一个空白的视频图层，“图层”面板如图10-85所示。

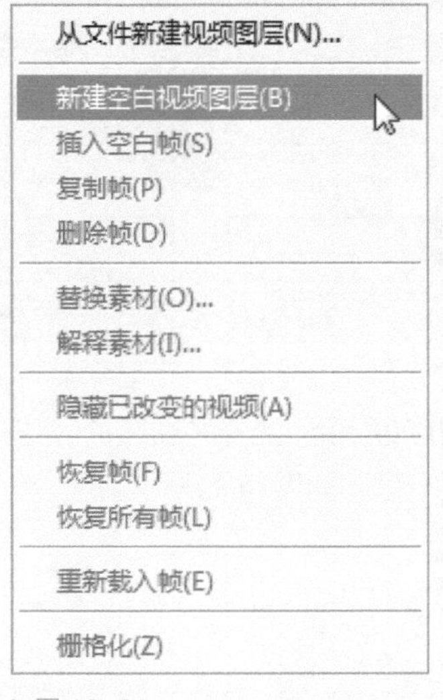

▲ 图 10-84

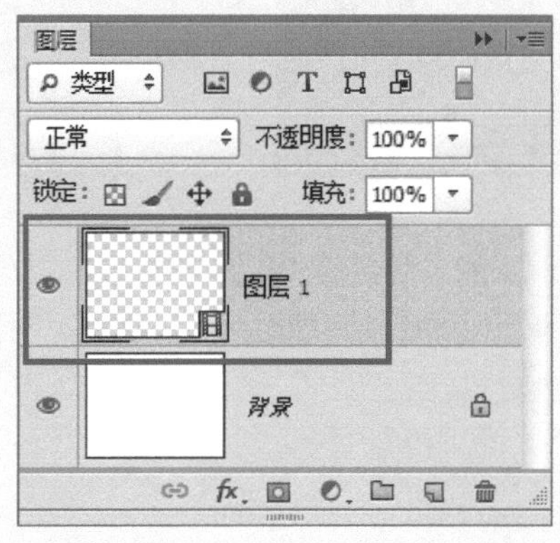

▲ 图 10-85

小技巧：在Photoshop CS6中，可以打开多种QuickTime视频格式的文件，主要包括MPEG-1、MPEG-4、MOV和AVI。如果计算机上安装了Adobe Flash 8，则可支持QuickTime的FLV格式；如果安装了MPEG-2编码器，则可支持MPEG-2格式。

10.5.2 制作视频片头

打开视频素材“176301.mov”，如图10-86所示，在“图层”面板中会自动创建视频图层，如图10-87所示。

▲ 图 10-86

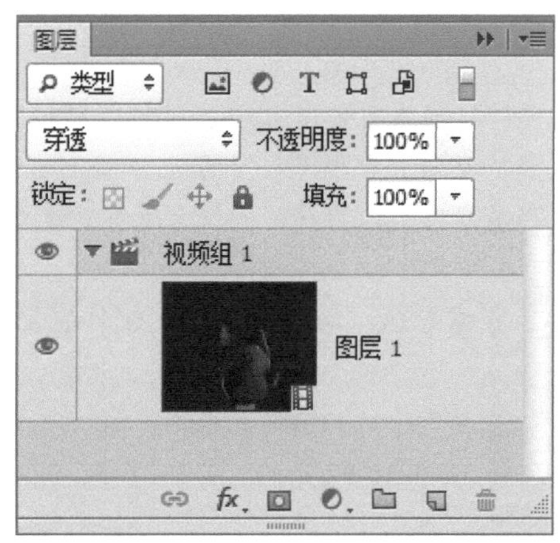

▲ 图 10-87

打开素材图像“176302.jpg”，如图10-88所示。使用“移动工具”将该图像拖入到“176301.mov”文件中，图层效果如图10-89所示。

▲ 图 10-88

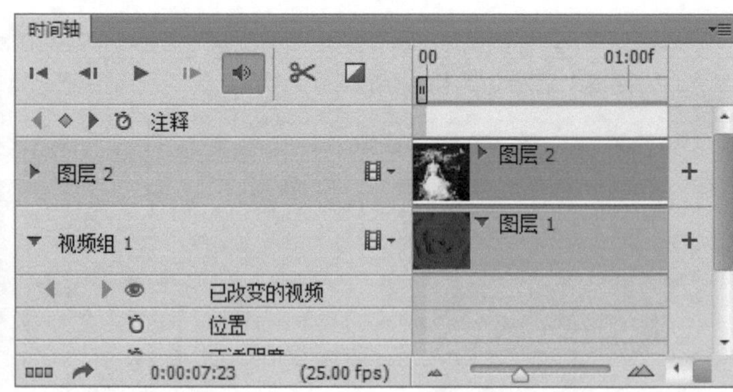

▲ 图 10-89

修改图像图层的“混合模式”为“柔光”，如图10-90所示。选择“图层1”，打开“时间轴”面板，拖动调整图像图层的持续时间，与视频时间保持一致，如图10-91所示。

▲ 图 10-90

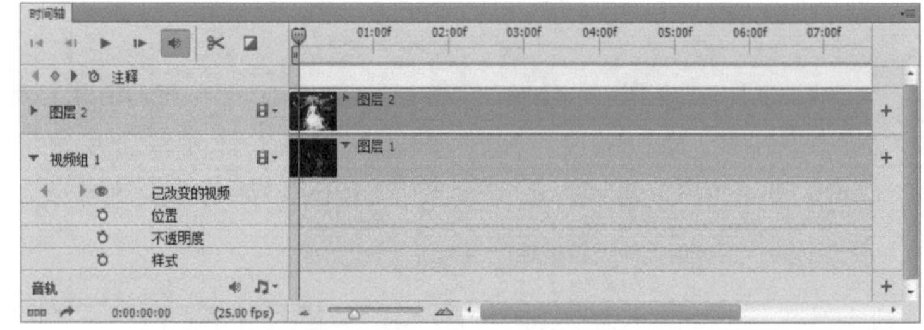

▲ 图 10-91

提示： 如果想要对导入的视频或图像序列进行变换操作，可以使用“置入”命令。一旦置入，视频帧就包含在智能对象中。当视频包含在智能对象中时，可以使用“时间轴”面板浏览各个帧，也可以应用智能滤镜。

不能在智能对象中包含的视频帧上直接绘制或仿制。不过，可以在智能对象的上方添加空白视频图层，并在空白帧上绘制。也可以使用“仿制图章工具”并结合“对所有图层取样”选项在空白帧上绘制。这可以让你使用智能对象中的视频作为仿制源。

技术看板：导入图像序列制作光影效果

选择“文件>打开”命令，选择“流光飞舞0001.png”文件，选中对话框底部的“图片序列”复选框，如图10-92所示。单击“打开”按钮，在弹出的“帧速率”对话框中设置帧速率为25fps，如图10-93所示。

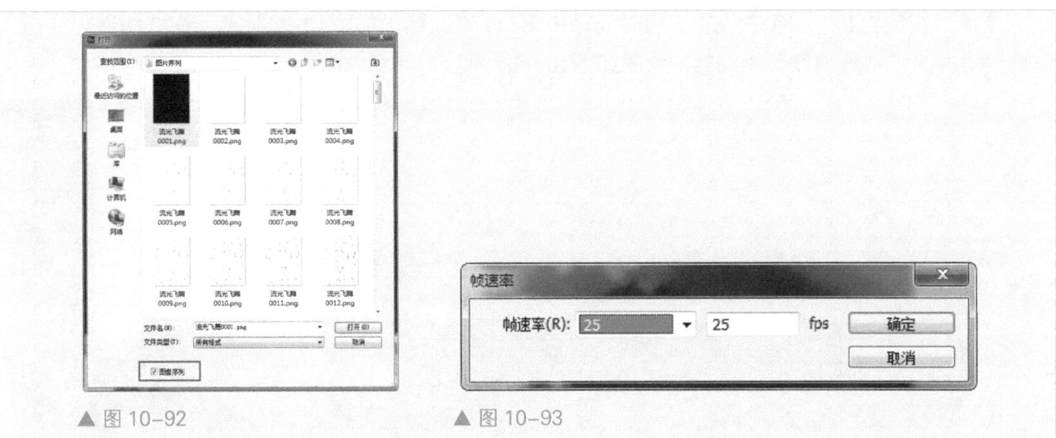

▲ 图 10–92　▲ 图 10–93

单击“确定”按钮。选择“视图>像素长宽比校正”命令，如图10-94所示。取消校正，“时间轴”面板如图10-95所示。

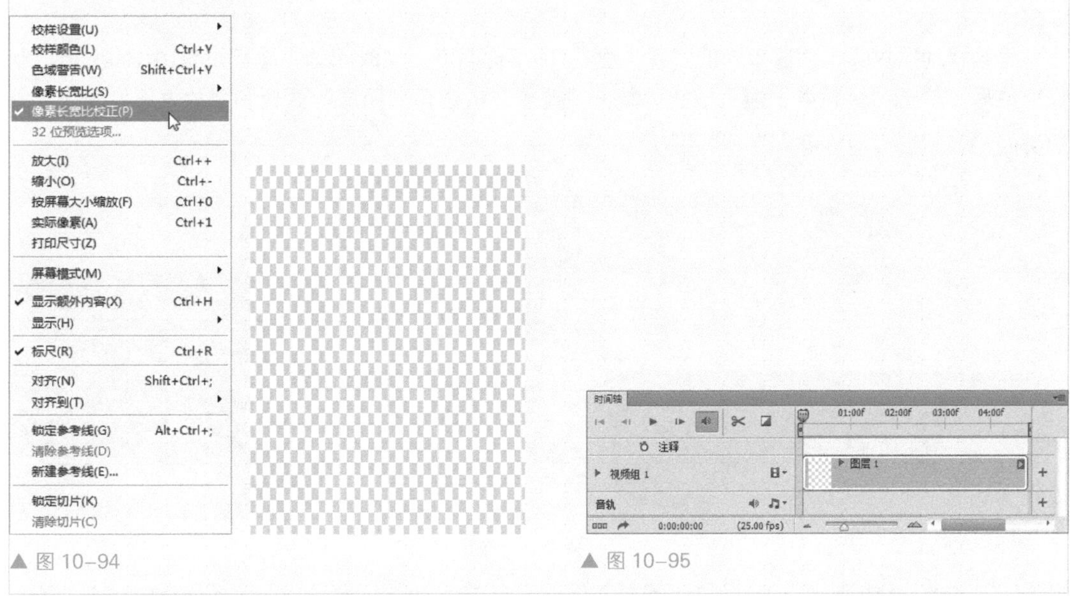

▲ 图 10–94　▲ 图 10–95

单击“播放”按钮，如图10-96所示。调整“视频组1”图层边缘，并调整视频播放时间，效果如图10-97所示。

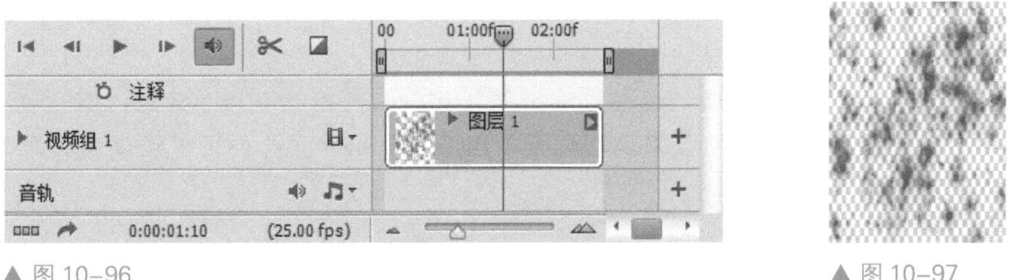

▲ 图 10–96　▲ 图 10–97

小技巧： 在对视频进行编辑时，为了保证视频的质量，常常会使用质量较高的图像序列。在Photoshop CS6中可以通过导入序列图像文件生成视频图层。将需要导入的图片序列放在同一个文件夹内，并且图像名称按照字母或数字顺序命名，如001、002、003等。

选择“视频组1”，拖动播放头到时间轴中第3秒的位置，如图10-98所示，在“图层”面板上设置该图层的“不透明度”为80%，效果如图10-99所示。

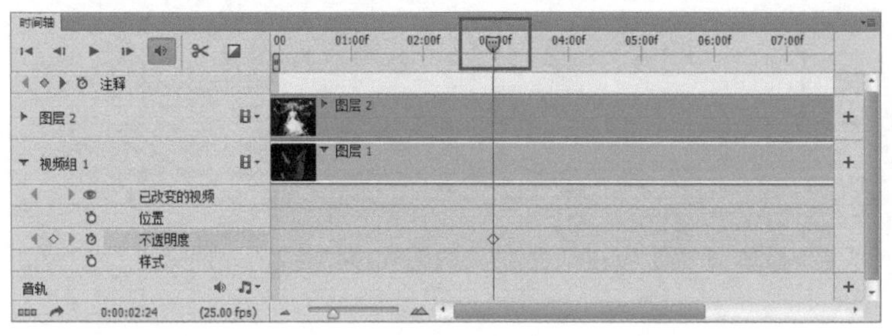
▲ 图 10-98

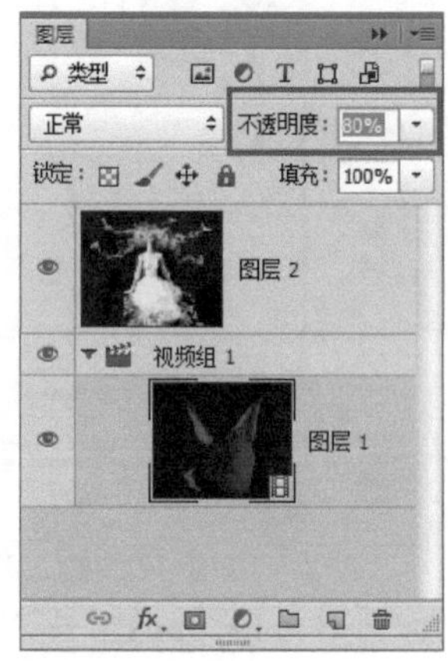
▲ 图 10-99

继续移动播放头，并逐步降低“视频组1”的不透明度，“时间轴”面板如图10-100所示。制作完成后，单击“转到第一帧”按钮，单击“播放”按钮，“图层”面板和播放效果如图10-101所示。

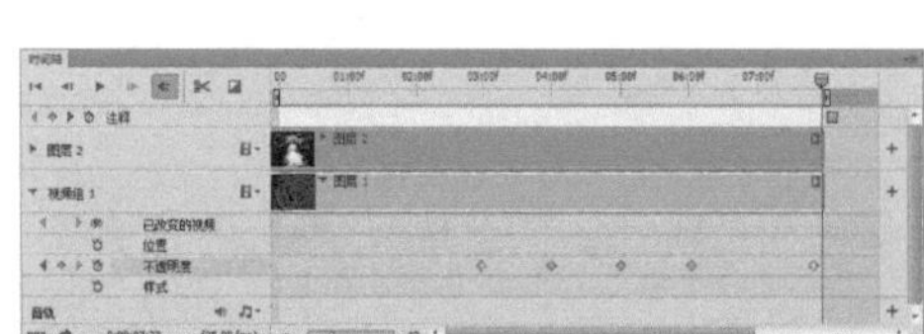
▲ 图 10-100

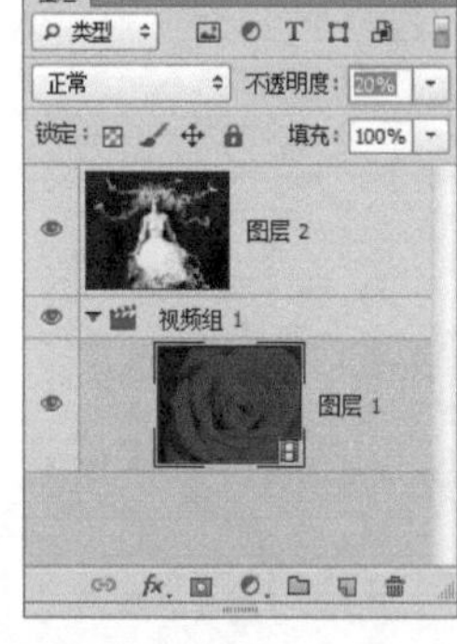

▲ 图 10-101

疑难解答：添加转场效果

一般的视频编辑软件都提供了丰富的过渡效果，即一段视频结束，开始下一段视频时的效果。添加过渡效果可以使视频效果更加自然、丰富，同时也为剪辑视频提供了更多的变化手法。

在“时间轴”面板上，单击“选择过渡效果”按钮，可以看到Photoshop CS6中新增了5种过渡效果，直接按下鼠标左键将效果拖动到视频图层上，松开鼠标即可完成过渡效果的添加。

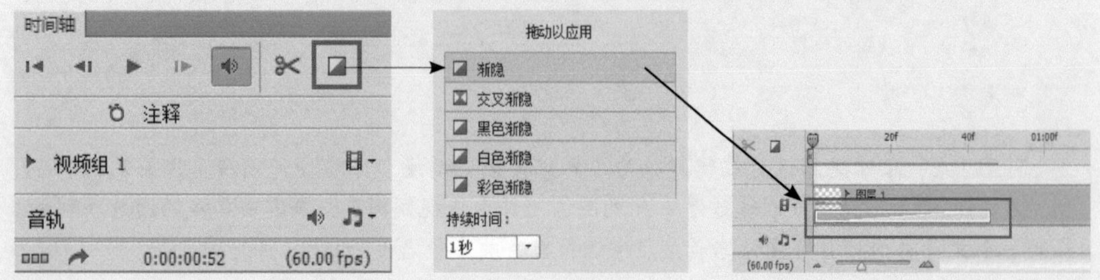

通过拖动长度条可以调整过渡的时间，也可以在过渡效果上单击鼠标右键，在弹出的“过渡效果”对话框中修改过渡效果和过渡持续时间。

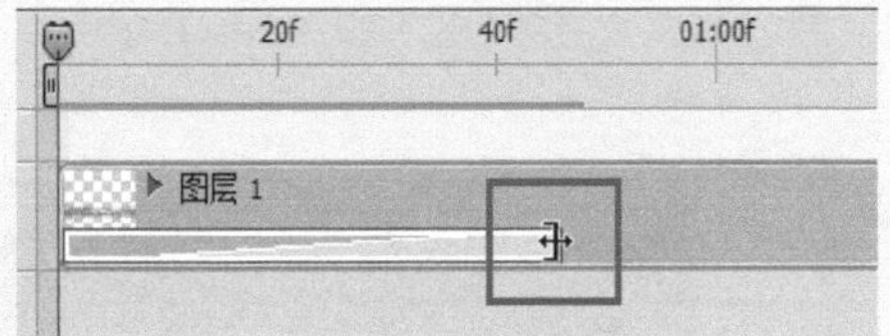

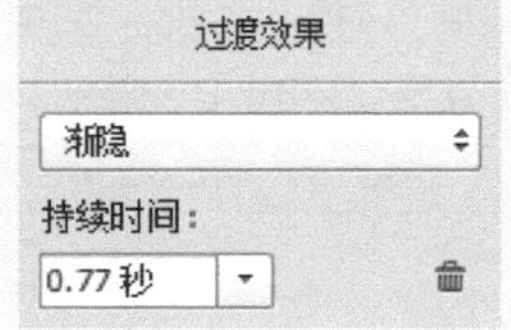

10.5.3 编辑视频图层

选中“视频组1”中的“图层 1”，移动播放头到第1秒的位置，如图10-102所示。在“样式”层单击以添加关键帧，并在属性面板中为其添加“内发光”图层样式，如图10-103所示。

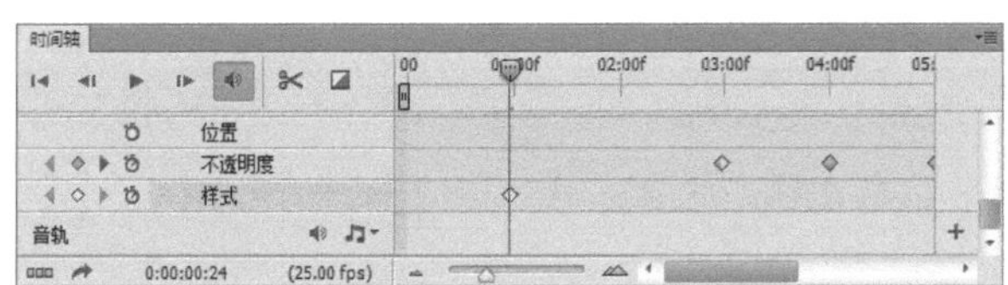

▲ 图 10–102

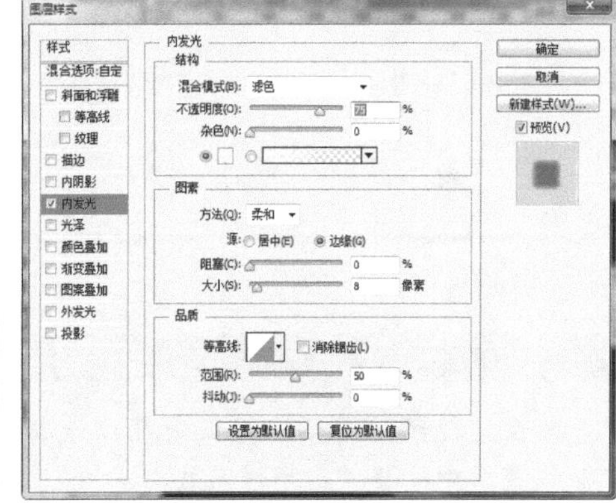

▲ 图 10–103

小技巧：如果要放弃对帧视频图层和空白视频图层所做的编辑，可以在“时间轴”面板中选择视频图层，然后将当前时间指示器移动到特定的视频帧上，再选择“图层>视频图层>恢复帧”命令，即可恢复特定的帧。

如果要恢复视频图层或空白视频图层中的所有帧，可选择“图层>视频图层>恢复所有帧”命令。

小技巧：如果在不同的应用程序中修改视频图层的源文件，当用户打开包含引用更改的源文件的视频图层文档时，Photoshop通常会重新载入并更新素材。如果已打开文档并且已修改源文件，可以选择“图层>视频图层>重新载入帧”命令，在“时间轴”面板中重新载入和更新当前帧。

使用“时间轴”面板中的“选择上一帧/选择下一帧”或“播放”按钮浏览视频图层时，也应重新载入并更新素材。

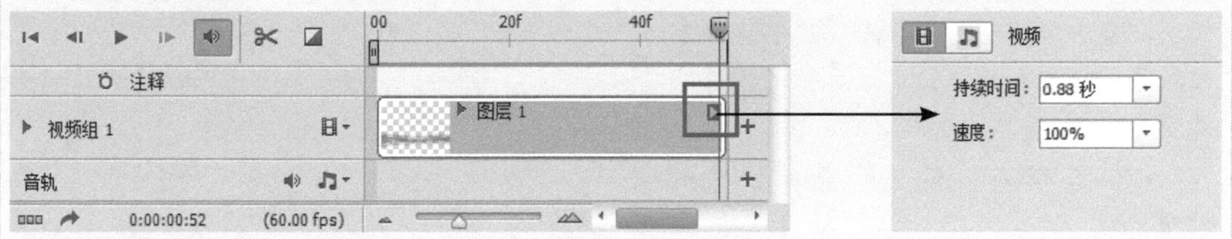

> **提示**：将视频导入到“时间轴”面板中后，单击视频图层尾部的图标，会弹出“视频”面板，可以设置视频持续时间和播放速度，实现对视频播放部分的截取和加减速效果。

移动播放头到第3秒，为视频图层添加“外发光”图层样式，如图10-104所示。单击“播放”按钮，视频播放效果如图10-105所示。

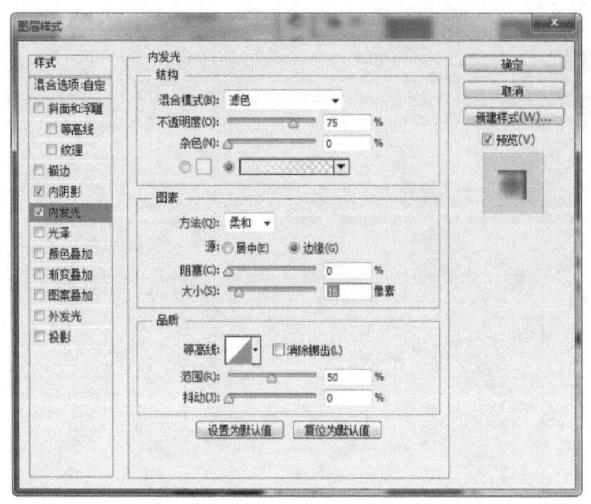
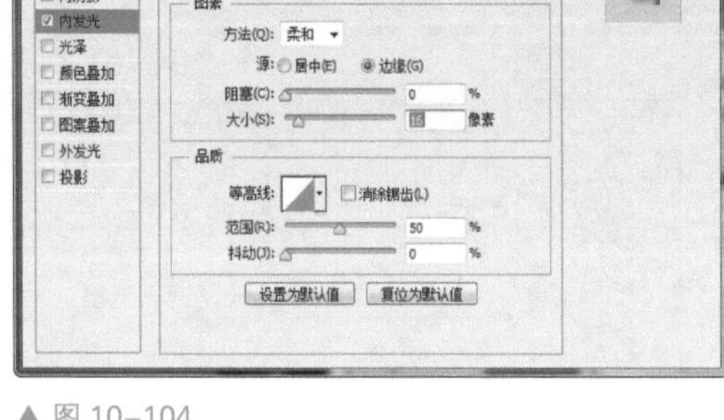

▲ 图 10-104

▲ 图 10-105

疑难解答：使用和编辑洋葱皮

在“视频时间轴”面板中可以选择使用洋葱皮辅助定位。在面板菜单中选择“启用洋葱皮”命令。

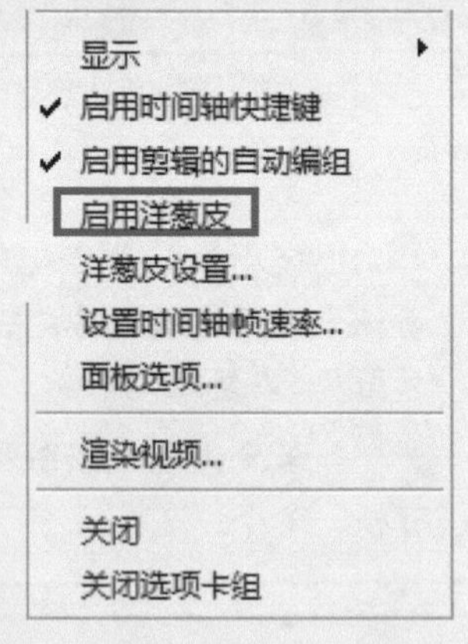

洋葱皮模式将显示在当前帧以及周围帧上绘制的内容中。这些附加帧将以用户指定的不透明度显示，以便与当前帧区分开。洋葱皮模式对于绘制逐帧动画很有用，因为此模式可以为用户提供描边位置和其他编辑操作的参考点。

在面板菜单中选择“洋葱皮设置”命令，弹出“洋葱皮选项”对话框。

设置各项参数可以获得适合自己的洋葱皮效果。

- 洋葱皮计数：指定前后显示的帧的数目。在文本框中分别输入“之前帧数”（前面的帧）和“之后帧数”（后面的帧）的值。
- 帧间距：指定显示的帧之间的帧数。例如：值为1时将显示连续的帧，值为2时将显示两个帧的描边。
- 最大不透明度百分比：设置当前时间最前面和最后面的帧的不透明度百分比。
- 最小不透明度百分比：设置在洋葱皮帧的前一组和后一组中最后帧的不透明度百分比。
- 混合模式：设置帧叠加区域的外观。

洋葱皮选项
洋葱皮计数
之前帧数：1
之后帧数：1
帧间距：1
最大不透明度百分比：50
最小不透明度百分比：25
混合模式(B)：正片叠底
确定
取消

相关链接：保存和渲染视频

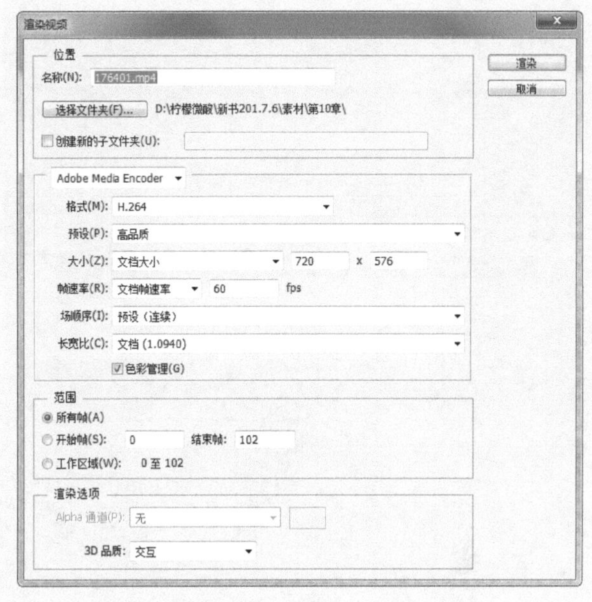

编辑视频图层后，可以将文档存储为PSD格式的文件。该文件可以在Premiere Pro和After Effects这样的Adobe应用程序中播放，或在其他应用程序中作为静态文件访问。也可以将文档作为QuickTime影片或图像序列进行渲染。

在开始渲染输出视频文件前，首先要确认计算机系统中安装了QuickTime 7.1及以上版本。打开一个文档，然后选择“文件>导出>渲染视频”命令，在打开的“渲染设置”对话框中设置选项。在Photoshop CS6中可以选择输出为MP4、MOV和DPX共3种视频格式。可以将时间轴动画与普通图层一起导出生成视频文件。

技术看板：添加音频

单击“时间轴”面板中“音轨”图层上的“添加音频”按钮，在弹出的快捷菜单中选择“添加音频”命令，然后选择要添加的音频文件，单击“确定”按钮，音频文件就插入到“时间轴”面板中了，如图10-106所示。

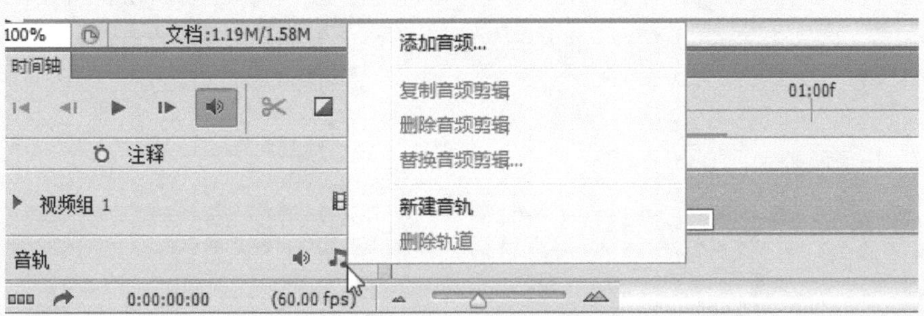

▲ 图 10-106

单击“播放”按钮，即可完成音频的播放，再次单击“播放”按钮，可以停止音频的播放。

单击“时间轴”面板音轨图层尾部的 + 图标，同样也会弹出“添加音频”对话框，允许用户添加音频文件。

Photoshop CS6中允许用户添加AAC、M2A、M4A、MP2、MP3、WMA和WM 等7种格式的音频文件。

第11章 自动化与批处理

本章主要讲解动作与自动化操作。动作是 Photoshop CS6 中一种能够完成多个命令的功能，它可以将编辑图像的多个步骤制作成一个动作，使用时只需执行这个动作即可一次性完成所有图像的操作，可以帮助用户提高工作效率。本章还介绍了如何使用自动命令处理图像，这样可以帮助用户更加快捷地处理图像及节省工作时间。

11.1 调整图像色调

动作功能类似于Word里面的宏功能，可以将Photoshop中的某几个操作像录制宏一样记录下来，这样可以使较烦琐的工作变得简单、易行。本节介绍如何快速地调整图片的色调，如图11-1所示为图像色调调整前后的对比图。

原图

处理后的图片

▲ 图 11-1

11.1.1 认识“动作”面板

使用动作之前首先要了解一下“动作”面板，使用“动作”面板可以进行记录、播放、编辑和删除等操作。此外，还可以存储、载入和替换动作文件。选择“窗口>动作”命令或使用快捷键Alt+F9，打开“动作”面板，如图11-2所示。

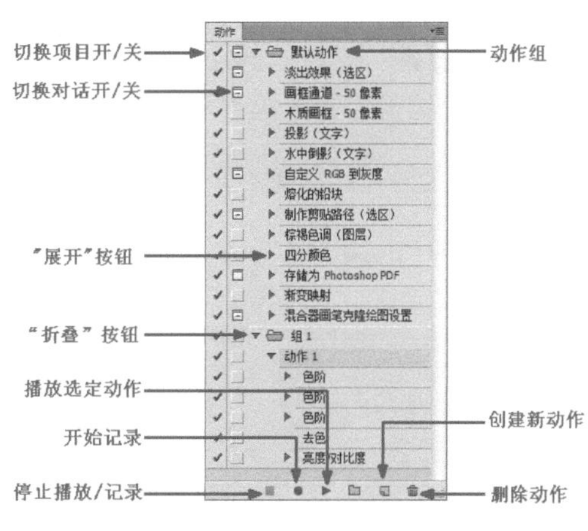

▲ 图 11-2

技术看板：制作文字水中倒影

新建一个空白文档，使用“文字工具”在画布中输入文字，如图11-3所示。选择“窗口>动作”命令，打开“动作”面板，如图11-4所示。

Photoshop CS6

▲ 图 11-3

在“动作”面板中单击“水中倒影（文字）”，将其选中，如图11-5所示。单击“播放选定的动作”按钮，即可播放该动作，图像效果如图11-6所示。

▲ 图 11-4　▲ 图 11-5　▲ 图 11-6

11.1.2 创建与播放动作

打开一张素材图像，如图11-7所示。选择“窗口>动作”命令，打开“动作”面板，单击“创建新动作”按钮，弹出“新建动作”对话框，输入新建动作的名称，如图11-8所示。

提示：利用“动作”面板可以创建与播放动作，在记录动作前首先要新建一个动作组，以便将动作保存在该组中。如果没有创建新的动作组，则录制的动作会被保存在当前选择的动作组中。单击“动作”面板上的“创建新组”按钮，弹出“新建组”对话框。在“名称”文本框中输入动作组名称，单击“确定”按钮，即新建一个动作组。

▲ 图 11-7

▲ 图 11-8

此时“开始记录”按钮呈按下状态，并显示为红色，如图11-9所示。选择“图像>调整>亮度/对比度”命令，弹出“亮度/对比度”对话框，具体设置如图11-10所示。

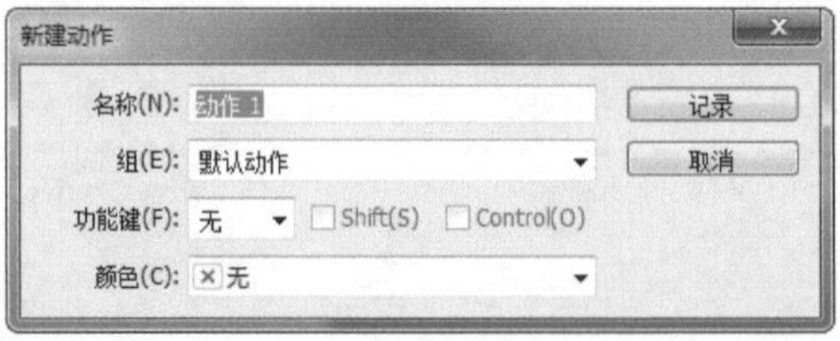

▲ 图 11-9

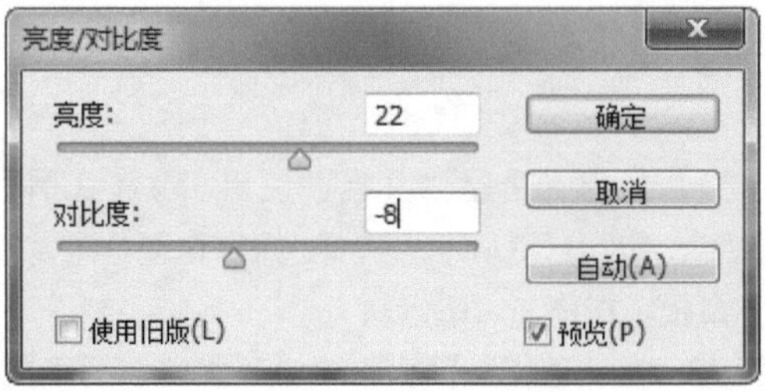

▲ 图 11-10

单击“确定”按钮，图像效果如图11-11所示，选择“图像>调整>通道混合器”命令，弹出“通道混合器”对话框，参数设置如图11-12所示。

▲ 图 11–11

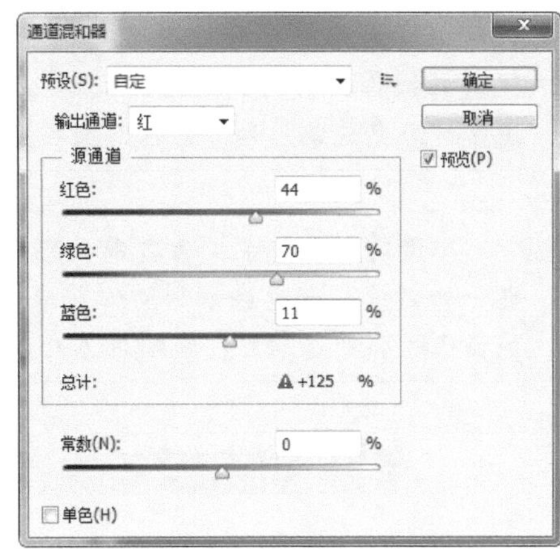

▲ 图 11–12

单击“动作”面板中的“停止播放/记录”按钮，完成动作的录制，图像效果如图11-13所示，“动作”面板如图11-14所示。

▲ 图 11–13

▲ 图 11–14

继续打开一张素材图像，如图11-15所示。选中刚刚录制的动作，单击“播放选定的动作”按钮，图像效果如图11-16所示。

▲ 图 11–15

▲ 图 11–16

小技巧：Photoshop CS6中大多数命令和工具的操作都可以记录在“动作”面板中，可记录的动作大致包括“选框”“移动”“多边形”“套索”“魔棒”“裁剪”“切片”“魔术橡皮擦”“渐变”“油漆桶”“文字”“形状”“注释”“吸管”等工具执行的操作。另外，也可以记录在“颜色”“图层”“色板”“样式”“路径”“通道”“历史记录”和“动作”面板中执行的操作。

小技巧：在记录动作之前，应先打开一幅图像，否则Photoshop会将打开图像的操作也一并记录。一般在录制动作前应首先新建一个动作组，以便将动作保存在该组中。在前面已经有新建的组，就不再另外创建了。

11.1.3 编辑动作

在“动作”面板中，可以对动作进行复制、删除、移动或重命名操作。如果要更改动作的名称，首先要在“动作”面板中单击该动作的名称，这时所选名称的底纹会变成蓝色，如图11-17所示。

接着删除原有的文字并输入新的名称。单击“动作”面板右上角的三角形按钮，弹出面板菜单，如图11-18所示。

▲ 图 11–17

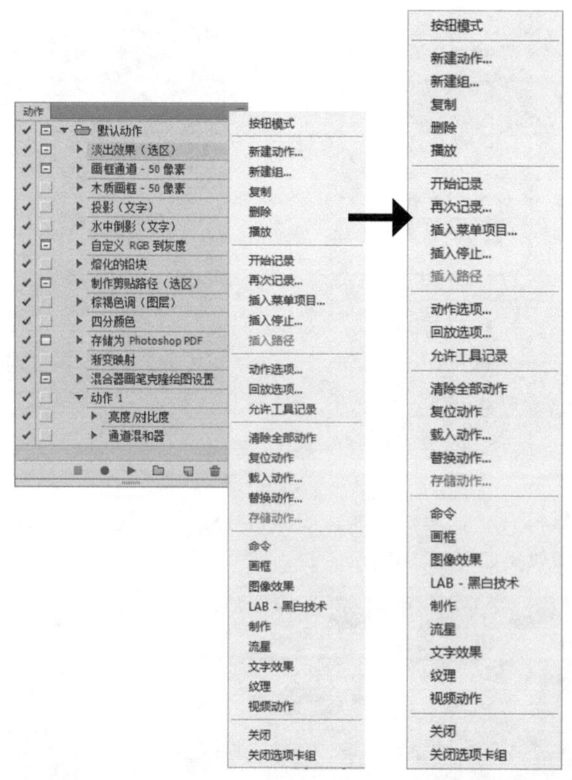

▲ 图 11–18

疑难解答：“段落”面板

• 复制：选中动作，在“动作”面板菜单中选择“复制”命令即可复制动作；也可直接拖动该动作至“创建新动作”按钮上，或按住Alt键拖动至“创建新动作”按钮上。

• 删除：在“动作”面板菜单中选择“删除”命令即可删除该动作；也可直接拖动该动作至“删除”按钮上，或按住Alt键拖动至“删除”按钮上，删除动作。

• 清除全部动作：如果要删除“动作”面板中的所有动作，在“动作”面板菜单中选择“清除全部动作”命令，可删除所有动作。

• 复位动作：如果要将面板恢复为默认的动作，只需在“动作”面板菜单中选择“复位动作”命令，即可恢复为系统默认的动作。

• 动作选项：如果要修改动作组或动作的名称，将其选中，在“动作”面板菜单中选择“动作选项”命令，弹出“动作选项”对话框。在此对话框中即可修改动作的名称。此外，双击“动作”面板中的动作名称也可弹出“动作选项”对话框。

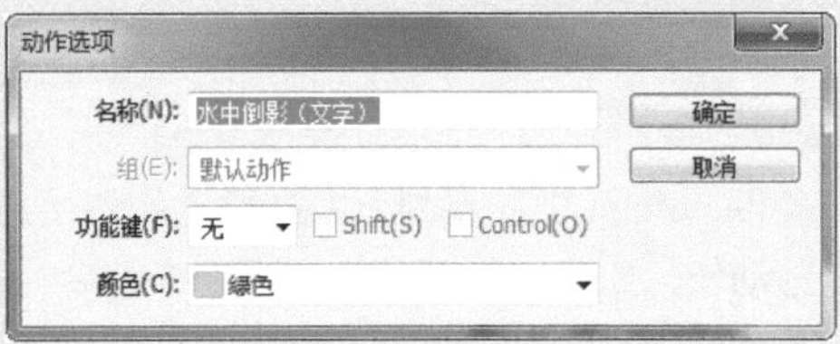

小技巧：如果要复制多个连续的动作，按住Shift键选中动作，直接拖动该动作至“创建新动作”按钮上，即可复制多个连续的动作。

如果按住Ctrl键，选中多个不连续的动作。直接拖动该动作至“创建新动作”按钮上，即可复制多个不连续的动作。

小技巧：如果要删除多个连续的动作，按住Shift键选中动作，直接拖动该动作至“删除”按钮上，即可删除多个连续的动作。如果按住Ctrl键选中动作，直接拖动该动作至“删除”按钮上，即可删除多个不连续的动作。

11.1.4 存储和载入动作

继续打开“动作”面板，单击“创建新组”按钮，得到“组1”，将“动作1”移动到“组1”中，如图11-19所示。

记录动作之后，为了使用方便，可以将其保存起来。在“动作”面板中选择要保存的动作组，在“动作”面板菜单中选择“存储动作”命令，如图11-20所示，在弹出的“存储”对话框中设置文件名和保存位置，单击“保存”按钮，保存后的文件扩展名为.atn，如图11-21所示。

▲ 图 11-19

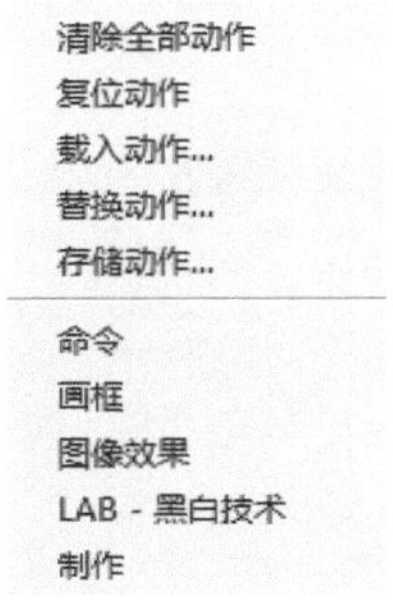

▲ 图 11-20

▲ 图 11-21

选择“动作”面板菜单中的“载入动作”命令，弹出“载入”对话框，如图11-22所示，在对话框中选择一个动作“组1.atn”，载入后效果如图11-23所示。

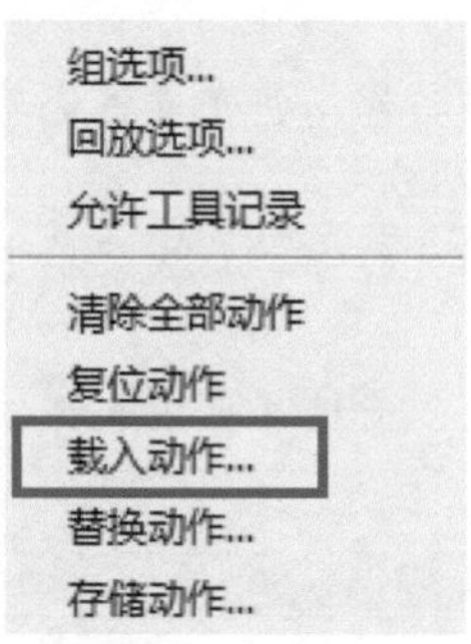

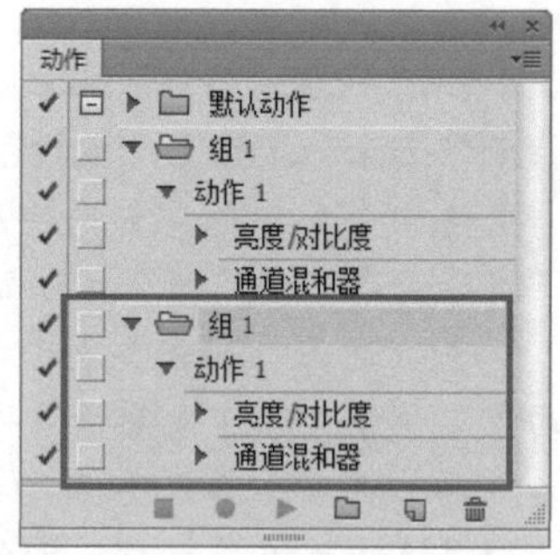

▲ 图 11–22　▲ 图 11–23

Photoshop CS6一共提供了9类动作供用户使用，单击“动作”面板菜单，在菜单的底部可以看到这些动作，如图11-24所示。选择一个命令，即可将该动作载入到“动作”面板中，如图11-25所示。

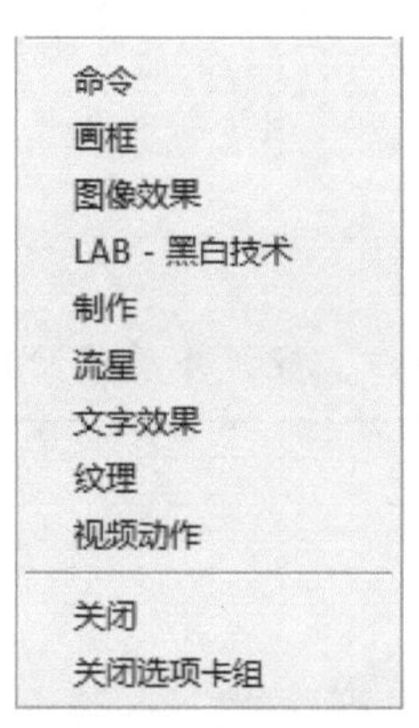

▲ 图 11–24　▲ 图 11–25

11.2 制作暴风雪图片

Photoshop CS6提供了系统自带的动作，也允许用户自定义动作。这些动作都是固定操作，可以通过对已有动作进行再次编辑修改来满足不同的操作需求。下面具体讲解使用“插入菜单项目”和“插入停止语句”编辑动作的方法，图像效果如图11-26所示。

▲ 图 11–26

11.2.1 插入菜单项目

打开一张素材图像，如图11-27所示。选择“动作”面板中“图像效果”下的“暴风雪”，如图11-28所示，单击“历史记录”面板中的“建立快照”按钮。

▲ 图 11-27

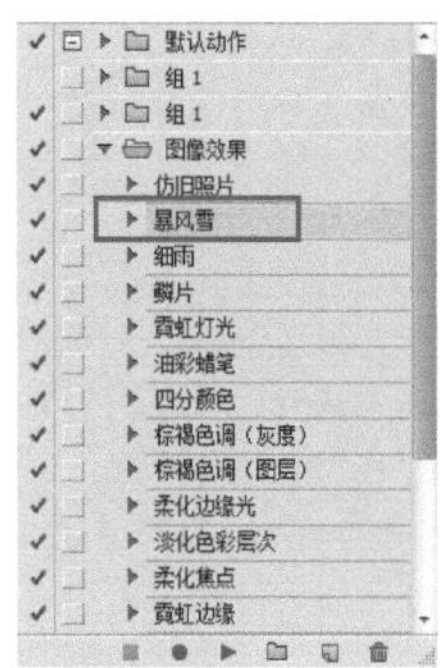

▲ 图 11-28

> **提示：**选择“动作”面板菜单中的“插入菜单项目”命令，可以在动作中插入菜单中的命令，这样可以将许多不能记录的命令插入到动作中，如“视图”菜单、“窗口”菜单和色调工具中的命令等。

选择“动作”面板菜单中的“插入菜单项目”命令，弹出“插入菜单项目”对话框，如图11-29所示。选择“窗口>颜色”命令，此时“插入菜单项目”对话框中的“菜单项”为“窗口：颜色”，如图11-30所示。

▲ 图 11-29

▲ 图 11-30

单击“确定”按钮，便可以将“选择‘切换颜色面板’菜单项目”命令插入到“动作”面板中，如图11-31所示。选中“细雨”动作，单击“播放选定的动作”按钮，图像效果如图11-32所示。

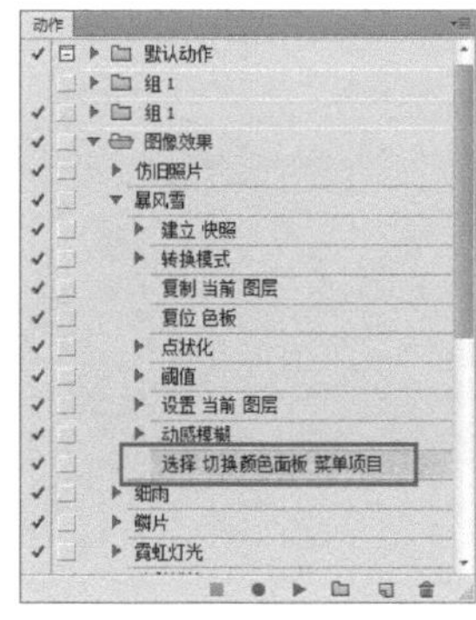

▲ 图 11-31

▲ 图 11-32

11.2.2 插入停止语句

打开“动作”面板菜单，选择“插入停止”命令，弹出“记录停止”对话框，参数设置如图11-33所示。单击“确定”按钮，即可将“停止”命令插入到动作中，如图11-34所示。

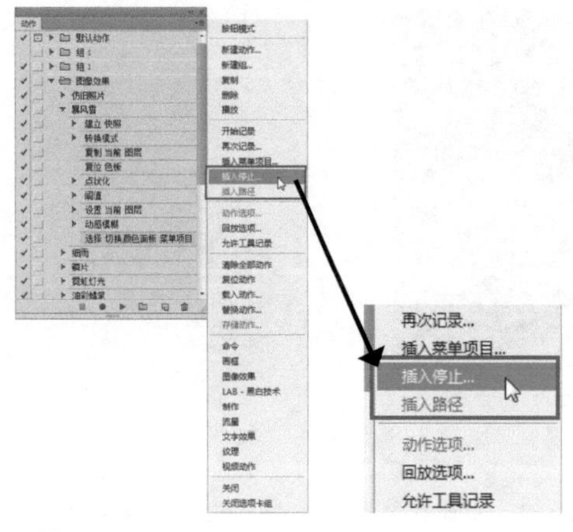

▲ 图 11-33

▲ 图 11-34

选中“暴风雪”选项，如图11-35所示。单击“播放选定的动作”按钮，选择“动感模糊”命令，动作就会停止，并弹出提示对话框，如图11-36所示。单击“继续”按钮，继续执行后续命令；单击“停止”按钮，则停止播放不执行后续命令。

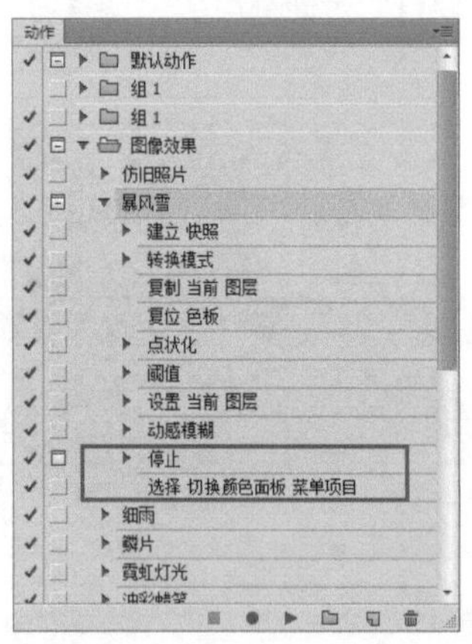

▲ 图 11-35

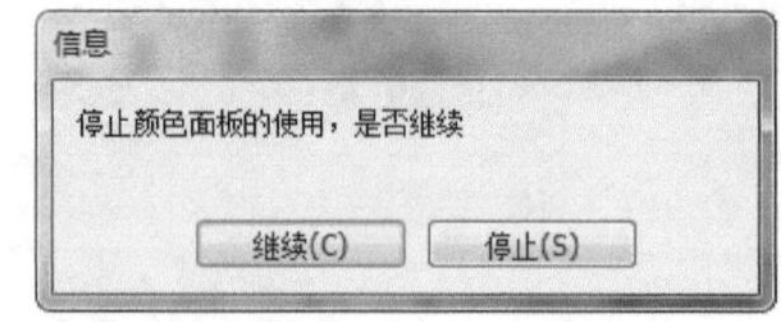

▲ 图 11-36

单击“继续”按钮，执行命令后，弹出“亮度/对比度”对话框，如图11-37所示。这里使用动作命令中的默认设置，单击“确定”按钮，图像效果如图11-38所示。

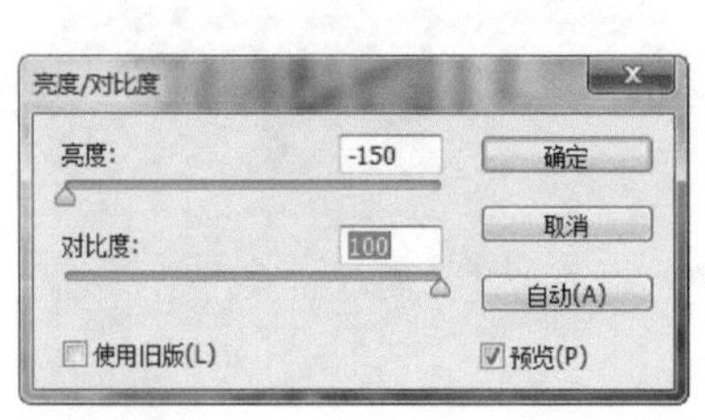

▲ 图 11-37

▲ 图 11-38

11.2.3 设置播放动作的方式

播放选定的动作是执行动作记录中的一系列命令。执行动作时，首先选择要执行的动作，然后单击“动作”面板上的“播放选定的动作”按钮，如图11-39所示。也可在“按钮模式”下执行，只要单击动作按钮即可执行动作，如图11-40所示。

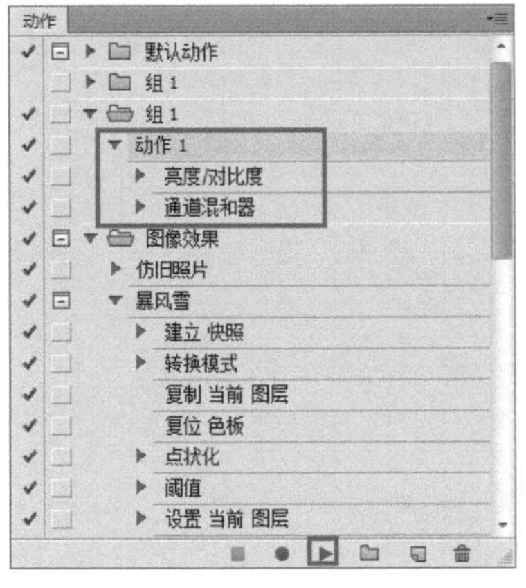

▲ 图 11-39

按钮模式
新建动作...
新建组...
复制
删除
播放
开始记录
再次记录...
插入菜单项目...
插入停止...
插入路径

▲ 图 11-40

疑难解答：“按钮模式”下执行播放动作

在“按钮模式”下执行动作时，Photoshop会执行动作中的所有记录命令，甚至该动作中有些命令被关闭也仍然会被执行。动作的播放有以下几种情况：

- 按顺序播放全部动作：选中要播放的动作，单击“播放选定的动作”按钮，即可按顺序播放该动作中的所有命令。
- 从指定命令开始播放动作：选中要播放的记录命令，单击“播放选定的动作”按钮，即可播放指定命令及后面的命令。
- 播放部分命令：当动作组、动作和记录命令前显示有切换项目开关并显示黑色时，可以执行该命令，否则不可执行。若取消动作组前的选中，则该组中所有的动作和记录命令都不能被执行。若取消选中某一动作，则该动作中的所有命令都不能被执行。
- 播放单个命令：按住Ctrl键，双击“动作”面板中的一个记录命令，可播放单个命令。

相关链接：当执行的动作中含有多个记录命令时，由于执行动作的速度较快，无法看清每一步的效果，可以用“回放选项”命令改变执行动作时的速度。

在“动作”面板菜单中选择“回放选项”命令，弹出“回放选项”对话框。这样在“动作”面板中记录的编辑操作就可应用到图像中。

技术看板：再次记录动作

打开一张素材图像，如图11-41所示，打开“动作”面板中的“图像效果”动作。单击“动作”面板中的“仿旧照片”选项，将其选中，如图11-42所示。

▲ 图 11-41

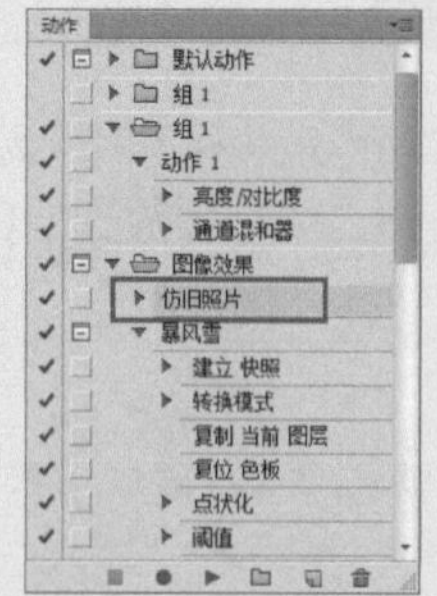

▲ 图 11-42

单击“播放选定的动作”按钮，如图11-43所示。单击“开始录制”按钮，按快捷键Ctrl+E将图层向下合并，如图11-44所示，再单击“停止播放\记录”按钮。

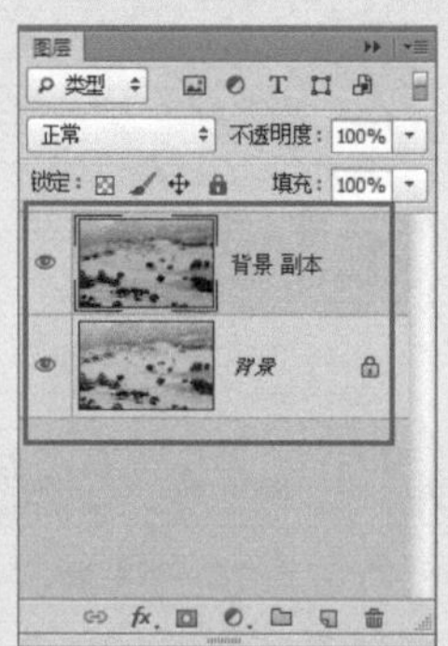

▲ 图 11-43

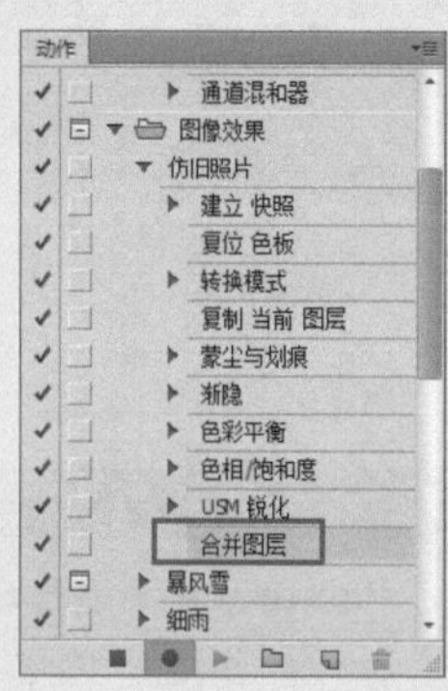

▲ 图 11-44

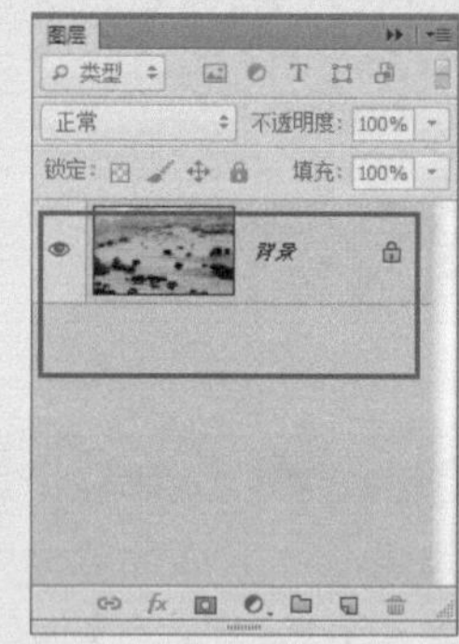

继续打开一张素材图像，如图11-45所示。选中“仿旧照片”动作，单击“播放选定的动作”按钮，效果如图11-46所示，执行完的动作会将图层合并。

▲ 图 11-45

▲ 图 11-46

提示：Photoshop CS6中提供了很多系统默认的动作，有些用户的需求在默认动作中不能实现，用户可以对动作记录进行添加和修改，可以使它达到预设的标准。

相关链接：插入路径

使用“插入路径”命令可以将复杂的路径（用“钢笔工具”创建的路径或从 Adobe Illustrator 粘贴的路径）作为动作的一部分包含在内。播放动作时，工作路径被设置为所记录的路径。在记录动作时或动作记录完毕后可以插入路径。

播放插入复杂路径的动作可能需要大量的内存。如果遇到问题，请增加 Photoshop CS6的可用内存量。

11.2.4 播放动作时更改设置

单击命令名称左侧的框，可以为该命令启用“模态控制”，再次单击可停用“模态控制”。单击动作名称左侧的框，可以为动作中的所有命令启用或停用“模态控制”。单击组名次左侧的框，可以为组中所有的动作启用或停用“模态控制”，如图11-47所示。

▲ 图 11-47

小技巧：默认情况下，使用最初记录动作时指定的值来完成动作。如果要更改动作内命令的设置，可以插入一个“模态控制”。利用“模态控制”可使动作暂停以便在对话框中指定值或使用“模态工具”（“模态工具”需要按Enter键才能生效，按下Enter键，动作将继续执行它的任务）。

“模态控制”由“动作”面板中的命令、动作或组左侧的对话框图标表示。红色的对话框图标表示动作或组中的部分（而非全部）命令是模态的。注意：不能在“按钮”模式中设置“模态控制”。

疑难解答：在动作中排除

单击“动作”面板中动作名称左侧的三角形按钮，展开动作中的命令列表，可以排除不想作为已记录动作的部分命令。

若要排除单个命令，单击要清除的命令名称左边的选中标记，可以排除单个命令，再次单击可包括该命令。

单击动作名称或动作组名称左侧的选中标记，可以排除或包括一个动作或动作组中的所有命令或动作。

若要排除或包括除所选命令之外的所有命令，请按住Alt键并单击该命令的选中标记。

为了表示动作中的一些命令已被排除，在Photoshop CS6中，父动作的选中标记将变为红色。

小技巧：按住Shift键单击“动作”面板上的动作名称，可以在同一动作组中选择多个连续的动作；如果按住Ctrl键，单击“动作”面板上的动作名称，可以在同一动作组中选择多个不连续的动作。单击“播放选定的动作”按钮，Photoshop会依次选择“动作”面板中选中的动作。

小技巧：在菜单中的“按钮模式”下按住Shift或Ctrl键不能选择多个连续动作或不连续动作。

11.3 调整图像

使用动作可以处理相同、重复性的操作。如果使用动作功能进行批处理，用户将会既省时又省力。快捷批处理程序可以快速地完成批处理，它简化了批处理操作的过程。将图像或文件夹拖动到快捷批处理图标上，即可完成批处理操作。

使用批处理图像操作，可以快速地对大量图像进行相同的操作，如调整图像的亮度、对比度和大小等，从而提高工作效率，减少重复的操作。下面通过实例讲解如何使用“批处理”功能对图像进行批量处理操作，如图11-48所示。

▲ 图 11-48

11.3.1 批处理

“批处理”命令是将指定的动作应用于所选的目标文件，从而实现图像处理的批量化。选择“文件>自动>批处理”命令，弹出“批处理”对话框，如图 11-49所示。

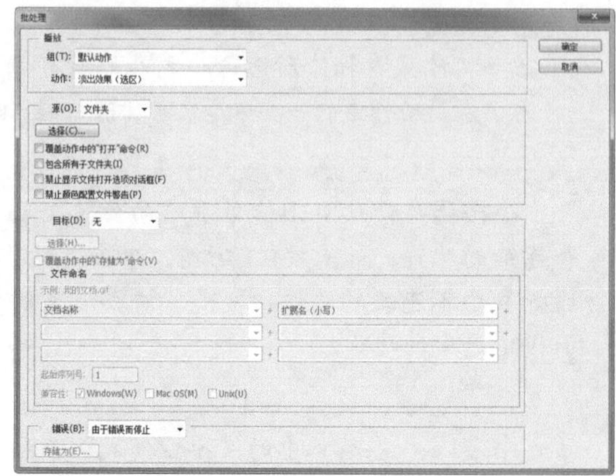

▲ 图 11-49

疑难解答：“批处理”对话框

• 播放：用来设置播放的组和动作组。

• 组：在该下拉列表中显示“动作”面板中的所有动作组，从中可以选择要播放的动作组。

• 动作：在该下拉列表中显示“动作”面板中的所有动作，从中可选择要执行的动作。

• 源：用来设置要处理的文件。在该下拉列表中可以选择需要进行批处理的文件来源，分别是“文件夹”“导入”“打开文件”和“Bridge”。

• 目标：用来指定文件要存储的位置。在该下拉列表中可以选择“无”“存储并关闭”“文件夹”来设置文件的存储方式。

• 文件命名：将“目标”选项设置为“文件夹”，可以在该选项组的6个选项中设置文件名各部分的顺序和格式。每个文件必须至少有一个唯一字段防止文件相互覆盖。“起始序列号”为所有序列号字段指定起始序列号。第一个文件的连续字母总是从字母A开始的。“兼容性”用于使文件名与Windows、Mac OS 和UNIX操作系统兼容。

技术看板：制作图片展示

执行 “文件>自动>联系表II”命令，系统将弹出“联系表II”对话框。选取素材文件夹“联系表II”，设置具体参数，如图11-50所示，单击“确定”按钮，即可完成联系表的制作，如图11-51所示。

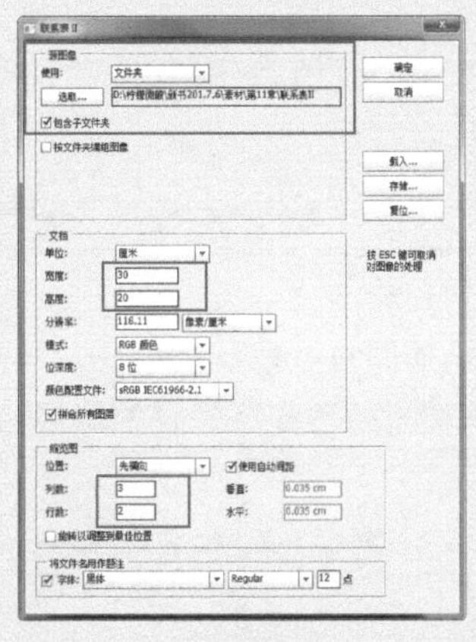

▲ 图 11-50

▲ 图 11-51

小技巧：联系表功能在Photoshop CS4版本中被取消了，在CS6版本中重新回归。使用该功能用户可以轻松地将批量图片制作成联系表。选择“文件>自动>联系表II”命令，系统自动弹出“联系表II”对话框。

疑难解答：联系表II

• 源图像：用于设置制作联系表图像的来源。“使用”选项用于选择“文件”或“文件夹”；“选取”选项用于选择要使用的图像文件夹；“包含子文件夹”用于设置是否包含所有关于文件夹中的所有图像。

- 文档：设置联系表文档的具体参数。“分辨率”用于指定文档分辨率设置；选中“拼合所有图层”复选框，拼合的图像将只有背景图层。
- 缩览图：用于对联系表中的图片进行设置。“位置”用于选择图像在联系表上的显示方向；“使用自动间距”用于设置图像之间的间距；取消选中“使用自动间距”复选框，则可以手动设置。
- 将文件名用作题注：设置是否使用文件名用于图片的题注。

11.3.2 快捷批处理

选择“文件>自动>创建快捷批处理”命令，弹出“创建快捷批处理”对话框，如图 11-52所示。单击“选择”按钮，弹出“存储”对话框，设置创建批处理名称并指定保存的位置，如图11-53所示。单击“保存”按钮，关闭“存储”对话框。

▲ 图 11-52

▲ 图 11-53

此时“选择”按钮右侧会显示快捷批处理程序的保存位置，如图11-54所示。单击“确定”按钮，即可创建快捷批处理程序并保存到指定位置。打开创建快捷批处理程序保存的位置，如图11-55所示。

▲ 图 11-54

▲ 图 11-55

提示：动作是快捷批处理的基础，在选择“创建快捷批处理”命令之前，需要在“动作”面板中创建所需要的动作，并选中该动作。在选择“创建快捷批处理”命令时，选中的“动作”及“动作组”就会自动出现在“动作”和“组”选项中。

快捷批处理程序显示为图标，只需要将图像或文件夹拖动到该图标上，便可以直接对图像进行批处理，即使没有运行Photoshop，也可以完成批处理操作。

技术看板：限制图像尺寸

选择“文件>打开”命令，打开一张素材图像，如图11-56所示。选择“文件>自动>限制图像”命令，弹出“限制图像”对话框，如图11-57所示。

▲ 图 11-56　▲ 图 11-57

在对话框中设置“宽度”和“高度”值，如图11-58所示。单击“确定”按钮，图像效果如图11-59所示。

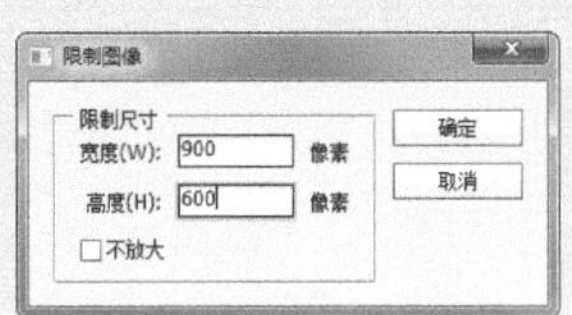

▲ 图 11-58　▲ 图 11-59

小技巧：“限制图像”命令可以将当前图像限制为用户指定的宽度和高度，但不会改变图像的分辨率。此命令的功能与“图像大小”命令的功能是不同的。

疑难解答：条件模式更改

在记录动作时，可以使用“条件模式更改”命令为源模式指定一个或多个模式，并为目标模式指定一个模式。

利用“条件模式更改”命令可以为模式更改指定条件，以便在动作执行过程中进行转换。当模式更改属于某个动作时，如果打开的文件未处于该动作所指定的源模式下，则会出现错误。例如：假定在某个动作中，有一个步骤是将源模式为RGB的图像转换为目标模式CMYK，如果在灰度模式或者包括RGB在内的任何其他源模式下向图像应用该动作，将会导致错误。

- 源模式：用来选择源文件的颜色模式，只有与选择的颜色模式相同的文件才可以被更改。单击“全部”按钮，选择所有可能的模式；单击“无”按钮，则不选择任何模式。
- 目标模式：用来设置图像转换后的颜色模式。

11.3.3 批处理图像

在进行批处理前，要将需要批处理的文件保存到一个文件夹中，如图11-60所示。选择“窗口>动作”命令，打开“动作”面板，在该面板菜单中选择“图像效果”命令，将“图像效果”动作组载入到“动作”面板中，如11-61所示。

▲ 图 11-60　　▲ 图 11-61

选择“文件>自动>批处理”命令，弹出“批处理”对话框，参数设置如图11-62所示。单击“选择”按钮，弹出“浏览文件夹”对话框，选择图像所在文件夹，如图11-63所示。单击“确定”按钮，关闭“浏览文件夹”对话框。

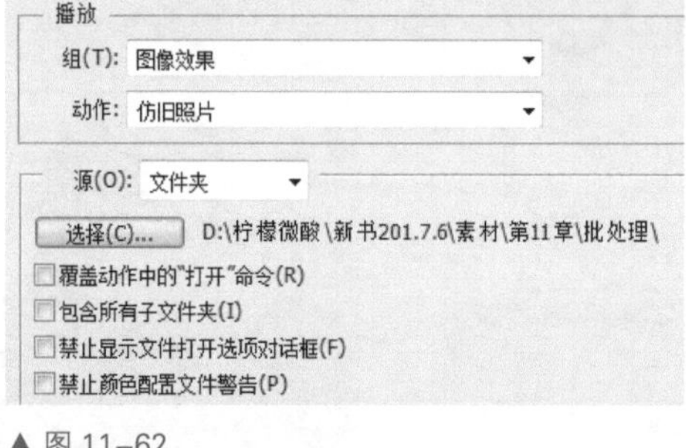

▲ 图 11-62　　▲ 图 11-63

在“目标”下拉列表中选择“文件夹”选项，如图11-64所示，单击“选择”按钮，弹出“浏览文件夹”对话框，如图11-65所示，单击“确定”按钮，关闭“浏览文件夹”对话框。

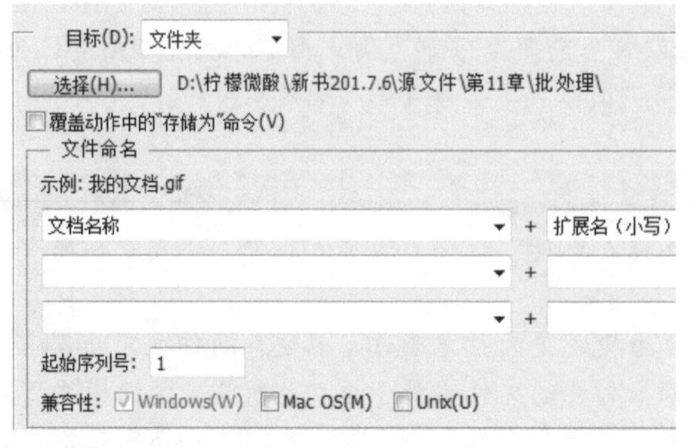

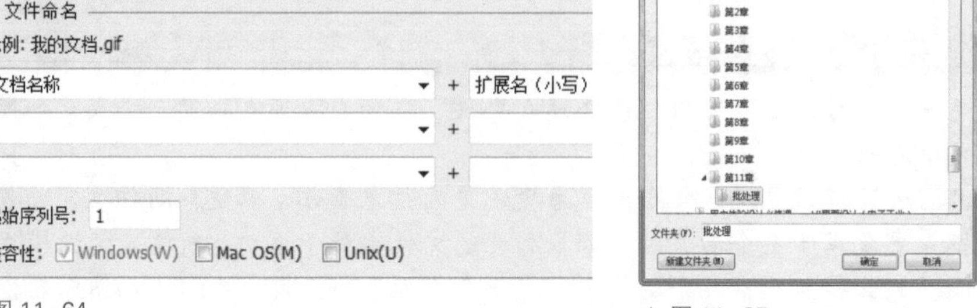

▲ 图 11-64　　▲ 图 11-65

此时，单击“确定”按钮，即可对指定的文件进行批处理操作，批处理后都会弹出“JPEG选项”对话框，单击“确定”按钮，如图11-66所示。处理后的文件会保存在指定的目标文件夹中，如图11-67所示。

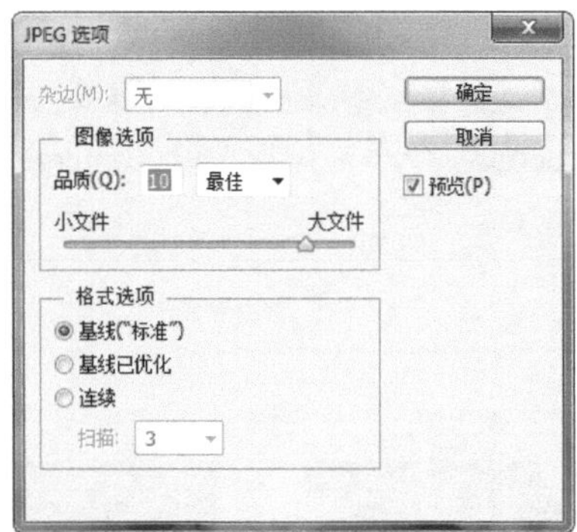

▲ 图 11-66

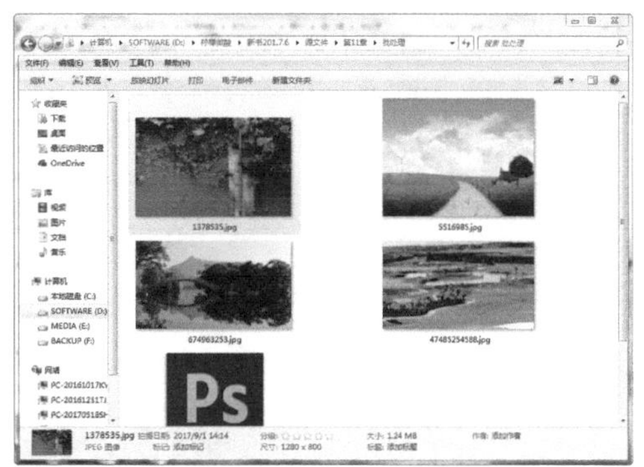

▲ 图 11-67

小技巧：选择“批处理”命令进行批处理时，如果需要中止，可以按Esc键。用户可以将“批处理”命令记录到“动作”面板中。这样能将多个序列合并到一个动作中，从而一次性地执行多个动作。

疑难解答：PDF演示文稿

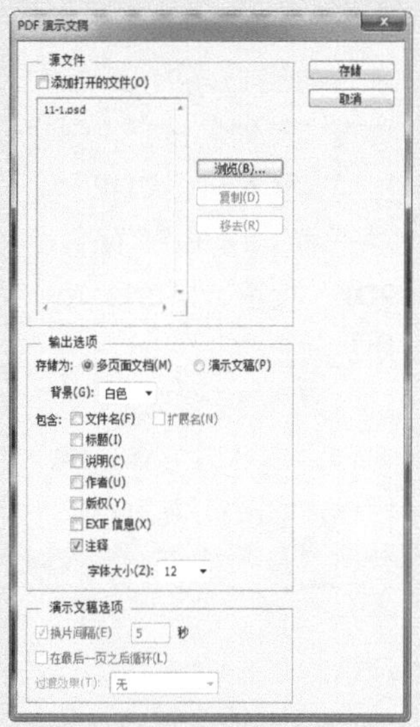

PDF格式是一种通用的文件格式，具有良好的跨媒体性。在不同类型的计算机和操作系统上都能够正常访问，而且有良好的电子文档搜索和导航功能。

选择“文件>自动>PDF演示文稿”命令，可以将图片文档自动转换成PDF格式，也可以将用Photoshop制作的PDF文件和图片合并生成PDF文件。

(1) 源文件：用于打开制作PDF演示文稿的素材。

- 添加打开的文件：如果用户在Photoshop中打开了文件，则可以使用该选项将打开的全部图片文件添加到列表中。
- 预览：如果没有在Photoshop中打开文件，则需要执行预览操作打开所需要的素材。
- 复制：用于复制所打开的文件。
- 移去：与复制一样用于编辑打开的文件。

(2) 输出选项：设置输出文件形式、包含内容等。

- 存储为：为用户提供了“多页面文档”与“演示文稿”两种选项，它们的区别在于默认情况下前者是手动播放，后者则用于全屏自动播放。
- 背景：设置PDF演示文稿的背景颜色设置。Photoshop CS6为用户提供3种PDF演示文稿背景颜色。
- 包含：设置输出的PDF演示文稿中所包含的文件名、扩展名等标注。

相关链接：“自动化”命令

“合并到 HDR Pro”命令可以将同一场景的具有不同曝光度的多个图像合并起来，从而捕获单个 HDR 图像中的全部动态范围。可以将合并后的图像输出为 32 位/通道、16 位/通道或 8 位/通道的文件。但是，只有 32 位/通道的文件可以存储全部 HDR 图像数据。

专业的摄影师拍摄一张全景照片靠的是功能全面的相机，然而对于一般的摄影爱好者来说，所拥有的相机可能不具备拍摄全景的功能，不能够一次性完成拍摄。

可以使用Photomerge命令将一系列数码照片自动拼成一幅全景图，执行该命令可对照片进行叠加和对齐操作。选择“文件>自动>Photomerge”命令，弹出“Photomerge”对话框，在该对话框中可选择相应的设置。

技术看板：制作PDF演示文稿

连续打开3张素材图像154011.jpg、154012.jpg、154013.jpg，如图11-68所示。

选择“文件>自动>PDF演示文稿”命令，弹出“PDF演示文稿”对话框，单击添加打开的文件，系统将自动添加所打开的文件，参数设置如图11-69所示。单击“存储”按钮，弹出“存储Adobe PDF”对话框，单击“存储PDF”按钮，如图11-70所示。

预览存储好的文件，会弹出“全屏”提示框，如图11-71所示。单击“是”按钮，进入全屏模式，如图11-72所示。

▲ 图 11-68

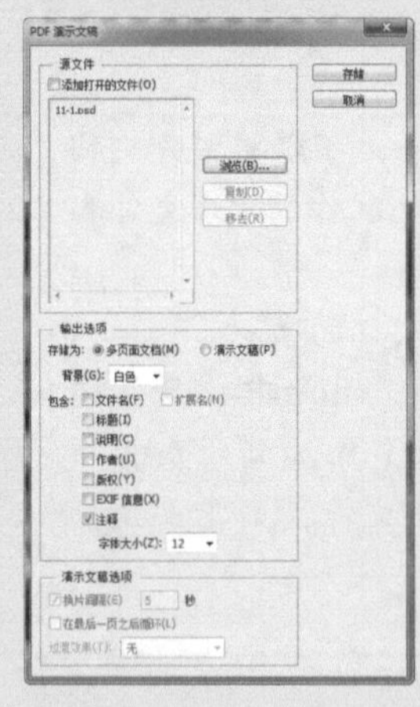

▲ 图 11-69

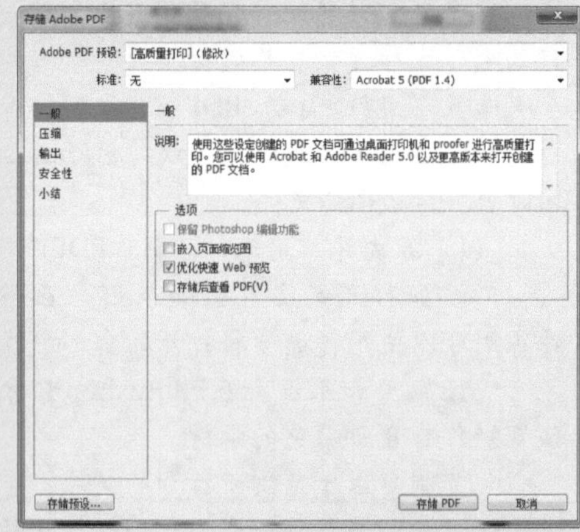

▲ 图 11-70

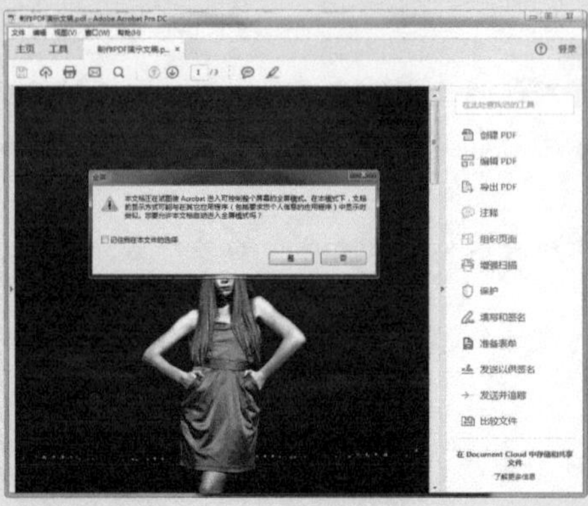

▲ 图 11-71

▲ 图 11-72

技术看板：自动拼接全景照片

打开素材图像光盘\素材\第15章\158101.jpg、158102.jpg、158103.jpg，如图11-73所示。

▲ 图 11-73

选择“文件>自动>Photomerge”命令，弹出“Photomerge”对话框，如图11-74所示。单击“添加打开的文件”按钮，将打开的3张图像载入，如图11-75所示。

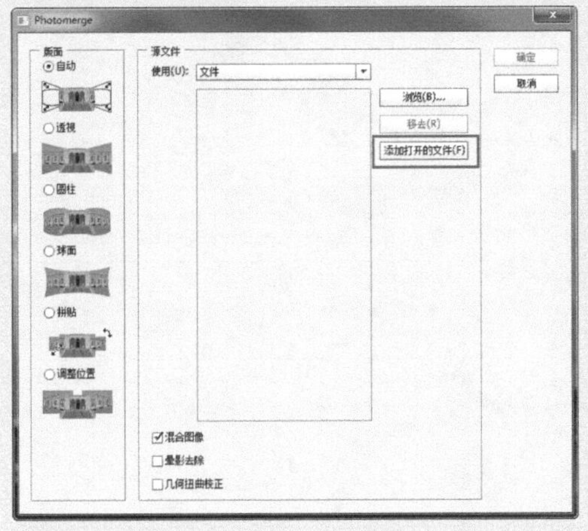

▲ 图 11-74

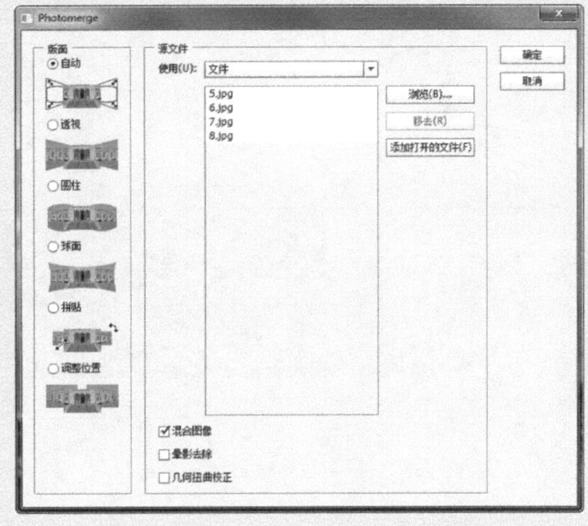

▲ 图 11-75

单击“确定”按钮，进行图像的处理，完成后自动生成一个文件，“图层”面板如图11-76所示，合成的图像效果如图11-77所示。

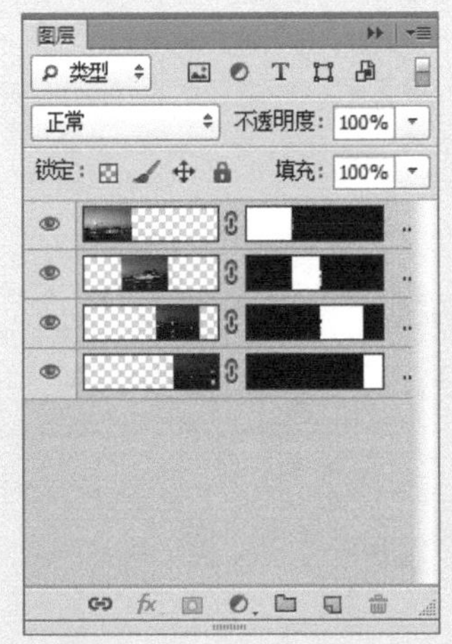

▲ 图 11-76

▲ 图 11-77

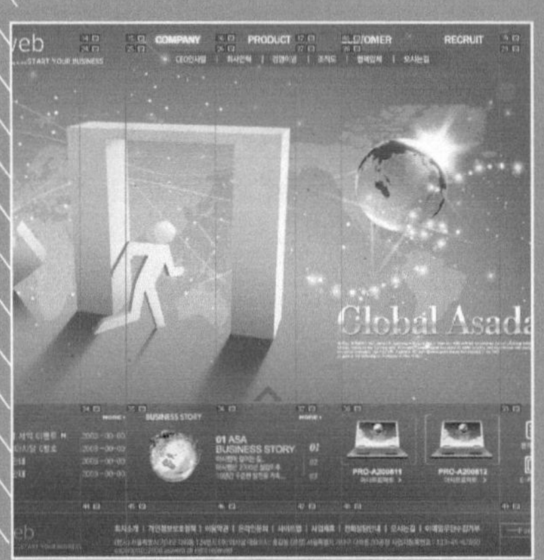

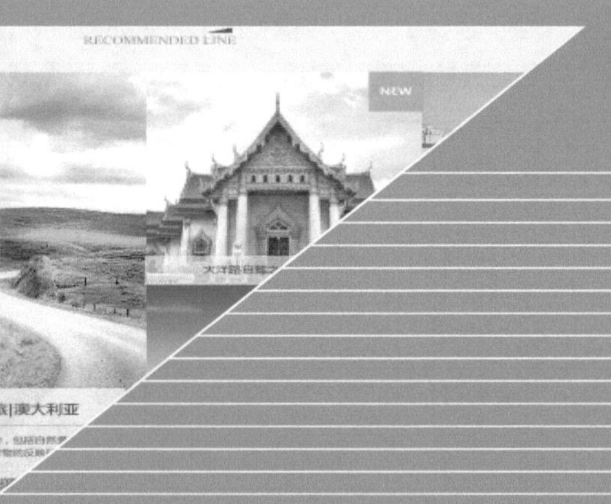

第12章 切片、打印和输出

Photoshop CS6 中的“切片工具”可以将一个完整的网页切割成许多小片，以便上传。另外，通常把计算机或其他电子设备中的文字或图片等可见数据，通过打印机等输出在纸张等记录物上的操作过程为打印。本章将带领用户学习使用“切片工具”及输出打印等内容。

12.1 切片

在制作网页时，设计师通常要对设计稿进行切割，作为网页文件导出。在Photoshop CS6中使用“切片工具”可以很容易地完成切割，这个过程也叫作制作切片。

通过优化切片还可以对分割的图像进行不同程度的压缩，以便减少图像的下载时间。另外，还可以为切片制作动画，链接到URL地址，或者使用切片制作翻转按钮。

12.1.1 切片的类型

Photoshop CS6的切片类型根据其创建方法的不同而不同，常见的有3种：“用户切片”“自动切片”和“基于图层的切片”。

“用户切片”和“基于图层的切片”由实线定义，而“自动切片”则由虚线定义。基于图层的切片包括图层中的所有像素数据。如果移动图层或编辑图层内容，切片区域将自动调整，切片也随着像素的大小而变化。创建的切片如图12-1所示。

▲ 图 12-1

疑难解答：切片的类型

用户切片：在Photoshop中，使用“切片工具”创建的切片称为用户切片。

自动切片：创建新的用户切片或基于图层的切片时，会生成附加的自动切片来占据图像其余区域的切片称为自动切片。自动切片可填充图像中用户切片或基于图层的切片未定义的空间，每次添加或编辑用户切片或基于图层的切片时，都会重新生成自动切片。

基于图层的切片：通过图层创建的切片称为基于图层切片。

相关链接： 翻转图像

翻转图像是指网页上的一个图像，当将鼠标移动到它上方时会发生变化。Photoshop CS6提供了许多用于创建翻转图像的有用工具。要创建翻转图像，至少需要两个图像：主图像表示处于正常状态的图像，而次图像表示处于更改状态的图像。

12.1.2 创建切片

打开一个PSD格式的素材文件，如图12-2所示。单击工具箱中的“切片工具”按钮，在要创建切片的地方进行单击并拖动光标，如图12-3所示。

▲ 图 12-2

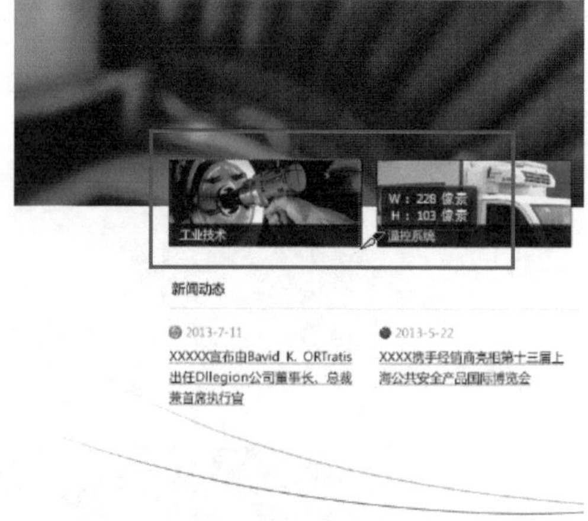

▲ 图 12-3

如果按住Shift键拖动，可以创建正方形切片，如图12-4所示；如果按住Alt键拖动，可以从中心向外创建切片，如图12-5所示。

▲ 图 12-4

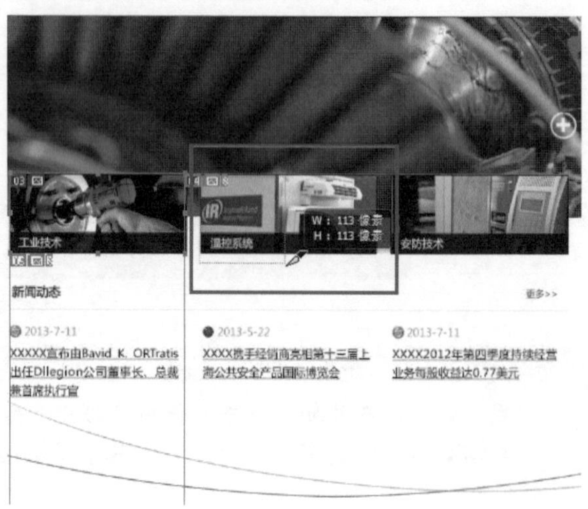

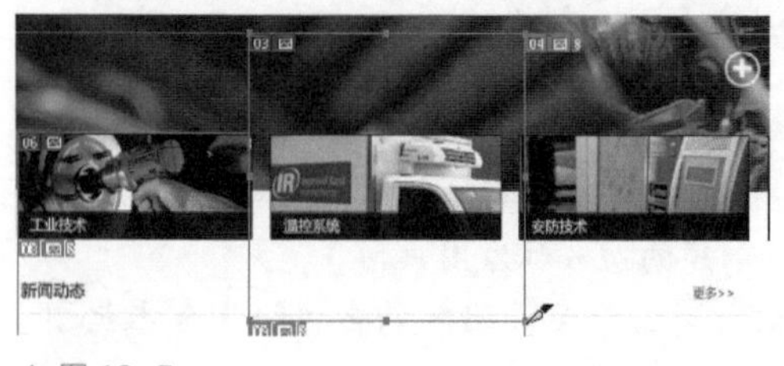

▲ 图 12-5

疑难解答："切片工具"选项栏

了解了"切片工具"的类型，以及什么是用户切片和自动切片以后，用户还要更深一步地学习如何利用"切片工具"创建简单的切片。单击工具箱中的"切片工具"按钮，会显示其工具选项栏。

样式：正常　宽度：　高度：　基于参考线的切片

(1) 样式：设置"切片工具"的绘制方法，一共包括以下3种绘制方法：

- 正常：通过拖动鼠标确定切片的大小。
- 固定长宽比：输入切片的高宽比，可创建具有固定长宽比的切片。例如：要创建一个宽度是高度两倍的切片，可以设置"宽度"为2、"高度"为1。
- 固定大小：输入切片的高度和宽度值，然后在画布中单击，即可创建指定大小的切片。

(2) 基于参考线的切片：根据用户创建的参考线创建切片。

相关链接： 基于图层创建切片

在实际的网页设计工作中，不同的网页元素常常要单独放置在一个独立的图层中。选择"图层>基于图层创建切片"命令，可以轻松地为这些单独的图层创建切片。

Photoshop还提供了"基于图层创建切片"功能，通过"基于图层创建切片"功能可以快速、准确地为图层创建切片。

技术看板：基于参考线创建切片

应用上例图像，选择"视图>标尺"命令，在画布的左侧和上边显示标尺，如图12-6所示，拖出相应的参考线，如图12-7所示。

▲ 图 12-6

▲ 图 12-7

单击工具箱中的"切片工具"按钮，在选项栏中单击"基于参考线的切片"按钮，即可以参考线划分方式创建切片，如图12-8所示。

▲ 图 12-8

提示： 通过“基于参考线的切片”功能，可以为所创建的参考线创建切片，这种方法可以方便、快捷地定位到指定参考线的边缘，从而提高工作效率。

在Photoshop CS6中，利用标尺可以在图像中添加几个参考线，可以通过添加的参考线创建切片，标出需要处理的图像位置及大小。

相关链接： 自动切片的大小

使用“切片选择工具”不能选中自动切片，自然也就无法灵活地为自动切片改变大小及移动位置。自动切片的大小由它周围的用户切片大小所决定，两个用户切片之间的距离相对较远，自动切片就比较大；反之，如果两个用户切片相距较近，那么，自动切片就比较小。

12.1.3 编辑切片

在Photoshop CS6中，创建切片后可以根据要求对选中的切片进行修改。在“切片选择工具”选项栏中一共提供了“调整切片堆叠顺序”“提升”“划分”“对齐与分布切片”“隐藏自动切片”和“设置切片选项”6种修改工具，使用这些工具可以对切片进行选择、移动与调整等多种操作。

疑难解答：“切片选择工具”选项栏

创建切片后，有时会有误差，遇到这种情况就要对切片进行操作，如选择、移动或调整切片大小等。在工具箱中单击“切片选择工具”，在选项栏中可以设置该工具的相关选项。

- 调整切片堆叠顺序：在创建切片时，最后创建的切片是堆叠顺序中的顶层切片。当切片重叠时，单击该区域中的按钮可改变切片的堆叠顺序，以便能够选择到底层的切片。单击“置为顶层”按钮，可将所选择的切片调整到所有切片的最上层；单击“前移一层”按钮，可将所选择的切片向上移动一层。
- “提升”按钮：单击该按钮，可以将所选择的自动切片或图层切片转换为用户切片。
- “划分”按钮：单击该按钮，将会弹出“划分切片”对话框，对所选择的切片进行划分。
- 对齐与分布：选择多个切片后，可单击该区域中的按钮来对齐或分布切片。这些按钮的使用方法与对齐和分布图层的按钮相同。
- “隐藏自动切片”按钮：单击该按钮，可以隐藏自动切片。
- “切片选项”按钮：单击该按钮，可以弹出“切片选项”对话框，在该对话框中可以设置切片的名称、类型并指定URL地址等。

使用Delete键删除前面创建的所有切片，或者选择“视图>清除切片”命令，如图12-9所示。使用“切片工具”在网页中创建切片，如图12-10所示。

▲ 图 12-9

▲ 图 12-10

单击工具箱中的“切片选择工具”按钮，单击要选择的切片，即可选择该切片，选择的切片边线会以橘黄色显示，如图12-11所示。

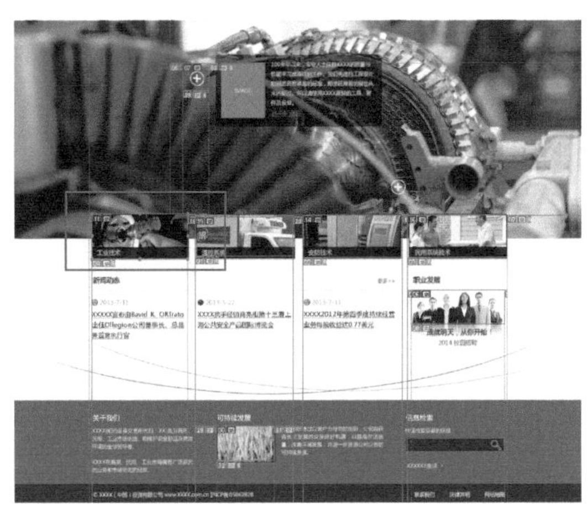

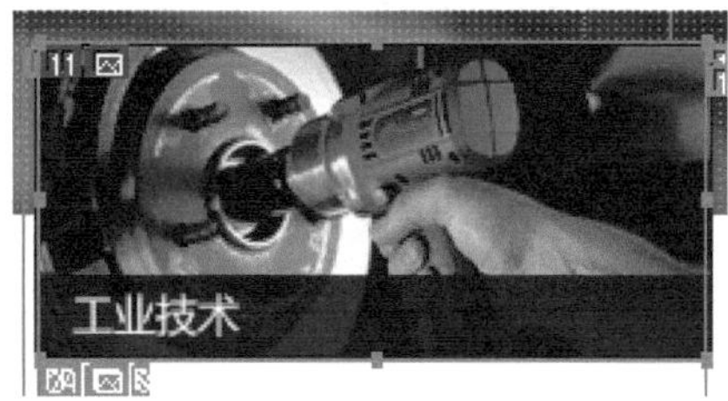

▲ 图 12-11

如果要同时选择多个切片，可以按住Shift键，单击需要选择的切片，即可选择多个切片，如图12-12所示。

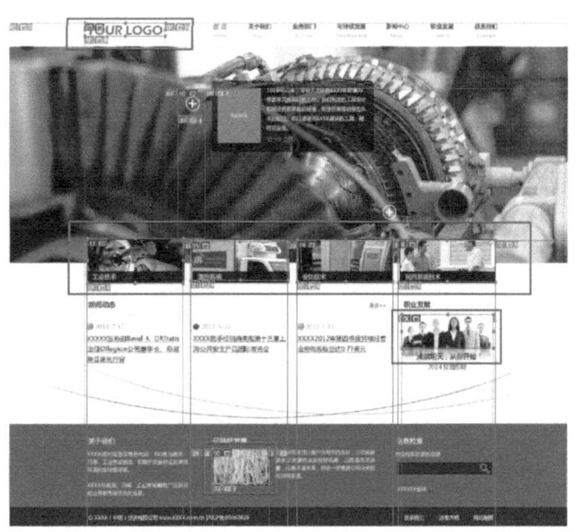

▲ 图 12-12

选择切片后，如果要调整切片的位置，拖动选择的切片即可移动该切片，移动时切片会以虚框显示，松开鼠标左键即可将切片移动到虚框所在的位置，如图12-13所示。

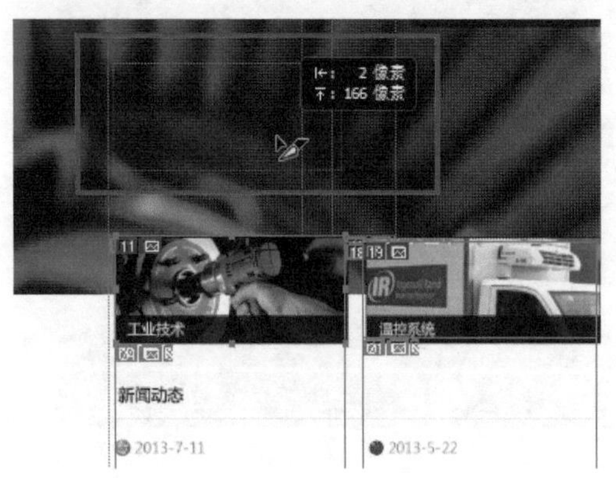

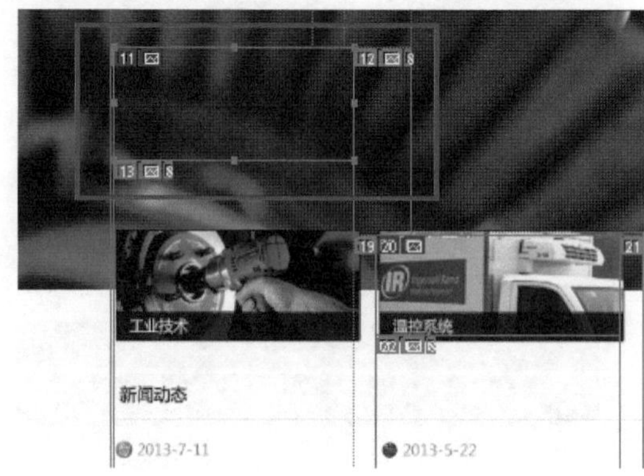

▲ 图 12–13

如果需要修改切片的大小，使用“切片选择工具”选择切片后，将光标移动到定界框的控制点上，拖动即可调整切片的宽度或高度，如图12-14所示。

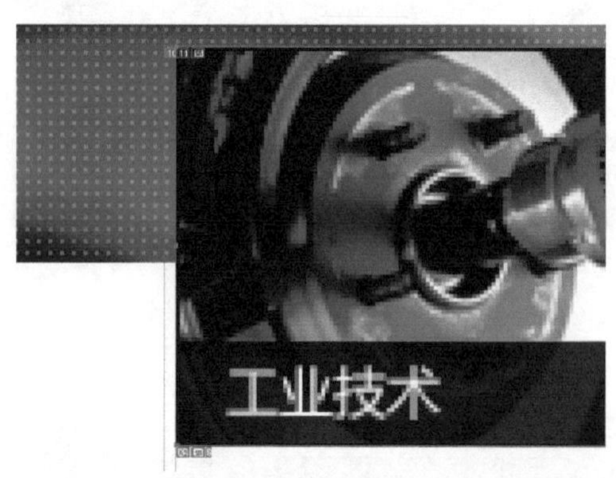

▲ 图 12–14

小技巧：按住Shift键将光标放到切片定界框的任意一角，拖动可等比例扩大切片。

小技巧：基于图层的切片与图层的像素内容相关联，因此，移动切片、组合切片、划分切片、调整切片大小和对齐切片的唯一方法是编辑相应的图层，除非将该切片转换为用户切片。

图像中的所有自动切片都链接在一起并共享相同的优化设置。如果要为自动切片设置不同的优化设置，则必须将其提升为用户切片。

单击“切片选择工具”，选择要转换的切片，再单击工具选项栏中的“提升”按钮，即可将其转换为用户切片。

技术看板：划分切片

打开一张素材图像，如图12-15所示。单击工具箱中的“切片工具”，在图像中创建一个矩形切片，如图12-16所示。

▲ 图 12-15

▲ 图 12-16

单击“切片选择工具”按钮，单击工具选项栏中的“划分”按钮，弹出如图12-17所示的对话框。在对话框中选中“垂直划分为”复选框，并进行相应的设置，单击“确定”按钮，即可将切片拖到合适的位置，效果如图12-18所示。

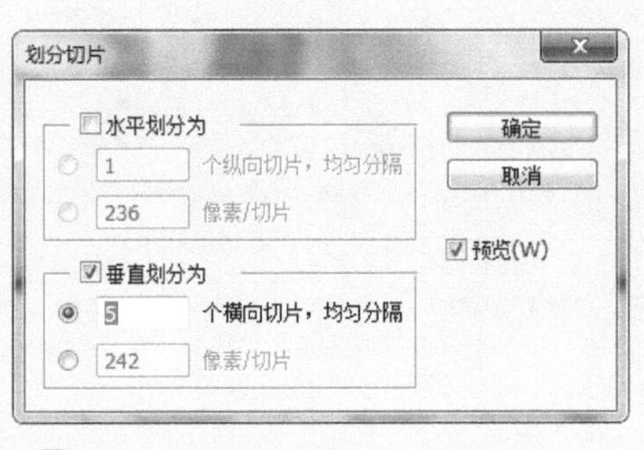

▲ 图 12-17

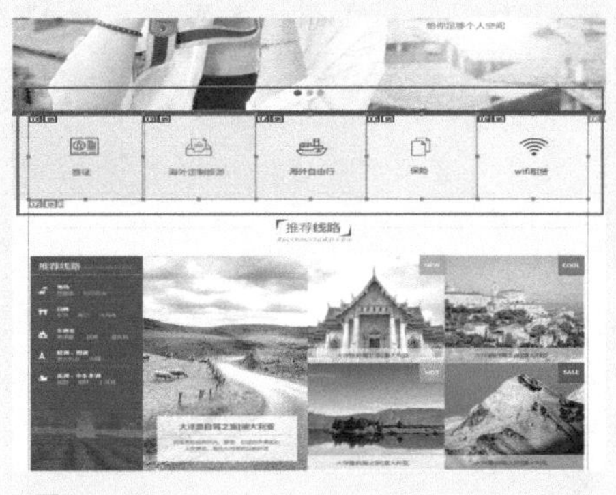

▲ 图 12-18

小技巧：创建切片后，为防止“切片工具”和“切片选择工具”修改切片，可以选择“视图→锁定切片”命令，将所有切片进行锁定。再次执行该命令可取消锁定。

提示：可以通过组合命令将多个同类切片组合在一起，也可以通过删除操作将切片删除。

按下Shift键，使用“切片选择工具”选择两个或更多切片，单击鼠标右键，在弹出的快捷菜单中选择“组合切片”命令，即可将所选择的切片组合成一个切片。

创建切片后，如果觉得不满意可以对切片进行修改，也可以将切片进行删除。删除切片的方法很简单，首先选择要删除的切片，按Delete键即可将其删除。

删除切片
编辑切片选项...
提升到用户切片
组合切片
划分切片...
置为顶层
前移一层
后移一层
置为底层

小技巧：颜色是网页设计的重要信息，然而在计算机屏幕上看到的颜色却不一定都能够在其他系统的Web浏览器中以同样的效果显示。为了使Web图形的颜色能够在所有显示器上的显示效果相同，在制作网页时，可以使用网页安全色设计制作。

疑难解答：设置切片选项

使用“切片选择工具”双击切片，或者选择切片，然后单击工具选项栏中的“为当前切片设置选项”按钮，弹出“切片选项”对话框。

- 切片类型：可以选择要输出的切片类型，即在与HTML文件一起导出时，切片数据在Web浏览器中的显示方式。“图像”为默认的类型，切片包含图像数据；选择“无图像”选项，可以在切片中输入HTML文本，但不能导出为图像，并且无法在浏览器中预览；选择“表”选项，切片导出时将作为嵌套表写入到HTML文本文件中。
- 名称：用来输入切片的名称。
- 目标：用于指定载入URL的帧。
- URL：用于输入切片链接的Web地址。在浏览器中单击切片图像时，即可链接到此选项设置的网址和目标框架。该选项只能用于“图像”切片。
- 信息文本：用于指定哪些信息出现在浏览器状态栏中。这些选项只能用于图像切片，并且只会在导出的HTML文件中出现。
- Alt标记：用于指定选定切片的Alt标记。Alt文本在图像下载过程中取代图像，并在一些浏览器中作为工具提示出现。
- 尺寸：*X*和*Y*选项用于设置切片的位置，*W*和*H*选项用于设置切片的大小。
- 切片背景类型：可以选择一种背景色来填充透明区域或整个区域。有“杂边”“黑色”和“白色”供选择，也可以指定其他类型。

12.1.4 优化Web图像

创建切片后，需要对图像进行优化处理，以减小文件的大小。在Web上发布图像时，较小的文件可以使Web服务器更加高效地存储和传输图像，用户则能够更快地下载图像。

选择“文件>存储为Web和设备所用格式”命令，弹出“存储为Web和设备所用格式”对话框，如图12-19所示，使用该对话框中的优化功能可以对图像进行优化和输出。

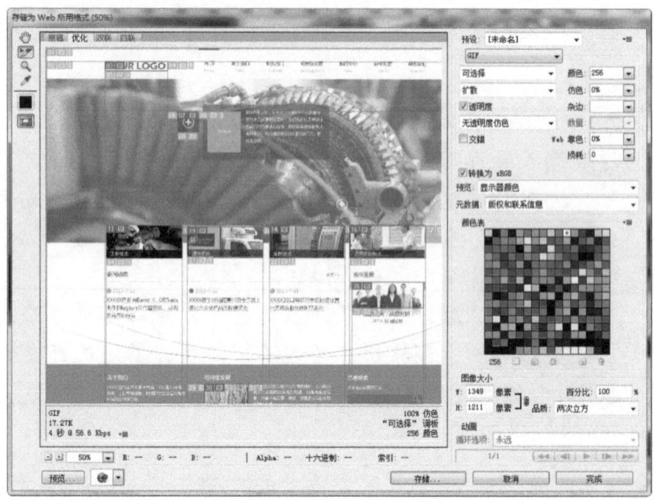

▲ 图 12-19

疑难解答：存储为Web所用格式

单击“原稿”选项卡，窗口中显示没有优化的图像；单击“优化”选项卡，窗口中只显示应用了当前优化设置的图像；单击“双联”选项卡，并排显示图像的两个版本，即优化前和优化后的图像；单击“四联”选项卡，并排显示图像的4个版本，原稿外的其他3个图像可以进行不同的优化，每个图像下面都提供了优化信息，如优化格式、文件大小、图像会计下载时间等，用户通过对比选择出最佳的优化方案。

- “切片选择工具”按钮：当图像包含多个切片时，可使用该工具选择窗口中的切片，以便对其进行优化。
- “吸管工具”按钮和吸管颜色：使用“吸管工具”在图像中单击，可以拾取单击位置的颜色，并显示吸管颜色图标。
- “切换切片可见性”按钮：单击此按钮可以显示或隐藏切片的定界框。
- “优化”弹出菜单：包含“存储设置”“链接切片”“编辑输出设置”等命令。
- “颜色表”弹出菜单：包含与颜色表有关的命令，可新建颜色、删除颜色及对颜色进行排序等。
- 颜色表：将图像优化为GIF、PNG-8和WBMP格式时，可在“颜色表”对话框中对图像颜色进行优化设置。
- 图像大小：将图像大小调整为指定的像素尺寸或原稿大小的百分比。
- 状态栏：显示光标所在位置的图像的颜色值等信息。
- “预览”按钮：单击此按钮，可在系统默认的Web浏览器中预览优化后的图像。预览窗口中显示图像的题注，其中列出了图像的文件类型、像素尺寸、文件大小、压缩规格和其他HTML信息。如果要使用其他浏览器，可以选择“其他”选项。

优化Web图像后，在“存储为Web和设备所用格式”对话框的“优化”菜单中选择“编辑输出设置”命令，如图12-20所示，弹出“输出设置”对话框，如图12-21所示。在“输出设置”对话框中可以控制如何设置HTML文件的格式、如何命名文件和切片，以及在存储优化图像时如何处理背景图像。

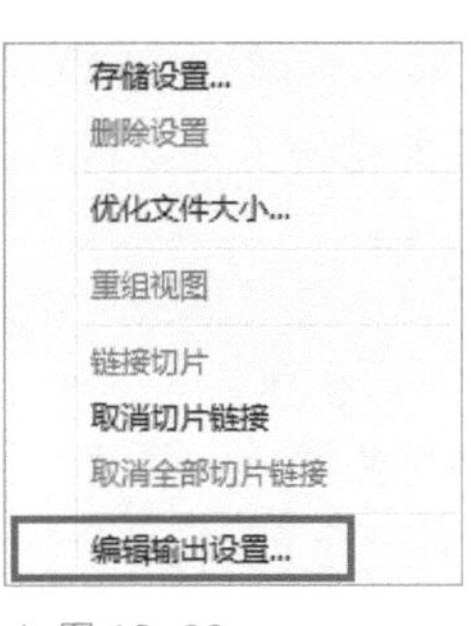

▲ 图 12-20

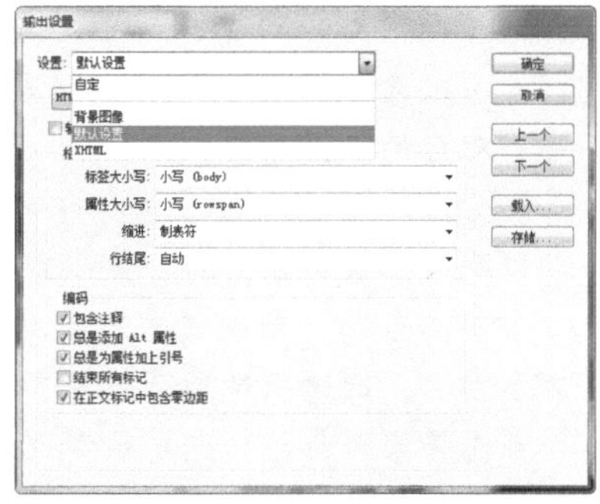
▲ 图 12-21

如果要使用预设的输出选项，可以在“设置”选项的下拉菜单中选择一个选项。如果要自定义输出的选项，可在弹出的下拉列表中选择“HTML”“切片”“背景”或“存储文件”选项，如图12-22所示。例如：选择“切片”选项，在“输出设置”对话框中会显示详细的设置选项，如图12-23所示。

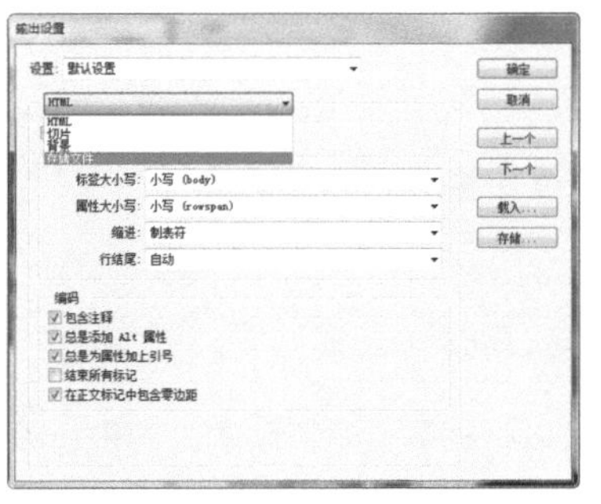
▲ 图 12-22

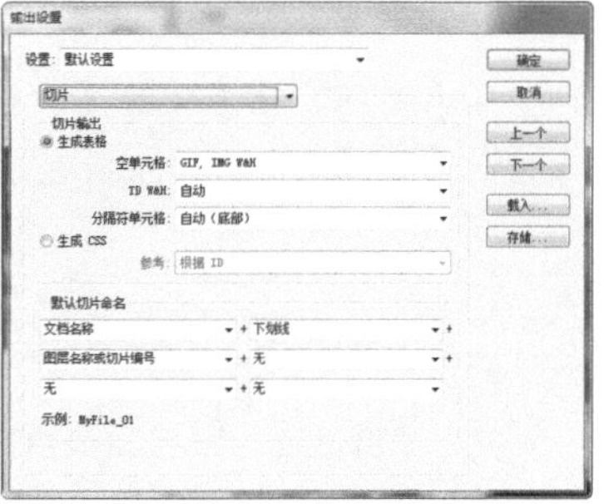
▲ 图 12-23

12.2 打印

当完成图像的编辑与制作，或者完成其他设计作品的制作之后，为了方便查看作品的最终效果，或者查看作品中是否有误，可以直接在Photoshop中完成最终结果的打印与输出。当然，用户需要将打印机与计算机连接，并安装打印机驱动程序，使打印机能够正常运行。

12.2.1 设置页面

为了精确地在打印机上输出图像，除了要确认打印机正常工作以外，用户还要根据需要在Photoshop CS6中进行相应的页面设置。

选择“文件>打印”命令，在弹出的“Photoshop打印设置”对话框中单击“打印设置”按钮，弹出“打印机属性”对话框，选择“页设置”选项卡，如图12-24所示，在此对话框中可以设置页尺寸、打印方向和打印质量等选项。

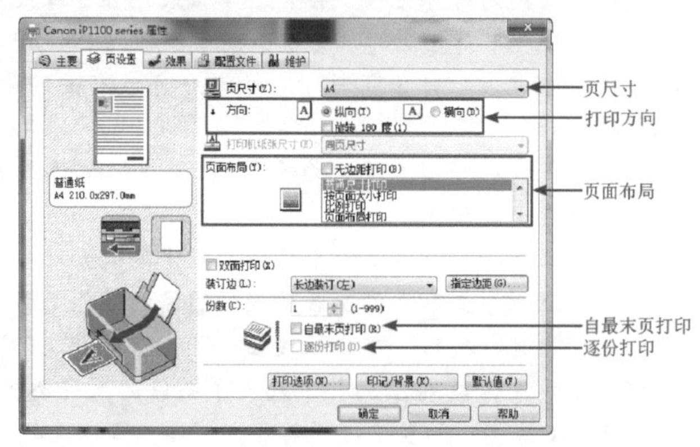

▲ 图 12-24

疑难解答：设置页面

页尺寸：页尺寸的下拉列表框中提供了许多默认的纸张大小，用户可以根据需要选择一种对应的纸张类型。

方向：用来选择纸张打印方向，选中“纵向”单选按钮，打印纸张以纵向打印；选中“横向”单选按钮，打印纸张则以横向打印。

页面布局：用来设置打印时的纸张布局。选中“无边距打印”复选框，打印时纸张将不留空白。此选项适用于照片和海报打印等。

自最末页打印：选中该复选框后，打印时会从最后一页开始输出图像。

逐份打印：该选项是默认选项，打印时会逐份打印输出图像。

小技巧：单击该对话框中的“打印机”按钮，在弹出的对话框中可以设定打印的属性。由于不同的打印机所显示的对话框不同，就不再详细介绍。

12.2.2 设置打印选项

完成“页设置”以后，用户还可以根据需要对打印的内容进行设置，如是否打印出裁切线、图像标题、套准标记等内容。

选择“文件>打印”命令，或按快捷键Ctrl+P，弹出“Photoshop打印设置”对话框，如图12-25

所示。在此对话框中可以预览打印作业，并可以对打印机、打印份数、输出选项和色彩管理等选项进行相应的设置。

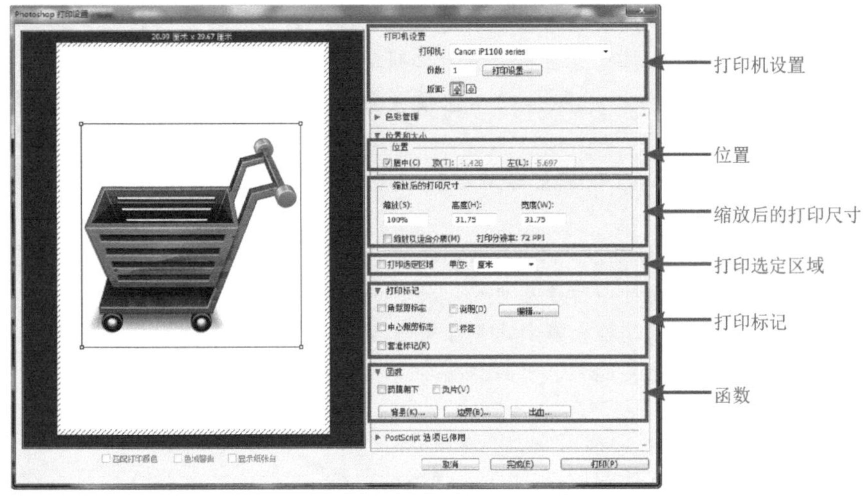

▲ 图 12-25

疑难解答：设置打印设置

打印机设置：用来对打印机进行基本设置。

- 打印机：在该下拉列表框中选择打印机。
- 位置：用来设置图像在打印纸张中的位置。
- 缩放后的打印尺寸：用来设置图像缩放打印尺寸。
- 打印选定区域：选中该复选框，在预览框中的图像将显示定界框，调整定界框可控制打印范围。可在“单位”下拉列表中选择打印单位。
- 打印标记：可在图像周围添加各种打印标记。只有当纸张大小比打印图像尺寸大时，才可以打印出对齐标志、裁切标志和标签等内容。
- 函数：用来控制打印图像外观的其他选项。
- 颜色处理：确定是否使用色彩管理。若使用，需要确定将其用在应用程序中还是打印设备中。

12.2.3 打印

打印是将图像发送到图像输出设备的过程。选择“文件>打印”命令，在弹出的“Photoshop打印设置”对话框中单击“打印设置”按钮，弹出“打印机属性”对话框，如图12-26所示。在该对话框中，“主要”选项卡有多种选项内容，在此可以对相应的选项进行设置。

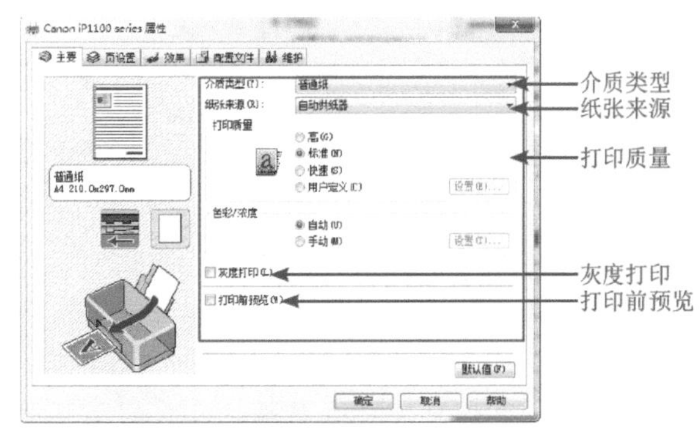

▲ 图 12-26

疑难解答："主要"选项卡

- 介质类型：在该下拉列表中有多种纸张类型，可根据需要选择相应的纸张类型。
- 纸张来源：在该下拉列表中选择一种进纸方式，一般为"自动供纸器"。
- 打印质量：有多种选择，可自行选择打印时的图像质量。
- 高：选中该单选按钮，打印出的图像质量最好，但是在打印的过程中打印速度最慢，而且用墨量最大。
- 标准：该选项为默认打印质量选项，打印出的图像一般，但是在打印的过程中速度最快，用墨量最少。
- 快速：选中该单选按钮，打印出的图像质量会比在"高"选项下的稍差，比"标准"选项下的稍好，所以在打印时速度也会稍慢，而且用墨量也会稍多。
- 灰度打印：选中该复选框，在打印时会输出非彩色图像。
- 打印前预览：选中该复选框，可以预览打印前的图像效果。

完成"Photoshop打印设置"对话框中的设置后，在该对话框中单击"打印"按钮，如图12-27所示，弹出提示对话框，如图12-28所示，单击"取消"按钮即可停止打印。

稍等片刻，Photoshop进入打印状态，如图12-29所示。在对话框中可以查看打印的进度和打印的图像多少。如果在打印过程中出现缺纸现象，会弹出如图12-30所示的对话框，按照对话框中的提示进行操作即可继续打印。

▲ 图 12-28

▲ 图 12-29

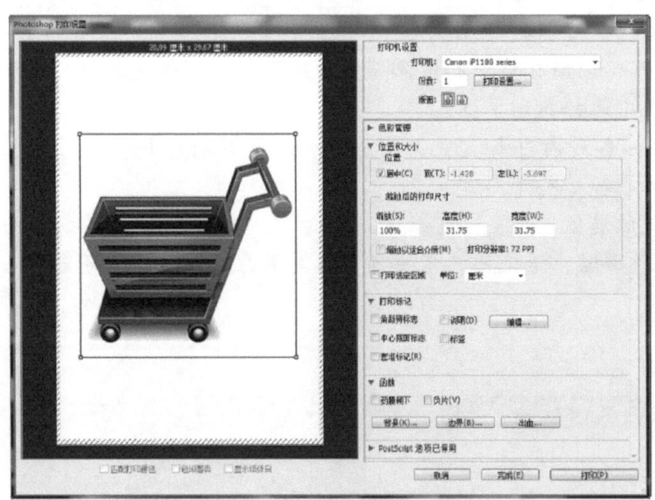

▲ 图 12-27

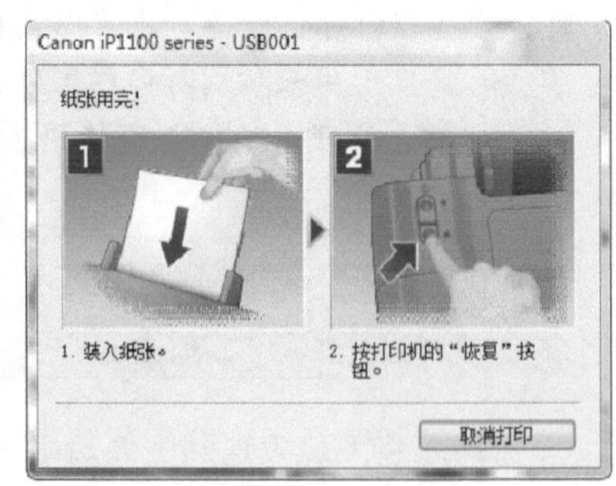

▲ 图 12-30

12.3 输出

输出图像一般有3种方式，即印刷输出、网络输出和多媒体输出。在输出图像时注意4个问题，即图像分辨率、图像文件尺寸、图像格式和色彩模式。本节将详细介绍在不同形式下输出图像时对图像的基本要求。

12.3.1 印刷输出

在印刷输出一些设计作品时，需要较高的专业需求，即要保证文件的尺寸、颜色模式和分辨率等符合印刷的标准。一般来说，在印刷输出图像前要注意以下几个问题：

（1）分辨率。分辨率对保证输出文件的质量是非常重要的。但是要注意图像分辨率越大，图像文件则越大，所需要的内存和磁盘空间也就越多，所以工作速度也越慢。下面将列出一些标准输出格式的分辨率。

- 封面：一般封面的分辨率至少为300DPI（像素/英寸）。
- 报纸：采用的扫描分辨率为125DPI~170DPI。针对印刷品图像，设置分辨率为网线（LPI）的1.5~2倍，报纸印刷用85LPI。
- 网页：分辨率一般为72DPI。
- 杂志/宣传品：采用的扫描分辨率为300DPI，因为杂志印刷用133LPI或150LPI。
- 高品质书籍：采用的扫描分辨率为350DPI~400DPI，因为大多数印刷精美的书籍印刷时用175LPI~190LPI。
- 宽幅面打印采用的扫描分辨率为75DPI~150DPI，对于大的海报来说，低分辨率可接受，尺寸主要取决于观看的距离。

（2）文件尺寸。印刷前的作品尺寸和印刷后作品的实际尺寸是不一样的。因为印刷后的作品在四边都会被裁去大约3mm左右的宽度，这个宽度就是所谓的“出血”。

（3）颜色模式。印刷输出一般都有以下过程：制作好的图像需要将它出成胶片，然后用胶片印刷出产品。为了能够使印刷的作品有一个好的效果，在出胶片之前需要先设定图像格式和颜色模式。CMYK模式是针对印刷而设计的模式，所以不管是什么模式的图像，都需要先转换成CMYK模式。

12.3.2 网络输出

网络输出相对于打印输出来说，主要受带宽和网速的影响，一般来说要求不是很高。

- “分辨率”：采用屏幕分辨率即可（一般为72像素/英寸）。
- “图像格式”：主要采用GIF、JPEG和PNG格式。目前使用最多的是JPEG格式，GIF格式文件最小，PNG格式稍大一些，而JPEG格式文件的大小介于两者之间。
- “颜色模式”：一般建议图像模式为RGB，由于网络图像是在屏幕上显示的，本质上没有太大要求。
- “颜色数目”：选择一种网络图像格式后，可以根据需要对图像的颜色数目进行限制。

如果想要进行网络输出，只需选择“文件>存储为Web所用格式”命令，弹出“存储为Web所用格式”对话框。在该对话框中可以根据需要对图像进行相应的优化设置，设置完成后，单击“完成”按钮，即可完成网络输出。

12.3.3 多媒体输出

多媒体输出主要通过光盘或移动硬盘、U盘等形式进行传播，用户可以根据图像的用途做出不同的决定。如果用于多媒体软件制作，还应该根据多媒体软件的特殊要求进行设置，例如：Authorware一般需要使用Photoshop制作漂亮的界面，因此最好采用高分辨率。

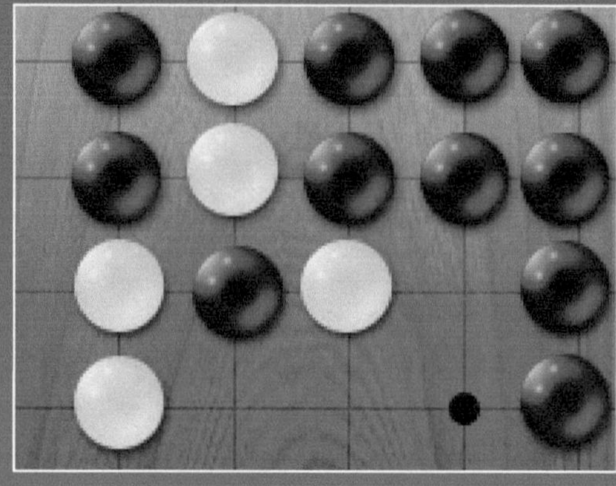

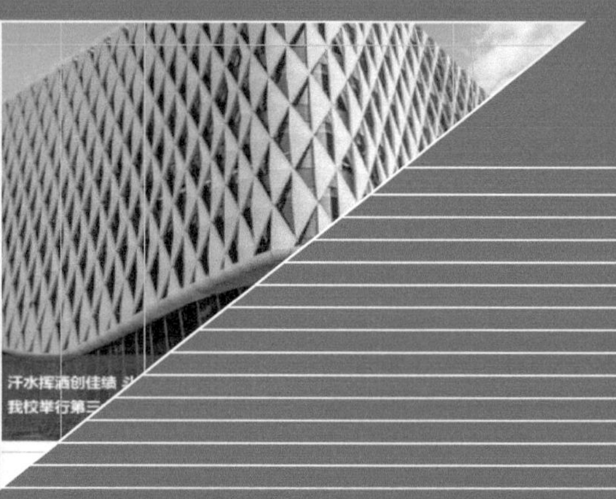

第13章 Photoshop 综合应用

通过前面 12 章内容的学习，相信读者已经对 Photoshop CS6 有了初步了解，并且可以熟练掌握大部分工具的使用方法。本章将通过几个比较复杂的综合案例，帮助用户巩固前面学习过的知识。

13.1 网页设计

网页设计（web design，又称为Web UI design）是根据企业希望向浏览者传递的信息（包括产品、服务、理念、文化），进行网站功能策划，然后进行的页面设计美化工作。作为企业对外宣传物料其中的一种，精美的网页设计对于提升企业的互联网品牌形象至关重要。

13.1.1 校园官网首屏设计

网页设计的最终目标，是通过使用更合理的颜色、字体、图片、样式进行页面设计美化，在功能限定的情况下，尽可能给予用户完美的视觉体验。高级的网页设计甚至会考虑通过声光、交互等来实现更好的视听感受。

案例分析

本案例设计的是网站首页，主题明确，结构清晰，色彩应用既显庄重，又富有时代气息，与整体画风融合一致，感观舒适，以钟秀灵敏的整体风格体现内涵深远的特质。

源文件地址	光盘\源文件\第13章\13-1-1.psd
视频地址	光盘\视频\第13章\13-1-1. mp4
设计详情	整体页面中的信息和宣传理念都以最佳的视觉表达方式传递给受众群体，文字与菜单的设计细致、精炼且与整体构图协调一致，在感观上给人一定的视觉冲击力，因此能够有效地吸引浏览者的目光
网站完成效果图	

色彩分析

本案例用具有神圣和智慧的紫色作为主色，与学校教书育人的神圣形象和充满智慧的形象不谋而合。网页辅色采用了中性色黑色和同色系的紫色，既突出了主色，又不会因颜色过多使网页显得杂乱无章。

颜色信息	色块	颜色RGB值
主色		RGB（136、103、152）
辅色		RGB（34、34、34）
		RGB（92、17、127）

制作步骤

STEP 01 选择“文件>新建”命令，弹出“新建”对话框，新建一个空白文档，如图13-1所示。按快捷键Ctrl+R，调出标尺，将单位设置为“像素”，选择“视图>新建参考线”命令，依次建立参考线，如图13-2所示。

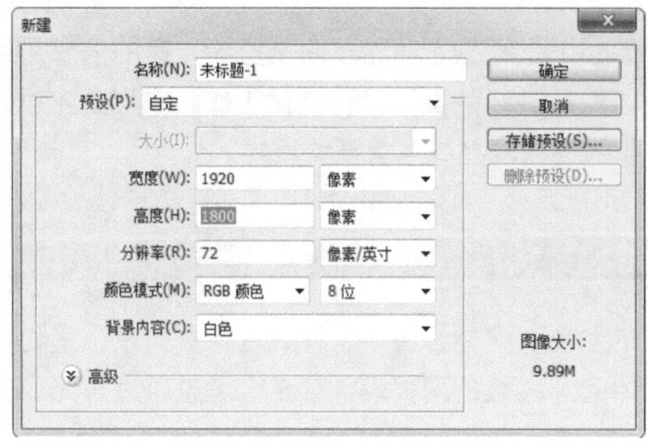

▲ 图 13–1

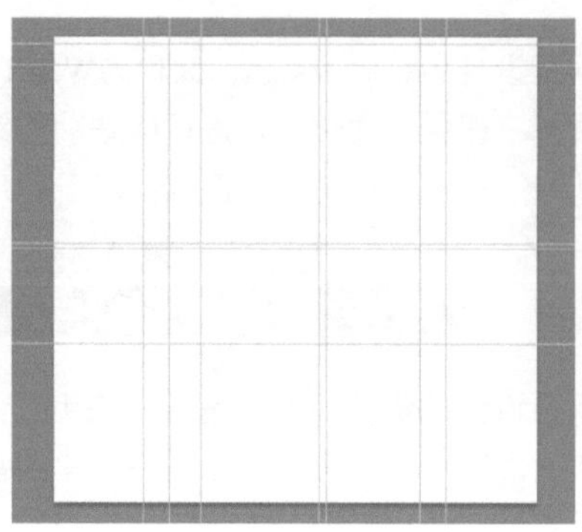

▲ 图 13–2

STEP 02 新建名称为“注册栏”的图层组，选择“矩形工具”，并在选项栏上设置“填充”为RGB（52、52、52），在画布中绘制矩形，如图13-3所示。

STEP 03 打开并拖入素材图像“user.psd”，将其调整到合适的位置。选择“横排文字工具”，在“字符”面板中设置相关选项，在画布中输入文字，效果如图13-4所示。

▲ 图 13–3

▲ 图 13–4

STEP 04 选择“矩形工具”，在选项栏上设置“填充”为RGB（0、0、0），在画布中绘制矩形，如图13-5所示。

STEP 05 新建名称为“首屏背景”的图层组，打开素材图像“外观效果图.psd”并拖入到设计文档中，将其调整到合适的大小和位置，为该图层创建剪贴蒙版，如图13-6所示。

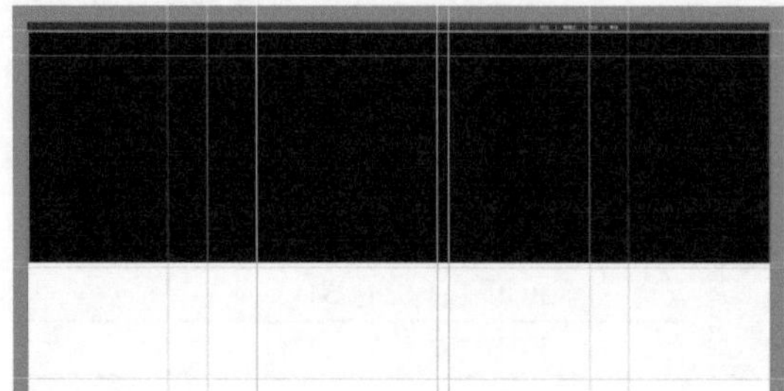

▲ 图 13–5

▲ 图 13–6

STEP 06 新建名称为“导航栏”的图层组，选择“矩形工具”，在选项栏上设置“填充”为RGB（112、70、133），设置其“不透明度”为80%，在画布中绘制矩形。

STEP 07 为该图层添加“投影”图层样式，参数设置如图13-7所示。选择“矩形工具”，在选项栏上设置“填充”为RGB（255、255、255），在画布中绘制矩形，如图13-8所示。

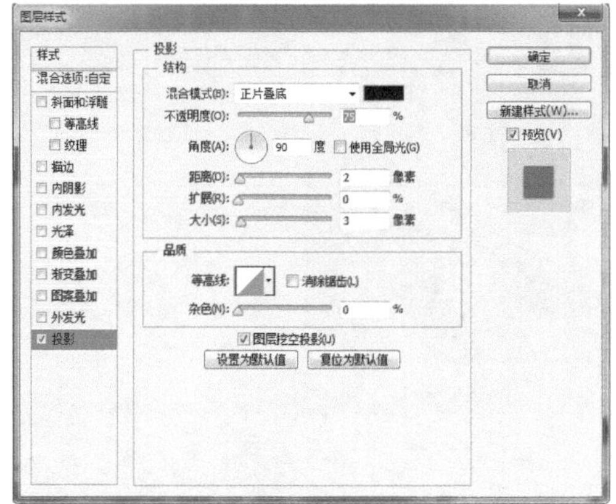

▲ 图 13-7

▲ 图 13-8

STEP 08 打开并拖入素材图像“logo.psd”，将其调整到合适的位置，如图13-9所示。选择“横排文字工具”，在“字符”面板中设置相关选项，在画布中输入文字，如图13-10所示。

▲ 图 13-9

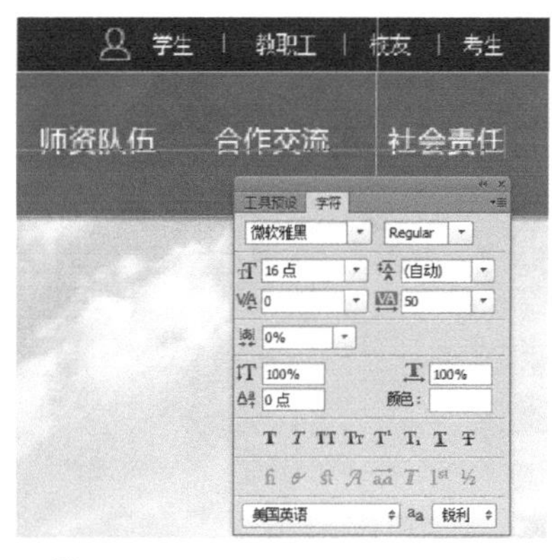

▲ 图 13-10

STEP 09 选择“矩形工具”，在选项栏上设置“填充”为RGB（92、17、127），在画布中绘制矩形，并将矩形图层移动到文字图层下方，效果如图13-11所示。使用相同的制作方法，完成其他相似部分的制作，如图13-12所示。

▲ 图 13-11

▲ 图 13-12

STEP 10 新建名称为“新闻滚动”的图层组，使用“矩形工具”在画布中绘制“填充”为RGB（112、70、133）的矩形，设置其“不透明度”为60%，如图13-13所示。选择“横排文字工具”，在“字符”面板中设置相关选项，在画布中输入文字，如图13-14所示。

▲ 图 13–13

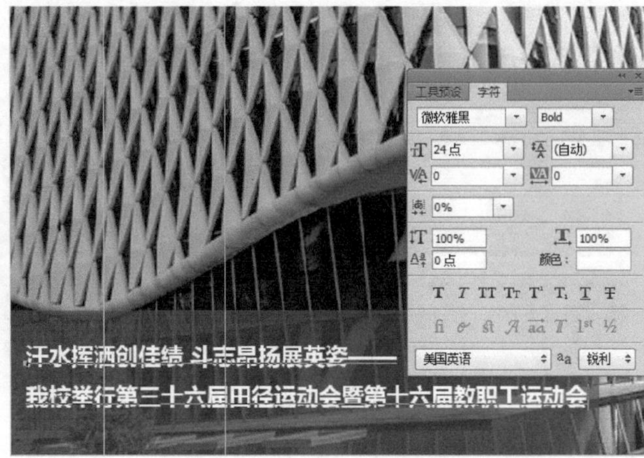

▲ 图 13–14

STEP 11 选择“矩形工具”，在选项栏上设置“填充”为RGB（255、255、255），在画布中绘制矩形，设置其“不透明度”为70%。然后使用相同的制作方法，完成其他相似部分的制作，如图13-15所示。

STEP 12 新建名称为“快捷导航”的图层组，选择“矩形工具”，在选项栏上设置“填充”为RGB（0、0、0），在画布中绘制矩形，设置其“不透明度”为60%，效果如图13-16所示。

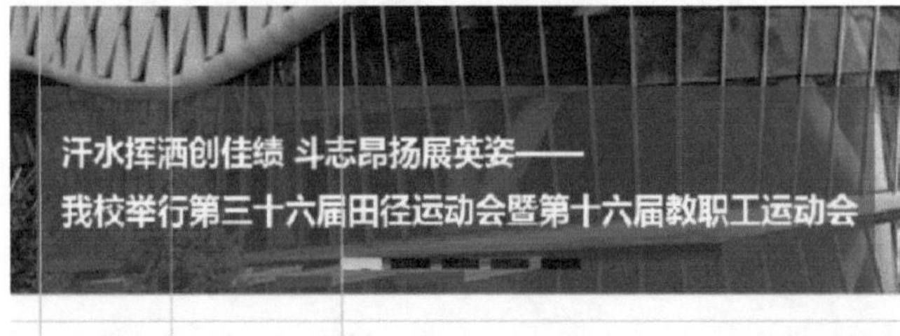

▲ 图 13–15

▲ 图 13–16

STEP 13 选择“直线工具”，在选项栏上设置“填充”为RGB（255、255、255），设置“粗细”为1像素，在画布中绘制直线，设置其“不透明度”为30%。然后使用相同的制作方法，完成其他相似部分的制作，如图13-17所示。

STEP 14 选择“矩形工具”，在选项栏上设置“填充”为RGB（112、70、133），在画布中绘制矩形，如图13-18所示。

STEP 15 打开并拖入素材图像“邮箱.psd”，将其调整到合适的位置，选择“横排文字工具”，在“字符”面板中设置相关选项，在画布中输入文字，如图13-19所示。然后使用相同的制作方法，完成其他相似部分的制作，如图13-20所示。

▲ 图 13-17

▲ 图 13-18

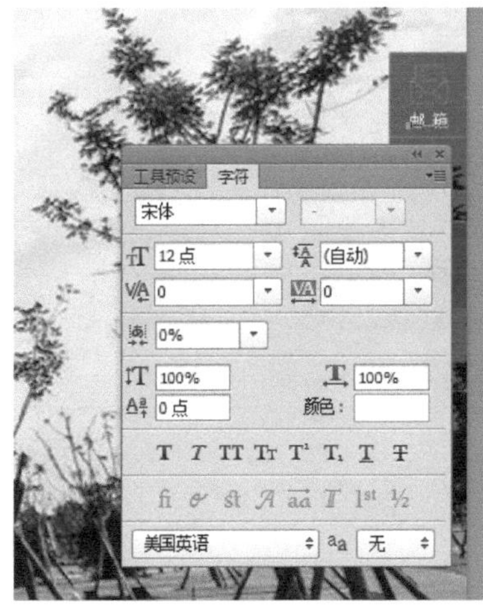

▲ 图 13-19

▲ 图 13-20

STEP 16 完成网站首屏的设计制作，效果如图13-21所示。

▲ 图 13-21

13.1.2 校园网站完整设计

网页设计是一个不断更新换代、推陈出新的行业，它要求设计师们必须随时把握最新的设计趋势，从而确保自己不被这个行业所淘汰。近些年，网页设计主要流行响应式设计、扁平化设计、无限滚动、单页、固定标头、大胆的颜色、更少的按钮和更大的网页宽度。

案例分析

本案例接上一个案例，设计制作学校官网的详情页。详情页采用了上下结构的页面布局方式，上面的部分页面内容紧凑，同时因为留白使页面显得大方整洁，下面的部分被颜色再次划分为两部分，给用户一种新颖的感觉。

源文件地址	光盘\源文件\第13章\13-1-2.psd
视频地址	光盘\视频\第13章\13-1-2. mp4
设计详情	在设计网站页面时，除了需要有明确的主题和适合的色彩搭配外，网页布局也是非常主要的，优秀的布局可以让浏览者更快地捕捉到网页的中心内容
网站完成效果图	

色彩分析

详情页中的上半部分被划分为4个小模块，每个小模块中都会有主色紫色的体现，色彩应用不多却很好地点明了主色的作用。下半部分主色和辅色相结合，给用户一种新颖的布局方式和表现形式。

颜色信息	色块	颜色RGB值
主色		RGB（136、103、152）
辅色		RGB（34、34、34）
		RGB（92、17、127）

制作步骤

STEP 01 选择“矩形工具”，在选项栏上设置“填充”为RGB（240、240、240），在画布中绘制矩形，如图13-22所示。打开并拖入素材图像“线框大厦.psd”，将其调整到合适的位置，如图13-23所示。

▲ 图 13–22

▲ 图 13–23

STEP 02 新建图层，使用“矩形选框工具”在画布中绘制矩形选区，选择“渐变工具”，打开“渐变编辑器”对话框，设置渐变颜色，在画布中拖动鼠标填充线性渐变，如图13-24所示。

STEP 03 为图层创建剪贴蒙版，恢复默认的填充颜色，使用“钢笔工具”和“画笔工具”对蒙版显示区域进行修改，如图13-25所示。

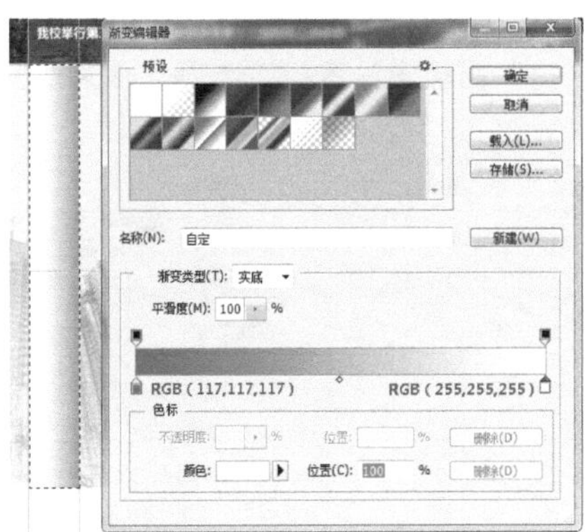

▲ 图 13–24

▲ 图 13–25

STEP 04 新建名称为“建大新闻”的图层组，使用相同的制作方法，完成相似部分的制作，如图13-26所示。选择“矩形工具”，在选项栏上设置“填充”为RGB（249、249、249），在画布中绘制矩形，如图13-27所示。

▲ 图 13–26

▲ 图 13–27

提示：网页设计主要以Adobe产品为主，常见的工具包括Fireworks、Photoshop、Flash、Dreamweaver、CorelDRAW、Illustrator等，其中Dreamweaver是代码工具，其他是图形图像和GIF动画工具。还有最近几年Adobe新出的EdgeReflow、EdgeCode、Muse。

STEP 05 使用相同的制作方法，完成其他部分的制作，如图13-28所示。选择“横排文字工具”，在“字符”面板中设置相关选项，在画布中输入文字，如图13-29所示。

▲ 图 13-28

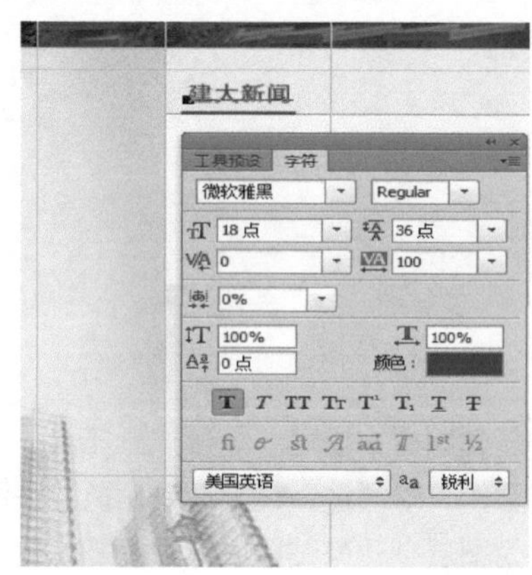

▲ 图 13-29

STEP 06 选择“矩形工具”，在选项栏上设置“填充”为RGB（112、70、133），在画布中绘制矩形，如图13-30所示。选择“横排文字工具”，在“字符”面板中设置相关选项，如图13-31所示，在画布中输入文字。

▲ 图 13-30

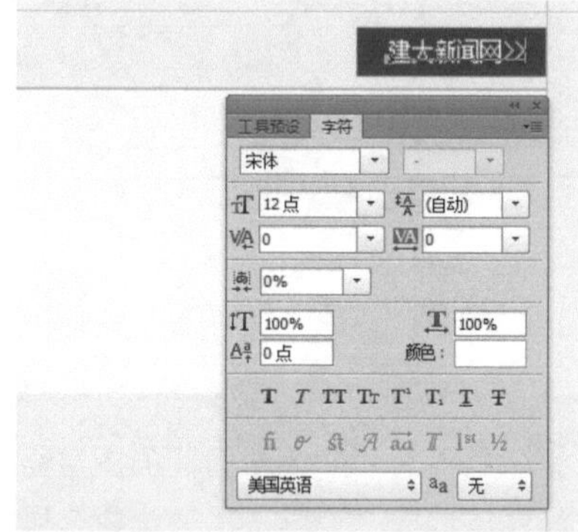

▲ 图 13-31

STEP 07 选择“矩形工具”，在选项栏上设置“填充”为RGB（105、0、0），在画布中绘制矩形，如图13-32所示。打开素材图像“新闻.psd”并拖入到设计文档中，将其调整到合适的大小和位置，为该图层创建剪贴蒙版，如图13-33所示。

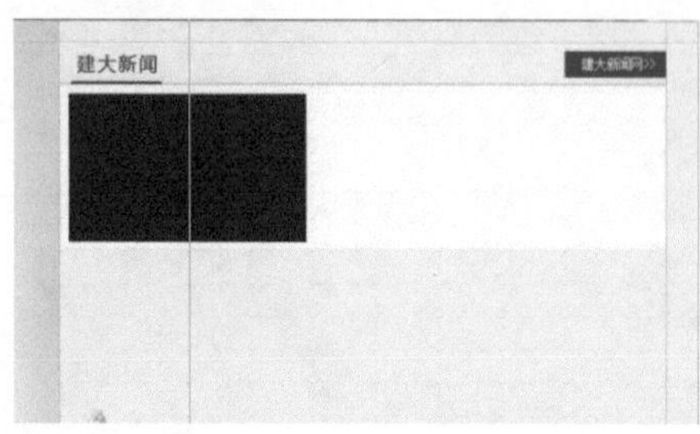

▲ 图 13-32

▲ 图 13-33

STEP 08 选择“横排文字工具”，在画布中拖动鼠标绘制文本框，在文本框中输入文字。打开“字符”面板设置各项参数，如图13-34所示。然后使用相同的制作方法，完成其他文字的输入，效果如图13-35所示。

▲ 图 13-34

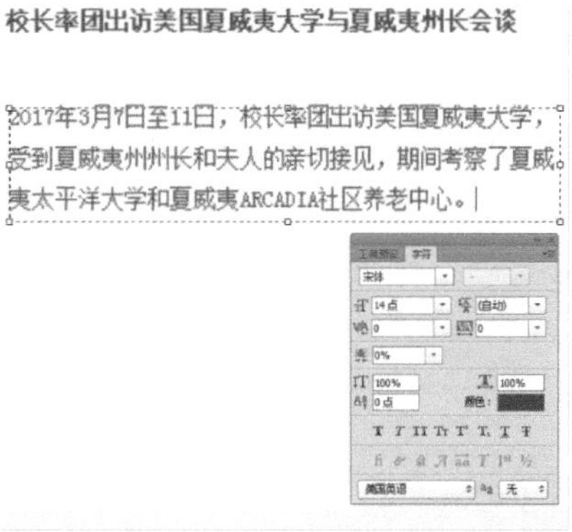

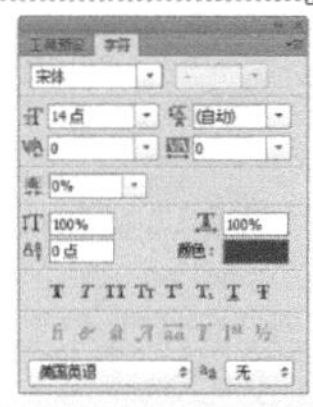

▲ 图 13-35

提示：网站伴随着网络的快速发展而快速兴起，作为上网的主要依托，由于人们频繁使用网络而使网站变得非常重要。由于企业需要通过网站呈现产品、服务、理念、文化，或向大众提供某种功能服务。网页设计必须首先明确设计站点的目的和用户的需求，从而做出切实可行的设计方案。

STEP 09 选择“矩形工具”，在选项栏上设置“填充”为RGB（112、70、133），在画布中绘制矩形，如图13-36所示。然后使用相同的制作方法，完成其他相似部分的制作，如图13-37所示。

▲ 图 13-36

▲ 图 13-37

STEP 10 选择“横排文字工具”，在画布中拖动鼠标绘制文本框，在文本框中输入文字，打开“字符”面板设置各项参数，如图13-38所示。然后使用相同的制作方法，完成其他文字的输入，效果如图13-39所示。

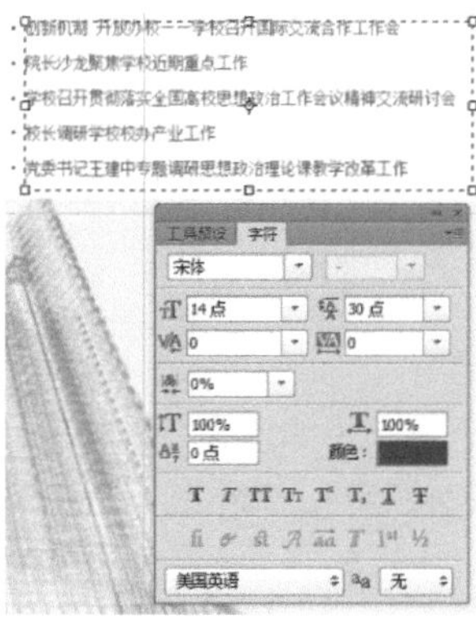

▲ 图 13-38

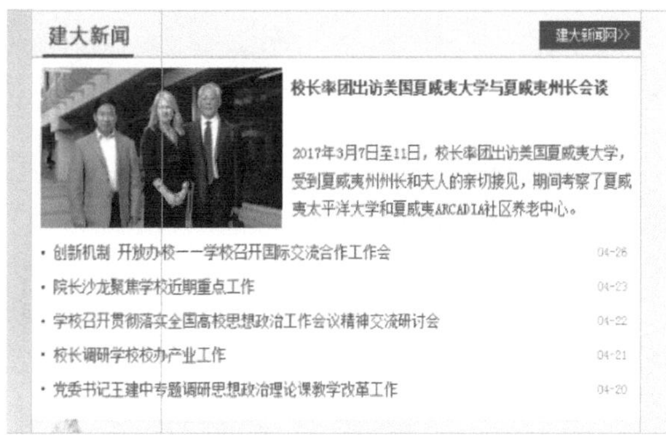

▲ 图 13-39

STEP 11 新建名称为“建大360”的图层组，使用相同的制作方法，完成标题文字的制作，如图13-40所示。选择“矩形工具”，在选项栏上设置“填充”为RGB（255、255、255），在画布中绘制矩形，其次绘制“填充”为RGB（86、86、86）的矩形，如图13-41所示。

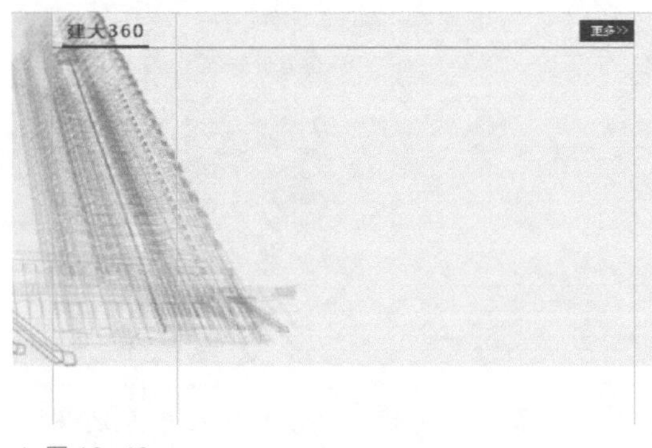

▲ 图 13-40

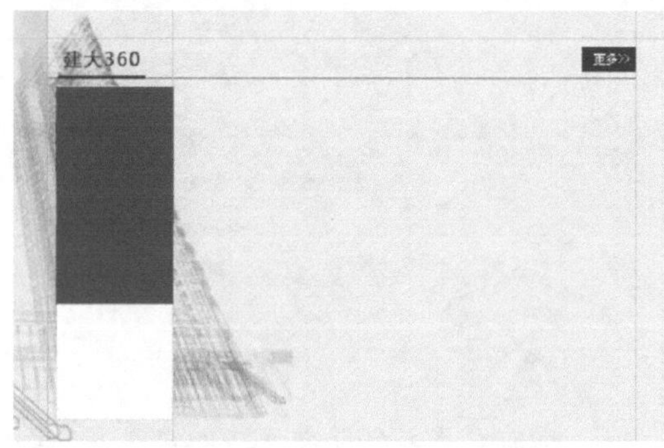

▲ 图 13-41

相关链接：设计目标

- 业务逻辑清晰：能清楚地向浏览者传递信息，浏览者能方便地寻找到自己想要查看的东西。
- 用户体验良好：用户在视觉上、操作上都能感到很舒适。
- 页面设计精美：用户能得到美好的视觉体验，不会因为一些糟糕的细节而感到不适。
- 建站目标明晰：网页很好地实现了企业建站的目标，向用户传递了某种信息，或展示了产品、服务、理念、文化。

STEP 12 打开素材图像“天坛.psd”并拖入到设计文档中，将其调整到合适的大小和位置，为该图层创建剪贴蒙版，如图13-42所示。选择“横排文字工具”，在“字符”面板中设置相关选项，在画布中输入文字，如图13-43所示。

▲ 图 13-42

▲ 图 13-43

STEP 13 选择“横排文字工具”，在“字符”面板中设置相关选项，在画布中输入文字，如图13-44所示。选择“矩形工具”，在选项栏上设置“填充”为RGB（224、224、224），在画布中绘制矩形，如图13-45所示。

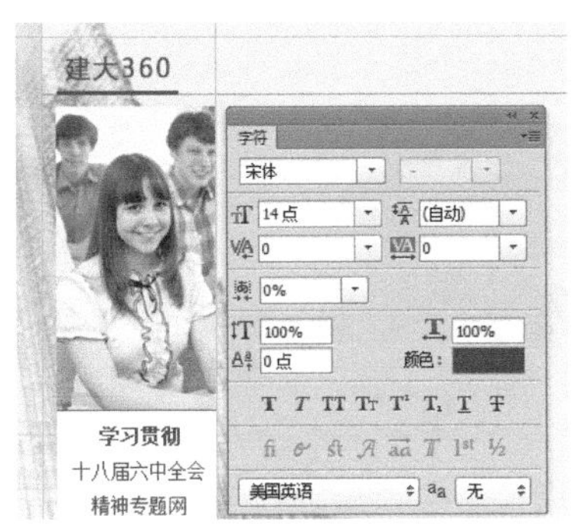

十八届六中全会
精神专题网

▲ 图 13-44　　▲ 图 13-45

STEP 14 在“矩形工具”的选项栏上设置“填充”为RGB（224、224、224），在画布中绘制W为2、H为8的矩形条，然后复制图层将其旋转90°，如图13-46所示。使用相同的制作方法，完成其他相似部分的制作，如图13-47所示。

十八届六中全会
精神专题网

▲ 图 13-46　　▲ 图 13-47

STEP 15 新建名称为“新闻滚动”的图层组，选择“矩形工具”，在选项栏上设置“填充”为RGB（255、255、255），在画布中绘制矩形，如图13-48所示。然后使用相同的制作方法，完成标题栏文字的制作，如图13-49所示。

▲ 图 13-48　　▲ 图 13-49

STEP 16 选择“矩形工具”，在选项栏上设置“填充”为RGB（105、0、0），在画布中绘制矩形，如图13-50所示。打开素材图像“媒体视角.psd”并拖入到设计文档中，将其调整到合适的大小和位置，为该图层创建剪贴蒙版，如图13-51所示。

▲ 图 13-50

▲ 图 13-51

STEP 17 选择“横排文字工具”，在“字符”面板中设置相关选项，并在画布中输入文字，如图13-52所示。选择“横排文字工具”，在画布中拖动鼠标绘制文本框，在文本框中输入文字。打开“字符”面板，设置各项参数，如图13-53所示。

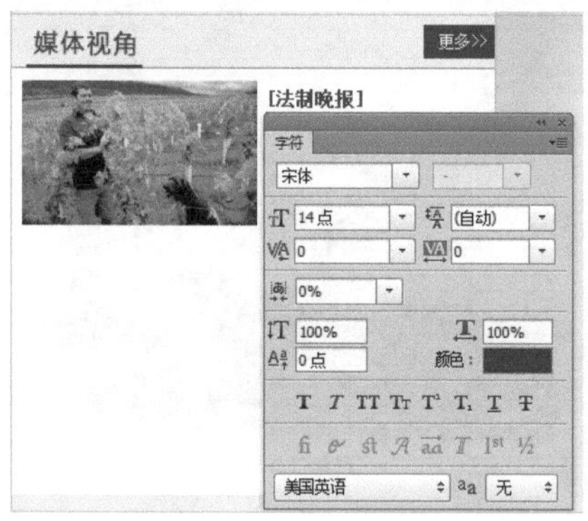

▲ 图 13-52

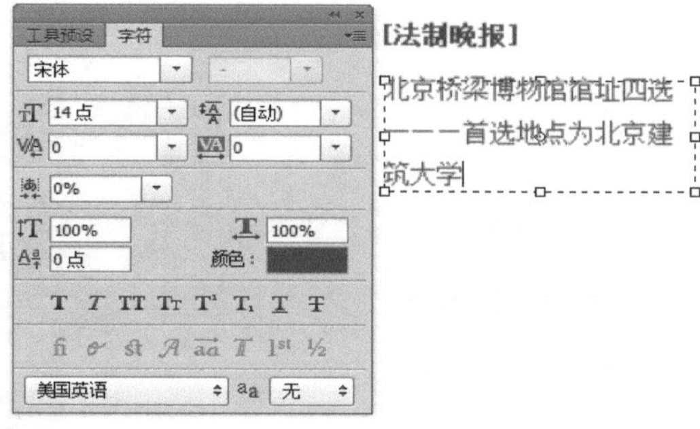

▲ 图 13-53

STEP 18 使用相同的制作方法，完成文字的输入，如图13-54所示。新建名称为“公告等”的图层组，选择“矩形工具”，在选项栏上设置“填充”为RGB（255、255、255），在画布中绘制矩形，如图13-55所示。

▲ 图 13-54

▲ 图 13-55

STEP 19 使用相同的制作方法，完成标题栏的制作，如图13-56所示。选择“矩形工具”，在选项栏上设置“填充”为RGB（112、70、133），设置其“不透明度”为30%，在画布中绘制矩形，如图13-57所示。

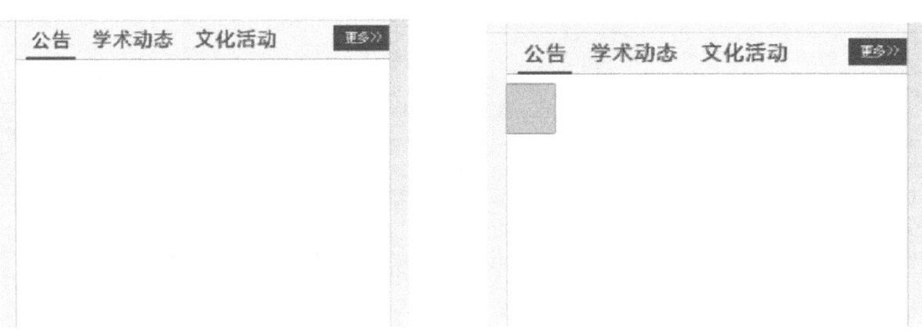

▲ 图 13-56　　▲ 图 13-57

STEP 20 选择“横排文字工具”，在“字符”面板中设置相关选项，在画布中输入文字，如图13-58所示。然后使用相同的制作方式，完成其他文字的输入，如图13-59所示。

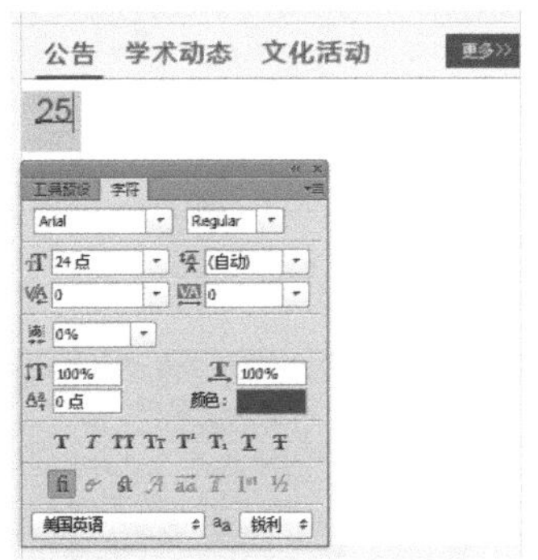

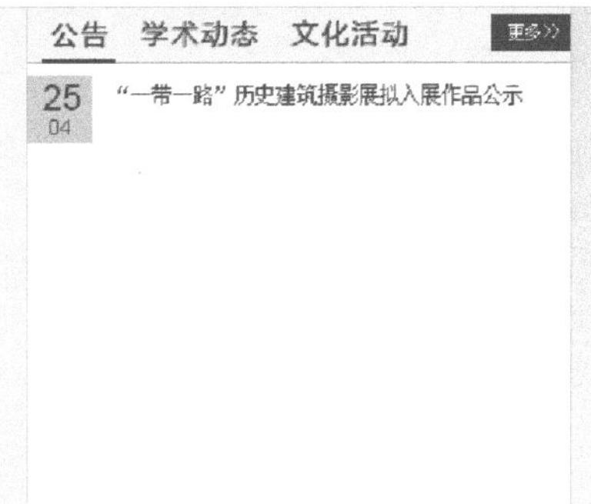

▲ 图 13-58　　▲ 图 13-59

STEP 21 使用相同的制作方式，完成其他文字的输入，如图13-60所示。新建“版底信息”图层组，选择“矩形工具”，在选项栏上设置“填充”为RGB（34、34、34），在画布中绘制矩形，如图13-61所示。

▲ 图 13-60　　▲ 图 13-61

> **提示：**色彩是艺术表现的要素之一。在网页设计中，设计师根据和谐、均衡和重点突出的原则，将不同的色彩进行组合搭配来构成美丽的页面。设计师根据色彩对用户心理的影响，合理地加以运用。如果企业有CIS（企业形象识别系统），应按照其中的VI进行色彩运用。

STEP 22 打开素材图像“立面效果图.psd”并拖入到设计文档中，将其调整到合适的大小和位置，为该图层创建剪贴蒙版，如图13-62所示。选择“矩形工具”，在选项栏上设置“填充”为RGB（112、70、133），设置“不透明度”为70%，在画布中绘制矩形，如图13-63所示。

▲ 图 13-62

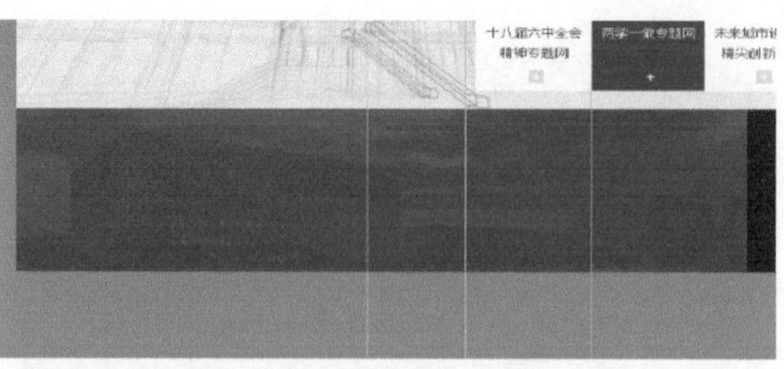

▲ 图 13-63

小技巧：Web站点应针对所服务对象（机构或人）的不同而具有不同的形式。有些站点只提供简洁的文本信息；有些则采用多媒体表现手法，提供精美的图像、闪烁的灯光、复杂的页面布置，甚至允许下载声音和录像片段。好的Web站点会把图形表现手法有效地和通信结合起来。

STEP 23 打开素材图像“立面效果图.psd”并拖入到设计文档中，将其调整到合适的大小和位置，为该图层创建剪贴蒙版，如图13-64所示。使用“横排文字工具”，在画布中拖动鼠标绘制文本框，在文本框中输入文字。打开“字符”面板，设置各项参数，如图13-65所示。

▲ 图 13-64

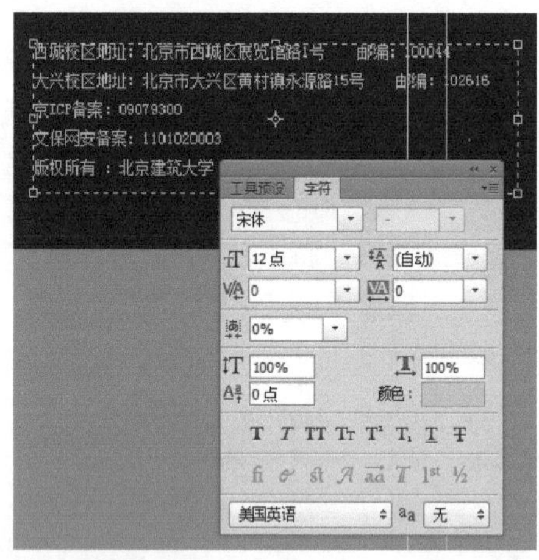

▲ 图 13-65

STEP 24 置入二维码，并输入其他文字，如图13-66所示。打开素材图像“事业单位.psd”并拖入到设计文档中，将其调整到合适的大小和位置，如图13-67所示。

▲ 图 13-66

▲ 图 13-67

STEP 25 完成网页的设计制作，最终效果如图13-68所示。

▲ 图 13-68

13.2 平面设计

设计是有目的的策划，平面设计是这些策划将要采取的形式之一，在平面设计中需要用视觉元素来传播设计者的设想和计划，用文字和图形把信息传达给受众，让用户通过这些视觉元素了解设计师想要传达的信息。

一个平面作品存在的底线，应该看它是否具有传播信息的能力，并且是否可以顺利地传递出背后的信息，事实上它更像人际关系学，依靠魅力来征服用户。平面设计者所担任的是多重角色，平面设计代表着客户的产品，客户需要你的感情去打动他人，平面设计是一种与特定目的有着密切联系的艺术。

13.2.1 商品包装设计

产品包装设计是指选用合适的包装材料，针对产品本身的特性及受众的喜好等相关因素，运用巧妙的工艺制作手段，为产品进行的容器结构造型和包装的美化装饰设计。

案例分析

本案例设计制作一个巧克力产品的包装，根据产品本身的特点选择了以突出巧克力细节与质感的图片为主，再加上产品的基本信息，构成了设计作品的基础，使其整齐协调统一、布局舒适。

源文件地址	光盘\源文件\第13章\13-2-1.psd
视频地址	光盘\视频\第13章\13-2-1. mp4
设计详情	产品包装用于包装产品与宣传产品，成功的包装设计可以为产品增添光彩。在制作时需要把握好制作的尺寸，注意统一版面的色彩、版式、布局与搭配的协调
包装完成效果图	

色彩分析

设计作品的主色为接近巧克力的棕色，使得用户在看到包装的第一时间就会被包装盒上的主色所吸引，从而联想到产品本身；设计作品的辅色为主色的邻近色黄色和红色，使得整个作品看起来非常和谐统一。

颜色信息	色块	颜色RGB值
主色		RGB（136、75、35）
辅色		RGB（249、225、175）
		RGB（138、39、43）

制作步骤

STEP 01 新建一个Photoshop空白文档，具体设置如图13-69所示。设置完成后，单击“确定”按钮，按快捷键Ctrl+R显示标尺，拖出相应的辅助线，如图13-70所示。

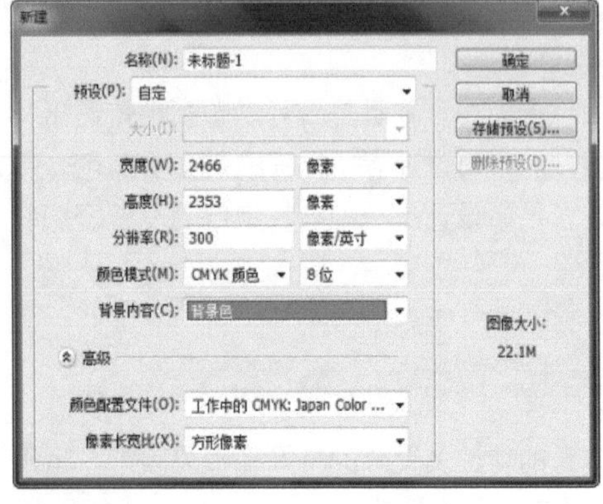

▲ 图 13-69

▲ 图 13-70

STEP 02 单击“图层”面板上的“创建新组”按钮，新建“组1”，再单击“创建新图层”按钮，在“组1”中新建“图层1”，如图13-71所示。单击工具箱中的“矩形选框工具”，在画布中绘制出一个矩形选区，如图13-72所示。

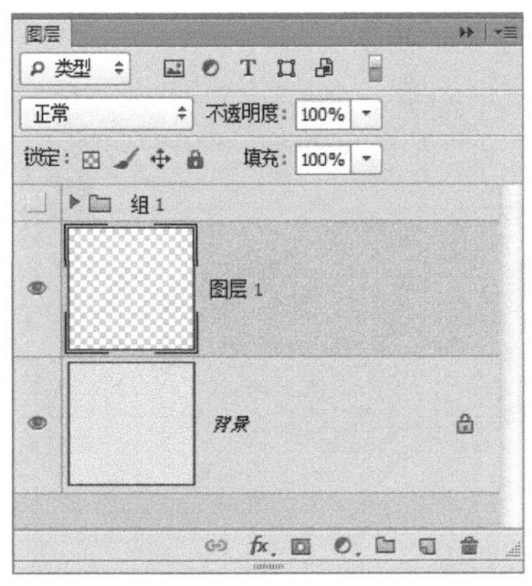

▲ 图 13–71

▲ 图 13–72

STEP 03 在工具箱中设置前景色为CMYK（49，78，100，16），为选区填充前景色，并按快捷键Ctrl+D取消选区，如图13-73所示。使用“矩形选框工具”在画布中绘制选区，如图13-74所示。

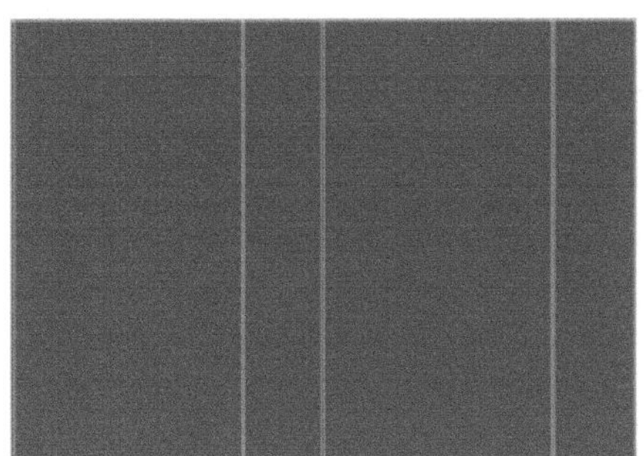
▲ 图 13–73

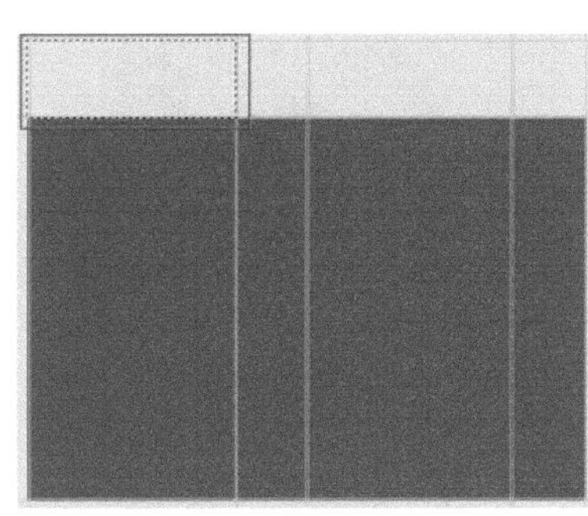
▲ 图 13–74

STEP 04 单击工具箱中的“渐变工具”，在选项栏中单击渐变预览条，弹出“渐变编辑器”对话框，从左向右分别设置渐变的色标颜色值为CMYK（58，91，100，45）、CMYK（48，75，100，13），如图13-75所示。单击“确定”按钮，在矩形选区中拖动鼠标填充渐变颜色，如图13-76所示。

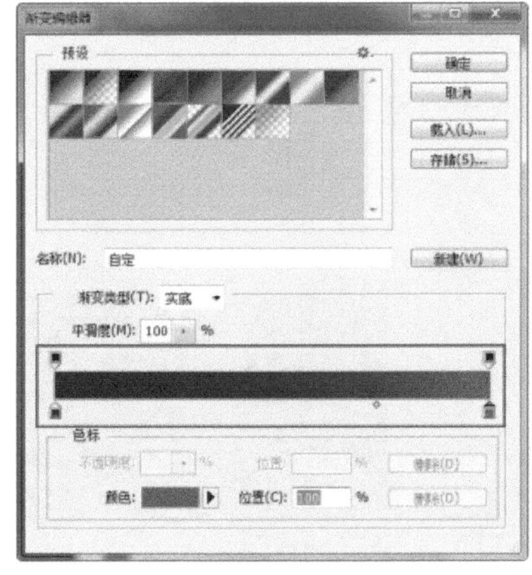

▲ 图 13–75

▲ 图 13–76

STEP 05 复制“图层2”得到“图层2副本”图层，将“图层2 副本”中的图形移动到相应位置，选择“编辑>变换>垂直翻转”菜单命令，将图形垂直翻转，如图13-77所示。新建“组2”，选择“文件>置入”命令，将图像置入到“组2”中，并栅格化素材图像，如图13-78所示。

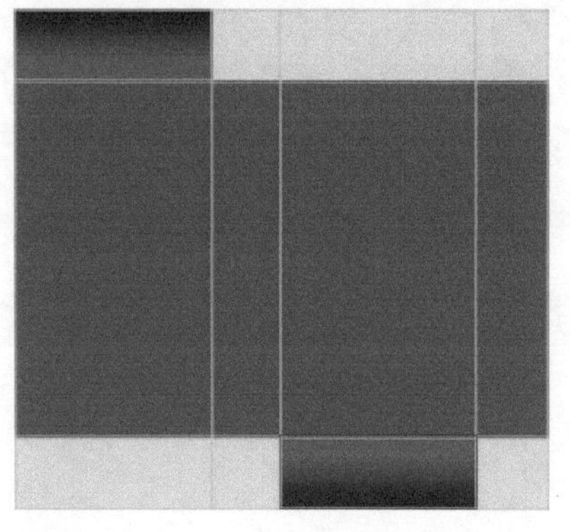
▲ 图 13-77

▲ 图 13-78

STEP 06 将图像“252202.tif”置入到画布中，并栅格化图像，如图13-79所示。单击工具箱中的“魔棒工具”，在选项栏中设置“容差”为10，在白色区域单击以创建选区。选择“选择>反向”菜单命令，反向选择选区，如图13-80所示。

▲ 图 13-79

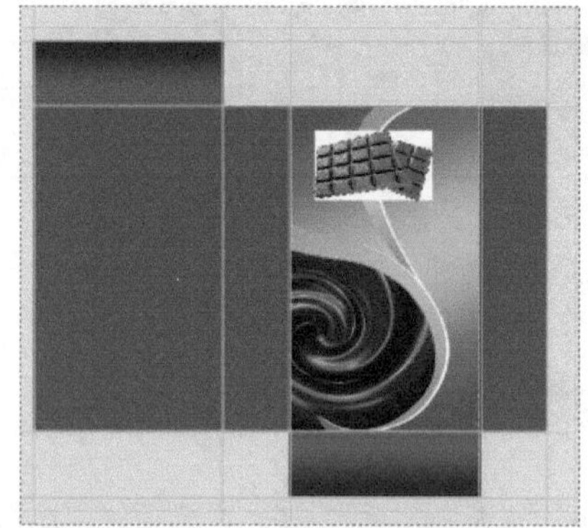
▲ 图 13-80

STEP 07 单击“图层”面板中的“添加图层蒙版”按钮，为图层添加图层蒙版，效果如图13-81所示，“图层”面板如图13-82所示。设置该图层的“混合模式”为“线性光”，效果如图13-83所示。

▲ 图 13-81

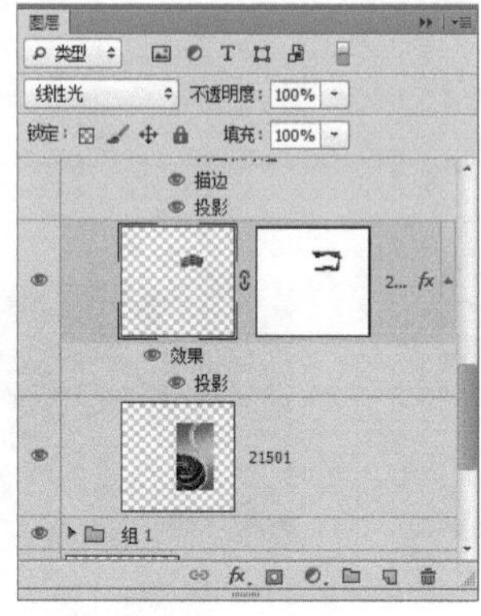

▲ 图 13-82

▲ 图 13-83

STEP 08 单击“图层”面板中的“添加图层样式”按钮fx.，在弹出的菜单中选择“投影”命令，弹出“图层样式”对话框，具体设置如图13-84所示，设置完成后，单击“确定”按钮，图像效果如图13-85所示。

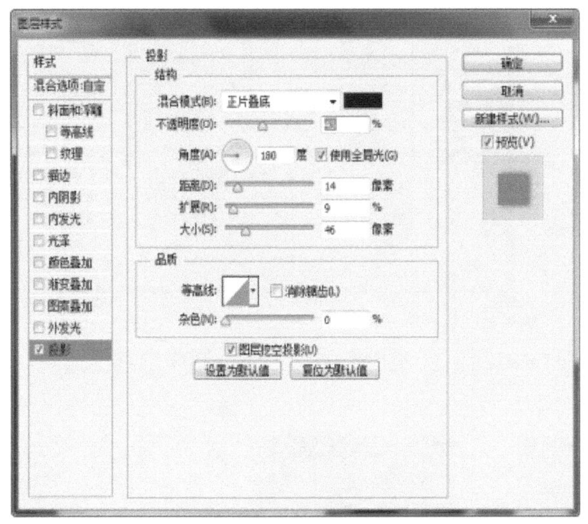

▲ 图 13-84

▲ 图 13-85

STEP 09 选择工具箱中的“横排文字工具”，单击选项栏中的“切换字符和段落面板”按钮，“字符”面板中设置相关参数，如图13-86所示。设置完成后，在画布中输入文字，如图13-87所示。选择“图层样式>描边”菜单命令，弹出“图层样式”对话框，参数设置如图13-88所示。

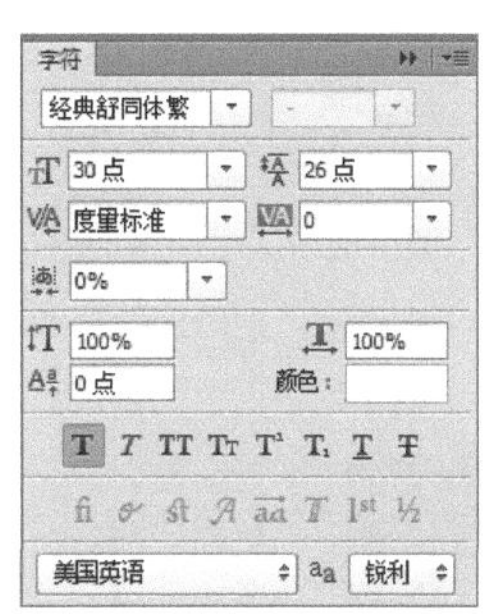

▲ 图 13-86

▲ 图 13-87

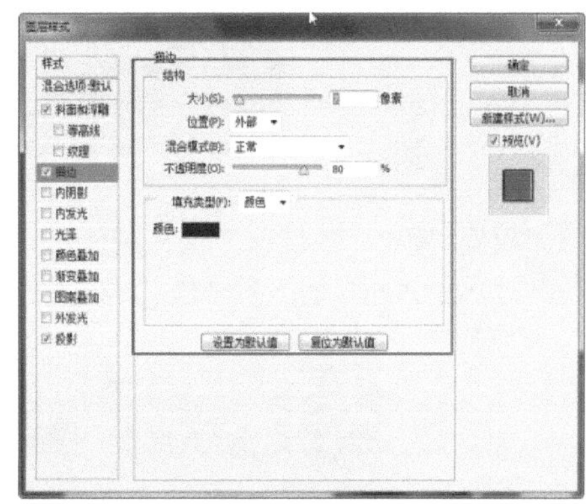

▲ 图 13-88

相关链接： 包装标签是指附着或系挂在产品销售包装上的文字、图形、雕刻及印制的说明。标签可以是附着在产品上的简易签条，也可以是精心设计的作为包装一部分的图案。产品包装设计标签可能仅标有品名，也可能载有许多信息，能用来识别、检验内装产品，同时也可以起到促销作用。

STEP 10 在“图层样式”对话框左侧选择“斜面与浮雕”选项，在右侧设置相关参数，如图13-89所示；再在“图层样式”对话框左侧选择“投影”选项，在右侧设置相关参数，如图13-90所示。

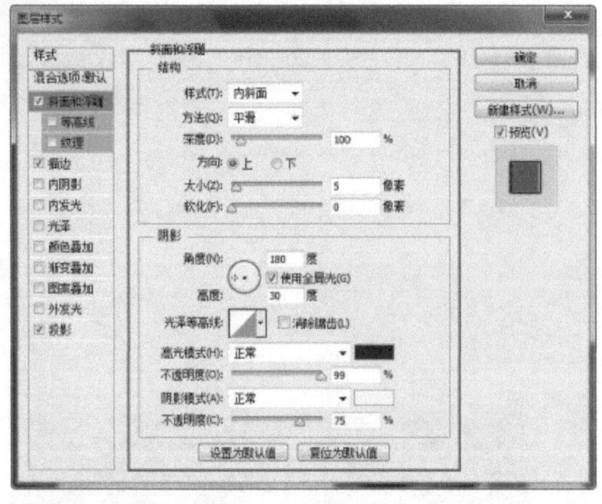
▲ 图 13-89

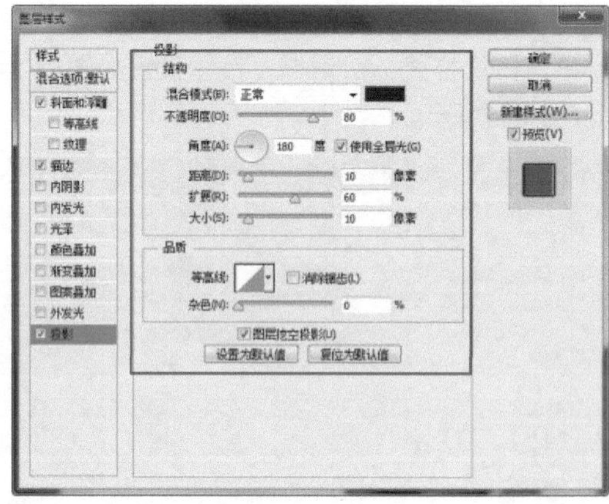
▲ 图 13-90

STEP 11 设置完成后，单击“确定”按钮，效果如图13-91所示。使用相同的方法，制作出其他文字，效果如图13-92所示。

▲ 图 13-91

▲ 图 13-92

STEP 12 根据“组2”的制作方法，制作出“组3”中的内容，如图13-93所示。新建“组4”，将图像“252205.tif”置入到“组4”中，效果如图13-94所示。

▲ 图 13-93

▲ 图 13-94

提示：平面设计是有计划、有步骤的渐进式不断完善的过程，设计结果成功与否在很大程度上取决于理念是否准确、考虑是否完善。设计之美永无止境，完善取决于态度。

STEP 13 设置图层的“混合模式”为“滤色”、“填充”为60%，效果如图13-95所示。使用相同的方法制作出“组4”中的其他内容，效果如图13-96所示。

▲ 图 13-95

▲ 图 13-96

STEP 14 使用相同的方法制作出“组5”中的内容，效果如图13-97所示。选中“组1”中的“图层2副本”图层，新建“图层3”，使用“矩形选框工具”在画布中绘制选区，如图13-98所示。

▲ 图 13-97

▲ 图 13-98

STEP 15 选择“编辑>描边”菜单命令，弹出“描边”对话框，参数设置如图13-99所示。设置完成后，单击“确定”按钮，按快捷键Ctrl+D取消选区，效果如图13-100所示。

描边
描边
宽度(W): 8 像素
颜色:
确定
取消
位置
内部(I) 居中(C) 居外(U)
混合
模式(M): 正常
不透明度(O): 100 %
保留透明区域(P)

▲ 图 13-99

▲ 图 13-100

提示：一个产品的包装直接影响顾客的购买欲，产品的包装是最直接的广告。好的包装设计是企业创造利润的重要手段之一。策略定位准确、符合消费者心理的产品包装设计，能帮助企业在众多竞争品牌中脱颖而出。包装设计涵盖产品容器设计、产品内外包装设计、吊牌、标签设计、运输包装，以及礼品包装设计、拎袋设计等是提升产品和畅销的重要因素。

STEP 16 在画布中输入文字，如图13-101所示。使用相同的方法，制作出“组1”中的其他内容，如图13-102所示。

▲ 图 13-101

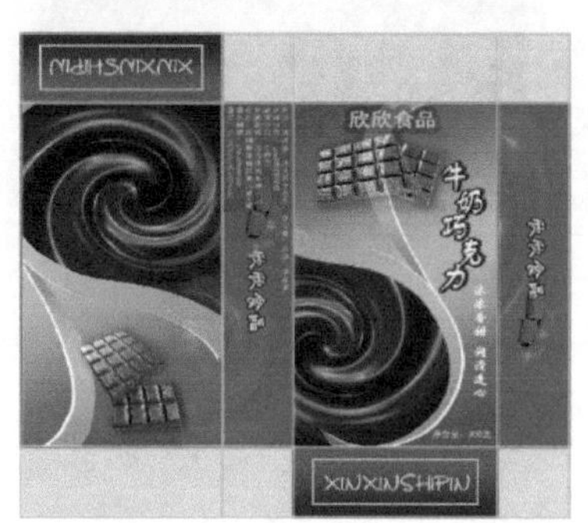

▲ 图 13-102

STEP 17 选择工具箱中的“钢笔工具”，根据辅助线的位置绘制路径，按快捷键Ctrl+Enter，将路径转换为选区，如图13-103所示。选择“选择>存储选区”菜单命令，弹出“存储选区”对话框，参数设置如图13-104所示。

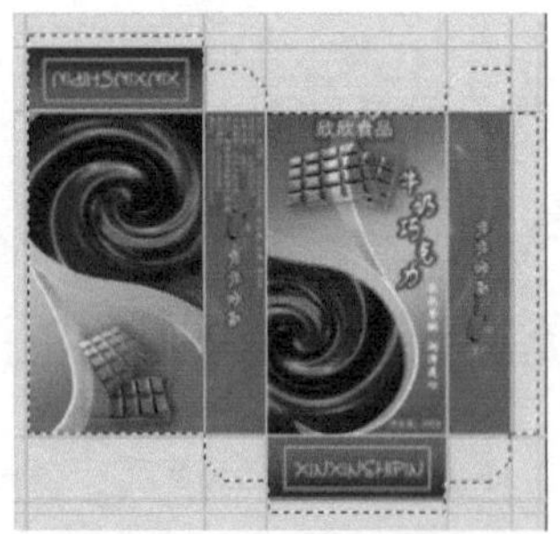

▲ 图 13-103

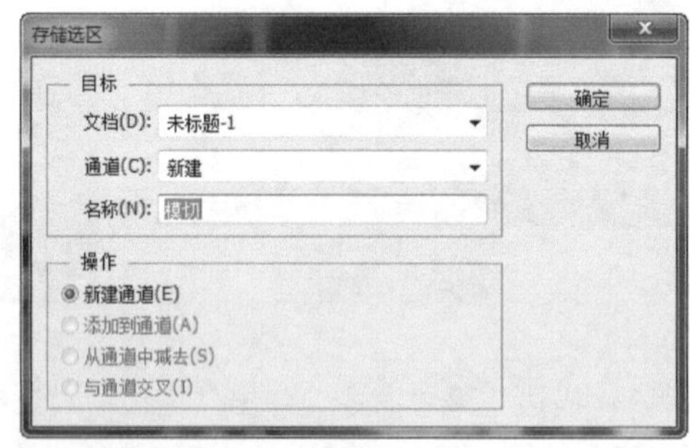

▲ 图 13-104

STEP 18 单击“确定”按钮，存储选区，此时的“通道”面板如图13-105所示，完成包装设计的制作，最终效果如图13-106所示。根据包装盒的平面图，绘制出立体效果，如图13-107所示。

▲ 图 13-105

▲ 图 13-106

▲ 图 13-107

13.2. 广告宣传设计

广告设计是以加强销售为目的所做的设计，也就是在广告学与设计的基础上，来替产品、品牌、活动等做广告。最早的广告设计是早期报纸的小布告栏，也就是以平面设计的形式出来的，用一些特殊的操作来处理一些已经数字化的图像的过程。它是集计算机技术、数字技术和艺术创意于一体的综合内容，是一种工作或职业，是一种具有美感、使用与纪念功能的造型活动。

案例分析

本案例为广告宣传设计，它注重的是产品信息的传递。通常广告设计作品都是以文字说明和产品图片相辅相成为主要表现手法的。本案例在主题明确、表达准确的基础上做了文字变形处理，并与错落有致的排版方式相结合，整体设计具有突出、鲜明和准确的特点。

源文件地址	光盘\源文件\第13章\13-2-2.psd
视频地址	光盘\视频\第13章\13-2-1. mp4
设计详情	在设计广告宣传页时，需要有明确的主题，能够将商品信息和宣传口号以最佳的视觉方式传达给受众群体，广告宣传页的设计需要新颖别致、有个性，需要有一定的视觉冲击力，对受众群体有吸引力
广告宣传效果图	

色彩分析

本案例以红色为主色，以明黄色和土黄色为辅色，具有热情和厚重的感觉，既能给用户带来亲切感，也能有效地吸引各年龄段消费者的关注。

颜色信息	色块	颜色RGB值
主色		RGB（230、10、17）
辅色		RGB（255、242、29）
		RGB（228、146、0）

制作步骤

STEP 01 新建一个Photoshop空白文档，设置各项参数，如图13-108所示。按快捷Ctrl+R，显示标尺，如图13-109所示。

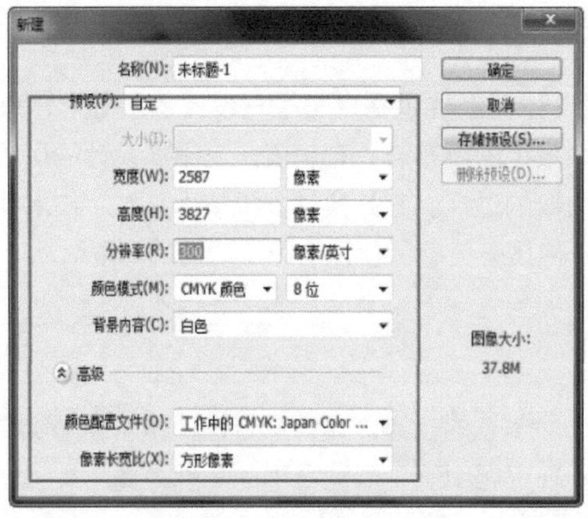

▲ 图 13-108

▲ 图 13-109

STEP 02 新建“图层1”，选择工具箱中的“渐变工具”，在选项栏中单击渐变预览条，弹出“渐变编辑器”对话框，具体设置如图13-110所示。单击“确定”按钮，完成渐变颜色的设置，在画布中拖动鼠标填充径向渐变颜色，如图13-111所示。

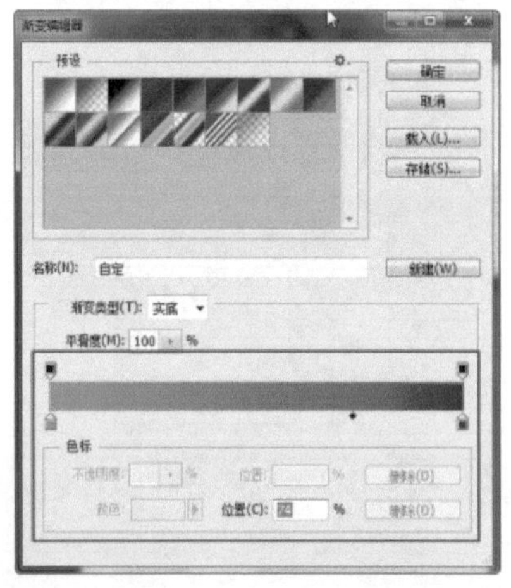

▲ 图 13-110

▲ 图 13-111

STEP 03 打开素材图像，如图13-112所示。将图像拖入到新建的文档中，如图13-113所示，在“图层”面板中自动生成“图层2”。

▲ 图 13-112

▲ 图 13-113

STEP 04 设置“图层2”的“混合模式”为“滤色”，效果如图13-114所示，并为“图层2”添加图层蒙版，在图层蒙版上进行相应的操作，图像效果如图13-115所示。

▲ 图 13-114

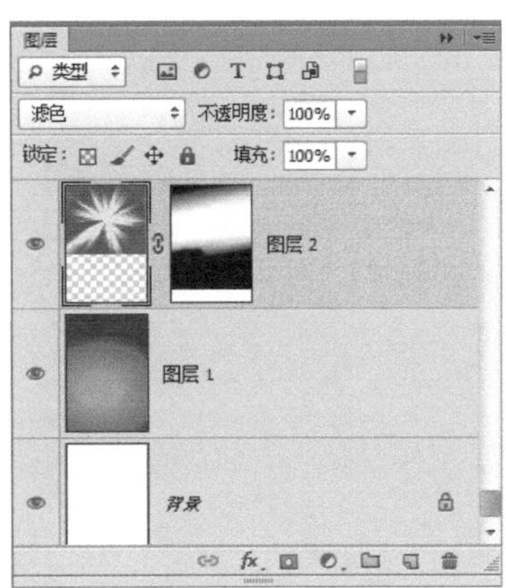

▲ 图 13-115

小技巧：使用Photoshop CS6主要是学习图像处理、编辑、通道、图层、路径的综合运用；图像色彩的校正；各种特效滤镜的使用；特效文字的制作；图像输出与优化等。灵活运用图层风格、流体变形及退底和蒙版，可以制作出千变万化的图像特效。

STEP 05 将素材图像“251102.tif”拖入到文档中，并调整到合适的大小和位置，如图13-116所示。选择工具箱中的“横排文字工具”，在“字符”面板中设置相关参数，如图13-117所示，在画布中输入文本并进行旋转，如图13-118所示。

▲ 图 13-116

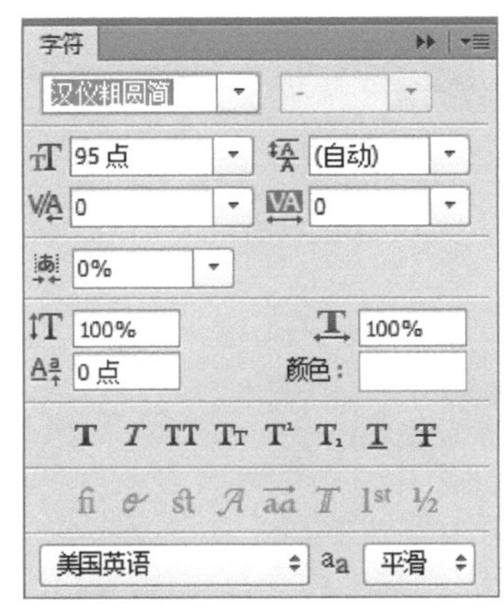

▲ 图 13-117

▲ 图 13-118

小技巧：使用Illustrator主要是学习图形绘制、包装、宣传页的制作，让用户更加方便地进行LOGO及UI设计，为用户的设计道路添砖加瓦，可以设计出更好的作品。在Photoshop的基础上再学它会如虎添翼，工作效率成倍提高。

STEP 06 输入文本后，在“图层”面板中会自动生成文字图层，复制“砸”文字图层，得到“砸副本”文字图层，如图13-119所示。将“砸副本”文字图层进行删格化处理，并将“砸”文字图层隐藏，如图13-120所示。

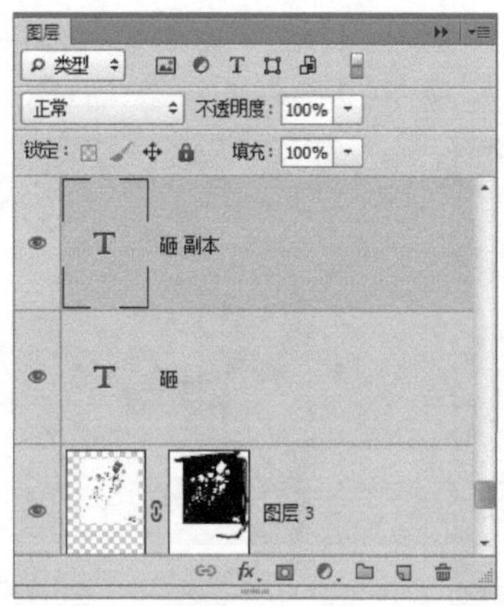

▲ 图 13-119

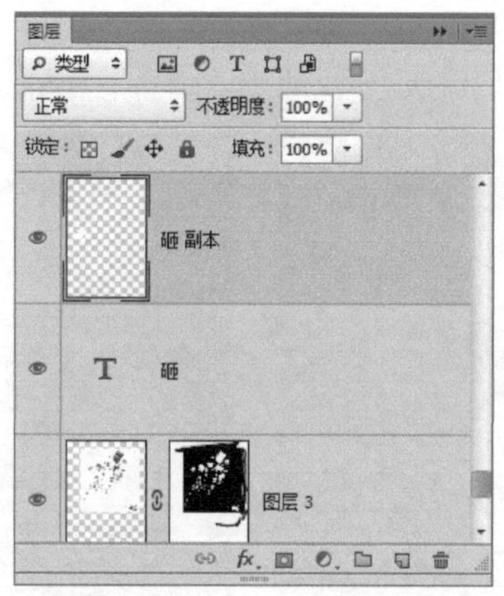

▲ 图 13-120

STEP 07 选择工具箱中的“钢笔工具”，在画布中绘制路径，如图13-121所示。按快捷键Ctrl+Enter，将路径转换成选区，设置前景色为CMYK（0、0、0、0），按快捷键Alt+Delete，填充前景色，如图13-122所示，按快捷键Ctrl+D，取消选区。

▲ 图 13-121

▲ 图 13-122

STEP 08 使用同样的制作方法，在画布中输入文本，并进行相应的处理，效果如图13-123所示，“图层”面板如图13-124所示。

▲ 图 13-123

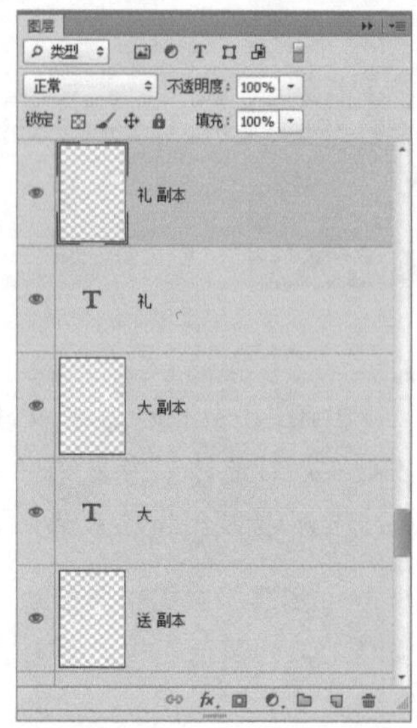

▲ 图 13-124

STEP 09 在“图层”面板中选择文本图层副本，如图13-125所示，将其拖到“创建新图层”按钮 上，复制选择的图层，如图13-126所示。

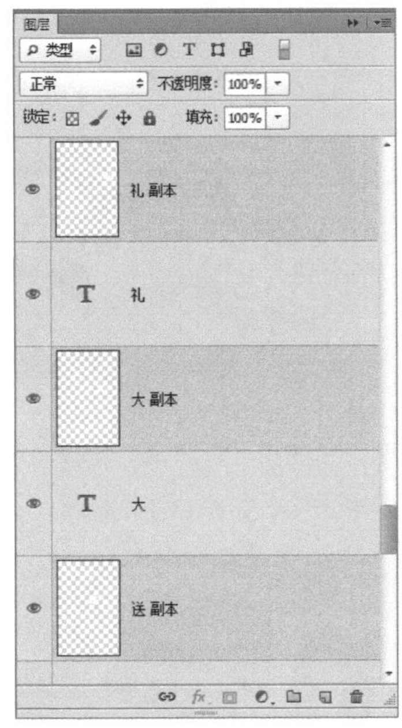

▲ 图 13-125

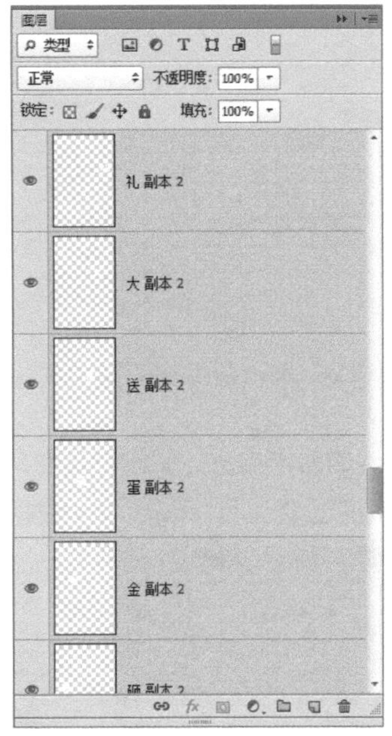

▲ 图 13-126

STEP 10 选择“图层>合并图层”菜单命令，将选择的图层合并，得到“礼 副本2”图层，如图13-127所示。单击“添加图层样式”按钮 ，在弹出的菜单中选择“外发光”命令，弹出“图层样式”对话框，参数设置如图13-128所示。

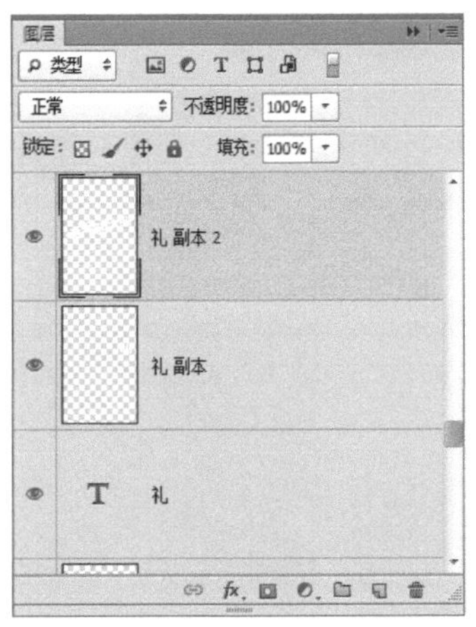

▲ 图 13-127

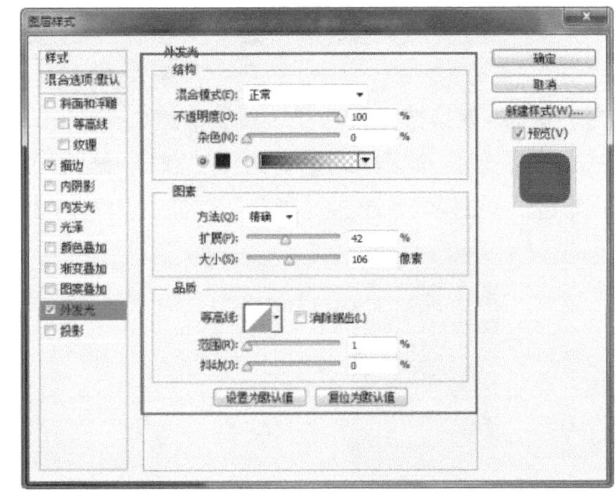

▲ 图 13-128

小技巧：广告设计是指从创意到制作的这个中间过程。广告设计是广告的主题、创意、语言文字、形象、衬托等5个要素构成的组合安排。广告设计的最终目的就是通过广告来达到吸引人眼球的目的。

STEP 11 在“图层样式”对话框的左侧选择“描边”选项，参数设置如图13-129所示，单击“确定”按钮，完成图层样式的设置，图像效果如图13-130所示。

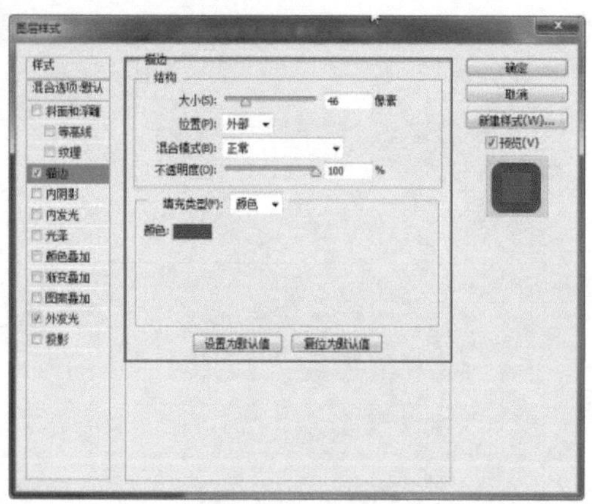

▲ 图 13-129

▲ 图 13-130

STEP 12 根据前面文本的制作方法，制作出其他文本效果，如图13-131所示。新建“图层5”，单击工具箱中的“矩形选框工具”，在画布中绘制矩形选区，如图13-132所示。

▲ 图 13-131

▲ 图 13-132

STEP 13 选择“选择>变换选区”命令，按快捷键Ctrl+Shift+Alt，对选区进行调整，如图13-133所示，按Enter键，确定选区的调整。选择“选择>修改>羽化”命令，弹出“羽化选区”对话框，设置“羽化半径”为2像素，单击“确定”按钮，如图13-134所示。

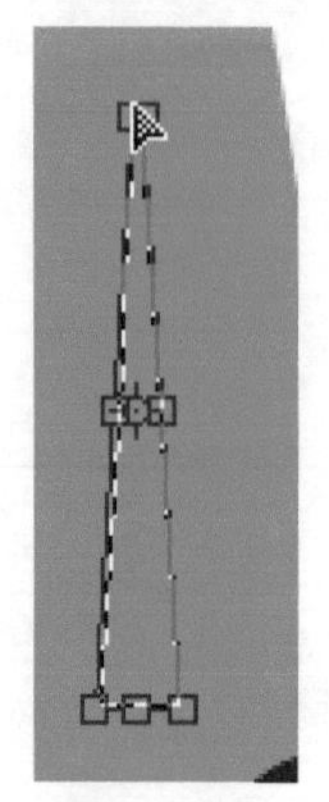

▲ 图 13-133

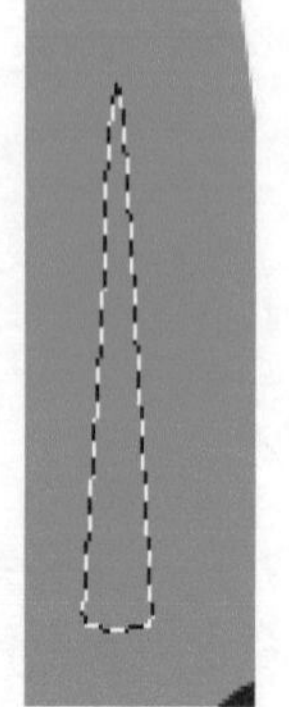

▲ 图 13-134

STEP 14 在工具箱中设置“前景色”为CMYK（0、0、0、0），按快捷键Alt+Delete，填充前景色，如图13-135所示。使用同样的方法，制作出其他图形，并调整图形的大小，效果如图13-136所示。使用同样的方法完成其他星星的制作，效果如图13-137所示。

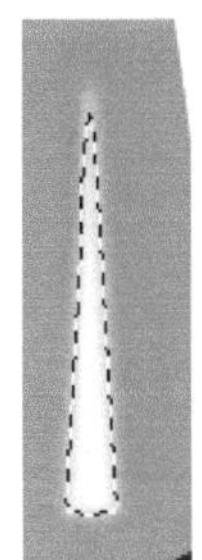

▲ 图 13-135　▲ 图 13-136　▲ 图 13-137

STEP 15 将“图层5”拖到“礼副本2”图层下面，图像效果如图13-138所示。复制“图层5”得到“图层5副本”图层，调整图像在画布中的位置，效果如图13-139所示。

▲ 图 13-138　▲ 图 13-139

> **小技巧**：从视觉表现的角度来衡量，视觉效果可以吸引读者并用他们自己的语言来传达产品的利益点，一则成功的平面广告在画面上应该有非常强的吸引力，色彩运用科学运用、搭配合理，图片的运用准确并且有吸引力。

STEP 16 根据前面的制作方法，完成其他部分的制作，图像效果如图13-140所示，“图层”面板如图13-141所示。

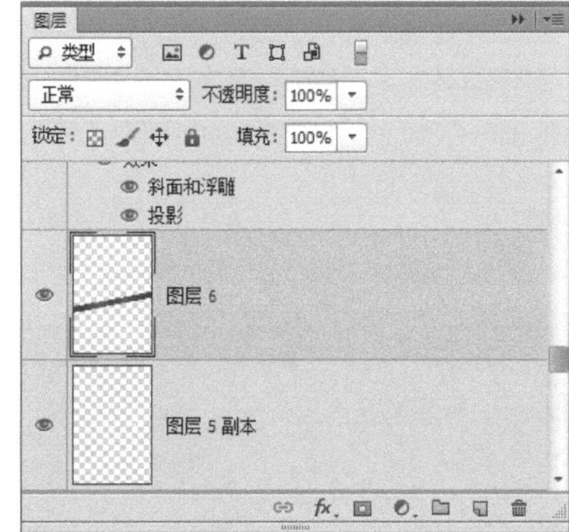

▲ 图 13-140　▲ 图 13-141

STEP 17 选择最顶层的图层，单击工具箱中的“横排文字工具”T，在“字符”面板中进行设置，如图13-142所示，在画布中输入文本，如图13-143所示。

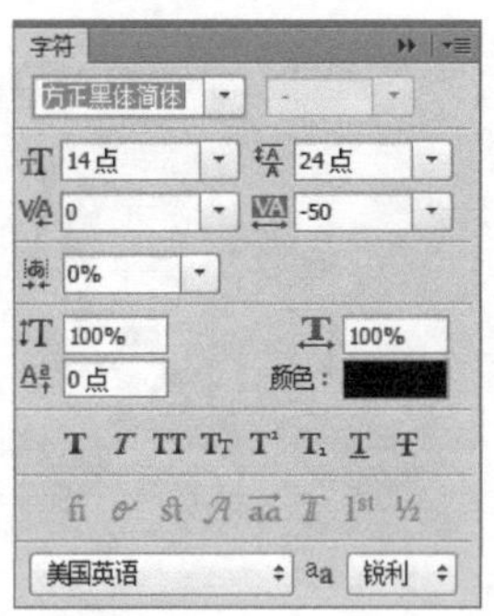

▲ 图 13-142

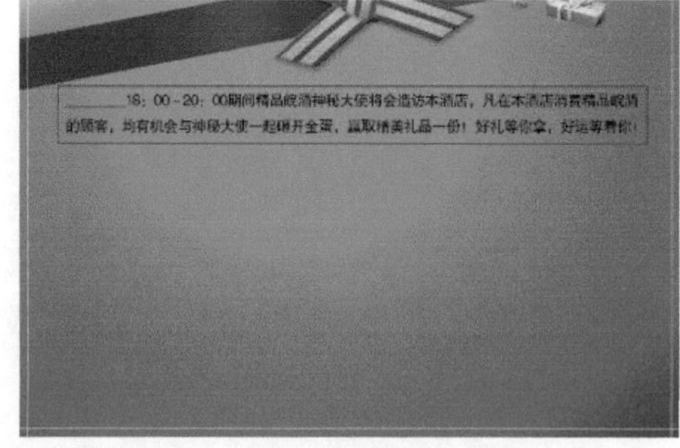

▲ 图 13-143

STEP 18 新建“图层8”，选择工具箱中的“圆角矩形工具”，设置“前景色”为CMYK（1、96、62、0），在选项栏中单击“填充像素”按钮，在画布中绘制圆角矩形（圆角半径为10），如图13-144所示。为该“图层”添加“斜面与浮雕”样式，参数设置如图13-145所示。

STEP 19 单击“确定”按钮，完成图层样式的设置，效果如图25-146所示。设置该图层的“不透明度”为40%，效果如图13-147所示。

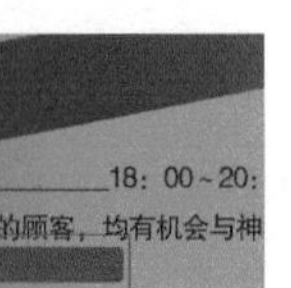

▲ 图 13-144

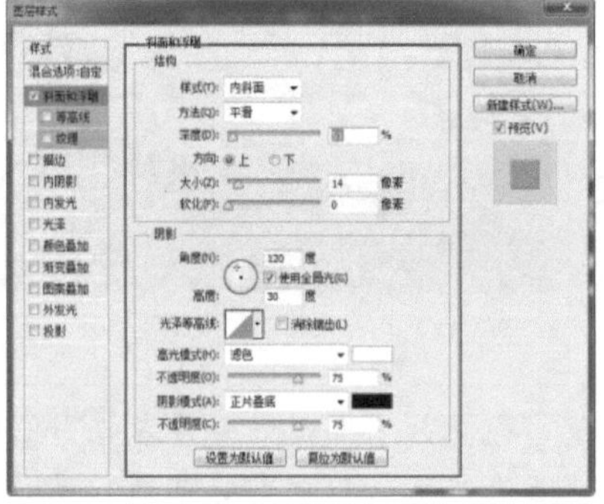

▲ 图 13-145

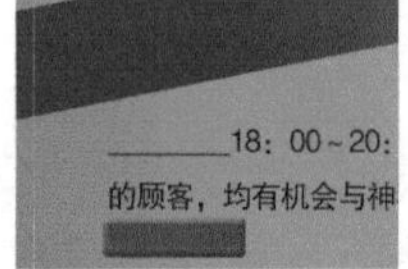

▲ 图 13-146

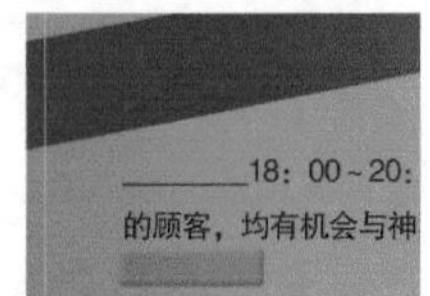

▲ 图 13-147

小技巧：一则成功的平面广告会通过简单、清晰和明了的信息内容准确地传递利益要点。广告信息内容要能够系统化地融合消费者的需求点、利益点和支持点等沟通要素。

STEP 20 根据前面的制作方法，在画布中输入文本并绘制矩形，如图13-148所示。根据前面的制作方法，完成其他部分的制作，如图13-149所示。

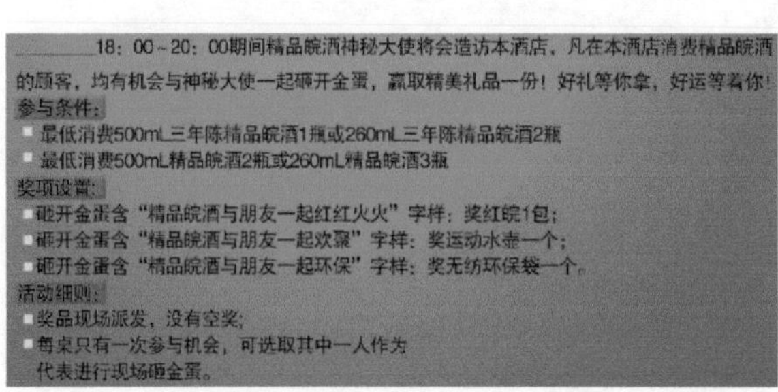

▲ 图 13-148

▲ 图 13-149

STEP 21 在“图层”面板中将“图层4”隐藏，效果如图13-150所示。选择“窗口>通道”菜单命令，打开“通道”面板，如图13-151所示。

▲ 图 13-150

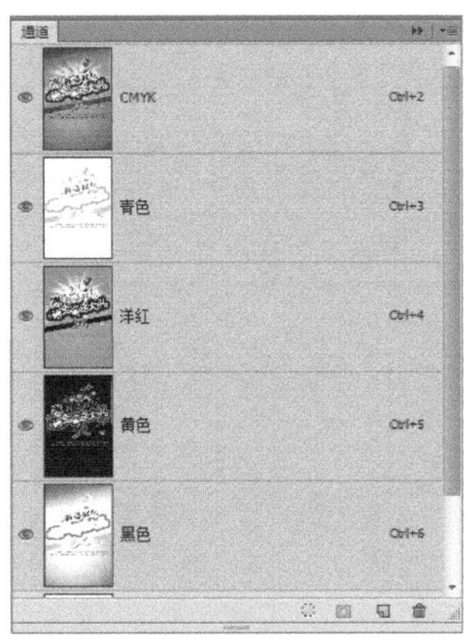

▲ 图 13-151

小技巧：从品牌的定位策略高度来衡量，一则成功的平面广告画面应该符合稳定、统一的品牌个性和品牌定位策略；在同一宣传主题下面的不同广告版本，其创作表现的风格和整体表现应该能够保持一致和连贯性。

STEP 22 在“通道”面板中拖动“洋红”通道到“创建新通道”按钮上，得到“洋红 副本”通道，如图13-152所示。单击工具箱中的“魔棒工具”，按住Shift键在画布中单击以创建选区，如图13-153所示。

▲ 图 13-152

▲ 图 13-153

STEP 23 将“洋红副本”通道删除，如图13-154所示。单击面板右上角的按钮，在弹出的面板菜单中选择“新建专色通道”命令，弹出“新建专色通道”对话框，设置“颜色”为CMYK（0、92、78、0），其他设置如图13-155所示。

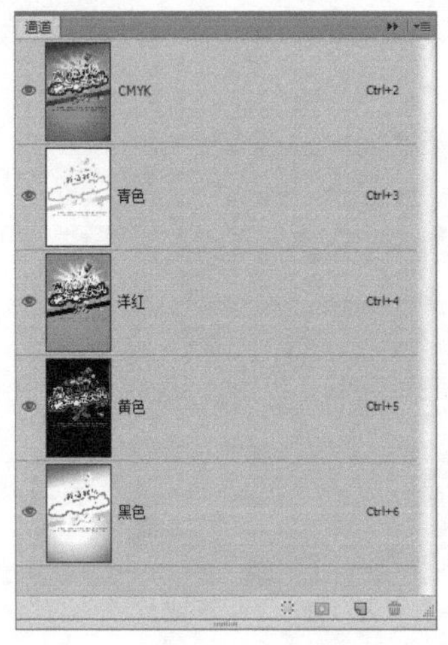

▲ 图 13-154

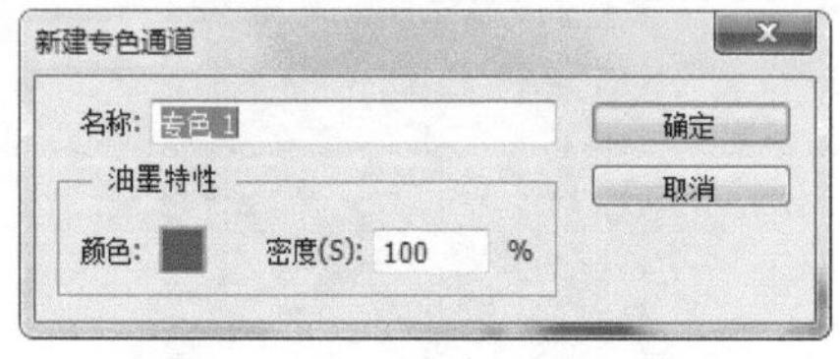

▲ 图 13-155

STEP 24 单击“确定”按钮，在“通道”面板中新建一个专色通道，如图13-156所示，在“图层”面板中将“图层4”显示出来，最终效果如图13-157所示。

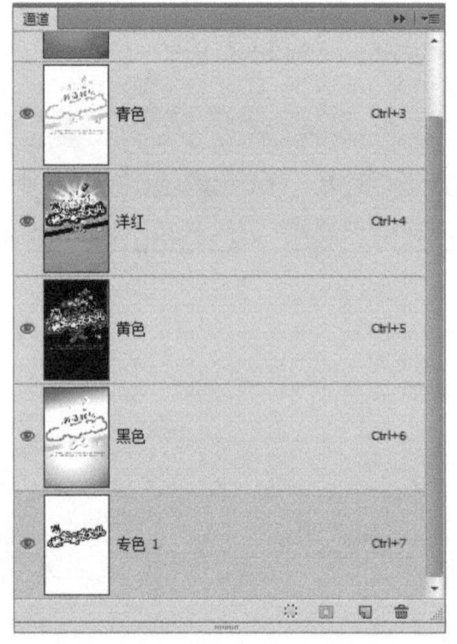

▲ 图 13-156

▲ 图 13-157

13.3 纹理质感的应用

质感设计，顾名思义就是设计带有质感的作品。以材质为主，不同的材质有不同的触感和视觉体现。质感设计要遵循形式美法则，形式美是美学中的一个重要概念，是从美的形式发展而来的，是一种具有独立审美价值的美。

从广义角度讲，形式美就是用户生活和接触的自然中各种形式因素（几何要素、色彩、材质、光泽、形态等）的有规律的组合。形式美法则是用户长期实践经验的积累，整体造型完美统一是造型美形式法则在具体运用中的尺度和归宿。

13.3.1 设计制作质感围棋图标

质感的对比虽然不会改变产品的形态，但由于丰富了产品的外观效果，具有较强的感染力，使用户感到鲜明、生动、醒目、振奋、活跃，从而产生丰富的心理感受，例如早期的智能手机图标大多采用质感图标。

案例分析

本案例将使用Photoshop CS6中的图层样式和一些矢量工具，制作出效果逼真的立体围棋图标。质感设计可以使图标效果非常逼真，用户仅通过看到图标的第一眼就可以知道这款软件的功能及特点。

源文件地址	光盘\源文件\第13章\13-3-1.psd
视频地址	光盘\视频\第13章\13-3-1. mp4
设计详情	充分利用“图层样式”的特点，可以制作出各种质感的图形效果。通过“渐变叠加”“投影”和“内发光”图层样式可以实现逼真的立体感，再通过各种绘图工具的应用，将棋子的质感完全表现出来
质感围棋图标效果图	

色彩分析

本案例设计的是一幅围棋棋盘和棋子图，黑色和白色的强烈对比，可以体现出图标主题内容，使得两色棋子在棋盘中形成非常好的观感；辅色采用树木质地的黄色，体现中国传统风格和古典美。

颜色信息	色块	颜色RGB值
主色		RGB（25、25、25）
辅色		RGB（201、170、112）
		RGB（123、70、30）

制作步骤

STEP 01 新建一个Photoshop文档，具体设置如图13-158所示。使用“圆角矩形工具”在画布中绘制如图13-159所示的形状。

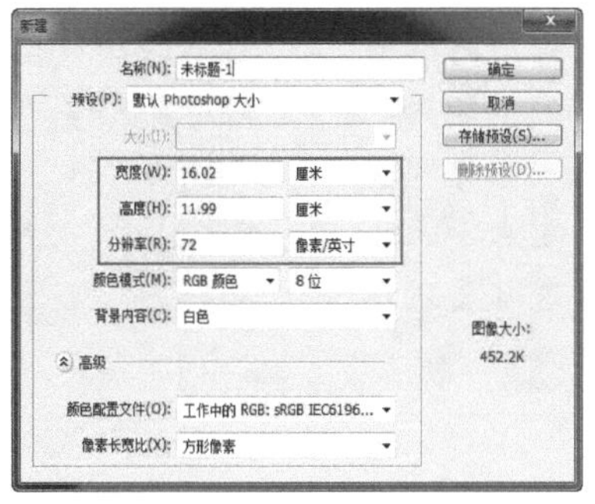

▲ 图 13-158

▲ 图 13-159

STEP 02 单击“图层”面板下方的“添加图层样式”按钮，为图像添加“内发光”图层样式，具体设置如图13-160所示。再为图像添加“渐变叠加”图层样式，设置渐变填充颜色为从RGB（188、190、165）到RGB（99、99、87），如图13-161所示。

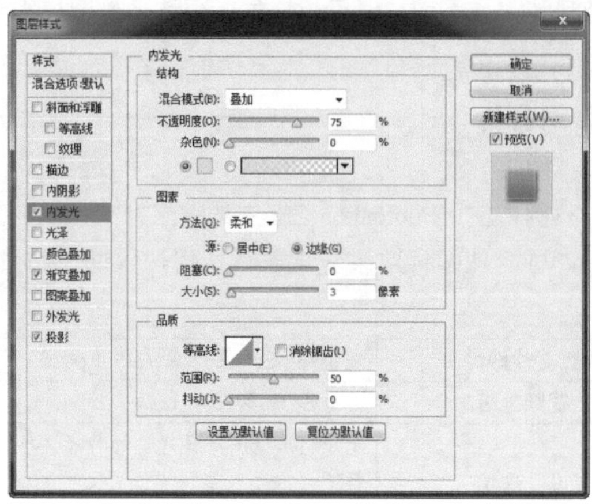

▲ 图 13–160

STEP 03 为图像添加“投影”图层样式，具体设置如图13-162所示。单击“确定”按钮，图像效果如图13-163所示。

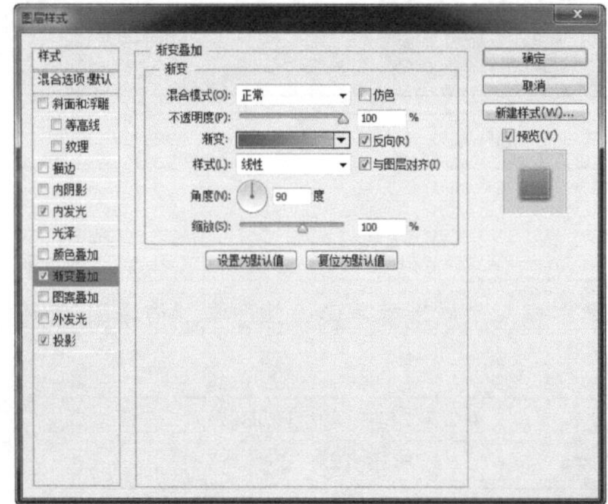

▲ 图 13–161

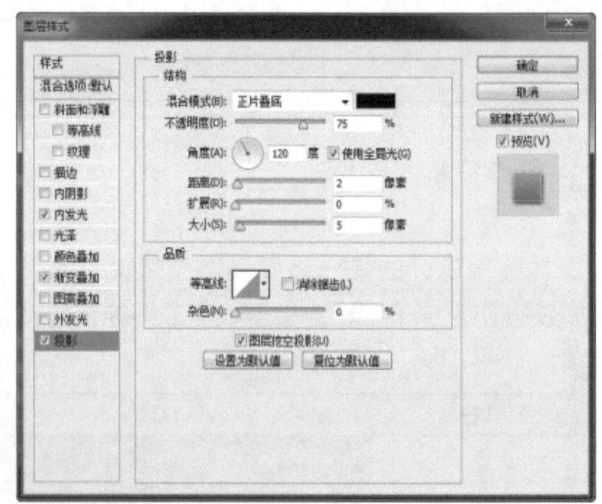

▲ 图 13–162

提示： 主从法则实际上就是强调设计师在产品的质感设计上要有重点，需要在组合产品各部件质感时要突出中心，使得主从分明，不能无所侧重。心理学实验证明，人的视觉在一段时间内只能抓住一个重点，而不可能同时注意几个重点，这就是所谓的“注意力中心化”。

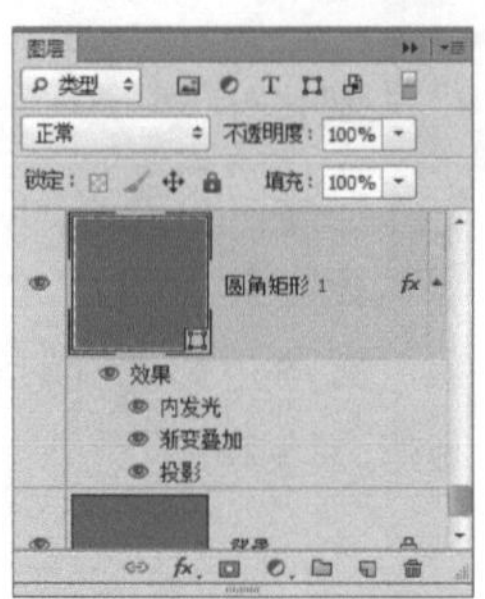

▲ 图 13–163

STEP 04 打开素材文件，如图13-164所示。使用“移动工具”将其拖到新建文档中，修改图层的“混合模式”为“柔光”，图形效果如图13-165所示。

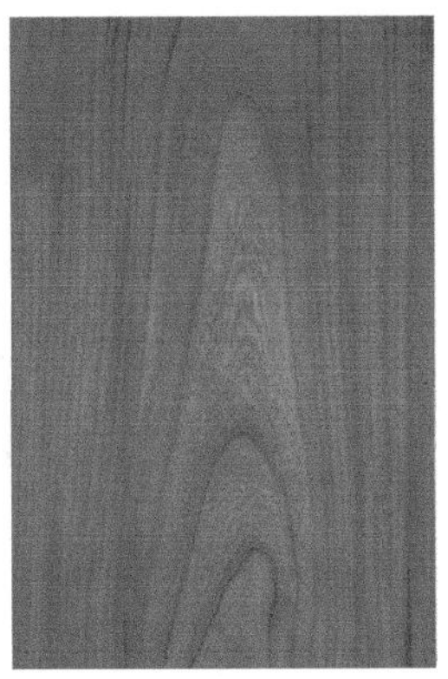

▲ 图 13-164

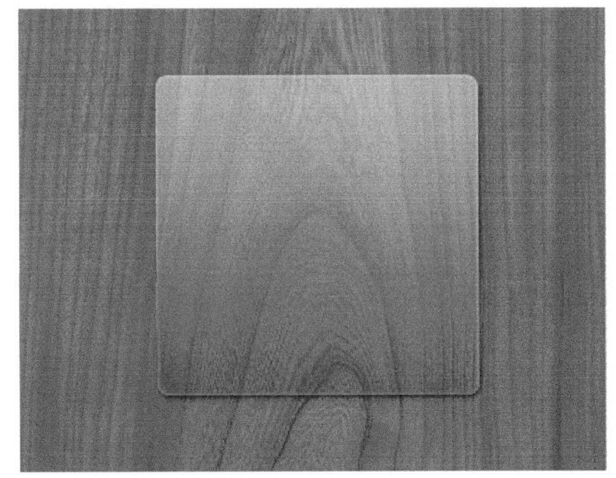

▲ 图 13-165

STEP 05 按住Ctrl键的同时单击圆角矩形图层，将选区调出，为木纹图层添加蒙版，效果如图13-166所示。设置“填充色”为黑色，使用“线条工具”绘制如图13-167所示的线条。

▲ 图 13-166

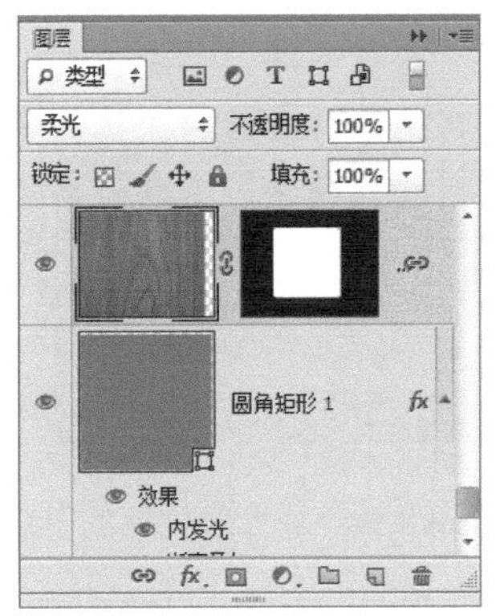

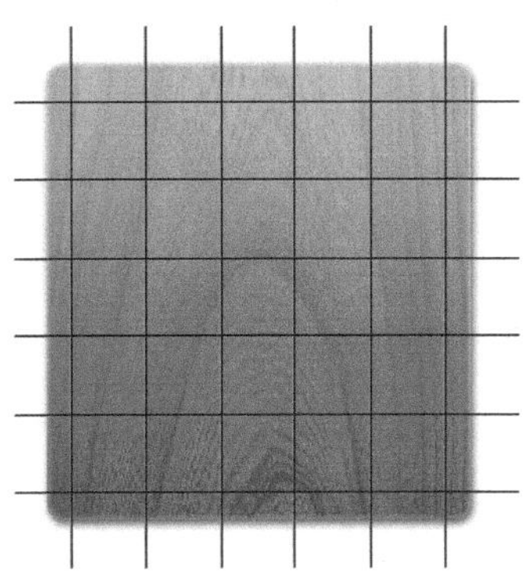

▲ 图 13-167

STEP 06 将所有线条图层合并，并调出圆角矩形选区，为线条图层添加蒙版，修改图层的“不透明度”为30%，效果如图13-168所示，使用“椭圆工具”创建如图13-169所示的椭圆形。

STEP 07 将圆形选区调出，新建图层，使用“渐变工具”为选区填充从白色到透明的径向渐变，如图13-170所示。

STEP 08 使用同样的方法继续新建图层，使用“画笔工具”“渐变工具”“铅笔工具”完成对棋子的高光绘制，并添加“投影”样式，如图13-171所示。

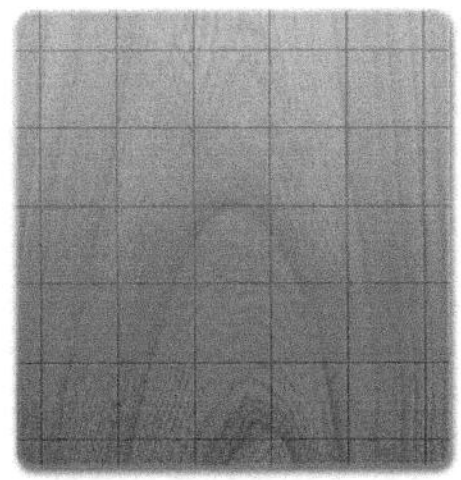

▲ 图 13-168

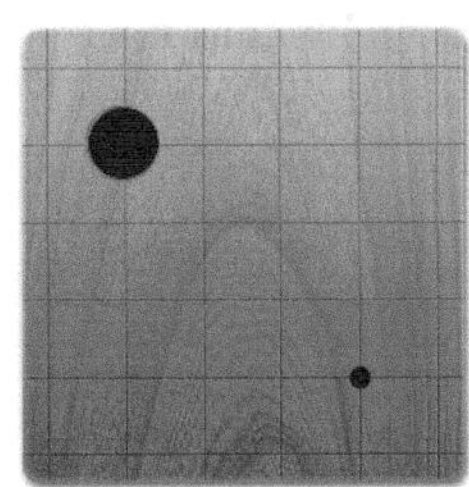

▲ 图 13-169

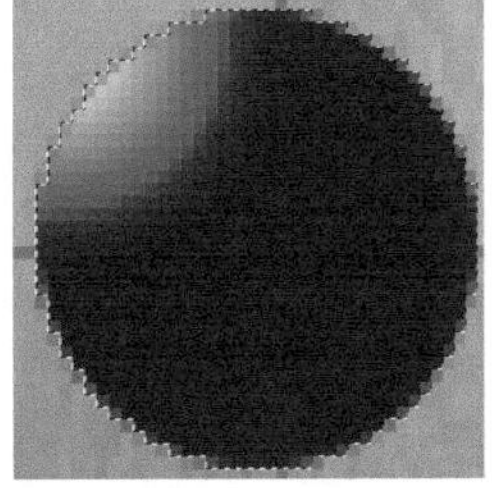

▲ 图 13-170

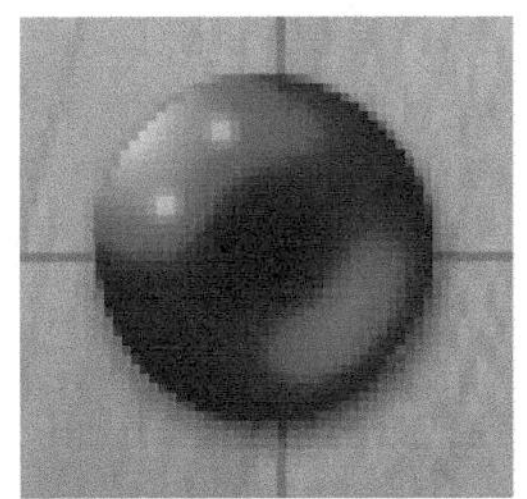

▲ 图 13-171

STEP 09 将绘制的棋子复制一个，并为复制的图层添加“渐变叠加”图层样式，效果如图13-172所示。按住Alt键的同时拖动图形，复制多个棋子图形，观察完成的图形效果，如图13-173所示。

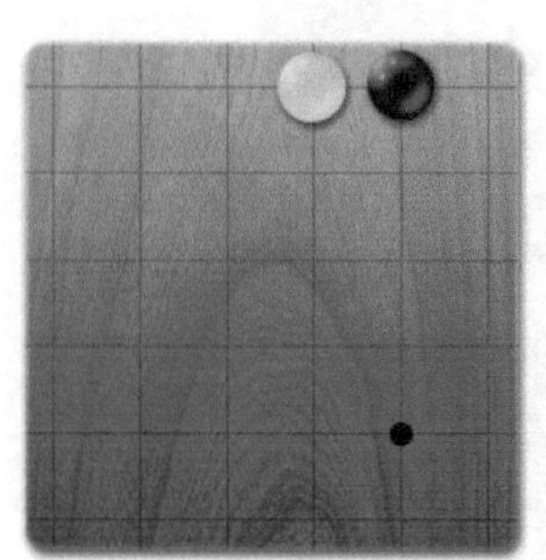

▲ 图 13-172

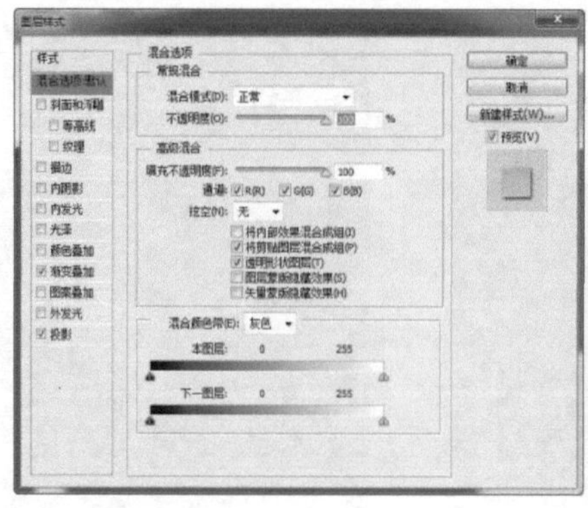

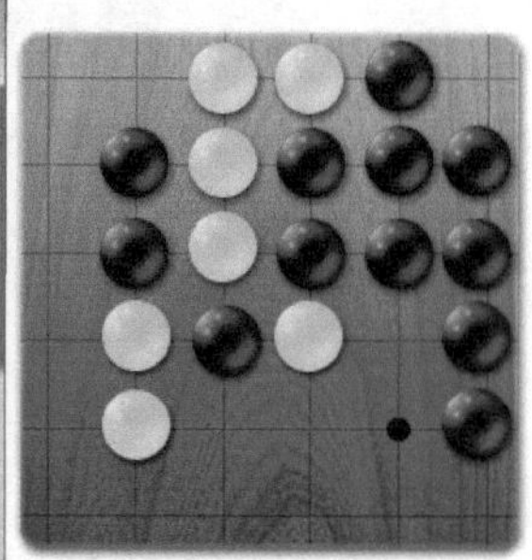

▲ 图 13-173

> **提示：质感设计对产品设计的主要作用**
>
> 质感设计在产品造型设计中具有重要的地位和作用，良好的质感设计可以决定和提升产品的真实性和价值性，使人充分体会产品的整体美学效果。在产品设计中，良好的触觉质感设计，可以提高产品的适用性。如各种工具的手柄表面有凹凸细纹或覆盖橡胶材料，具有明显的触觉刺激，易于操作使用，有良好的适用性。良好的视觉质感设计，可以提高工业产品整体的装饰性。

13.3.2 设计制作质感文字

材料的质感是指材料给人的感觉和印象，是人对材料的主观感受，是人的感觉系统因生理刺激对材料做出的反应或由人的知觉系统根据材料的表面特征得出的信息，是人们通过感觉器官对材料形成的综合印象。

案例分析

本案例将使用Photoshop CS6中的一些滤镜和图层样式，来制作逼真的沙土特效文字，文字整体图像化与文字本身的含义相辅相成。

源文件地址	光盘\源文件\第13章\13-3-2.psd
视频地址	光盘\视频\第13章\13-3-2. mp4
设计详情	使用“云彩”滤镜实现对画布的底图创建；使用“浮雕效果”滤镜制作层次分明的质感；使用“其他”滤镜使纹理线条更加清晰；使用“色相/饱和度”调整图层为纹理着色，实现逼真的沙石感觉
图像效果图	大漠黃沙

色彩分析

沙土特效文字使用了土黄色作为主色，背景色为简单明亮的白色，使用少量的黑色作为阴影效果，使其整体具有立体感。

颜色信息	色块	颜色RGB值
主色		RGB（182、122、57）
辅色		RGB（255、255、255）

制作步骤

STEP 01 新建一个800像素×600 像素的Photoshop文档，如图13-174所示。按D键设置“前景色”为黑色、“背景色”为白色。选择“滤镜>渲染>云彩”菜单命令，图像效果如图13-175所示。

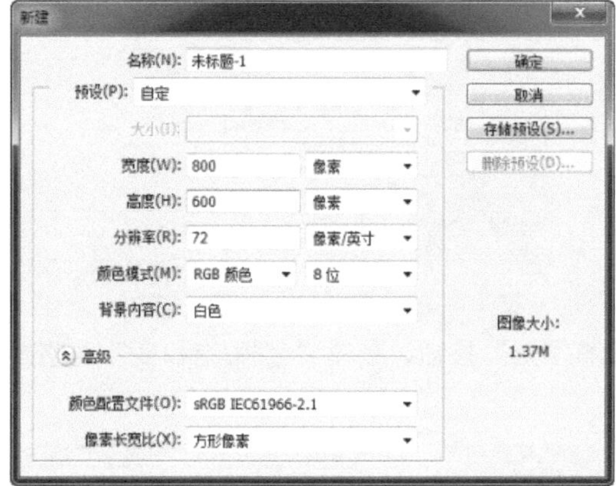

▲ 图 13–174

▲ 图 13–175

提示：调和与对比法则中的调和与对比是指材质整体与局部、局部与局部之间的配比关系。调和法则就是使产品的表面质感统一、和谐，其特点是在差异中趋向于“同”，趋向于“一致”，强调质感的统一，使人感到融合、协调。

STEP 02 按快捷键Ctrl+Alt+F，加强云彩效果，如图13-176所示。选择“滤镜>风格化>浮雕效果”菜单命令，在弹出的对话框中设置各项参数，图像效果如图13-177所示。

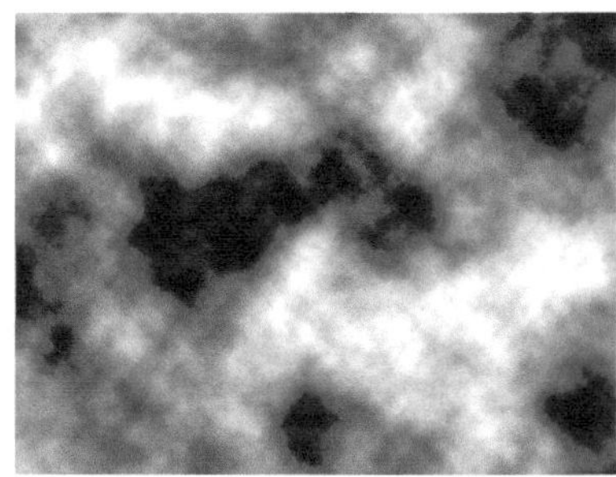

▲ 图 13–176

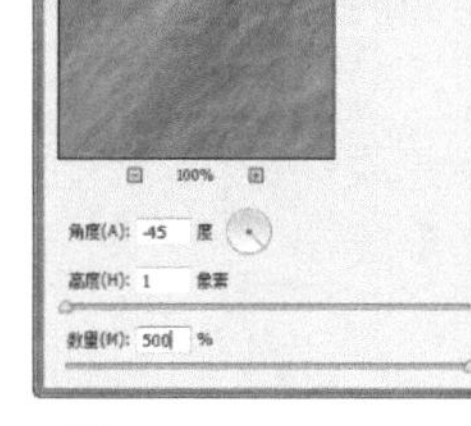

▲ 图 13–177

STEP 03 选择“滤镜>其他>自定”菜单命令，在弹出的对话框中设置各项参数，如图13-178所示。单击“确定”按钮，图像效果如图13-179所示。

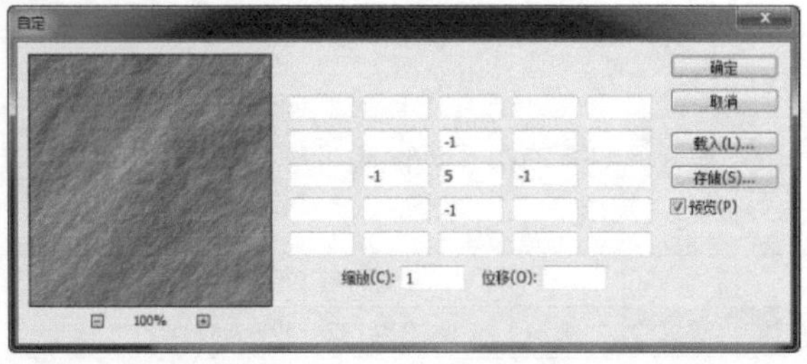

▲ 图 13-178

STEP 04 单击“图层”面板底部的“创建新图层”按钮，新建“图层1”，设置“前景色”为RGB（225、190、148），按快捷键Alt+Delete填充“图层1”，修改图层的“混合模式”为“颜色”，图像效果如图13-180所示。

▲ 图 13-179

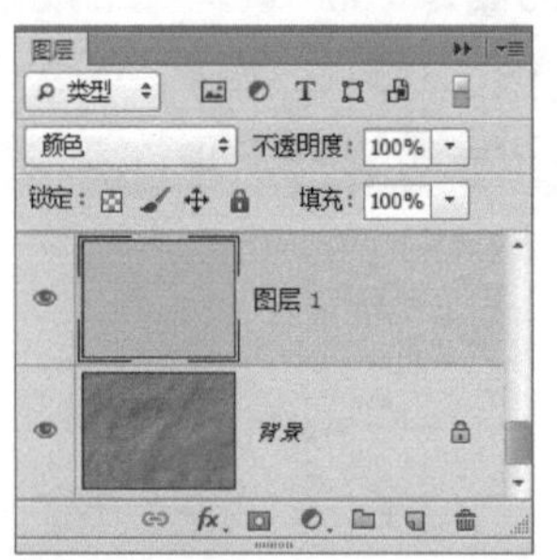

▲ 图 13-180

STEP 05 单击“图层”面板底部的“创建新的填充和调整图层”按钮，创建“色相/饱和度”调整图层，增加图像的饱和度，效果如图13-181所示。

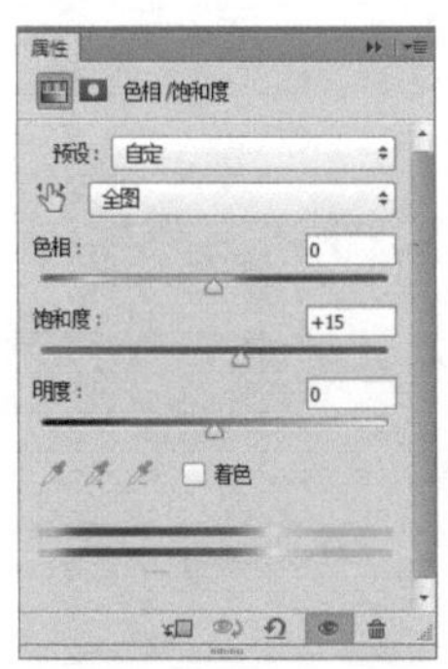

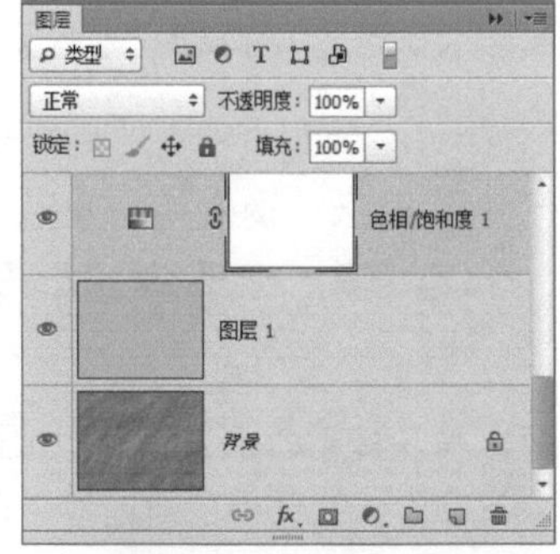

▲ 图 13-181

STEP 06 新建一个“曲线”调整图层，设置各项参数，如图13-182所示，图像效果如图13-183所示。

STEP 07 将制作完成的图像应用到文字上，并添加图层样式，制作出充满质感的文字效果，如图13-184所示。

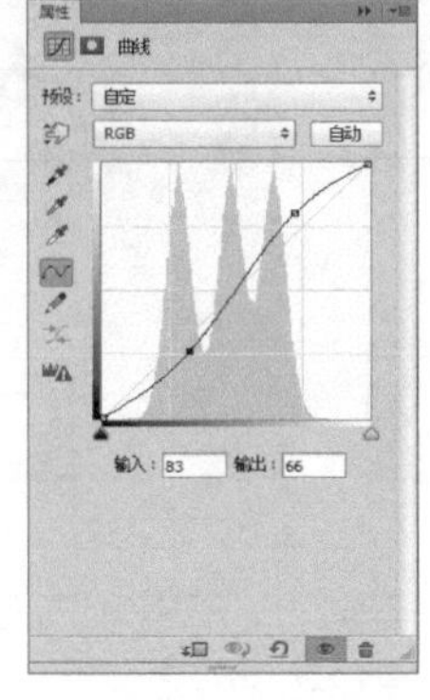

▲ 图 13-182

▲ 图 13-183

▲ 图 13-184

13.4 UI 设计

UI设计是指对软件的人机交互、操作逻辑、界面美观的整体设计。好的UI设计不仅要让软件变得有个性、有品位，还要让软件的操作变得舒适、简单、自由，充分体现软件的定位和特点。

软件设计可分为两个部分：代码编译与UI设计。UI的本意是用户界面，是英文User和 Interface的缩写。从字面上看是用户与界面两个部分组成的，但实际上还包括用户与界面之间的交互关系。

13.4.1 制作MP3产品外观

在飞速发展的电子产品中，界面设计工作一点点地被重视起来。做界面设计的“美工”也随之被称为“UI设计师”或“UI工程师”。其实软件界面设计就像工业产品中的工业造型设计一样，是产品的重要卖点。

案例分析

本案例设计制作的是MP3的整体外观，使用个性鲜明的主题人物，第一印象便给人以追赶时尚潮流的时尚气息；产品设计简洁大方，具有水晶质感；明亮的配色方案给人以轻松、明快的感觉。

源文件地址	光盘\源文件\第13章\13-4-1.psd
视频地址	光盘\视频\第13章\13-4-2.mp4
设计详情	在该实例的绘制过程中，主要应用“矩形工具”来绘制MP3的主体，通过为图形添加“渐变叠加”图层样式使得MP3更具有质感和立体感，使用“椭圆工具”和“斜面与浮雕”等不同的图层样式完成MP3上按钮的绘制。在绘制的过程中需要注意突出整个图形的立体感和质感
产品外观效果图	

色彩分析

产品外观设计的主色采用蓝色，背景图为同色系的深蓝色，大面积的深蓝色既不会喧宾夺主，也可以突出明亮的主色，紫色、绿色和粉红色的产品起画龙点睛的作用。

颜色信息	色块	颜色RGB值
主色		RGB（101、191、192）
辅色		RGB（117、100、192）
		RGB（175、192、100）

制作步骤

STEP 01 新建一个Photoshop空白文档，设置各项参数，如图13-185所示。选择工具箱中的“圆角矩形工具”，在选项栏中设置相关参数，如图13-186所示。

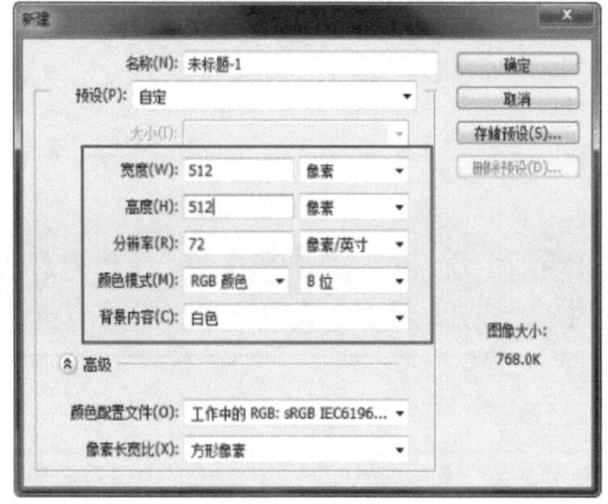

▲ 图 13-185

▲ 图 13-186

STEP 02 设置“前景色”为RGB（255、0、0），在画布中拖动鼠标绘制圆角矩形，如图13-187所示。双击刚刚绘制的圆角矩形所在的图层，弹出“图层样式”对话框，在左侧的列表中选中“渐变叠加”样式，如图13-188所示。

▲ 图 13-187

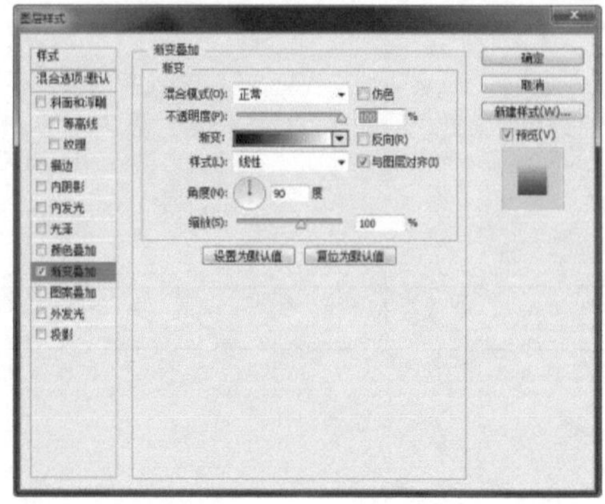

▲ 图 13-188

STEP 03 单击渐变预览条，弹出“渐变编辑器”对话框，从左向右分别设置渐变色标值为RGB（0、0、0）、RGB（255、255、255）和RGB（255、255、255），依次设置其“不透明度”为100%、

43%和0%，如图13-189所示。单击“确定”按钮，完成“渐变编辑器”对话框中各参数的设置，图层样式的其他设置如图13-190所示。

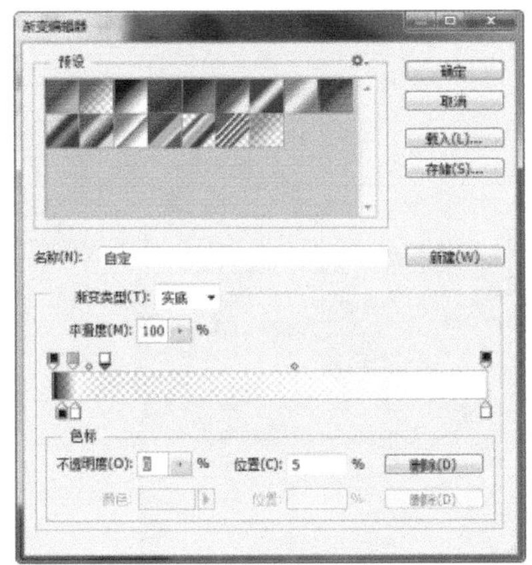

▲ 图 13–189

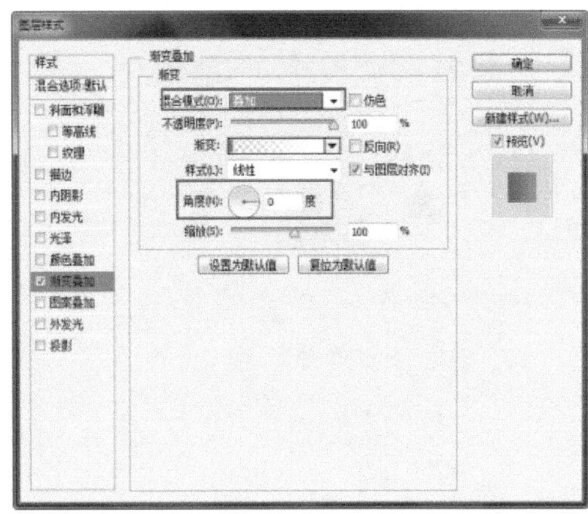

▲ 图 13–190

STEP 04 单击“确定”按钮，完成图层样式的设置，效果如图13-191所示。复制“形状1”图层得到“形状1副本”图层。双击“形状1副本”图层，弹出“图层样式”对话框，如图13-192所示。

▲ 图 13–191

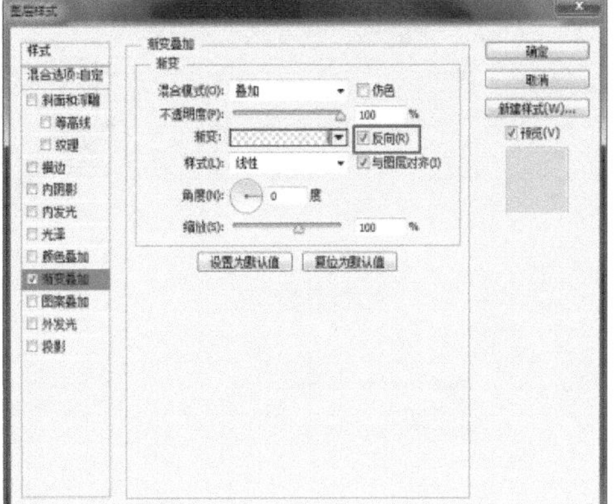

▲ 图 13–192

STEP 05 在左侧列表中选择“渐变叠加”选项，参数设置如图13-193所示。单击“确定”按钮，完成图层样式的设置，效果如图13-194所示。

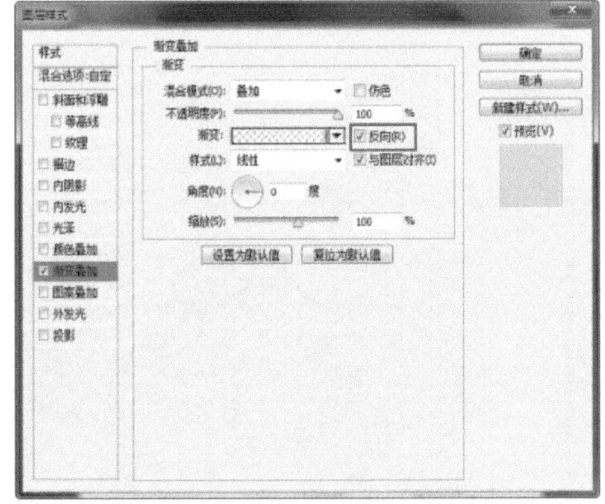

▲ 图 13–193

▲ 图 13–194

STEP 06 新建“图层2”，单击工具箱中的“矩形选框工具”，在画布中绘制选区并填充为黑色。选择“图层2”，单击“添加图层蒙版”按钮，创建图层蒙版，单击工具箱中的“渐变工具”，在图层蒙版中填充黑白渐变，“图层”面板如图13-195所示，图形效果如图13-196所示。

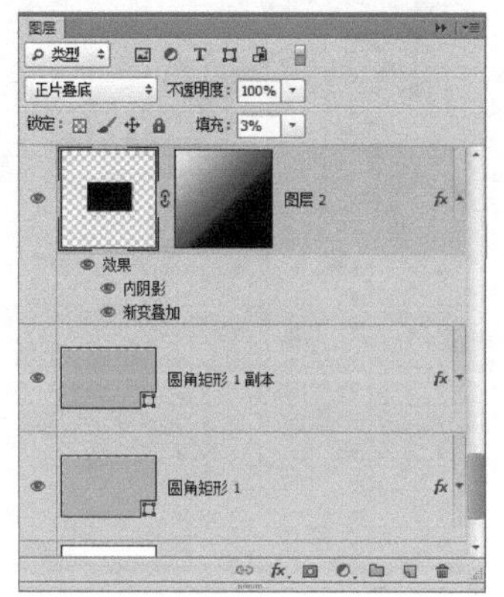

▲ 图 13-195

▲ 图 13-196

STEP 07 双击“图层2”，弹出“图层样式”对话框，具体设置如图13-197所示。在左侧的列表中选中“内阴影”样式，参数设置如图13-198所示。

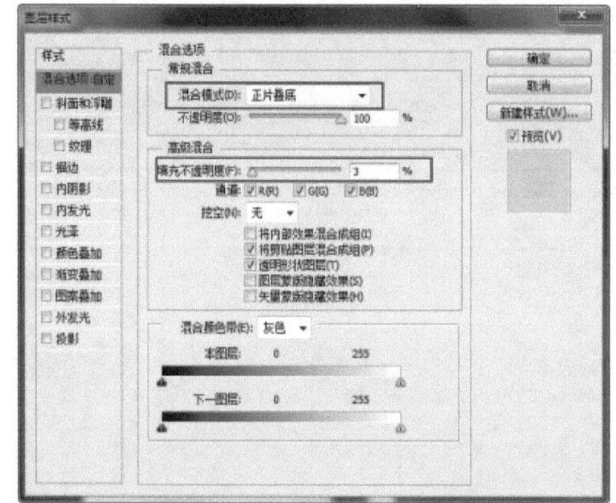

▲ 图 13-197

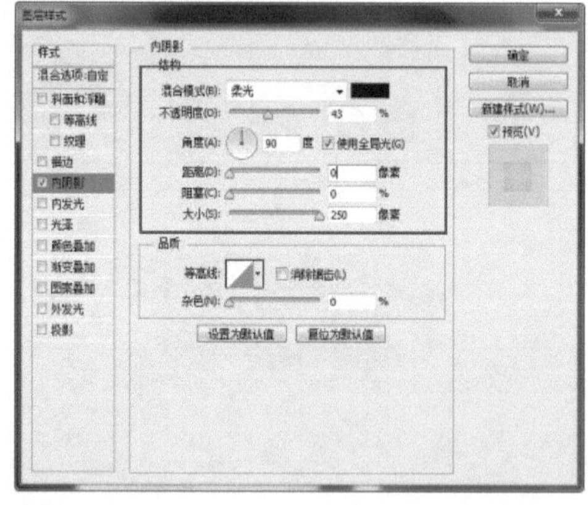

▲ 图 13-198

STEP 08 选中“渐变叠加”样式，参数设置如图13-199所示，单击“确定”按钮，完成图层样式的设置，效果如图13-200所示。

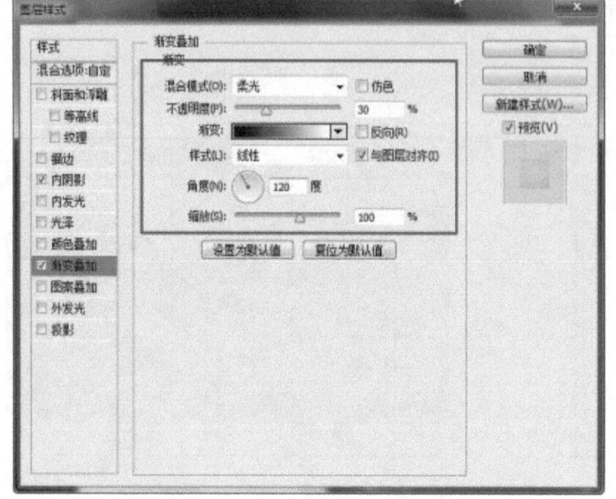

▲ 图 13-199

▲ 图 13-200

STEP 09 设置“图层2”的“混合模式”为“正片叠底”。单击工具箱中的“椭圆工具”，设置“前景色”为白色，在画布上绘制正圆形，如图13-201所示。保持图形的选中状态，按快捷键Ctrl+C复制，再按快捷键Ctrl+V进行粘贴，选择“编辑>自由变换路径”菜单命令，将图形等比例缩小，如图13-202所示。

▲ 图 13-201

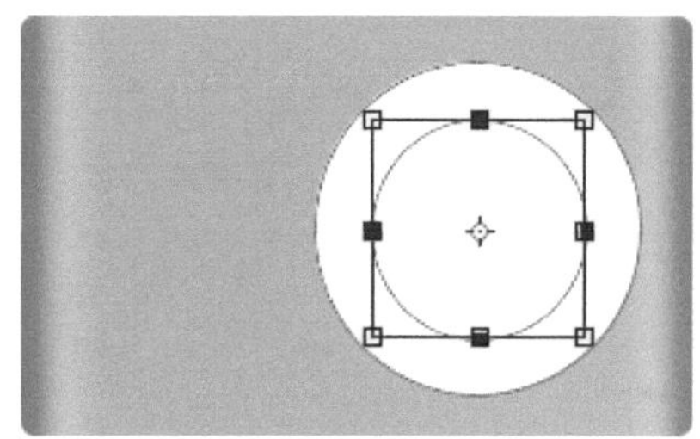

▲ 图 13-202

相关链接：UI设计师的职能大体包括以下3个方面：

一是图形设计，即传统意义上的“美工”。实际上设计师承担的不是单纯意义上美术人员的工作，而是软件产品的“外形”设计。

二是交互设计，主要在于设计软件的操作流程、树状结构、操作规范等。一个软件产品在编码之前需要做的就是交互设计，并且确立交互模型，交互规范。

三是用户测试/研究，这里所谓的“测试”，其目标就是测试交互设计的合理性及图形设计的美观性，主要通过以目标用户问卷的形式衡量UI设计的合理性。

STEP 10 在选项栏中单击“重叠形状区域除外”按钮，将多余部分去除，如图13-203所示。双击“椭圆1”图层，弹出“图层样式”对话框，在左侧的列表中选择“斜面和浮雕”样式，参数设置如图13-204所示。

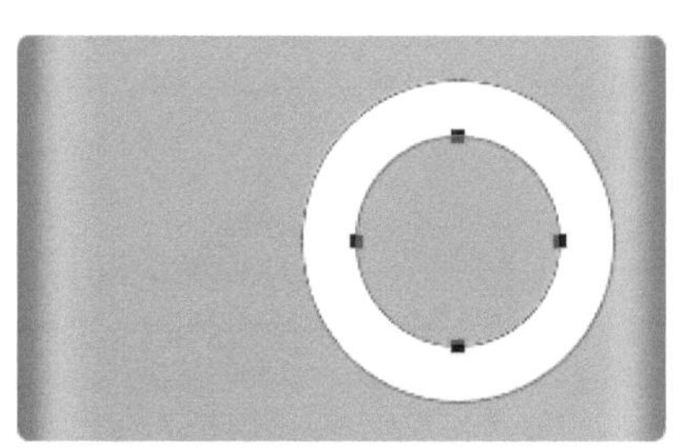

▲ 图 13-203

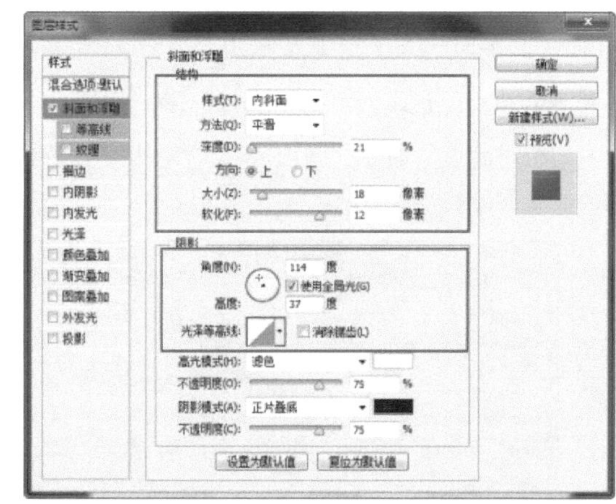

▲ 图 13-204

STEP 11 在左侧的列表中选择“描边”样式，将描边颜色设置为RGB（150、150、150），其他参数设置如图13-205所示。单击“确定”按钮，完成图层样式的设置，效果如图13-206所示。

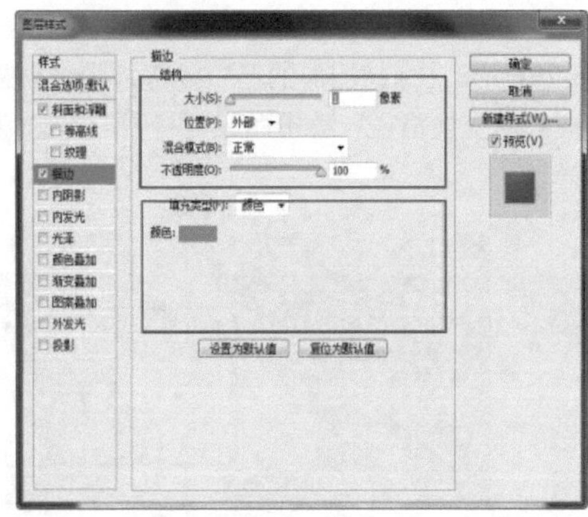

▲ 图 13-205

▲ 图 13-206

STEP 12 单击工具箱中的“多边形工具”，设置“前景色”为RGB（173、173、173），在选项栏中设置“边”为3，在画布中绘制三角形，如图13-207所示。单击工具箱中的“矩形工具”，在画布中绘制矩形，如图13-208所示。

STEP 13 选中刚刚绘制的矩形，按住Alt键的同时拖动鼠标复制该图形。使用相同的绘制方法完成其他按钮的绘制，如图13-209所示。

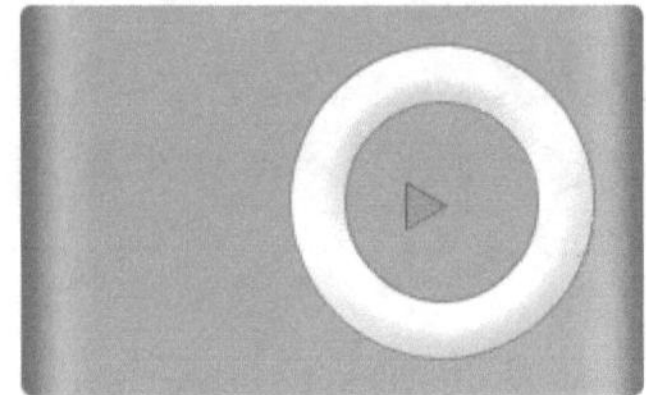

▲ 图 13-207

▲ 图 13-208

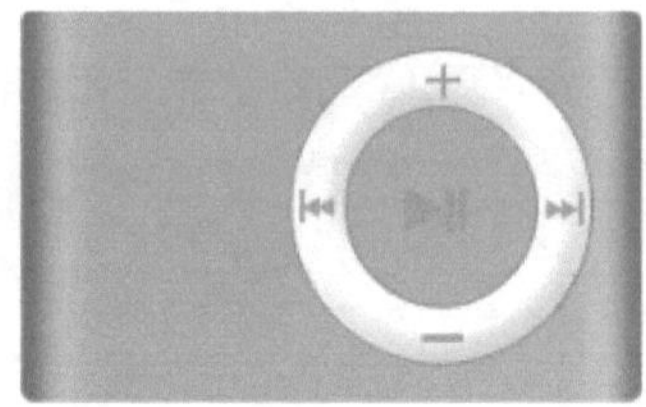

▲ 图 13-209

> **提示：**界面的简洁是要让用户便于使用、便于了解，并能减少用户发生错误选择的可能性。界面中要使用能反映用户本身的语言，而不是设计者的语言。

STEP 14 将“背景”图层隐藏，按快捷键Shift+Ctrl+Alt+E盖印图层，得到“图层3”。选择“图像>调整>亮度/对比度”命令，弹出“亮度/对比度”对话框，参数设置如图13-210所示。单击“确定”按钮，效果如图13-211所示。

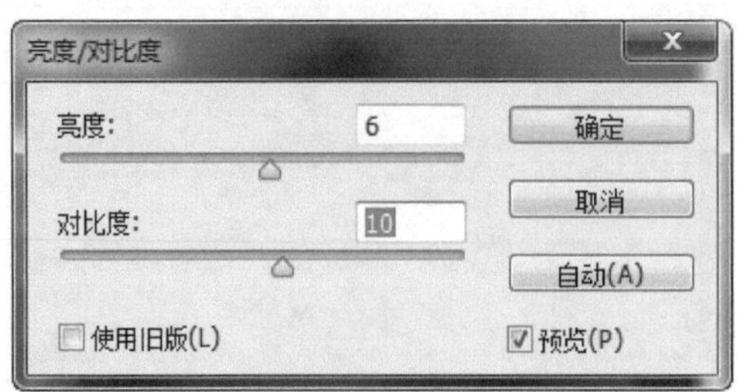

▲ 图 13-210

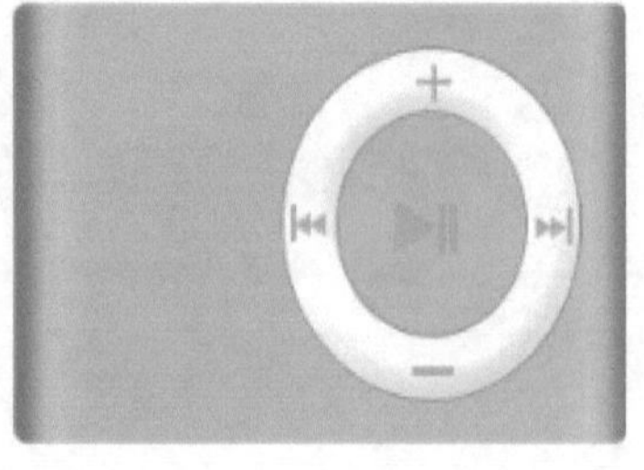

▲ 图 13-211

STEP 15 复制“图层3”，得到“图层3副本”图层，按快捷键Ctrl+T，弹出自由变换选框，单击鼠标右键，在弹出的快捷菜单中选择“垂直翻转”命令，并将其调整到合适的位置，如图13-212所示。单击“添加图层蒙版”按钮，为“图层3副本”添加图层蒙版，在图层蒙版中填充黑白渐变，如图13-213所示。

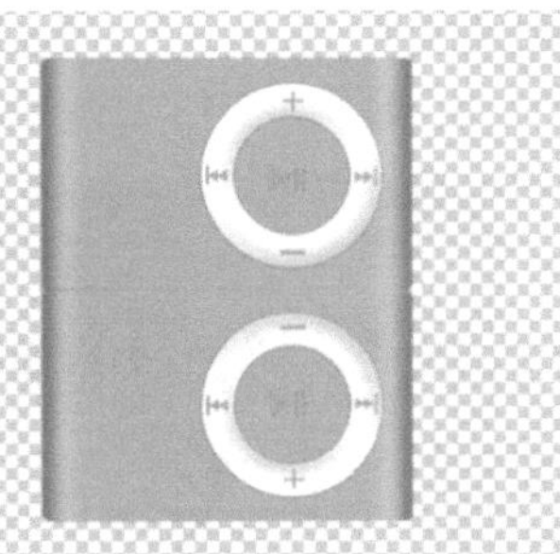

▲ 图 13-212

▲ 图 13-213

STEP 16 按快捷键Shift+Ctrl+E盖印图层，得到“图层4”，如图13-214所示。选择“文件>存储为”命令，将制作好的文字效果保存为“光盘\源文件\第13章\13-4-01.psd”。打开文件“光盘\素材\第13章\231101.jpg”，效果如图13-215所示。

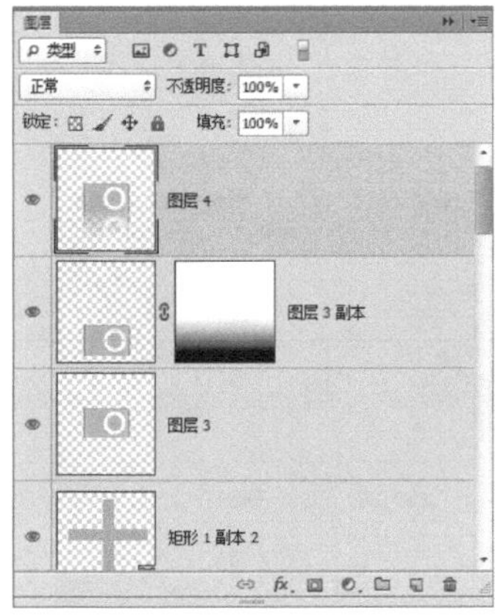

▲ 图 13-214

▲ 图 13-215

提示：人脑不是计算机，在设计界面时必须要考虑人类大脑处理信息的限度。人类的短期记忆极不稳定、有限，24小时内存在25%的遗忘率。所以对用户来说，浏览信息要比记忆更容易。

STEP 17 将刚刚盖印得到的图像复制到打开的图像中，自动生成“图层1”，并调整到合适的大小和位置，效果如图13-216所示。复制“图层1”得到“图层1副本”，调整到合适的大小和位置，效果如图13-217所示。

▲ 图 13-216

▲ 图 13-217

STEP 18 选择“图层1副本”图层，选择“图像>调整>色相/饱和度”菜单命令，弹出“色相/饱和度”对话框，参数设置如图13-218所示。单击“确定”按钮，效果如图13-219所示。

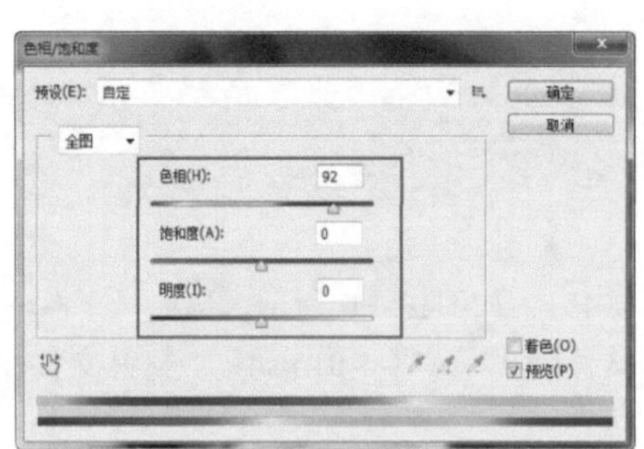

▲ 图 13-218

▲ 图 13-219

STEP 19 使用相同的方法复制出多个图形，并分别调整成不同的颜色，“图层”面板如图13-220所示，图像效果如图13-221所示。

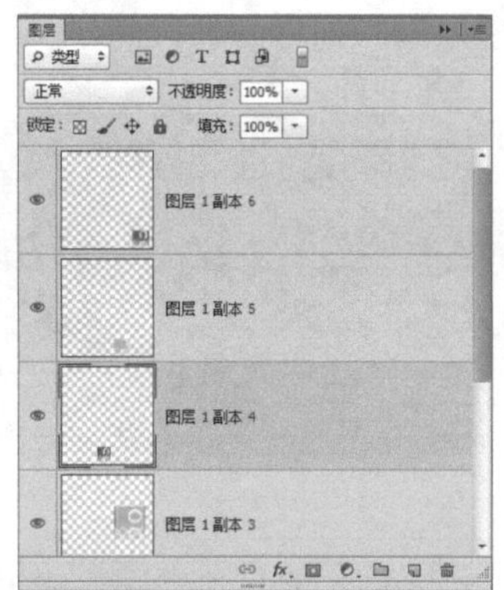

▲ 图 13-220

▲ 图 13-221

STEP 20 双击“背景副本”图层，弹出“图层样式”对话框，打开“渐变叠加”样式，单击打开“渐变编辑器”对话框，参数设置如图13-222所示。单击“确定”按钮，其他设置如图13-223所示。单击“确定”按钮，效果如图13-224所示。

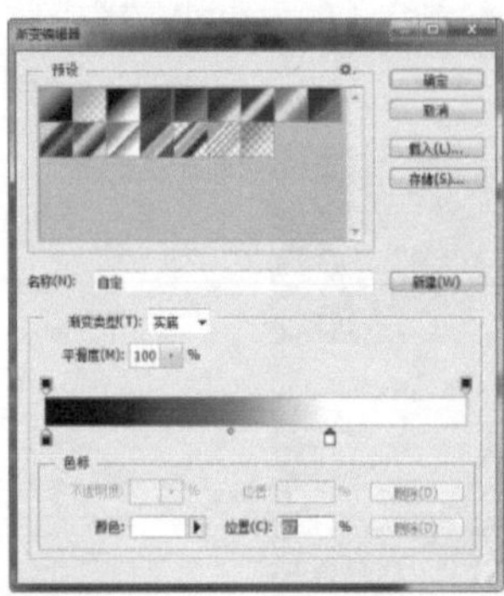

▲ 图 13-222

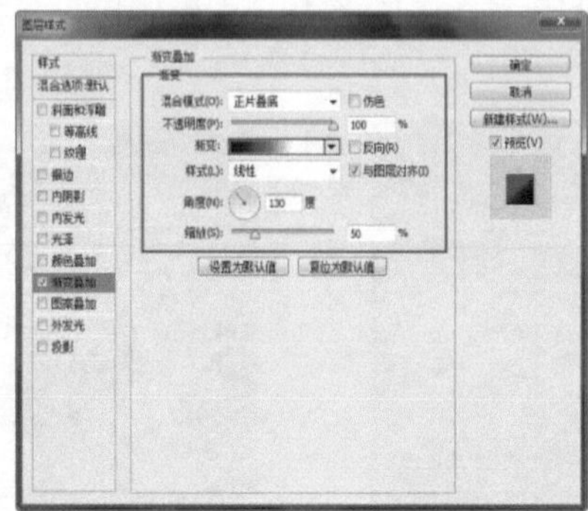

▲ 图 13-223

▲ 图 13-224

STEP 21 选择“滤镜>模糊>高斯模糊”菜单命令，弹出“高斯模糊”对话框，参数设置如图13-225所示。单击“确定”按钮，最终效果如图13-226所示。

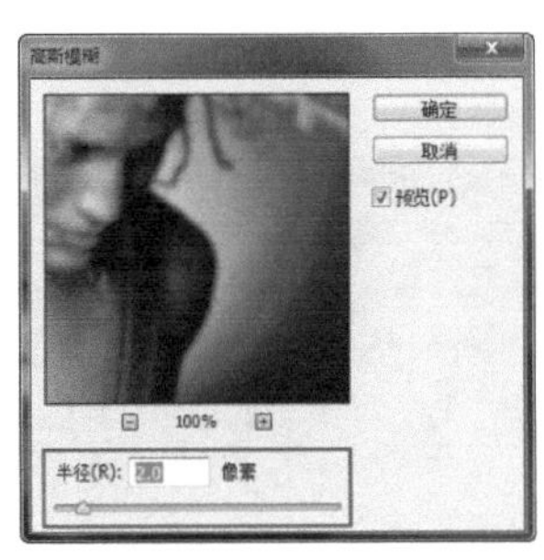

▲ 图 13-225

▲ 图 13-226

13.4.2 设计制作播放器界面

一个电子产品如果拥有美观的界面会给人带来舒适的视觉享受，拉近人与商品的距离，是建立在科学性之上的艺术设计。检验一个界面的标准既不是某个项目开发组领导的意见，也不是项目成员投票的结果，而是终端用户的感受。

案例分析

本案例将设计制作音乐播放器的播放界面，界面由大方得体的画面和精致的按钮设计组成。使用Photoshop CS6制作出界面的层次感和科技感。

源文件地址	光盘\源文件\第13章\13-1-1.psd
视频地址	光盘\视频\第13章\13-1-1.swf
设计详情	该案例主要应用一些基本的绘制工具来完成。首先绘制播放器大体的轮廓，再添加不同的图层样式和颜色，为播放器增加层次感和立体感，最终完成绘制
播放器界面效果图	

色彩分析

本案例播放器界面的主色为绿色，辅色为白色和蓝色，代表着希望、新鲜和生机盎然。白色和蓝色的搭配既显温柔又让人觉得清新雅致，整体界面传递给用户一些舒适、欢快和美好的感受。

颜色信息	色块	颜色RGB值
主色		RGB（132、199、83）
辅色		RGB（247、249、248）
		RGB（86、147、192）

制作步骤

STEP 01 新建一个Photoshop空白文档，设置各项参数，如图13-227所示。单击“确定”按钮，创建一个背景为“黑色”的空白文档，如图13-228所示。

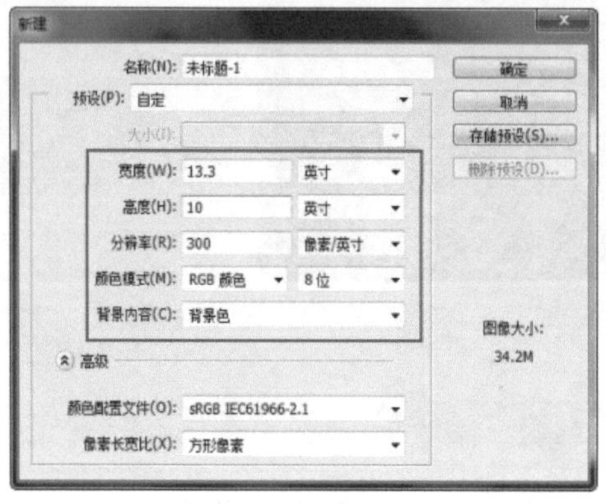

▲ 图 13-227

▲ 图 13-228

STEP 02 单击工具箱中的“圆角矩形工具”，在选项栏中设置“半径”为45像素，在画布中绘制填充颜色为白色的圆角矩形，如图13-229所示。单击“图层”面板中的“添加图层样式”按钮，在弹出的菜单中选择“内阴影”命令，弹出“图层样式”对话框，参数设置如图13-230所示。

▲ 图 13-229

▲ 图 13-230

相关链接：设计原则

• 一致性：这是每一个优秀的界面都具备的特点。界面的结构必须清晰、一致，风格必须与游戏内容一致。

• 清楚：在视觉效果上便于理解和使用。

• 用户的熟悉程度：用户可通过已掌握的知识来使用界面，但不应超出一般常识。

• 从用户习惯考虑：想用户所想，做用户所做。用户总是按照他们自己的方法理解和使用。通过比较两个不同世界（真实与虚拟）的事物，完成更好的设计。

• 排列：一个有序的界面能让用户轻松地使用。

• 安全性：用户能自由地做出选择，且所有选择都是可逆的。在用户做出危险的选择时，有信息介入系统的提示。

STEP 03 在左侧选择“斜面与浮雕”选项，在右侧进行相应的设置，如图13-231所示。在左侧选择“颜色叠加”选项，在右侧进行相应的设置，如图13-232所示。

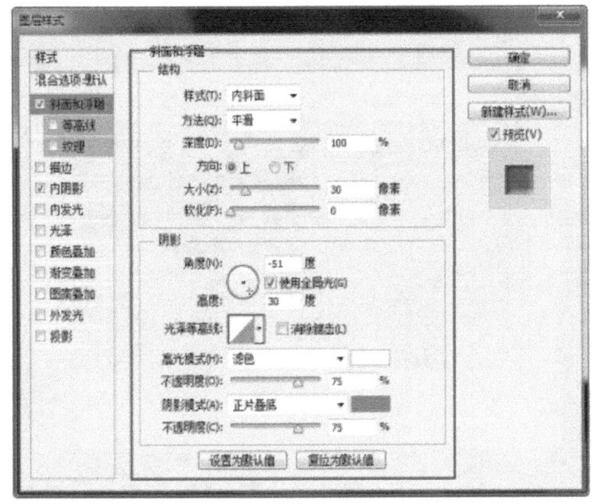

▲ 图 13-231

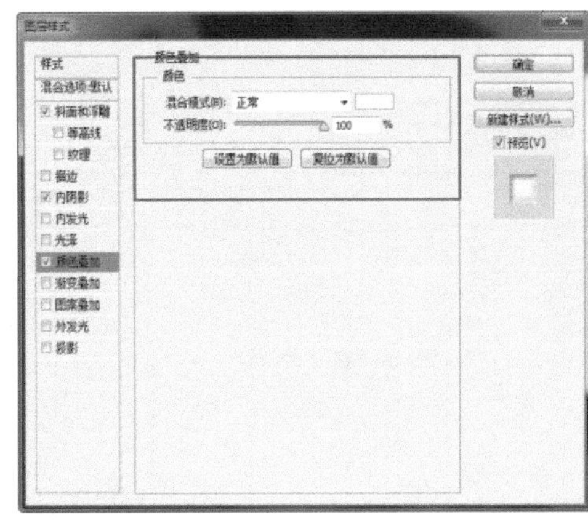

▲ 图 13-232

STEP 04 设置完成后，单击“确定”按钮，为图形添加图层样式，如图13-233所示。使用相同的方法绘制另一个圆角矩形，并添加“内阴影”样式，如图13-234所示。

▲ 图 13-233

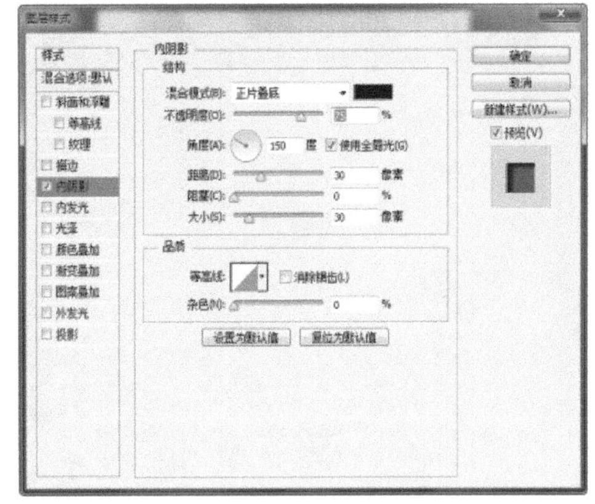

▲ 图 13-234

STEP 05 单击“确定”按钮，效果如图13-235所示。新建“图层2”，选择工具箱中的“矩形选框工具”，在画布中创建选区并填充颜色，为其添加“描边”样式，打开“描边”样式的“渐变编辑器”对话框，具体设置如图13-236所示。

▲ 图 13-235

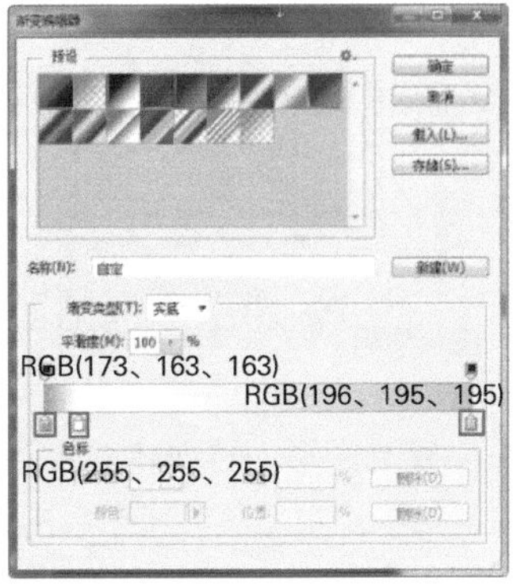

▲ 图 13-236

STEP 06 单击“确定”按钮，返回“图层样式”对话框，参数设置如图13-237所示，图形效果如图13-238所示。

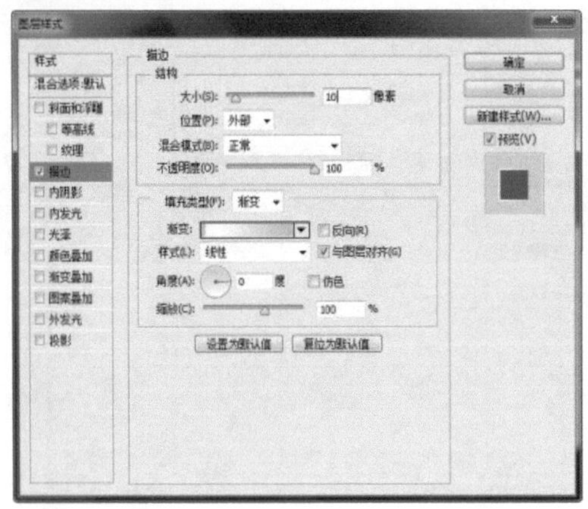

▲ 图 13-237

▲ 图 13-238

STEP 07 打开素材图像，将其拖到新建的文档中，自动生成“图层3”，如图13-239所示。选择“图层>创建剪贴蒙版”菜单命令，为该图层创建剪贴蒙版，效果如图13-240所示。

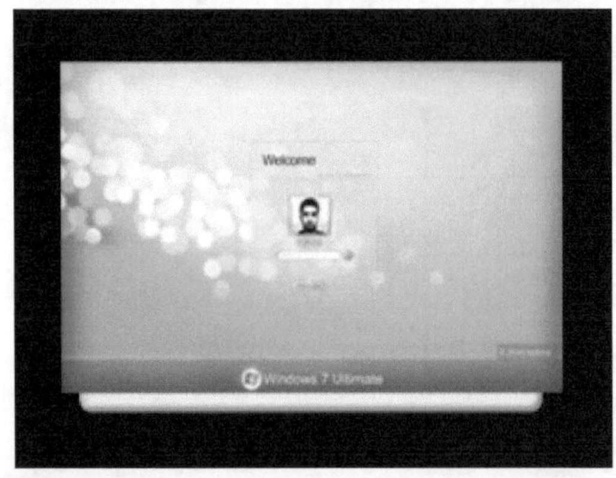

▲ 图 13-239

▲ 图 13-240

STEP 08 新建“组1”，在画布中绘制矩形，设置“前景色”为RGB（53、53、53），为选区填充颜色，如图13-241所示。选择“图层>栅格化>形状”菜单命令，将图形栅格化。横向复制图形，将刚刚复制的图形合并，如图13-242所示。

▲ 图 13-241

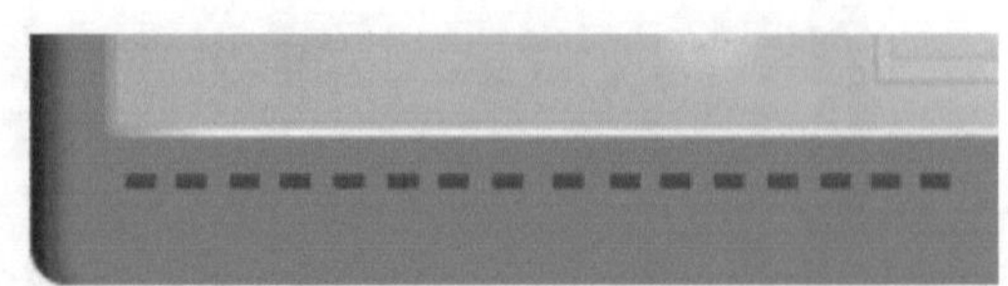

▲ 图 13-242

STEP 09 然后纵向复制图形，再次将其合并，如图13-243所示。复制“矩形4”得到“矩形4副本”图层，使用“橡皮擦工具”将多余的部分擦除，并为该图层添加“外发光”样式，参数设置如图13-244所示。

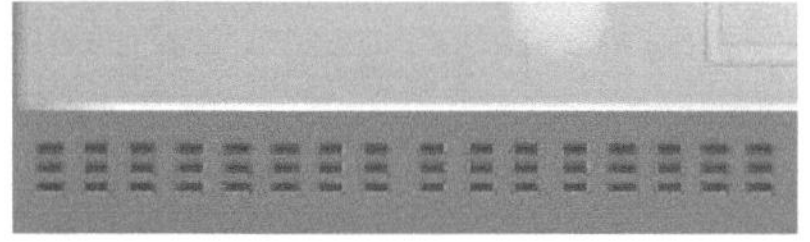

▲ 图 13-243

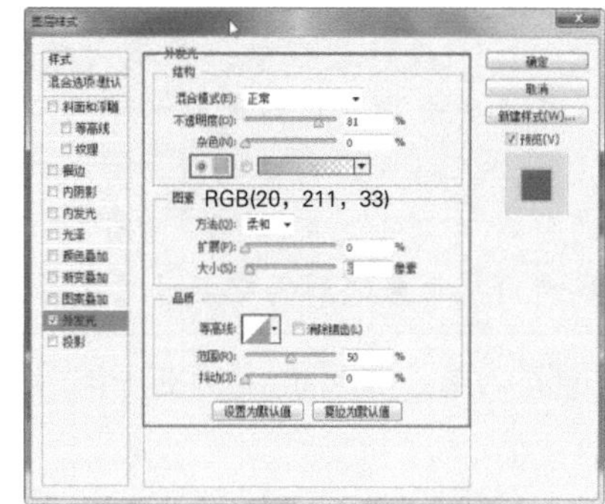

▲ 图 13-244

STEP 10 继续添加“颜色叠加”的图层样式，各项参数设置如图13-245所示，图像效果如图13-246所示。

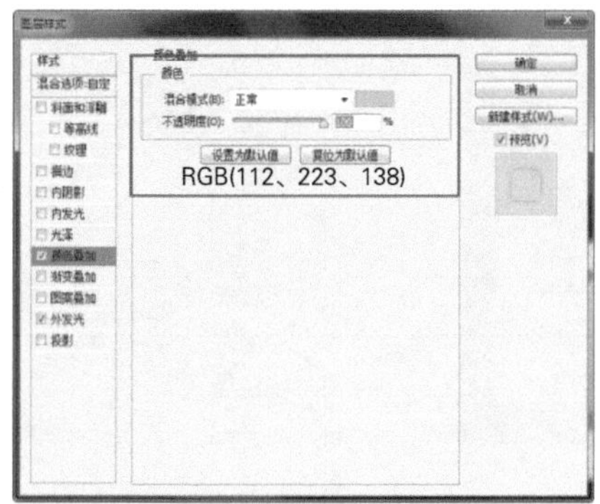

▲ 图 13-245

▲ 图 13-246

STEP 11 使用相同的方法绘制另一部分内容，如图13-247所示。选择工具箱中的“钢笔工具”，单击选项栏中的“形状”选项，设置“前景色”为白色，在画布中绘制图形，如图13-248所示。

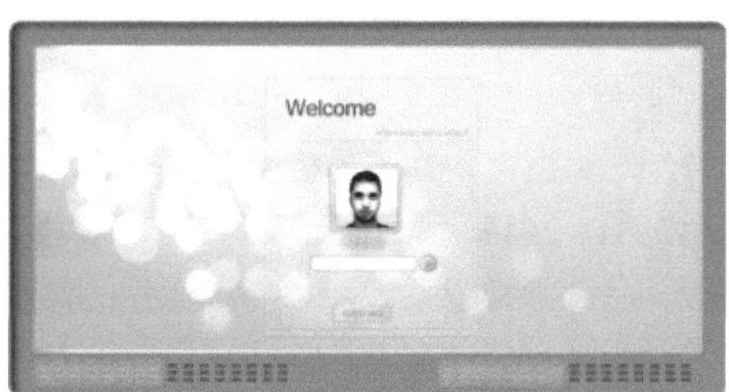

▲ 图 13-247

▲ 图 13-248

STEP 12 选择工具箱中的“直线工具”，在画布中绘制，如图13-249所示。将“组1”折叠，使用“钢笔工具”在画布中绘制形状，如图13-250所示。

▲ 图 13-249

▲ 图 13-250

提示：在UI设计过程中，要确定软件的目标用户，获取最终用户和直接用户的需求。用户交互要考虑到目标用户的不同引起的交互设计重点的不同。采集目标用户习惯的交互方式，不同类型的目标用户有不同的交互习惯。这种习惯的交互方式往往来源于其原有的针对现实的交互流程、已有软件工具的交互流程。当然还要在此基础上通过调研分析找到用户希望达到的交互效果，并且以流程的方式确认下来。

STEP 13 使用相同的方法，为该图层添加相应的图层样式，效果如图13-251所示，“图层”面板如图13-252所示。

▲ 图 13-251

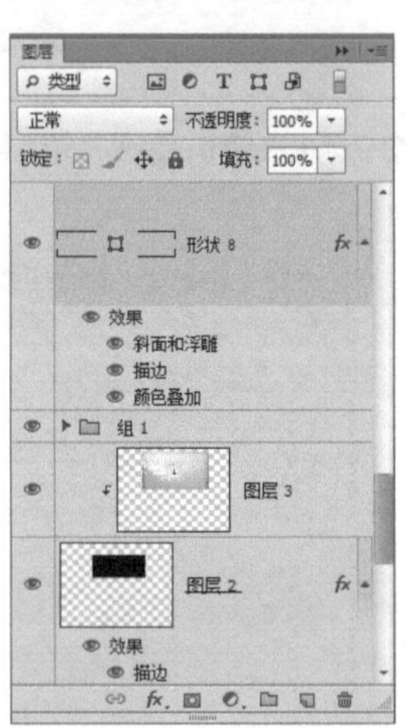

▲ 图 13-252

提示：软件中往往存在多个组成部分（组件、元素），不同组成部分之间的交互设计目标需要一致。例如：如果以计算机操作初级用户作为目标用户，以简化界面逻辑为设计目标，那么该目标需要贯彻软件（软件包）整体，而不是局部。

STEP 14 复制刚刚绘制的图形，删除和添加相应的图层样式，效果如图13-253所示。新建“图层4”，选择工具箱中的“画笔工具”，设置“前景色”为白色，在选项栏中选择一种“柔角”笔触，设置“不透明度”为20%，在画布中涂抹，效果如图13-254所示。

STEP 15 选择“横排文字工具”，打开“字符”面板，各项参数设置如图13-255所示。然后在图像上进行文字编辑，效果如图13-256所示。

▲ 图 13-253

▲ 图 13-254

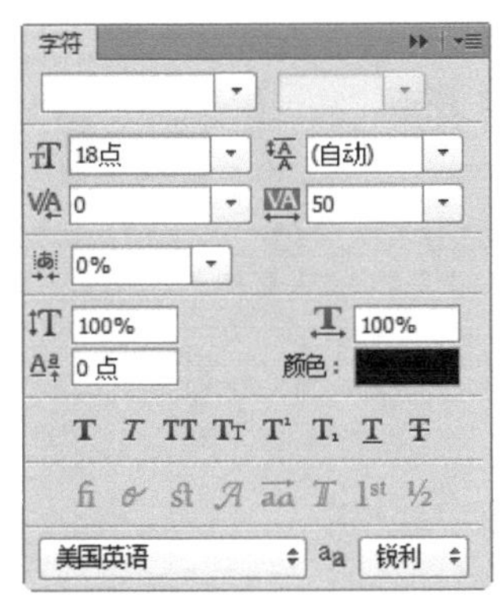

▲ 图 13-255

▲ 图 13-256

STEP 16 使用“椭圆工具”在图像中绘制椭圆，效果如图13-257所示。新建“组2”，在“组2”中新建组并重命名为“按钮1”，使用“椭圆工具”在画布中绘制椭圆，如图13-258所示。

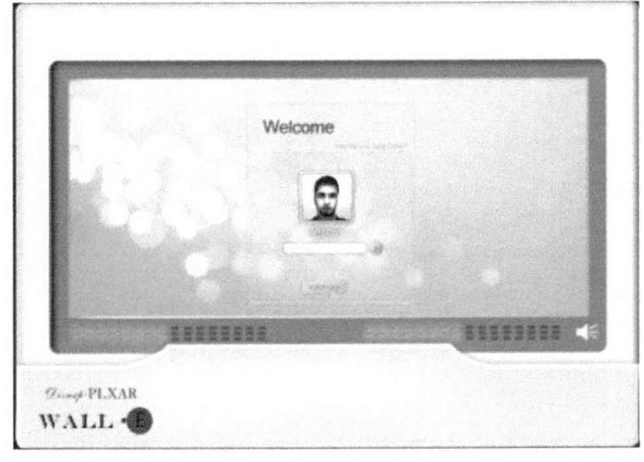

▲ 图 13-257

▲ 图 13-258

提示：交互元素的外观往往影响用户的交互效果。同一个（类）软件采用一致风格的外观，对于保持用户焦点，改进交互效果有很大帮助。遗憾的是如何确认元素外观一致没有特别统一的衡量方法，因此需要对目标用户进行调查获得反馈。

STEP 17 使用相同的方法为“椭圆 2”添加相应的图层样式，“图层”面板如图13-259所示，新建“图层9”，使用“画笔工具”添加高光点，效果如图13-260所示。

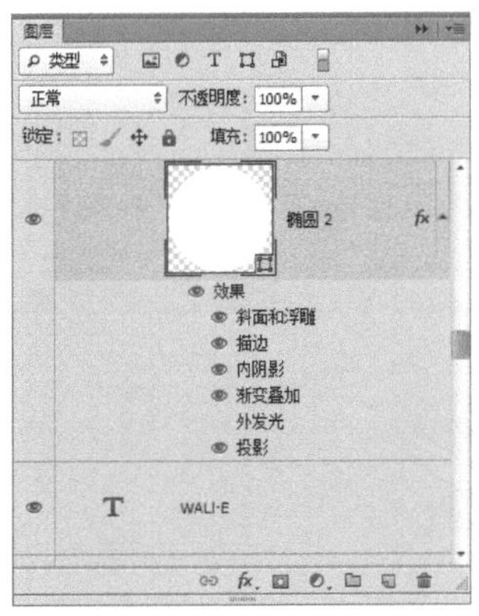

▲ 图 13-259

▲ 图 13-260

STEP 18 使用相同的方法完成其他按钮的制作，如图13-261所示。使用相同的方法完成播放界面的制作，此时的“图层”面板如图13-262所示。将背景图层隐藏，按快捷键Shift+Ctrl+Alt+E盖印图层，如图13-263所示。

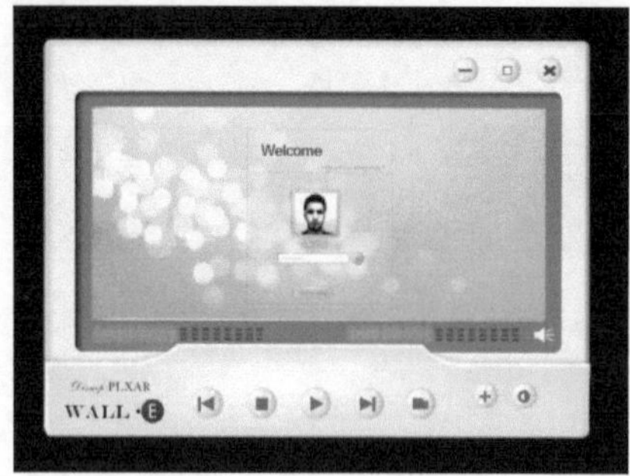

▲ 图 13-261

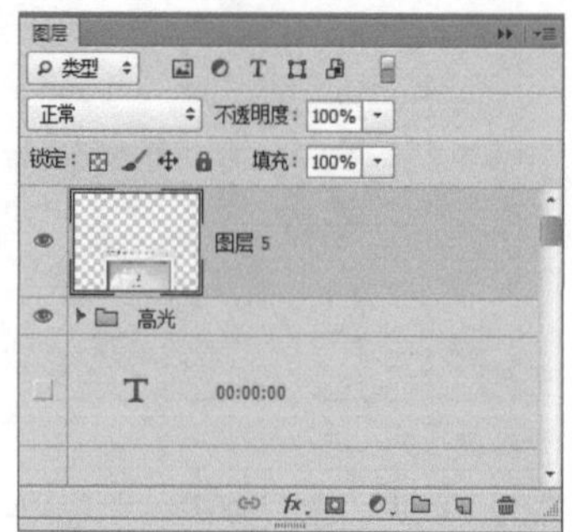

▲ 图 13-262

STEP 19 按快捷键Ctrl+T调出自由变换控制框，在图像上单击鼠标右键，将图像垂直翻转。选中盖印的图层，为其添加图层蒙版，进行渐变填充，再将“背景图层”显示出来，最终效果如图13-264所示。

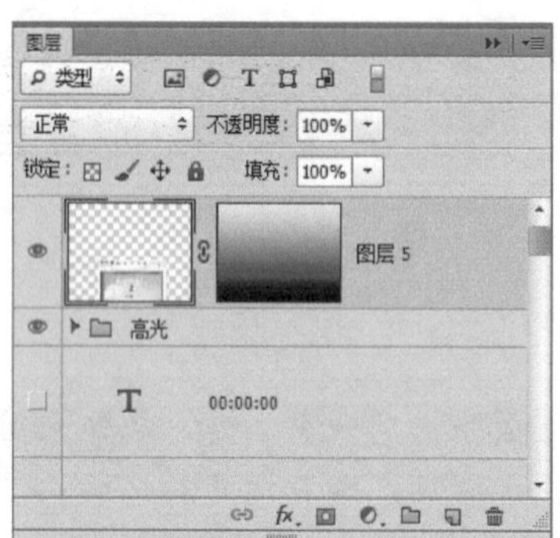

▲ 图 13-263

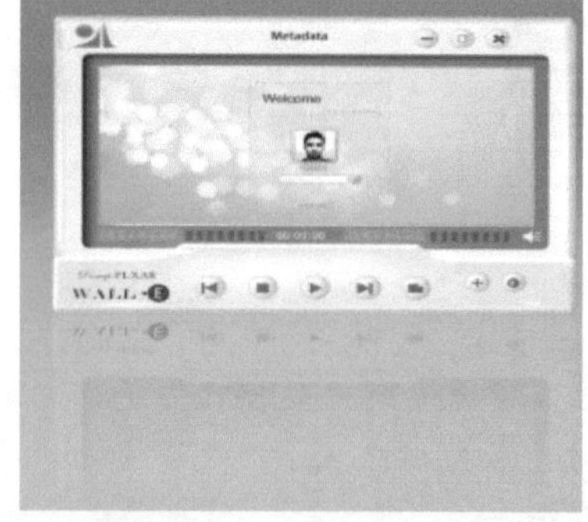

▲ 图 13-264

提示：在交互模型中，用户触发不同类型的元素所对应的行为事件后，其交互行为需要一致。例如：所有需要用户确认操作的对话框都至少包含“确认”和“放弃”两个按钮。

对于交互行为一致性原则比较极端的概念是相同类型的交互元素所引起的行为事件相同。这一原则在大部分情况下正确，且有例子证明不按照这个原则设计，会更加简化用户的操作流程。